教育部课程思政示范课精品教材
高等卫生职业教育“十四五”创新活页式教材

实用药物制剂技术

（供药学、药物制剂技术、生物制药技术、药品生产技术、化学制药技术等专业用）

主　编　刘春娟　王　禄
副主编　华晶忠　张笔觅　于中玉　陈秉梅　蔡　鹃
编　者（以姓氏笔画为序）
于中玉（吉林省经济管理干部学院）
王　禄（吉林省经济管理干部学院）
华晶忠（吉林省经济管理干部学院）
刘竺云（泰州职业技术学院）
刘春娟（吉林省经济管理干部学院）
许　磊（通化东宝药业股份有限公司）
孙艳艳（吉林省经济管理干部学院）
杨　潇（吉林省经济管理干部学院）
张　宇（长春中医药大学附属医院）
张　波（广西工业职业技术学院）
张笔觅（吉林省经济管理干部学院）
陈秉梅（福建生物工程职业技术学院）
蔡　鹃（赣南卫生健康职业学院）
阚晓臣（天津红日药业股份有限公司）

中国健康传媒集团
中国医药科技出版社

内容提要

本教材是在教育部课程思政示范课程实用药物制剂的基础上，依据国家高等职业院校课程标准，以《中国药典》（2020年版）和制药工业特点为基础，结合实际工作岗位中对知识、技能和素质的要求编写而成。本教材共分为八个模块、22个项目和64个实践项目，内容涵盖药物制剂的基本概念和制剂工作认知、药物制剂生产的基本操作、液体制剂制备与应用、固体制剂制备与应用、半固体制剂制备与应用、其他制剂制备与应用、药物制剂的稳定性和有效性等。从工作实例出发，融合了同步练习、充电链接、阅读与感悟、自测达标、项目单梳理等，凸显了教材的实用性和育人特色。本教材为书网融合教材，即纸质教材有机融合电子教材、教学配套资源（PPT、图片等）、题库系统、数字化教学服务（在线教学、在线作业、在线考试），使教学资源更加多样化、立体化。

本教材主要供高等职业院校药学、药物制剂技术、生物制药技术、药品生产技术、化学制药技术、药品质量与安全、药品经营与管理等专业师生教学使用，可作为药物制剂生产人员培训用书，也可作为学生考取药物制剂生产职业技能等级证书（1+X）的课证融通教材。

图书在版编目（CIP）数据

实用药物制剂技术/刘春娟，王禄主编. —北京：中国医药科技出版社，2023.7

ISBN 978-7-5214-4024-9

Ⅰ.①实… Ⅱ.①刘…②王… Ⅲ.①药物-制剂-技术-高等职业教育-教材 Ⅳ.①TQ460.6

中国国家版本馆CIP数据核字（2023）第120413号

美术编辑 陈君杞

版式设计 友全图文

出版 **中国健康传媒集团** | 中国医药科技出版社

地址 北京市海淀区文慧园北路甲22号

邮编 100082

电话 发行：010-62227427 邮购：010-62236938

网址 www.cmstp.com

规格 889 × 1194 mm $^{1}/_{16}$

印张 25 $^{3}/_{4}$

字数 760千字

版次 2023年7月第1版

印次 2023年7月第1次印刷

印刷 三河市航远印刷有限公司

经销 全国各地新华书店

书号 ISBN 978-7-5214-4024-9

定价 78.00元

前言

PREFACE

药物制剂技术是职业教育制药相关专业的一门综合性、应用性核心课程。课程内容涵盖药品的生产工艺、技术流程、设备操作、GMP实施、药品标准执行、物料流转、质量管理等多方面的知识、技能、素质和态度。本教材根据本课程的教学大纲编写而成，具有以下几方面特点。

1.突出价值引领，落实立德树人。将知识传授、能力培养和价值塑造结合，通过工作实例导入，穿插知识“充电链接”，辅以“点滴积累”和“同步练习”，“项目单梳理”提升实践能力，尤其在书中融入了课程思政内容，增设“阅读与感悟”模块，通过思政元素传递药品工作者的职业素养和工匠精神，润物无声。

2.体现职业特色，明确教材定位。贯彻落实《国家职业教育改革实施方案》，按照生产实际和岗位需求开发模块化课程，系统化实训体系，提升学生实践能力，融入“1+X”证书要求，增设药物制剂应用指导，以满足社会需求、行业需求和岗位需求。

3.培养创新意识，实现一体化教学。同步思考和实践项目多为开放性问题，结合制药科技前沿内容，培养学生创新思维和解决复杂问题的能力；书中配套习题与解析等数字资源，增添了学生学习的互动性和趣味性。

本教材主要由教育部“实用药物制剂”课程思政教学团队编写完成，并特邀企业专家和临床药师进行技术指导。本教材由刘春娟、王禄担任主编，具体分工如下：刘春娟负责全书的知识点梳理和整体设计；陈秉梅编写了项目一、项目五和项目九；于中玉编写了项目二、项目十二、项目十三；王禄编写了项目三、项目六、项目二十；刘竺云编写了项目四；张波编写了项目七；杨潇编写了项目八、项目十一；孙艳艳编写了项目十；华晶忠编写了项目十四、项目十五、项目十六；蔡鹛编写了项目十七、项目十八、项目十九；张笔觅编写了项目二十一、项目二十二；张宇负责全书药师指点内容；阚晓臣与许磊协助编写全书项目单梳理和实践内容，并根据实际工作经验提出了建设性意见。

本教材在编写过程中汲取和借鉴了相关教科研成果，得到了药品使用单位、药品经营企业及相关院校的大力支持，在此表示诚挚的感谢。限于能力和经验，教材中难免有疏漏或不足之处，敬请各位专家、同行和广大师生给予批评指正。

编　者

2023年5月

目录

CONTENTS

模块一　药物制剂工作认知

模块二　药物制剂基本技术

模块三 液体制剂制备与应用

模块四 固体制剂制备与应用

模块五 半固体制剂制备与应用

模块六 其他制剂制备与应用

模块七 药物制剂的新技术与新剂型

模块八　药物制剂的稳定性、有效性与配伍变化

模块一

药物制剂工作认知

项目一　药物制剂基础

PPT

学习目标

1. 掌握　药物制剂工作中的常用术语；药物剂型的分类；《中国药典》(2020年版)查阅方法。
2. 熟悉　药物制成不同剂型的目的；药用辅料的分类及其功能；GMP的用途。
3. 了解　药物制剂的发展历史；GLP、GCP和GSP的用途。

导读：药物制剂技术是以药物制剂为主要研究对象的一门综合性应用技术学科，它涵盖了药品生产、工艺技术、生产设备、质量管理、物料管理等多个方面。本项目主要探讨药物制剂工作的具体内容，了解国内外药物制剂的发展历史，学习药物制剂工作的主要内容及常用术语。

任务一　药物制剂概述

【工作实例】某实验室有3种原料药：①红霉素，主要用于革兰阳性菌引起的严重感染；②雌二醇，用于雌激素低下或需要补充雌激素的疾病；③盐酸丁卡因，用于麻醉。现欲加工为适当的形式，以便于给药。

甲同学认为3种药物均为固体粉末，应该加工制成片剂口服给药，制备简单、服用方便。乙同学则认为应该制成溶液注射给药，起效迅速、疗效显著。你同意他们的说法吗？

一、药物制剂的工作内容

一般通过化学合成、植物提取或生物技术等方法制得的药物，大多数为粉末、结晶或浸膏等状态，不便于患者直接应用，因此需根据其性质和临床诊疗需求进行加工，制成具有一定形状、性质、适合防治的应用形式，这种应用形式便称作剂型，不同剂型的给药方式一般不同，其在人体的作用方式不同，产生的疗效和毒副作用也不同。

药物制剂工作的主要研究内容是药物剂型的设计和制备，根据药物的性质和使用目的的不同，开发与制备高效、优质的药物制剂，从而使药物充分发挥其作用，满足临床预防、治疗和诊断疾病的需要。药物制剂工作以药剂学基本理论为基础，严格按照国家药品标准与药品生产质量管理规范，开展各类剂型的生产和制备，以提高制剂产品的质量。药物制剂的基本质量要求是安全、有效、稳定、使用方便。药物制剂是一个加工制造过程，其产品的设计与制备既要考虑到医疗需要，保证药物疗效、减少毒副作用、使用方便、依从性好，又要结合药物的性质与特点，使其质量稳定，便于贮存、运输与携带。

点滴积累1-1

1. 药物制剂工作的主要内容是药物剂型的设计和制备，根据药物的性质和使用目的的不同，开发与制备高效、优质的药物制剂。
2. 药物制剂的基本质量要求是安全、有效、稳定、使用方便。

二、药物制剂的发展历程

（一）传统制剂

我国中医药的发展历史悠久，早在夏商时期的医书《五十二病方》《甲乙经》《山海经》已记载了酒剂、汤剂、洗浴剂、饼剂、曲剂、丸剂、膏剂等剂型。东汉医圣张仲景的《伤寒论》和《金匮要略》中记载了栓剂、洗剂、软膏剂、糖浆剂等10余种剂型，为我国制剂学发展奠定了良好的基础。唐代的《新修本草》是我国第一部，也是世界上最早的国家药典。明代著名药学家李时珍编著了《本草纲目》，载药1892种，剂型61种，附方11096则。希腊医药学家格林（Galen）制备了各种植物药的浸出制剂被称为"格林制剂"，他是西方各国公认的药剂学鼻祖，其著作记载了散剂、丸剂、酊剂、流浸膏剂、溶液剂、酒剂等剂型。

（二）近代药物制剂

19世纪科学技术的发展和工业化革命，促进了药物制剂机械化生产设备的革新，极大地推动了药物制剂的发展和进步，制剂生产从医生诊所小作坊走向规模化、机械化生产阶段。以德国药师莫尔出版的世界上第一本药剂学教材《药剂工艺学》为标志，药剂学成为一门独立的学科。

（三）现代药物制剂

20世纪中叶青霉素缓释制剂的研制成功标志着现代药物制剂的产生。现代药物制剂克服传统和近代药物制剂给药频繁，且药物的释放速率、释放部位和释放时间无法调节等缺点，提高了患者依从性，降低药物不良反应，改善了治疗效果。随着科学技术的进步，各学科之间的相互渗透和互相促进，新理论、新辅料、新设备、新技术的不断涌现，极大促进了药物制剂的发展，在缓释制剂的基础上，又出现了控释制剂、靶向制剂、自调式、脉冲式给药系统，药物制剂的发展进入新的阶段。

点滴积累1-2

1. 药物制剂的发展经历了传统制剂、近代药物制剂和现代药物制剂三个阶段。
2. 唐代的《新修本草》是我国第一部，也是世界上最早的国家药典。

三、药物制剂的重要概念

（一）药物与药品

药物是用以预防、治疗和诊断人的疾病所用的物质的总称，包括天然药物、化学合成药物和生物技术药物。药品是指用于预防、治疗、诊断人的疾病，有目的地调节人的生理机能并规定有适应证或者功能主治、用法和用量的物质，包括中药、化学药和生物制品等。药物与药品是两个完全不同的概念，药物的内涵比药品的更为宽泛。药物不一定是药品，但药品一定是药物。

充电链接

处方药与非处方药

国家对药品实行处方药与非处方药的分类管理制度，这也是国际上通用的药品管理模式。

1.处方药　必须凭执业医师或执业助理医师的处方才可调配、购买，并在医生指导下使用的药品。处方药可以在国务院卫生行政部门和药品监督管理部门共同指定的医学、药学专业刊物上介绍，但不得在大众传播媒介发布广告宣传。

2.非处方药　不需凭执业医师或执业助理医师的处方，消费者可以自行判断购买和使用的药品。非处方药简称OTC，经专家遴选，由国家药品监督管理局批准并公布。在非处方药的包装上，必须印有国家指定的非处方药专有标识。

（二）药剂学与药物制剂技术

药剂学是研究药物制剂的基本理论、处方设计、生产工艺、质量控制与合理应用的综合应用技术科学。药物制剂技术是在《药品生产质量管理规范》等法规的指导下，研究药物制剂生产和制备技术的综合性应用技术学科。药物制剂技术以药剂学理论为指导，以药物剂型与药物制剂为研究对象，以用药者获得理想的药品为研究目的，其宗旨是制备安全、有效、稳定和使用方便的药物制剂。

（三）剂型与制剂

药物经加工制成适合于疾病的诊断、治疗或预防需要的不同给药形式，称为药物剂型，简称剂型。一般是指药物制剂的类别，如溶液剂、混悬剂、乳剂、散剂、颗粒剂、片剂、注射剂、胶囊剂、软膏剂、栓剂、气雾剂等。根据药典、药品标准或其他规定的处方，将原料药物按某种剂型制成的具有一定规格并具有一定质量标准的具体品种，称为药物制剂，简称制剂，如板蓝根颗粒剂、胰岛素注射液、维生素E软胶囊等。剂型是药物制成的不同形态，是一类药物制剂的总称，制剂是剂型中的具体品种。同一种药物可以制成不同的剂型，如左旋氧氟沙星可制成片剂、注射剂以及滴眼剂等多种剂型。同一种剂型也可以有多种不同的药物，如片剂有头孢拉定片、格列齐特片、硝苯地平片等。

同步练习1-1

对于“双氢青蒿素片”，应称为（　）

A.剂型　　B.制剂

C.辅料　　D.原料

答案解析

（四）药品批准文号与药品生产批号

生产新药或者已有国家标准的药品，须经国家药品监督管理部门批准，并在批准文件上规定该药品的专有编号，此编号称为药品批准文号，是药品生产合法性的标志，药品生产企业在取得药品批准文号后，方可生产该药品。药品批准文号由以下几部分组成：国药准字+1位字母+8位数字。试生产药品批准文号由以下几部分组成：国药试字+1位字母+8位数字。其中化学药品用字母“H”，中药用字母“Z”，经国家药监局整顿的保健药品用字母“B”，生物制品用字母“S”，体外化学诊断试剂用字母“T”，药用辅料用字母“F”，进口分包装药品用字母“J”。生产中，在规定限度内具有同一性质和质量，并在同一连续生产周期内生产出来的一定数量的药品为一批。所谓“规定限度”是指一次投料，同一生产工艺过程，同一生产容器中制得的产品。药品生产批号是用于识别“批”的一组数字或字母加数字，用于追溯和审查该批药品的生产历史。每批药品均应编制生产批号。

（五）辅料与物料

辅料是药物制剂中除主药以外的一切附加成分的总称，是制剂生产和处方调配时所添加的赋形剂和附加剂，是制剂生产中必不可少的组成部分。物料是制剂生产过程中所用的原料、辅料和包装材料等物品的总称。

点滴积累1-3

1. 药品是指用以预防、治疗、诊断人的疾病，有目的地调节人的生理功能并规定有适应证或功能主治、用法、用量的物质。

2. 药物剂型是指经加工制成适合于疾病的诊断、治疗或预防需要的不同给药形式。

3. 药物制剂是根据药典、药品标准或其他规定的处方，将原料药物按某种剂型制成的具有一定规格并具有一定质量标准的具体品种。

阅读与感悟

中医药源远流长，战国时期的《黄帝内经》是我国现存的第一部医药经典著作。现存最早的本草学书籍《神农本草经》成书于汉代，该书提出了根据药性选择剂型的理论。东汉张仲景的《伤寒论》和《金匮要略》记载了10余种剂型。晋代葛洪的《肘后备急方》启发屠呦呦寻找抗疟药青蒿素。明代李时珍编撰的《本草纲目》，达尔文在其著作中多次引用本书的资料，并称之为"古代中国百科全书"，本书为本草学集大成之作，刊行后，很快流传到朝鲜、日本等国，后又先后被译成日、拉丁、英、法、德、俄等语言版本。一部部中医药巨著是中华民族的文化瑰宝，不仅为中华民族繁衍昌盛作出了卓越贡献，也对世界文明进步产生了积极影响。

自测达标

答案解析

一、单项选择题

1.下列关于剂型的表述，错误的是（　）

A.剂型系指为适应治疗或预防的需要而制备的不同给药形式

B.同一种剂型可以有不同的药物

C.同一药物也可制成多种剂型

D.剂型系指某一药物的具体品种

2.世界上最早的国家药典是（　）

A.《黄帝内经》　B.《本草纲目》　C.《新修本草》　D.《医典》

3.《本草纲目》是明代（　）编著的

A.陶弘景　B.葛洪　C.李时珍　D.扁鹊

4.属于近代药物制剂的是（　）

A.丸剂　B.酊剂　C.酒剂　D.安瓿剂

5.属于现代药物制剂的是（　）

A.靶向制剂　B.控释制剂　C.软胶囊剂　D.自调式、脉冲式给药系统

二、多项选择题

6.药物制剂的基本质量要求是（　）

A.安全　B.有效　C.稳定　D.使用方便

7.药剂学围绕药物制剂开展的研究内容包括（　）

A.制备工艺　B.质量控制　C.基本理论　D.处方设计

8.药物依据来源可分为（　）

A.天然药物　B.化学合成药物　C.生物技术药物　D.原料药物

9.关于药品批准文号说法正确的是（　）

A.是药品生产合法性的标志

B.需经国家药品监督管理部门批准

C.药品生产企业需取得药品批准文号方可生产该药品

D.同一种药品的不同规格产品可共用一个药品批准文号

任务二 药物剂型

【工作实例】某学校组织药学专业大一学生到某制药企业进行参观学习，目的是为了让学生提前了解该专业的职业性质和具备一定岗位认知。王某在参观该药企的产品陈列柜时，看到货架上存放了不同形状、不同颜色、不同形态的药品，其中重组人干扰素α2b有注射液、冻干粉针、栓剂、乳膏剂、凝胶剂、喷雾剂等多种产品，遂提问为什么同一种药物要制成这么多不同类型的产品呢？

一、药物剂型的分类

（一）按形态分类

1.液体剂型　如溶液剂、糖浆剂、芳香水剂、注射剂、洗剂、搽剂等。

2.气体剂型　如气雾剂、喷雾剂等。

3.固体剂型　如散剂、颗粒剂、胶囊剂、片剂等。

4.半固体剂型　如软膏剂、糊剂等。

按物质形态分类，其制备特点和医疗用途有类似之处，在制备、贮存和运输上有一定指导意义，但没有考虑制剂的内在联系和给药途径。

（二）按给药途径分类

1.口服给药剂型　如溶液剂、糖浆剂、散剂、颗粒剂、胶囊剂、丸剂、片剂等，因给药方式简单易行，患者依从性好，是品种和数量最多的一类剂型。但易受胃酸或酶破坏的药物不宜制成口服给药剂型。

2.注射给药剂型　如注射剂，包括静脉注射、肌内注射、皮下注射、椎管注射等，一般较口服给药显效快，且生物利用度高。

3.黏膜给药剂型　如滴眼剂、滴鼻剂、舌下片、含漱剂、栓剂、气雾剂、喷雾剂等，可供眼、鼻、口腔、直肠等部位黏膜给药。

4.皮肤给药剂型　如洗剂、搽剂、软膏剂、凝胶剂、贴剂、膏药等，是应用于皮肤的一类剂型。

此分类法各种剂型与临床应用联系密切，可反映该给药途径对剂型制备的特殊要求，如注射给药剂型均要求无菌。但此分类法不能反映剂型的内在特性和工艺学的要求，如胶囊剂和糖浆剂同为口服给药的剂型，却在制备工艺和质量控制上各不相同。

（三）按分散系统分类

一种或几种物质（分散相）分散于另一种物质（分散介质）所形成的系统称为分散系统。将剂型视为分散系统，可根据分散介质及分散相存在的状态特征不同进行分类。

1.溶液型　药物以分子或离子状态（直径小于1nm）分散于分散介质中形成的均匀分散体系，也称为低分子溶液，如溶液剂、甘油剂、醑剂、溶液型注射液等。所有分子型的剂型都是均相系统，属于热力学稳定体系。

2.胶体溶液型　分散相直径一般在1~100nm。一种是由高分子物质以分子状态均匀分散于液体分散介质中形成的高分子溶液，如胶浆剂，属于均相的热力学稳定体系；另一种是由不溶性细微粒子分散于液体分散介质中形成的非均匀的分散体系，如溶胶剂，属于非均相的热力学不稳定体系。

3.乳剂型　由两种互不相溶的液体组成，其中一种液体作为分散相（直径在0.1~50μm），以小液滴的形式分散于另一种互不相溶液体分散介质中形成的非均匀分散体系，如口服乳剂、静脉注射乳剂、乳剂型气雾剂等，属于非均相的热力学不稳定体系。

4.混悬型 固体药物以微粒状态（直径在0.1~100μm，）分散于液体分散介质中形成的非均匀分散体系，如混悬剂、含难溶性固体药物的合剂和洗剂、混悬型注射剂等，属于非均相的热力学和动力学均不稳定体系。

5.气体分散型 液体或固体药物以微粒状态分散于气体分散介质中形成的不均匀分散体系，如气雾剂、喷雾剂。

6.固体分散型 固体药物以聚集体状态与辅料混合呈固态的分散体系，如散剂、颗粒剂、片剂、丸剂等。

7.微粒分散型 药物以不同大小的微粒呈液体或固体状态分散，主要特点是粒径一般为微米级（如微囊、微球、脂质体等）或纳米级（如纳米囊、纳米粒、纳米脂质体、亚微乳等），这类剂型能改变药物在体内的吸收、分布等方面特征，是近年来大力研发的药物靶向剂型。

此分类法便于应用物理化学的原理阐明剂型特点、稳定性以及制法的要求，但不能反映给药途径对剂型的要求，可能会出现一种剂型由于辅料和制法不同而属于不同的分散系统，如注射剂可以是溶液型，也可以是乳状液型、混悬型或微粒型等。

（四）按作用时间分类

可以分为普通制剂和调释制剂。调释制剂，系指与普通制剂相比，通过技术手段调节药物的释放速率、释放部位或释放时间的一大类制剂。调释制剂可分为缓释、控释和迟释制剂等。

1.缓释制剂 系指在规定的释放介质中，按要求缓慢地非恒速释放药物，与相应的普通制剂比较，给药频率减少一半或有所减少，且能显著增加患者用药依从性的制剂。

2.控释制剂 系指在规定的释放介质中，按要求缓慢地恒速释放药物，与相应的普通制剂比较，给药频率减少一半或有所减少，血药浓度比缓释制剂更加平稳，且能显著增加患者用药依从性的制剂。

3.迟释制剂 系指在给药后不立即释放药物的制剂，包括肠溶制剂、结肠定位制剂和脉冲制剂等。

其中，缓释、控释制剂与普通制剂比较，药物治疗作用更持久、毒副作用可能降低、用药次数减少，可提高患者用药依从性。迟释制剂可延迟释放药物，从而发挥肠溶、结肠定位或脉冲释放等功能。

此分类法能直接反映用药后起效的快慢和作用持续时间的长短，因而有利于临床的正确使用。但这种方法无法区分剂型之间的固有属性。如注射剂和片剂都可以设计成速释和缓释产品，但两种剂型制备工艺截然不同。

同步思考1

请思考药物制成缓释制剂、控释制剂和迟释制剂的目的是什么？口服缓释制剂、控释制剂和迟释制剂能否掰开或揉碎服用？

答案解析

（五）按制法分类

1.浸出制剂 采用浸出方法制成的剂型，如酊剂、流浸膏剂、煎膏剂等。

2.无菌制剂 采用灭菌方法或无菌操作技术制成的剂型，如注射液、注射用冻干制剂、滴眼剂等。

此分类法将主要工序采用同样方法制备的剂型列为一类，有利于研究制备的共同规律，但归纳不全，有一定局限性，故不常采用。

总之，药物剂型种类繁多，剂型的分类方法也不局限于一种。但是，剂型的任何一种分类方法都有其局限性、相对性和相容性。因此，人们习惯于采用综合分类方法，即将两种或两种以上的分类方法相结合，目前更多的是以临床用药途径与剂型形态相结合的原则，既能够与临床用药密切配合，又可体现出剂型的特点。

点滴积累1–4

1.药物剂型按形态可以分为液体剂型、气体剂型、固体剂型和半固体剂型。

2.药物剂型按给药途径可以分为口服给药剂型、注射给药剂型、黏膜给药剂型、皮肤给药剂型。

3.药物剂型按给分散系统可以分为溶液型、胶体溶液型、乳剂型、混悬型、气体分散型、固体分散型、微粒分散型。

4.药物剂型按作用时间可以分为普通制剂、缓释制剂、控释制剂和迟释制剂。

二、药物剂型的重要性

剂型作为药物的传递体，是药物应用于临床的最终形式，对药效的发挥起到至关重要的作用。同一种药物制成不同的剂型，会改变药物有效性、安全性、稳定性以及患者的依从性。应根据药物的性质、用药目的和用药人群选择合适的剂型，以满足临床的需要。剂型的重要性主要体现在以下几个方面。

1.改变剂型可改变药物的作用性质 如硫酸镁口服剂型具有导泻和利胆作用；硫酸镁高渗溶液外用热敷则可消肿止痛；硫酸镁注射液静脉滴注可产生中枢抑制作用，临床可用于抗惊厥和子痫。

2.改变剂型可提高生物利用度和疗效 如硝酸甘油首关消除明显，口服生物利用度低，疗效差；其制成舌下片、吸入气雾剂、注射剂可供临床防治心绞痛使用，生物利用度显著提高。

3.改变剂型可改变药物作用速度 注射剂、吸入气雾剂等起效快，常用于急救；普通片剂、胶囊剂因口服后需要崩解、溶解再吸收，故作用缓慢；而贴剂、植入剂等作用更为缓慢，属长效制剂。

4.改变剂型可降低或消除药物的不良反应 如将阿司匹林制成肠溶衣片或栓剂就可减轻其胃肠道反应；氨茶碱口服能引起心悸，若制成栓剂可减轻或消除其心跳加快的副作用。

5.改变剂型可使药物具有靶向作用 如含有脂质体、微乳、微球、纳米粒等微粒分散体的注射剂，静脉注射后，易被网状内皮系统的巨噬细胞吞噬，从而使药物浓集于肝脏、脾脏等器官，发挥肝、脾被动靶向作用。

6.改变剂型可改善患者的依从性 如将某些抗生素由注射剂改为水果口味的颗粒或干混悬剂后深受儿童患者的欢迎；将抗高血压药改为缓控释片后，既可克服血药浓度的峰谷现象、减轻患者的不良反应，又可减少服药次数。

7.改变剂型可提高药物的稳定性 固体剂型中药物的稳定性通常高于液体剂型；包衣片的稳定性往往比素片要高；冻干粉针剂的稳定性明显好于注射液。

同步练习1–2

下列属于剂型可改变药物的作用性质的是(　　)

A.阿司匹林制成肠溶衣片

B.抗高血压药改为缓控释片

C.硫酸镁制成口服液或注射液

D.硝酸甘油制成舌下含片

答案解析

点滴积累1-5

1.剂型作为药物的传递体，是药物应用于临床的最终形式，对药效的发挥起到至关重要的作用。

2.剂型的重要性主要体现在：改变剂型可改变药物的作用性质；提高生物利用度和疗效；改变药物作用速度；降低或消除药物的不良反应；使药物具有靶向作用；改善患者的依从性；提高药物的稳定性。

三、辅料在药剂中的应用

药用辅料系指生产药品和调配处方时使用的赋形剂和附加剂；是除活性成分或前体以外，在安全性方面已进行合理的评估，一般包含在药物制剂中的物质。在作为非活性物质时，药用辅料除了赋形、充当载体、提高稳定性外，还具有增溶、助溶、调节释放等重要功能，是可能会影响制剂的质量、安全性和有效性的重要成分。

药用辅料可按来源、用途、剂型、给药途径进行分类。同一药用辅料可用于不同给药途径、不同剂型、不同用途。

（一）按来源分类

药用辅料可分为天然物、半合成物和全合成物。

（二）按用于制备的药物剂型分类

药用辅料可用于制备的药物制剂类型主要包括片剂、注射剂、胶囊剂、颗粒剂、眼用制剂、鼻用制剂、栓剂、丸剂、软膏剂、乳膏剂、吸入制剂、喷雾剂、气雾剂、凝胶剂、散剂、糖浆剂、搽剂、涂剂、涂膜剂、酊剂、贴剂、贴膏剂、口服溶液剂、口服混悬剂、口服乳剂、植入剂、膜剂、耳用制剂、冲洗剂、灌肠剂、合剂等。

（三）按用途分类

药用辅料可分为溶剂、抛射剂、增溶剂、助溶剂、乳化剂、着色剂、黏合剂、崩解剂、填充剂、润滑剂、润湿剂、渗透压调节剂、稳定剂（如蛋白稳定剂）、助流剂、抗结块剂、矫味剂、抑菌剂、助悬剂、包衣剂、成膜剂、芳香剂、增黏剂、抗黏着剂、抗氧剂、抗氧增效剂、螯合剂、皮肤渗透促进剂、空气置换剂、pH调节剂、吸附剂、增塑剂、表面活性剂、发泡剂、消泡剂、增稠剂、包合剂、保护剂（如冻干保护剂）、保湿剂、柔软剂、吸收剂、稀释剂、絮凝剂与反絮凝剂、助滤剂、冷凝剂、络合剂、释放调节剂、压敏胶黏剂、硬化剂、空心胶囊、基质（如栓剂基质和软膏基质）、载体材料（如干粉吸入载体）等。

（四）按给药途径分类

药用辅料可分为口服给药、注射给药、黏膜给药、经皮或局部给药、经鼻或吸入给药以及眼部给药等辅料。

药用辅料的种类和性质可改变药物从制剂中的释放速度、释放时间和药物吸收，从而影响药物的生物利用度、治疗效果、治疗方向和毒副作用。药用辅料的研发与应用，在药物剂型的改进与发展、药品质量的提高方面发挥着重要的作用。

1.赋予剂型特定的形态 如软膏剂、栓剂、滴丸剂中的基质；气雾剂中的抛射剂；注射液中的溶剂；冻干粉针中的冻干保护剂等。

2.有利于剂型成型 如片剂中的黏合剂、润滑剂与助流剂；滴丸剂中的冷凝剂、乳膏剂与乳剂中的乳化剂；液体制剂中的增溶剂、助溶剂与助悬剂。

3.提高药物制剂的稳定性　制剂中加入的pH调节剂、抗氧剂、防腐剂、保湿剂、螯合剂等均可增加其稳定性。

4.控制药物的释放速度和释放部位　新型药用辅料可改变药物的理化性质，使药物具有速释性、缓释性、肠溶性、靶向性、热敏性、pH敏感性、体内可生物降解性等，促进了剂型改进和药物传递系统的创新工作。

5.增加患者用药依从性　如片剂、颗粒剂、口服液体制剂中加入的矫味剂、芳香剂和着色剂，控释制剂中的释放调节剂。

6.提高药物疗效　如片剂中的崩解剂、贴剂中的皮肤渗透促进剂、口服混悬剂中的助悬剂等。

生产药品所用辅料的质量直接影响药品的质量，必须符合药用要求。在特定的贮藏条件、期限和使用用途下，药用辅料应化学性质稳定，不易受温湿度、pH、光线、保存时间等的影响。其质量应符合药用辅料标准中与生产工艺及安全性有关项目，如性状、鉴别、检查、含量测定等项目；以及影响制剂性能的功能性相关指标，如黏度、粒度等。药用辅料的残留溶剂、微生物限度均应符合要求；用于无除菌工艺的无菌制剂的药用辅料应符合无菌要求；用于静脉用注射剂、冲洗剂等的药用辅料照细菌内毒素检查法或热原检查法检查，应符合规定。药用辅料在质量合格前提下还应与主药无配伍禁忌，不影响主药的疗效和质量检查，并注意安全用量范围。药用辅料应满足所用制剂的要求，用于不同制剂时，需根据制剂要求进行相应的质量控制。

点滴积累1-6

1.药用辅料系指生产药品和调配处方时使用的除活性成分或前体以外的赋形剂和附加剂。

2.药用辅料可从来源、用途、剂型、给药途径进行分类。

3.药用辅料的作用：赋予剂型特定的形态；有利于剂型成型；提高药物制剂的稳定性；控制药物的释放速度和释放部位；增加患者用药依从性；提高药物疗效。

阅读与感悟

顾学裘教授是我国现代药剂学的奠基人、脂质体医药应用学的创始人。20世纪50年代中国的药物制剂研究和生产都十分落后，大量制剂依靠进口。顾学裘克服困难率先开展药物制剂新剂型的研究，尤其是在抗癌药物新剂型方面开展了卓有成效的研究工作，其首创抗癌药物“导弹”式载体——多相脂质体系列品种10余个，设计思想科学，技术方法先进，使这一新型药物载体从实验室研究推进到工业生产和临床应用的阶段，在理论研究和实验技术上取得关键性突破。该成果1987年获得卫生部乙级科学技术成果奖，1989年获得辽宁省科技进步一等奖。顾学裘编著的《制剂学》是我国第一部药剂专著，为原卫生部指定对外交流的10部医药专著之一；《药物制剂注解》为全国药学工作者首选必读;《中国多相脂质体研究》对我国医药界具有重要的指导意义。

顾学裘教授一生热爱祖国、服务人民、追求真理，终身致力于科学研究事业和党的教育事业，并为之奋斗不渝，为我国药剂学科的发展作出了卓越贡献。他胸怀宽广、为人正直、淡泊名利、品德高尚，是我们学习的楷模。

自测达标

答案解析

一、单项选择题

1.关于剂型的分类叙述，正确的是(　　)

A. 软膏剂为固体剂型　　B. 丸剂为半固体剂型

C. 气雾剂为固体剂型　　D. 溶胶剂为液体剂型

2. 按分散系统分类的剂型是(　)

A. 混悬剂　　B. 片剂　　C. 洗剂　　D. 气雾剂

3. 属于口服剂型的是(　)

A. 凝胶剂　　B. 颗粒剂　　C. 栓剂　　D. 气雾剂

4. 在药剂学中使用辅料的目的不包括(　)

A. 有利于制剂形态的形成　　B. 使制备过程顺利进行

C. 提高药物的稳定性　　D. 有利于节约成本

二、多项选择题

5. 皮肤给药的剂型包括(　)

A. 栓剂　　B. 洗剂　　C. 贴剂　　D. 搽剂

6. 药物剂型的重要性包括(　)

A. 剂型可改变药物的作用性质

B. 剂型可改变药物的作用速度

C. 改变剂型可降低(或消除)药物的毒副作用

D. 剂型可影响疗效

7. 黏膜给药的剂型包括(　)

A. 舌下片　　B. 含漱剂　　C. 栓剂　　D. 气雾剂

8. 注射剂的给药途径有(　)

A. 肌内注射　　B. 皮下注射　　C. 椎管注射　　D. 静脉注射

三、综合运用

9. 请举例说明药物剂型的重要性。

10. 何谓辅料？辅料的功能有哪些？

任务三　药典和药品规范

【工作实例】刘同学在某检疫检验研究所综合检验中心实习期间，某药品生产单位送来几个原辅料委托检测其质量是否合格，样品分别是：①卡托普利，白色结晶性粉末；②聚乙二醇300，无色黏稠液体；③注射用人生长激素，无色液体；④何首乌，黑褐色不规则块片。《中国药典》(2020年版)一共有四部，以上原料及辅料刘同学分别可以在第几部药典查到相应的质量检查项目？

一、认识药典和药品标准

(一)药典

药典是国家记载药品规格和标准的法典。一般由国家药典委员会组织编纂、出版，并由政府颁布、执行，具有法律约束力。药典中收载的是疗效确切、副作用小、质量较稳定的常用药物及其制剂，并规定其质量标准、制备要求、鉴别、杂质检查与含量测定等内容。药典是药品生产、检验、供应与应用的重要依据，对提高药品质量，促进药品研究、生产和流通，保证公众用药安全有效具有重要作用。

一个国家的药典在一定程度上可以反映该国家药品生产、医疗保健和科学技术发展水平。随着医药科技的发展，新的药物、制剂和检验方法会不断涌现，为使药典的内容能及时反映医药学应用的新成就，一般每隔5年修订一次。有时为了使新的药物和制剂能及时得到补充和修改，往往在下一版新药典出版前，还出一些增补本。

《中华人民共和国药典》简称《中国药典》（英文缩写为ChP），依据《中华人民共和国药品管理法》组织制定和颁布实施，是我国药品标准体系的核心，是药品研制、生产（进口）、经营、使用和监督管理等相关单位均应遵循的法定技术标准。

第一版《中国药典》于1953年8月出版，在此之后颁布了1963年、1977年、1985年、1990年、1995年、2000年、2005年、2010年、2015年和2020年版，共11个版本。我国药典从1985年后每隔5年修订再版一次，现行版《中国药典》是2020年版。

《中国药典》（2020年版），由一部、二部、三部、四部及其增补本组成，总共收载品种5911种。一部收载中药2711种，包括药材和饮片、植物油脂和提取物、成方制剂和单味制剂。二部收载化学药2712种，包括化学药品、抗生素、生化药品、放射性药品。三部收载生物制品153种，包括预防类、治疗类、体内诊断类和体外诊断类品种，同时还收载有生物制品通则、总论和通则。四部收载通用技术要求361个和药用辅料335种，其中通用技术要求包括制剂通则、检验方法、指导原则等。

同步练习1-3

下列收载于《中国药典》三部的是（　）

A.地塞米松　　B.伤寒疫苗

C.人参　　D.泊洛沙姆188

答案解析

《中国药典》（2020年版），主要由凡例、通用技术要求和品种正文构成。

凡例：是为正确使用《中国药典》，对品种正文、通用技术要求以及药品质量检验和检定中有关共性问题的统一规定和基本要求。

通用技术要求：包括《中国药典》收载的通则、指导原则以及生物制品通则和相关总论等。药典第四部收载的通用技术要求包括通则和指导原则。通则主要包括制剂通则、其他通则、通用检测方法。制剂通则系为按照药物剂型分类，针对剂型特点所规定的基本技术要求。通用检测方法系为各品种进行相同项目检验时所应采用的统一规定的设备、程序、方法及限度等。指导原则系为规范药典执行，指导药品标准制定和修订，提高药品质量控制水平所规定的非强制性、推荐性技术要求。药典第三部的生物制品通则是对生物制品生产和质量控制的基本要求。

品种正文：《中国药典》各品种项下收载的内容，是根据药物自身理化性质与生物学特性，按照批准的处方来源、生产工艺、贮存运输条件等所制定的用以检测药品质量是否达到用药要求并衡量其质量是否稳定均一的技术规定。品种正文内容根据品种和剂型的不同，包括的项目也不完全相同。

据不完全统计，世界上已有近40个国家编制了国家药典，另外还有3种地区性药典和世界卫生组织（WHO）组织编制的《国际药典》等。国际上比较有影响力的药典主要有《美国药典》（简称USP）、《英国药典》（简称BP）、《欧洲药典》（简称EP）、日本药典称为《日本药局方》（简称JP）和《国际药典》（简称Ph.Int.）。

《国际药典》是世界卫生组织为了统一世界各国药品的质量标准和质量控制方法而编纂的，1951年出版了第1版。《国际药典》对各国无法律约束力，仅作为各国编纂药典时的参考标准。

（二）药品标准

药品标准是国家对药品的质量、规格和检验方法所作的技术要求和规范，是保证药品质量，进行药品生产、经营、使用、管理及监督检验的法定依据。我国的国家药品标准包括《中华人民共和国药典》、国家药品监督管理部门颁布的其他药品标准和药品注册标准，简称部颁标准或局颁标准。《国家药品监督管理局国家药品标准》简称《国家药品标准》，由国家药品监督管理局（NMPA）对临床常用、疗效确切、生产地区较多的原地方标准品种进行质量标准的修订、统一、整理、编纂并颁布实施的，主要包括以下几个方面的药物。

1.国家药品监督管理局审批的国内创新的重大品种，国内未生产的新药，包括放射性药品、麻醉性药品、中药人工合成品、避孕药品等。

2.药典收载过而现行版未列入的疗效肯定，国内部分省份仍在生产、使用并需修订标准的药品。

3.疗效肯定但质量标准仍需进一步改进的新药。

其他国家除药典外，尚有国家处方集的出版，如美国的处方集（简称NF），英国的处方集（简称BNF）和英国准药典（简称BPC），日本的《日本药局方外医药品成分规格》《日本抗生物质医药品基准》《放射性医用品基准》等。除了药典以外的标准，还出版有药典注释，这类出版物的主旨是对药典的内容进行注释或引申性补充。

点滴积累 1-7

1.药典是国家记载药品规格和标准的法典。

2.《中国药典》（2020年版），由一部、二部、三部、四部及其增补本组成，总共收载品种5911种。

3.《中国药典》（2020年版），一部收载中药，包括药材和饮片、植物油脂和提取物、成方制剂和单味制剂；二部收载化学药，包括化学药品、抗生素、生化药品、放射性药品；三部收载生物制品；四部收载通用技术要求和药用辅料。

4.药品标准是国家对药品的质量、规格和检验方法所作的技术要求和规范，是保证药品质量，进行药品生产、经营、使用、管理及监督检验的法定依据。

二、药品相关法规

药品生命周期包括药品研发、生产、经营与使用等环节，而每个环节又有诸多因素会影响药品质量、影响用药的安全性和有效性，必须采取严格措施进行质量控制。因此，国家颁布了一系列法规、规章来保证药品质量，如在药品研发阶段实行《药品非临床研究质量管理规范》（GLP）和《药品临床试验质量管理规范》（GCP），在药品生产阶段实行《药品生产质量管理规范》（GMP），在药品经营阶段实行《药品经营质量管理规范》（GSP）。

（一）《药品生产质量管理规范》

《药品生产质量管理规范》（Good Manufacturing Practice，GMP），是药品在生产全过程中，用科学、合理、规范化的条件和方法来保证生产出优良制剂的一整套系统的、科学的管理规范，是药品生产和质量全面管理监控的通用准则。GMP的三大目标要素是将人为的差错控制在最低的限度、防止对药品的污染、保证高质量产品的质量管理体系。GMP总的要求是：所有医药工业生产的药品，在投产前，对其生产过程必须有明确规定，所有必要设备必须经过校验；所有人员必须经过适当培训；厂房建筑及装备应合乎规定；使用合格原料；采用经过批准的生产方法；还必须具有合乎条件的仓储及运输设施；对整个生产过程和质量监督检查过程应具备完善的管理操作系统，并严格执行。

到目前为止，已有100多个国家和地区制定了GMP，随着GMP的不断发展和完善，GMP对药品生产过程中的质量保证作用得到了国际的公认。

充电链接

cGMP

cGMP是英文Current Good Manufacture Practices的简称，即动态药品生产管理规范，也翻译为现行药品生产管理规范，它要求在产品生产和物流的全过程都必须验证。

cGMP的主要目的是保证稳定的产品质量，药品质量就是cGMP的核心，而实现这一目标的过程（或理解为现场）是最重要的。评价一种药品的质量优劣，常常把药物是否经过质量检验认定为是否合格，或者以产品的效果、外观为判断依据。然而，在cGMP中，质量的概念是贯穿整个生产过程中的一种行为规范。一个质量完全合格的药品未必是符合cGMP要求的，因为它的过程存在有出现偏差的可能，如果不是在一个对全过程有严格的规范要求的话，潜在的危险是不能被质量报告所发现的。cGMP更强调的是过程的真实性，还有认证后的日常执行。

要实施一个高标准的、完善的GMP，真正的挑战不在于认证，而是在于认证后的日常控制。我国GMP（2010年修订）在很大程度上接近cGMP，强调全过程质量管理。

（二）药品非临床研究质量管理规范

药品非临床研究是在实验室条件下，通过动物实验进行非临床（非人体）的各种试验，如急性、亚急性、慢性毒性试验，生殖毒性试验，致癌、致畸、致突变试验，各种刺激性试验，依赖性试验等，用于评价药品的安全性。《药品非临床研究质量管理规范》（Good Laboratory Practice，GLP）是药物进行非临床试验从方案设计、实施、质量保证、记录、报告到归档的指南和准则，以保证新药临床前研究安全性试验数据和资料的真实性与可靠性。

（三）药品临床试验质量管理规范

《药品临床试验质量管理规范》（Good Clinical Practice，GCP）是为保证临床试验数据的质量、保护受试者的安全和权益而制定的进行临床试验的准则。GCP的内容主要涵盖了临床试验方案的设计、实施、组织、监察、记录、分析、统计、总结、报告、审核等全过程。GCP旨在保证药品临床试验过程的规范化，使结果具有科学性、可靠性、准确性、完整性。

（四）药品经营质量管理规范

《药品经营质量管理规范》（Good Supply Practice，GSP）是药品经营管理和质量控制的基本准则，旨在对药品流通全过程进行质量控制，保持药品的安全性、有效性和稳定性，防止假劣药品及其他不合格药品进入流通领域。企业应当严格执行GSP，在药品采购、储存、销售、运输等环节采取有效的质量控制措施，确保药品质量，并按照国家有关要求建立药品追溯系统，实现药品可追溯。

点滴积累1-8

1. GMP的三大目标要素是将人为的差错控制在最低的限度、防止对药品的污染、保证高质量产品的质量管理体系。

2. 在药品研发阶段实行GLP和GCP，在药品生产阶段实行GMP，在药品经营阶段实行GSP。

阅读与感悟

2020年7月2日，国家药品监督管理局、国家卫生健康委员会发布公告，正式颁布《中国药典》(2020年版)，新版药典于2020年12月30日起正式实施。药典是药品科学技术发展成果的结晶，是一个国家药品产业发展水平的标志。《中国药典》(2020年版)共收载品种5911种，其中，新增319种，修订3177种，不再收载10种，品种调整合并4种，其颁布实施必将对保障药品质量、维护公众健康、促进医药产业发展产生积极而深远的影响。《中国药典》(2020年版)编制工作全面贯彻"四个最严"的要求，无不体现了我国药品工作者的"最严谨的标准"，一心致力于加强我国药品标准体系建设，从整体上提升了我国药品的质量，充分体现我国医药创新研发最新成果。

自测达标

答案解析

一、单项选择题

1. 现行版《中国药典》是(　　)

A. 2010年版　　B. 2015年版　　C. 2018年版　　D. 2020年版

2. 药用辅料收载于《中国药典》(　　)

A.一部　　B.二部　　C.三部　　D.四部

3. 玉米淀粉的性状可在《中国药典》的第(　　)中查询

A. 一部　　B. 二部　　C. 三部　　D. 四部

4. 属于《中国药典》三部收载的是(　　)

A. 化学药品　　B. 生物制品　　C. 中药　　D. 药用辅料

5.属于《中国药典》一部收载的是(　　)

A. 化学药品　　B.生物制品　　C.中药　　D. 药用辅料

6.属于《中国药典》二部收载的是(　　)

A. 化学药品　　B. 生物制品　　C. 中药　　D. 药用辅料

7. GMP是(　　)

A. 药品生产全过程中一套系统科学的管理规范

B. 保证药品研制过程安全准确有效的法规

C. 保证药品临床试验过程的规范

D. 药品经营全过程质量控制的管理制度

8. GSP是(　　)

A. 药品生产全过程中一套系统科学的管理规范

B. 保证药品研制过程安全准确有效的法规

C. 保证药品临床试验过程的规范

D. 药品经营全过程质量控制的管理制度

二、配伍选择题

(9~12题共用选项)

A. BP　　B. USP　　C. JP　　D. EP

9. 美国药典，简称(　　)

10. 英国药典，简称(　　)

11. 日本药局方，简称(　　)

12. 欧洲药典，简称(　　)

(13~16题共用选项)

A. GSP　　B. GCP　　C. GLP　　D. GMP

国家制定一系列法规，其根本上的是保证药品质量。

13. 在实验室阶段实行(　　)

14. 在新药临床阶段实行(　　)

15. 在药品生产过程中实施(　　)

16. 在医药商品经营过程实施(　　)

三、综合运用

17. 现行版《中国药典》是哪一年版？一共分为几部？各部都收载哪些内容？

思维导图　知识小结

参考答案

实践一　项目单梳理

项目名称	药物制剂查询
模拟药物	布洛芬及其制剂
工具书	《中国药典》(2020年版)
模拟过程	1.根据《中国药典》(2020年版)第二部，查找布洛芬制成的剂型
	2.根据《中国药典》(2020年版)查询布洛芬口服液的质量检查项目
	3.根据《中国药典》(2020年版)查询布洛芬混悬剂的质量检查项目
	4.根据《中国药典》(2020年版)第二部查询布洛芬胶囊剂的质量检查项目
	5.根据《中国药典》(2020年版)查询布洛芬片剂的质量检查项目
模拟结果	经过查询，布洛芬可以制成多种剂型，有________、________、________、________等。每种剂型有各自的质量要求。剂型的质量要求可以在四部制剂通则中查找

实践二　《中国药典》的查阅

(一)实践目的

掌握《中国药典》(2020年版)的结构和内容组成；能够独立快速查阅到《中国药典》相关内容。

(二)实践地点

教室、图书馆等。

(三)实践用具

《中国药典》(2020年版)一部、二部、三部、四部纸质资源或数字资源。

(四)实践内容

按照下列项目，查阅《中国药典》2020年版，记录所在部册、页码、内容等查阅结果。依据理论知识，分组查找药盒，完成下列表格。

（五）查阅内容表

序号	查阅项目	所在位置　部　页至　页	查阅结果
1	清开灵注射液的处方		
2	阴凉处的贮藏条件		
3	细粉的含义		
4	冻干乙型脑炎灭活疫苗（Vero细胞）		
5	连花清瘟颗粒的功能与主治		
6	热原检查法		
7	抗A抗B血型定型试剂（单克隆抗体）		
8	人用重组单克隆抗体制品总论		
9	注射用人生长激素的制造		
10	人工牛黄的性状与鉴别		
11	片剂重量差异检查方法		
12	青蒿素的类别		
13	炉甘石的功能与主治		
14	聚乙二醇600的贮藏		
15	硬脂酸镁的类别		
16	邻碘[^{131}I]马尿酸钠注射液的检查		
17	头孢克洛干混悬剂质量检查项目		
18	中药饮片微生物限度检查法		
19	兰索拉唑肠溶胶囊溶出度检查		
20	甘油的密度		

（六）实践反思

1.以上查阅项目所在部页都是唯一的吗？请同学们相互分享查阅心得。

2.除了查阅纸质《中国药典》外，还有哪些查阅手段？请同学们利用网络资源查阅以上内容。

实践三　药物剂型分类

（一）实践目的

熟悉药物制剂分类的方法；能够正确地对药品进行分类。

（二）实践地点

药学服务实训室。

（三）实践用具

若干不同品种药盒。

（四）实践内容

依据理论知识，分组查找药盒，完成下列表格。

序号	药品名称	按形态分类	按给药途径分类	按分散系统分类	按作用时间分类
例1	川贝枇杷糖浆	液体剂型	口服给药剂型	溶液剂	普通制剂

（五）实践反思

注射剂由于辅料和制法的不同，可能属于不同的分散系统，那么注射剂按分散系统来分类，可以分为哪些类型？若按给药途径来分类，又可以分为哪些类型？

模块二

药物制剂基本技术

项目二　制药卫生

PPT

学习目标

1. 掌握　常用灭菌方法、无菌操作方法及无菌检查方法。
2. 熟悉　洁净室的标准、洁净室质量控制。
3. 了解　洁净室基本布局。

导读：制药卫生是药品生产管理的一项重要内容，药品生产企业应制定相应的卫生措施和卫生管理制度来防止药品污染。引起药品污染的主要因素有微生物和尘埃，而这两个因素与药品生产环境、人员、厂房、工艺等有关，所以制药卫生包括环境卫生、人员卫生、厂房卫生、工艺卫生等方面。本项目主要学习灭菌法、无菌操作法、空气净化技术，了解使制药卫生符合生产要求的措施。

任务一　灭菌技术

【工作实例】某年暑假，药剂学专业大二学生刘某到某药品企业参观实习，注射剂车间的技术负责人介绍说，为保证药品安全，现在正在给灌装后的药品灭菌，温度为121℃，刘某当即询问技术人员，如果药品不耐热，应该如何保证无菌呢？

一、概述

药品是一种特殊商品。药品质量的优劣直接关系到人体健康和生命安全。药品不仅要有确切的疗效，还必须安全可靠并且质量稳定。药品一旦受到微生物的污染，微生物在一定适宜的条件下会大量生长繁殖，从而导致药品腐败变质，甚至会危及人体生命安全。

根据人体对环境微生物的耐受程度，《中国药典》（2020年版）对不同给药途径的药物制剂大体分为：无菌制剂和非无菌制剂（限菌制剂）。限菌制剂是指允许一定限度的微生物存在，但不得有规定控制菌存在的药物制剂。

《药品生产质量管理规范》根据药物制剂不同的给药途径，对药物制剂的生产环境规定了明确的洁净度标准。因为，药物生产的技术和生产的环境与药物的质量有直接关系，采用合适的技术手段和措施，对保障药品的质量具有十分重要的意义。

充电链接

药品微生物污染的主要途径

1. 原料药　原料本身带有尘土、微生物等杂质，在采集、贮运过程中也会受到各种污染。
2. 辅料　制剂中常用的各种辅料如水、蜂蜜、淀粉、葡萄糖、糊精等，容易受到污染。

3.环境和设备 洁净的空气、未按程序进行消毒灭菌的制药设备、器具等都可能成为微生物污染源。

4.人员 操作人员的穿戴、口、手、皮肤、毛发等以及不按规定的操作都会带入微生物。

5.方法 清洁、消毒、灭菌、贮藏的方法使用不当会造成微生物污染。

灭菌法是指用适当物理或化学手段将药品中活的微生物杀灭或除去的方法。无菌操作指整个操作过程控制在无菌条件下进行时产品避免被微生物污染的一种操作方法，无菌操作适用于不耐热药物的注射剂、无菌眼用制剂或其他生物制剂的制备和分装。

采用灭菌与无菌技术的主要目的是杀灭或除去所有微生物繁殖体和芽孢，最大限度地提高药物制剂的安全性，保护制剂的稳定性，保证制剂的临床疗效。有时还需要加入抑菌剂，抑制微生物的繁殖。因此，有效的灭菌方法和正确的方式，对药品的质量至关重要。

同步思考2

有效的灭菌方法保证了药品在规定的贮存条件下质量稳定可靠，药品的有效期一般是多长时间？有些人为了方便把药放到便携药盒里，对药品的有效期有影响吗？

答案解析

点滴积累2-1

1. 灭菌是指用适当物理或化学手段将药品中活的微生物杀灭或除去的方法。
2. 有效的灭菌方法对药品的质量至关重要。

二、常用灭菌方法

药物制剂技术中灭菌法通常分为物理灭菌法和化学灭菌法。

（一）物理灭菌法

物理灭菌法是利用加热、射线、过滤等物理方法杀死或除去微生物的方法，包括热灭菌法、射线灭菌法和过滤除菌法。

1.热灭菌法 利用热能将微生物进行杀灭的灭菌技术。

（1）干热灭菌法 指利用火焰或干热空气加热进行灭菌的方法，其中包括火焰灭菌法和干热空气灭菌法。

1）火焰灭菌法 指用火焰直接灼烧而达到灭菌的方法。一般将需要灭菌的器具在火焰上反复灼烧20秒以上，该方法迅速、可靠、简便，适用于耐火的金属、玻璃或瓷器等用具的灭菌，但不适合药品的灭菌。

2）干热空气灭菌法 指用高温干热空气灭菌的方法。由于在干燥状态下，热穿透力较差，微生物的耐热性强，必须在高温下长时间作用才能达到灭菌的效果。为了确保灭菌效果，通常采用的灭菌温度与相应时间为160~170℃灭菌2~4小时、170~180℃灭菌1小时以上或250℃灭菌45分钟以上。常用的设备有隧道灭菌系统，主要用于玻璃瓶的干燥和灭菌。

（2）湿热灭菌法 指用饱和蒸汽、沸水或流通蒸汽进行灭菌的方法。蒸汽潜热大，热穿透力强，容易使蛋白质变性或凝固，因此该法的灭菌效率在相同温度下远高于干热灭菌法，是药物制剂生产过程中最常用的灭菌方法。湿热灭菌法可分类为热压灭菌法、流通蒸汽灭菌法、煮沸灭菌法和低温间歇灭菌法。但不适用于对湿热敏感的药物。

1）热压灭菌法　指利用大于常压的饱和水蒸气加热杀灭微生物的方法。该法利用高压饱和蒸汽、过热水喷淋等手段使微生物菌体中的蛋白质、核酸发生变性而杀灭微生物。该法灭菌温度高，具有很强的灭菌效果，能杀灭所有细菌繁殖体和芽孢，在制剂生产中是最为广泛应用的灭菌方法，适用于耐高压蒸汽的药物制剂、玻璃容器、金属制品、胶塞、膜过滤器等的灭菌。常用的设备有各种类型的热压灭菌柜、水浴式灭菌柜等。

充电链接

影响湿热灭菌的主要因素

影响湿热灭菌的主要因素如下。①微生物的性质与数量：不同的微生物或微生物的不同发育阶段对热的抵抗力有所不同，处于繁殖期的微生物对热的抵抗力最低；微生物的数量越少，灭菌时间越短。②蒸汽性质：饱和蒸汽含热量较高，穿透力较大，灭菌效率高；湿饱和蒸汽带有水分，热含量较低，穿透力差，灭菌效率较低；过热蒸汽温度虽然较高，但穿透力弱，灭菌效率也差。③药物性质：药物耐热性好，可以采用较高的灭菌温度，灭菌时间可缩短，可提高灭菌效率。④介质的性质：介质中含有营养物质时，能增强微生物的耐热性；介质的pH对灭菌效果也有影响，一般微生物耐热性在中性环境中最大，在酸性环境中最差。

热压灭菌法所需的温度与时间通常为116℃（67kPa）灭菌40分钟、121℃（97kPa）灭菌30分钟或126℃（134kPa）灭菌1分钟，亦可采用其他温度和时间参数，但需通过试验验证确认合适的灭菌温度和时间。

热压灭菌柜常用的有下排气式和预真空式两种，下排气式热压灭菌柜又有手提式、卧式和立式，最常用的是卧式热压灭菌柜（图2-1）。预真空式热压灭菌器是将灭菌器与被灭菌物品中的冷空气抽出，然后通入高压蒸汽进行灭菌，缩短升温排气过程，提高灭菌效果。

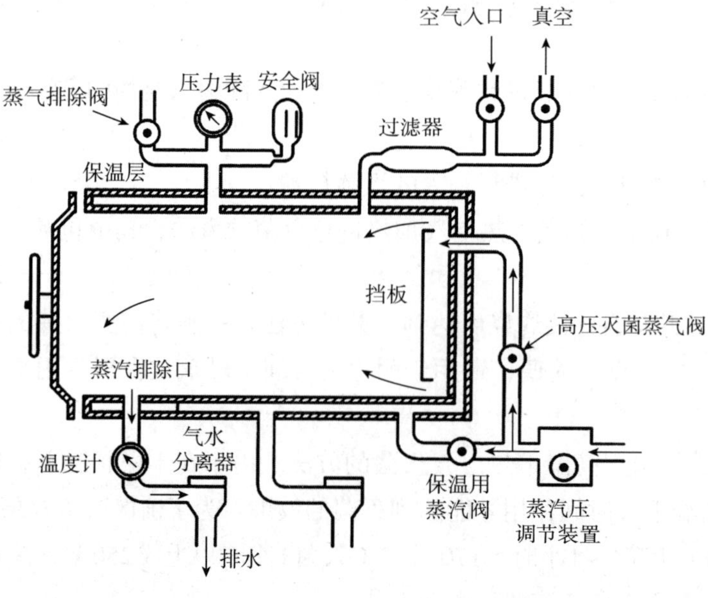

图2-1　卧式热压灭菌柜工作示意图

为保证灭菌效果，热压灭菌柜使用时应注意的问题有：①必须使用饱和蒸汽；②必须将灭菌器内的空气排出，如果灭菌器内有空气存在，则压力表上所显示的压力是灭菌器内蒸汽和空气两者的总压，而非纯蒸汽的压力，所以压力能到达预定的水平但温度达不到，从而影响到灭菌的效果；③灭菌的时间必须由全部药液温度真正达到所要求的温度时算起；④灭菌完毕后，应先停止加热，一般必须使压力表所指示的压力逐渐下降到“0”，才能放出柜内蒸汽，使柜内压力与大气压相等，以免柜内外压力和温度差太大使物品冲出或玻璃炸裂。

水浴式灭菌柜（图2-2）是典型的制药灭菌设备，采用高温洁净水作为灭菌介质，对灭菌物品进行喷淋灭菌，一般在液体制剂生产中被广泛使用。其工作过程分为注水、升温、灭菌、降温和清洗阶段，整个过程柜内温度均匀，灭菌周期短，爆瓶率低，灭菌效果可靠。

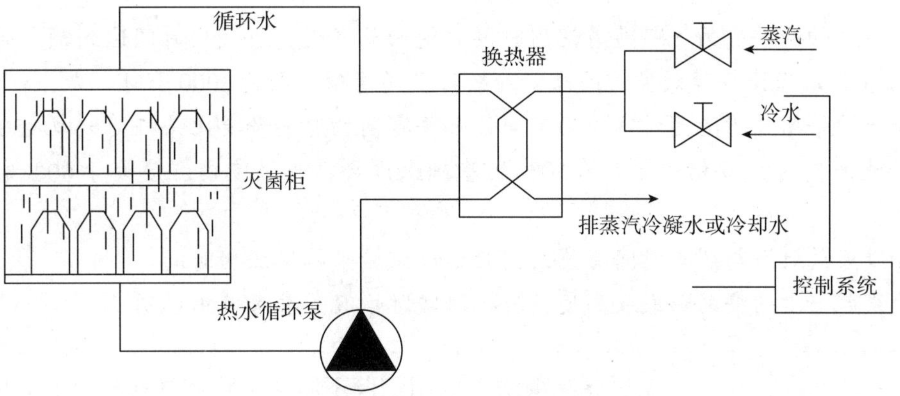

图2-2　水浴式灭菌柜和工作示意图

另外，有些灭菌器附有冷水喷淋装置，灭菌后喷淋冷水，加速降温，适用于输液剂的灭菌。

2）流通蒸汽灭菌法　指在常压下，采用100℃流通蒸汽加热杀灭微生物的方法。灭菌时间通常为30~60分钟，该法适用于消毒及不耐高热制剂的灭菌。我国药厂生产的1~2ml的小容量注射剂大多采用此方法。但此法不能保证杀灭所有的芽孢，制备过程应尽量避免污染。

3）煮沸灭菌法　指将待灭菌物置沸水中加热灭菌的方法。煮沸时间通常为30~60分钟。该法灭菌效果较差，常用于生产器具和清洁器具的消毒，必要时也可加入适当的抑菌剂。

4）低温间歇灭菌法　指将待灭菌物置60~80℃的水或流通蒸汽中加热60分钟，杀灭微生物繁殖体后，在室温条件下放置24小时让待灭菌物中的芽孢发育成繁殖体，再次加热灭菌、放置使芽孢发育、再次灭菌，反复多次，直至杀灭所有芽孢。该法适合于不耐高温、热敏感物料和制剂的灭菌。其缺点是费时、功效低、灭菌效果差。

2.射线灭菌法　指采用辐射、微波和紫外线杀灭微生物的方法。

（1）辐射灭菌法　利用放射性同位素（^{60}Co和^{137}Cs）放射的γ射线或适宜的电子加速器发生的电子束进行电离辐射而达到杀灭微生物的方法。辐射灭菌所控制的参数主要是辐射剂量（指灭菌物品的吸收剂量）。此法不升高灭菌产品的温度，且穿透力强，灭菌效率高，适用于热敏原料和制剂的灭菌，但设备费用高，对操作人员有潜在危害。

（2）微波灭菌法　采用微波（频率为300~300000MHz）照射产生的热能杀灭微生物的方法。该法是利用微波的热效应和非热效应（生物效应）相结合实现灭菌目的，热效应使微生物体内蛋白质变性而失活；非热效应干扰了微生物正常的新陈代谢，破坏微生物生长条件。微波的生物效应使得该技术在低温（70~80℃）、快速（2~3分钟）即可杀灭微生物，而不影响药物的稳定性，对热压灭菌不稳定的药物制剂，采用微波灭菌则较稳定，降解产物减少。

（3）紫外线灭菌法　用紫外线（能量）照射杀灭微生物的方法。用于紫外灭菌的波长一般为200~300nm，灭菌力最强的波长为254nm。该方法属于表面灭菌。紫外线不仅能使核酸蛋白变性，而且能使空气中氧气产生微量臭氧，而达到共同杀菌作用。该法适合于照射物表面灭菌、无菌室空气及纯化水的灭菌；不适合于药液的灭菌及固体物料深部的灭菌。

充电链接

紫外线灭菌的注意事项

（1）紫外线对人体有伤害，照射过久，易发生结膜炎、红斑及皮肤烧灼等，因此应在操作前开启30~60分钟。

（2）紫外线灯管的杀菌力一般随着使用时间的延长而衰退，当使用时间达到额定时间70%时应更换紫外线灯管，以保证杀菌效果，国产紫外线灯平均寿命一般为2000小时。

（3）紫外线的杀菌作用随菌种不同而不同，如杀霉菌的照射量要比杀杆菌大40~50倍。

（4）紫外线照射通常按相对湿度为60%的基础上设计，如果室内湿度大于60%时，照射量应相应增加。

（5）紫外线灭菌效果与照射时间有关，因此通过试验来确定照射时间。

（6）紫外线照射灯的安装形式及高度，应根据实际情况，参考使用说明。

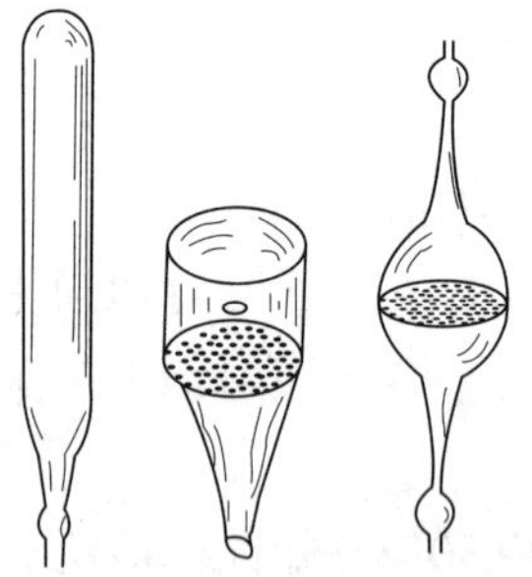

图2-3　垂熔玻璃滤器

3.过滤除菌法　利用细菌不能通过致密具孔材料的原理除去气体或液体中微生物的方法，常用于热不稳定的药品溶液或原料的除菌。灭菌用过滤器应有较高的过滤效率，能有效地除尽物料中的微生物，滤材与滤液中的成分不发生相互交换，滤器易清洗操作方便等。主要滤器有微孔滤膜滤器、垂熔玻璃滤器、砂滤棒。

微孔滤膜滤器分亲水性和疏水性两种，根据过滤物品的性质及过滤目的选择。药品生产中采用的除菌滤膜孔径一般不超过0.22μm。垂熔玻璃滤器是用硬质中性玻璃制成的滤材，用于除菌的规格应为G_6号垂熔玻璃滤器（图2-3）。砂滤棒主要用作注射剂生产中的预滤器和脱碳，很少用于除菌。

充电链接

过滤除菌的注意事项

（1）药液应预先处理，先用粗滤器除去较大颗粒杂质，再用砂滤棒或G_4、G_5号垂熔玻璃滤器滤除较大杆菌或酵母菌，最后用微孔滤膜滤器或G_6号垂熔玻璃滤器滤过。

（2）应配合无菌操作进行，必要时需要加入抑菌剂。

（3）新使用或多次重复使用的滤器，须进行灭菌处理，检查滤除效果。

（4）过滤器的使用不得影响药品质量。

同步练习2-1

（　）不是物理灭菌法

A.射线灭菌法　　B.过滤除菌法

C.药液灭菌法　　D.热灭菌法

答案解析

（二）化学灭菌法

利用化学药品直接作用于微生物而将其杀死或抑制的方法，同时又不影响灭菌制品的质量。化学消毒剂不能杀死细菌芽孢，应用化学灭菌法的目的在于减少微生物数目，以控制无菌状态在一定水平。该法包括气体灭菌法和药液灭菌法。

1.气体灭菌法　指用化学药剂能形成的气体蒸气杀灭微生物的方法。常用的化学消毒剂有环氧乙烷、丙二醇、甲醛、臭氧（O_3）、戊二醛等，最常用的为环氧乙烷。该法适合设备和设施等的消毒，而且特别适合生产厂房的消毒，运用该法消毒后应注意空间排空，防止残留的消毒剂对人体产生危害。

充电链接

灭菌方法可靠性的验证

当产品中存在微量的微生物时，现行的无菌检验方法往往难以检出，为了保证产品的无菌，有必要对灭菌方法的可靠性进行验证，F值和F_0值可作为验证灭菌方法可靠性的参数。

Z值：是指灭菌时间减少到原来的1/10所需升高的温度；或在相同灭菌时间内，杀灭99%的微生物所需提高的温度。

F值：在一定灭菌温度（T）下，给定的Z值所产生的灭菌效果与在参比温度（T_0）下给定的Z值所产生的灭菌效果相同，时所相当的灭菌时间，以分钟为单位。F值常用于干热灭菌的验证。

F_0值：在一定灭菌温度（T）下、Z值为10℃所产生的灭菌效果与121℃、Z值为10℃所产生的灭菌效果相同时所相当的时间，以分钟为单位。也就是说，不管温度如何变化，t分钟内的灭菌效果相当于在121℃下灭菌F_0分钟的效果。显然，即把各温度下灭菌效果都转化成121℃下灭菌的等效值。因此称F_0称为标准灭菌时间，目前F_0应用仅限于热压灭菌的验证。

2.药液灭菌法　指采用杀菌剂溶液进行灭菌的方法。该法常应用于其他灭菌法的辅助措施，适合于皮肤、无菌器具和设备的消毒。常用消毒液有75%乙醇溶液、3%双氧水溶液、1%聚维酮碘溶液、0.1%~0.2%苯扎溴铵（新洁尔灭）溶液、酚或煤酚皂溶液等。

点滴积累2-2

1. 灭菌法依据灭菌条件分为物理灭菌法和化学灭菌法。
2. 物理灭菌法根据灭菌的条件不同，分为干热灭菌法、湿热灭菌法、射线灭菌法、过滤除菌法，其中湿热灭菌法的灭菌效果比干热灭菌法好。
3. 湿热灭菌法包括热压灭菌法、流通蒸汽灭菌法、煮沸灭菌法、低温间歇灭菌法。
4. 射线灭菌法包括辐射灭菌法、微波灭菌法、紫外线灭菌法，其中辐射灭菌适于热敏性物料和制剂的灭菌，微波灭菌适用于水性注射液灭菌，紫外线灭菌一般用于物体表面、无菌空气、蒸馏水的灭菌。
5. 化学灭菌法包括气体灭菌法和药液灭菌法。

三、无菌操作方法

无菌操作法系指整个操作过程在无菌条件下进行的一种生产和操作方法。该法通常适用于不能加热灭菌或不宜用其他方法灭菌的无菌制剂的制备和微生物限度检查操作，如无菌粉末分装、无菌冻干即是运用无菌操作法进行生产的。无菌操作法必须在无菌操作室的无菌操作台（柜）或生物安全柜进行。因此对操作人员和物料的进入都有严格的规定，所有的用具、原料以及操作环境都必须进行灭菌以保障空间的无菌状态，避免受到污染。无菌操作法通常采用层流空气洁净技术。

（一）无菌操作室的灭菌

无菌操作室应定期进行灭菌，可采用紫外线、化学消毒剂和气体灭菌法对无菌操作室的环境进行灭菌，室内空间的用具、地面、墙壁等可用消毒剂擦拭消毒。可用热压灭菌的物品尽可能用热压灭菌的方法进行灭菌，以保持操作环境的无菌状态。

（二）无菌操作

在操作前，要启动紫外灯照射30~60分钟，操作人员进入无菌操作室应严格遵守无菌操作的工作规程，按规定更换无菌工作鞋后洗手消毒，然后换上无菌工作衣、戴上无菌工作帽和口罩，头发不得外露并尽可能减少皮肤的外露，不得裸手操作，以免造成污染。

点滴积累2-3

无菌操作法指整个操作过程在无菌条件下进行的一种生产和操作方法。

四、无菌检查方法

无菌检查是指检查药典要求无菌的药品、原料、辅料及其他品种是否无菌的一种操作方法。无菌检查应在环境洁净度C级下的局部洁净度A级的单向流空气区域内或隔离系统中进行，其全过程必须严格遵守无菌操作，防止微生物污染。

《中国药典》（2020年版）规定的无菌检查法有直接接种法和薄膜过滤法，前者适用于非抗菌作用的供试品，后者适用于有抗菌作用或大量的供试品。直接接种法是指将供试品直接接种于培养基中，培养适宜时间后，再观察培养基上是否有菌落生成的检查方法。薄膜过滤法是指将供试品用薄膜过滤后，将过滤后的薄膜直接用显微镜观察；或者接种于培养基中，培养适宜时间后，再观察培养基上是否有菌落生成的检查方法。薄膜过滤法具有灵敏度高、不易产生假阴性结果、操作简便等特点。

无菌检查结果是否合格，应按《中国药典》（2020年版）规定的标准加以判断。

点滴积累2-4

1.《中国药典》（2020年版）规定的无菌检查法有直接接种法和薄膜过滤法。
2. 无菌检查应依据《中国药典》（2020年版）规定的标准执行。

阅读与感悟

我国消毒灭菌技术的发展

我国在三千多年前就用锐利的石片作为手术器具切开脓肿、各种异物，《黄帝内经》中记载的锋针主要用于外科手术，古代的消毒灭菌主要用煮沸洗涤、火烧灼或用有消毒作用的中草药。

清朝末年，现代消毒技术随西医一起传入我国，消毒灭菌技术也随之发展。病房用的乳胶手套、纱布、注射器、输液器、针头等都需要清洗、进行消毒灭菌处理。早年医院对消毒灭菌工作不重视，无菌物品的质量难以保障，相关感染时有发生，甚至危及患者的生命安全。

20世纪50年代化学消毒剂开始广泛使用，从单药化学消毒剂到复方化学消毒剂，物理性灭菌如高温灭菌、紫外线灭菌、电离辐射灭菌等，目前物理性灭菌仍是主要的灭菌方式，消毒灭菌的范围越来越广泛，越来越专业化、精确化。

随着科学的发展，越来越多的消毒灭菌技术被应用于食品、药品、医疗、生活等各个方面，人们自我保护意识的提高也促使了消毒灭菌技术的不断发展。

自测达标

答案解析

一、单项选择题

1. 紫外线灭菌能力最强的波长是（　）

A.300nm　　B. 200nm　　C. 254nm　　D. 250nm

2. 下列属于湿热灭菌法的是（　）

A. 火焰灭菌法　　B. 热压灭菌法　　C. 微波灭菌法　　D. 气体灭菌法

3. 使用高压饱和蒸汽灭菌的方法是（　）

A. 热压灭菌法　　B. 流通蒸汽灭菌法　　C. 辐射灭菌法　　D. 干热空气灭菌法

4. 主要用于除菌的是（　）垂熔玻璃滤器。

A. 6号　　B. 5号　　C. 4号　　D. 1号

5. 下列说法错误的是（　）

A. 抑菌剂对微生物的生长和繁殖具有抑制作用

B. 消毒剂对病原微生物具有杀死或除去作用

C. 灭菌包括杀死细菌芽孢在内的全部病原和非病原微生物

D. 无菌操作是保证尽量少的细菌进入人体或其他物品的操作技术

二、配伍选择题

（6~10题共用选项）

请根据描述选择合适的灭菌方法。

A. 干热灭菌法　　B. 湿热灭菌法　　C. 过滤除菌法

D. 紫外灭菌法　　E. 气体灭菌法

6. 适用于对热不稳定的药液灭菌的是（　）

7. 适用于生物安全柜灭菌的是（　）

8. 主要用环氧乙烷灭菌的是（　）

9. 灭菌条件可为250℃、45分钟的是（　）

10. 主要用饱和蒸汽进行灭菌的是（　）

三、综合运用

11. 谈谈消毒与灭菌有什么不同?

任务二　空气净化技术

【工作实例】某药品生产企业，日常检查监控时发现，要求保持正压的洁净室其压差值总是达不到规定值，试分析其中的原因。

一、概述

空气净化指除去空气悬浮的尘埃粒子和微生物，以创造洁净空气环境而进行空气调节的措施。空气净化技术指为达到某一净化要求或标准所采用的空气净化方法。空气净化技术是一项综合性的技术，该技术除了合理地采用空气净化方法外，还必须与制冷、建筑、电控、设备、工艺等相互配合，有良好的管理措施和操作规程，严格进行维护管理。

（一）空气过滤技术

空气过滤是制药企业空气净化最经济有效的方法，当含尘埃粒子的空气通过多孔过滤介质时，尘埃粒子被过滤介质的微孔截留或孔壁吸附，达到与空气分离的目的。主要采用空气过滤器对空气进行净化，过滤器按过滤效率可分初效过滤、中效过滤和亚高效过滤或高效过滤，具体功能见表2-1；按结构不同可分为平板式、楔式、袋式和折叠式等（图2-4）。

表2-1　初效、中效和高效过滤器功能

过滤器类型	功能
初效	过滤空气中直径较大的尘埃粒子（≥5μm），常作为预过滤器，能够保护中效和高效过滤器，延长它们的使用寿命
中效	过滤空气中直径较小的尘埃粒子（≥1μm），常作为中间过滤器，能够减少高效过滤器的负荷
亚高效或高效	过滤空气中≥0.5μm的尘埃粒子，属于空调系统深层的末端过滤，一般高级别洁净室中必须使用高效过滤器

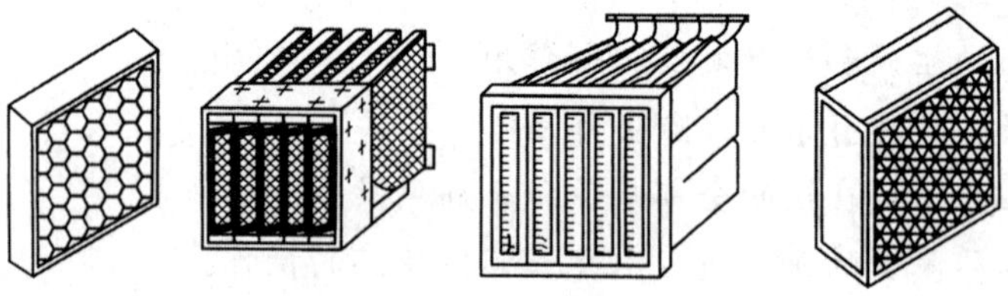

图2-4　不同结构空气过滤器

（二）空气过滤的机制

根据尘埃粒子与过滤介质的作用方式，空气过滤的机制大体分为拦截作用和吸附作用。

1.拦截作用　指当尘埃粒子的粒径大于过滤介质微孔时，随着气流运动的粒子在过滤介质的机械屏蔽作用下被截留。

2.吸附作用　指当粒径小于过滤介质间隙的细小粒子通过介质微孔时，由于尘埃粒子的重力、分子间范德华力、静电、粒子运动惯性等作用，与间隙表面接触被吸附。

空气净化处理的一般流程如图2-5所示。

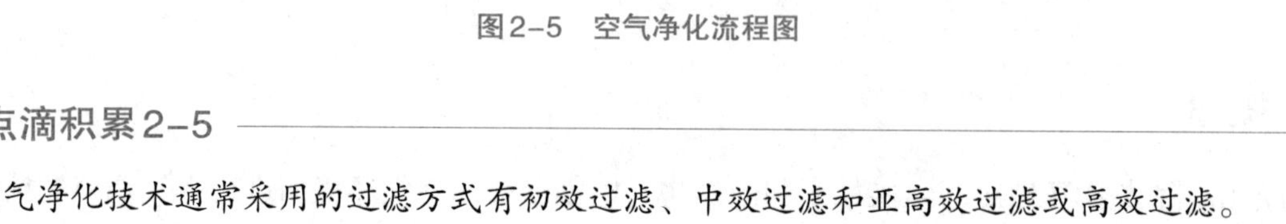

图2-5　空气净化流程图

点滴积累2-5

空气净化技术通常采用的过滤方式有初效过滤、中效过滤和亚高效过滤或高效过滤。

同步练习2-2

用于滤除>5μm的尘埃及各种异物的过滤器是（ ）

A.初效过滤器　　B.中效过滤器

C.亚高效过滤器　　D.高效过滤器

答案解析

二、洁净室标准

药品基本质量要求包括安全、稳定、有效。安全是首要问题，包括药品本身的安全和生产环境对药品质量引起的各种不良影响，空气洁净度标准主要是针对生产环境而采取的一种措施。

（一）洁净室空气净化标准

药品生产区域按照环境不同可分为一般生产区和洁净区。洁净室（区）是需要对环境中的尘埃和微生物进行控制的房间或者区域，使室内达到不同的洁净级别，供不同制剂生产要求使用。

进入洁净区的空气必须净化，洁净技术以0.5μm和5.0μm粒子作为划分洁净等级的标准粒径，我国《药品生产质量管理规范》将无菌药品生产所需的洁净区分为四个级别：A级洁净区、B级洁净区、C级洁净区、D级洁净区。洁净区的尘埃粒子数和微生物数应定期监测，达到“静态”和“动态”标准。不同洁净区空气悬浮粒子的标准规定见表2-2，不同洁净区微生物监测的动态标准规定见表2-3。

表2-2　不同洁净区空气悬浮粒子标准规定表

洁净度级别	悬浮粒子最大允许数（m^3）			
	静态		动态	
	≥0.5μm	≥5.0μm	≥0.5μm	≥5.0μm
A级	3520	20	3520	20
B级	3520	29	352000	2900
C级	352000	2900	3520000	29000
D级	3520000	29000	不作规定	不作规定

注：“静态”指所有设备均已安装就绪，但没有生产活动且无操作人员在场的状态；“动态”指生产设备按预定的工艺模式运行并有规定数量的操作人员在场操作的状态。

表2-3　不同洁净区微生物监测标准规定表

级别	浮游菌	沉降菌（φ90mm）	表面微生物	
	cfu/m^3	cfu/4小时	接触碟（φ55mm）cfu/碟	5指手套cfu/手套
A级	<1	<1	<1	<1
B级	10	5	5	5
C级	100	50	25	—
D级	200	100	50	—

1. A级　高风险操作区，如灌装区、放置胶塞桶、敞口安瓿瓶、敞口西林瓶的区域及无菌装配或连接操作的区域，应当用单向流操作台（罩）维持该区的环境状态。单向流系统在其工作区域必须均匀送风。

2. B级　指无菌配制和灌装等高风险操作A级区所处的背景区域。

3. C级和D级　指生产无菌药品过程中重要程度较低的洁净操作区。

非无菌制剂如口服液体和固体、腔道用药、表皮外用药品等，生产的暴露工序区域及其直接接触药品的包装材料最终处理的暴露工序区域，应参照无菌药品D级洁净区的要求设置，企业可根据产品的标准要求和特性需要采取适宜的微生物监控措施。无菌药品的生产操作，应在符合规定的相应级别的洁净区内进行，具体生产操作的洁净级别见表2-4和表2-5。

表2-4　最终灭菌产品生产操作洁净级别

洁净度级别	最终灭菌产品生产操作
C级背景下的局部A级	高污染风险[a]的产品灌装（或灌封）
C级	（1）产品灌装（或灌封） （2）高污染风险[b]产品的配制和过滤 （3）眼用制剂、无菌软膏剂、无菌混悬剂等的配制、灌装（或灌封） （4）直接接触药品的包装材料和器具最终清洗后的处理
D级	（1）轧盖 （2）灌装前物料的准备 （3）产品配制（指浓配或采用密闭系统的配制）和过滤 （4）直接接触药品的包装材料和器具的最终清洗

注：[a]此处的高风险是指产品容易长菌、灌装速度慢，灌装用容器为广口瓶、容器需暴露数秒后方可密封等状况。[b]此处的高风险是指产品容易长菌、配制后需等待较长时间方可灭菌或不在密闭系统中配制等状况。

表2-5　非最终灭菌产品生产操作洁净级别

洁净度级别	非最终灭菌产品的无菌操作
B级背景下的局部A级	（1）处于未完全密封[a]状态下产品的操作和转运，如产品灌装（或灌封）、分装、压塞、轧盖[b]等 （2）灌装前无法除菌过滤的药液或产品的配制 （3）直接接触药品的包装材料、器具灭菌后的装配以及处于未完全密封状态下的转运和存放 （4）无菌原料药的粉碎、过筛、混合、分装
B级	（1）处于未完全密封[a]状态下的产品置于完全密封容器内的转运 （2）直接接触药品的包装材料、器具灭菌后处于密闭容器内的转运和存放
C级	（1）灌装前可除菌过滤的药液或产品的配制 （2）产品的过滤
D级	直接接触药品的包装材料、器具的最终清洗、装配或包装、灭菌

注：[a]轧盖前产品视为处于未完全密封状态。[b]根据已压塞产品的密封性、轧盖设备的设计、铝盖的特性等因素，轧盖操作可选择在C级或者D级背景下的A级送风环境中进行。A级送风环境应该至少符合A级区的静态要求。

（二）洁净室压差标准

为避免污染和交叉感染，《药品生产质量管理规范》规定，洁净区与非洁净区之间、不同级别洁净区之间的压差应当不低于10Pa。必要时，相同洁净度级别的不同功能区域（操作间）之间也应当保持适当的压差梯度。

压差主要是由房间的送风量、回风量及排风量来控制的。送入房间的风量比排出房间的风量多，就会形成正压，反之则形成负压。

（三）洁净室温湿度标准

为保证药品质量和操作人员的舒适感，药品生产的洁净厂房通常要满足温度18~26℃、湿度45%~65%的要求，就要应用空调系统的冷却、加热、加湿、除湿等调节，以控制空气净化系统的温度和湿度，使其始终符合药品GMP的要求。

1. 制冷　洁净技术中制冷系统应用较多的主要方式有以下两种：集中供冷方式和单机供冷方式。主要是通过冷冻水与流经表冷凝器管外换热翅片的空气进行热交换，从而使空气冷却。

2.加热　主要有蒸汽加热和电加热，利用蒸汽或电加热器产生的热量与冷空气进行热交换，从而使空气加热。

3.加湿　对饱和蒸汽加热产生不带冷凝水的干蒸汽以增加空气湿度。

4.除湿　可以通过冷却除湿、升温除湿、吸附剂除湿的方式实现。

（四）洁净室气流组织

进入洁净室的空气会影响到室内的洁净度，根据洁净室气流的方向不同可以分为单向流和非单向流。

1.单向流　又称层流，空气流沿着单一方向，以稳定均匀的方式流动，气流方向平行，也就是说洁净室气流在同一截面的任意一点气流方向和速度均保持一致，因此其中的尘埃不易相互扩散，能保持室内较高的洁净度，分为水平层流和垂直层流，一般应用于A级洁净区，具体形式如图2-6所示。

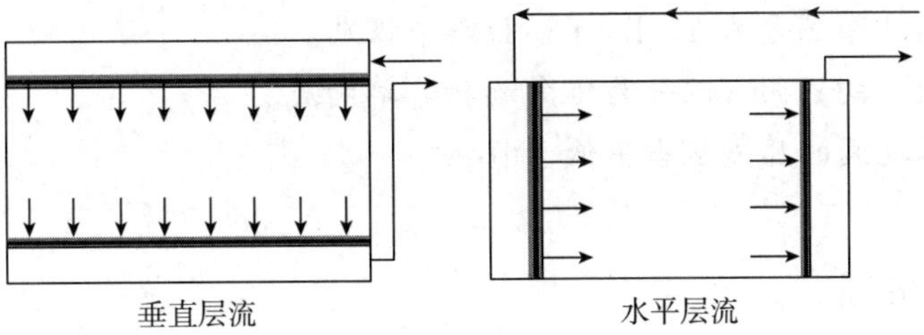

图2-6　单向流示意图

2.非单向流　又称絮流，空气以不规则的方式流动，具有多个通路，气流方向不平行，气流中的尘埃易相互扩散，一般应用于B、C、D级洁净区，具体形式如图2-7所示。

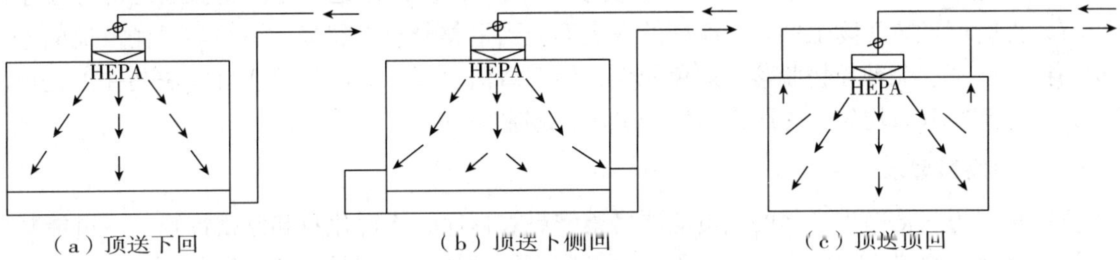

图2-7　非单向流示意图

3.混合流　是将垂直单向流和非单向流两种气流组合在一起构成的气流流型。这种气流的特点是将垂直单向流面积压缩到最小，用大面积非单向流替代大面积单向流，能够节省初投资和运行费，具体形式如图2-8所示。

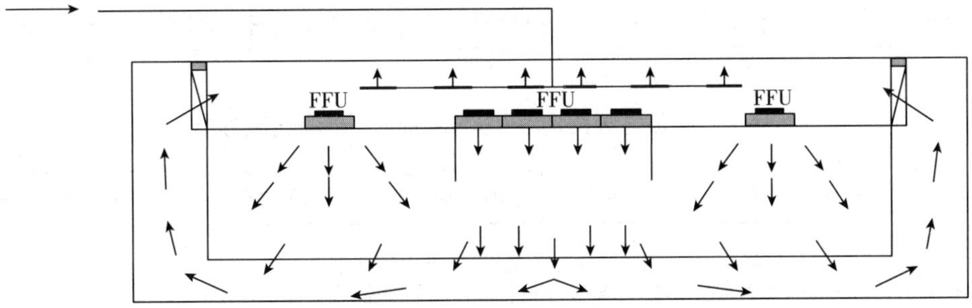

图2-8　混合流示意图

充电链接

层流洁净室特点

1. 层流洁净室的空气已通过高效过滤器滤过，达到无菌要求。

2. 洁净室内空气悬浮粒子在层流层中运动，可避免悬浮粒子聚结成大颗粒。

3. 新产生的污染物能迅速随层流空气排到室外。

4. 空气流速较高，粒子在空气中浮动而不会积聚沉降下来，同时室内空气也不会出现停滞状态，可避免药物粉末交叉污染。

5. 洁净室空气没有涡流，灰尘或附着在灰尘上的细菌不易向别处扩散，只能就地被排除掉。

点滴积累2-6

1. 洁净室（区）是需要对环境中的尘埃和微生物进行控制的房间或者区域。

2. 无菌药物生产的洁净区分为A、B、C、D四个级别。

3. 洁净室的气流按方向不同可以分为单向流和非单向流。

4. 不同级别洁净区之间的压差应当不低于10Pa。

三、洁净室基本布局

（一）建筑结构要求

洁净室应按工艺流程进行布局，人流、物流应尽可能分开，避免重复折返，以免造成物料、半成品间交叉污染与混淆。根据样品检验要求，一般应至少包括洁净室、风淋、更衣缓冲室、洗澡室等区域。更衣系统应至少包括一更（含更鞋）、二更（含洗手）、缓冲以及人流走廊等。物流通道应考虑净污分流的布局，有条件的可设置污物走廊。洁净区的内表面应当平整光滑无裂缝，墙壁与顶棚及地面连接处宜成圆弧状，接口严密、无颗粒物脱落，避免积尘，便于清洁。无菌室内的照明灯应嵌装在天花板内，采光面积要大，光照应分布均匀，光照度不低于300勒克斯（lx）。

（二）人员和物料要求

1. 人员净化　进入洁净生产区的人员应严格遵守更衣程序，不得化妆和佩戴饰物，尽可能减少对洁净区的污染或将污染物带入洁净区，进入不同洁净度级别的洁净室人员净化流程如图2-9所示。工作服的选材、式样及穿戴方式应当与所从事的工作和空气洁净度级别要求相适应。不同洁净度级别的着装要求有所不同，如A/B级洁净区工作服应为不脱落纤维或微粒的灭菌连体工作服，C/D级洁净区的工作服可为衣裤分开的工作服。

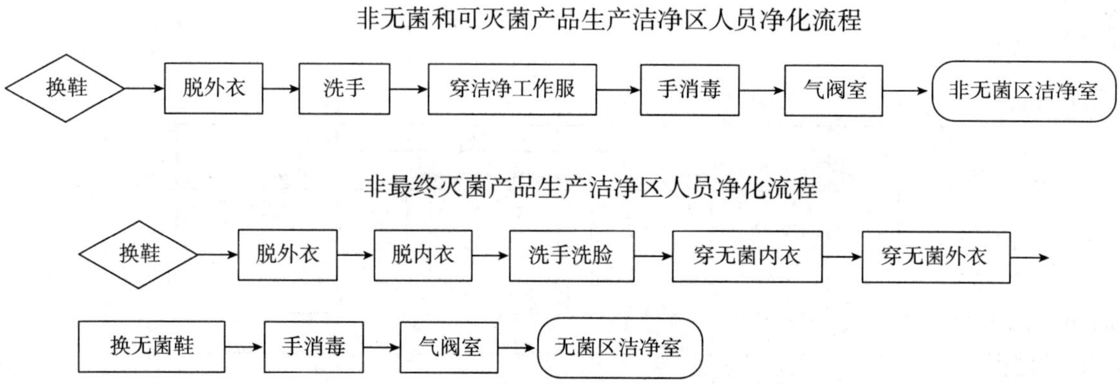

图2-9　不同洁净度级别的洁净室人员净化流程

2. **物料净化**　进入洁净室的原辅料、包装材料必须有一定的净化措施，在洁净室外侧用吸尘器或者清扫的方式清除表面尘粒；需在洁净区使用的物料、工具、容器具等均需清洁、灭菌处理，通过传递窗等送入洁净区内。使用后的设备、工具、容器具应及时按照规定程序进行清洁、消毒，置于通风良好的洁具间内规定位置。传递窗尺寸和结构应符合传递物品的需要（图2-10）。

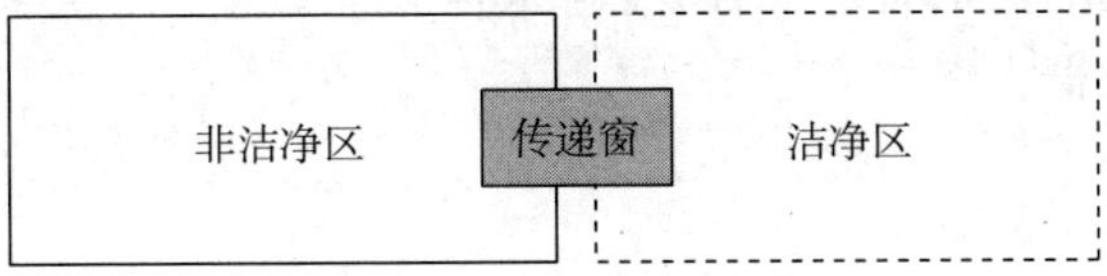

图2-10　传递窗平台示意图

点滴积累2-7

1. 洁净室布局时应考虑人流、物流分开。
2. 洁净室墙壁、顶棚、灯具、照明等都需要符合规定。
3. 洁净区物料通过传递窗进行传送。

四、洁净室质量控制

洁净室环境的质量与洁净室的设计、设备的选型和工作管理有较大关系，在设计和设备选型已经确定时，管理和维护就显得非常重要。为保证洁净室能保持良好状态，环境质量符合国家标准，建议做到以下要求。

1. 保持洁净区内所有的建筑物表面光滑、洁净、完好，不产生渗透作用，并能够耐受多种清洁剂反复使用和消毒；门、窗、各种管道、灯具、风口及其他设施、墙壁与地面的交界处等保持洁净、无浮尘。

2. 地漏干净，消毒并常保持液封状态，盖严上盖。洗手池、器具和洁具清洗池等设施，应里外保持洁净无浮尘、垢斑和水迹。

3. 缓冲室（气闸）、传递柜、传递窗等缓冲设施的两扇门不能同时打开；在不工作时，注意关紧传递设施的门。

4. 严格控制进入洁净空气的人数，仅限于该区域生产操作人员及经批准进入的人员进入；工作时应关紧操作间的门，尽量减少出入次数。对临时外来人员进行指导和监督。对进入洁净区人员实行登记制度。

5. 洁净区内进行各种操作活动要稳、准、轻，不做与工作无关的动作，各种活动（操作）应限制在最低限度。

6. 洁净区内所有物品应定数、定量、定置、挂状态牌，与本区生产无关的物品不允许带入。

7. 所用各种器具、容器、设备、工具需要不发尘的材料制作，并按规定程序进行清洁、消毒后方可放入洁净区。应尽量减少使用不易清洁的凹陷和凸出的壁架、橱柜和设备。

8. 使用后的清洁卫生工具要及时清洗干净、消毒并及时干燥，置于通风良好的洁具间内规定的位置。用前、用后要检查抹布、拖把是否会脱落纤维。

9. 记录用纸、笔需经洁净处理后方可带入洁净区。所用纸笔不发尘，不能用铅笔和橡皮，而应用签字笔。洁净区内不宜设告示牌、记事板。

10. 生产过程中产生的废弃物应及时放入洁净的不产尘的容器和口袋中，密闭放在洁净区内指定地点，并按规定在工作结束后将其及时清除出洁净区。洁净区空调宜连续运行，工作间歇时空调应做值班运行，保持室内正压，以防止室内结露。

11. 洁净室不宜安排一日24小时生产，每天必须有足够的时间用于清洁和消毒。更换品种要保证有足够的时间进行清场、清洁与消毒。

12. 必须保证洁净室维持在规定的洁净度等级环境下，并定期监测。

13. 按《空调净化系统清洁消毒管理规程》《空调净化系统清洁消毒标准操作规程》定期清洗回风滤网和定期清洗更换空气过滤器。

点滴积累2-8

1. 洁净区的质量需要定期地维护与管理。
2. 药品生产污染的风险点有原料、设备、生产方法、生产环境、人员操作等。

阅读与感悟

在关注制药企业洁净区空气净化的同时，也不能忽略排放空气的质量。近些年来，我国在废气治理上取得了很多突破和进展，对废气排放有着严格的标准。

在药品制造生产过程中，会产生大量的挥发性有机物，对人们生活以及身体健康造成很大影响。为了防止环境污染，需要对医药废气进行严格的净化排放处理。2019年7月1日实施的《制药工业大气污染物排放标准》（GB 37823—2019），规定了制药工业大气污染物排放控制要求、监测和监督管理要求。适用于现有制药工业企业或生产设施的大气污染物排放管理，以及制药工业建设项目的环境影响评价、环境保护设施设计、竣工环境保护验收、排污许可证核发及其投产后的大气污染物排放管理。

国家标准的颁布体现了全过程控制的理念，防治环境污染，改善环境质量，才能促进制药工业的技术进步和可持续发展。

自测达标

答案解析

一、单项选择题

1. 无菌药品生产的洁净区分为A、B、C、D四个等级，（　　）洁净级别最高

A. A级　　B. B级　　C. C级　　D. D级

2. 不同级别洁净区之间的压差不低于（　　）

A. 5Pa　　B. 10Pa　　C. 15Pa　　D. 20Pa

3. 药品生产的洁净厂房通常要满足的温度为（　　）

A. 4~10℃　　B. 15~20℃　　C. 18~26℃　　D. 20~30℃

4. 初效过滤装置一般能过滤空气中（　　）的尘埃粒子

A. 5μm以上　　B. 1~5μm　　C. 1μm以上　　D. 0.5μm以下

5. （　　）适用于A级洁净区

A. 顶送顶回絮流　　B. 顶送下侧回絮流

C. 顶送下回絮流　　D. 垂直层流

二、配伍选择题

（6~10题共用选项）

根据制品的描述，选择正确的洁净度级别。

A. B级背景下的A级　B. B级　C. C级

D. D级　E. C级背景下的局部A级

6.灌装速度较慢产品的灌封（　）

7.无菌眼膏的灌装（　）

8.灌装前无法除菌过滤的药液配制（　）

9.直接接触药品的器具灭菌后存放于密闭容器内（　）

10.直接接触药品的器具的最终清洗（　）

思维导图　知识小结

参考答案

实践四　项目单梳理

<table>
<tr><td>项目名称</td><td colspan="2">检测并判断洁净室参数</td></tr>
<tr><td>模拟级别</td><td colspan="2">C级洁净度</td></tr>
<tr><td>工具书</td><td colspan="2">《药品生产质量管理规范》（2010年修订），医药工业洁净室悬浮粒子、浮游菌、沉降菌的测试方法（国家标准）</td></tr>
<tr><td>洁净室描述</td><td colspan="2">非单向流，面积为30m²</td></tr>
<tr><td rowspan="4">模拟过程</td><td>1.查找国家标准，明确C级洁净度水平下各检测指标的限值</td><td>GB/T 16292—2010　GB/T 16293—2010　GB/T 16294—2010</td></tr>
<tr><td>2.温湿度检测</td><td>（1）检测设备：温湿度记录仪
（2）检测：温湿度读数稳定后，如实记录
温度：______
湿度：______</td></tr>
<tr><td>3.压差检测</td><td>（1）空调连续运行30分钟以上
（2）关闭洁净区所有门
（3）检测：读数准确、如实记录
压差：______</td></tr>
<tr><td>4.悬浮粒子检查</td><td>（1）仪器：激光粒子计数器
（2）开机预热10分钟，空调已运行30分钟
（3）布置采样点，力求均匀，至少选择______处采集
（4）检测
动态测试：室内检测人员______人
静态测试：室内检测人员______人
（5）记录检测环境信息，采样信息，依据标准进行结果判断
1号采样点：静态下≥0.5μm的悬浮粒子数分别为38561、45264和37957个/立方米；≥5.0μm的悬浮粒子数分别为1852、1910和1345个/立方米
2号采样点：静态下≥0.5μm的悬浮粒子数分别为31582、29560和38407个/立方米；≥5.0μm的悬浮粒子数分别为1982、1425和1138个/立方米
0.5μm的95%置信上限（UCL）为68565
5.0μm的95%置信上限（UCL）为2652</td></tr>
</table>

续表

模拟过程	5.浮游菌检测	(1)仪器：浮游菌采样器、恒温培养箱、培养皿 (2)空调已运行30分钟，仪器和培养皿严格消毒，布置采样点，放入培养皿，采样，记录，运行 (3)记录检测环境信息、采样信息等 (4)培养皿(大豆酪蛋白琼脂培养基)放入培养箱，__________℃培养72小时 (5)培养后计数，计算，并依据标准判断
	6.沉降菌检测	(1)仪器：培养皿、恒温培养箱 (2)培养皿外消毒，布置采样点，由里到外，逐个打开培养皿 (3)静态测试时培养皿暴露时间为______以上，动态测试时暴露时间不超过4小时 (4)培养皿(大豆酪蛋白琼脂培养基)放入培养箱30~35 ℃培养不少于2天 (5)培养后计数，依据标准判断
	7.表面微生物	(1)可用触碟法或擦拭法收集被接触表面活的微生物 (2)触碟法需要确保全部琼脂表面与取样点表面充分接触1分钟，再盖上碟盖，培养，计数 (3)擦拭法通常用于对不规则表面，用拭子缓慢并充分擦拭后放入无菌生理氯化钠溶液中，涂布培养，计数 (4)计算结果判断
模拟结果	通过进行C级洁净室的环境参数检测，判断温度合格________(是/否)，湿度合格________(是/否)，压力差合格________(是/否)，悬浮粒子检测1号采样点和2号采样点0.5μm平均值为________和________，UCL为68565，标准为352000个/立方米，判断合格________(是/否)；1号采样点和2号采样点5μm平均值为________和________，UCL为2652，标准为2900个/立方米，判断合格________(是/否)；空气微生物检测项，经培养计数后，均合格 如有不合格项目，请提出可能原因：____	

实践五　练习实验室灭菌方法

(一)实践目的

熟悉常用实验室灭菌方法。

(二)实践地点

药物制剂实训室。

(三)实践用具

接种针、酒精灯、安瓿、胶塞、恒温干燥箱、高压蒸汽灭菌器、微孔滤膜滤器、注射器。

(四)实践内容

根据学习的灭菌技术，用实验室用品进行熟悉与训练。

(五)实践原理

灭菌法是指用适当物理或化学手段将物品中活的微生物杀灭或除去的方法。分为物理灭菌法和化学灭菌法。灭菌操作在药品生产过程中具有重要的作用，需要结合药物性质和质量要求，选择合适的灭菌方法。

(六)实践内容

本实践内容只练习实验室常用的物理灭菌法。

灭菌方法	具体操作	是否完成(是/否)
火焰灭菌法	取接种环或接种针，直接放在酒精灯外焰上灼烧20秒左右即可	
干热灭菌法	取空的安瓿瓶，放入恒温干燥箱中，设置温度为160~170℃，到达目标温度后，保持2小时，断电，自然冷却，待烘箱温度降至70℃以下后，才能开启箱门	

续表

灭菌方法	具体操作	是否完成（是/否）
湿热灭菌法	高压蒸汽灭菌器，在外层锅内加适量的水，将西林瓶胶塞包装后放入锅内，关闭顶盖，设定温度121℃、30分钟，灭菌结束后，待压力表归零，再开启顶盖	
紫外灭菌法	打开超净工作台，打开紫外灯，灭菌30分钟后，关闭紫外灯。紫外照射会对身体造成伤害，因此使用前一定关闭	
过滤除菌法	分组自行配置0.9%氯化钠溶液，吸入注射器中，将针筒式微孔滤膜滤器（0.22μm）以无菌操作方式连接于装有待滤溶液的注射器上，压滤到无菌试管中。压滤时，用力要适中，不可太猛、太快，以免细菌被挤压通过滤膜	

（七）实践反思

灭菌与消毒有什么不同？请查找资料，收集下常用的消毒剂。

项目三　制药用水

PPT

学习目标

1. 掌握　纯化水与注射用水的制备方法及应用。
2. 熟悉　制药用水的分类和质量要求。
3. 了解　纯化水和注射用水的制备原理。

导读：水通常作为原料、辅料或溶剂广泛应用于药物生产过程或药物制剂的制备，因此，水的质量，特别是生产药物产品用水的质量，直接影响药物产品的质量。本项目主要探讨制药用水的种类、应用，学习纯化水和注射用水的制备与质量要求。

任务一　认识制药用水

【工作实例】制药企业的制水岗位主要负责生产工艺用水的制备和保供工作；能够按照规范操作提供质量合格的制药用水；进行水质监测和设备管理；定期对制水设备、输送管道、贮罐进行清洁消毒；按规定认真填写各种记录。那么制药用水是指什么水？不同的制药用水分别用于什么场景？

一、制药用水的分类

在制药生产过程中，水是不可或缺的原料，且用量大、使用广泛，可用于生产过程和药物制剂的制备。为提高制药质量，我国对制药用水提出愈发严格的要求。《中国药典》（2020年版）按其使用范围的不同，将制药用水分为饮用水、纯化水、注射用水和灭菌注射用水。一般应根据各生产工序或使用目的与要求选用适宜的制药用水。药品生产企业应确保制药用水的质量符合预期用途的要求（表3-1）。

饮用水为天然水经净化处理所得的水，其质量必须符合现行中华人民共和国国家标准《生活饮用水卫生标准》。

纯化水为饮用水经蒸馏法、离子交换法、反渗透法或其他适宜的方法制备的制药用水，不含任何附加剂。

注射用水为纯化水经蒸馏所得的水。

灭菌注射用水为注射用水按照注射剂生产工艺制备所得，不含任何添加剂。

表3-1　制药用水的分类及应用范围

种类	应用范围
饮用水	（1）制药用水的原水 （2）药材净制时的漂洗 （3）制药用具的粗洗用水 （4）除另有规定外，可作为饮片的提取溶剂

续表

种类	应用范围
纯化水	（1）注射用水的原水 （2）配制普通药物制剂用的溶剂或试验用水 （3）中药注射剂、滴眼剂等灭菌制剂所用饮片的提取溶剂 （4）口服、外用制剂配制用溶剂或稀释剂 （5）非灭菌制剂用器具的精洗用水 （6）非灭菌制剂所用饮片的提取溶剂
注射用水	配制注射剂、滴眼剂等的溶剂或稀释剂及容器的清洗
灭菌注射用水	注射用灭菌粉末的溶剂或注射剂的稀释剂

同步练习3-1

可用作注射剂容器清洗溶剂的是（　）

A. 纯化水　　B. 注射用水

C. 饮用水　　D. 灭菌水

答案解析

点滴积累3-1

1. 制药用水分为饮用水、纯化水、注射用水和灭菌注射用水。
2. 依据《中国药典》（2020年版）合理使用制药用水。

二、制药用水的质量要求

水是药物生产中用量大、使用广的一种辅料，用于生产过程和药物制剂的制备。世界卫生组织（WHO）将制药用水中的杂质列为潜在杂质来源之一，制药用水管理的本质是控制水中的化学纯度与微生物负荷，并保持稳定。我国制药用水安全注重“监管法规与行业规范相结合、通用要求与标准规定相结合”（表3-2），这有助于进一步落实企业主体责任，加强药品生产全过程管理，保障公众用药安全。

表3-2　纯化水、注射用水、灭菌注射用水质量要求

项目	纯化水	注射用水	灭菌注射用水
性状	无色的澄清液体；无臭	无色的澄清液体；无臭	无色的澄明液体；无臭
酸碱度	符合相关要求	符合相关要求	5.0~7.0
硝酸盐	≤0.06μg/ml	≤0.06μg/ml	≤0.06μg/ml
亚硝酸盐	≤0.02μg/ml	≤0.02μg/ml	≤0.02μg/ml
氨	≤0.3μg/ml	≤0.2μg/ml	≤0.2μg/ml
电导率	符合相关要求	符合相关要求	符合相关要求
易氧化物	符合相关要求	符合相关要求	符合相关要求
重金属	≤0.1μg/ml	≤0.1μg/ml	≤0.1μg/ml
微生物限度	不得过100cfu	不得过10cfu	符合注射剂要求
细菌内毒素	—	<0.25EU	<0.25EU

饮用水质量必须符合现行中华人民共和国国家标准《生活饮用水卫生标准》。纯化水、注射用水、

灭菌注射用水质量应符合《中国药典》(2020年版)的规定要求。

纯化水是制药生产过程中的重要原料和组成，其水质对药品质量至关重要。《中国药典》对纯化水的性状、pH、硝酸盐、亚硝酸盐、氨、电导率等指标均有规定。

注射用水用于制造各种注射液，如与患者血液直接接触的疫苗、点滴静脉输液和类似产品，并用于清洗包装这些产品的药瓶以及生产这些产品的设备。因此，注射用水中一定不能存在有毒或可能妨碍产品疗效的污染物。在质量要求上，注射用水比纯化水更严格，除一般的检查项目如酸碱度、硝酸盐与亚硝酸盐、易氧化物及重金属等规定外，还必须检查细菌内毒素，而且微生物的限度也比纯化水严格。

点滴积累3-2

1.饮用水质量必须符合现行中华人民共和国国家标准《生活饮用水卫生标准》。

2.制药用水质量要求应符合《中国药典》(2020年版)的规定。

充电链接

全球制药用水标准体系

世界卫生组织(WHO)及各国药品监管机构均高度关注制药用水的技术指南及标准，近十年来，国外主要药品监管机构对于制药用水的技术指南及标准系统更新较快。2020年5月20日，世界卫生组织(WHO)修订了自2012年起生效的制药用水指南，发布《WHO GMP：制药用水》征求意见草案(2020年版)。根据反馈意见，2020年7月30日，WHO发布了该指南草案的修订稿，用于二次征求意见。基于第二次征求意见收到的反馈，将形成最终版本，并已于2021年3月29日发布了第55届药物制剂专家委员会(ECSPP)会议技术报告1033(TRS 1033)，定稿了2021年版《WHO GMP：制药用水》。2021年版《WHO GMP：制药用水》强调：水的制备、储存与分配过程中对水质(包括微生物和化学质量)的控制，是一个重要关注点。与其他产品和工艺成分不同，水通常是来自一个按需运行的系统，在使用之前不会进行检测，也不会进行批放行，因此确保水质符合所需要求至关重要。

阅读与感悟

制药用水是药物生产过程中的重要组成部分。为保证其达到水质要求，世界各国在药典规范中都制定了相关质量标准。制药用水的原水来源于饮用水。我国饮用水源环境安全保护工作形势严峻。由于生活污水、工业废水、生活废弃物(垃圾)或工业固体废弃物(废渣)的乱排放、忽视水源卫生防护等原因，饮用水容易受到有机物、重金属、微生物等因素污染，使水质理化特性和生物种群的特性、组成发生改变，造成水质恶化，危害人体健康。水污染可引发人急性或慢性中毒，可诱发癌症，会引起贫血、神经错乱，对人体的内分泌、免疫功能、生殖功能均造成危害等。在大力发展制药行业的同时，也要注意排放物的危害。保护环境对人类社会的发展具有重要意义，树立正确的发展观，保护水源，打造“碧海蓝天”。

自测达标

答案解析

一、单项选择题

1. 下列不属于制药用水范畴的是( )

A. 饮用水　　B. 自来水　　C. 纯化水　　D. 注射用水

2.《中国药典》规定注射用水是（　）

A. 纯化水蒸馏　　B. 去离子水　　C. 蒸馏水　　D. 纯净水

3.灭菌注射用水的pH一般控制在（　）

A. 3~11　　B. 4~9　　C. 6~8　　D. 5~7

4.注射用水的微生物限度，100ml供试品中需氧菌总数不得过（　）

A. 100cfu　　B. 50cfu　　C. 10cfu　　D. 15cfu

5.纯化水与注射用水相比较，有区别的指标是（　）

A. 性状　　B. 硝酸盐　　C. 重金属　　D. 细菌内毒素

二、配伍选择题

（6~10题共用选项）

A.纯化水　　B.注射用水　　C.饮用水

D.灭菌注射用水　　E.自来水

6. 制备纯化水的水源为（　）

7. 制备注射用水的水源为（　）

8. 灭菌注射剂的稀释剂为（　）

9. 药材的漂洗用水为（　）

10.配制滴眼液的溶剂为（　）

任务二　纯化水生产技术

【工作实例】某学校药学专业大三学生张某到某制药企业的QC岗位实习，在进行纯化水取样后，检测内毒素超标。有哪些原因可能造成纯化水的内毒素超标呢？

一、纯化水制备技术

为适应制药工业的要求，饮用水需要逐级提纯水质，以达到药典规定的纯化水标准。纯化水为饮用水经离子交换技术、电渗析技术或反渗透技术等其他适宜方法制得的制药用水，不得含任何附加剂。纯化水系统主要包括预处理系统、制水系统、储存与分配系统等。

（一）离子交换技术

离子交换技术是药用纯化水的主要制备方法，也是药用纯化水制备中最早采用的制备方法。离子交换技术是使用带电荷的树脂，利用树脂离子的交换性能，除去水中绝大部分阴离子、阳离子，同时，对细菌、热原也有一定的清除作用。离子交换树脂有阳床、阴床、混合床三种，在混合床中能同时有效地进行阴、阳离子的交换，离子交换树脂的交换作用是可逆的，在使用一段时间后，可用一定浓度的酸或碱进行洗涤。

同步思考3-1

依据离子交换技术的原理，请思考离子交换技术还可能应用于哪些行业？

答案解析

充电链接

离子交换树脂

离子交换树脂是最早出现的功能高分子材料，其历史可追溯到20世纪30年代。有机离子交换树脂于1935年在英国诞生，随后，开创了离子交换树脂的时代。离子交换树脂，是带有官能团（有交换离子的活性基团）、具有网状结构、不溶性的高分子化合物。通常是球形颗粒物，它能够在液相中与带相同电荷的离子进行交换反应，按照交换基团性质的不同可分为阳离子交换树脂和阴离子交换树脂。离子交换树脂对溶液中的不同离子有不同的亲和力，对它们的吸附有选择性。各种离子受树脂交换吸附作用的强弱程度有一般规律，不同的树脂也可能略有差异。离子交换示意图如下。

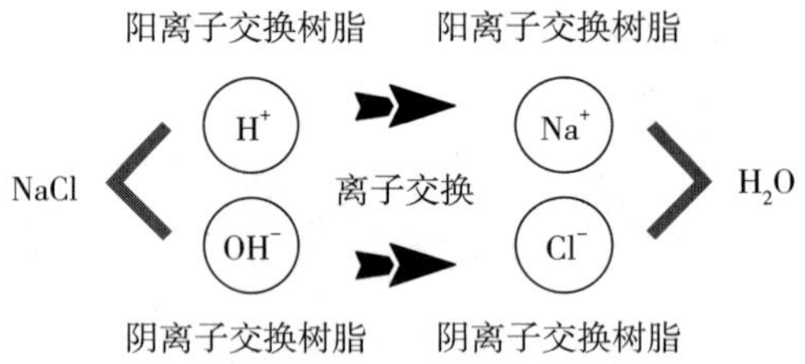

树脂在使用一段时间后，要进行再生处理，即用化学药品使离子交换反应以相反方向进行，使树脂的官能基团恢复原来状态，以供再次使用。

离子交换技术的优点是设备简单、能耗小、节约冷却水、成本低，所得纯化水的纯度较高。缺点是新树脂需要进行预处理，“老化”后的树脂需要再生，都会消耗大量的酸、碱，且应妥善处理废液；不能完全清除热原，因此纯化水可作注射用水的原水以及供一般的洗涤用水。

离子交换技术制备纯化水的工艺流程如图3-1所示。

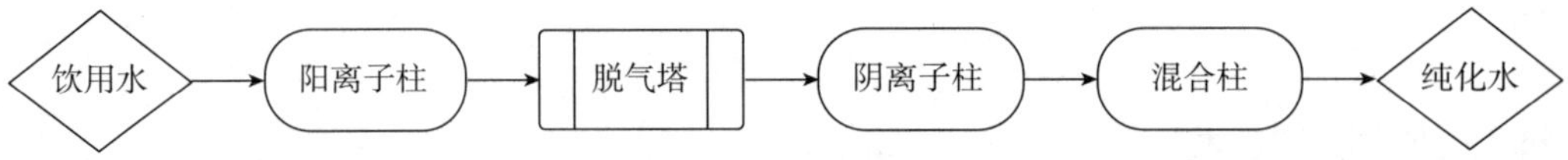

图3-1　离子交换技术制备纯化水的工艺流程图

饮用水进入阳离子柱与阳离子交换树脂充分接触，将水中的阳离子和树脂上的H^+进行交换，交换后的水呈酸性；当水进入阴离子交换柱时可以除去水中的阴离子；混合柱可以帮助水再一次净化。在阳离子树脂后加入的脱气塔可以除去二氧化碳，这样可以减轻阴离子树脂的负担。当交换一段时间后，出现水质量不合格时，说明树脂已经“失效”“老化”，需要将树脂进行再生处理。

（二）电渗析技术

电渗析技术是膜分离技术的一种，它将阴、阳离子交换膜交替排列于正负电极之间，在直流电场的作用下以电位差为驱动力，利用阴、阳离子交换膜对原水中离子的选择透过性，阳膜只允许阳离子通过，并向阴极迁移，阴膜只允许阴离子通过，并向阳极迁移，最终使一部分膜隔室水中的离子逐渐减少而达到除盐的目的。

电渗析制备纯化水的过程中，一般都采用多层离子交换膜的电渗析器，也就是阳膜、阴膜交替排列，构成浓室和淡室，电极在两端。电渗析法的工作原理如图3-2所示。

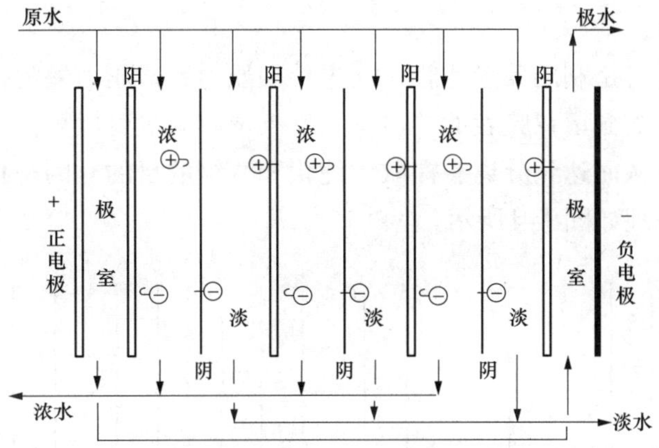

图3-2 电渗析法原理图

同步练习3-2

电渗析技术是以(　　)为推动力力的

A. 压力差　　B. 电势差

C. 重力差　　D. 浓度差

答案解析

电渗析技术的优点是：消耗电量低，产水量大；不消耗酸碱，对环境无污染；装置设计灵活，使用寿命长，维修方便。缺点是制得的纯化水纯度不高。当原水的含盐量较高时，直接采用离子交换技术制备纯化水树脂会很快“老化”，可采用将电渗析法与离子交换法结合的方式制备纯化水，效果较好。这种方法同时克服了离子交换技术和电渗析技术的不足，占地面积小，树脂用量少，纯化水的水质也好。

离子交换技术与电渗析技术结合制备纯化水的原理如图3-3所示。

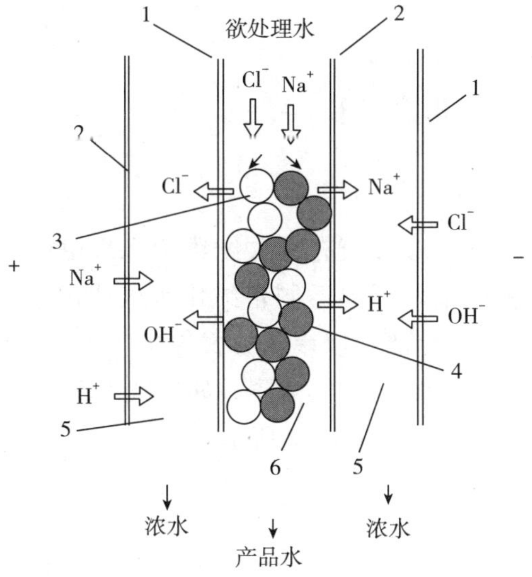

1.阴离子交换膜；2.阳离子交换膜；3.阴离子树脂；4.阳离子树脂；5.浓水室；6.淡水室

图3-3 离子交换技术与电渗析技术结合制备纯化水原理图

（三）反渗透技术

反渗透技术又称逆渗透，是利用反渗透膜，通过外加压力，以压力差为推动力，只允许水分子自由通过，其他物质不能透过而被截留在膜表面的过程。反渗透膜不仅可以截留细菌、病毒热原、高分子化合物，还可以阻挡无机盐，从而达到分离、提取、纯化和浓缩的目的。因与自然渗透的方向相反，故称为反渗透。反渗透技术的原理如图3-4所示。

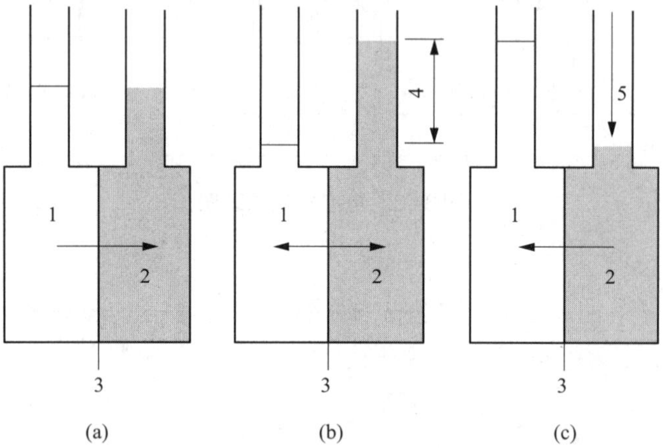

（a）渗透；（b）渗透平衡；（c）反渗透

1.纯水；2.盐溶液；3.半透膜；4.渗透压；5.外加压力

图3-4　反渗透技术基本原理示意图

反渗透技术是目前应用较为普遍的水处理技术。本法的优点是：除盐、除热原的效率高；能耗低，设备体积小；操作简单，单位体积产水量大；能保证完全消毒，可以达到注射用水质量要求。

同步练习3-3

反渗透技术是以（　　）为推动力的

A. 压力差　　B. 电势差

C. 重力差　　D. 浓度差

答案解析

用反渗透技术制备纯化水常用的反渗透膜有醋酸纤维膜和聚酰胺膜。主要的装置有板框式、管束式、螺旋卷式和中空纤维式四种类型。反渗透制备纯化水以饮用水为水源，一般采用两级反渗透系统，原水经过高压泵加压后，进行膜分离，以串联方式连接两个膜组件，经过两次膜分离，可除去90%~95%的一价离子、98%~99%的二价离子和氯离子，如果结合离子交换树脂处理，则可以得到符合要求的纯化水。两级反渗透制备纯化水流程如图3-5所示。

点滴积累3-3

1. 纯化水的制备常采用离子交换技术、电渗析技术和反渗透技术。
2. 目前制药企业常联用几种纯化水制备设备进行原水的处理。

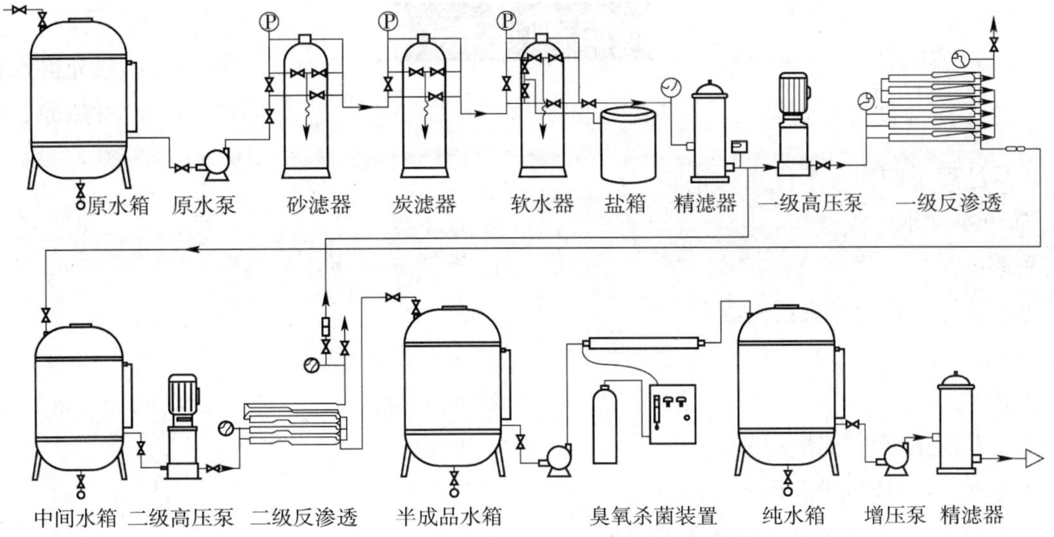

图3-5 两级反渗透制备纯化水流程图

二、纯化水储存与输送

纯化水储存条件是否标准取决于纯化水储罐的设计，纯化水储存周期不宜大于24小时，储罐宜采用不锈钢材料或经验证无毒，耐腐蚀，不渗出污染离子的其他材料制作。保护其通气口应安装不脱落纤维的疏水性除菌滤器。储罐内壁应光滑，接管和焊缝不应有死角和沙眼。应采用不会形成滞水污染的显示液面、温度压力等参数的传感器。储罐要定期清洗、消毒灭菌，并对清洗、灭菌效果验证；及时更换膜材或再生离子交换树脂。

纯化水宜采用循环管路输送。管道设计应简单，避免盲管和死角。管路应采用不锈钢管或经验证无毒、耐腐蚀、不渗出污染离子的其他管材制作。纯化水储存罐、输送纯化水的管道、输送泵应定期清洗、消毒灭菌，验证合格后方可投入使用。

在药品生产中，纯化水用途广泛，被用作溶剂、清洁剂、辅料、纯蒸汽和注射用水的原料等，从原料药到制剂产品，对纯化水的使用贯穿生产的全过程，因此纯化水的质量控制在生产管理中至关重要。关于纯化水的质量应符合《中国药典》(2020年版)纯化水项下规定，具体请参照本项目中表3-2。

点滴积累3-4

1.为保证纯化水的使用安全，储存和输送也非常重要。
2.纯化水的制备应定期在线消毒，以确保纯化水的质量。

阅读与感悟

目前，淡水资源短缺已成为一个全球性的环境问题。利用海水资源已成为解决全球水资源短缺问题的重要途径。我国对海水淡化技术的研究始于1958年，起步时采用的是电渗析技术，而后逐渐转移到反渗透技术和蒸馏技术。反渗透膜具有通量大、产水量高的特点，能有效去除海水中的无机盐、重金属离子、有机物、细菌等有害成分。将反渗透膜的优质性能与自动化、高精度的制造工艺相结合，可以节约海水淡化系统的投资和运行成本，提高系统的产水量。采用反渗透膜技术，可以有效降低海水淡化能耗，确保系统使用寿命长且维护成本较低，系统出水水质长期稳定，水质可通过国家检测认证。随着我国海水利用技术的不断进步，工业化的不断推进和监督管理体制的不断完善，海水利用产业将进入快速发展的新阶段，为促进我国经济社会可持续发展作更大的贡献。

自测达标

答案解析

一、单项选择题

1.下列不是离子交换技术优点的是（　）

A. 节约冷却水　　B. 成本低

C. 能耗大　　D. 制得水的纯度较高

2.下列不是纯化水制备方法的是（　）

A. 吸附过滤法　　B. 离子交换法

C. 反渗透法　　D. 电渗析法

3.下列关于纯化水说法错误的是（　）

A. 纯化水不含任何附加剂

B. 纯化水可以用于注射剂的配置与稀释

C. 纯化水应符合细菌内毒素要求

D. 纯化水属于制药用水中用量最大的辅料

4.关于离子交换技术，说法错误的是（　）

A. 离子交换技术需要消耗大量的酸和碱

B. 离子交换技术可清除全部热原

C. 离子交换设备一般由阳离子交换柱、阴离子交换柱和混合柱组成

D. 离子交换柱可再生

5. 关于纯化水储存和运输说法错误的是（　）

A. 纯化水的储存周期应不超过36小时

B. 纯化水输送管道应定期消毒，以保证质量

C. 纯化水的储存罐应选择无毒、耐腐蚀的不锈钢材料

D. 纯化水的输送管路应避免盲管和死角

二、实操题

6. 依据纯化水制备方法，完成下列表格。

技术方法	原理	优点	缺点
离子交换技术			
电渗析技术			
反渗透技术			

任务三　注射用水生产技术

【工作实例】张某就职于某药企的注射用水制备岗位，每日工作一般包括生产前准备、生产操作和生产结束，为保障设备运行正常，每天都需要定期巡回检查。检查多效蒸馏水器的具体项目是什么？

一、注射用水制备技术

注射用水为纯化水经蒸馏所得的水，主要作为配置注射液的溶媒。注射用水应符合细菌内毒素试验

要求。注射用水必须在防止细菌内毒素产生的设计条件下生产、贮藏及分装。其质量应符合《中国药典》(2020年版)注射用水项下的规定。注射用水可作为配制注射剂、滴眼剂等的溶剂或稀释剂及容器的精洗。注射用水为纯化水经蒸馏技术或反渗透技术制备所得。

(一)蒸馏技术

蒸馏法是我国药典法定的制备注射用水的方法，也是制备注射用水最经典、应用最为广泛的方法。该法的过程一般为纯化水被加热汽化，蒸汽通过隔膜装置后重新冷却形成注射用水。常用的设备有多效蒸馏水器和气压式蒸馏水器。

同步思考3-2

蒸馏法是我国药典法定的制备注射用水的方法，请查阅资料，列举几个其他国家药典规定的制备注射用水的方法。

答案解析

1.多效蒸馏水器 是近几年发展起来的，也是目前制药企业注射用水的主要设备，由圆柱形蒸馏塔、冷凝器、控制元件等组成，通过多效蒸发、冷凝的办法分段截留去除各种杂质，可以制得高质量的蒸馏水。既可以充分利用热能，能耗低，大大节省蒸汽和冷凝水，而且出水质量高、产量高，经济适用。

多效蒸馏水器的性能取决于加热蒸汽的压力和级数，压力和级数越大，产量越高，热利用率也越高，比较常用的为三至五效级，工作原理也是相同的。纯化水经冷凝器进入各级塔内，逐渐依次升温，一效塔的纯化水经高压蒸汽加热迅速蒸发，蒸汽经隔膜装置作为热原进入二效塔的加热室，二效塔的纯化水被再次蒸发，而蒸汽在其底部冷凝为蒸馏水，同样的方法供给为三效、四效、五效，被冷凝形成的蒸馏水会汇集于收集器而形成质量符合要求的注射用水。多效蒸馏水器及原理图如图3-6所示。

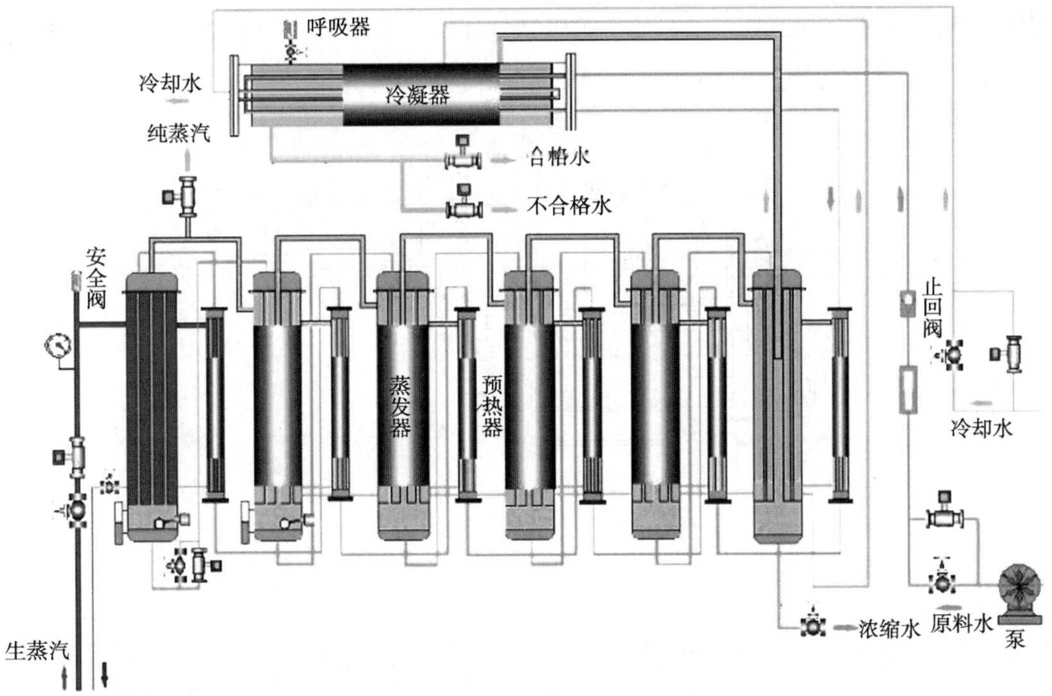

图3-6 多效蒸馏水器原理示意图

同步练习3-4

注射用水的原水是（　）

A. 纯化水　　　　B. 饮用水

C. 生活用水　　　D. 蒸馏水

答案解析

充电链接

多效蒸馏器的保养和维护

可以通过擦拭、清扫、润滑、调整的一般方法对设备进行护理，以维持和保护设备的性能和技术状况。

（1）每天保养项目　每天需要检查设备紧固螺栓及连接件有无松动，及时紧固；检查连接管路有无跑冒滴漏现象，及时排除异常情况，保持设备表面清洁。

（2）定期维护保养项目　需要对计量仪器、仪表定期校验；安全装置定期校验（安全阀每年1次）。

（3）每年保养项目　检查液位控制器、自控系统、继电连接点、呼吸过滤器、电磁阀、气动阀、单向阀、疏水器，检查清洗原料水及蒸汽的过滤器、流量计，更换蒸馏水机配用多级泵的填料，检修机械密封，检查轴承、校正联轴器，更换润滑油（脂）。

（4）每两年保养项目　更换或检修电磁阀、气动阀、单向阀等损坏部件，清洗蒸发器、预热器、冷凝器内水垢，更换密封垫，调整配用多级泵的各部位间隙，检查或检修轴瓦，校正联轴节，更换轴承垫片及其易损部件，检查或检修平衡盘、平衡环、叶轮、轴套等主要零件。

2. 气压式蒸馏水器　是将进料纯化水加热至沸腾汽化，产生的二次蒸汽被蒸气压缩机压缩，其压强和温度同时升高，被压缩的蒸汽经冷凝即得到成品注射用水。气压式蒸馏水器主要由自动进水器、热交换器、加热室、蒸发室、冷凝室及蒸气压缩机等组成。

气压式蒸馏水器不需要冷凝水，通过热交换器就可以回收余热加热原水，降低了能耗；二次蒸汽经压缩、冷凝后，可保证冷凝水无菌、无热原，可以达到注射用水要求；产水量大，能满足制药企业的需要。气压式蒸馏水器原理如图3-7所示。

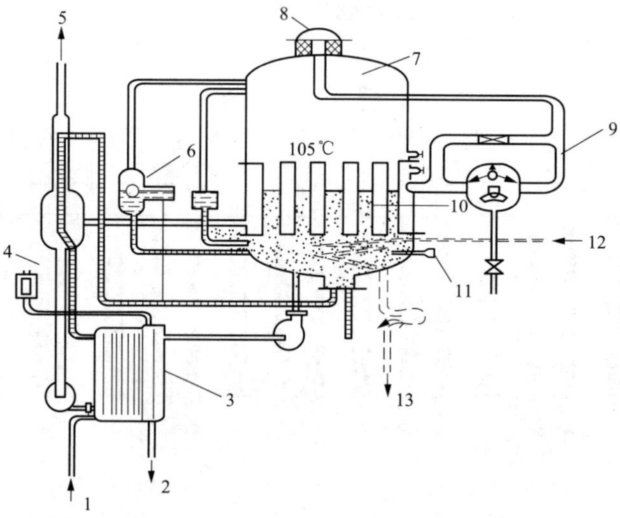

1.进料水口；2.浓缩液出口；3.换热器；4.蒸馏水出口；5.不凝性气体排出口；6.液位控制器；7.蒸发室；8.除沫器；9.蒸汽压缩机；10.蒸发室内加热管；11.电加热器；12.蒸汽进口；13.冷凝水排出口

图3-7　气压式蒸馏水器示意图

（二）反渗透技术

反渗透技术在纯化水的制备中已介绍，一级反渗透装置可去除一价离子90%~95%，二价离子98%~99%，但是除氯离子效果较差，需要至少二级反渗透系统才可以满足质量要求。《中国药典》没有收载此法。

在实际生产中，制药企业会根据原水质量、设备特点、工艺要求等来选择，一般是将上述技术方法进行组合，制备注射用水。

点滴积累 3-5

1. 蒸馏法是《中国药典》法定的制备注射用水的方法。
2. 蒸馏技术常用的设备有多效蒸馏水器、气压式蒸馏水器。

二、注射用水储存与输送

依据《药品生产质量管理规范》的要求，注射用水储罐和输送管道所用材料应当无毒、耐腐蚀；储罐的通气口应当安装不脱落纤维的疏水性除菌滤器；管道的设计和安装应当避免死角、盲管。注射用水的制备、贮存和分配应当能够防止微生物的滋生；储罐应以球形或圆柱形为宜，采用保温夹套，以保证注射用水的储存温度。

注射用水的储存方式和静态储存期限应经过验证确保水质符合质量要求，例如可以在80℃以上保温、70℃以上保温循环或4℃以下的状态下存放，并在制备后12小时内使用。

为保证注射用水的质量，应减少原水中的细菌内毒素，监控蒸馏法制备注射用水的各生产环节，并防止微生物的污染。应定期清洗与消毒注射用水系统。关于注射用水的质量应符合《中国药典》（2020年版）注射用水项下规定，具体请参照本项目中表3-2。

点滴积累 3-6

1. 注射用水应于70℃以上保温循环或4℃以下的状态下存放。
2. 注射用水的质量应符合《中国药典》（2020年版）注射用水项下规定。

阅读与感悟

水是药品生产过程中应用最为广泛的物料。制药用水的重要性是不言而喻的，大量原料药在生产过程都需要用到纯化水，或注射用水作溶剂或载体；同时制药用水还是药品生产过程中容器、设备，最常用、最经济的清洗剂。GMP中明确规定：“应当对制药用水及原水的水质进行定期监测，并有相应的记录。”然而水系统的脆弱性在于其最容易受到污染，因此，制水岗位操作人员需要认真履行本岗位职责，需要落实到“制药用水”系统的设计、建设、安装、运行、使用及日常维护、监测的每个操作中。制药用水的质量关乎药品质量，药品的质量事关人民群众身体健康和生命安全。

自测达标

答案解析

一、单项选择题

1. 纯化水经蒸馏所得的水是（　）

A. 灭菌注射用水　B. 制药用水　C. 纯净水　D. 注射用水

2. 注射用水在制备(　　)小时内使用

A. 12　B. 24　C. 36　D. 48

3.《中国药典》(2020年版)收载制备注射用水的方法是(　　)

A. 离子交换法　B. 电渗析法　C. 蒸馏法　D. 反渗透法

4. 关于注射用水，说法正确的是(　　)

A. 可采用离子交换或电渗析法制得

B. 65℃以上保温循环

C. 为饮用水制得

D. 储罐可以采用圆柱形

5. 纯化水和注射用水的区别是(　　)不同

A. 热原和微生物限度

B. 重金属

C. 总有机酸

D. 硝酸盐和亚硝酸盐

二、综合运用

6. 请依据注射用水的制备方法，尝试绘制注射用水工艺流程图。

7. 常用的蒸馏水器有哪些？简述其工作原理和特点。

思维导图　知识小结

实践六　项目单梳理

参考答案

项目名称	模拟注射用水制备岗位操作程序
项目流程	1. 生产前准备 (1)检查是否有________合格标志，且在有效期内，若清场不合格，则需要重新清场，经QA人员检查合格，填写合格证后，才能进行下一操作 (2)检查设备、管路是否完好，是否有________标牌、“已清洁”标牌，且在有效期内 (3)做好检查氯化物、铵盐、酸碱度的化验准备 (4)按消毒规程对设备、容器、用具进行________ (5)挂本次运行状态，准备操作 2. 生产操作　按多效蒸馏水机操作规程进行 (1)检查加热工业蒸汽、进料水电导率，检查各管道、阀门无渗漏 (2)将蒸汽管道中冷凝水排放干净，获得干燥饱和________，打开蒸汽阀门，预热15分钟 (3)开启________、冷却水、压缩气阀门 (4)当注射用水温度≥92℃，且电导率≤1.0μS/cm(25℃)时，现场取多效蒸馏水机出水口水样检测(含内毒素)合格后注射用水进入储罐 (5)注射用水输送泵每天24小时开启，循环贮存；注射用水输送时应在________以上保温循环存放，不输送时________以上保温贮存，保温贮存时间不超过________小时 3. 生产结束 (1)按多效蒸馏水机操作规程关闭设备 (2)在储罐上贴标签，注明生产日期、操作人和罐号 (3)对设备进行消毒，经________人员检查合格后，发清场合格证 (4)如实填写各项生产操作记录

续表

	操作步骤	记录	操作人	复核人
操作记录	1.检查房间上次生产清场记录	已检查，符合要求　□		
	2.检查房间中有无上次生产的遗留物，有无与本批产品无关的物品、文件	已检查，符合要求　□		
	3.设备、管道处于完好状态	已检查，符合要求　□		
	4.检查循环系统情况	蒸气压力：　　　　MPa		
		冷却水压力：　　　MPa		
		压缩空气压力：　　MPa		
	5.按操作规程调节仪表	已调节，符合要求　□		
	6.按操作规程开启设备	已正常开启，符合要求　□		
	7.按“质量”按钮，观察注射用水的质量是否合格	已观察、注射用水合格　□		
	8.操作完毕，按操作规程停机	已停机　□		
	9.填贮罐标签，注明生产日期、操作人、罐号	已进行　□		
	10.生产结束后进行清场工作，并填写清场刻录	已清场，并填好了清场记录　□		
	11.关闭水、电、气	水、气、气已关闭　□		
	备注：			

实践七　纯化水的制备与质量检查

（一）实践目的

熟悉纯化水制备的流程与质量检查项目。

（二）实践地点

药物制剂实训室。

（二）实践用具

实验室纯水机、电导率仪、干燥箱、水浴锅、玻璃器皿等。

（四）实践内容

学习实验室纯化水的制备原理及质量检查训练。

（五）实践原理

纯化水为饮用水经蒸馏法、离子交换法、反渗透法或其他适宜的方法制备的制药用水，不含任何附加剂。纯化水再经蒸馏处理后可制得注射用水。

（六）实践内容

实践项目	实践内容	实践结果
纯化水制备原理	1.学会使用实验室纯化水制备设备 2.查阅实验室纯化水机器说明书，根据所学知识，指出该机器制备纯化水的原理	

续表

实践项目	实践内容	实践结果
纯化水质量检查	查阅《中国药典》(2020年版)，将制备的纯化水依据下列给出项目进行相应质量检查	判断各项是否合格
	1.性状：本品为无色的澄清液体；无臭	
	2.酸碱度：取纯化水10ml，加甲基红指示液2滴，不得显红色；另取10ml，加溴麝香草酚蓝指示液5滴，不得显蓝色	
	3.电导率：用电导率仪测定，根据测定温度查表得电导率限定值	______℃；______μs/cm
	4.不挥发物：取本品100ml，置105℃恒重的蒸发皿中，在水浴上蒸干，并在105℃干燥至恒重，遗留残渣不得过1mg	______mg
	5.其他质量检查项目：可根据实验室条件，参照《中国药典》(2020年版)纯化水项下检测	

项目四　制药生产单元操作

PPT

学习目标

1. 掌握　粉碎、筛分、混合和干燥的方法。
2. 熟悉　粉碎、筛分、混合和干燥的定义；常见设备特点及应用范围等。
3. 了解　粉碎、筛分和混合的注意事项；干燥速率的影响因素。

导读：固体制剂作为一种最常用的剂型一直广为人知，而固体制剂的含量均匀度一直是制药企业重点考虑的控制点，因此原辅料前处理的好坏直接影响成品制剂的质量；含水量需要符合《中国药典》（2020年版）的标准，控制其含水量也是保证固体制剂质量的要求之一。本项目主要探讨固体制剂前处理的相关知识，学习从粉碎到筛分到混合及干燥的操作方法以及注意事项。

任务一　粉碎、筛分与混合

【工作实例】某学校药学专业学生王某在校企合作的制药企业车间实习时发现散剂、颗粒剂、胶囊剂和片剂等固体制剂的生产工序有重复的地方，这些重复或类似的工序主要包括哪些？在实际生产过程中需要注意哪些问题？

一、粉碎

粉碎是借助机械力或其他方法将大块固体物料破碎成适宜大小的颗粒、细粉或超细粉的单元操作。在物料粉碎的过程中，遵循能量守恒定律，通过破坏物质分子间的内聚力，将机械能转化为表面能等，从而达到粉碎的效果。在药物制剂生产过程中，粉碎操作是药物原材料处理以及后处理技术中的重要环节，也是药物微粉化和制备成型的重要工序，粉碎技术直接关系到药物的均匀性、流动性等性质，最终会影响药物的疗效。

同步思考4-1

在药物制剂生产过程中，是不是药物粉碎得越细，对药物发挥药效就越有利？

答案解析

（一）粉碎度

粉碎度（n）即固体药物在粉碎前后粒子的平均直径之比，表示固体药物的粉碎效果。

$$n = d/d_1 \tag{4-1}$$

式中，n为粉碎度；d为粉碎前颗粒的平均直径；d_1为粉碎后颗粒的平均直径。

由式4-1可知，粉碎度与颗粒的直径成反比，粉碎度越大，所得药物颗粒的粒径就越小。药物粉碎度的大小，取决于制备的剂型、医疗用途及药物本身的性质。例如，黏膜用的外用散剂需要极细的粉末，以减少刺激性；内服散剂中难溶或不溶性药物应粉碎成细粉，有利于溶出；易溶的药物则不必粉碎成细粉；因此，对于药物的粉碎度的要求应作具体分析，不能一概而论。

（二）粉碎的目的

1. 减少粒径，增加药物的比表面积，从而加速药物的溶出且提高药物的生物利用度。
2. 调节药物粉末的流动性，便于各成分混合均匀。
3. 提高固体药物在液体、半固体、气体中的分散度。
4. 在中药的提取操作中，药材经过适当粉碎，有利于药材中有效成分的浸出等。

（三）粉碎方法

药物粉碎时，需要根据物料的性质、状态、比例、粉碎度要求，并结合现有粉碎设备等情况来选择适宜的粉碎方法。常用的粉碎方法如下。

1. 混合粉碎与单独粉碎

（1）混合粉碎　是将两种或两种以上的药物放在一起进行粉碎的操作，又称“共研法”。某些性质、硬度、密度相似的药物，可以掺合在一起粉碎，这样可使粉碎与混合同时进行，既能节约时间和资源，也可避免一些黏性药物单独粉碎的困难。

（2）单独粉碎　是将一种物料单独进行粉碎，又称“单研法”。例如，贵重药材、刺激性药材、易氧化药物及易还原药物等应采取单独粉碎，可以减少损失、减少刺激性、避免药物发生氧化还原反应。

2. 干法粉碎与湿法粉碎

（1）干法粉碎　是指把物料经过适当干燥，使含水量降低到一定程度（水分含量一般低于5%）再进行粉碎的方法，这种粉碎在制剂生产中应用最广泛。

（2）湿法粉碎　是指在物料中添加适量的水或其他液体进行粉碎的方法，也称加液研磨法。此法的优点是借助液体的渗透有利于粉碎的进行，同时也可避免粉尘飞扬，可减少毒性药物或刺激性药物对人体的危害，减少贵重药材的损失。但是选用的液体以药物不溶解、遇湿不膨胀、不影响药效者为原则，用量以能润湿药物成糊状为宜。

充电链接

水飞法的介绍

水飞法是指将一些矿物药料先打成碎块，除去杂质，放于乳钵中加入适量清水，用重力研磨，随时旋转乳钵使细粉混悬于水中被倾倒出来，直至全部研细为止。水飞法是一种湿法粉碎方式，发源于中国传统中药炮制技术，一般适用于质重、价昂、有毒等类物料的粉碎，比如珍珠、雄黄、朱砂、炉甘石等。水飞法的目的：去除杂质，洁净药物；使药物质地细腻，便于内服和外用；防止药物在研磨过中粉尘飞扬，污染环境；除去药物中可溶于水的毒性物质，如砷、汞等。

3. 循环粉碎与开路粉碎

（1）开路粉碎　将粉碎物料连续供给粉碎机，同时不断从粉碎机中取出粉碎产品的操作，即物料只通过一次粉碎机完成粉碎的操作。开路粉碎方法操作简单，设备便宜，但动力消耗大，粒度分布宽，适于粗碎或粒度要求不高的粉碎。

（2）循环粉碎　经粉碎机粉碎的物料通过筛或分级设备使粗颗粒重新返回到粉碎机反复粉碎的操作。循环粉碎动力消耗低，粒度分布窄，适于粒度要求比较高的粉碎。

4.低温粉碎　是指利用物料在低温时脆性增加，韧性与延伸性降低的特性，将物料在低温下进行粉碎的方法。此法适用于在常温下粉碎困难的药物如树脂、树胶等。低温粉碎能减少挥发性成分的挥发，并可获得更细的粉末。

5.气流粉碎　又称流能粉碎，是指利用高压气流使物料与物料之间、物料与器壁之间相互碰撞而产生强烈的粉碎作用的方法。此法可得到5~20μm的粉末，由于气流在粉碎室中膨胀时的冷却作用，物料在粉碎的过程中温度不升高，因此可用于热敏感物料和低熔点物料的粉碎。

（四）常用的粉碎设备

1.研钵　又称乳钵，一般用陶瓷、玻璃、金属制成。研钵由钵和杵棒组成。杵棒与钵内壁接触通过研磨、碰撞、挤压等作用力使物料粉碎、混合均匀。主要用于少量物料的粉碎。

2.锤击式粉碎机　也称榔头机，由钢壳、钢锤、筛板及鼓风机四部分组成，是利用高速旋转的钢锤的撞击及锤击作用而达到粉碎目的一种粉碎机（图4-1）。

3.球磨机　由不锈钢或瓷制成的圆筒形球罐，内装有一定数量和大小的钢球或瓷球，球罐的轴固定在轴承上（图4-2）。当球罐转动时，物料受筒内起落圆球的撞击作用、圆球与筒壁之间以及球与球之间的研磨作用而被粉碎。球磨机结构简单，密闭操作，粉尘少，不但可以间歇操作，也可以连续操作，常用于毒性药物、刺激性药物、贵重药物或吸湿性药物的粉碎。对结晶性药物、硬而脆的药物进行粉碎，效果更好。球磨机较容易实现无菌条件下的粉碎与混合药物，得到无菌的产品；易氧化药物或爆炸性药物，还可在充填惰性气体条件下密闭粉碎。

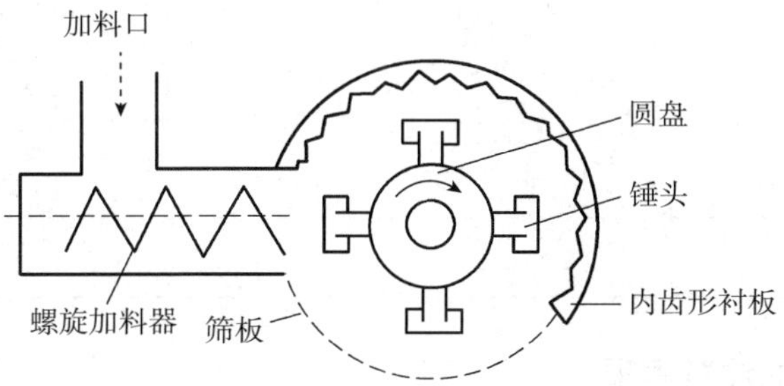

图4-1　锤击式粉碎机示意图

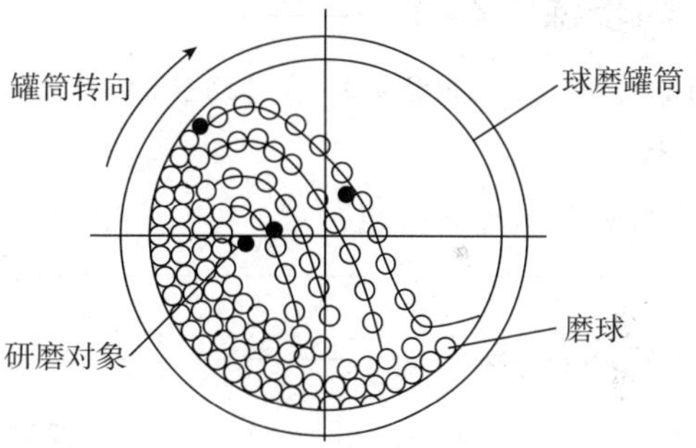

图4-2　球磨机示意图

球磨机除广泛应用于干法粉碎外，亦可用于湿法粉碎。如用球磨机水飞制备炉甘石、朱砂、珍珠可达到120目以上细度的粉末，比干法制得的粉末滑润，且可节省人力。

4.万能粉碎机　是一种应用较广的冲击式粉碎机。其结构如图4-3所示，有高速旋转的旋转轴、轴上装有数个锤头、机壳上有齿板和筛板。其工作原理是借助高速旋转的钢锤或钢柱对物料产生强大的撞击力使物料破碎，破碎的物料通过筛板筛出。适用于结晶性和纤维性等脆性大、韧性小的物料，物料可达到中碎、细碎程度，但粉碎过程会发热，故不适用于粉碎含大量挥发性成分或黏性、遇热发黏的物料。万能粉碎机根据其结构不同可分为锤击式和冲击柱式两种。

5.流能磨　又称气流式粉碎机，是利用高压气流带动物料产生高速碰撞而使物料得到粉碎。高压气流在粉碎室内膨胀而产生冷却效应，故不升高被粉碎物料的温度，适用于抗生素、酶、低熔点或其他对热敏感的药物粉碎。由于在粉碎的同时就进行了分级，所以可得5μm以下均匀的微粉。根据结构，分为圆盘形流能磨和合轮形流能磨。

6.高压均质机　关键的部位是高压泵和高压均质腔，尤其是第二代高压均质机的Y形结构，解决了第一代机金属微粒残留的问题。在高压作用下，液体类物料快速通过均质腔，在高速剪切作用、高频振荡作用、空穴现象和对流撞击等综合效应下，物料大分子超微细化，最终达到均质的效果（图4-4）。主要适用于溶解性不好的药物，但因为内部的Y形结构，浓度和黏度较大的液料易发生堵塞。

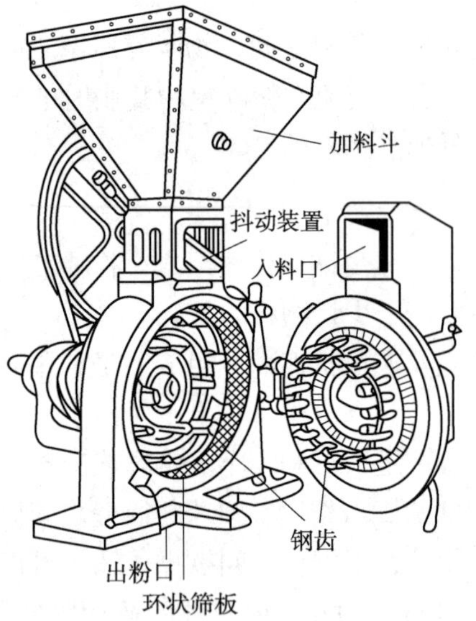

图4-3　万能粉碎机示意图

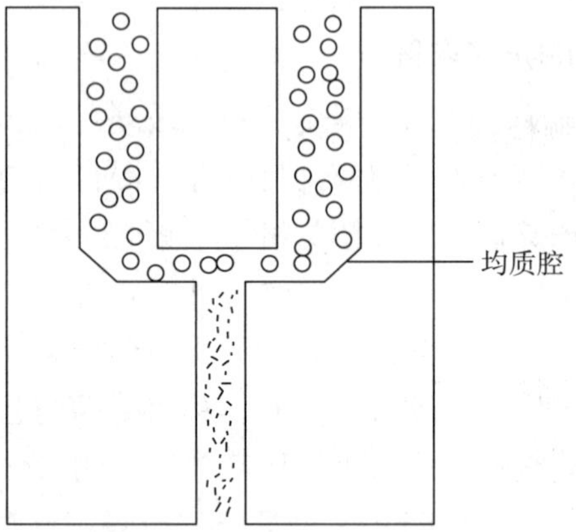

图4-4　高压均质机示意图

同步练习4-1

通常情况下，球磨机转动时转速越（　　）越好

A. 快　　B. 慢

C. 根据实际情况而定　　D. 静止

答案解析

充电链接

粉碎操作的注意事项

1.粉碎设备的选择：可根据被粉碎物料的硬度、脆性与黏性，所要达到的粉碎度来选用。对于硬而脆的物料以撞击和挤压的效果较好；对于韧性物料以研磨较好；而对于脆性物料以劈裂为宜；对坚硬而贵重的药材则以挫削为好。

2.粉碎过程中应及时筛去细粉以提高效率。

3.粉碎机的清洗：为防止混料，粉碎机在粉碎结束后需进行清洗，清洗效果应达到设备内外无可见污迹，最后一次纯化水冲洗后，其pH应呈中性。

4.粉碎毒性或刺激性较强的药物时，应注意劳动保护，以免中毒。

点滴积累4-1

1.粉碎度表示固体药物的粉碎效果，即物料粉碎前后粒子的平均直径之比。

2.常用的粉碎方法包括混合粉碎、单独粉碎、干法粉碎、湿法粉碎。

3.常用的粉碎设备包括研钵、锤击式粉碎机、球磨机、万能粉碎机、流能磨和高压均质机。

二、筛分

（一）含义

筛分是借助筛网将物料按粒度大小进行分离的操作。筛分本质上是对物料的过筛和分级，对物料粒子进行整理的一种方法。

（二）筛分的目的

筛分是为了获得大小较均匀的粒子群或除去异物，这对药品质量以及制剂生产过程的顺畅进行都有直接意义。如颗粒剂、散剂都有粒度的规定；在片剂压片、胶囊充填等单元操作中，粒度的均匀性对药物的混合度、充填性等都有明显的影响。

（三）药筛的种类与粉末分等

1.药筛的种类　药筛（或称标准筛），是指《中国药典》（2020年版）规定的全国统一用于药剂生产，主要用来筛选粉末粒度（粗细）或匀化粉末的工具。在实际生产中，也使用工业筛，这类筛的选用，应与标准药筛相近，且不影响药剂质量。制药工业根据制作方法的差异将药筛分为冲眼筛和编织筛。

（1）冲眼筛　是在金属板上冲击圆形、长方形、人字形等筛孔而制成，耐冲击，筛孔不易变动，常装于锤击式、冲击式粉碎机的底部，与高速粉碎机过筛联动。

（2）编织筛　是用有一定机械强度的金属丝（如不锈钢丝、铜丝、铁丝等），或其他非金属丝（尼龙丝、绢丝等）编织而成。编织筛在使用时筛线易于移位，故常将金属筛线在交叉处压扁固定。编织筛同冲眼筛相比，重量轻、有效筛分面积大，且筛网有一定弹性，筛网本身还产生一定的颤动，有助于黏附在筛网上的细粒同筛网的分离，避免堵网，提高筛分效率。

2.药筛的规格　《中国药典》（2020年版）所用筛网选用国家标准的R40/3系列，共规定了九种筛号，一号筛的筛孔内径最大，依次减少，九号筛的筛孔内径最小，分等如表4-1所示。

表4-1　《中国药典》（2020年版）所用药筛

筛号	筛孔内径（μm）	目号
一号筛	2000 ± 70	10目
二号筛	850 ± 29	24目
三号筛	355 ± 13	50目
四号筛	250 ± 9.9	65目
五号筛	180 ± 7.6	80目
六号筛	150 ± 6.6	100目
七号筛	125 ± 5.8	120目
八号筛	90 ± 4.6	150目
九号筛	75 ± 4.1	200目

筛号数越大，粉末越细，例如能通过120目筛的粉末就叫120目粉。

3.粉末的分等　为了适应医疗和药剂生产需要，原辅料一般都需要经粉碎后再进行筛选，才能得到粒度比较均匀的粉末。筛选方法是以适当的药筛过筛。筛过的粉末包括所有能通过该药筛孔的全部粉粒。例如通过一号筛的粉末，不都是近于2mm直径的粉粒，包括所有能通过二至九号药筛甚至更细的粉粒在内，富含纤维素的药材在粉碎后，有的粉碎呈棒状，其直径小于筛孔，而长度则超过筛孔直径，但这类粉末也能通过筛网。为了控制粉末的均匀度，根据一般实际要求，《中国药典》(2020年版)规定了六种粉末如表4-2。

表4-2　粉末的分等标准

等级	分等标准
最粗粉	指能全部通过一号筛，但混有能通过三号筛不超过20%的粉末
粗粉	指能全部通过二号筛，但混有能通过四号筛不超过40%的粉末
中粉	指能全部通过四号筛，但混有能通过五号筛不超过60%的粉末
细粉	指能全部通过五号筛，并含能通过六号筛不少于95%的粉末
最细粉	指能全部通过六号筛，并含能通过七号筛不少于95%的粉末
极细粉	指能全部通过八号筛，并含能通过九号筛不少于95%的粉末

同步思考4-2

某同学在做实验时将100g物料先通过80目筛，发现全部能通过；再使用100目筛进行筛分，发现有3.212g物料不能通过，请问该物料属于什么级别的粉末？

答案解析

（四）常用的筛分设备

筛分设备的类型多样，应根据对物料细度的要求、物料的性质和用量来选用。生产中所用的有振动筛、滚筒筛、多用振动筛等。根据筛面的运动方式常有摇动筛和振动筛。

1.摇动筛　由摇动装置和药筛两部分组成。摇动装置是由摇杆、连杆和偏心轮构成；药筛是由不锈钢、铜丝、尼龙丝等编织的筛网，固定在圆形或长方形的金属圈上，并按照《中国药典》(2020年版)规定，按筛号大小依次叠成套，最小号在最上端，其上面加盖，最大号在底下，套在接收器上。应用时可取所需号数的药筛套在接收器上，上面用盖子盖好，启动电机，药筛发生摇动而达到筛分作用。摇动筛适用于小量或质轻药粉的筛分，常用于测定粒度分布，或用于少量毒剧药、刺激性物料和小量物料的筛分。因过筛是在密闭条件下进行，可避免细粉飞扬。

2.振动筛　该设备是利用机械或电磁方法使筛或筛网产生一定频率振动而实现筛分。机械振动筛为一圆形振动筛，结构如图4-5所示。电机的上轴及下轴各装有不平衡重锤，上轴穿过筛网并与其相连，筛框以弹簧支承于底座上，上部重锤使筛网产生水平圆周运动，下部重锤使筛网产生垂直方向运动，故筛网的振动方向有三维性。每台机械振动筛可由1~3层筛网组成，物料加在筛网中心部位，使不同粒径的粉末自筛网的上部排出口和下部排出口分别排出。电磁振动筛系利用上端由筛框支承、下端与筛网相连的电磁振动装置产生的较高振动频率(3000次/分)和较小振幅(0.5~1mm)，使筛网发生垂直方向的振动而筛分粉末的。因筛网具有较强的垂直方向运动，筛网不易堵塞，故适宜于筛分黏性较强及含油性的粉末。

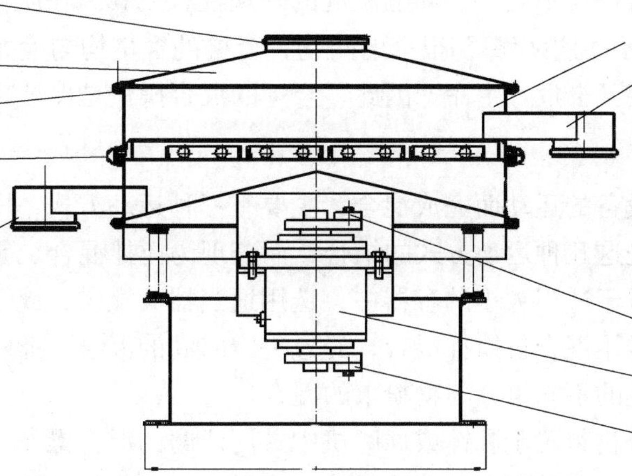

图4-5　振动筛示意图

充电链接

筛分操作的注意事项

筛分时如操作正确，则可提高筛分效率。筛分操作应注意以下几点。

（1）粉末应干燥　含水量较高的物料应先适当干燥，易吸潮的物料应及时过筛或在干燥环境中过筛。

（2）物料厚度适宜　间歇操作时，过筛效率与筛网面积成正比，与物料层在筛网上的厚度成反比。因此，筛网上的料层不宜太厚，以使物料粒子有充分与筛网接触的机会，提高过筛效率。连续操作的过筛装置筛面宽度加大时，料层厚度变薄，而筛面的长度加长时，物料在筛网上停留时间加长，过筛效率可提高。

（3）振动　振动时物料在筛网上运动的方式有滑动、滚动及跳动等几种，跳动易增加物料与筛孔接触的机会，并可防止堵网。因此，具有三维性振动的筛分设备的筛分效率较高。

（4）粉碎、筛分联动化　粉碎、筛分等单元操作易引起粉尘的飞扬，除了应设防尘设施外，大量生产时，多将粉碎、筛分及捕集粉尘联动操作，不仅能降低劳动强度，而且能有效地防止粉尘的交叉污染，保证产品质量。

（5）防止粉尘飞扬　特别是筛分毒性或刺激性较强的药粉时，更应该注意防止粉尘飞扬。

点滴积累4-2

1. 制药工艺所用筛分为冲眼筛和编织筛。
2.《中国药典》（2020年版）共规定了九种筛号和六种粉末等级。
3. 常用的筛分设备分为摇动筛和振动筛。

三、混合

制剂生产过程中，为了获得含量均匀的物料，广泛使用各种混合方法和设备。混合是指把两种或两种以上组分的物质均匀混合的操作。混合的目的在于保证处方中各成分均匀分布，色泽一致，保证制剂剂量准确，安全有效。

（一）混合的目的

混合是药剂生产中最基础的操作，其主要目的是使各物料分散均匀、色泽一致，以保证药物的剂量准确，用药安全有效。混合操作不当，会影响制剂的外观性状或其内在质量。尤其对含量极低的毒剧药物、需持续服用的药物、“药物治疗窗”很窄的药物，合格的含量均匀度尤为重要，否则会影响制剂的生物利用度及治疗效果，甚至会危及生命。因此，合理的混合操作是保证药品质量的关键措施之一。

（二）混合的方法

混合时，物料粒子随设备的运动而完成混合，主要有三种运动方式，即扩散混合、剪切混合和对流混合。实际混合操作通常是这几种运动方式的结合，而表现为搅拌混合、研磨混合与过筛混合。

1.搅拌混合　将物料置于适当大小的容器中，选用适当器具搅匀，此法较简单但不易混匀，多作初步混合之用。大量生产中常用混合机搅拌混合，经过一定时间的混合，能够达到均匀混合的目的。此法适用于量、色泽和质地相近的不同组分药物粉末的混合。

2.研磨混合　将各组分物料置于乳钵或球磨机中共同研磨的混合操作。研磨有两种作用，即一方面将物料研细，另一方面将物料分散混合。此法适用于小量结晶性物料的混合，不适于具有引湿性及爆炸性成分的混合。

3.过筛混合　将各组分物料先作初步混合，再通过适宜的药筛经一次或多次过筛，达到混合均匀的目的。此法适用于含植物性及各组分颜色差异较大的物料混合，但对于质地相差较大的粉末不宜单独使用该法。

在实际工作中，除少量药物配制时用搅拌混合或研磨混合外，一般多采用几种方法的联合操作，如研磨混合后再经过筛，或过筛混合后再经搅拌，以确保混合均匀。

同步思考4-3

某同学需要将1g红色物料与100g绿色物料混合均匀，应当如何操作？

答案解析

（三）混合的工艺

混合中有几种独特的混合工艺，可以更好地处理不同剂量、不同质地和不同色泽物料的混合，即等量递增法、打底套色法。

1.等量递增法　又称“配研法”，主要针对比例相差悬殊的物料。先取量小的药粉与等量的量大药粉同时置于混合设备中，混匀后再加入与混合物等量的量大药粉同法混匀，如此倍量增加，直至加完所有量大的药粉为止，混匀、筛分。制备含有毒剧药、贵重药或剂量极小的散剂时，尤其适宜采用等量递增法。

2.打底套色法　此法针对质地、色泽差异悬殊的物料。混合前先用量大的药粉饱和混合容器，以减少量小药粉在混合时因吸附导致的损耗，然后将量少、质轻或色深的药粉先放入混合容器中作为底料（打底），再将量多、质重或色浅的药粉分次加入，采用“等量递增法”混合均匀（套色）。

充电链接

混合原则

针对混合的具体情形，操作时还应该把握一些基本的原则。

（1）混合时间　理论上混合时间越长物料混合越均匀，实际操作时应根据物料、设备、成本等因素综合考虑后确定，并经过验证。

（2）混合容器的吸附　为了避免混合容器对物料粉末的吸附，常先加入量大不易吸附的物料（若没有量大的组分，多用滑石粉、淀粉等），对容器内壁进行预饱和，然后加入量少的物料，避免造成物料的损失。

（四）常用的混合设备

常用的混合设备根据混合物料的种类分为干混设备和湿混设备。干混设备只适合干燥物料的混合，包括V型混合机和三维运动混合机；湿混设备不仅能混合干燥物料，也可用于湿物料的混合，例如槽型混合机和双螺旋锥形混合机可用于制备软材时的混合。

1. V型混合机 如图4-6所示，由一个V型的圆筒构成，一般装在水平转动轴上，由传动装置带动绕轴旋转。当旋转混合时，筒内的干物料随着混合筒转动，V型筒使物料反复分离、合一，经过一定时间即可混合均匀。V型混合机以对流混合为主，混合速度快，效果好。但采用单机混合操作还存在加料不方便、车间易发生粉尘污染等缺点。

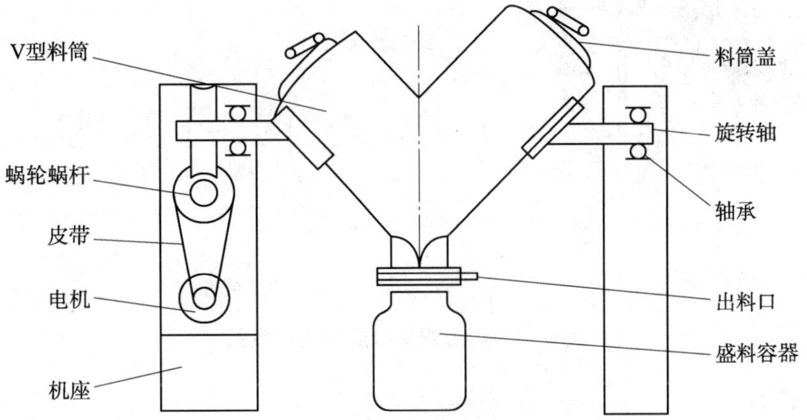

图4-6 V型混合机示意图

2. 三维运动混合机 如图4-7所示，该设备由变频调速电机、主动轴、圆弧八角混合筒等部件组成，其工作原理是装料的筒体在主动轴带动下，做周而复始的平移运动和翻滚等复合运动，促使物料沿着筒体做环向、径向和轴向的三向复合运动，从而实现多物料间相互流动、扩散、积聚，达到均匀混合的目的。混合中无死角，混合均匀度高，是一种目前普遍使用的新型的混合机械。

3. 槽式搅拌混合机 如图4-8所示，其主要部件为混合槽，槽内轴向装有与旋转方向成一定角度的搅拌桨，搅拌桨可将物料由外向中心集中，又将中心物料推向两端，在反复的运动过程中使槽内的物料混合。混合槽可以绕水平轴转动以便于卸料。

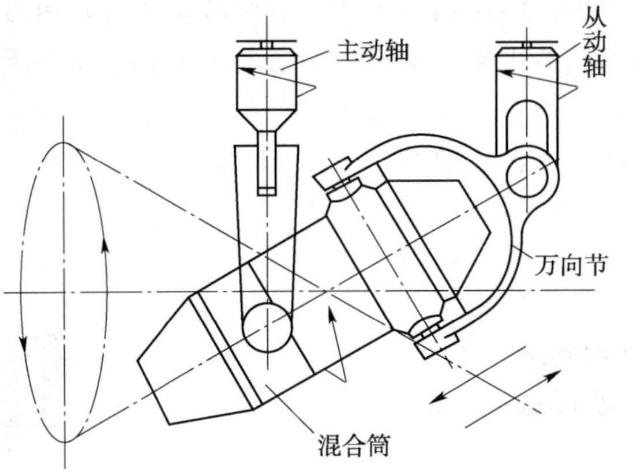

图4-7 三维运动混合机示意图

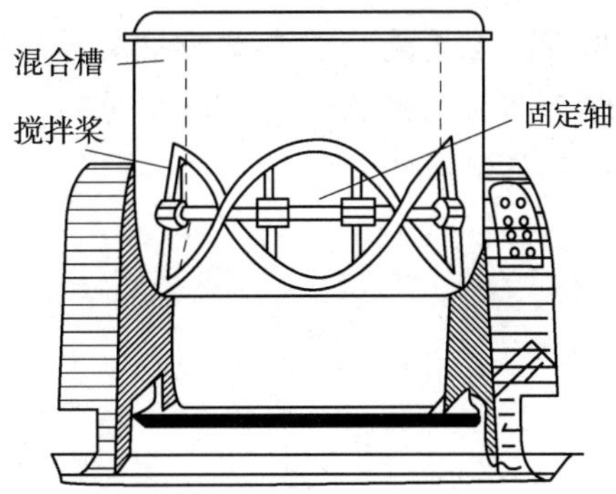

图4-8 槽式混合机示意图

4. 锥形双螺旋混合机 如图4-9所示，其混合容器为立式圆锥形容器，在锥形容器内置有1~2个螺旋推进器，螺旋推进器在容器内既有自转又有公转，被混合的固体粒子在推进器的自转作用下自底部上升，又在公转的作用下在容器内产生旋涡和上下的循环运动。使物料以双循环方式迅速混合，混合效率高。

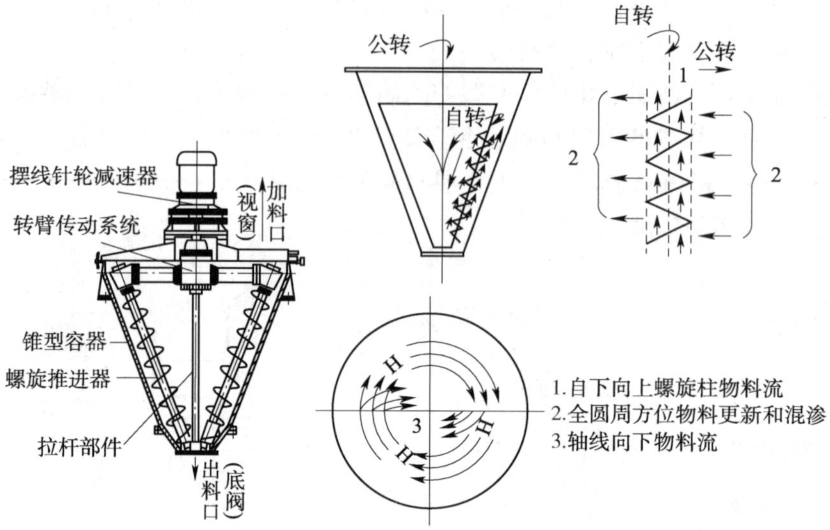

结构　　工作原理

图4-9　锥形双螺旋混合机示意图

点滴积累4-3

1. 常用的混合方法包括搅拌混合、研磨混合与过筛混合。
2. 两种常用的混合工艺是等量递增法、打底套色法。
3. 常用的混合设备包括V型混合机、三维运动混合机、槽式搅拌混合机和锥形双螺旋混合机。

阅读与感悟

超微粉碎技术是近20年迅速发展起来的一项高新技术，是指利用超声粉碎、超低温粉碎等技术进行物料粉碎的方法，此方法可以将药物粒径控制在10μm以下。该方法可在低温状态下进行，并且粉碎速度较快，因而能最大限度地保留粉体的生物活性及各种营养成分，减少有效成分的损失，有利于高品质药品的开发和制备。随着人们生活水平的提高，一些上班族及退休在家的老年人更注重食疗养生问题，不少人喜欢将买来的中药粉碎后直接冲水喝，或装入胶囊里，以便于随身携带。尤其是一些贵重药材及稀有药材的粉碎，如灵芝、天麻、阿胶、当归等，这样处理后更有助于药粉的吸收。这种新型粉碎技术的推广也将大大助推我国传统中药的发展和应用，有利于新型中药制剂的开发。

自测达标

答案解析

一、单项选择题

1. 下列关于粉碎说法错误的是（　）

A. 粉碎度用于衡量粉碎效果　　B. 粉碎度一般用n表示

C. 粉碎度越大，对药物发挥药效越有利　　D. 纤维性物料一般适合使用剪切力

2.(　　)是将药物与水共置研钵或球磨机中研磨，使细粉漂浮于水面或混悬于水中，然后将此混悬液倾出，余下粗料再加水反复操作，至全部药物研磨完毕

A.干法粉碎　　B.混合粉碎　　C.单独粉碎　　D.水飞法

3.(　　)也称为万能粉碎机

A.研钵　　B.球磨机　　C.冲击式粉碎机　　D.流能磨

4.(　　)的孔径最小

A.一号筛　　B.二号筛　　C.三号筛　　D.四号筛

5.适用于量、色泽和质地相近的不同组分药物粉末混合的是(　　)

A.搅拌混合　　B.研磨混合　　C.过筛混合　　D.以上都不是

二、配伍选择题

(6~10题共用选项)

根据物料的性质，选择适宜的粉碎方法。

A.干法粉碎　　B.湿法粉碎　　C.低温粉碎

D.超微粉碎　　E.混合粉碎

6.适用于热敏性物料的粉碎(　　)

7.适用于含水量<5%的物料粉碎(　　)

8.适用于有毒药品的粉碎(　　)

9.又称为“共研法”的粉碎(　　)

10.可以将药物粒径控制在10μm以下的粉碎(　　)

三、综合运用

11.简述粉碎的分类方法和粉碎的意义。

12.结合具体实际区分编织筛和冲眼筛。

13.混合操作中有哪些注意事项?

任务二　干　燥

【工作实例】某学校学生李某到制药企业实习时发现，某员工正在对一盘颗粒状物料取样并检测了其含水量，请问该颗粒的含水量是如何除去的呢？如果颗粒含水量过高会导致什么后果？干燥岗位还需要注意哪些事项？

一、干燥基本原理

在干燥过程中，水分从物料内部移向(扩散)表面，再由表面扩散到热空气中。干燥过程得以进行的必要条件是被干燥物料中的水分所产生的水蒸气分压大于热空气中水蒸气分压。若二者相等，表示蒸发达到平衡，干燥停止；若热空气中水蒸气分压大，物料反而吸水。所以为了使物料干燥，必须控制热空气的相对湿度(饱和空气相对湿度=100%，未饱和空气相对湿度<100%，绝干空气相对湿度=0%)。

(一)干燥

利用热能使物料中的水分汽化，最终获得干燥产品的工艺操作称为干燥。干燥在固体制剂生产中应用十分广泛，如将粉末状药物湿法制粒，经干燥所得干颗粒可直接制成冲剂，也可进一步制成片剂或胶囊剂；又如中药浓缩液经喷雾干燥可获得浸膏粉，生物制品经冷冻干燥可获得冻干粉，经干燥所获得的

干燥产品往往较湿产品更稳定。总之，干燥的目的在于提高产品稳定性，使药物具有一定的规格标准，以便于进一步加工处理。

（二）物料中水分的性质

1.平衡水分和自由水分

（1）平衡水分　指在一定空气状态下，物料表面产生的水蒸气分压与空气中水蒸气分压相等时，物料中所含的水分。同样条件下，平衡水分是干燥所除不去的水分。物料的平衡水分含量与空气相对湿度有关，随空气的相对湿度上升而增大。

（2）自由水分　指物料中所含大于平衡水分的那一部分，或称游离水分，即在干燥过程中能除去的水分。各种物料的平衡含水量随空气中相对湿度的增加而增大，干燥器内空气的相对湿度必须低于干燥物料自身的相对湿度值。

2.结合水分和非结合水分　根据去除水分的难易程度可将湿物料中的水分分为结合水分和非结合水分。

（1）结合水分　指主要以物理方式结合的水分，如动植物物料细胞壁内的水分、物料内毛细管中水分、可溶性固体中的水分等，结合水分与物料的结合力较强，较难去除。

（2）非结合水分　指主要以机械方式结合的水分，与物料的结合力很弱，包括存在于物料表面的游离水分和较大孔隙中的水分。非结合水与物料的结合力较弱，容易从物料中去除。

（三）干燥速率及其影响因素

1.干燥速率　是在单位时间、单位干燥面积上被干物料所能汽化的水分量，即水分量的减少值。根据定义：

$$U=\frac{dW}{Adt}=-\frac{Gdx}{Adt} \tag{4-2}$$

式中，U表示干燥速率（kg/m^2·s）；dW表示在t干燥时间内水分的蒸发量（kg）；A表示被干物料的干燥面积（m^2）；t表示干燥时间（s）；G表示湿物料中所含绝干物料的质量（kg）；dx为物料的干基含水量的变化（kg水分/kg绝干物）。负号表示物料中的含水量随干燥时间的增加而减少。

2.干燥速率的影响因素　据干燥原理可知影响干燥速率的因素主要有以下几个方面。

（1）物料的性质　是决定干燥速率的主要因素，包括物料本身的结构、形状和大小、湿含量、结合方式等。一般颗粒状物料比粉末干燥快，结晶性物料和有组织细胞的药材比浸出液浓缩后的膏状物干燥快。过厚的膏状物铺层在干燥时易造成过热现象，可选用涂膜干燥方法。

（2）干燥介质的温度　温度越高，干燥介质与湿料间温度差越大，传热速率越高，干燥速度越快。但应在有效成分不破坏的前提下提高干燥温度。

（3）干燥介质的湿度和流速　干燥介质的相对湿度愈低，湿度差愈大，愈易干燥。因此，烘箱或烘房内为避免相对湿度饱和而停止蒸发，常采用排风、鼓风装置加大空气流动更新，将汽化湿含量及时带走。流化干燥由于采用热气流加热，常先将气流本身进行干燥或预热，以达到降低相对湿度的目的。

（4）干燥速度　干燥过程中，表面水分首先蒸发，然后内部水分扩散至表面继续蒸发。若干燥速度过快，即一开始干燥温度过高，则物料表面湿含量很快蒸发，使表面的粉粒彼此黏着，甚至熔化结壳，阻碍内部水分的扩散和蒸发，使干燥不完全，形成“外干内湿”现象。因而应根据干燥方法的特点，适当地控制干燥速度。静态干燥温度宜缓缓升高，以使内部湿含量得以逐渐扩散到表面。而动态干燥因内部湿含量易扩散到表面，可适当提高干燥温度。

（5）干燥方法　静态干燥时（如烘箱、烘房等），气流掠过物料层表面，干燥暴露面积小，干燥效率差。因此，物料铺层的厚度要适宜并适时地进行搅动和分散，以提高干燥速率。动态干燥时（如沸腾干燥、喷雾干燥等)，物料处于跳动或悬浮于气流之中，粉粒彼此分开，大大增加了干燥暴露面积，干燥效率高。

(6)压力　与蒸发速度成反比，因而减压是加快干燥的有效手段。

点滴积累4-4

1.干燥过程得以进行的必要条件是被干燥物料中的水分所产生的水蒸气分压大于热空气中水蒸气分压。

2.物料中水分分为平衡水分和自由水分，自由水分又分为结合水分和非结合水分。

3.影响干燥的因素主要包括物料性质、干燥速度、干燥方法、干燥压力及干燥介质的温度、湿度与流速。

同步练习4-2

下列不影响干燥速率的因素是(　)

A.物料的性质　　B.干燥方法

C.投料方式　　D.干燥速度

答案解析

二、常见干燥技术

(一)干燥方法

干燥操作的分类方法有多种，如按操作方式可分为间歇式、连续式；按操作压力可分为常压式、真空式；按热能传递方式可分为热传导干燥、对流干燥、辐射干燥、介电加热干燥等。

按热能传递方式不同，可将干燥设备分为四类。

1.传导干燥　是热能通过与物料接触的壁面以传导方式传给物料，使其中的水分汽化而干燥的操作，如滚筒干燥器、冷冻干燥器等，传导干燥的热能利用率较高，但与壁面接触的物料易过热而变质。

2.对流干燥　是热能以对流方式由热气体传给与其接触的湿物料，使物料中的水分汽化而干燥的操作，如厢式干燥器、流化床干燥器、喷雾干燥器等。物料受热后，水分由物料表面扩散入空气中，热空气温度下降而湿度增加，所以此时热空气既是载热体，又是载湿体。对流干燥器的热空气温度调节较方便，物料不致过热，但热能利用率比传导干燥低。

3.辐射干燥　是热能以电磁波的形式由辐射器发射，入射至湿物料表面被吸收而转变为热能，使物料中的水分汽化而干燥的操作，如红外线干燥器。

4.介电加热干燥　湿物料由于高频电场的交变作用而转变为热能，使物料中的水分汽化而干燥的操作。电场的频率低于300MHz的称为高频加热，频率在300MHz至300GHz之间的称为微波加热。如微波干燥器干燥速度快，干燥产品均匀而洁净，但设备费用高。

(二)常用干燥设备

1.厢式干燥器　按操作压力分类，厢式干燥器可分为常压厢式干燥器和减压厢式干燥器。制剂生产中应用比较广泛的是热风循环烘箱。该设备是利用蒸汽或电，采用热交换器对流换热的方式加热空气，热空气流经过烘盘与物料进行热量传递。为提高设备的热效率，多采用废气再循环与中间加热法相结合的热能补充形式。废气再循环是将干燥室排出的废气中的一部分通过分风装置与新鲜空气混合重新进入干燥室。中间加热法是在干燥室内装有加热器，使热空气每通过一次物料后得到再次加热，然后再通入下一层物料，这样来保持烘箱内适当的相对湿度和减少上下温差。可用于粉末、颗粒、块状、膏状、生药、中药饮片等的干燥。

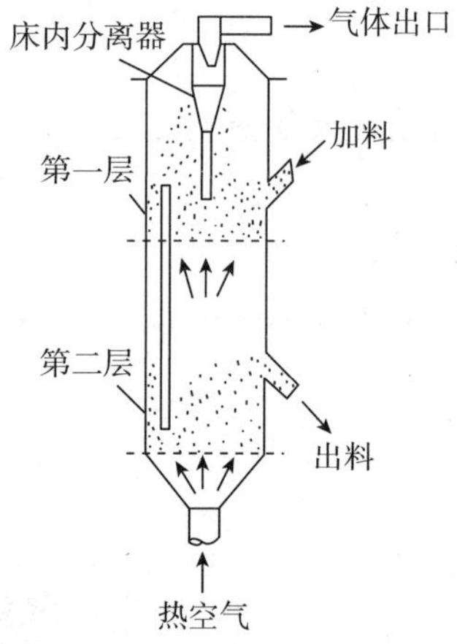

图4-10　立式沸腾床干燥器示意图

减压干燥是在负压条件下进行干燥的方法。此法减轻了空气对产品的影响，干燥温度较低，干燥速度较快，被干燥物料呈疏松海绵状，易于粉碎。减压干燥的效果决定于负压的高低（真空度）和被干燥物料的堆积厚度。使用这类干燥器时，应适当控制被干燥物料的量，以免因装量过多导致起泡溢料。

2.流化床干燥器　使热空气自下而上通过松散的粒状或粉状物料层形成"沸腾床"而进行干燥的操作，也叫沸腾床干燥器（图4-10）。本法干燥速度快，效率高，干燥均匀，产量大，干燥时不需要翻料，且能自动出料，设备占地面积小，适用于大规模生产。

3.喷雾干燥器　喷雾干燥是流化技术用于液态物料干燥的良好方法。喷雾干燥是将含水量可达50%~70%药物溶液或混悬液用雾化器喷雾于干燥室内的热气流中，使雾滴中水分迅速蒸发以制成粉状或颗粒状物料的方法。该法能在数秒钟内完成热交换，干燥过程一般在50℃左右，因此，特别适用于热敏性物料（图4-11）。

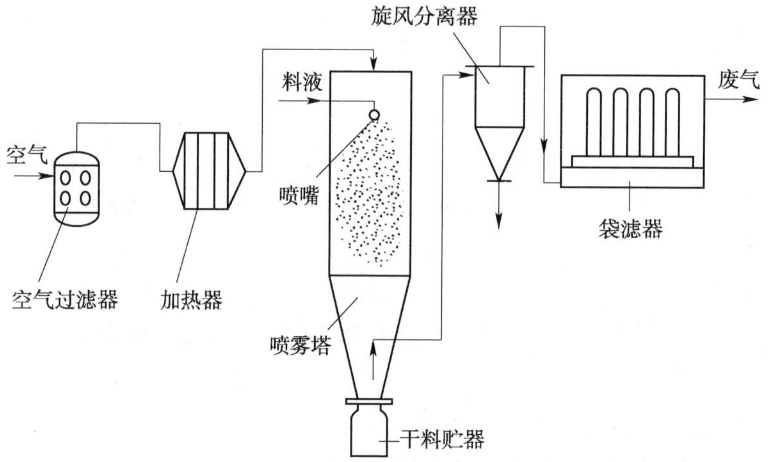

图4-11　喷雾干燥制粒机示意图

由于使用喷雾干燥机得到的制品疏松、溶解性能好，可以改善某些制剂的溶出速率，所以，在制药工业中得到了广泛的应用，如抗生素粉针剂的生产、微型胶囊的制备等。但中药提取液的黏性较大且易黏壁，使用上受到了一定限制。国内有些药物机械单位在原有喷雾设备上增加了一些特殊装置，如塔体及顶部设冷壁装置、气扫装置，物料经过处设自动冲洗装置等，在中药提取液的干燥中取得良好效果。

4.红外线干燥器　红外线是介于可见光和微波之间的一种电磁波，其波长范围在0.75~1000μm。工业上一般将波长0.75~5.6μm的红外辐射称为近红外，将波长5.6~1000μm的红外辐射称为远红外。

红外线干燥属于辐射加热干燥。红外干燥器是利用红外线辐射器所产生的电磁波以光的速度辐射至被干燥物料，当红外线的发射频率与物料中分子运动的固有频率相匹配时引起物料分子的强烈共振和转动，在物料内部分子间发生激烈的碰撞与摩擦而迅速转变为热能，从而达到干燥的目的（图4-12）。

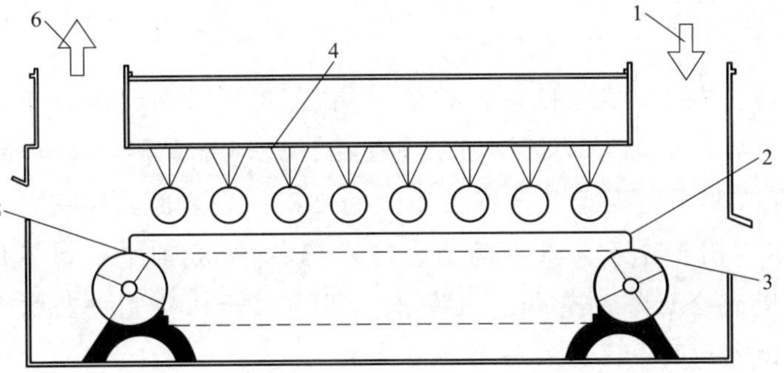

1.空气入口；2.物料；3.出料口；4.辐射体；5.进料口；6.空气出口

图4-12　红外线干燥器示意图

在红外线干燥时，由于物质表面和内部的分子同时吸收红外线，受热均匀，干燥产品的外观、机械强度等质量指标均有所提高。很多有机物和水分子在远红外区有更多的吸收带，故利用远红外线干燥要优于近红外线干燥。

5.微波干燥器　微波是指频率在300MHz~300GHz的高频波。工业上使用的频率为915MHz和2450MHz两种，后者在一定条件下兼有灭菌作用。

微波干燥是利用磁控管产生所需要的微波能来干燥。其原理是湿物料中的水分子，在微波电场的作用下，极性的水分子随着外加电场方向的交互变化而不断地迅速转动并产生剧烈的碰撞和摩擦，部分微波能就转化为热能，从而达到物料干燥的目的。

微波干燥是一种高效的干燥方法，用于中草药及丸剂的干燥与灭菌等，有较好的效果，适于自动化连续生产。由于微波能穿透介质的深部，可使湿物料均匀加热，因此，微波干燥具有加热迅速、干燥速度快、产品质量好等优点。缺点是成本高，对有些物料的稳定性有影响，微波漏泄污染对人体有伤害，需加强劳动保护措施。

6.吸湿干燥器　将干燥剂置于干燥柜的架盘下层，而将湿物料置于架盘上层进行干燥的方法。有些药品或制剂不能用较高温度干燥，采用真空低温干燥又会使某些制剂中的挥发性成分损失，应用适当的干燥剂进行吸湿干燥具有实用意义。此法适用于湿物料含湿量较少及某些含有芳香性成分的药材、吸湿极强的干燥物料的防潮。常用干燥剂有无水氧化钙（干燥石灰）、无水氯化钙、硅胶等。这些干燥剂大多可以应用干燥解吸再生而回收利用的特点。

7.冷冻干燥器　冷冻干燥是利用升华的原理进行干燥的一种技术，是将被干燥的物质在低温下快速冻结，然后在适当的真空环境下，使冻结的水分子直接升华成为水蒸气逸出的过程。冷冻干燥器又称冷冻干燥机，就是将含水物质先冻结成固态，而后使其中的水分从固态升华成气态，以除去水分而保存物质的冷干设备。冷冻干燥器系由制冷系统、真空系统、加热系统、电器仪表控制系统所组成，主要部件为干燥箱、凝结器、冷冻机组、真空泵、加热/冷却装置。

点滴积累4-5

1.干燥操作按热能传递方式可分为热传导干燥、对流干燥、辐射干燥、介电加热干燥。

2.常用的干燥设备有厢式干燥器、流化床干燥器、喷雾干燥器、红外线干燥器、微波干燥器、吸湿干燥器和冷冻干燥器。

阅读与感悟

药材养护有句俗语："蛀药不蛀性，霉药不治病"，说明对药材进行干燥处理是至关重要的一步。药农在采摘中药材后，小部分以新鲜的状态使用，大部分需要经过初步的加工处理后再使用。《神农百草经》中就有"阴干、曝干"等有关干燥的记载；著名医药学家孙思邈在《千金翼方》中论述："夫药采取，不以阴干曝干，虽有药名，终无药实。"我国中药材不仅资源丰富，而且具有广泛而独特的疗效，受到全世界的青睐。近年来，很多人开始研究中药材干燥技术，因此，中草药干燥方法的研究对加速我国中医药发展具有重大的意义。

自测达标

答案解析

一、单项选择题

1.(　　)是干燥除不去的水分

A.结合水　　B.自由水　　C.平衡水　　D.非结合水

2.干燥过程得以进行的必要条件是(　　)

A.被干燥物料中的水分所产生的水蒸气分压大于热空气中水蒸气分压

B.被干燥物料中的水分所产生的水蒸气分压等于热空气中水蒸气分压

C.被干燥物料中的水分所产生的水蒸气分压小于热空气中水蒸气分压

D.以上均不对

3.红外线干燥器运用的干燥方式是(　　)

A.传导干燥　　B.对流干燥　　C.辐射干燥　　D.介电加热干燥

4.使热空气自下而上通过松散的粒状或粉状物料层形成"沸腾床"而进行干燥的设备是(　　)

A.喷雾干燥器　　B.厢式干燥器　　C.流化床干燥器　　D.冷冻干燥器

5.需要加入干燥剂进行干燥的是(　　)

A.微波干燥器　　B.吸湿干燥器　　C.红外干燥器　　D.冷冻干燥器

二、配伍选择题

(6~10题共用选项)

根据描述选择对应的干燥方法。

A.冷冻干燥　　B.沸腾干燥　　C.红外干燥

D.喷雾干燥　　E.厢式干燥

6.分为常压干燥和减压干燥(　　)

7.适用于遇热不稳定的生物制品(　　)

8.通过吹入热空气使湿料悬浮而干燥(　　)

9.辐射干燥的一种，能耗大(　　)

10.用雾化器分散液滴的方式干燥(　　)

三、综合运用题

11.简述厢式干燥器的常见分类与区别。

12.提高干燥速率的方法有哪些?

思维导图　　知识小结

实践八　项目单梳理

<table>
<tr><td>项目名称</td><td colspan="2">模拟固体药物的前处理</td></tr>
<tr><td>模拟药物</td><td colspan="2">空白淀粉颗粒</td></tr>
<tr><td>工具书</td><td colspan="2">《中国药典》（2020年版）四部</td></tr>
<tr><td rowspan="5">模拟过程</td><td>1.根据“关于举办2019年全国食品药品类职业院校‘药物制剂技术’专业技能大赛的预通知”，查找“空白淀粉颗粒”的处方</td><td>1.正确分析处方
处方：微晶纤维素2kg　乳糖0.40kg　羧甲淀粉钠0.192kg
聚维酮K30 0.050kg　硬脂酸镁0.026kg</td></tr>
<tr><td>2.根据《万能粉碎机标准操作规程》进行粉碎</td><td>2.分别取上述原辅料进行“粉碎”岗位操作，并填写相应的生产记录（表4-3），计算物料平衡</td></tr>
<tr><td>3.根据《旋振筛标准操作规程》进行筛分</td><td>3.分别取粉碎后的物料进行“筛分”岗位操作，并填写相应的生产记录（表4-4），计算物料平衡</td></tr>
<tr><td>4.根据《中国药典》（2020年版）中“0982粒度和粒度分布测定法”进行检测</td><td>4.分别取上述筛分后的物料分别采用第____法进行测定，并记录结果</td></tr>
<tr><td>5.根据《三维混合机标准操作规程》进行混合</td><td>5.将筛分后的微晶纤维素、乳糖、羧甲淀粉钠进行“混合”岗位操作，并填写相应的生产记录（表4-5），计算物料平衡</td></tr>
<tr><td>模拟结果</td><td colspan="2">经过处方分析、粉碎、过筛和混合操作，得到了相应的中间产品，用于下一步颗粒的制备，分析各个步骤的物料平衡及生产记录是否完整</td></tr>
</table>

表4-3　粉碎岗位生产记录

品名：　　　　规格：　　　　批号：　　　　日期：　　　　班次：

<table>
<tr><td>生产前准备</td><td colspan="7">①操作间清场合格有“清场合格证”并在有效期内
②所有设备有设备完好证
③所有容器具已清洁
④物料有物料卡
⑤挂“正在生产”状态牌
⑥室内温湿度要求，温度：18~26℃；相对湿度：45%~65%</td><td>☐
☐
☐
☐
☐
温度：
湿度：
操作人：</td></tr>
<tr><td>生产操作</td><td colspan="5">①粉碎按《万能粉碎机标准操作规程》操作
②将物料粉碎，控制加料速度，粉碎后的细粉装入衬有洁净塑料袋的周转桶内，扎好袋口，填好“物料卡”备用</td><td colspan="3">粉碎时间：______至________
粉碎前重量：__________kg
粉碎后重量：__________kg
操作人：</td></tr>
<tr><td rowspan="3">物料平衡</td><td colspan="7">公式：$\frac{\text{实收量}+\text{尾料量}+\text{残损量}}{\text{领料量}}\times 100\%=$
限度：98%~100%</td><td rowspan="3">操作人：

复核人：</td></tr>
<tr><td>名称</td><td>领用量</td><td>产量</td><td>尾料量</td><td>残损量</td><td>收率</td><td>物料平衡</td></tr>
<tr><td></td><td></td><td></td><td></td><td></td><td></td><td></td></tr>
<tr><td>偏差处理</td><td colspan="8">有无偏差：
偏差情况及处理：

QA：</td></tr>
</table>

表 4-4　筛分岗位生产记录

品名：　　　　规格：　　　　批号：　　　　日期：　　　　班次：

<table>
<tr><td>生产前准备</td><td colspan="7">①操作间清场合格有“清场合格证”并在有效期内
②所有设备有设备完好证
③所有容器具已清洁
④物料有物料卡
⑤挂“正在生产”状态牌
⑥室内温湿度要求温度：18~26℃；相对湿度：45%~65%</td><td>□
□
□
□
□
温度：
湿度：
操作人：</td></tr>
<tr><td>生产操作</td><td colspan="5">①筛分按《三维混合机标准操作规程》操作
②将物料粉碎，过筛后的细粉装入衬有洁净塑料袋的周转桶内，扎好袋口，填好“物料卡”备用</td><td colspan="3">筛分时间：______至________
筛分前重量：__________kg
筛分后细粉重量：__________kg
筛分后粗粉重量：__________kg
操作人：</td></tr>
<tr><td rowspan="3">物料平衡</td><td colspan="7">公式：$\frac{细粉量+粗粉量}{领料量}\times 100\%=$
限度：98%~100%</td><td rowspan="3">操作人：

复核人：</td></tr>
<tr><td>名称</td><td>领用量</td><td>产量</td><td>尾料量</td><td>残损量</td><td>收率</td><td>物料平衡</td></tr>
<tr><td></td><td></td><td></td><td></td><td></td><td></td><td></td></tr>
<tr><td>偏差处理</td><td colspan="8">有无偏差：
偏差情况及处理：

QA：</td></tr>
</table>

表 4-5　混合岗位生产记录

品名：　　　　规格：　　　　批号：　　　　日期：　　　　班次：

<table>
<tr><td>生产前准备</td><td colspan="7">①操作间清场合格有“清场合格证”并在有效期内
②所有设备有设备完好证
③所有容器具已清洁
④物料有物料卡
⑤挂“正在生产”状态牌
⑥室内温湿度要求温度：18~26℃；相对湿度：45%~65%</td><td>□
□
□
□
□
温度：
湿度：
操作人：</td></tr>
<tr><td rowspan="10">混合</td><td colspan="3">混合机编号：</td><td colspan="5">混合时间：____________至______________</td></tr>
<tr><td rowspan="3">物料</td><td colspan="2">名称</td><td>用量（kg）</td><td colspan="2">名称</td><td colspan="2">用量（kg）</td></tr>
<tr><td colspan="2"></td><td></td><td colspan="2"></td><td colspan="2"></td></tr>
<tr><td colspan="2"></td><td></td><td colspan="2"></td><td colspan="2"></td></tr>
<tr><td>混合物</td><td colspan="7"></td></tr>
<tr><td>桶号</td><td></td><td></td><td></td><td></td><td></td><td></td><td></td></tr>
<tr><td>净重（kg）</td><td></td><td></td><td></td><td></td><td></td><td></td><td></td></tr>
<tr><td>桶号</td><td></td><td></td><td></td><td></td><td></td><td></td><td></td></tr>
<tr><td>净重（kg）</td><td></td><td></td><td></td><td></td><td></td><td></td><td></td></tr>
<tr><td>总桶数</td><td colspan="2"></td><td colspan="3">操作人：</td><td colspan="2">复核人：</td></tr>
<tr><td>备注</td><td colspan="8">
QA：</td></tr>
</table>

实践九　药典筛的应用

（一）实践目的

熟悉药典筛的规格；能够正确使用药典筛。

（二）实践地点

药物制剂实训室。

（三）实践用具

不同规格的药典筛，不锈钢托盘，小柴胡颗粒，待检验颗粒剂、散剂若干。

（四）实践内容

查询药典标准，分组进行操作，完成下列表格。

序号	药品名称	质量标准	使用的药筛型号	结果判定
1	小柴胡颗粒	《中国药典》（2020年版）第四部中“0104 颗粒剂”：【粒度】除另有规定外，照粒度和粒度分布测定法（通则0982第二法双筛分法）测定，不能通过一号筛与能通过五号筛的总和不得超过15%	1号筛和5号筛	
2				
3				
4				
5				
6				

（五）实践反思

1.待检验颗粒的粒度符合颗粒剂的粒度要求吗？请根据粉末等级进行判定其属于什么级别的粉末？

2.在进行筛分操作的时候还需要注意哪些问题？如果有的组做出来实验结果有误，考虑可能存在的原因是什么？

实践十　不同药物的粉碎

（一）实践目的

熟悉粉碎的方法；能够正确进行不同药物的粉碎。

（二）实践地点

药物制剂实训室。

（三）实践用具

研钵、抽滤装置、小型粉碎机、石决明、朱砂、氯化钠（晶体）、硫酸钠（晶体）等。

（四）实践内容

依据理论知识，分组进行粉碎，完成下列表格。

序号	药物名称	粉末要求	粉碎方法	结果判定
1	石决明	细粉	水飞法	
2				
3				
4				
5				

（五）实践反思

1.粉碎的方法主要包括哪几种？水飞法适合于哪些药物的粉碎？

2.如果粉碎过程中出现漏粉现象，该如何处理？

模块三

液体制剂制备与应用

项目五　液体制剂

PPT

学习目标

1.掌握　液体制剂的概念、特点、分类与制备方法；常用溶剂、附加剂以及增加溶解度的方法；表面活性剂的概念与应用。

2.熟悉　液体制剂的质量要求；表面活性剂分类与性质。

3.了解　混悬剂和乳剂的稳定性。

导读：液体制剂药物具有分散程度高，吸收快，作用较迅速；给药途径广泛；易于分剂量，使用方便，特别适用于婴幼儿和老年患者等优点。本项目主要探讨液体制剂相关知识，学习常见液体制剂的基本性质、常用辅料、生产技术以及质量检查相关内容。

任务一　液体制剂基础知识

【工作实例】患儿，5岁，因感冒发烧未到幼儿园，患儿的妈妈到药店准备买退烧药对乙酰氨基酚，货架上有对乙酰氨基酚片、对乙酰氨基酚胶囊、对乙酰氨基酚滴剂、对乙酰氨基酚咀嚼片等，其妈妈该选哪种？为什么？请讨论液体制剂与固体制剂相比有何优缺点？

一、概述

液体制剂是指药物分散在适宜的分散介质中制成的液体形态的制剂，可以内服或外用。在液体制剂中分散相可以是固体、液体或气体药物，在一定条件下以分子或离子、不溶性微粒、小液滴等形式分散于分散介质中形成液体分散体系。液体制剂的药效、稳定性甚至毒性等均与药物的分散程度、溶剂的性质有密切关系。一般药物在分散介质中的分散度愈大体内吸收愈快，所起的疗效也愈高。液体药剂中常加入助溶剂、防腐剂、矫味剂等附加剂以改善药物的分散度或溶解度、增加药物的稳定性、改善其不良气味等。

二、液体制剂的分类

（一）按分散系统分类

根据药物的分散状态，液体制剂可分为均相分散系统、非均相分散系统。在均相分散系统中药物以分子或离子状态分散，如低分子溶液剂、高分子溶液剂；在非均相分散系统中药物以微粒、小液滴、胶体分散，如溶胶剂、乳剂、混悬剂（表5-1）。

表5-1 液体制剂按分散系统分类

<table>
<tr><th>分散系统</th><th colspan="2">类型</th><th>分散相大小（nm）</th><th>特征</th></tr>
<tr><td rowspan="2">均相液体制剂</td><td colspan="2">低分子溶液剂</td><td><1</td><td>单相；真溶液；无界面，热力学稳定体系；扩散快，能透过滤纸和某些半透膜</td></tr>
<tr><td>高分子溶液剂</td><td rowspan="2">胶体溶液</td><td>1~100</td><td>单相；热力学稳定体系；扩散慢，能透过滤纸，不能透过半透膜</td></tr>
<tr><td rowspan="3">非均相液体制剂</td><td>溶胶剂</td><td>1~100</td><td>胶态分散形成多相体系；有界面，热力学不稳定体系；扩散慢，能透过滤纸，而不能透过半透膜</td></tr>
<tr><td colspan="2">乳剂</td><td>>100</td><td>液体微粒分散形成多相体系，动力学和热力学均不稳定体系，有界面，显微镜下可见；为非均相系统</td></tr>
<tr><td colspan="2">混悬剂</td><td>>500</td><td>固体微粒分散形成多相体系，动力学和热力学均不稳定体系；有界面，显微镜下可见；为非均相系统</td></tr>
</table>

同步练习5-1

以下属于均相液体制剂的是（ ）

A.低分子溶液剂　　B.混悬剂

C.乳剂　　D.溶胶剂

答案解析

（二）按给药途径分类

液体制剂可分为内服液体制剂和外用液体制剂（表5-2）。

表5-2 液体制剂按给药途径分类

给药途径	类型	举例
内服液体制剂	内服液体制剂	合剂、糖浆剂、乳剂、混悬剂、滴剂
外用液体制剂	皮肤用液体制剂	洗剂、搽剂
	五官科用液体制剂	洗耳剂、滴耳剂、滴鼻剂、含漱剂等
	直肠、阴道、尿道用液体制剂	灌肠剂、灌洗剂等

三、液体制剂的特点

（一）液体制剂的优点

1.药物以分子或微粒状态分散在介质中，分散程度高，吸收快，作用较迅速，药物的生物利用度高。

2.给药途径多，可以内服，也可以外用。

3.易于分剂量，使用方便，尤其适用于婴幼儿和老年患者。

4.药物分散于溶剂中，避免因局部浓度过高而引起胃肠道刺激作用。

（二）液体制剂的缺点

1.药物分散度较大，易引起药物的化学降解而失效。

2.液体制剂体积较大，携带、运输和贮存都不方便。

3.非均相液体制剂的药物分散度大，分散粒子具有较大的比表面积，易产生一系列物理稳定性问题。

4.水性液体制剂容易霉变，需加入防腐剂。

四、液体制剂的质量要求

液体制剂要求剂量准确、性质稳定，应有一定的防腐能力，保存和使用过程不应发生变质；均相液体制剂应是澄明溶液；非均相液体制剂的药物粒子应分散均匀；口服的液体制剂应外观良好，口感适宜；外用的液体制剂应无刺激性；包装容器适宜，方便患者携带和使用。根据需要，可加入适宜的附加剂，如抑菌剂、分散剂、助悬剂、增稠剂、助溶剂、润湿剂、缓冲剂、乳化剂、稳定剂、矫味剂以及色素等，其品种与用量应符合国家标准的有关规定。

点滴积累5-1

1.液体制剂是指药物分散在适宜的分散介质中制成的液体形态的制剂。

2.液体制剂按分散系统可分为均相分散系统（包括低分子溶液剂和高分子溶液剂）和非均相分散系统（包括溶胶剂、混悬剂和乳剂）；按给药途径可以分为内服液体制剂和外用液体制剂。

3.液体制剂质量要求剂量准确、性质稳定，根据需要，加入的附加剂品种与用量应符合国家标准的有关规定。

阅读与感悟

党的二十大报告提出：加快实施创新驱动发展战略，加快实现高水平科技自立自强，增强自主创新能力。为了让中国创新药不断走上世界舞台，造福更多患者，我国自主研发了全球首个且唯一的全人源GLP-1类药物——谊生泰（通用名：贝那鲁肽注射液），一举实现了中国糖尿病领域创新药零的突破。谊生泰原来的剂型是冻干粉针制剂，使用操作比较复杂，受冻干机容量的限制，产量低，包装和运输的成本却很高，研究团队先后筛选了800多个配方，分析了1万多个样品，终于"攻坚"，解决了蛋白药物在液体状态下及多剂量使用情况下难以长期稳定保存的技术难题，将该药制成了水针剂。打破了国外大型药企对GLP-1领域内新药的垄断，展示了中国在该领域的创新能力。

自测达标

答案解析

一、单项选择题

1.关于液体制剂的特点描述，不正确的是（ ）

A.药物分散度大，吸收快　　B.可供内服，也可外用

C.水性液体制剂不易霉变　　D.携带、运输不方便

2.将液体制剂分为胶体溶液、混悬液、乳浊液等属于（ ）

A.按照分散系统分类　　B.按照给药途径分类

C.按照物态分类　　D.按照制备方法分类

3.与液体药剂特点不符的是（ ）

A.可减少某些药对胃的刺激性　　B.给药途径广

C.稳定性好，易于携带和运输　　D.便于分剂量，老幼服用方便

4.液体制剂质量要求不包括（ ）

A.要有一定的防腐能力

B.外用液体制剂应无刺激性

C.口服液体制剂应外观良好，口感适宜

D.液体制剂应为澄明液体

5.下列液体制剂特点正确的是（　）

A.不能用于皮肤、黏膜和人体腔道　　B.药物分散度大、吸收快、药效发挥迅速

C.药物制成液体稳定性高　　D.不适合幼儿和老年人

二、多项选择题

6.属于均匀相液体制剂的有（　）

A.混悬剂　　B.低分于溶液剂　　C.高分子溶液制　　D.溶胶剂

7.液体制剂按分散系统分类属于均相液体制剂的是（　）

A.低分子溶液剂　　B.混悬剂　　C.乳剂　　D.高分子溶液剂

8.液体制剂按分散系统分类属于非均相液体制剂的是（　）

A.低分子溶液剂　　B.混悬剂　　C.乳剂　　D.溶胶剂

三、配伍选择题

（9~11题共用选项）

A.乳剂　　B.溶胶剂　　C.混悬剂

D.低分子溶液剂　　E.高分子溶液剂

9.小分子或离子分散，溶液澄明、稳定的是（　）

10.高分子化合物以分子分散的是（　）

11.以液滴分散成多相体系的（　）

任务二　液体制剂的常用辅料

【工作实例】张某因感冒咳嗽到药店买药，驻店执业药师推荐两种药品供选择，一种为双黄连口服液，规格为10ml/支，一次20毫升（2支），一日3次；辅料为蔗糖、香精。一种为双黄连片，规格为0.53g/片，4片/次，3次/日；辅料为淀粉、微晶纤维素、羧甲淀粉钠、硬脂酸镁。张某该如何选择？液体制剂常用的辅料有哪些？

一、表面活性剂

表面活性剂是指具有很强的表面活性、加入少量就能使液体的表面张力显著下降的物质。表面活性剂之所以能降低表面（界面）张力，是因为其分子结构中含有亲水基团（极性基团）和亲油基团（非极性基团），是一种既亲水又亲油的两亲性分子（图5-1）。亲水基团可以是解离的离子，也可以是不解离的亲水基团，如羧酸、磺酸、硫酸酯、氨基及它们的盐；亲油基团一般是长度在8个碳原子以上的烃链，或者是含有杂环或芳香族基团的碳链。如肥皂是脂肪酸类（R—COO^-）表面活性剂，其结构中的脂肪酸碳链（R—）为亲油基团，解离的脂肪酸根（COO^-）为亲水基团。

将表面活性剂加入水中，在低浓度时，表面活性剂分子主要聚集在气/液界面，形成亲水基团朝向水中、亲油基团朝向空气的定向排列单分子膜。此时，表面活性剂在溶液表面层的浓度大大高于其在溶液中的浓度。表面活性剂在溶液表面层聚集的现象称为分子吸附或正吸附。正吸附改变了溶液表面的性质，使表面张力降低，随之产生较好的润湿、乳化等作用。

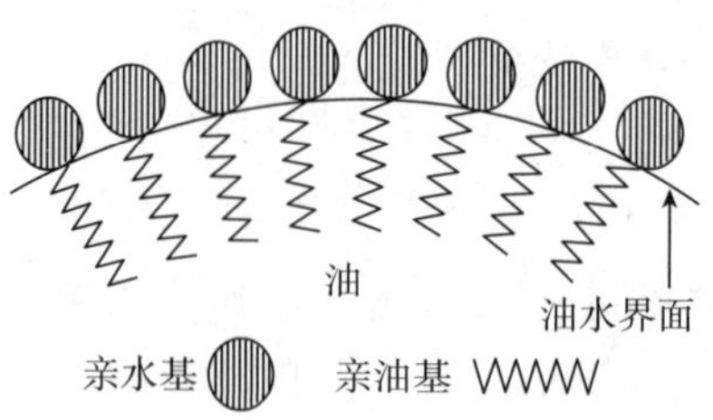

图5-1　表面活性剂结构图

（一）表面活性剂的分类

表面活性剂根据来源分类可分为天然和合成表面活性剂，根据其亲水基团解离情况可分为离子型表面活性剂和非离子型表面活性剂。根据离子型表面活性剂所带电荷，又可分为阳离子型表面活性剂、阴离子型表面活性剂和两性离子型表面活性剂。

1.阴离子型表面活性剂　特征是起表面活性作用的部分是阴离子部分，带有负电荷，如高级脂肪酸盐、硫酸化物、磺酸化物等。本类具有一定的刺激性，一般只用于外用制剂中。

（1）高级脂肪酸盐　肥皂类，通式为$(RCOO)^{n-}M^{n+}$。脂肪酸烃链一般在C_{11}~C_{17}，以硬脂酸、油酸、月桂酸等较常用。根据金属离子的不同，分为碱金属皂、碱土金属皂和有机胺皂等。它们都具有良好的乳化能力，其中碱金属皂、有机胺皂为O/W型乳化剂，碱土金属皂为W/O型乳化剂。肥皂类易被酸所破坏，碱金属皂还可被钙盐、镁盐等破坏，电解质还可使之盐析。本品有一定的刺激性，一般只用于外用制剂。

（2）硫酸化物　主要是硫酸化油和高级脂肪醇硫酸酯类，通式为$ROSO_3^-M^+$。其中高级醇烃链R在C_{12}~C_{18}。硫酸化油的代表是硫酸化蓖麻油，俗称土耳其红油，为黄色或橘黄色黏稠液体，有微臭，约含48.5%的总脂肪油，可与水混合，为无刺激性的去污剂和润湿剂，可代替肥皂洗涤皮肤，也可作挥发油或水不溶性杀菌剂的增溶剂。高级脂肪醇硫酸酯类中常用的是十二烷基硫酸钠（月桂硫酸钠，O/W型乳化剂）等，其乳化性很强，且较肥皂类稳定，主要用作外用软膏的乳化剂。

（3）磺酸化物　指脂肪酸或脂肪醇经磺酸化后，用碱中和所得的化合物，主要有脂肪族磺酸化物、烷基芳基磺酸化物和烷基萘磺酸化物，通式为$RSO_3^-M^+$。常用的品种有二辛基琥珀酸磺酸钠（商品名为阿洛索-OT）、二己基琥珀酸磺酸钠（商品名为阿洛索-18）和十二烷基苯磺酸钠等，其中十二烷基苯磺酸钠是目前广泛应用的洗涤剂。

2.阳离子型表面活性剂　起表面活性作用的是阳离子部分，带有正电荷，又称为阳性皂。其分子结构的主要部分是一个五价氮原子，故又称为季铵化合物，其特点是水溶性大，在酸性与碱性溶液中均较稳定，具有良好的表面活性作用和杀菌、防腐作用，但与大分子的阴离子药物合用会产生结合而失去活性，甚至产生沉淀。此类表面活性剂由于其毒性较大，主要用于皮肤、黏膜和手术器材的消毒。常用品种有苯扎氯铵、苯扎溴铵。

苯扎氯铵（商品名为洁尔灭）、苯扎溴铵（商品名为新洁尔灭）具有杀菌、渗透、清洁、乳化等作用。其中苯扎溴铵水溶液的杀菌力很强，穿透性强，毒性较低，主要用作杀菌防腐剂。

3.两性离子型表面活性剂　系指分子中同时具有正、负电荷基团的表面活性剂。这类表面活性剂随着介质pH的变化表现为不同的性质，pH在等电点范围内表面活性剂呈中性；在等电点以上呈阴离子型表面活性剂的性质，具有很好的起泡、去污作用；在等电点以下则呈阳离子型表面活性剂的性质，具有很强的杀菌性。两性离子型表面活性剂有天然的和人工合成的。

（1）天然两性离子型表面活性剂　包括卵磷脂、豆磷脂和蛋磷脂。常用的是卵磷脂，其结构由磷酸酯盐型的阴离子和季铵盐型阳离子部分组成，因此卵磷脂有两个疏水基团，故不溶于水，但对油脂的乳化能力很强，可制成油滴很小不易被破坏的乳剂。其中卵磷脂是目前制备注射用乳剂的主要乳化剂，也是制备脂质体的主要原料。

（2）合成型两性离子型表面活性剂　这类表面活性剂为合成化合物，阴离子部分主要是羧酸盐，其阳离子部分为季铵盐或胺盐，由胺盐构成者即为氨基酸型，在等电点时亲水性减弱，并可能产生沉淀；由季铵盐构成者即为甜菜碱型，无论在酸性、中性及碱性溶液中均易溶，在等电点时也无沉淀。

4.非离子型表面活性剂　系指在水溶液中不解离的一类表面活性剂，其分子的亲水基团是甘油、聚乙二醇和山梨醇等多元醇；其亲油基团是长链脂肪酸或长链脂肪醇以及烷基或芳基，它们以酯键或醚键与亲水基团结合。该类表面活性剂毒性低、不解离、不受溶液pH的影响，能与大多数药物配伍，因而在制剂中应用较广，常用作增溶剂、分散剂、乳化剂或助悬剂。

（1）脂肪酸山梨坦　为脱水山梨醇脂肪酸酯类，商品名为司盘。本品为白色至黄色、黏稠油状液体或蜡状固体。不溶于水，易溶于乙醇，HLB值为1.8~8.6，亲油性较强，故一般用作W/O型乳化剂或O/W型乳剂的辅助乳化剂。脱水山梨醇的酯类因脂肪酸种类和数量的不同而有不同产品，例如月桂山梨坦（司盘20）、棕榈山梨坦（司盘40）、硬脂山梨坦（司盘60）、三硬脂山梨坦（司盘65）、油酸山梨坦（司盘80）、三油酸山梨坦（司盘85）等。

（2）聚山梨酯　为聚氧乙烯脱水山梨醇脂肪酸酯类，商品名为吐温。本品为黏稠的液体，易溶于水、乙醇，不溶于油，常用于O/W型乳剂的乳化剂，也可用作增溶剂、分散剂和润湿剂。低浓度时在水中形成胶束，其增溶作用不受溶液pH影响。聚氧乙烯脱水山梨醇脂肪酸酯类根据脂肪酸种类和数量的不同而有不同产品。例如，聚山梨酯20（吐温20）、聚山梨酯40（吐温40）、聚山梨酯60（吐温60）、聚山梨酯65（吐温65）、聚山梨酯80（吐温80）、聚山梨酯85（吐温85）。

（3）蔗糖脂肪酸酯　简称蔗糖酯，是蔗糖与脂肪酸反应生成的一大类化合物，根据与脂肪酸反应生成酯的取代数不同，有单酯、二酯、三酯及多酯。蔗糖脂肪酸酯不溶于水，但在水和甘油中加热可形成凝胶，可溶于丙二醇、乙醇及一些有机溶剂，但不溶于油。改变取代脂肪酸及酯化度，可得到不同HLB值（亲水亲油平衡值）（5~13）的产品。主要用作O/W型乳化剂、分散剂。

（4）聚氧乙烯脂肪酸酯　由聚乙二醇与长链脂肪酸缩合而成的酯，商品名为卖泽。可用通式$RCOOCH_2(CH_2OCH_2)_nCH_2OH$表示，根据聚乙二醇的平均分子量和脂肪酸品种不同可有不同品种。该酯乳化能力很强，为O/W型乳化剂，常用的为聚氧乙烯40脂肪酸酯（卖泽52）。

（5）聚氧乙烯脂肪醇醚　由聚乙二醇与脂肪醇缩合而成的醚，商品名为苄泽。因聚氧乙烯基聚合度和脂肪醇的不同而有不同的品种。常用作O/W型乳化剂或增溶剂。

（6）聚氧乙烯-聚氧丙烯共聚物　此类表面活性剂又称泊洛沙姆，商品名为普朗尼克，是由聚氧乙烯和聚氧丙烯聚合而成，其中聚氧乙烯为亲水基，随着相对分子量的增加，本品由液体变为固体，其水溶性可以从不溶于水到溶于水。分子中聚氧乙烯部分比例增加，水溶性增加；聚氧丙烯部分比例增加，则水溶性下降，亲油性增强。该类表面活性剂具有乳化、润湿、分散、起泡、消泡等作用，但增溶作用较弱。普朗尼克F68为O/W型乳化剂，可作为静脉注射用乳剂的乳化剂。

（二）表面活性剂的特性

1.形成胶束　当表面活性剂的正吸附达到饱和后，继续加入表面活性剂，其分子则转入溶液中，表面活性剂的亲油基团相互吸引，形成亲油基团向内、亲水基团向外、在水中稳定分散、大小在胶体粒子范围的缔合体，称为胶团或胶束。胶团外部是亲水基形成的栅状结构，内部是碳氢链形成内核，胶团可呈现球状、棒状、束状、板状、层状等多种形状（图5-2）。

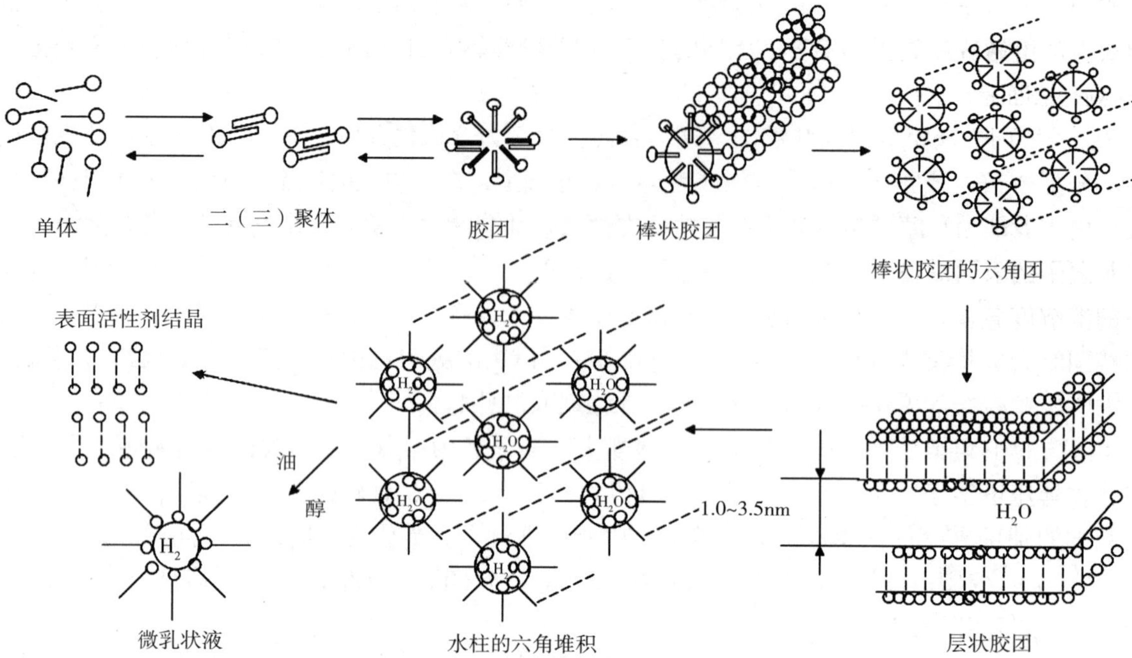

图5-2　胶束的形成示意图

表面活性剂分子缔合形成胶束的最低浓度即为临界胶束浓度（CMC），不同表面活性剂的CMC不同。具有相同亲水基的同系列表面活性剂，若亲油基团越大，则CMC越小。在CMC时，溶液的表面张力基本上到达最低值。

2.亲水亲油平衡值　表面活性剂分子中亲水和亲油基团对油或水的综合亲和力称为亲水亲油平衡值（HLB值）。

（1）HLB值范围为0~40　其中非离子型表面活性剂的HLB值范围为0~20，即把完全疏水而无亲水基的液状石蜡的HLB值规定为0，而把完全亲水而无疏水基的聚乙二醇的HLB值规定为20。由此可见表面活性剂的亲水性越强，其HLB值越高；反之亲油越强，HLB值越低。

（2）HLB值的应用　表面活性剂的HLB值与其应用性质密切相关，不同HLB值的表面活性剂有不同用途（表5-3）。

表5-3　不同HLB值表面活性剂的应用

HLB值	应用	HLB值	应用
1.5~3	消泡剂	8~16	O/W型乳化剂
3~8	W/O型乳化剂	13~16	去污剂
7~9	润湿剂	15~18	增溶剂

非离子型表面活性剂的HLB值具有加和性。如简单的二组分非离子型表面活性剂混合后的HLB值可按式（5-1）进行计算。

$$HLB_{AB}=\frac{HLB_A \times W_A + HLB_B \times W_B}{W_A+W_B} \tag{5-1}$$

式中，HLB_A、HLB_B分别表示A、B两种非离子型表面活性剂的HLB值；W_A、W_B分别表示A、B两种非离子型表面活性剂的质量。

（三）温度对溶解特性的影响

温度对不同类型表面活性剂的溶解特性有不同的影响。

1. Krafft点　随温度升高至某一温度，离子型表面活性剂的溶解度急剧升高，该温度称为Krafft点，相对应的溶解度即为该离子型表面活性剂的临界胶束浓度。Krafft点是离子型表面活性剂的特征值，Krafft点也是表面活性剂应用温度的下限，或者说只有在温度高于Krafft点时表面活性剂才能更大程度地发挥作用。例如十二烷基硫酸钠和十二烷基磺酸钠的Krafft点分别约为8℃和70℃，显然，后者在室温的表面活性不够理想。

2. 昙点　对于某些具有聚氧乙烯基结构的非离子型表面活性剂，当温度升高到一定程度时，聚氧乙烯链与水之间的氢键断裂，聚氧乙烯链发生强烈脱水和收缩，使增溶空间减小，增溶能力下降，致使其在水中的溶解度急剧下降并析出，溶液由清变浊，这一现象称为起昙。起昙时的温度称为昙点。在聚氧乙烯链相同时，碳氢链越长，昙点越低；在碳氢链长相同时，聚氧乙烯链越长则昙点越高。当温度降低到昙点以下时，有些溶液恢复澄明，有的则难以恢复。因此需加热灭菌的这类制剂应格外注意。例如聚山梨酯80的昙点为93℃。但某些聚氧乙烯类非离子型表面活性剂如泊洛沙姆108、泊洛沙姆188等水溶性极好，在常压下直至沸点也观察不到昙点。

同步练习5-2

表面活性剂分子缔合形成胶束的最低浓度是（　）

A. HLB值　　B. Krafft点

C. 昙点　　D. CMC

答案解析

（四）表面活性剂的毒性

表面活性剂的毒性顺序为阳离子型表面活性剂＞阴离子型表面活性剂＞非离子型表面活性剂。两性离子型表面活性剂的毒性和刺激性均小于阳离子型表面活性剂。非离子型表面活性剂口服一般认为无毒性；表面活性剂用于静脉给药的毒性大于口服；表面活性剂外用时毒性较小，但长期应用或高浓度使用可能出现皮肤或黏膜损害，其中以非离子型表面活性剂对皮肤和黏膜的刺激为最小。

同步练习5-3

以下表面活性剂毒性最强的是（　）

A. 聚山梨酯80　　B. 肥皂

C. 月桂山梨坦　　D. 苯扎氯铵

答案解析

（五）表面活性剂的应用

表面活性剂在药剂中有着广泛的应用，常用于难溶性药物的增溶，油的乳化，混悬液的润湿和助悬，可以增加药物的稳定性，促进药物的吸收，是制剂中常用的附加剂。阳离子型表面活性剂还可用于消毒、防腐及杀菌等。

1. 增溶剂　在药剂中，一些脂溶性维生素、甾体激素、挥发油等药物在水中的溶解度很小，达不到有效的治疗浓度。表面活性剂在水溶液中达到临界胶束浓度后，这些水不溶性或微溶性物质由于胶束的作用，溶解度显著增加，形成透明胶体溶液，这种作用称为增溶。起增溶作用的表面活性剂称为增溶剂。例如甲酚在水中的溶解度仅2%左右，但在肥皂溶液中，却能增加到50%。

2. 乳化剂　一般来说，HLB值为3~8的表面活性剂可用作W/O型乳化剂；HLB值在8~16的表面活性剂可用作O/W型乳化剂。阳离子型表面活性剂由于其毒性和刺激性比较大，故不作内服乳剂的乳化剂用；阴离子型表面活性剂一般作为外用制剂的乳化剂；具有表面活性的天然高分子材料，如琼脂、阿拉伯胶等可用作内服制剂的乳化剂；非离子型表面活性剂不仅毒性低，而且相容性好，不易发生配伍变化，对pH的改变以及电解质均不敏感，可用于外用或内服制剂。

3.润湿剂 促进液体在固体表面铺展或渗透的作用称为润湿作用，能起润湿作用的表面活性剂称为润湿剂。润湿剂的最适HLB值通常为7~9，并且需要合适的溶解度。

4.起泡剂和消泡剂 具有发生泡沫作用和稳定泡沫作用的表面活性剂称为起泡剂。这些表面活性剂具有较高的HLB值以及较强的亲水性，在降低液体表面张力的同时，使泡沫稳定，因而具有起泡剂和稳泡剂的作用。表面活性剂作为起泡剂主要应用于腔道给药及皮肤用药。

与起泡剂相反，可以消除泡沫的表面活性剂叫作消泡剂。一些含有皂苷、树胶、蛋白质以及其他高分子化合物的溶液，在剧烈搅拌时可产生泡沫，给操作带来困难，这时为了破坏泡沫，可加入一些表面张力小而且水溶性也小的表面活性剂（HLB值通常为1~3）与泡沫液层的起泡剂争夺液膜，并吸附于泡沫表面上，取代原来的起泡剂，而其本身碳链短不能形成坚固的液膜，从而使泡沫破裂。

5.去污剂 用于去除污垢的表面活性剂称为去污剂。去污剂的最适HLB值为13~16，去污能力以非离子型表面活性剂最强，其次是阴离子型表面活性剂。常用的去污剂有钠肥皂、钾肥皂、油酸钠、十二烷基硫酸钠及其他烷基磺酸钠等。

6.消毒剂和杀菌剂 大多数阳离子型和合成两性离子型表面活性剂都可以用作消毒剂，少数阴离子型表面活性剂也有类似的作用。根据需要使用不同浓度的表面活性剂，可分别用于手术前的皮肤消毒、伤口或黏膜消毒、器械消毒和环境消毒等。如苯扎溴铵（新洁尔灭）为常用广谱杀菌剂，皮肤消毒用其0.5%醇溶液，局部湿敷用其0.02%水溶液和器械消毒用其0.05%水溶液。

点滴积累5-2

1.表面活性剂是指具有很强的表面活性、加入少量就能使液体的表面张力显著下降的物质。

2.表面活性剂根据其亲水基团解离情况可分为离子型表面活性剂和非离子型表面活性剂。根据离子型表面活性剂所带电荷，又可分为阳离子型表面活性剂、阴离子型表面活性剂和两性离子型表面活性剂。

3.表面活性剂分子缔合形成胶束的最低浓度即为临界胶束浓度。

4.表面活性剂分子中亲水和亲油基团对油或水的综合亲和力称为亲水亲油平衡值（HLB值）。

5.一般来说，HLB值为3~8的表面活性剂可用作W/O型乳化剂；HLB值在8~16的表面活性剂可用作O/W型乳化剂。

6.表面活性剂可以作为增溶剂、乳化剂、润湿剂、起泡剂、消泡剂、去污剂、消毒剂和杀菌剂。

二、液体制剂常用溶剂

在液体制剂中，溶剂对药物主要起溶解和分散作用，对液体制剂的性质和质量影响很大。理想的溶剂应符合以下要求：①毒性小、无刺激性、无不适的臭味。②化学性质稳定，不与药物或附加剂发生化学反应、不影响药物的含量测定。③对药物具有较好的溶解性和分散性。液体制剂的常用溶剂按极性大小分为以下几类。

（一）极性溶剂

1.水 是最常用的溶剂。本身无药理作用，能与乙醇、甘油、丙二醇等溶剂以任意比例混合，能溶解绝大多数的无机盐类和有机药物，能溶解药材中的生物碱盐类、苷类、糖类、树胶、黏液质、鞣质、蛋白质、酸类及色素等。但有些药物在水中不稳定，易发生水解，水溶性液体药剂易产生霉变，需加入防腐剂。配制以水为溶剂的液体药剂时应使用纯化水。

2.甘油（丙三醇） 甘油为常用溶剂，在外用液体药剂中应用较多。本品为黏稠性澄明液体，味甜，毒性小，能与水、乙醇、丙二醇等以任意比例混溶。可单独作溶剂，也可与水、乙醇等溶剂以一定的比例混合应用。甘油对苯酚、鞣酸、硼酸的溶解比水大，常作为这些药物的溶剂。甘油吸水性强，在外用制剂中可作保湿剂，含水10%以上的甘油对皮肤和黏膜无刺激性；甘油黏稠度大，液体药剂中含甘油30%以上时具有防腐作用。

3.二甲基亚砜　为无色澄明液体，具有大蒜臭味，有较强的吸湿性，能与许多极性、半极性和非极性溶剂以任意比例混合。溶解范围广，有“万能溶剂”之称。二甲基亚砜具有促进药物在皮肤和黏膜上的渗透作用，对皮肤有轻度刺激性，能引起烧灼或不适感，孕妇禁用。

（二）半极性溶剂

1.乙醇　是常用溶剂，可与水、甘油、丙二醇等溶剂以任意比例混合，能溶解大部分有机药物和药材中的有效成分，如生物碱及其盐类、苷类、挥发油、树脂、鞣质、有机酸和色素等。20%的乙醇即有防腐作用。乙醇有一定的调节生理功能的作用，但有易挥发、易燃烧等性质，为防止乙醇挥发，成品应密闭储存。乙醇与水混合时，会发生总体积缩小的现象，所以用水稀释乙醇时，应放凉至室温后再调整至规定浓度。

2.丙二醇　药用规格必须是1，2-丙二醇。丙二醇兼有甘油的优点，刺激性与毒性均小，能溶解很多有机药物，能与水、乙醇、甘油等以任意比例混合。一定比例的丙二醇和水的混合溶剂能延缓许多药物的水解，增加药物的稳定性。丙二醇的水溶液对药物在皮肤和黏膜上有一定的促渗透作用。但丙二醇有辛辣味，口服应用受到限制且价格高于甘油。

3.聚乙二醇（PEG）　液体制剂中常用聚合度低的聚乙二醇，如PEG300~600，为无色澄明液体，能与水、乙醇、丙二醇、甘油等以任意比例混溶，不同浓度的PEG水溶液是良好的溶剂，能溶解许多水溶性无机盐和水不溶性有机药物。本品对一些易水解的药物具有一定的稳定作用，在外用液体制剂中有一定的保湿作用且对皮肤无刺激性。

（三）非极性溶剂

1.脂肪油　本品为常用的非极性溶剂，是指药典上收载的一些植物油，如棉籽油、花生油、麻油、橄榄油、豆油等。脂肪油能溶解游离生物碱、挥发油和芳香族药物。脂肪油容易酸败，也易受碱性药物影响而发生皂化反应，影响制剂质量。脂肪油多作外用制剂的溶剂，如洗剂、搽剂等。

2.液状石蜡　本品为饱和烷烃化合物，化学性质稳定。分轻质和重质两种，前者密度为0.828~0.860g/ml，后者密度为0.860~0.890g/ml，常用于软膏剂或糊剂。本品能与非极性溶剂混合，能溶解生物碱、挥发油及一些非极性药物等。本品在肠道中不分解也不吸收，能软化粪便，有润肠通便作用。

3.乙酸乙酯　本品为无色或淡黄色流动性油状液体，可作为脂肪油的代用品，浓度较高时有刺激性气味，具有挥发性和可燃性。在空气中容易氧化、变色，需加入抗氧剂。本品能溶解挥发油、甾体药物和其他油溶性药物，常作为搽剂的溶剂。

4.肉豆蔻酸异丙酯　本品为无色澄明、几乎无气味的流动性油状液体，不易氧化和水解，不易酸败，不溶于水、甘油、丙二醇，但溶于乙醇、丙酮、乙酸乙酯和矿物油中。能溶解甾体药物和挥发油。本品无刺激性和过敏性。可透过皮肤吸收，并能促进药物经皮吸收，常用作外用制剂的溶剂。

点滴积累5-3

1.液体制剂理想的溶剂应符合以下要求：①毒性小、无刺激性、无不适的臭味。②化学性质稳定，不与药物或附加剂发生化学反应、不影响药物的含量测定。③对药物具有较好的溶解性和分散性。

2.液体制剂的常用溶剂按极性大小分为极性溶剂、半极性溶剂和非极性溶剂。

3.常用的极性溶剂有水、甘油、二甲基亚砜。
4.常用的半极性溶剂有乙醇、丙二醇、聚乙二醇。
5.常用的非极性溶剂有脂肪油、液状石蜡、乙酸乙酯、肉豆蔻酸异丙酯。

三、液体制剂附加剂

制备各种类型的液体制剂时，有时为了增加药物的溶解度、预防霉变、提高制剂的稳定性、改善色泽和口感等，可以根据需要选择各类附加剂，起到增溶、助溶、乳化、助悬、润湿、防腐以及矫味（嗅）和着色等作用。常用的附加剂有以下几种。

（一）增溶剂

某些难溶性药物在表面活性剂的作用下增加溶解度形成溶液的过程称为增溶。具有增溶能力的表面活性剂称为增溶剂，被增溶的药物称为增溶质。以水为溶剂的液体制剂，增溶剂的最适HLB值为15~18，常用增溶剂为聚山梨酯类、聚氧乙烯脂肪酸酯类等。

（二）助溶剂

助溶系指难溶性药物与加入的第三种物质在溶剂中形成可溶性分子间络合物、复盐、缔合物等，以增加难溶性药物在溶剂中溶解度的现象。所加入的第三种物质称为助溶剂。助溶剂多为某些有机酸及其盐类（如苯甲酸、碘化钾），酰胺或胺类化合物（如乙二胺）和一些水溶性高分子化合物（如聚乙烯吡咯烷酮）等。如碘与碘化钾形成分子间络合物KI_3，碘在水中的溶解度由1：2950增加到1：20。

同步练习5-4

茶碱在乙二胺存在下，溶解度由1：120增大至1：5，乙二胺的作用是（　）

A.增溶　　B.助溶

C.矫味　　D.增大溶液的pH

答案解析

（三）潜溶剂

为提高难溶性药物的溶解度而常使用混合溶剂。在混合溶剂中各溶剂达到一定比例时，药物的溶解度出现极大值，这种现象称为潜溶，这种混合溶剂称为潜溶剂。常与水形成潜溶剂的有乙醇、丙二醇、甘油、聚乙二醇等，如苯巴比妥在90%的乙醇中有最大溶解度。

（四）防腐剂

液体制剂特别是含有糖类、蛋白质等营养物质的液体制剂，极易被微生物污染而发生霉变，导致药物降低疗效或完全失效，甚至有可能产生一些对人体有害的物质。因此，研究如何有效防止药剂被微生物污染及抑制微生物在药剂中的生长繁殖，确保药剂质量，是制药工作的重要任务。

防腐剂品种较多，以下主要介绍药剂中常用的防腐剂。

1.苯甲酸与苯甲酸钠　一般用量为0.25%~0.4%，pH为4的介质中作用最好，适用于内服和外用制剂作防腐剂。

2.对羟基苯甲酸酯类　亦称尼泊金类，常用的有尼泊金甲酯、尼泊金乙酯、尼泊金丙酯、尼泊金丁酯等，在酸性溶液中作用较强。无毒、无味、无臭，不挥发，性质稳定，抑菌作用强，特别对大肠埃希菌有很强的抑制作用。几种对羟基苯甲酸酯混合使用有协同作用，防腐效果更佳，如乙酯-丙酯（1：1）、乙酯-丁酯（4：1）。常用量为0.01%~0.25%。本品在水中溶解度较小，配制时先将水加热到80℃左右，加入尼泊金搅拌溶解或取尼泊金先溶于少量乙醇中，再加入溶液中，混合均匀。本品与苯甲酸联合使用对防治霉变、发酵效果最佳。尼泊金类与聚山梨酯类配伍时，由于分子间络合作用，尼泊金类的溶解度增加，但游离型减少，防腐能力减低，因此在含聚山梨酯类的药液中不宜选用本类防腐剂。

3.山梨酸与山梨酸钾 常用浓度为0.15%~0.25%，对细菌和霉菌均有较强抑菌效力，山梨酸起防腐作用的是未解离的分子，故需在酸性溶液中使用，在pH为4的水溶液中抑菌效果最好。在含有聚山梨酯的液体制剂中仍有较好的防腐效力。

4.苯扎溴铵 为阳离子型表面活性剂。本品无刺激性，溶于水、乙醇。在酸性、碱性条件下稳定，能够耐受热压灭菌，常用量为0.02%~0.2%，对金属、橡胶、塑料无腐蚀作用，只用于外用药剂中。

5.其他防腐剂 乙醇、苯酚、甲酸、三氯叔丁醇、苯甲醇、硝酸苯汞、硫柳汞、甘油、三氯甲烷、桉油、桂皮油、薄荷油等均可作防腐剂使用。

（五）矫味剂

矫味剂系指药品中用以改善或屏蔽药物不良气味和味道，使患者难以觉察药物的强烈苦味（或其他异味，如辛辣、刺激等）的药用辅料。矫味剂分为甜味剂、芳香剂、胶浆剂、泡腾剂等类型。

1.甜味剂 常用甜味剂包括天然甜味剂与合成甜味剂两大类。天然甜味剂主要有蔗糖、单糖浆、橙皮糖浆、桂皮糖浆等，不但能矫味，而且能矫臭。还有山梨醇、甘露醇等也可作甜味剂。合成甜味剂主要有糖精钠，甜度为蔗糖的200~700倍，易溶于水，一般用量为0.03%，常与单糖浆、蔗糖和甜菊苷合用；阿司帕坦，为天门冬酰苯丙氨酸甲酯，为二肽类甜味剂，甜度比蔗糖高150~200倍，不致龋齿，适用于糖尿病、肥胖症患者。

2.芳香剂 在制剂中有时需要添加少量香料和香精以改善制剂的气味和香味，这些香料与香精称为芳香剂。香料分为天然香料和人造香料两大类。天然香料有植物中提取的芳香性挥发油如柠檬、薄荷挥发油等，以及它们的制剂如薄荷水、桂皮水等。人造香料也称调和香料，是由人工香料添加一定量的溶剂调和而成的混合香料，如苹果香精、香蕉香精等。

3.胶浆剂 具有黏稠缓和的性质，可以干扰味蕾的味觉而能矫味，如海藻酸钠、阿拉伯胶、羧甲基纤维素钠、琼脂、明胶、甲基纤维素等的胶浆。如在胶浆剂中加入甜味剂，则增加其矫味作用。

4.泡腾剂 将有机酸（如枸橼酸、酒石酸）与碳酸氢钠一起遇水后产生大量二氧化碳，二氧化碳能麻痹味蕾起矫味作用，对盐类的苦味、涩味、咸味有改善。

5.着色剂 又称色素，能改善制剂的外观颜色，可用来识别制剂的浓度、区分应用方法和减少患者对服药的厌恶感。可分为天然色素和人工合成色素两大类。

（1）天然色素 常用的有植物性和矿物性色素，常用的无毒天然色素有姜黄、胡萝卜素等，矿物性色素有氧化铁（棕红色）等。

（2）合成色素 人工合成色素的特点是色泽鲜艳，价格低廉，大多数毒性比较大，用量不宜过多。我国批准的内服合成色素有苋菜红、柠檬黄、胭脂红、胭脂蓝和日落黄，通常配成1%贮备液使用，用量不得超过万分之一。外用色素有伊红、品红、亚甲蓝等。

6.其他附加剂 在液体制剂中为了增加稳定性，有时需要加入抗氧剂、pH调节剂、金属离子络合剂等。

点滴积累5-4

1.液体制剂常用的附加剂有增溶剂、助溶剂、潜溶剂、防腐剂、矫味剂、着色剂等。

2.液体制剂常用防腐剂有苯甲酸与苯甲酸钠、对羟基苯甲酸酯类、山梨酸与山梨酸钾、苯扎溴铵等。

3.常用的矫味剂有甜味剂、芳香剂、胶浆剂、泡腾剂。

4.常用的色素有天然色素和人工合成色素。

阅读与感悟

表面活性剂发展迅速，应用范围也越来越广，有“工业催化剂”和“工业味精”之称。无论在药业、工业方面还是在民用产品方面都得到了广泛应用。

漳州片仔癀药业股份有限公司是以医药制造为主业的中华老字号企业，由成立于1956年的漳州制药厂在1999年改制创立。核心产品片仔癀是国家一级中药保护品种，其传统制作技艺入选国家非物质文化遗产名录，连续多年居中国中成药单品种出口前列，被誉为“海上丝绸之路”上的“中国符号”。片仔癀始创于明嘉靖年间，历史传奇，源远流长。一位宫廷御医隐姓埋名，为患疾百姓广为施治，无不药到病除。经过500多年的发展，公司积极践行“健康中国”国家战略，传承精华、守正创新，推动片仔癀现代化、产业化，在片仔癀的基础上，研发了片仔癀软膏、川贝清肺糖浆、藿香正气水等产品，这些药品在制备的过程中均离不开表面活性剂的作用。以创新创业意志铸长盛产业，以大国工匠精神做国家品质，这也应当是我们每一个药品人的初心与使命。

自测达标

答案解析

一、单项选择题

1. 处方为碘50g，碘化钾100g，蒸馏水适量，制成复方碘溶液1000ml。其中，碘化钾的作用是（　）

A. 助溶　　B. 脱色　　C. 抗氧化　　D. 增溶

2. 对于二甲基亚砜的认识和使用，错误的是（　）

A. 本品也称万能溶媒

B. 主要用于外用制剂以促进药物吸收

C. 本品因有恶臭，不应用于内服制剂

D. 也可添加于注射剂，以加强吸收

3. 具有临界胶团浓度的是（　）

A. 溶液的特性　　B. 胶体溶液的特性

C. 表面活性剂的一个特性　　D. 高分子溶液的特性

4. 表面活性剂能够使溶液表面张力（　）

A. 降低　　B. 显著降低　　C. 升高　　D. 不变

5. 关于理想防腐剂的叙述，错误的是（　）

A. 对大部分微生物有较强的防腐作用

B. 能改善制剂稳定性

C. 对人体无毒、无刺激性

D. 溶解度能达到有效的防腐浓度

二、多项选择题

6. 下列辅料中，可作为液体药剂防腐剂的有（　）

A. 甘露醇　　B. 苯甲酸　　C. 甜菊素　　D. 羟苯乙酯

7. 下述哪些方法能增加药物溶解度的是（　）

A. 加入助溶剂　　B. 加入增溶剂　　C. 制成盐类　　D. 应用潜溶剂

8. 液体药剂常用的矫味剂有（　）

A. 蜂蜜　　B. 香精　　C. 薄荷油　　D. 碳酸氢钠

三、配伍选择题

（9~12题共用选项）

A.普朗尼克　B.季铵化合物　C.卵磷脂

D.肥皂类　E.乙醇

9.非离子型表面活性剂为（　）

10.阴离子型表面活性剂为（　）

11.阳离子型表面活性剂为（　）

12.两性离子表面活性剂为（　）

任务三　均相液体制剂

【工作实例】张某因患有胃肠型感冒到药店买药，经药店药师指导后，购买了一盒藿香正气水进行治疗，服用时，他发现药品颜色是棕色的，药液有种辛辣的感觉。藿香正气水是治疗胃肠型感冒的常用药，里面都有哪些成分？

一、概述

（一）定义与特点

均相液体制剂系指药物以分子或离子状态分散在液体分散介质中形成的供内服或外用的液体分散体系，是热力学稳定体系，包括低分子溶液剂和高分子溶液剂。

低分子溶液剂又称真溶液或溶液型液体制剂，包括溶液剂、糖浆剂、芳香水剂、甘油剂和酊剂等。低分子溶液剂药物分散均匀、澄明，并能透过半透膜，药物的分散度大，口服吸收好，故其作用和疗效比同一浓度药物的混悬液或乳浊液快而高。其物理稳定性较胶体溶液剂、混悬剂、乳剂好；因分散度大，药物化学活性也随之增高，但是某些药物的水溶液很不稳定，所以在制备溶液型液体制剂时，应注意药物的稳定性和防腐问题。

高分子溶液剂系指高分子化合物溶解于溶剂中形成的均匀分散的液体制剂。以水为溶剂时，称为亲水性高分子溶液，又称为亲水胶体溶液或胶浆剂。以非水溶剂制成的称为非水性高分子溶液剂。高分子溶液剂属于热力学稳定系统。亲水性高分子溶液在药剂中应用较多，如混悬剂中的助悬剂、乳剂中的乳化剂、片剂的包衣材料、血浆代用品、微囊、缓释制剂等都涉及高分子溶液。

（二）增加药物溶解度的方法

生产中可能会遇到药物有效浓度与溶解度的矛盾，例如碘在水中的溶解度是1∶2950，而作为甲状腺功能亢进辅助治疗药物的复方碘口服液的浓度要求达到4.5%~5.5%，这就意味着如果不采取措施增加药物的溶解度，就不能保证制成临床需要的均匀澄清而浓度又能达到要求的制剂。常用以下几种方法增加药物的溶解度。

1.选择适宜的溶剂　理论上每一种药物都会有相应的溶剂使其溶解，故选择适宜的溶剂是改善药物溶解度最便捷的办法。

将两种以上的液体混合作为溶剂使用能起到良好的溶解效果。特别是某些极性或半极性的有机溶剂，由于本身有一定的药理作用，如果用量过大，可能造成药物副作用大或刺激性增加，但与水按一定比例混溶后形成复合溶剂，不仅能增加药物的溶解度，还能减少成本，降低药物的刺激性。如氯霉素在水中溶解度是0.25%，而水中含25%乙醇、55%甘油的混合溶剂中，可制成12.5%的氯霉素溶液。

药物在混合溶剂中的溶解度除了与溶剂混合有关外，还和各溶剂的比例有关，比如添加潜溶剂。如苯巴比妥在90%的乙醇中有最大溶解度。

2.将药物制成盐 有机酸或有机碱类药物，制成盐后其水溶性加大，这就为增加药物的溶解性提供了依据。具体的操作办法有两种：一是将药物直接制成盐作为投料的原料，直接溶解，这种方法通常在原料生产企业中实施；二是将有机酸或有机碱作为投料的原料，通过调节pH，以促进药物在酸性或碱性水溶液中的溶解，这种方法在制剂生产中经常使用。

值得注意的是，药物制成盐后可能其药理作用、稳定性、刺激性、毒性等发生变化，故选择这种方法时需慎重。

3.加入助溶剂 如咖啡因与助溶剂苯甲酸钠形成分子复合物苯甲酸钠咖啡因，溶解度由1∶50增大到1∶1.2。

4.使用增溶剂 如以水为溶剂，常用作增溶剂的表面活性剂一般HLB值为15~18。如果没有适合HLB值的表面活性剂，也可以考虑采用两种或两种以上表面活性剂按一定比例混合制成HLB值符合要求的复合增溶剂。

外用液体制剂的增溶剂可以选择一价金属皂，如硬脂酸钠、油酸钠、油酸钾等；内服液体制剂的增溶剂常用聚山梨酯类。

点滴积累5-5

1.溶液型液体制剂又称低分子溶液剂，系指小分子药物以分子或离子状态分散在溶剂中形成的均匀的可供内服或外用的液体制剂。

2.溶液型液体制剂包括溶液剂、糖浆剂、芳香水剂、甘油剂和醑剂等。

3.增加药物溶解度的方法有选择适宜的溶剂、添加潜溶剂、加入助溶剂、使用增溶剂等。

二、溶液型液体制剂

（一）溶液剂

溶液剂指药物溶解于溶剂中形成的澄明液体制剂，可供内服和外用。溶液剂的溶质一般为不挥发性的化学药物，溶剂多为水，也可用不同浓度乙醇或油为溶剂，如复方碘口服溶液、硝酸甘油乙醇溶液、维生素D油溶液等。溶液剂应澄清，不得有沉淀、浑浊、异物等。

为保证质量，配制时可适当加入抗氧剂、防腐剂、缓冲剂、矫味剂及着色剂等附加剂。

溶液剂的制备方法有三种，即溶解法、稀释法和化学反应法。

1.溶解法 包括称量、溶解、过滤、质量检查等步骤。制备时，一般将药物用溶剂总体积的1/2~3/4溶解过滤，再自滤器上添加溶剂至全量，搅匀，即得。过滤后的药液应进行质量检查。制得的药物溶液应及时分装、密封、贴标签及进行外包装。

溶解法制备过程中应注意以下几点。

（1）投料顺序 当处方中存在多个固体物料时，应遵循“难溶先溶、附加剂先溶、特殊药品先溶”的原则，一些用量较少的特殊药品，如毒药、麻醉药品等，应先加入溶解；易氧化的药物溶解时，宜将溶剂加热放冷后再溶解药物，同时应加适量抗氧剂，以减少药物氧化损失；加入含有挥发性成分的液体药物应后加入并慢加快搅。

（2）加入方向 含醇制剂与水性制剂混合时，通常将醇溶液加至水溶液中，并慢加快搅。

（3）混合方式 高浓度盐酸与高浓度醇液混合时应“先稀释后混合”，目的是防止混合时由于溶剂的改变而导致混合液析出沉淀，影响质量。

（4）非水溶剂需器具干燥。

2.稀释法　系将高浓度溶液或易溶性药物的浓贮备液稀释至治疗浓度范围内的方法，稀释时应注意单位换算，挥发性药物浓溶液稀释过程中应注意挥发损失，以免影响浓度的准确性。

3.化学反应法　适用于原料药物缺乏或不符合医疗要求的情况，此时可将两种或两种以上的药物配伍在一起，经过化学反应而生成所需药物的溶液。

（二）糖浆剂

糖浆剂指含有原料药物的浓蔗糖水溶液。含药的糖浆剂有治疗作用，含糖量达50%~65%，能有效掩盖药物的苦味、咸味等不适味道，使药物易于内服，很受儿童的欢迎。只含糖或芳香性物质的糖浆剂称为单糖浆或芳香糖浆，主要用作矫味剂和助悬剂。单纯的蔗糖近饱和水溶液称为“单糖浆”，含糖量为85%（g/ml）或65%（g/g）。

糖浆剂在生产与贮藏期间应符合下列有关规定。①将原料药物用水溶解（饮片应按各品种项下规定的方法提取、纯化、浓缩至一定体积），加入单糖浆；如直接加入蔗糖配制，则需煮沸，必要时滤过，并自滤器上添加适量新煮沸过的水至处方规定量。②含蔗糖量应不低于45%（g/ml）。③根据需要可加入适宜的附加剂。如需加入抑菌剂，除另有规定外，在制剂确定处方时，该处方的抑菌效力应符合抑菌效力检查法（通则1121）的规定。山梨酸和苯甲酸的用量不得超过0.3%（其钾盐、钠盐的用量分别按酸计），羟苯酯类的用量不得超过0.05%。如需加入其他附加剂，其品种与用量应符合国家标准的有关规定，且不应影响成品的稳定性，并应避免对检验产生干扰。必要时可加入适量的乙醇、甘油或其他多元醇。④除另有规定外，糖浆剂应澄清。在贮存期间不得有发霉、酸败、产生气体或其他变质现象，允许有少量摇之易散的沉淀。⑤一般应检查相对密度、pH等。⑥除另有规定外，糖浆剂应密封，避光置干燥处贮存。

同步思考5

在单糖浆的制备过程中，能不能使用超市买的白砂糖？

答案解析

糖浆剂常用的制备方法有热溶法、冷溶法和混合法。

1.热溶法　蔗糖在水中的溶解度随温度的升高而增加。将适量纯化水加热煮沸后，加入规定量的蔗糖搅拌溶解，再加入其他辅料搅拌溶解、保温过滤，自滤器上加适量新沸过的纯化水至全量，搅匀即得。此法适用于制备对热稳定的药物和有色糖浆。对热不稳定的药物，则在加热后，适当降温方可加入药物。此法的优点是蔗糖容易溶解，趁热容易滤过，所含高分子杂质如蛋白质加热凝固被滤除，制得的糖浆剂易于滤清，同时在加热过程中杀灭微生物，糖浆易于保存，但加热过久或超过100℃时，转化糖含量增加，糖浆剂颜色容易变深。

2.冷溶法　将蔗糖溶于冷水或含药的溶液中制成糖浆剂。此法适用于对热不稳定或挥发性药物。制得的糖浆颜色较浅，但制备所需时间较长，在生产过程中容易污染微生物。

3.混合法　指药物与单糖浆均匀混合制备含药糖浆的方法。

制备糖浆剂时应注意：①制备应在洁净避菌环境中进行，及时灌装于灭菌的洁净干燥容器中。②应选择药用蔗糖，食用糖因杂质含量多，且易吸潮、长霉，故不选用。③糖浆剂应在30℃以下密闭贮存。

（三）芳香水剂

芳香水剂指芳香挥发性药物（多为挥发油）的饱和或近饱和水溶液，亦可用水与乙醇的混合溶剂制成浓芳香水剂。芳香水剂的制备方法主要有溶解法、稀释法和水蒸气蒸馏法。由于挥发油及其他挥发性物质在水中的溶解度很小，采用溶解法制备时，可酌加分散剂（如滑石粉）用力振摇以加速溶解。芳香水剂的浓度较低，一般只作芳香剂使用，如薄荷水、浓薄荷水等。芳香水剂大多易分解、氧化甚至霉变，所以不宜大量配制、久贮。

（四）醑剂

醑剂指挥发性药物的浓乙醇溶液，可供内服或外用。凡用于制备芳香水剂的药物一般都可制成醑剂。醑剂中的药物浓度一般为5%~10%，乙醇浓度一般为60%~90%。醑剂一般作芳香矫味剂用，如复方橙皮醑、薄荷醑等；也可用于治疗，如芳香氨醑。醑剂中的挥发油容易氧化、挥发，长期贮存会变色等。醑剂应贮存于密闭容器中，但不宜长期贮存。

醑剂的制备方法主要有溶解法和化学反应法。制备过程中应注意：①器具要干燥；②醑剂与水性制剂混合时溶剂性质发生改变，可导致析出溶质出现浑浊，应采用慢加快搅的形式，将醑剂加入水性制剂中。

（五）甘油剂

甘油剂指药物溶于甘油中制成的专供外用的溶液剂。甘油具有黏稠性、防腐性、吸湿性，对皮肤、黏膜有滋润作用，能使药物滞留于患处而延长药物局部疗效作用，常用于口腔、耳鼻喉科疾病。甘油剂吸湿性较大，应密闭保存。甘油剂的制备可用溶解法，如碘甘油；化学反应法，如硼酸甘油。

（六）酊剂

酊剂指药物用规定浓度的乙醇浸出或溶解而制成的液体制剂。酊剂中药物浓度除另有规定外，含毒剧药品的酊剂，每100ml相当于原药物10g，其他酊剂每100ml相当于原药物20g。不同浓度的乙醇对药材中各成分的溶解度不同，制备时应根据有效成分的溶解性选择适宜浓度的乙醇，以减少杂质含量，酊剂中乙醇的最低含量为30%（V/V）。酊剂久存会发生沉淀，可过滤除去，再测定乙醇含量、有效成分含量并调整至规定标准，仍可使用。酊剂的制备可用溶解法或稀释法，如碘酊；浸渍法，如十滴水；渗漉法，如颠茄酊。

点滴积累5-6

1.溶液剂指药物溶解于溶剂中形成的澄明液体制剂。

2.溶液剂的制备方法有三种，即溶解法、稀释法和化学反应法。

3.糖浆剂指含有原料药物的浓蔗糖水溶液。单糖浆含糖量为85%（g/ml），常用的制备方法有热溶法、冷溶法和混合法。

4.芳香水剂指芳香挥发性药物（多为挥发油）的饱和或近饱和水溶液，亦可用水与乙醇的混合溶剂制成浓芳香水剂。常用的制备方法主要有溶解法、稀释法和水蒸气蒸馏法。

5.醑剂指挥发性药物的浓乙醇溶液，可供内服或外用。常用的制备方法主要有溶解法和化学反应法。

6.甘油剂指药物溶于甘油中制成的专供外用的溶液剂。常用的制备可用溶解法和化学反应法。

7.酊剂指药物用规定浓度的乙醇浸出或溶解而制成的液体制剂。常用的制备方法有溶解法、稀释法、浸渍法和渗漉法。

三、高分子溶液剂

（一）高分子溶液剂的性质

1.带电性　高分子溶液中高分子化合物的某些基团因解离而带电，有的带正电，有的带负电。带正电的高分子溶液有琼脂、血红蛋白、碱性染料、明胶等，带负电的高分子溶液有淀粉、阿拉伯胶、鞣酸、酸性染料等。一些高分子化合物所带电荷受溶液pH的影响。如蛋白质分子中含有羧基与氨基，当溶液的pH大于等电点时，蛋白质带负电荷，pH小于等电点时，蛋白质带正电荷。在等电点时，高分子化合物不带电，这时高分子溶液的许多性质发生变化，如黏度、渗透压、溶解度、导电性都变为最小值。高分子化合物在溶液中带电荷，所以有电泳现象，用电泳法可测得高分子化合物所带电荷的种类。

2.过滤性　高分子溶液能透过滤纸，不能透过半透膜，提纯高分子溶液可用透析方法除去其中的电解质，但因润湿的滤纸带负电荷可吸附正胶体，因此高分子溶液过滤时应注意电荷吸附问题。

3.渗透压高　高分子溶液有较高的渗透压，渗透压的大小与高分子溶液的浓度有关。浓度越大，渗透压越高。

4.黏度大　高分子溶液是黏稠性流动液体，因此也常用作助悬剂、增稠剂、黏合剂。黏稠性大小用黏度表示。通过测定高分子溶液的黏度，可以确定高分子化合物的分子量。

5.胶凝性　一些亲水性高分子溶液，如明胶水溶液、琼脂水溶液，在温热条件下为黏稠性流动液体，当温度降低时，高分子物质形成网状结构，分散介质水全部包含在网状结构中，形成了不流动的半固体状物，称为凝胶，如软胶囊的囊壳就是这种凝胶。形成凝胶的过程称为胶凝。凝胶失去网状结构的水分时，体积缩小，形成干燥固体，称为干胶。

充电链接

破坏高分子化合物水化膜的因素

水化膜是高分子化合物稳定性的主要因素，破坏水化膜则会发生聚集而引起沉淀，如：①盐析作用，加入大量电解质时由于电解质强烈的水化作用，夺去了高分子质点水化膜的水分而使其沉淀，这一过程称为盐析，在制备生化制品时经常使用；②加入脱水剂，如强亲水性的乙醇、丙酮，使其失去水化膜而产生沉淀，在制备高分子物质如右旋糖酐、羧甲基淀粉钠等，都是利用加入大量乙醇的方法，使它们失去水化膜而沉淀。

（二）高分子溶液剂的稳定性

水化膜是高分子溶液稳定的主要因素，高分子化合物含有大量亲水基团，能与水形成牢固的水化膜，可阻止高分子化合物分子之间的相互凝聚，对高分子化合物的稳定性起重要作用。高分子化合物因带有电荷，同电相斥作用对其稳定性也有一定的影响，电荷因素是高分子溶液稳定的次要因素。对高分子溶液来说，电荷对其稳定性并不像对疏水胶体那么重要，当向高分子溶液中加入少量电解质时，不会由于反离子的作用而引起凝聚，长期透析也不影响其稳定性。但若破坏其水化膜，则会发生凝聚而引起沉淀。

（三）高分子溶液剂的制备

高分子化合物的溶解与低分子化合物不同，要经过溶胀过程，包括有限溶胀和无限溶胀。

1.有限溶胀　指水分子单方向渗入高分子化合物的分子间空隙中，与高分子中的亲水基团发生水化作用而使其体积膨胀。

2.无限溶胀　指由于高分子空隙间存在水分子，降低了高分子分子间的作用力（范德华力），溶胀过程继续进行，最后高分子化合物完全分散在水中形成高分子溶液。无限溶胀的过程也就是高分子化合物逐渐溶解的过程。无限溶胀常需搅拌或加热才能完成，形成高分子溶液的这一过程称为胶溶。

3.操作要点　具体操作可因原料状态不同有所差别。①粉末状原料：选择大口盛器，先加水，撒粉于水面，令其充分吸水膨胀，最后略加振摇即可均匀溶解，如胃蛋白酶。也可将原料置于干燥的盛器内，先加少量乙醇或甘油使其均匀润湿，然后加大量水振摇使其溶解。操作时切忌直接将水加到粉末中，避免因表面黏结成团使水很难透入团块中心，有限溶胀无法充分进行，给制备带来困难。②片状、块状原料：先粉碎成细粒，加少量水放置，使其充分吸水膨胀，然后加足热水，并加热搅拌使其溶解，如明胶、琼脂。

点滴积累5-7

1.高分子溶液剂的性质有带电性、过滤性、渗透压高、黏度大、胶凝性。
2.水化膜是高分子溶液稳定的主要因素，电荷因素是高分子溶液稳定的次要因素。
3.高分子溶液剂的制备要经过溶胀过程，包括有限溶胀和无限溶胀。

四、制备举例及应用

（一）复方碘溶液

【处方】碘50g　碘化钾100g　纯化水加至1000ml

【临床适应证】地方性甲状腺肿的治疗和预防；甲状腺功能亢进症治疗后的手术前准备；甲状腺功能亢进症危象。

【处方分析】碘是主药，碘在水中几乎不溶。碘化钾为助溶剂，应先溶解。溶解碘化钾时尽量少加水，以增大其浓度，有利于碘的溶解，通常加等量水配成近饱和溶液。

【制备方法】称取碘化钾100g至量杯中，加纯化水100ml，搅拌使溶解；称取碘50g，加入，搅拌使其全部溶解；加纯化水至1000ml，搅匀、即得。

【贮藏】遮光，密封保存。

（二）单糖浆

【处方】蔗糖850g　纯化水加至1000ml

【临床适应证】药用辅料，用作矫味剂或赋形剂。

【处方分析】加热温度不宜过高（尤其是以直火加热），防止蔗糖焦化；时间不宜过长，以防蔗糖焦化与转化，而影响产品质量。纯化水加热时，应采取措施防止蒸发。

【制备方法】取纯化水450ml，煮沸，加入蔗糖，不断搅拌，溶解后继续加热至100℃使溶液澄清。趁热用脱脂棉过滤，自滤器上加适量煮沸过的纯化水，使其冷至室温时为1000ml，搅匀，即得。

【贮藏】遮光，密封保存。

（三）硫酸亚铁糖浆

【处方】硫酸亚铁30g　枸橼酸2g　蒸馏水100ml　薄荷酊2ml　单糖浆加至1000ml

【临床适应证】本品为抗贫血药，用于缺铁性贫血。

【处方分析】硫酸亚铁为主药，硫酸亚铁置空气中吸潮后易氧化生成黄棕色碱或硫酸铁，不能供药用，其水溶液长期放置同样有此变化，本品中所加枸橼酸，主要使部分蔗糖转化成具有还原性的果糖和葡萄糖，以防止硫酸亚铁的氧化，薄荷酊为芳香剂。

【制备方法】取枸橼酸溶于全量蒸馏水中，加入预先研细的硫酸亚铁，搅拌溶解、过滤、滤液与适量单糖浆混匀，滴加薄荷酊，边加边搅拌，再加单糖浆至1000ml，搅匀，即得。

【贮藏】密封保存。

（四）薄荷水

【处方】薄荷油0.2ml　滑石粉1.5g　纯化水加至100ml

【临床适应证】祛风、矫味。

【处方分析】滑石粉为分散剂，将薄荷油吸附在滑石粉颗粒周围，使之分散得很细，有利于溶解并有助滤作用，滤过时，滑石粉在滤器上形成滤床，能吸附剩余量的薄荷油及其他杂质，有助于滤过，使溶液澄明。

【制备方法】将滑石粉置乳钵中，加薄荷油充分研匀，量取纯化水95ml，分次加入乳钵中，先加少量，研成糊状，继续加纯化水研磨，留下少量纯化水备用。将混合液移到有塞的玻璃瓶中，余下的纯化水将乳钵中的滑石粉冲入玻璃瓶，密闭振摇10分钟，静置待滑石粉沉淀后，用湿润滤纸反复过滤到澄明，自滤纸上添加纯化水制成100ml，摇匀，即得。

【贮藏】密封，置凉暗处保存。

（五）樟脑醑

【处方】樟脑100g　乙醇加至1000ml

【临床适应证】用于肌肉痛、关节痛及神经痛及皮肤瘙痒。

【处方分析】本品遇水易析出结晶，故滤材宜用乙醇湿润，所用器具应干燥，亦可用乙醇冲洗。

【制备方法】称取樟脑100g，加入800ml乙醇溶液中，搅拌溶解。滤纸用乙醇润湿，过滤上述液体。自滤器上添加乙醇制成1000ml，滤过，搅匀即得。

【贮藏】遮光，密封，在阴凉处（不超过20度）保存。

（六）碘甘油

【处方】碘10g　碘化钾10g　水10ml　甘油加至1000ml

【临床适应证】用于口腔黏膜溃疡、牙龈炎、冠周炎。

【处方分析】甘油作为溶剂可缓和碘对黏膜的刺激性，使药物滞留患处起延效作用。碘化钾为助溶剂，并可增加碘的稳定性。

【制备方法】取碘化钾，加水溶解后，加碘，搅拌使溶解，再加甘油制成1000ml，搅匀，即得。

【贮藏】密封，置阴凉处。

（七）羧甲基纤维素钠胶浆

【处方】羧甲基纤维素钠25g　甘油300ml　5%羟苯乙酯溶液20ml　香精适量　纯化水加至1000ml

【临床适应证】本品为润滑剂，用于腔道、器械检查或肛检时起润滑作用。

【处方分析】羧甲基纤维素钠在冷水中溶解缓慢，容易形成高黏度的凝胶层而阻止水分进一步渗入。因此制备时要分次加入，自然膨胀后才可以加热搅拌助溶；羧甲基纤维素钠遇阳离子型药物及碱土金属、重金属盐能发生沉淀，故不能采用季铵类和汞类防腐剂；羧甲基纤维素钠在pH5~7时黏度最高，当pH低于5或高于10时黏度迅速下降，所以一般调节pH6~8为宜。甘油起到保湿、增稠和润滑作用。

【制备方法】取羧甲基纤维素钠分次加入500ml纯化水中，让其自然膨胀，然后稍加热，轻加搅拌使其完全溶解，再加入甘油、羟苯乙酯（5%）、香精搅拌，最后添加纯化水至1000ml，搅匀，即得。

【贮藏】密闭保存。

阅读与感悟

大多数药物在制备成为液体制剂的过程中存在药物水溶性较差的问题。目前大多数上市药物改善药物溶解度的方式主要为传统的药物增溶方式，比如通过调节pH或制成盐使得药物溶解度增大；使用潜溶剂、助溶剂、表面活性剂进行增溶。近几年来，药物纳米晶体技术和自微乳给药系统技术均能有效提高药物的溶解度和生物利用度。药物纳米晶体是一种新型的纳米递送药系统，通过介质研磨法、高压匀质法等手段使药物粒子可以在分散介质中以高度分散的纳米级别的药物晶体存在。由于纳米级别的药物晶体具有较大的比表面积，能够有效地增加药物的饱和溶解度，大幅度提高生物利用度。自微乳给药系统是由油、表面活性剂和助表面活性剂或少量水组成的均一透明溶液。将药物溶解分散在油相介质中，口服给药后含药的自微乳体系在胃肠蠕动下遇体液自发分散形成O/W型微乳。该技术不仅可以有效增加药物的溶解度及生物利用度，而且单一油相体系能够有效地增加液体制剂的稳定性。还可以积极探索开发新型的液体分散技术提高口服液体制剂中药物的溶解度和生物利用度。

自测达标

答案解析

一、单项选择题

1.挥发性药物的浓乙醇溶液是（　）

A.芳香水剂　　B.酊剂

C.搽剂　　D.洗剂

2.关于糖浆剂的叙述，错误的是（　）

A.糖浆剂为高分子溶液

B.可作矫味剂、助悬剂

C.糖浆剂是指含药物或芳香物质的浓蔗糖水溶液

D.热熔法制备有溶解快、滤速快，可以杀死微生物等特点

3.糖浆剂的含糖量应不低于（　）

A. 45%（g/ml）　　B. 70%（g/ml）

C. 75%（g/g）　　D. 80%（g/g）

4.高分子溶液剂加入大量电解质可导致（　）

A.高分子化合物分解

B.产生凝胶

C.盐析

D.胶体带电，稳定性增加

5.胃蛋白酶合剂处方：胃蛋白酶20g，稀盐酸20ml，橙皮酊50ml，单糖浆100ml，蒸馏水适量，共制1000ml。该制剂属于（　）

A.混悬液型　　B.乳浊液型

C.疏水胶体型　　D.高分子溶液剂（胶浆剂）型

二、多项选择题

6.溶液剂的制备方法有（　）

A.物理凝聚法　　B.溶解法

C.分解法　　D.稀释法

7.下列关于高分子溶液剂的叙述，正确的是(　)

A.溶质为高分子化合物

B.属于热力学稳定体系

C.胶浆剂是以水为溶剂制备的高分子溶液剂

D.高分子溶液具有一定的黏度

8.下列液体药剂中可供内服的是(　)

A.溶液剂　　B.糖浆剂　　C.甘油剂　　D.溶胶剂

三、配伍选择题

(9~13题共用选项)

A.主药　　B.芳香剂　　C.矫味剂　　D.防腐剂

E.抗氧化剂　　F.着色剂　　G.溶剂　　H.助溶剂

请对对乙酰氨基酚口服液进行处方分析。

【处方】

对乙酰氨基酚30g　聚乙二醇400 70ml　L-半胱氨酸盐酸盐0.3g　糖浆200ml　甜蜜素1g　香精1ml　8%羟苯丙酯：羟苯乙酯(1：1)乙醇溶液4ml　枸橼酸适量　纯水加至1000ml

9.处方中对乙酰氨基酚的作用是(　)

10.处方中羟苯丙酯和羟苯乙酯的作用是(　)

11.处方中聚乙二醇400的作用是(　)

12.处方中甜蜜素的作用是(　)

13.处方中L-半胱氨酸盐酸盐的作用是(　)

四、综合运用题

14.配置液体制剂时，如果出现药物难溶的现象，可以采用哪些措施解决?

15.增加药物溶解度的方法主要有哪些？举例说明。

任务四　非均相液体制剂

【工作实例】李某是便民药店的一名营业员，一天其推荐一名发热患儿使用布洛芬混悬液缓解发烧症状，但因为其家里有事，匆忙介绍药品用量后，未按说明书叮嘱患者用前摇匀。结果患儿家长使用时，发现有沉淀，即对药品质量进行投诉。此药有沉淀正常吗？混悬剂服用前有什么要求？这次投诉给你带来了什么启示？

一、概述

非均相液体制剂系指药物以微粒或液滴的形式分散在液体分散介质中形成的多相分散体系，为不稳定的体系，包括以下几种：①溶胶剂又称疏水胶体溶液；②由不溶性液体药物分散在分散介质中形成的不均匀分散体系称为乳剂；③由不溶性固体药物以微粒状态分散在分散介质中形成的不均匀分散体系称为混悬剂。

点滴积累5-8

非均相液体制剂系指药物以微粒或液滴的形式分散在液体分散介质中形成的多相分散体系，包括溶胶剂、混悬剂和乳剂。

二、溶胶剂及应用

溶胶剂指固体药物细微粒子分散在水中形成的均匀分散的液体制剂，又称疏水胶体溶液。与溶液一样透明，可微呈乳光，是一种高度分散的热力学不稳定体系。将药物分散成溶胶状态，它们的药效会出现显著的变化，目前溶胶剂直接应用很少，通常使用经亲水胶体保护的溶胶制剂，如氧化银溶胶就是被蛋白质保护而制成的制剂，用作眼、鼻收敛杀菌药。

（一）溶胶剂的性质

1.光学性质 由于胶粒对光线的散射作用，当一束强光通过溶胶剂时，从侧面可见到圆锥形光束，称为丁达尔效应。这种光学性质在高分子溶液中表现不明显，因而可用于溶胶剂的鉴别。

2.电学性质 溶胶剂中的固体微粒可因自身解离或吸附溶液中的离子而带电荷。由于胶粒可带正电或带负电，在电场作用下产生电泳现象。电位愈高，电泳速度就愈快。

3.动力学性质 溶胶中的胶粒质点小，分散度大，在分散介质中存在不规则的运动，这种运动称为布朗运动。胶粒越小，布朗运动越剧烈，其动力学稳定性就越大。

4.稳定性 溶胶剂属热力学不稳定体系，但由于胶粒表面所带相反电荷的排斥作用、胶粒荷电所形成的水化膜以及胶粒的布朗运动，增加了溶胶剂的稳定性。

5.可滤过性 溶胶剂的胶粒大小为1~100nm，能透过滤纸、棉花，而不能透过半透膜。这一特性与溶液不同，与粗分散体系也不同，因此可用透析法或电渗析法除去胶体溶液中的盐类杂质。

（二）溶胶剂的制备与应用

1.溶胶剂的制备

（1）分散法　系将药物的粗粒子分散达到溶胶粒子大小范围的制备过程，包括机械分散法、胶溶法（亦称解胶法）、超声波分散法。

1）机械分散法　多采用胶体磨进行制备，分散药物、分散介质以及稳定剂从加料口处加入胶体磨中，胶体磨以10000r/min的转速高速旋转将药物粉碎到胶体粒子范围，可以制成质量很好的溶胶剂。

2）胶溶法　是将新生的粗粒子重新分散成溶胶粒子的方法。

3）超声波分散法　是采用20000Hz以上超声波所产生的能量，使粗粒分散成溶胶剂的方法。

（2）凝聚法　分为物理凝聚法和化学凝聚法。

1）物理凝聚法　是通过改变分散介质，使溶解的药物凝聚成溶胶剂的方法。如将硫黄溶于乙醇中制成饱和溶液，过滤，滤液细流在搅拌下流入水中，由于硫黄在水中的溶解度小，迅速析出形成胶粒而分散于水中。

2）化学凝聚法　是借助氧化、还原、水解及复分解等化学反应制备溶胶剂的方法。如硫代硫酸钠溶液与稀盐酸作用，生成新生态硫分散于水中，形成溶胶。

2.溶胶剂应用举例 纳米银溶胶。

【处方】1×10^{-3}mol/L $AgNO_3$溶液500ml　1%枸橼酸钠溶液13ml

【临床适应证】本品为光谱抗菌、强效抗菌剂。

【处方分析】$AgNO_3$为主药，枸橼酸钠为抗氧化剂，一般反应温度为50℃，反应时间为60分钟为宜。目前溶胶剂口服品种较少，本品为非口服品种。

【制备方法】取硝酸银溶于纯化水中制成1×10^{-3}mol/L $AgNO_3$溶液，在50℃水浴中预热，逐渐加入枸橼酸钠溶液，高速搅拌，反应60分钟，得到灰黄色银溶胶剂。

【贮藏】阴凉、干燥处储存。

点滴积累5-9

1.溶胶剂系指固体药物细微粒子分散在水中形成的均匀分散的液体制剂，又称疏水胶体溶液。

2.溶胶剂的性质有光学性质、电学性质、动力学性质、稳定性、可滤过性。

3.溶胶剂的稳定性主要受到以下因素的影响：①电解质的作用；②溶胶的相互作用；③保护胶的作用。

4.溶胶剂的制备方法有分散法（机械分散法、胶溶法、超声波分散法）和凝聚法（物理凝聚法、化学凝聚法）。

三、混悬剂及应用

（一）概述

1.定义 混悬剂指难溶性固体药物以微粒状态分散于分散介质中形成的非均匀的液体制剂。属于热力学不稳定的粗分散体系。混悬剂中药物微粒一般在0.5~10μm，小者可为0.1μm，大者可达50μm或更大。所用分散介质大多数为水，也可用植物油。混悬型分散体系除存在于合剂、搽剂和洗剂等液体制剂中，在软膏剂、注射剂、滴眼剂、气雾剂、栓剂等也有应用。混悬剂标签上应注明“用前摇匀”。

2.适宜制成混悬剂的药物 一般下列情况需要制成混悬剂：①不溶性药物需制成液体制剂应用；②药物的剂量超过了溶解度而不能制成溶液剂；③两种溶液混合由于药物的溶解度降低而析出固体药物或产生难溶性化合物时；④为了使药物产生缓释长效作用。

3.不适宜制成混悬剂的药物 毒剧药物或剂量太小的药物，为了保证用药的安全性，不宜制成混悬剂应用。

（二）混悬剂的物理稳定性

混悬剂中微粒的分散度较大，使混悬微粒具有较高的表面自由能。故处于不稳定状态，尤其是疏水性药物的混悬剂，存在更大的稳定性问题。混悬剂的稳定性与混悬微粒的沉降、混悬微粒的荷电和水化、混悬微粒的润湿、絮凝和反絮凝、结晶增大与转型、分散相的浓度和温度有关。

1.混悬微粒的沉降 混悬剂中的微粒由于受重力作用，静置后会自然沉降，其沉降速度服从Stokes定律。

$$v=\frac{2r^2(\rho_1-\rho_2)g}{9\eta} \tag{5-2}$$

式中，v为沉降速度，cm/s；r为微粒半径，cm；ρ_1和ρ_2分别为微粒和介质的密度，g/ml；g为重力加速度，cm/s^2；η为分散介质的黏度，g/cm·s。

由Stokes定律可见，混悬微粒沉降速度（v）与微粒半径平方（r^2）、微粒与分散介质密度差（$\rho_1-\rho_2$）成正比，与分散介质的黏度（η）成反比。为了使微粒沉降速度减小，增加混悬剂的稳定性，常采用以下措施：①采用粉碎的方法尽可能减小微粒半径，该法最为有效；②加入高分子助悬剂，既增加了分散介质的黏度，又减少微粒与分散介质之间的密度差，同时助悬剂被吸附于微粒的表面，形成保护膜，增加微粒的亲水性；③加入低分子助悬剂如糖浆、甘油等，减少微粒与分散介质之间的密度差，同时也增加混悬剂的黏度。

2.混悬微粒的荷电与水化 与溶胶剂相似，因微粒表面荷电，水分子在微粒周围定向排列形成水化膜。由于微粒带相同电荷的排斥作用和水化膜的存在，使混悬剂更加稳定。

3.混悬微粒的润湿 固体药物亲水性强弱、能否被水润湿，直接关系到混悬剂制备的难易、质量高低及稳定性大小。亲水性药物易被水润湿，制备时则易于分散，制成的混悬剂较稳定；疏水性药物不能为水润湿，较难分散，制备时可加入润湿剂改善其润湿性，使制成混悬剂的稳定性得到改善。如加入甘油研磨制得微粒，不仅能使微粒充分润湿，而且易于均匀混悬于分散介质中。

4.絮凝与反絮凝 混悬剂中的微粒因分散度大而具有较大的表面自由能，易于聚集。若在混悬剂中加入适当电解质使 ζ 电位降低至20~25mV，可形成疏松的絮状聚集体，使沉降体积大，沉降物不易结块，这一过程称为絮凝，加入的电解质称为絮凝剂。絮凝状态下的混悬微粒振摇后又能迅速恢复均匀的混悬状态。若加入的电解质增大 ζ 电位，增加混悬剂流动性，这一过程称为反絮凝，加入的电解质称为反絮凝剂。同一电解质既可作絮凝剂也可作反絮凝剂，只是量不同而已。

5.结晶增大与转型 混悬剂中存在溶质不断溶解与结晶的动态过程。混悬剂中固体药物微粒大小不可能完全一致，小微粒由于表面积大，在溶液中的溶解速度快而不断溶解，而大微粒则不断结晶而增大，结果是小微粒数目不断减少，大微粒不断增多，使混悬微粒沉降速度加快，从而影响混悬剂的稳定性。此时必须加入抑制剂，以阻止结晶的溶解与增大，来保持混悬剂的稳定性。具有同质多晶型性质的药物，若制备时使用了亚稳定型结晶药物，在制备和贮存过程中亚稳定型可转化为稳定型，可能改变药物微粒沉降速度或结块。

6.分散相的浓度和温度 在相同的分散介质中分散相浓度增大，微粒碰撞聚集机会增加，混悬剂的稳定性降低。温度变化不仅能改变药物的溶解度和化学稳定性，还能改变微粒的沉降速度、絮凝速度、沉降体积，从而改变混悬剂的稳定性。

（三）混悬剂的稳定剂

为了增加混悬剂的稳定性，可加入适当的稳定剂。常用的稳定剂有助悬剂、润湿剂、絮凝剂与反絮凝剂。

1.助悬剂 是能增加分散介质的黏度以降低微粒的沉降速度或增加微粒亲水性的附加剂。常用的助悬剂的有以下几种。

（1）低分子助悬剂 常用的低分子助悬剂有甘油、糖浆等。内服混悬剂常使用糖浆，兼有矫味作用；外用制剂常使用甘油。

（2）高分子助悬剂 高分子助悬剂有天然的、合成的或半合成的助悬剂，及触变胶。①天然的高分子助悬剂主要有阿拉伯胶、西黄蓍胶、桃胶、海藻酸钠、琼脂、脱乙酰甲壳素、预胶化淀粉、β-环糊精等。②合成或半合成高分子助悬剂主要有甲基纤维素、羧甲基纤维素钠、羟丙基纤维素、羟丙甲纤维素、羟乙基纤维素、卡波普、聚维酮、葡聚糖、丙烯酸钠等。③触变胶是指某些胶体溶液在一定温度下静置时，逐渐变为凝胶，当搅拌或振摇时，又复变为溶胶。胶体溶液的这种可逆的变化性质称为触变性，具有触变性的胶体称为触变胶。单硬脂酸铝溶解于植物油中可形成典型的触变胶，利用触变胶作助悬剂，使静置时形成凝胶，防止微粒沉降。

（3）皂土类 主要是硅皂土和胶体硅酸镁铝。硅皂土是胶体水合硅酸铝，在水中带负电荷，能吸附大量的水形成高黏度的糊状物而阻碍微粒聚集，多用于外用制剂；胶体硅酸镁铝有引湿性，在水中浓度大于3%时具有触变性。

2.润湿剂 指能增加疏水性药物微粒被水润湿能力的附加剂。润湿剂的作用主要是吸附于微粒表面，降低药物固体微粒与分散介质之间的界面张力，增加疏水性药物的亲水性，使之容易被润湿、分散，常用的润湿剂是HLB值在7~11的表面活性剂，如聚山梨酯类、聚氧乙烯脂肪醇醚类等。此外，乙醇、甘油等也可作润湿剂。

3.絮凝剂与反絮凝剂　使混悬剂产生絮凝作用的附加剂称为絮凝剂，而产生反絮凝作用的附加剂称为反絮凝剂。絮凝剂与反絮凝剂可以是不同的电解质，也可以是同一电解质由于用量不同而起絮凝或反絮凝作用。常用的絮凝剂和反絮凝剂有枸橼酸盐、酒石酸盐、磷酸盐及一些氯化物等。

同步练习5-5

下列能作助悬剂的是（　）

A.磷酸盐　　B.糖浆

C.枸橼酸钾　　D.聚山梨酯80

答案解析

（四）混悬剂的制备与应用

1.混悬剂的制备　制备混悬剂时应考虑尽可能使混悬液微粒细微均匀，其制备方法有分散法和凝聚法。

（1）分散法　将固体药物粉碎、研磨成符合混悬剂要求的微粒，再分散于分散介质中制成混悬剂。小剂量制备时，可直接用研钵研磨；大量制备时，可用乳匀机、胶体磨等。为得到细微颗粒，通常采用加液研磨法，一般为1份药物加0.4~0.6份液体，研磨至适宜的分散度，最后加入处方中的剩余液体使成全量。

疏水性药物制备混悬剂时，可加入润湿剂与药物共研，改善疏水性药物的润湿性。助悬剂、防腐剂、矫味剂等附加剂可先用溶剂制成溶液。制备混悬剂时作液体使用。现代固体分散技术，如药物微粉化技术，应用于混悬剂的制备，可使混悬微粒更细小、更均匀，混悬剂的稳定性更好，生物利用度更高。如应用气流粉碎机，粉碎的药物可同时进行分级，可得到5μm以下均匀的微粉；胶体磨能将药物粉碎至小于1μm的微粉。

（2）凝聚法　是借助物理方法或化学方法将离子或分子状态的药物在分散介质中聚集制成混悬剂。

1）物理凝聚法　是选择适当溶剂将药物制成过饱和溶液，在急速搅拌下加至另一种不同性质的液体中，使药物快速结晶，可得到10μm以下（占80%~90%）微粒，再将微粒分散于适宜介质中制成混悬剂。如醋酸可的松滴眼剂就是采用凝聚法制成的。酊剂、流浸膏剂、酯剂等醇性制剂与水混合时，由于乙醇浓度降低，使原来醇溶性成分析出而形成混悬剂。配制时必须将醇性制剂缓缓注入或滴加至水中，边加边搅拌，不可将水加至醇性药液中。

2）化学凝聚法　是将两种药物的稀溶液，在低温下相互混合，使之发生化学反应生成不溶性药物微粒混悬于分散介质中制成混悬剂。用于胃肠道透视的钡餐，就是用此法制成。化学凝聚法现已少用。

2.混悬剂应用举例

（1）复方硫洗剂

【处方】硫酸锌30g　沉降硫30g　樟脑醑250ml　甘油100ml　羧甲基纤维素钠5g　纯化水加至1000ml

【临床适应证】本品具有保护皮肤，抑制皮脂分泌，轻度杀菌与收敛的作用，用于治疗痤疮、疥疮、皮脂溢出及酒糟鼻。

【处方分析】①用前摇匀，涂抹于患处。②药用硫由于加工生产方法不同，可分为精制硫、沉降硫、升华硫。沉降硫的颗粒最细，易制得细腻混悬液，故本品采用沉降硫。③硫为强疏水性药物，颗粒表面易吸附空气而形成气膜，故易聚集浮于液面，所以先以甘油润湿研磨。④樟脑醑应以细流加入混合液中，并急速搅拌使樟脑不致析出较大颗粒。⑤羧甲基纤维素钠作助悬剂，可增加分散介质的黏度，并能吸附在微粒周围。

【制备方法】取羧甲基纤维素钠，加适量的纯化水，根据高分子化合物的特性，使溶解；另取沉降硫分次加甘油研至细腻后，与前者混合，另取硫酸锌溶于200ml纯化水中，过滤，将滤液缓缓加入上述混合液中，然后再缓缓加入樟脑醑，随加随研磨，最后加纯化水至1000ml，搅匀，即得。

【贮藏】密闭保存。

（2）布洛芬口服混悬剂

【处方】布洛芬20g　羟丙甲纤维素20g　山梨醇250g　甘油30ml　枸橼酸　适量纯化水加至1000ml

【临床适应证】本品是临床常见的一种解热镇痛药，主要用于风湿性关节炎。

【处方分析】①羧甲基纤维素钠在冷水中溶解缓慢。容易形成高黏度的凝胶层而阻止水分进一步渗入。因此制备时要分次加入，自然膨胀后才可以加热搅拌助溶。②布洛芬为主药，羟丙甲纤维素为助悬剂，山梨醇为甜味剂，甘油为润湿剂和助悬剂，枸橼酸为pH调节剂。

【制备方法】取羧甲基纤维素钠分次加入适量纯化水中，让其自然膨胀，然后稍加热，轻加搅拌使其溶解，成胶浆状；另取布洛芬分次加甘油研磨至细腻后，与前者混合。再取枸橼酸溶于适量纯化水中，滤过，将滤液缓缓加入上述混合液中，然后再缓缓加入山梨醇，随加随研，最后加纯化水至1000ml，搅匀，即得。

【贮藏】密封、阴凉处保存。

（五）混悬剂的质量评价

1.粒径　混悬剂中微粒大小与混悬剂的稳定性、生物利用度和药效有密切关系。因此测定混悬剂中微粒的大小、均匀状况，是对混悬剂进行质量评价的重要指标，可采用显微镜法、库尔特计数法进行测定。

2.沉降体积比　是指沉降物的体积与沉降前混悬剂的体积之比，用F表示。检查方法用具塞量筒量取供试品50ml，密塞，用力振摇1分钟，记下混悬物的开始高度H_0，静置3小时，记下混悬物的最终高度H，沉降体积比按下式计算：

$$F=H/H_0 \tag{5-3}$$

F值在0~1，F值愈大混悬剂愈稳定。《中国药典》（2020年版）规定，口服混悬剂（包括干混悬剂）的沉降体积比应不低于0.90。

干混悬剂按各品种项下规定的比例加水振摇，应均匀分散，并照上法检查沉降体积比，应符合规定。

沉降体积比的测定，可考察混悬剂的稳定性，也可用于比较两种混悬液的质量优劣，评价稳定剂的效果，设计优良处方。

3.絮凝度　是考察混悬剂絮凝程度的重要参数，用以评价絮凝剂的效果，预测混悬剂的稳定性。絮凝度β用式（5-4）表示。

$$\beta=\frac{F}{F_\infty}=\frac{H/H_0}{H_\infty/H_0}=\frac{H}{H_\infty} \tag{5-4}$$

式中，F为絮凝混悬剂的沉降体积比；F_∞为非絮凝混悬剂的沉降体积比；β为由絮凝作用所引起的沉降体积增加的倍数，β值越大，絮凝效果越好，混悬剂稳定性也越好。

4.重新分散试验　优良的混悬剂在贮存后再经振摇，沉降微粒能很快重新分散，保证服用时混悬剂的均匀性和药物剂量的准确性。重新分散试验的检查方法是将混悬剂置于带塞的100ml量筒中，密塞，放置沉降，然后以360°、20r/min的转速转动，经一定时间旋转，量筒底部的沉降物应重新均匀分散。重新分散所需旋转次数越少，表明混悬剂再分散性能越好。

5.流变学性质　采用旋转黏度计测定混悬液的流动曲线，根据流动曲线的形态确定混悬液的流动类型，用以评价混悬液的流变学性质。如测定结果为触变流动、塑性触变流动和假塑性触变流动，就能有效地减慢混悬剂微粒的沉降速度。

同步练习5-6

关于混悬剂沉降体积比的叙述，正确的是（ ）

A.《中国药典》规定口服混悬剂在3小时的F值不得低于0.5

B.混悬剂的沉降体积比（F）是混悬剂沉降前混悬剂容积与沉降后沉降物的容积的比值

C.F值越大混悬剂越稳定

D.F值在0~10

答案解析

点滴积累5-10

1.混悬剂系指难溶性固体药物以微粒状态分散于分散介质中形成的非均匀的液体制剂。属于热力学不稳定的粗分散体系。

2.混悬剂的稳定性与混悬微粒的沉降、混悬微粒的荷电和水化、混悬微粒的润湿、絮凝和反絮凝、结晶增大与转型、分散相的浓度和温度有关。

3.为了增加混悬剂的稳定性，可加入适当的稳定剂。常用的稳定剂有助悬剂、润湿剂、絮凝剂与反絮凝剂。

4.混悬剂的质量评价项目有粒径、沉降体积比、絮凝度、重新分散试验和流变学性质。

四、乳剂及应用

（一）乳剂的含义与组成

乳剂指两种互不相溶的液体混合，其中一种液体以细小的液滴状态均匀地分散在另一种液体中形成非均相液体分散体系。乳剂中水或水性溶液称为水相，用W表示；另一与水不混溶的相则称为油相，用O表示。

乳剂的组成：油相（O）、水相（W）和乳化剂是构成乳剂的基本成分，三者缺一不可。其中乳化剂在乳剂的形成与稳定中发挥着极其重要的作用。此外，为增加乳剂的稳定性，乳剂中还可加入辅助乳化剂、防腐剂、抗氧剂等附加剂。

（二）乳剂的分类与鉴别

1.按分散系统的组成分类 乳剂可分为单乳与复乳两类。

（1）单乳 包括水包油（O/W）型乳剂与油包水（W/O）型乳剂两种。前者指外相为“水”，内相为“油”的乳剂；后者指外相为“油”，内相为“水”的乳剂。鉴别方法见表5-4。

表5-4 乳剂类型的鉴别

鉴别方法	O/W型	W/O型
外观	乳白色	与油色近
稀释法	被水稀释	被油稀释
导电法	导电	不导电
加入水性染料	外相染色	内相染色
加入油性染料	内相染色	外相染色

（2）复乳 系指在W/O型或O/W型乳的基础上进一步乳化而形成，常以W/O/W或O/W/O表示，可通过二步法乳化完成。

2.按乳滴大小分类 乳剂可分为普通乳、亚微乳、纳米乳，其中纳米乳和亚微乳总称为微乳。

（1）普通乳　粒子直径大小为1~100μm，呈乳白色不透明液体。比表面积和表面自由能很高，属于热力学不稳定体系，受热等因素的影响易出现破乳分层的现象。普通乳在临床上可供内服，也可外用。

（2）亚微乳　粒径在0.1~10μm，外观不透明，呈浑浊或乳状，稳定性不如纳米乳，可热压灭菌，但灭菌时间太长或重复灭菌也会分层，属于热力学不稳定体系。亚微乳常作为胃肠外给药的载体，也可作为静脉注射乳剂（粒径控制在0.25~0.4μm）。

（3）纳米乳　粒径在10~100nm，其乳滴多为球形，大小比较均匀，透明或半透明，属于热力学稳定体系，经热压灭菌或离心也不能使之分层。常用作脂溶性药物和对水解敏感药物的载体。

同步练习5-7

关于W/O型乳剂，叙述正确的是（　）

A.水包油型，简写为水/油或O/W型

B.油包水型，简写为水/油或O/W型

C.水包油型，油为外相，水为不连续相

D.油包水型，油为外相，水为不连续相

答案解析

（三）乳剂的特点

乳剂作为一种药物载体，其主要特点如下。

1.乳剂中液滴的分散度大，药物吸收快、起效快、生物利用度高。

2.可增加难溶性药物的溶解度，如纳米乳。

3.水与油可以各种比例混合，分剂量准确。

4.O/W型乳剂可掩盖药物的不良气味。

5.可减少药物的刺激性及毒副作用。

6.脂溶性药物可溶于油相中，可减少药物的水解，增加稳定性，如对水敏感的药物。

7.静脉注射乳剂注射后分布快、药效高、有靶向性。

8.外用乳剂可改善药物对皮肤、黏膜的渗透性。

乳剂也存在一些不足，因其大部分属热力学不稳定体系，在贮藏过程中易受影响，出现分层、破乳或酸败等现象。

（四）乳化剂

乳化剂是指乳剂制备时，除油相和水相外，需加入使乳剂易于形成和稳定的物质。乳化剂是乳剂的重要组成部分。

1.乳化剂的基本要求　优良的乳化剂应具备以下基本条件。

（1）乳化能力强，并能在液滴周围形成牢固的乳化膜。

（2）性质稳定，对外界影响稳定。

（3）有一定的生理适应能力，无毒副作用，无刺激性。

2.乳化剂的种类

（1）天然乳化剂　特点是亲水性强，黏度较大，可以形成多分子乳化膜，稳定性较好。常用于制成O/W型乳剂，但易被微生物污染变质，所以使用时需新鲜配制或添加适当的防腐剂。常见的有阿拉伯胶、西黄蓍胶、明胶、杏树胶、卵黄、果胶等。其他天然乳化剂还有白及胶、果胶、桃胶、海藻酸钠、琼脂、酪蛋白、胆酸钠等。

（2）表面活性剂类乳化剂　这类乳化剂中有较强的亲水基和亲油基，乳化能力强，能显著降低两相间的界面张力，并形成单分子膜。但稳定性不如高分子化合物乳化剂，故通常使用混合乳化剂形成复合凝聚膜，以增加乳剂的稳定性。由于表面活性剂的种类多，且具有良好的乳化能力，目前应用十分广泛。

（3）固体粉末乳化剂　是不溶性细微的固体粉末，乳化时吸附在油-水界面形成固体微粒膜，不受电解质的影响，若与非离子型表面活性剂合用效果更好。常用的如皂土、氢氧化镁、氢氧化铝、二氧化硅、白陶土等，能被水更多润湿，可用于制备O/W型乳剂；而氢氧化钙、氢氧化锌、硬脂酸镁等，能被油更多润湿，可用于制备W/O型乳剂。

（4）辅助乳化剂　指与乳化剂合并使用能增加乳剂稳定性的乳化剂。辅助乳化剂的乳化能力一般很弱或无乳化能力，但能提高乳剂的黏度，并能增强乳化膜的强度，防止乳滴合并。常用的有：增加水相黏度的辅助乳化剂，如甲基纤维素、羧甲基纤维素钠、羟丙基纤维素、海藻酸钠等；增加油相黏度的辅助乳化剂，如鲸蜡醇、蜂蜡、硬脂酸、硬脂醇等。

3.乳化剂的选择　应根据乳剂的使用目的、药物的性质、处方的组成、欲制备乳剂的类型、乳化方法等因素综合考虑，作出最佳的选择。

（1）根据乳剂的类型选择　在乳剂的处方设计时应先确定乳剂的类型，根据乳剂的类型选择适宜的乳化剂。要制备O/W型乳剂应选择O/W型乳化剂，W/O型乳剂则选择W/O型乳化剂。乳化剂的HLB值为选择乳化剂提供了依据。

（2）根据乳剂的给药途径选择　口服乳剂应选择无毒性的天然乳化剂或某些亲水性高分子乳化剂。外用乳剂应选择无刺激性乳化剂，并要求长期应用无毒性。注射用乳剂则应选择磷脂、泊洛沙姆等乳化剂为宜。

（3）根据乳化剂性能选择　各种乳化剂的性能不同，应选择乳化能力强、性质稳定、受外界各种因素影响小、无毒、无刺激性的乳化剂。

（4）混合乳化剂的选择　将乳化剂混合使用可改变HLB值，使乳化剂的适应性增大，形成更为牢固的乳化膜，并增加乳剂的黏度，从而增加乳剂的稳定性。各种油的介电常数不同，形成稳定乳剂所需要的HLB值也不同。

充电链接

乳剂的形成条件

两种互不相溶的液体（如植物油与水）混合时，用力搅拌或研磨，可使其中一相以大小不同的液滴分散于另一相中而形成乳剂，但放置后乳滴会很快合并分成油与水两层；而上述过程中，若有乳化剂（如表面活性剂）加入，则可形成稳定的乳剂。可见，乳剂的形成与稳定需要具备两个基本的条件。一是需要通过机械力等提供足够的能量使分散相形成细小的乳滴；二是需要加入乳化剂使形成的乳剂稳定。关于乳剂的形成与稳定，目前主要的理论包括界面张力学说和界面吸附膜学说。界面张力学说即形成乳剂的过程中，会产生许多新的界面，乳滴愈细，新增的界面愈多，乳化所做的功就愈多，乳滴的界面自由能也就越大。乳滴有合并恢复成原来的油水两层的趋势。界面吸附膜学说，即Bancroft规则，指在液-液界面中，当液滴分散度很大时，具有很大的吸附能力，乳化剂能吸附于液滴的周围，有规律地排列在液滴的表面而形成界面吸附膜，从而阻碍液滴合并可使乳剂形成后保持稳定。

（五）乳剂的稳定性

乳剂属于热力学不稳定的非均相分散体系，制成后在放置过程中常出现分层、合并、破裂、絮凝、转相、酸败等不稳定的现象。

1.分层（乳析）　指乳剂放置后出现分散相粒子上浮或下沉的现象。分层的主要原因是由于分散相和分散介质之间的密度差造成的。减少分散相和分散介质之间的密度差，增加分散介质的黏度，都可以减少乳剂分层的速度。分层是可逆的，轻轻振摇可以恢复成均匀的乳剂，但分层容易引起絮凝和破坏。

2.絮凝　指乳剂中分散相液滴发生可逆的聚集成团的现象称为絮凝，絮凝状态仍保持液滴及其乳化膜的完整性，与液滴的合并是不同的。絮凝时聚集和分散是可逆的，但絮凝时说明乳剂的稳定性已经降低，通常是乳剂破裂或转相的前奏，主要原因是液滴表面的电荷被中和，因而分散相小液滴发生絮凝。

3.合并与破裂　合并是指乳剂中乳滴周围的乳化膜出现部分破裂导致液滴合并变大的现象。乳剂的稳定性也与液滴大小有较大关系，液滴愈小乳剂愈稳定。乳剂中的大液滴将增加液滴合并的可能性。制备时尽可能使小液滴细小均匀及增加分散介质的黏度，可使液滴合并速度减慢。破裂是指液滴合并进一步发展，最后使得乳剂油水相完全分成两相的现象。破裂是一个不可逆过程。

4.转相（转型）　指由于某些条件的变化而改变乳剂类型的现象。由O/W型转变成W/O型或发生相反的变化。转相通常是由于乳化剂性质发生改变引起的，如油酸钠本来为O/W型乳化剂，加入足量的氯化钙，转变为W/O型乳化剂，使乳剂转变成W/O型乳剂。另外，向乳剂中加入相反类型的乳化剂可使乳剂转相。转相时两种乳化剂的量比称为转相临界点，只有大于临界点才发生转相。

5.酸败　指乳剂受光、热、空气及微生物的影响，其中的油相、乳化剂等发生变质的现象。可加入抗氧剂与防腐剂等防止或延缓酸败的发生。

（六）乳剂的制备及应用

1.乳剂的制备方法

（1）干胶法　先将油与胶粉同置于干燥乳钵中研匀，然后一次加入比例量的水迅速沿同一方向旋转研磨，至稠厚的乳白色初乳形成为止，再逐渐加水稀释至全量，研匀，即得。本法的特点是先制备初乳，在初乳中油、水、胶三者要有一定比例，若用植物油其比例为4∶2∶1；若用挥发油其比例为2∶2∶1；若用液状石蜡则比例为3∶2∶1。所用胶粉通常为阿拉伯胶或阿拉伯胶与西黄蓍胶的混合胶。

（2）湿胶法　本法是将油相加到含乳化剂的水相中。制备时先将胶（乳化剂）溶于水中，制成胶浆作为水相，再将油相缓缓加于水相中，边加边研磨，直到初乳生成，再加水至全量研匀，即得。湿胶法制备初乳时油、水、胶的比例与干胶法相同。

（3）新生皂法　本法是利用植物油所含的硬脂酸、油酸等有机酸与加入的氢氧化钠、氢氧化钙、三乙醇胺等，在加热（70℃以上）条件下生成新生皂作为乳化剂，经搅拌或振摇即制成乳剂。如植物油与氢氧化钙溶液反应，生成钙皂作W/O型乳化剂；硬脂酸与三乙醇胺反应，生成有机铵皂作O/W型乳化剂。本法多用于乳膏剂的制备。

（4）两相交替加入法　向乳化剂中每次少量交替地加入水或油，边加边搅拌或研磨，即可形成乳剂。天然胶类、固体微粒乳化剂等可用本法制备乳剂。当乳化剂用量较多时本法是一个很适合的方法。

（5）机械法　本法是将油相、水相、乳化剂混合后用乳化机械制备乳剂，机械法制备乳剂可不考虑混合顺序而是借助机械提供的强大能量制成乳剂。乳化机械主要有电动搅拌器、乳匀机、胶体磨、超声波乳化器、高速搅拌机、高压乳匀机等。由于乳化机械的强力剪切作用，粒子分散度较大，可制得质量较好的乳剂。

（6）微乳的制备　微乳除含油、水两相和乳化剂外，还含有助乳化剂。乳化剂和助乳化剂应占乳剂的12%~25%。乳化剂主要是界面活性剂，不同的油对乳化剂的HLB值有不同的要求。制备W/O型微乳时，大体要求其HLB值应在3~6范围内；制备O/W型微乳时，则其HLB值应在15~18范围内。助乳化剂一般选择链长为乳化剂1/2的烷烃或醇等，如正丁烷、正戊烷、正乙烷、5~8个碳原子的直链醇。

（7）复合乳剂的制备　用二步乳化法制备。即先将油、水、乳化剂制成一级乳，再以一级乳为分散相与含有乳化剂的分散介质（水或油）再乳化制成二级乳剂。

2.乳剂中药物的加入方法　乳剂是药物良好的载体，加入各种药物使其具有治疗作用。药物的加入方法有以下几种：①水溶性药物先制成水溶液，可在初乳制成后加入；②油溶性药物先溶于油，再制成乳剂；③在油、水两相中均不溶的药物，可用亲和性大的液相研磨药物，再制成乳剂，或制成细粉后加入乳剂中；④大量生产时，药物能溶于油的先溶于油，可溶于水的先溶于水，然后将乳化剂以及油水两相混合进行乳化。

3.乳剂应用举例

（1）鱼肝油乳

【处方】鱼肝油500ml　阿拉伯胶125g　西黄蓍胶7g　挥发杏仁油1ml　糖精钠0.1g　羟苯乙酯0.5g　纯化水加至1000ml

【临床适应证】用于治疗维生素A与维生素D的缺乏症，如夜盲症、角膜软化、佝偻病和骨软化症等，对呼吸道上层黏膜等表皮组织也有保护作用。

【处方分析】鱼肝油是从鲨鱼、鳕鱼等的肝脏中提炼出来的脂肪，常温下呈黄色透明的液体状，稍有鱼腥味。主要含有维生素A和维生素D。本品是O/W型乳剂，也可采用湿胶法制备。鱼肝油是主药，阿拉伯胶是乳化剂，西黄蓍胶是辅助乳化剂，挥发杏仁油是芳香矫味剂，糖精钠是矫味剂，羟苯乙酯是防腐剂。

【制备方法】取鱼肝油与阿拉伯胶粉置干燥乳钵内，研匀后一次加入纯化水250ml，用力沿一个方向研磨至呈稠厚的初乳。加糖精钠水溶液（取糖精钠加纯化水少许溶解制得）、挥发杏仁油与羟苯乙酯，缓缓加西黄蓍胶浆（取西黄蓍胶浆置干燥瓶中加醇10ml摇匀后，一次加入纯化水200ml，强力摇匀制成），加纯化水至1000ml，研匀即得。

【贮藏】遮光，密闭保存。

（2）石灰搽剂

【处方】饱和氢氧化钙溶液100ml　植物油100ml

【临床适应证】本品用于轻度烫伤，具有收敛、止痛、润滑、保护等作用。

【处方分析】本品为W/O型乳剂，乳化剂是采用新生皂法制得，即氢氧化钙与油中游离脂肪酸反应生成的钙皂（W/O型乳化剂）。本处方中所用植物油可选用菜籽油、芝麻油、花生油和棉籽油等。

【制备方法】量取氢氧化钙溶液与植物油各100ml，置适宜容器中，用力振荡至乳剂生成，即得。

【贮藏】密封，在阴凉处保存。

（七）乳剂的质量评价

1.乳滴大小的测定　乳剂粒径大小是衡量乳剂质量的重要指标。不同用途的乳剂对粒径大小要求不同，如静脉注射乳剂，其粒径应在0.5μm以下。其他用途的乳剂粒径也都有不同要求。乳剂中乳滴大小测定可以用显微镜测定法、库尔特计数器法、激光散色法、透射电镜法。由乳滴平均直径随时间的改变情况可以表示或比较乳剂的稳定性。

2.分层的观察　比较乳剂的分层速度是测定乳剂稳定性的简略方法。采用离心法即以4000r/min速度离心15分钟，如不分层则认为质量较好；或将乳剂染色，置于刻度管中在室温、低温、高温等条件下旋转一定时间后，乳析的作用使分散相上浮或下沉，因分散相浓度不均致使乳剂出现颜色深浅不一的色层变化，未出现该现象的为质量好，但应注意，乳剂的分层速度并不能完全反映乳剂稳定程度。因为有些乳剂虽长时间出现分层，但经振摇后可恢复原来的均匀状态。

3.乳滴合并速度的测定　可用升温或离心加速试验考查乳剂中乳滴合并速度。如乳剂用高速离心机离心5分钟或低速离心20分钟，比较观察乳滴的大小变化。乳滴合并速度符合一级动力学规律，其直线方程为：

$$\log N=\log N_0-\frac{kt}{2.303} \quad (5-5)$$

式中，N是t时间的乳滴数；N_0是t为0时乳滴数；k为合并速度常数；t为时间。测定时间t变化的乳滴数N，求出合并速度常数k，估计乳滴合并速度，用以评价乳剂稳定性大小。

4. 稳定常数　乳剂离心前后光密度变化百分率称为稳定常数，用K_e表示，其表达式如下。

$$K_e=\frac{(A_0-A)}{A}\times 100\% \quad (5-6)$$

式中，K_e为稳定常数；A_0为未离心乳剂稀释液的吸光度；A为离心后乳剂稀释液的吸光度。本法是研究乳剂稳定性的定量方法，K_e值愈小乳剂愈稳定。

点滴积累5-11

1. 乳剂指两种互不相溶的液体混合，其中一种液体以细小的液滴状态均匀地分散在另一种液体中形成非均相液体分散体系。
2. 乳化剂的种类主要有天然乳化剂、表面活性剂类乳化剂、固体粉末乳化剂、辅助乳化剂。
3. 乳剂的制备方法有干胶法、湿胶法、新生皂法、两相交替加入法、机械法。
4. 乳剂的质量评价：乳滴大小、乳滴合并速度、分层观察。

阅读与感悟

纳米混悬剂是20世纪90年代发展起来的一种可解决难溶性药物生物利用度低的新型混悬给药系统。它是以表面活性剂为助悬剂，将药物颗粒分散在水中，通过粉碎或者控制析晶技术形成的稳定的纳米胶态分散体。与普通混悬剂相比，其药物粒子的平均粒径小于1μm，一般在200~500nm，具有载药量高、可降低给药体积、增加生物安全性、提高制剂的稳定性、与黏膜组织有好的黏附性、可实现靶向给药、适用范围广、制备方法多等优点。还可进一步制备为适合口服、注射或其他给药途径的药物剂型。目前已上市的纳米混悬剂品种有治疗乳腺癌药物紫杉醇、免疫抑制剂西罗莫司及止吐药阿瑞吡坦。随着实践的深入，发现它还可以解决许多复杂问题。近年来，药剂工作者日益重视纳米混悬剂的表面修饰来改变药物体内药动学性质；此外，纳米混悬剂技术在多肽及蛋白质类药物领域的研究也备受期待。

自测达标

答案解析

一、单项选择题

1. 固体药物以多分子聚集体形式分散在水中形成的非均相液体制剂为（　　）
   A. 高分子溶液剂　B. 低分子溶液剂　C. 溶胶剂　D. 混悬液
2. 标签上应注明“用前摇匀”的是（　　）
   A. 乳剂　B. 糖浆剂　C. 混悬剂　D. 溶胶剂
3. 关于乳剂的性质的叙述，正确的是（　　）
   A. 乳剂属于胶体制剂　B. 乳剂属于均相液体制剂
   C. 乳剂属于热力学稳定体系　D. 制备乳剂时需要加入适宜的乳化剂
4. 属于O/W型固体微粒类乳化剂的是（　　）
   A. 氢氧化钙　B. 氢氧化锌　C. 氢氧化铝　D. 阿拉伯胶

5.关于乳剂特点的表述，错误的是（　）

A.乳剂液滴的分散度大　　B.乳剂中药物吸收快

C.乳剂的生物利用度高　　D.一般W/O型乳剂专供静脉注射用

二、配伍选择题

（6~8题共用选项）

A.反絮凝剂　　B.絮凝剂　　C.稳定剂

D.助悬剂　　E.润湿剂

6.使微粒双电层的ξ电位降低的电解质（　）

7.增加分散介质黏度的附加剂（　）

8.有助于药物润湿与分散的附加剂（　）

（9~11题共用选项）

A.分层　　B.转相　　C.絮凝

D.破裂　　E.酸败

9.微生物作用可使乳剂（　）

10.乳化剂失效可致乳剂（　）

11.重力作用可造成乳剂（　）

三、综合运用题

12.根据Stokes定律，简述延缓混悬微粒沉降速度的措施。

13.简述乳剂中药物的加入方法。

任务五　液体制剂的包装与贮存

【工作实例】王某的家庭小药箱有1个月没整理了，药箱里有3瓶药都是拆封过的，液体都还剩三分之二，都在有效期内。这3瓶药分别是：①碘甘油，棕色瓶装，盖子有点松；②炉甘石洗剂，乳白色塑料瓶装；③四季抗病毒合剂，棕色瓶装。请讨论液体制剂的包装材料都有哪些？这些药虽在效期内，但这是安全有效的吗？请讨论液体制剂贮存的注意事项。

一、液体制剂的包装

液体制剂的包装关系到成品的质量、运输和贮存。液体制剂体积大、稳定性较其他制剂差。同时因液体制剂的流动性，包装不严易导致药液渗漏，因此即使产品符合质量标准，因包装不当，在运输和贮存过程中也可能会发生变质。故其包装容器的材料选择、容器的种类、形状以及封闭的严密性等都极为重要。液体制剂的包装材料应符合下列要求。

（1）应符合药用标准，对人体安全、无害、无毒。

（2）不与药物发生作用，不改变药物的理化性质和疗效。

（3）能防止和杜绝外界不利因素的影响。

（4）坚固耐用、体轻、形状适宜、美观，便于运输、携带和使用。

（5）不吸收、不沾留药物。

液体制剂的包装材料包括容器（玻璃瓶、塑料瓶等）、瓶塞（橡胶塞、塑料塞、软木塞等）、瓶盖（塑料盖、金属盖等）、标签、说明书、塑料盒、纸盒、纸箱、木箱等。

液体制剂包装应符合GMP和GSP相关规定，瓶上必须按照规定印有或者贴有标签并附有说明书。标签或者说明书上必须注明药品的通用名称、成分规格、生产企业、批准文号、生产批号、生产日期、有效期、适应证或者功能主治、用法、用量、禁忌、不良反应和注意事项。特殊管理的药品、外用药品和非处方药的标签，必须印有规定的标志。

二、液体制剂的贮存

液体制剂特别是以水为分散介质者，在贮存期间极易因水解和污染微生物而沉淀、变质或霉败，故应临时调配。一般应密闭，贮于阴凉干燥处，贮存期不宜过长。医院自制液体制剂应尽量减少生产批量，缩短存放时间，有利于保证液体制剂的质量。

点滴积累5-12

1.液体制剂因流动性和不稳定性，其包装容器的材料、容器的种类、形状以及封闭的严密性等都极为重要。

2.液体制剂一般应密闭，贮于阴凉、干燥处贮存。

阅读与感悟

药品包装的智能化设计，利用了各种智能技术和新型材料，使得药品在运输、储存和使用过程中变得人性化和便利化。①智能化包装可以根据智能表现的方式分为结构防护型智能包装、活性材料型智能包装和信息技术型智能包装。结构防护型智能包装，可以阻碍活泼好动的儿童打开药盒，显著降低因包装设计缺陷对儿童造成的伤害。②活性材料型药品智能包装，是指通过应用新型活性包装材料，改善和增加包装的功能，以达到和完成特定包装的目的。快速发展的纳米技术为智能传感提供了便利，这些材料能够通过温度、光线、电、磁、化学、生化等作用，对环境的变化进行判别，然后通过纳米传感器为用户提供实时数据变化，这些数据在药品储存中特别重要。③信息技术型药品包装属于人工智能在包装行业的应用，分为药品信息标注的智能化和药品交互使用的智能化。药品信息标注的智能化是患者可以通过扫描二维码，获取关于药品的详细信息。药品交互使用的智能化是基于物联网技术的智能药盒设计，可以通过可穿戴传感器，探测到患者的生物信号并立即上传到智能药盒，通过蜂鸣器提醒老年病患和家属急救药品的具体信息与使用。

自测达标

答案解析

多项选择题

1.关于药品包装说法正确的是(　　)

A.药品的包装与成品的质量相关

B.药品包装应符合GMP和GSP相关规定

C.药品的包装只包括包装的容器

D.包装材料应坚固耐用、体轻，便于运输、携带和使用

2.液体制剂的包装材料包括(　　)

A.容器　　B.瓶塞

C.瓶盖　　　　　　　　　　　　　　　D.标签、说明书

3.关于液体制剂的包装材料应符合的要求是(　)

A.应符合药用标准，对人体安全、无害、无毒

B.不与药物发生作用，不改变药物的理化性质和疗效

C.不吸收、不沾留药物

D.坚固耐用、体轻、形状适宜、美观，便于运输、携带和使用

4.液体制剂的贮存条件(　)

A.密闭　　　　　　　　　　　　　　　B.阴凉

C.干燥　　　　　　　　　　　　　　　D.冷藏

5.药品的包装或说明书上应包括(　)

A.通用名称　　　　　　　　　　　　　B.批准文号

C.生产日期和有效期　　　　　　　　　D.适应证或者功能主治

思维导图　知识小结　参考答案

实践十一　项目单梳理

项目名称	模拟口服溶液的制备	
模拟药物	地高辛口服液	
工艺流程	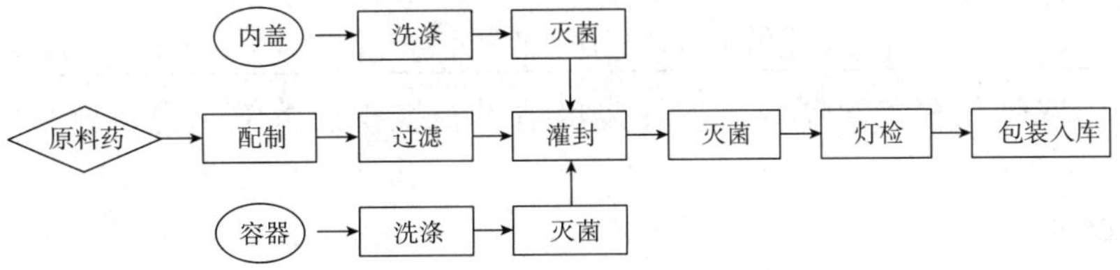	
模拟过程	1.处方组成	地高辛0.2g　β－环糊精100g　羟苯乙酯10g　纯化水适量
	2.处方分析	地高辛（　　　　） β－环糊精（　　　　） 羟苯乙酯（　　　　） 纯化水（　　　　）
	3.制法	(1)领料：按照处方领取原料 (2)称量：根据批投放量进行称量，复核原料名称、批号、数量等信息 (3)配液：按照工艺要求，将称量好原料投放配液罐中，启动搅拌 (4)过滤：打开循环阀，经钛棒过滤器循环，溶液澄明 (5)取样检验：主药含量、pH、色泽等符合中间体质量标准 (6)洗瓶灭菌干燥：启动洗瓶机进行洗涤，送烘箱干燥灭菌 (7)灌封：启动灌封机，调整装药量，进行灌封轧盖 (8)包装：印字、装箱，入库
	4.质量检查：查阅《中国药典》(2020年版)，根据查阅结果，写出地高辛口服溶液需要进行的质量检查项目	
	5.临床适应证	用于婴儿及儿童的充血性心力衰竭及某些室上性心律失常
	6.贮存条件	

实践十二　真溶液的制备与质量检查

（一）实践目的

掌握溶液型液体制剂的制备方法及质量检查方法。

（二）实践地点

药物制剂实训室。

（三）实践仪器与设备

天平、烧杯、量筒等。

（四）实践试剂

碘、碘化钾。

（五）实践原理

真溶液型液体药剂的制备方法有溶解法、稀释法和化学反应法等，其中，溶解法应用最多。本实践采用溶解法制备。

（六）实践内容

复方碘口服溶液	内容
处方	碘1g　碘化钾2g　纯化水，加至50ml
功能主治	调节甲状腺机能，用于缺碘引起的疾病，如甲状腺肿、甲状腺功能亢进症等辅助治疗

1.制法　取碘化钾置容器内，加纯化水适量，搅拌使溶解，再将碘加入溶解，加纯化水至50ml，混匀即得。

2.注意事项

（1）碘具有腐蚀性，称量时应用玻璃器皿或蜡纸，不宜用称量纸，并不得接触皮肤与黏膜。

（2）处方中碘化钾起助溶剂和稳定剂作用，因碘有挥发性又难溶于水，碘化钾可与碘生成易溶性络合物而溶解，同时此络合物可减少刺激性，反应式如下。

$$I_2 + KI \rightleftharpoons KI_3 \tag{5-7}$$

（3）在制备时，为使碘能迅速溶解，宜先将碘化钾加适量纯化水，配成浓溶液，然后加入碘溶解。

（4）碘溶液具有氧化性，应贮存于密闭玻璃塞瓶内，不得直接与木塞、橡胶塞及金属塞接触。为避免被腐蚀，可加一层玻璃纸衬垫。

3.质量检查　质量检查项目参照《中国药典》（2020年版）规定，检查结果填写于表5-5中。

表5-5　复方碘口服溶液质量检查结果

检查项目	检查结果
外观	
气味	
澄明度	
碘的溶解情况	
结论	

（七）实践反思

1.增加药物溶解度的方法有哪些？

2.如何评定溶液型液体制剂的质量？

实践十三 胶体溶液的制备与质量检查

（一）实践目的

掌握胶体溶液的制备方法及质量检查方法。

（二）实践地点

药物制剂实训室。

（三）实践仪器与设备

天平、烧杯、量筒等。

（四）实践试剂

胃蛋白酶、稀盐酸、单糖浆、橙皮酊、5%羟苯乙酯。

（五）实践原理

高分子化合物的溶解过程与低分子化合物不同，要经过溶胀过程。宜采用分次撒于水面，令其充分吸水膨胀，最后略加振摇即可溶解。

（六）实践内容

胃蛋白酶合剂	内容
处方	胃蛋白酶10g 稀盐酸1ml 单糖浆5ml 橙皮酊1ml 5%羟苯乙酯0.5ml 纯化水加至50ml
功能主治	胃蛋白酶为助消化药，可消化蛋白质。用于治疗缺乏胃蛋白酶或病后消化功能减退引起的消化不良

1.制法 量取40ml纯化水于烧杯中，加入稀盐酸、单糖浆，混匀，缓缓加入橙皮酊、5%羟苯乙酯溶液随加随搅拌，然后将胃蛋白酶分次缓缓撒于液面上，待其自然膨胀溶解后，再加适量的纯化水至50ml，搅匀，即得。

2.注意事项

（1）胃蛋白酶极易吸潮，称取时应迅速。称完后应及时分撒于液面，不宜长时间露置于空气中。

（2）pH是影响胃蛋白酶活性的主要因素之一，胃蛋白酶在pH1.5~2.0时活性最强，但酸性过强可破坏其活性，故配制时应先将稀盐酸用适量水稀释。

（3）本品不得用热水溶解或加热促溶，也不能强力搅拌，以免影响活性和稳定性。

（4）本品一般不宜过滤，因为胃蛋白酶带正电荷，而润湿的滤纸或棉花带负电荷，过滤时易吸附胃蛋白酶。

3.质量检查 质量检查项目参照《中国药典》（2020年版）规定，实训结果填写在表5-6中。

表5-6 胃蛋白酶质量检查结果

检查项目	检查结果
外观	
气味	
澄明度	
丁达尔效应	
结论	

（七）实践反思

1. 为什么胃蛋白酶要撒在水面上，待其自然膨胀？

2. 为什么胃蛋白酶不能先与盐酸混合？

实践十四　混悬剂的制备与质量检查

（一）实践目的

掌握混悬剂的一般制法；熟悉稳定剂的选择及混悬剂的质量评定方法；了解混悬剂的沉降体积比的测定方法。

（二）实践地点

药物制剂实训室。

（三）实践仪器与设备

天平、量筒、50ml具塞量筒、烧杯、乳钵等。

（四）实践试剂

炉甘石、氧化锌、甘油、羧甲基纤维素钠、三氯化铝、枸橼酸钠、纯化水等。

（五）实践原理

混悬剂的制备方法有分散法和凝聚法。本实验采用分散法。对于疏水性药物制备混悬剂时，可加入润湿剂与药物共研，改善疏水性药物的润湿性。此外，为了提高混悬剂的稳定性，还可以加入助悬剂、絮凝剂、反絮凝剂等。

（六）实践内容

处方	1	2	3	4
炉甘石	4g	4g	4g	4g
氧化锌	4g	4g	4g	4g
甘油	5ml	5ml	5ml	5ml
羧甲基纤维素钠		0.25g		
三氯化铝			0.25g	
枸橼酸钠				0.25g
蒸馏水加至	50ml	50ml	50ml	50ml
功能主治	炉甘石洗剂有轻度收敛止痒作用，局部涂搽用于急性湿疹、亚急性皮炎			

1. 制法

（1）处方1　将炉甘石、氧化锌置乳钵中，先加甘油和适量的水研磨至细糊状，再加纯化水至50ml，边加边研匀。

（2）处方2　将炉甘石、氧化锌置乳钵中，先加甘油和适量的水研磨至细糊状，羧甲基纤维素钠需先用20ml纯化水制成胶浆，再加入细糊状中研匀，加纯化水至50ml，边加边研匀。

（3）处方3　将炉甘石、氧化锌置乳钵中，先加甘油和适量的水研磨至细糊状，三氯化铝制成水溶液，加入细糊状中研匀，再加纯化水至50ml，边加边研匀。

（4）处方4　将炉甘石、氧化锌置乳钵中，先加甘油和适量的水研磨至细糊状，枸橼酸钠制成水溶液，加入细糊状中研匀，再加纯化水至50ml，边加边研匀。

2. 注意事项

（1）炉甘石是指含有适量（0.5%~1%）氧化铁（着色剂）的碱式碳酸锌或氧化锌，略带微红色，应用前与氧化锌混合后过120目筛。

（2）炉甘石与氧化锌为典型的亲水性药物，可以被水润湿，故先加入适量水和甘油研成细腻的糊状，使粉末被水分散，以阻止粉末的凝聚，振摇时易悬浮。加水的量以呈细糊状为宜。

（3）炉甘石的这四种处方分别应用了不同的稳定剂，其中的羧甲基纤维素钠为助悬剂，三氯化铝为絮凝剂，枸橼酸钠为反絮凝剂。

3.质量检查　可通过测定各制剂的沉降体积比（F）与沉降后的再分散性，来评价混悬剂的沉降稳定性及所用稳定剂的效果，具体方法如下。

（1）混悬剂在沉降前初始高度为H_0，放置一定时间后沉降物的高度为H，沉降体积比即为F（%）=（H/H_0）×100%，F值愈大，则混悬剂愈稳定。

（2）将混悬剂放置一定时间后（时间应稍长些，最好大于24小时，也可依条件而定），将装有混悬剂的具塞量筒倒置翻转（一反一正为一次），记录筒底沉降物分散完全所需翻转的次数，次数愈少则混悬剂质量愈好。

（3）将按4个处方制备的洗剂，分别倒入4个带刻度的具塞量筒中，密塞同时振摇相同次数，记录原始高度H_0并放置，将放置5、10、20、30分钟的沉降物高度H记录于表5-7中，根据沉降体积比公式计算出该时刻的F值填于表5-7中，并将再分散时的翻转次数记录于表5-7中。

表5-7　炉甘石洗剂沉降体积比与再分散次数记录表

时间（min）	处方1		处方2		处方3		处方4	
	H（cm）	F（%）	H（cm）	F（%）	H（cm）	F（%）	H（cm）	F（%）
0								
5								
10								
20								
30								
再分散性翻转次数								

（七）实践反思

1.炉甘石洗剂制备中加入的甘油主要起哪些作用？

2.混悬剂沉降体积比小于等于多少时，该溶液不合格？

实践十五　乳剂的制备与质量检查

（一）实践目的

掌握乳剂的制备方法及乳剂类型鉴别方法；比较不同乳化方法制备乳剂的分散相粒度大小、均匀度及稳定性。

（二）实践地点

药物制剂实训室。

（三）实践仪器与设备

天平、量筒、烧杯、乳钵、显微镜、载玻片等。

（四）实践试剂

液状石蜡、阿拉伯胶、苏丹红溶液、亚甲蓝溶液、纯化水等。

（五）实践原理

乳化剂的组成包括水相、油相和乳化剂。本实验采用干胶法和湿胶法制备乳剂。

（六）实践内容

液状石蜡乳	内容
处方	液状石蜡12ml　阿拉伯胶4g　纯化水加至30ml
功能主治	本品为轻泻剂，用于便秘，尤适用于高血压、动脉瘤、痔、疝气手术后便秘的患者，可减轻排便痛苦

1.制法

（1）干胶法　量取液状石蜡加至干净、干燥且粗糙的乳钵中，铺展于研钵内壁。取阿拉伯胶少量多次撒入液状石蜡，每次撒入均需研磨使胶粉充分分散，研匀制成胶浆后，按油∶胶∶水为3∶1∶2的比例一次加纯化水8ml，研至发出噼啪声，即成初乳。再加纯化水适量研匀，共制成30ml乳剂，即得。

（2）湿胶法　取纯化水8ml，加至干净且粗糙的乳钵中，少量多次撒入阿拉伯胶粉，每次撒入均需研磨使胶粉充分分散，研匀制成胶浆后，再分次加入液状石蜡，边加边研至有噼啪声时即成初乳。至12ml液状石蜡加完为止。最后加纯化水适量研匀，共制成30ml乳剂，即得。

2.注意事项

（1）干胶法制备初乳时，油相与胶粉充分研匀后，按比例一次性加水，迅速沿同一方向研磨，直至稠厚的乳白色初乳形成为止。干胶法和湿胶法均不能改变研磨方向，也不宜间断研磨。

（2）干胶法适用于乳化剂为细粉者，应选用干燥乳钵，量油的量器不得沾水，量水的量器不得沾油。湿胶法所用的乳化剂可以不是细粉，能预先按比例制成胶浆者即可。

（3）乳钵应选用干净、干燥、内壁粗糙的瓷乳钵。

（4）初乳制成后，方可加水稀释。

3.质量检查

（1）均匀度检查　所制得的乳剂镜检油滴应有较好的分散度与均匀度。

（2）乳剂类型鉴别　取2份液状石蜡乳各约1ml，分别置于2支试管内，分别滴入1滴苏丹红溶液和1滴亚甲蓝溶液，摇匀，分别涂片，显微镜检查记录观察到的现象。

（3）离心试验　取乳剂10ml置于离心管内，以4000r/min，离心15分钟，如不分层（或乳滴不粗化）则乳剂稳定。

（4）加热试验　取5ml液状石蜡乳装于具塞试管中，塞紧并置60℃恒温水浴60分钟，如不分层则乳剂稳定。

将乳剂稳定性检查结果填入表5-8。

表5-8　乳剂稳定性检查结果

检查项目	检查结果
外观	
镜检	
染色	
离心	
加热	
结论	

（七）实践反思

1.请利用学过的理论知识结合实践经验分析以下问题：干胶法制备初乳时，水若非一次性加入，添加水量不足或加水过慢时，会出现什么问题？如果一次性加入的水量过多又会出现什么问题？

2.所制得的产品属何种类型的乳剂，如何判断？

实践十六　液体制剂的合理使用

（一）实践目的

熟悉常用的液体制剂类型；能够正确使用各种液体制剂。

（二）实践地点

药学服务实训室。

（三）实践用具

若干不同品种液体制剂药盒。

（四）实践内容

依据理论知识，分组查找药盒，完成下列表格。

序号	药品名称	类型	贮藏条件	适应证	用法用量
例1	阿苯达唑口服乳剂	乳剂	密封保存	驱虫药，用于治疗棘球蚴病	1.成年人常用量：口服，按体重每日0.8~1.0ml/kg（10~12.5mg/kg以阿苯达唑计），分2次口服 2.小儿用量：12岁以下小儿用量减半 3.服用前请摇匀

（五）实践反思

1.根据查询结果总结糖浆剂使用注意事项。

2.根据查询结果总结混悬剂使用注意事项。

药师指点

液体制剂一般应密闭贮存于洁净、阴凉干燥的地方；一些量小、对热敏感的液体制剂，可置于冰箱冷藏；对光敏感的则应该避光贮存。医院液体制剂应尽量临时配置或减少生产批量，以缩短存放时间，有利于保护液体制剂的质量。

1.口服混悬剂的临床应用

（1）使用前需要摇匀后才可服用，以便使药物的质量均匀，保证每次服用剂量。

（2）混悬剂应放在低温避光的环境中保存，避免发生不可逆的变化。

2.口服乳剂的临床应用

（1）口服乳剂的生物利用度较高，乳剂中的油脂可促进胆汁的分泌，油脂性药物可通过淋巴系统转运；乳剂中含有乳化剂，可以改变胃肠道黏膜的性能，这些都有助于药物的吸收。

（2）乳剂在服用前需摇匀。

3.糖浆剂的临床应用　具体可参考项目七中浸出制剂的合理使用。

项目六　无菌液体制剂

PPT

学习目标

1. 掌握　注射剂和滴眼剂的概念、特点和质量要求；热原的定义和污染途径。
2. 熟悉　注射剂的溶剂与附加剂；热原的去除方法。
3. 了解　注射剂常见的质量问题；注射用无菌粉末的特点。

导读：注射剂起效快，临床应用广，常应用于急症、重症的治疗，对于质量要求和生产技术要求更高，因此价格较贵。本项目主要介绍常用的无菌制剂及其生产制备技术，以及质量检查要求。

任务一　无菌液体制剂基础知识

【工作实例】张某负责某药品生产企业的质量检验，在检查中发现，有一个批次的注射剂热原不合格，这让其百思不得其解。有哪些途径会造成药品的热原超标？

一、概述

依据《中国药典》(2020年版)对不同给药途径的药物制剂大体分为限菌制剂和无菌制剂。限菌制剂是指允许一定量的微生物存在，但不得有规定控制菌存在的制剂，如口服制剂不得含有大肠埃希菌、金黄色葡萄球菌等有害菌。那么无菌制剂则要求不得检出任何活的微生物。根据去除活的微生物的工艺不同，可分为灭菌制剂和无菌制剂。

灭菌制剂是指用某一物理、化学方法杀灭或除去制剂中所有活的微生物繁殖体和芽孢的药物制剂；无菌制剂是指在无菌的环境中，采用无菌操作的方法或技术，制备不含任何活的微生物繁殖体和芽孢的一类药物制剂，因其可直接注射于人体或应用于创伤面，在使用前必须保证处于无菌状态，对于制备的环境、工艺、人员的要求均相对较高。常把灭菌制剂和无菌制剂统称为广义的无菌制剂。

同步思考6-1

可以通过物理或化学等方法杀灭或除去所有致病或非致病的微生物繁殖体和芽孢，那么在药品制备过程中，有哪些常用的灭菌方法？

答案解析

药物制剂中常用的无菌制剂如下。

1. 注射剂　如小容量注射剂、大容量注射剂、注射用无菌粉末等。
2. 眼科用制剂　如滴眼液、眼用凝胶、眼膏剂等。
3. 植入型制剂　主要供皮下植入使用，如植入片、植入丸等。
4. 创面用制剂　如溃疡、烧伤及外伤用的溶液和软膏等。

5.手术用制剂　如用于手术的冲洗液、透析液、止血海绵剂和骨蜡等。

通过分类可以看出，无菌制剂有多种剂型，可以是液体、固体，也可以是半固体或气体，临床上应用最为广泛的是注射剂和滴眼剂。

充电链接

植入式给药系统

植入式给药系统是一类经手术植入或经特殊装置导入皮下或靶部位的控制释药系统。植入式给药系统是一种新型给药方式，适用于长期给药和靶向给药，具有载药量高、副作用少、可实现全身或局部给药、生物利用度高等优势，近年来，随着医疗技术进步，植入式给药系统市场关注度持续提升。

植入式给药系统已在临床得到广泛应用，涉及肿瘤治疗、生殖健康、眼部疾病、心血管疾病、糖尿病、结核病等多种疾病的治疗。近年来，随着国家对医药产业发展的重视度提升，我国新型给药系统产业发展速度加快，植入式给药系统市场迎来了良好发展时机。同时伴随微电子、微/纳米制造、3D打印等技术深入应用，植入式给药系统逐渐向智能化、多功能化、高效化、安全化方向升级。

同步练习6-1

下列不属于无菌制剂的是（　　）

A.氯化钠注射液　　B.氯霉素滴眼液

C.氯雷他定口服液　　D.红霉素软膏

答案解析

点滴积累6-1

1.无菌制剂要求不得检出任何活的微生物。

2.无菌制剂分为最终灭菌的无菌制剂和全程无菌制备的无菌制剂。

3.常见的无菌制剂有注射剂、眼科用制剂、植入型制剂、创面用制剂和手术用制剂。

二、注射剂的分类与特点

注射剂是将原料药或与适宜的辅料制成，供注入人体内的无菌制剂，可以是溶液、乳状液、混悬液及供临用前配制成溶液或混悬液的无菌粉末，或稀释后静脉滴注用的无菌浓溶液。

注射剂由药物、溶剂、附加剂和特定的容器组成，是临床上应用最为广泛的剂型之一。

（一）注射剂的分类

1.按照物质分散的方式分类　注射剂按照药物的分散方式不同，可分为溶液型注射剂、混悬型注射剂、乳状液型注射剂以及注射用无菌粉末。

（1）溶液型注射剂　对于易溶于水而且在水溶液中稳定的药物，可制成水溶液型注射剂，如氯化钠注射液、葡萄糖注射液等；在水溶液中不稳定的药物，若溶于油，可制成油溶液型注射剂，如黄体酮注射液等。

（2）混悬型注射剂　水难溶性药物或注射后要求延长药效作用的药物，可制成水或油混悬液，如鱼精蛋白胰岛素注射液等。这类注射剂一般仅供肌内注射，不得用于静脉注射或椎管注射，溶剂可以是水，也可以是油或其他非水溶剂。

（3）乳状液型注射剂　对于水不溶性液体药物或油性液体药物，根据医疗需要可以制成乳状液型注射剂。乳状液型注射剂要求稳定，不能出现分离现象，不能用于椎管注射，可以静脉注射。溶剂可以是水也可以是油，如静脉注射用脂肪乳。

（4）注射用无菌粉末　也称粉针剂，常用于在水中不稳定的药物制备。将供注射用的无菌粉末状药物装入安瓿或其他适宜容器中，临用前加入适当的溶剂（一般为灭菌注射用水）溶解或混悬而成的制剂，如注射用门冬酰胺酶等。

2.按制备工艺分类　注射剂按灭菌方式可分为最终灭菌注射剂和非最终灭菌注射剂。

（1）最终灭菌注射剂　通常具有一定耐热性，在注射剂制备的最终阶段能通过灭菌杀死或去除制品中所有活的微生物繁殖体和芽孢。最终灭菌的注射剂包括大容量注射剂、小容量注射剂等。

（2）非最终灭菌注射剂　采用无菌工艺制备的注射剂，因为产品在最终容器中密封后不再进行灭菌处理，所以必须在更为严格的生产环境中进行产品灌装和容器的密封。包括注射用无菌分装制品和注射用冷冻干燥制品。

（二）注射剂的特点

1.药效迅速，作用可靠　注射剂临床应用时均以液体状态直接注射入人体组织、血管或器官内，所以吸收快，作用迅速。特别是静脉注射，药物可直接进入血液循环，更适于抢救危重患者之用。且注射剂由于不经过胃肠道，不受消化液及食物的影响，故剂量准确、作用可靠，易于控制。

2.适合于不宜口服的药物　不易被胃肠道吸收、具有刺激性或易被消化液破坏的药物可制成注射剂。如酶、蛋白等生物技术药物，常制成粉针剂。

3.适合于不能口服的患者　术后禁食、昏迷等状态的患者，或患消化系统疾病的患者均不能口服给药，宜采用注射给药。

4.准确局部定位给药　如盐酸普鲁卡因注射液可准确定位，产生局部麻醉作用，用于麻醉科和牙科等。

5.靶向作用　一类复杂的载药系统，包括微球、脂质体、微乳和混悬性注射剂（纳米颗粒、纳米晶）等，选择性地将药物浓度集于靶组织、靶器官、靶细胞或者细胞类结构中，进行靶向治疗，在提高药物生物利用度的同时，降低药物可能对其他器官组织的伤害。

6.注射给药不方便，依从性较差　注射剂一般不便于患者自己使用，注射疼痛，使用不便，需专业人员和相应的注射器和设备。

7.质量要求高，安全性不稳定　注射剂直接进入血液和机体组织，使用不当更易发生危险，质量要求更为严格，如果使用不当或质量不合格，随之而来的将是较为严重的危害。复杂的工艺也会伴随用药成本的提高，价格相对较贵。

同步练习6-2

下列关于注射剂说法错误的是（　）

A.注射剂适用于不能口服给药的患者

B.注射剂药效迅速，因此安全性更高

C.注射剂能够起到局部治疗作用

D.注射给药不方便，依从性较差

答案解析

点滴积累6-2

1. 注射剂按照药物的分散方式不同，可以分为溶液型注射剂、混悬型注射剂、乳状液型注射剂以及注射用无菌粉末。

2. 注射剂按照制备工艺的不同可分为最终灭菌注射剂和非最终灭菌注射剂。

3. 注射剂药效迅速，适用于不能口服给药的药物或患者，能起到局部定位甚至是靶向作用，但同时使用不便，安全性较差，注射疼痛，患者依从性差。

充电链接

无针注射器

无针注射器是利用压力射流原理来完成药液的皮下注射，即通过无针注射器内部的压力装置产生的压力，推动药管中的药液经过微孔形成极细的药液柱，使药液瞬间穿透人体表皮到达皮下，药液在皮下呈3~5cm直径的弥散状被吸收。

无针注射器能够减轻注射过程中疼痛感，消除恐针患者的恐惧心理，提高患者的依从性；无针注射不会损伤皮下组织，避免了因长期注射形成硬结；提高药物在体内的生物利用度，药物起效时间缩短；几乎能够完全杜绝交叉感染，并且避免职业暴露的风险。但是跟有针的注射器相比，价格昂贵。

无针注射器作为注射胰岛素新方式，有越来越多的糖尿病患者愿意尝试无针注射器来作为自己日常的胰岛素注射工具。

三、注射剂的质量要求

（一）无菌

注射剂内不应含有任何活的微生物，必须符合《中国药典》（2020年版）无菌检查的要求。

（二）无热原

无热原是注射剂最重要的质量指标。注射剂内不应含热原，特别是供静脉注射或脊椎注射的注射剂，必须是热原检查合格的。

（三）可见异物

可见异物系指存在于注射剂、眼用液体制剂和无菌原料药中，在规定条件下目视可以观测到的不溶性物质。可见异物检查法有灯检法和光散射法，注射剂、眼用液体制剂应在符合《药品生产质量管理规范》（GMP）的条件下生产，产品在出厂前应采用适宜的方法逐一检查并同时剔除不合格产品。临用前，需在自然光下目视检查（避免阳光直射），如有可见异物，不得使用。

（四）不溶性微粒

用以检查静脉用注射剂（溶液型注射液、注射用无菌粉末、注射用浓溶液）及供静脉注射用无菌原料药中不溶性微粒的大小及数量，包括光阻法和显微计数法。

（五）pH

注射剂的pH要求与血液相等或接近（血液pH约为7.4），注射剂一般应控制pH在4~9。

（六）渗透压

注射剂的渗透压要求与血液的渗透压相等或接近，供静脉注射的大容量注射剂还要求具有等张性。

（七）稳定性

注射剂大多为水溶液，因此注射剂必须具有必要的物理稳定性和化学稳定性，以确保产品在贮存期安全、有效。

（八）降压物质

按照《中国药典》（2020年版）的要求，比较组胺对照品（S）与供试品（T）引起麻醉猫血压下降的程度，以判定供试品中所含降压物质的限度是否符合规定。如某些氨基酸注射液、中药注射液、多肽类注射液等均需要符合降压物质规定。

点滴积累6-3

1.注射剂因其直接注入体内使用，要确保质量安全。

2.根据《中国药典》（2020年版）的规定进行无菌、无热原、可见异物、不溶性微粒、pH、渗透压、稳定性、降压物质等指标检查。其他有关物质也应符合药典和相关质量标准要求。

四、热原

热原是指由微生物产生的，能够引起恒温动物体温异常升高的致热物质。热原存在于细菌的细胞外膜与固体膜之间，化学组成因菌种不同而异，大多是由磷脂、脂多糖及蛋白质组成的高分子复合物，活的细菌并不把内毒素排出，当细菌死亡，细菌膜破裂时才释放出来，其中脂多糖具有特别强的致热活性。大多数微生物均能产生热原，革兰阴性杆菌所产生的热原致热能力最强。可以大致认为“热原=内毒素=脂多糖”。

含有热原的注射剂注入人体后，30分钟左右就可以产生发冷、寒战、恶心、呕吐、高热甚至休克等不良反应，临床上称为“热原反应”。

（一）热原的性质

1.耐热性 在通常的灭菌条件下，热原往往不能被破坏，加热到100℃也不被降解。一般选择180℃加热3~4个小时、250℃加热30~45分钟或650℃加热1分钟可使热原彻底被破坏。因此，注射剂生产过程中使用的玻璃容器和注射器等，都可以采用高温去除热原的方法。

2.水溶性 由于磷脂结构上连接有多糖，所以热原能溶于水，其浓缩的水溶液带有乳光。注射剂生产过程中所用的各种管道可以用大量的注射用水冲洗去除热原。

3.滤过性 热原直径为1~5nm，可通过一般滤器，甚至是微孔滤膜，都不能将其截留，在注射剂生产过程中可用活性炭吸附除去，或者采用孔径小于1nm的超滤膜也可除去绝大部分甚至全部热原。

4.不挥发性 热原具有不挥发性，但可溶于水蒸气所夹带的雾滴而带入蒸馏水中，因此，用蒸馏法制备注射用水时，蒸馏水器上应附有隔沫装置，以分离雾滴和蒸汽。

5.不耐强酸、强碱、强氧化剂 热原能被强酸（如硫酸等）、强碱（如氢氧化钠等）破坏，也能被强氧化剂（如高锰酸钾或过氧化氢等）破坏。注射剂在生产过程中，玻璃容器及用具等均可使用重铬酸钾-硫酸清洁液浸泡以破坏热原。

6.其他 超声波及某些表面活性剂（如去氧胆酸钠）或阴离子树脂也能使之失活或吸附。

（二）热原主要的污染途径

1.溶剂 注射用水是热原污染的主要来源。尽管水本身并非微生物良好的培养液，但易被空气或含尘空气中的微生物污染。如果蒸馏器的结构不合理、操作不规范、注射用水贮藏时间过长，都会被热原污染。因此，在生产注射用水时，应在12小时内使用，依据GMP的要求选择储罐和管道，并至少每周进行一次全面检查。

2.原辅料 用生物方法制造的药物和辅料易滋生微生物，如血液制品、抗生素等药物，葡萄糖、乳糖等辅料，在贮藏过程中因包装损坏而污染热原。

3.容器、管道、用具和设备等 在注射剂生产过程中，所用到的容器、管道、设备及具体用具，均应按GMP要求认真清洗处理，防止热原污染。

4.生产过程 制备过程中洁净室洁净级别不符合要求，操作时间过长，灭菌不及时或不合格，包装口不严等，均可增加细菌污染的机会，从而可能产生热原。

5.使用过程 有时输液本身不含热原，而往往由于输液器具（输液瓶、输液器、针头与针筒等）污染而引起热原反应，输液配制环境也应按照静脉用药调配中心管理规范进行调配。

（三）热原的去除方法

1.高温法 注射用针头、针筒等耐高温的器具和用品，可采用洗净后180℃加热2小时或250℃加热30分钟以上破坏热原。

2.吸附法 活性炭具有较强的吸附热原作用，同时兼有助滤、脱色作用，可选用0.05%~0.5%（m/V）的用量进行处理，去除药液中的热原。

3.酸碱法 玻璃容器或者用品可采用重铬酸钾-硫酸清洁液或稀氢氧化钠溶液处理破坏热原。

4.超滤法 一般用3.0~15nm的超滤膜能除去热原，超滤法除热原是一种物理分离方法，选用何种规格的超滤膜为宜，首先须了解药液中热原的相对分子质量大小、性质以及浓度。

5.凝胶过滤法 利用热原与药物分子量的差异将两者分开。溶液通过凝胶柱时，分子量较小的成分渗入凝胶颗粒内部而被阻滞，分子量较大的成分则沿凝胶颗粒间隙随溶剂流出。但当两者分子量相差不大时，不宜使用。

6.离子交换法 热原分子上含有负电荷的磷酸根与羧酸根，强碱性阴离子交换树脂可吸附除去溶剂中的热原。但是树脂易饱和，须经常再生。

7.反渗透法 可选用三醋酸纤维膜或聚酰胺膜进行反渗透可除去热原。

（四）热原的检查方法

1.热原检查法 根据《中国药典》（2020年版）中规定，采用家兔法进行热原检查，也是各国药典中最权威的热原检测方法。将一定剂量的供试品，静脉注入家兔体内，在规定时间内，观察家兔体温升高的情况，以判定供试品中所含热原的限度是否符合规定。本方法结果准确，试验结果接近人体的真实情况；但是耗时长，操作繁琐，不适合生产过程中间体的质量监控。

2.细菌内毒素检查法 利用鲎试剂来检测或量化由革兰阴性菌产生的细菌内毒素，以判断供试品中细菌内毒素的限量是否符合规定的一种方法。鲎试剂是从鲎的血液中提取出的冻干试剂，可以与细菌内毒素发生凝集反应。本方法操作简单，结果迅速可得，灵敏度高，适用于生产过程中的热原控制，也适用于某些不能用家兔法检验的药物品种。

点滴积累6-4

1.热原是指由微生物产生的，能够引起恒温动物体温异常升高的致热物质。一旦注入体内，可发生“热原反应”，甚至产生休克。

2.热原具有耐热性、水溶性、滤过性、不挥发性、不耐强酸、强碱、强氧化剂等性质。

3.我们可用高温法、吸附法、酸碱法、超滤法、凝胶过滤法、离子交换法、反渗透法等去除热原。

4.《中国药典》（2020年版）中规定用家兔法进行热原检测，用鲎试剂法进行细菌内毒素检测。

五、处方组成

同步思考6-2

生活中经常用到的注射剂，如头孢氨苄注射液、维生素C注射液、盐酸苯海拉明注射液等，是否是将药物溶于注射用水中？一瓶小小的注射剂中是否还有其他成分？

答案解析

（一）注射用溶剂

1.注射用水　是纯化水经蒸馏制得的水，是注射剂最常用的溶剂，主要为配制注射剂的溶媒，注射用水的质量必须符合《中国药典》（2020年版）的规定。

2.注射用油　常用的有大豆油、茶油、麻油等植物油，适用于在水中难溶的药物或为了达到长效目的的药物，可选择注射用油作溶剂。同样质量要求要符合《中国药典》（2020年版）下规定。如注射用大豆油，药典中对其性状、重金属、过氧化物、脂肪酸组成及微生物限度等指标均进行了限定。

3.其他注射用溶剂　根据药物的性质，也可以选择其他溶剂或者复合溶剂。

（1）乙醇　无色澄明液体，可以与水、甘油、挥发油等任意比例互溶，可进行静脉或肌内注射，浓度超过10%可能会有溶血作用或疼痛感，如氢化可的松注射液等。

（2）丙二醇（供注射用）　可与水、乙醇、甘油混溶，能溶解多种挥发油，已广泛用作注射溶剂，可供肌内与静脉注射。常与水制成复合溶剂，用作皮下或肌内注射时有局部刺激性。

（3）聚乙二醇　可与水、乙醇相混溶，化学性质稳定。聚乙二醇300、聚乙二醇400 均可用作注射用溶剂。

（4）甘油（供注射用）　无色、澄清的黏稠液体，味甜，有引湿性。与水或乙醇能任意混溶，可供肌内与静脉注射，但因黏度和刺激性较大，不单独作注射剂使用。

（5）二甲基亚砜　无色液体，与水、乙醇或乙醚能任意混溶，被誉为“万能溶剂”，具有引湿性，有良好的防冻效果，可肌内注射和皮下注射，也可作外用制剂的吸收促进剂。

（二）注射剂常用附加剂

为了保障注射剂的安全有效和稳定，除主药和溶剂外，还需要加入其他物质，这些物质被称为“附加剂”。根据附加剂种类的不同，在注射剂中的作用也不同。但均不能影响药物疗效、不能引起毒性或者过度刺激，也要避免对药物检测产生干扰。

1. pH调节剂　注射液的pH一般为4~9，大量输入的注射液pH应近中性。调整注射液pH值至适宜范围能够减少对机体的刺激，增加注射液的稳定性，加速药物的吸收。常用调整pH的附加剂有盐酸、枸橼酸、氢氧化钠、氢氧化钾、碳酸氢钠、磷酸氢二钠、磷酸二氢钠等。

2.抑菌剂　常用抑菌剂为0.5%苯酚、0.3%甲酚、0.5%三氯叔丁醇等。抑菌剂的用量应能抑制注射液中微生物的生长，加有抑菌剂的注射液，仍应用适宜的方法灭菌，在标签上应标明所加抑菌剂的名称与浓度。除另有规定外，一次注射量超过15ml的注射液，不得加抑菌剂。静脉输液与脑池内、硬膜外、椎管内用的注射液均不得加抑菌剂。

3.抗氧化剂　常用的防止主药氧化的措施如下。

（1）加抗氧剂　常用的抗氧剂有亚硫酸钠、亚硫酸氢钠和焦亚硫酸钠，一般浓度为0.1%~0.2%。

（2）加金属离子络合剂　如依地酸二钠或依地酸二钠钙、环己二胺四乙酸钠等。

（3）其他　通入惰性气体如N_2，此外还可采用降低温度、避光、调节适宜的pH等措施。

4.渗透压调节剂 等渗溶液是指渗透压与血浆相等的溶液。低于血浆渗透量的溶液称为低渗溶液，细胞在低渗溶液中可发生水肿，甚至破裂。高于血浆渗透量的溶液称为高渗液，细胞在高渗溶液可发生脱水而皱缩，因此注射剂应调节其渗透压与血浆等渗。常用的渗透压调节剂有氯化钠、葡萄糖等。

5.其他附加剂 有些注射剂还能起到助悬、乳化、局部止疼、稳定等效果，注射剂常用的附加剂见表6–1。

表6–1 注射剂常用附加剂

附加剂		用量(%)	附加剂		用量(%)
增溶剂 润湿剂 乳化剂	聚山梨酯20	0.01	助悬剂	明胶	2.0
	聚山梨酯40	0.05		甲基纤维素	0.03~1.05
	聚山梨酯80	0.04~4.0		羧甲基纤维素钠	0.05~0.75
	聚维酮	0.2~1.0		果胶	0.2
	卵磷脂	0.5~2.3	抑菌剂	苯甲醇	1~2
	普朗尼克F68	0.21		羟苯酯类	0.01~0.015
pH调节剂	醋酸(钠)	0.22~0.8		苯酚	0.5~1.0
	枸橼酸(钠)	0.5~4.0		三氯叔丁醇	0.25~0.5
	乳酸	0.1	抗氧化剂	亚硫酸钠	0.1~0.2
	磷酸二氢钠	0.71~1.7		亚硫酸氢钠	0.1~0.2
	碳酸钠 碳酸氢钠	0.005~0.06		焦亚硫酸钠	0.1~0.2
	酒石酸(钠)	0.65~1.2		硫代硫酸钠	0.1
等渗调节剂	氯化钠	0.5~0.9	稳定剂	肌酐	0.5~0.8
	葡萄糖	4~5		甘氨酸	1.5~2.25
	甘油	2.25		烟酰胺	1.25~2.5
局部镇痛剂	利多卡因	0.05~1.0	保护剂	乳糖	2~5
	盐酸普鲁卡因	1.0		蔗糖	2~5
	苯甲醇	1.0~2.0		麦芽糖	2~5
	三氯叔丁醇	0.3~0.5		人血白蛋白	0.2~2

同步练习6–3

下列关于注射剂的说法，错误的是（ ）

A.注射剂的pH一般在4~7

B.注射剂常用0.9%氯化钠溶液和5%葡萄糖溶液作为等渗溶液

C.有些注射剂还需要加入抗氧化剂

D.大量输入的注射液pH应近中性

答案解析

点滴积累6–5

1.注射剂常用溶剂有注射用水、注射用油、乙醇、甘油（供注射用）、丙二醇（供注射用）和聚乙二醇等。

2.注射剂除主药与溶剂外，还需要加入附加剂，如pH调节剂、抑菌剂、抗氧化剂、渗透压调节剂等附加剂。

阅读与感悟

2023年5月，历时18个月，《药品GMP指南（第2版）》系列丛书正式发行。本书4500余页，近500万字，6个分册从药品生产行业和药品检查机构两种角度，解读相关法规最新要求，契合行业需求，与时俱进，全面修订。无菌制剂分册是这次修订范围最广、难度最大的分册。张华是中国GMP对标国际先进的奠基人之一，曾担任药品GMP检查员超过17年，她谈到："无菌制剂的风险远比其他非无菌产品要高，同时，无菌制剂的类别特别多，不同企业有不同的做法，在指南编写过程中，我们不仅要明确法规要求，更重要的是明确不同做法的风险和利弊，并对重要内容或常见问题以案例的形式加以说明。"第2版《指南》系列丛书的出版，无论是对我国药品监管和检查部门，还是对药品行业来说，都是一件非常有意义的事情，能够帮助企业建立更科学、更高效的管理方法，以达到GMP各项要求。

自测达标

答案解析

一、单项选择题

1.关于注射剂说法错误的是（　）

A.剂量准确　　B.疗效迅速　　C.使用方便　　D.适用于不宜口服的药物

2.注射剂除了主药以外，还需要加入适宜的附加剂，下列不属于注射剂附加剂的是（　）

A.抑菌剂　　B.渗透压调节剂　　C.助悬剂　　D.着色剂

3.关于热原说法正确的是（　）

A.热原是能够引起恒温动物体温缓慢升高的致热物质

B.热原有水溶性、不耐热性、不耐酸碱性等性质

C.可用反渗透法去除热原

D.热原检查法可以用狗进行试验

4.下列不属于注射剂常用溶剂的是（　）

A.大豆油（注射用）　　B.纯化水　　C.聚乙二醇　　D.甘油（注射用）

5.《中国药典》（2020年版）对注射剂的质量进行了规定，其中不包括（　）

A.微生物限度　　B.装量差异　　C.渗透压　　D.可见异物

二、配伍选择题

（6~10题共用选项）

关于注射剂中常用附加剂，请按要求填写。

A.氯化钠　　B.聚山梨酯80　　C.磷酸二氢钠　　D.羟苯甲酯

E.乳糖　　F.焦亚硫酸钠　　G.羧甲基纤维素钠

6.属于助悬剂的是（　）

7.属于pH调节剂的是（　）

8.属于等渗调节剂的是（　）

9.属于抑菌剂的是（　）

10.属于抗氧化剂的是（　）

三、综合运用题

11.在注射剂的生产中，有哪些途径可能造成热原污染？

12.脂肪乳注射液为能量补充药，为机体提供能量和必需脂肪酸，脂肪乳注射液属于注射剂分类中的哪一种？有哪些质量要求？其溶剂是什么？

任务二　小容量注射剂

【工作实例】某制药企业，刚刚买近一批安瓿瓶，在烘干过程中出现大量爆瓶现象，试分析安瓿瓶可选用的灭菌方法以及爆瓶的原因。

一、概述

小容量注射剂也称水针剂，指装量小于50ml的注射剂，属于无菌制剂的一种，应严格按照GMP的要求进行制备，以保证注射剂的质量和用药安全。

小容量注射剂的生产过程一般包括原辅料和容器的前处理、称量、配制、过滤、灌封、灭菌、质量检查、包装等步骤，具体的生产工艺流程如图6-1所示。

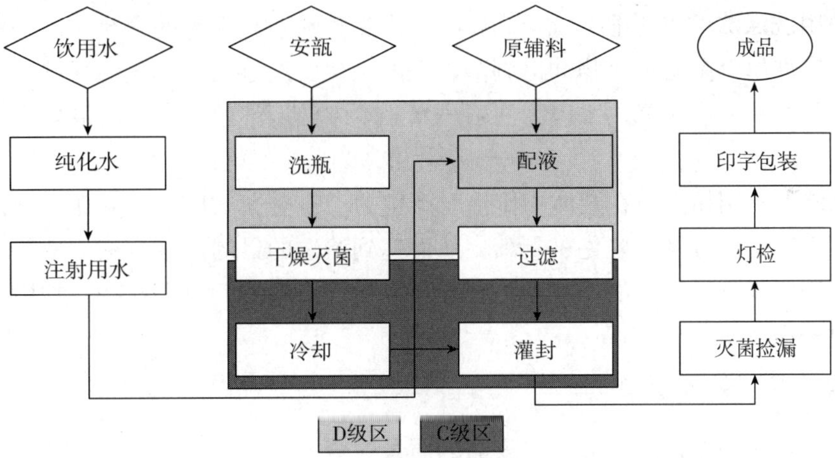

图6-1　小容量注射器生产工艺流程图

二、容器及处理方法

（一）安瓿

小容量注射器的包装容器称为安瓿，我国目前常用的安瓿以玻璃应用较多。安瓿的式样目前采用有颈安瓿与粉末安瓿，其容积通常为1ml、2ml、5ml、10ml、20ml等几种规格，此外还有曲颈安瓿。为了避免折断安瓿瓶颈时产生玻璃屑、微粒进入安瓿内污染药液，国家药品监督管理局已强行推行曲颈易折安瓿。目前安瓿多为无色，有利于检查药液的澄明度。对需要遮光的药物，可采用琥珀色玻璃安瓿。琥珀色可滤除紫外线，适用于光敏药物。琥珀色安瓿含氧化铁，痕量的氧化铁有可能被浸取而进入产品中，如果产品中含有的成分能被铁离子催化，则不能使用琥珀色玻璃容器。

易折安瓿有两种，色环易折安瓿和点刻痕易折安瓿。色环易折安瓿是将一种膨胀系数高于安瓿玻璃两倍的低熔点粉末熔固在安瓿颈部成为环状，冷却后由于两种玻璃的膨胀系数不同，在环状部位产生一圈永久应力，用力一折即可平整折断，不易产生玻璃碎屑。点刻痕易折安瓿是在曲颈部位刻有一细微刻痕，在刻痕中心标有直径2mm的色点，折断时，施力于刻痕中间的背面，折断后，断面应平整。

（二）安瓿的质量要求

1.应透明。便于澄明度及药液变质情况检查。

2.应具有优良的耐热性能和低膨胀系数。在洗涤、灭菌或冷藏中不易爆裂。

3.要有一定的物理强度，避免操作过程中破损。

4.化学稳定性好，不易被药液所侵蚀，不改变药液的pH。熔点低，易于熔封，并不得产生失透现象。

5.不得有气泡、麻点、砂粒、粗细不匀及条纹等。

6.熔点低，易于熔封。

（三）安瓿的洗涤

质量好的安瓿可直接洗涤，质量差的安瓿需先蒸瓶再清洗。向安瓿内灌入纯化水，经100℃、30分钟蒸煮，甩水后进入控制区进行洗涤。先用纯化水粗洗，再用注射用水精洗。目前常用的洗涤方法有甩水洗涤法和加压气水喷射洗涤法，洗涤设备有喷淋式安瓿洗瓶机、气水喷射式洗瓶机、超声波安瓿洗瓶机三种。

1.甩水洗涤法 将安瓿灌满经滤过澄明度符合要求的纯化水，再将水甩出，反复3次，最后一次用澄明度合格的注射用水。此法因洗涤质量不高，生产中已不多见。

2.加压气水喷射洗涤法 将压缩空气与高压洗涤水交替喷射至倒置的安瓿瓶内外壁，在水气产生的巨大冲击作用下将安瓿壁上附着的污物冲击剥落，一般至少要经过三水三气的冲洗，洗涤用水和压缩空气须经过滤处理，且最后一次洗涤用水应为注射用水。本方法清洗效率高，清洁效果好，常用于安瓿的精洗。

3.超声波洗涤法 利用超声波在液体中传播时产生的“空化”效应，使安瓿与液体接触的界面处于剧烈的震动状态，污物层被分散、乳化、剥离，从而达到清洗的目的。本方法清洗洁净度高，清洗速度快，特别是对难以用常规方法清洗的盲孔和各种几何形状进行清洗，效果独特，常用于安瓿的粗洗，可结合加压气水喷射洗涤法使用。

充电链接

安瓿的质量检查

安瓿必须按国家药用包装容器（材料）标准进行一系列检查，依据GB/T 2637—2016《安瓿》，本标准规定了安瓿的规格尺寸、产品标记、技术要求、试验方法、检验规则以及标志、包装、运输和贮存，本标准适用于一次性使用的色环和点刻痕易折玻璃安瓿。

理化性能合格后，还需要做装药试验，装药试验主要是检查安瓿与药液的相容性；化学检查主要包括容器的耐酸、耐碱和耐水性，证明无影响方可使用。

（四）安瓿的干燥灭菌

清洗后的安瓿需要干燥和灭菌，一般采用干热空气灭菌法，干燥和灭菌同步完成。一般使用间歇式干热灭菌设备（即烘箱）和连续式干热灭菌设备（即隧道式烘箱）两大类。为了确保灭菌效果，干燥灭菌温度一般为250~300℃，也能很好地去除热原。灭菌的安瓿应在24小时内使用，存放柜应有层流净化空气保护。

点滴积累6-6

1. 小容量注射剂常用的容器是安瓿，多采用玻璃安瓿。
2. 使用之前要对安瓿进行检查和清洗。
3. 安瓿洗涤后需要用干热灭菌法进行干燥和灭菌。

三、配制与过滤

（一）小容量注射剂的配制

1. 原辅料质量要求　小容量注射剂主要由药物、溶剂及其他附加剂组成。供注射用的原料和辅料均需符合注射剂要求，经检验合格后，方可以投料。如在生产过程中更换原辅料的生产厂家时，甚至是同一厂家的不同批次原料，在生产前均应该做小样试验，合格方可使用。

在配制前，应按照处方规定计算原料用量后进行称量，同时将附加剂也一并算出并准确称量，称量时应两人核对。

2. 配液方法　小容量注射剂配液方法有浓配法和稀配法两种。

（1）浓配法　是将全部药物加入部分处方量溶剂中，配成浓溶液，经过加热或冷藏、过滤等处理后，再稀释至所需浓度。一般当原料质量较差时常选择浓配法。

（2）稀配法　原料质量较好，药液浓度不高，配液量不太大时，可采用稀配法。配成所需浓度后再调pH即可，必要时加入0.1%~0.3%的活性炭搅拌，放置约30分钟后过滤。此法一般不需加热。

若为油溶液，注射用油应在用前经150~160℃、1~2小时干热灭菌后冷却待用。配制应在洁净的环境中进行，一般不要求无菌；配好后，应进行半成品质量检查，包括pH、含量等，合格后才能滤过。

（二）小容量注射液的过滤

生产中多采用二级过滤，先将药液用常规的滤器预滤，如砂滤棒、垂熔玻璃漏斗等，再用微孔滤膜过滤。滤过是保证注射液澄明的关键操作。为了确保药液质量，灌装前，往往将精滤后的药液再进行终端过滤。

点滴积累6-7

1. 小容量注射剂配制前，供注射用的原料和辅料均需符合注射剂要求。
2. 小容量注射剂配液方法有浓配法和稀配法两种。

四、灌封

灌封指的是灌装和封口两个步骤，这是注射剂生产中最关键的操作。灌封应在同一间室内进行，灌注后应立即封口，以免污染，常在一台设备上完成，合成灌封。

（一）药液的灌装

药液灌装要做到剂量准确，为保证用药剂量，注入容器内的量要比标示量稍多，用以补偿在给药时由于瓶壁黏着和注射器针头吸留的损失。如果是黏稠性的液体，就要比易流动液体多增加些量，《中国药典》（2020年版）对该项目提供了参考（表6-2）。

表6-2 注射剂装量增加量

标示装量（ml）	增加量（ml）	
	易流动液	黏稠液
0.5	0.10	0.12
1	0.10	0.15
2	0.15	0.25
5	0.30	0.50
10	0.50	0.70
20	0.60	0.90
50	1.00	1.50

灌装时应调节好针头的位置、灌装的速度等，避免药液黏附于安瓿的瓶颈上，容易出现爆裂或者产生焦头。对于易氧化的药物，在灌装时应通入氮气或者二氧化碳等惰性气体，以排出容器内的空气，一般在灌装前向空安瓿内充一次惰性气体，灌装药液后再补充一次，这样效果更好。

（二）安瓿的熔封

灌装后的安瓿应立即封口，目前多采用旋转拉丝封口的方法，就是将安瓿颈部玻璃用火焰加热至熔融状态，再用拉丝钳将瓶颈上多余玻璃靠机械动作强力拉走，熔融处玻璃自身融合而完成闭口封合。

安瓿的熔封要求封口严密，不漏气，顶端圆整光滑，合理控制火焰温度、熔封时间、灌药速度等，防止出现焦头、尖头、泡头、瘪头、爆头等情况（图6-2）。

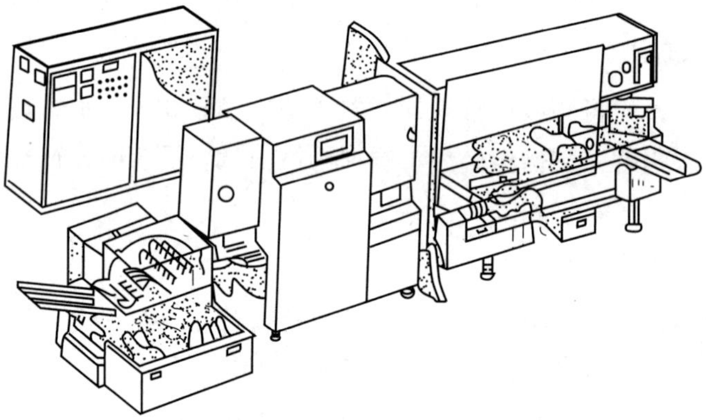

图6-2 洗、烘、灌、封联动生产机外形示意图

点滴积累6-8

1.灌封指的是灌装和封口两个步骤，是注射剂生产中的关键操作。
2.药液灌装要做到剂量准确，补偿给药量可参考《中国药典》（2020年版）。
3.安瓿的熔封要求封口严密，不漏气，顶端圆整光滑。

五、捡漏与灭菌

（一）灭菌

熔封后的安瓿应立即灭菌，不可久置。一般注射剂的配制到灭菌，应在12小时之内完成。灭菌方法主要根据主药性质来选择，既要保证灭菌效果，又不破坏主药的有效成分。对于热稳定的药物品种，可采用热压灭菌，属于最终灭菌注射剂；而对于对热不稳定的药物品种，需要对生产环境要求较高，一般采用流通蒸汽灭菌法，1~5ml注射液可在100℃灭菌30分钟；10~20ml注射液可在100℃灭菌45分钟。

（二）捡漏

安瓿熔封时，有时由于熔封工具或操作等原因，少数安瓿顶端留有毛细孔或微隙而造成漏气。漏气安瓿则易污染微生物而药液变质，不得应用，因此必须查出漏气安瓿，予以剔除。

1.将安瓿浸入有色溶液（如0.05%曙红、酸性大红G或亚甲蓝等）中，再置灭菌器内灭菌；或将灭菌后的安瓿趁热浸入有色溶液中，当冷却时，因安瓿内压力降低，有色溶液借助负压由漏孔进入安瓿内，而使药液染色，即可检出。

2.将安瓿倒置或横放于灭菌器内，升温灭菌时，安瓿内部空气受热膨胀形成正压，药液从漏气处压出，灭菌后变成空安瓿，挑出。方法简便实用。

点滴积累6-9

1.熔封后的安瓿应立即灭菌，不可久置。
2.应用适宜的方法进行安瓿漏气检查。

六、质量要求与包装

（一）质量要求

根据《中国药典》（2020年版），除另有规定外，注射剂应进行以下相应检查。

1.装量　供试品标示装量不大于2ml者，取供试品5支（瓶）；2ml以上至50ml者，取供试品3支（瓶）。开启时注意避免损失，依据检测方法，每支（瓶）的装量均不得少于其标示装量。

2.可见异物　除另有规定外，照可见异物检查法（通则0904）检查，应符合规定。

3.不溶性微粒　除另有规定外，用于静脉注射、静脉滴注、鞘内注射、椎管内注射的溶液型注射液、注射用无菌粉末及注射用浓溶液照不溶性微粒检查法（通则0903）检查，均应符合规定。

4.无菌　按照无菌检查法（通则1101）检查，应符合规定。

5.细菌内毒素或热原　除另有规定外，静脉用注射剂按各品种项下的规定，照细菌内毒素检查法（通则1143）或热原检查法（通则1142）检查，应符合规定。

（二）印字包装

经检验合格的注射剂，应在安瓿上印字，注明注射剂的品名、规格及批号。印字后的安瓿装入包装盒，包装盒外应贴标签，注明注射剂名称、内装数量、每支容量及主药含量，批号、适用证、用法用量、禁忌证等信息。注射剂生产中印字包装生产线，可使印字、装盒、贴签及包装等联动成一体，大大提高了安瓿的印包效率。

同步练习6-4

防止小容量注射剂污染的措施，错误的是（　）
A.配制所用器具、用品、原辅料均应符合无菌要求
B.尽可能缩短配液时间，防止微生物热原污染
C.安瓿洗涤灭菌后存放48小时内使用
D.熔封后的安瓿应立即灭菌

答案解析

点滴积累6-10

小容量注射剂的质量要求应符合《中国药典》(2020年版)的规定。

七、制备举例及应用

(一)维生素C注射液

【处方】维生素C 104g　依地酸二钠0.05g　碳酸氢钠49g　亚硫酸氢钠2g　注射用水加至1000ml

【临床适应证】用于治疗坏血病，也可用于各种急慢性传染性疾病及紫癜等辅助治疗；慢性铁中毒的治疗；特发性高铁血红蛋白血症的治疗。

【处方分析】维生素C是主药，显强酸性，由于注射时刺激性较大，会产生疼痛，因此加入碳酸氢钠或碳酸钠，中和一部分维生素C形成钠盐，同时还可以调节pH，增强了本品的稳定性。维生素C容易被氧化，依地酸二钠是金属螯合剂，用来络合金属离子，亚硫酸氢钠是还原剂，这两个成分均可防止药品被氧化。

【制备方法】在配置容器中，加入800ml注射用水，通入二氧化碳至饱和，加入维生素C主药，溶解；分次缓慢加入碳酸氢钠，搅拌至完全溶解；加入预先配置好的依地酸二钠溶液和亚硫酸氢钠溶液，搅拌均匀，调节药液pH为6.0~6.2，添加二氧化碳预饱和的注射用水至处方足量。过滤后通二氧化碳，同时在二氧化碳或氮气气流下进行灌封，最后用100℃流通蒸汽灭菌15分钟。本品为无色至微黄色的澄明液体。

【贮藏】遮光，密闭保存。

同步思考6-3

维生素C具有还原性，容易被氧化，在制备过程中，有哪些措施可以避免此类影响？

答案解析

(二)氟比洛芬酯注射液

【处方】氟比洛芬酯10g　精制大豆油100g　蛋黄卵磷脂10g　二油酰基磷脂酰丝氨酸0.1g　甘氨酸25g　pH调节剂适量　注射用水加至1000ml

【临床适应证】氟比洛芬酯属于非甾体抗炎药，具有解热、镇痛、抗炎的作用，主要用于术后和癌症的镇痛。临床上常用于类风湿关节炎、骨性关节炎、强直性脊柱炎等；也可用于软组织(如扭伤或劳损)以及轻中度疼痛(如痛经、术后疼痛、牙痛等)的对症治疗。

【处方分析】氟比洛芬酯为氟比洛芬的前体药物。精制大豆油为油相溶剂、蛋黄卵磷脂为常用乳化剂、二油酰基磷脂酰丝氨酸作为稳定剂，可维持注射剂质量。甘氨酸属于渗透压调节剂；pH调节剂将初乳pH调至6.0~7.0，可有效防止药物水解损失。

【制备方法】充氮条件下将处方量的氟比洛芬酯、精制大豆油、蛋黄卵磷脂、二油酰基磷脂酰丝氨酸于60℃条件下搅拌混合30分钟，得油相；将甘氨酸、注射用水加热至60℃，得水相；将油相与水相混合，13000r/min剪切8分钟，得初乳；用pH调节剂调pH至6.0~7.0，用注射用水定容至1000ml；经高压均质、膜过滤、灌封、封口，121℃湿热灭菌15分钟。本品为白色乳液，略带黏性，有特异性气味。

【贮藏】0~20℃密闭保存，避免冻结。

同步练习6-5

氟比洛芬酯注射液中甘氨酸的作用是（ ）

A.等渗调节剂　　B.乳化剂

C. pH调节剂　　D.抑菌剂

答案解析

阅读与感悟

丁光生是中国第一代临床麻醉学家、药理学家及编辑学家，研发了首个被外国仿制的中国新药。

丁光生的父亲丁绪贤，是中国最早一代化学家，母亲陈淑，是中国早期女留学生之一，是中国女子教育的先驱。在家族影响下，丁光生自幼以科学救国为志，勤学苦读。1946年，国内还没有临床麻醉学，丁光生通过考试获得了公费留学资格，到美国学习临床麻醉学，成为中国第一代临床麻醉学家。

回国后，丁光生一直在上海从事药理研究。20世纪50年代血吸虫病主要用锑剂来进行治疗，但锑剂会产生很大的毒副作用。奉命于艰难之际，丁光生开始研究锑剂中毒的解毒药。1957年3月，他与梁猷毅、谢毓元等人，合作研究出了具有解毒疗效的创新药——二巯丁二酸钠。丁光生以身试药，成为第一个静脉注射此药的人。后来的临床结果显示，该药不仅能解锑剂的毒，还可以解很多重金属的毒，比如铅中毒、汞中毒，甚至砷中毒。1991年，美国食品药品管理局正式批准二巯丁二酸用于儿童铅中毒，这是我国研制的化学药品首次被美国批准仿制。

自测达标

答案解析

一、单项选择题

1.维生素C注射液常用的灭菌方法是（ ）

A. 100℃流通蒸汽灭菌15分钟　　B. 100℃流通蒸汽灭菌30分钟

C. 115℃热压灭菌30分钟　　D. 115℃干热1小时

2.（ ）是小容量注射剂

A. 20ml的注射剂　　B. 100ml的注射剂

C. 250ml的注射剂　　D. 500ml的注射剂

3.安瓿作为小容量注射剂的容器，质量至关重要，下列对于安瓿质量要求说法不正确的是（ ）

A.洗涤、灭菌中不易爆裂　　B.不得有气泡、麻点、砂粒等

C.要求无色透明　　D.物理、化学稳定性良好

4.关于小容量注射剂说法，错误的是（ ）

A.小容量注射剂属于无菌制剂的一种

B.小容量注射剂一般用西林瓶

C.小容量注射剂配液方法有浓配法和稀配法

D.从配制到灭菌，应在12小时之内完成

5.安瓿的洗涤方法是（ ）

A.纯化水精洗　　B.氯水浸泡冲洗

C.超声波洗涤　　D.洗液泡洗

二、配伍选择题

（6~10题共用选项）

A. 主药　　B. pH调节剂　　C. 抑菌剂　　D. 助悬剂

E. 润湿剂　　F. 填充剂　　G. 稳定剂　　H. 渗透压调节剂

醋酸可的松注射液常用于治疗自身免疫性疾病，其处方如下。

醋酸可的松微晶25g　硫柳汞0.01g　氯化钠3g　聚山梨酯80 1.5g　CMC-Na 5g　注射用水加至1000ml

6. 处方中醋酸可的松微晶的作用是（　）

7. 处方中硫柳汞的作用是（　）

8. 处方中氯化钠的作用是（　）

9. 处方中聚山梨酯80的作用是（　）

10. 处方中CMC-Na的作用是（　）

任务三　大容量注射剂

【工作实例】某药品企业在生产葡萄糖注射液时，需要更换输液软袋的印字模板，作为该岗位操作人员，在安装印字模板前，需要检查哪些内容？

一、概述

大容量注射剂也称输液剂，指供静脉滴注输入体内的大剂量（除另有规定外，一般不小于100ml，生物制品一般不小于50ml）注射液。一般装量有50ml、100ml、250ml、500ml和1000ml五种规格。由于用量大而且直接进入人体血液，因此生产过程应采取措施防止微粒、微生物、内毒素等污染，确保用药安全。

大容量注射剂的生产工艺流程图如图6-3、图6-4和图6-5所示。

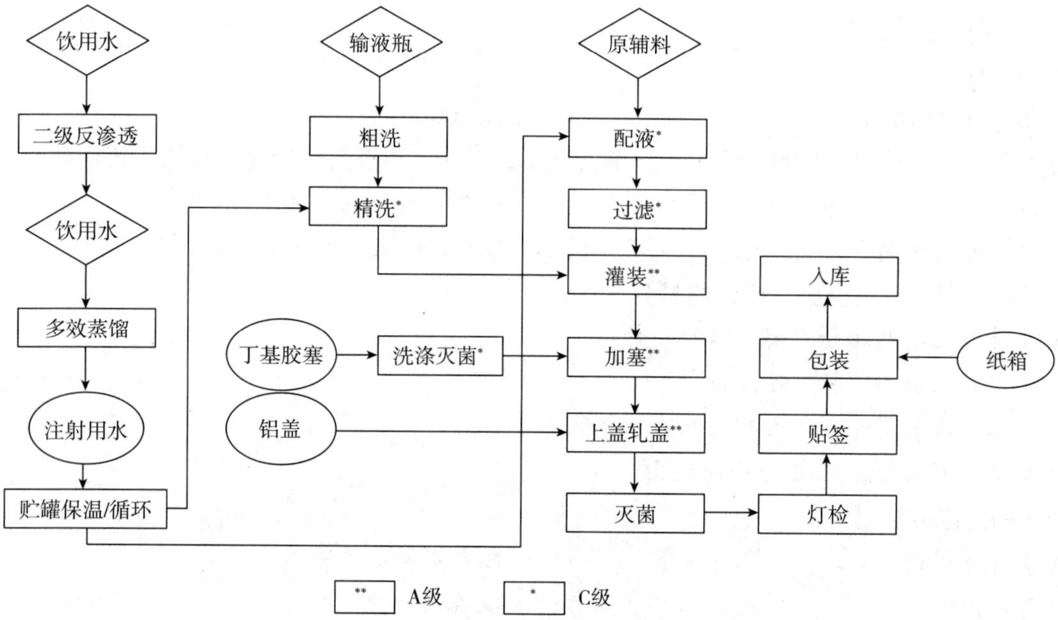

图6-3　玻璃瓶大容量注射剂生产工艺流程图

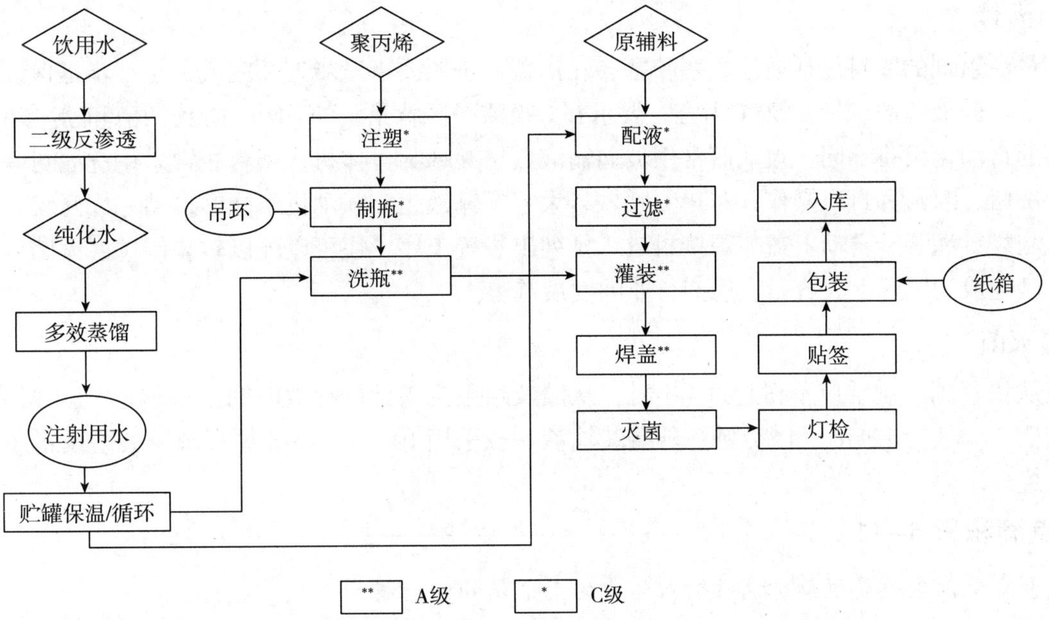

图6-4 塑料瓶大容量注射剂生产工艺流程图

（一）配液

大容量注射剂配制的基本操作、环境要求及原辅料质量要求等与小容量注射剂基本相同，用新鲜的注射用水，依据处方进行配制。严格核对原辅料的名称、重量、规格等信息，调节适宜的pH。

（二）过滤

大容量注射剂过滤常采用三级过滤，先用钛滤器脱碳过滤，再分别用0.45μm和0.22μm滤膜滤过，既可以有效去除微粒，也可以控制微生物的污染水平。按要求进行检查后，方可灌装。

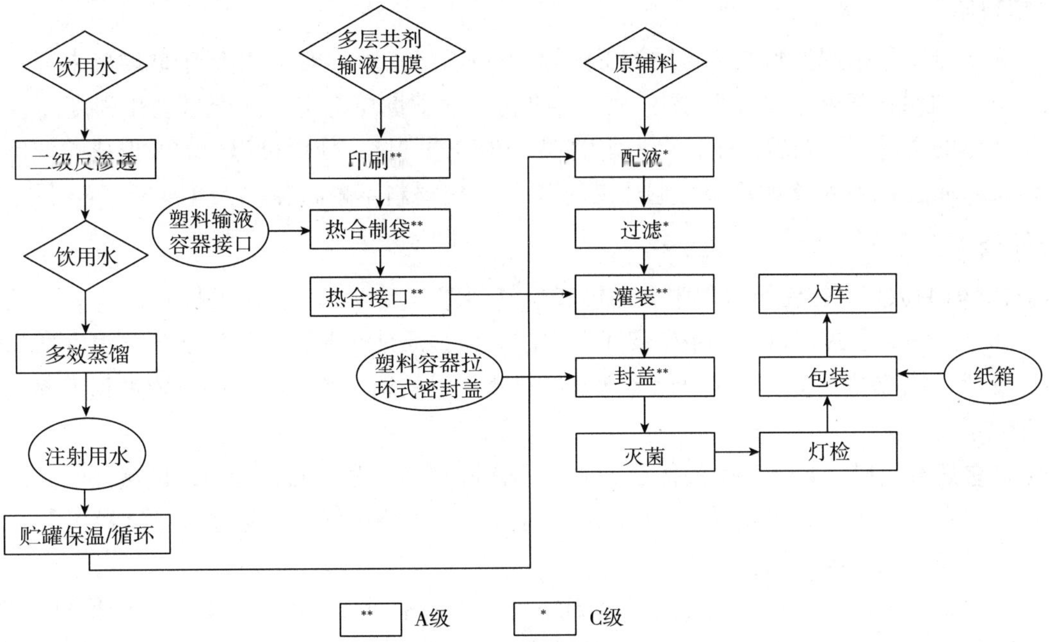

图6-5 软袋大容量注射剂生产工艺流程图

（三）灌封

大容量注射剂的灌封包括灌注、塞胶塞、轧铝盖，按照要求三步连续完成，这三步是保证输液质量的关键环节。药液一般维持在50℃为宜，要求在C级洁净区背景下的A级，防止细菌和粉尘污染，不同包装材料的自动化设备不同，玻璃瓶常用玻璃输液瓶洗灌塞封一体机；塑料瓶常采用洗灌封联动线，一体化完成洗瓶、灌封和封口操作；非PVC膜软袋大容量输液生产联动机组能够自动完成开膜、印字、打印批号、制袋、灌装、自动上盖、焊接封口、排列出袋等工序，还可以配以软袋传送、灭菌、灯检等辅助设备，已经成为国际上大容量注射剂行业的发展趋势。

（四）灭菌

药液从稀释到配制结束不得超过4小时，从灌装结束到灭菌的存放时间不得超过2小时，通常采用热压灭菌法，一般为121℃、15分钟，软袋装输液一般采用109℃、45分钟灭菌，灭菌设备应装有加压和防爆装置。

点滴积累6-11

1.大容量注射剂是供静脉滴注输入体内的大剂量的注射液。
2.大容量注射剂主要分为配液、过滤、灌封、灭菌等重要步骤。

二、容器与包装材料

目前，大容量注射剂所用包装容器主要有玻璃瓶、塑料瓶、软袋3种类型。

（一）玻璃瓶

玻璃瓶属于传统容器，材质为硬质中性玻璃，透明度好，热稳定性优良，耐压，耐高温，瓶体不变形，气密性好。缺点是重量大、容易破损、生产时耗能大、废物处理费用高等；同时，在临床应用过程中需要引入外界空气以增加瓶内气压，可能引发输液过程中的二次污染。

（二）塑料瓶

目前，大部分工艺采用塑料瓶，材质为聚丙烯（PP）、聚乙烯（PE）。相对于玻璃瓶来说，塑料瓶重量轻、耐碰撞、机械强度高、耐水耐腐蚀、运输便利、化学性质稳定、生产自动化程度高、制造成本低。缺点是瓶体的透明度不如玻璃瓶，有一定的变形性和透气性，使用过程中需要形成空气回路，容易造成二次污染；而且PP材料不耐低温，遇冷易脆开裂，PE材料不耐高温（121℃）。

（三）软袋

1.聚氯乙烯（PVC） 在使用过程中无需形成空气回路，减少二次污染的风险，生产自动化程度较高，制袋、印字、灌装、封口可在一条生产线上完成。但是质地较厚，不利于加工，温度适应性差，高温灭菌容易变形，抗拉强度较差，其中含有增塑剂邻苯二甲酸酯，容易在长期放置过程中逐渐迁移至溶液中，有害健康。

2.聚烯烃多层共挤膜 具有PVC的优点，而且不含增塑剂，容易回收处理，机械强度高，抗低温性能强，表面光滑，对热稳定，可耐受121℃高温热压灭菌，透明性好。不足之处是制模工艺和设备较复杂，膜材多为进口，成本较其他包装技术高。

大容量注射剂除容器外，还包括密封件和铝盖。常用的密封件为卤化丁基胶塞和聚异戊二烯垫片。卤化丁基胶塞化学和生物学性质稳定，针刺时自密封性能好，耐热耐臭氧。聚异戊二烯垫片弹性比丁基胶塞好，耐穿刺效果好，多用于输液剂塑料包装中。

大容量注射剂经检验合格后，应立即贴上标签，标签上应印有品名、规格、批号、日期、使用注意事项、生产厂家等项目，以免发生错误，并供使用者随时备查。

点滴积累6-12

1. 大容量注射剂的包装容器主要有玻璃瓶、塑料瓶、软袋。
2. 大容量注射剂除容器外，还包括密封件和铝盖。

三、质量要求

（一）大容量注射剂的分类

1. **电解质输液** 用于补充体内水分、电解质，纠正体内酸碱平衡等，比如氯化钠注射液、复方氯化钠注射液、乳酸钠注射液等。

2. **营养输液** 用于不能口服吸收营养的患者，主要用来补充供给体内热量、蛋白质和人体必需的脂肪酸和水分等，比如葡萄糖注射液、氨基酸输液、脂肪乳剂输液等。

3. **胶体输液** 这是一类与血液等渗的胶体溶液，由于胶体溶液中的高分子不易通过血管壁，可使水分较长时间在血液循环系统内保持，产生增加血容量和维持血压的效果。胶体输液有多糖类、明胶类、高分子聚合物等，比如右旋糖酐、淀粉衍生物、明胶、聚维酮等。

4. **含药输液** 含有治疗药物的输液，比如左氧氟沙星葡萄糖输液。

（二）大容量注射剂的特点

大容量注射剂在临床上应用广泛，能够补充营养、热量和水分，纠正体内电解质代谢紊乱；能够维持血容量防治休克；调节体内酸碱平衡；可以用来解毒用以稀释毒素，促使毒物排泄；抗生素、强心药、升压药等多种注射剂加入输液中进行静脉滴注，起效快、疗效好，能够避免高浓度药物对血管刺激。

（三）大容量注射剂的质量要求

大容量注射剂与小容量注射剂的质量要求基本一致，但由于输液的注射量大，直接注入血液循环，因而对质量要求更为严格。无菌、无热原或细胞内毒素、不溶性微粒等项目必须符合规定；pH应尽量与血液相近；渗透压应为等渗或偏高渗；不得在使用过程中引发过敏反应和血液常规检查的异常；不得添加任何抑菌剂，并在贮存过程中质量稳定；不损害肝、肾功能。同时，按照《中国药典》（2020年版）大容量注射液项下质量要求，逐项检查，检查方法应按《中国药典》（2020年版）或有关规定执行。

同步练习6-6

下列关于大容量注射剂说法错误的是（　）

A. 大容量注射剂一般不小于100ml

B. 大容量注射剂可以是含药的溶液，也可以是营养补充液

C. 大容量注射剂的质量要求比小容量注射剂要低

D. 大容量注射剂可以调节体内酸碱平衡

答案解析

点滴积累6-13

1. 大容量注射剂包括电解质输液、营养输液、胶体输液和含药输液。
2. 大容量注射剂应依据《中国药典》（2020年版）进行质量检查。

充电链接

输液港

很多长期输液的患者常会担心反复扎针造成手肿、淤青和疼痛，尤其是一些肿瘤患者经常需要化疗、抽血，患者需要有安全可靠的静脉用药通道。反复静脉穿刺会给患者带来痛苦，刺激性的药物也可能会对静脉产生损伤，输液港很好地解决了这个问题。

输液港全称“完全植入式静脉输液港”，主要由供穿刺的港座和静脉导管系统组成，可用于输注各种药物、液体以及输血、血样采集等，其具有切口小、隐蔽美观、维护简单、使用周期长、感染率低等特点，不影响个人社交、出游及日常生活，可以在很大程度上提升患者生活质量，为患者构建了通畅的“隐形生命线”。

四、制备举例及应用

（一）葡萄糖注射液

【处方】

浓度	5%	10%	25%	50%
注射用葡萄糖	50g	100g	250g	500g
1%盐酸	适量	适量	适量	适量
注射用水加至	1000ml	1000ml	1000ml	1000ml

【临床适应证】具有补充体液、营养、强心、利尿、解毒作用，用于大量失水、血糖过低等。

【处方分析】葡萄糖为主药，盐酸为pH调节剂，配置时用盐酸调pH至3.8~4.0，同时严格控制灭菌温度和受热时间，使成品稳定。

【制备方法】按照处方量将葡萄糖投入煮沸的注射用水中，制备成浓溶液，用盐酸调节pH，同时加入活性炭［0.1%（m/V）］混匀，煮沸约20分钟，趁热过滤脱碳，滤液加注射用水至目标量。测定药液含量和pH，指标合格后即可灌封，115℃、30分钟热压灭菌。本品为无色或几乎无色的澄明液体

【贮藏】密闭保存。

（二）静脉注射用脂肪乳

【处方】精制大豆油50g　精制大豆磷脂15g
　　注射用甘油25g　注射用水加至1000ml

【临床适应证】静脉注射用脂肪乳是一种浓缩的高能量肠外营养液，可供静脉注射，能完全被机体吸收，它具有体积小、能量高、对静脉无刺激等优点，因此本品可用于不能口服食物和严重缺乏营养的（如外科手术或大面积烧伤或肿瘤等）患者。

【处方分析】精制大豆油是油相，也是主药，精制大豆磷脂是乳化剂，注射用甘油是等渗调节剂。

【制备方法】精制大豆磷脂15g、注射用甘油25g，加注射用水400ml至组织捣碎机，在氮气流下搅拌至半透明状的磷脂分散体系，将磷脂分散体放入高压匀化机，加入精制大豆油及剩余的注射用水至全量，在氮气流下匀化多次后，经出口流入乳剂收集器内。乳剂冷却后于氮气流下经垂熔滤器过滤，分装于玻璃瓶内，充氮气，橡胶塞密封后加轧铝盖，于121℃灭菌15分钟。本品为白色乳状液体。

【贮藏】25℃以下保存，不得冷冻。

（三）右旋糖酐注射液

【处方】右旋糖酐60g　氯化钠9g　注射用水加至1000ml

【临床适应证】本品为血管扩张药，能提高血浆胶体渗透压，增加血浆容量，维持血压。常用于治疗外科性休克、大出血、烫伤及手术休克等，用以代替血浆。

【处方分析】右旋糖酐是一种葡萄糖聚合物，是目前最佳的血浆代用品之一，氯化钠为渗透压调节剂。

【制备方法】将注射用水加热，放入处方量的右旋糖酐，搅拌溶解，再加入1.5%的活性炭，微沸1~2小时，加压过滤脱碳，加注射用水至处方量，加入氯化钠搅拌溶解，冷却至室温，测定药液含量和pH，pH应控制在4.4~4.9，然后加入活性炭，加热过滤后灌封，115℃灭菌30分钟。

【贮藏】遮光，密闭，25℃以下保存。

阅读与感悟

输液是里程碑式的用药发明。1831年，正当霍乱肆虐西欧之际，苏格兰医师托马斯和他的助手发现霍乱患者血液中缺少水分和盐分，他用煮沸的食盐水注入患者静脉，补充了因霍乱上吐下泻而丢失的体液，挽救了许多患者的生命，成功奠定了静脉输液治疗模式。

当时，最为困扰医生的是静脉输液治疗中的感染和热原反应问题。很长一段时间里，静脉输液仅仅被用于急症患者。19世纪60年代，法国著名微生物学家、化学家路易斯·巴斯德发现了疾病的细菌理论，提出发酵和腐败可引起细菌的繁殖。1867年，李斯特发表了使用碳酸作为抗感染剂的论文。他用苯酚作为消毒剂喷洒消毒敷料，进行手术前的消毒，其研究成果为消毒灭菌理论奠定了基础，也为静脉输液治疗的安全性提供了保证。

20世纪上叶，无菌原则被完全理解和应用，无菌原则成为实践的基本原则，接触患者的一切物品都必须保证无菌。1923年，弗洛伦斯·塞伯特医生首次在蒸馏水中发现热原，采用灭菌的方法有效地去除液体中的热原，1925年静脉输液中的热原反应问题被彻底解决。现代输液技术凝聚了无数人的才智与心血。

自测达标

答案解析

一、单项选择题

1. 大容量注射剂的规格不正确的是（　）

A. 25ml　　B. 100ml　　C. 250ml　　D. 500ml

2. 下列不属于大容量注射剂的是（　）

A. 氯化钠注射液　　B. 葡萄糖注射液

C. 氨基酸注射液　　D. 氢化可的松注射液

3. 大容量注射液药液从稀释到配制结束不得超过（　）

A. 24小时　　B. 12小时　　C. 8小时　　D. 4小时

4. 下列不属于大容量注射剂包装材料的是（　）

A. 玻璃瓶　　B. 西林瓶　　C. 塑料瓶　　D. 软袋

5. 关于大容量注射剂说法，错误的是（　）

A. 大容量注射剂对质量要求更为严格

B.通常采用热压灭菌法

C.聚乙烯多层共挤膜可耐受121℃高温热压灭菌

D.渗透压应为等渗或偏低渗

二、配伍选择题

（6~10题共用选项）

大容量注射剂常用的包装有玻璃瓶、塑料瓶和软袋三种，请根据描述，选择最适合的选项。

A.玻璃瓶　　B.塑料瓶（PP）　　C.塑料瓶（PE）

D. PVC　　E.聚烯烃多层共挤膜

6.膜材主要进口，成本较高的是（　）

7.重量大、易破损的是（　）

8.重量轻，但不耐低温，遇冷容易开裂的是（　）

9.使用时需要形成空气回路，不耐高温的是（　）

10.含有增塑剂，有一定风险的是（　）

任务四　粉针剂

【工作实例】某学校药学专业的学生王某到某药企工作实习，在参观制备注射用青霉素钠粉针剂车间时，技术负责人说，在无菌分装的过程中，无菌原料的转移是保障质量的重要环节。请问粉针剂是如何控制无菌的？可以采用常规注射剂的灭菌方法吗？

一、概述

粉针剂又称注射用无菌粉末，是指采用无菌操作的方法或冻干技术制成的注射用无菌粉末或块状制剂，一般需要在临用前用灭菌注射用水配制成溶液或者混悬液注入人体内。粉针剂具有无菌、无热原和高纯度等特性。在水中不稳定易分解失效的药物或对热不稳定的药物，均需要制成粉针剂，如青霉素、头孢菌素类、生物制品等。

根据药物的性质和生产工艺条件的不同，粉针剂分为注射用无菌分装制品和注射用冷冻干燥制品两种。

同步思考6-4

粉针剂按照按注射剂的灭菌方式分类，属于哪一种？

答案解析

二、注射用无菌分装制品

注射用无菌分装制品是指将符合注射用要求的无菌药物粉末在无菌操作条件下直接分装于洁净灭菌的小瓶或安瓿中，密封而成。

（一）制备工艺

无菌分装制品的生产工序一般包括洗瓶、干燥灭菌、胶塞清洗灭菌、铝盖清洗灭菌、分装、轧盖、灯检和包装。具体工艺流程如图6-6所示。

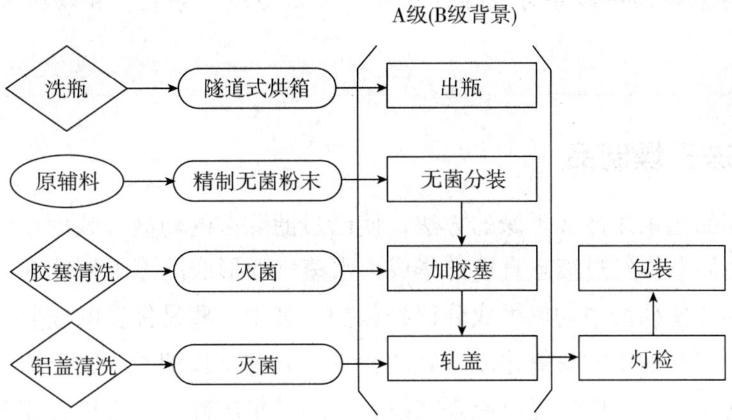

图6-6 无菌分装制品工艺流程图

1.原辅料的准备 对于无菌分装制品，产品的无菌水平很大程度上取决于原辅料的无菌水平，因此，对于原辅料来说，除了应满足最终灭菌注射剂的质量要求外，还应符合：粉末无异物，配成的溶液或混悬液可见物应符合检查规定；粉末的细度或结晶应适宜，便于包装；无菌无热原。待分装的原料可以通过无菌过滤、灭菌结晶或喷雾干燥法制备，必要时也可以进行粉碎、过筛等操作，在无菌条件下制得符合要求的精制无菌粉末。

2.容器的处理 无菌分装制品的容器多为西林瓶，西林瓶需要进行清洗、送入隧道式烘箱，300~350℃下进行干燥灭菌。胶塞清洗后，硅化、灭菌处理。灭菌的西林瓶和胶塞存放柜应有净化空气保护，且在验证时间内使用，一般不得超过24小时。铝盖洗涤后灭菌。

3.分装要求 分装工艺要求在高度洁净的无菌室操作，分装车间的温度一般为18~26℃，相对湿度应控制在分装产品的临界相对湿度以下，空气洁净度A级。常用的分装机有气流分装机和螺杆分装机。气流分装机利用无菌气体进行粉末分装，速度和准确度较好，自动化程度高，但是相对来说粉尘飞扬比较大；螺杆分装机利用螺杆间歇旋转将药物装入，装量准确，易拆洗，但对分装的粉末状态有一定要求。分装后应立即加塞和铝盖密封，以缩短药粉暴露时间。

4.灭菌及异物检查 对于不耐热药物品种，必须严格按照无菌操作进行；对于能耐热的药物品种，可补充灭菌，确保安全。异物检查一般在传送带上进行，采用目视检查，剔除不合格产品。

5.印字、贴标与包装 目前已实现机械化和自动化。

（二）关键点控制

1.装量差异 装量差异度限度要参照《中国药典》（2020年版）规定，机械的性能、粉末的流动性、粉末的吸湿性、分装室内的相对湿度等都会影响装量差异。

2.不溶性颗粒 从原辅料处理开始，应严格控制车间洁净度，采用直接分装，药物粉末经过粉碎、过筛、混合等工序处理，增加了污染机会，容易出现可见异物和不溶性微粒检查不合格。

3.无菌度检查 无菌分装工艺稍有不慎就可能造成局部污染，因此有的品种需要补充灭菌，对于净化装置应定期验证，保证可靠环境。包括容器瓶、胶塞、铝盖等，应注意清洗和灭菌条件。

4.吸潮变质 药物粉末吸潮结块容易装量不准甚至变质，因此要关注铝盖封口是否严密，以及无菌室的相对湿度限制。

点滴积累6-14

1.粉针剂又称注射用无菌粉末，分为注射用无菌分装制品和注射用冷冻干燥制品两种。

2.注射用无菌分装制品是将精制无菌粉末在无菌条件下直接封装。

3.注射用无菌分装制品一般分为原辅料准备、容器处理、分装、异物检查、贴标包装等步骤流程。

三、注射用冷冻干燥制品

注射用冷冻干燥制品指采用冷冻干燥的方法，使已过滤除菌的药液分装后在低温下冻结成固态，再使其在真空条件下水由固态不经过液态直接升华成为水蒸气而形成的冻干粉针剂。

冷冻干燥的方法能够使药液中的热敏成分得到保护；其中一些易挥发的成分损失较少，最大限度地保持了物质的原来性状；药液中的易氧化成分破坏较少，有利于长期贮存；干燥后粉末呈疏松多孔的海绵状，加水后迅速溶解完全，立即恢复至原来状态；产品计量准确，污染机会相对较少。但是冷冻干燥工艺复杂，需要特殊设备，成本较高。

（一）冷冻干燥原理与工艺

冷冻干燥就是利用水的三相图原理（图6-7），O点为三相共点，压力减小，沸点下降，只要压力在三相点压力之下，物料中的水则可以不经过液相而直接升华为水蒸气。

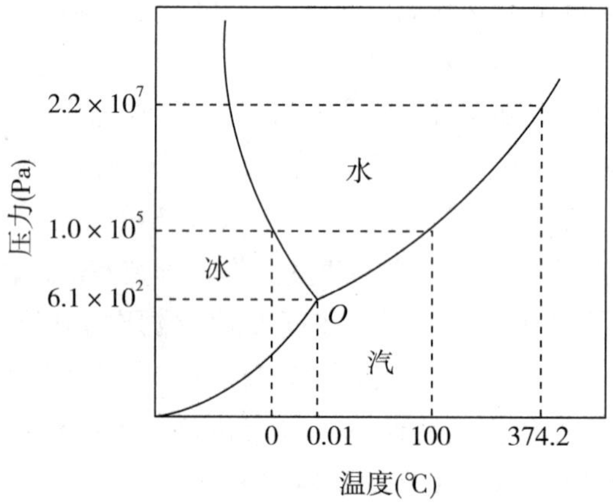

图6-7 水的相平衡图

1.测定产品共熔点 对于新产品来说，应该首先测定产品的共熔点，然后控制冻结温度在低共熔点以下。低共熔点是在水溶液冷却过程中，冰和溶质同时析出结晶混合物时的温度。溶液的最低共熔点就是获得最佳冷冻干燥效果的临界温度。

2.冻结 又称预冻。冷冻干燥前，原辅料和西林瓶等均需要按照适宜的方法进行洗涤灭菌，药液经过配制、过滤和灌装等操作。当药物剂量体积较小时，可适量加入稀释剂以增加容积，如甘露醇、山梨醇、明胶等。冻干粉针剂的灌装过程与小容量注射剂要求一致，唯一不同在于灌装后进行半压塞，同时在A级保护下，将半压塞制品转移至冻干机内。

预冻是恒压降温的过程，通常预冻的温度在低共熔点以下10~20℃，在此过程中，药液中的水被冻结成冰晶。预冻主要有慢冻和速冻两种方法。慢冻法形成结晶粗，但冻干效率高；速冻法析出结晶细，数量多，产品疏松易溶，引起蛋白质变性概率小。

3.升华干燥　分为一次升华法和反复冷冻升华法。一次升华法适用于共熔点在-20～-10℃的制品，并且溶液的浓度、黏度不大，反复冷冻升华法适用于共熔点较低或黏稠难以冻干的制品。该法的减压和加热升华过程与一次升华法相同，只是预冻过程要在共熔点与共熔点以下20℃之间反复冷冻升华，反复升温和降温，就会使晶体的结构更为疏松，有利于水分升华，可缩短冻干周期。

4.再干燥　升华干燥完成后，在减压条件下，温度持续升高并保持一段时间，使已升华的水蒸气或残余的水分，被抽尽而进一步干燥。制品在保持干燥一段时间后，整个冻干过程结束。

同步练习6-7

答案解析

冷冻干燥制品的正确制备过程是（　）

A. 预冻—测定产品共熔点—升华干燥—再干燥

B. 预冻—升华干燥—测定产品共熔点—再干燥

C. 测定产品共熔点—预冻—升华干燥—再干燥

D. 测定产品共熔点—升华干燥—预冻—再干燥

（二）冷冻干燥制品工艺流程

利用冷冻干燥原理，注射用冷冻干燥制品的工艺流程如图6-8所示。

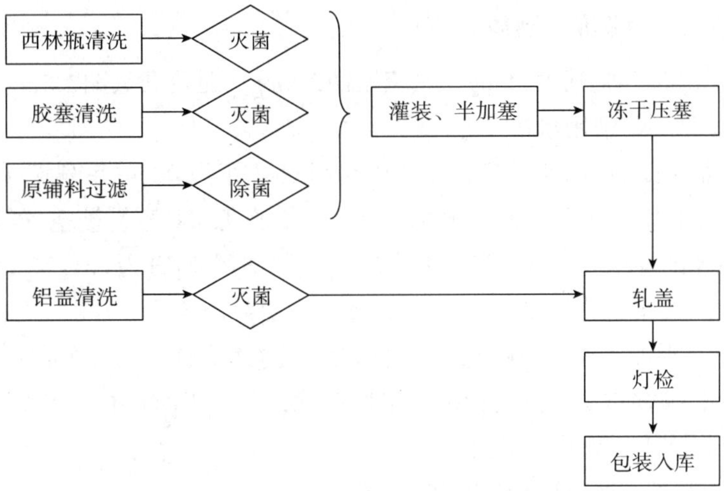

图6-8　注射用冷冻干燥制品的工艺流程

注射用冷冻干燥制品应符合《中国药典》（2020年版）中注射剂的有关规定，无菌检查、热原或细菌内毒素检查、可见异物检查、不溶性微粒和装量差异检查等，均应符合标准。

（三）关键点控制

1.含水量　冷冻干燥制品的含水量一般控制在1%~3%，装液层厚度、真空度、干燥时热量供给、干燥时间、冷凝器温度等都会影响制品的含水量。

2.外形　药液浓度太高，冻干开始形成的干燥外壳结构致密，升华的水蒸气穿透阻力增大很难升华出去，使部分药品潮解，引起外观不饱满或体积收缩；一般黏度较大的制品更容易出现这种情况。

3.喷瓶　在高真空条件下，少量液体从已干燥的固体界面下喷出的现象称为喷瓶。主要注意预冻温度不要太高，控制在共熔点以下10~20℃；升华时供热不能太快，温度不超过共熔点。

点滴积累6-15

1.注射用冷冻干燥制品是应用冷冻干燥技术制成的固体粉末。

2.注射用冷冻干燥制品流程为药液配制、过滤、灌装、冷冻干燥、封口轧盖、检查入库。

四、制备举例及应用

（一）注射用辅酶A无菌冻干制剂

【处方】辅酶A 56.1单位　水解明胶5mg　甘露醇10mg　葡萄糖酸钙1mg　半胱氨酸0.5mg

【临床适应证】主要用于白细胞减少症，免疫性血小板减少性紫癜和功能性低热。

【处方分析】处方中辅酶A为主药，水解明胶、甘露醇、葡萄糖酸钙为填充剂，半胱氨酸为稳定剂。辅酶A为白色或微黄色粉末，有吸湿性，易溶于水。易被空气、过氧化氢、碘、高锰酸钾等氧化成无活性的二硫化物，因此在制剂中加入半胱氨酸等抗氧化剂，用甘露醇、水解明胶等作为赋形剂。辅酶A在冻干工艺中易丢失效价，故投料量应酌情增加。

【制备方法】将处方中各成分用适量注射用水溶解，无菌过滤，分装在西林瓶中，冷冻干燥，封口轧盖。本品为白色或类白色的冻干块状或粉状物。

【贮藏】密封，遮光，在阴凉处保存。

（二）注射用细胞色素C无菌冻干制剂

【处方】细胞色素C15mg　葡萄糖15mg　亚硫酸钠2.5mg　亚硫酸氢钠2.5mg
氢氧化钠适量　注射用水0.7ml

【临床适应证】本品为细胞呼吸激活剂，用于因组织缺氧所引起的一系列疾病。

【处方分析】细胞色素C为主药，葡萄糖为填充剂；细胞色素C容易被空气等氧化，因此在制剂中加入亚硫酸钠、亚硫酸氢钠等抗氧化剂；制备时通过氢氧化钠调节pH为7.0~7.2，再冻干成无菌制剂。

【制备方法】在无菌操作室称取处方量细胞色素C、葡萄糖置容器中，加注射用水，在氮气流下加热搅拌使其充分溶解，再加入亚硫酸钠与亚硫酸氢钠，搅拌溶解；用氢氧化钠调节pH，加入配制量0.1%~0.2%针用活性炭，搅拌过滤；测定指标合格后精滤，分装于西林瓶，半塞，-40℃冷冻干燥30小时，压塞。本品为桃红色冻干块状物，易溶于水。

【贮藏】密闭，在凉暗处（避光并不超过20℃）保存。

阅读与感悟

1831年，冷冻干燥技术被发明出来，1909年人类尝试用冷冻干燥保存菌种、病毒和血清等，二战时期，冻干的青霉素挽救了成千上万人的生命。随着科学的进步，冷冻干燥技术和设备逐渐发展，应用领域也越来越广。

2022年6月5日，我国自主研发的神舟十四号载人飞船在酒泉卫星发射中心发射，同年12月4日返回，历时183天。为了改善宇航员在太空中的饮食质量，冻干技术功不可没。食品在进行冻干和真空包装后，能够在非冷藏的情况下长时间储存，同时保留98%的营养价值，其重量也仅为原始重量的20%。鱼香肉丝、宫保鸡丁、牛奶水果等已成为太空家常菜。

自测达标

答案解析

一、单项选择题

1.下列制品属于粉针剂的是（ ）

A. 0.9%氯化钠注射液　　B. 5%葡萄糖注射液

C.注射用青霉素钠　　D.维生素C注射液

2.粉针剂根据工艺条件的不同，分为注射用无菌分装制品和（ ）

A.注射用冷冻干燥制品　　B.注射用小容量制品

C.注射用大容量制品　　D.注射用混悬粉末

3.注射用冷冻干燥制品的原理是（ ）

A.抽滤干燥　　B.冷冻干燥　　C.喷雾干燥　　D.加热干燥

4.将青霉素钾制成粉针剂的目的是（ ）

A.防止微生物污染　　B.防止氧化分解　　C.防止光照　　D.防止水解

5.关于粉针剂说法错误的是（ ）

A.适合对水或者热不稳定的制品

B.临用前需要用适当溶剂溶解后使用

C.粉针剂制备严格无菌，因此无需进行热原检查

D.粉针剂可以配制成溶液，也可以是混悬液

二、配伍选择题

（6~10题共用选项）

A.主药　　B.金属络合剂　　C.抗氧化剂　　D.溶剂

E. pH调节剂　　F.填充剂　　G.防腐剂　　H.稳定剂

注射用细胞色素C无菌冻干制剂具体处方如下。

细胞色素C 15mg　　葡萄糖15mg　　亚硫酸钠2.5mg

亚硫酸氢钠2.5mg　　氢氧化钠适量　　注射用水0.7ml

6.处方中维生素C的作用是（ ）

7.处方中葡萄糖的作用是（ ）

8.处方中亚硫酸钠和亚硫酸氢钠的作用是（ ）

9.处方中氢氧化钠的作用是（ ）

10.处方中注射用水的作用是（ ）

任务五 滴眼剂

【工作实例】王某在某连锁药店工作，有一名患者在其药店购买了一瓶硝酸毛果芸香碱滴眼液，查看说明书时发现其中含有硫柳汞，患者认为硫柳汞是一种防腐剂，所以质疑该滴眼液的质量安全。如果你是王某，应该如何做好解答工作呢？

一、概述

眼用制剂指直接作用于眼部，主要发挥消炎、杀菌、散瞳、降低眼压、局部麻醉等作用的制剂，还可以起到缓解疲劳、补充泪液等保健和预防作用。

眼用制剂可分为眼用液体制剂（如滴眼液、眼内注射液等）、眼用半固体制剂（如眼膏、眼用凝胶等）和眼用固体制剂（如眼膜剂、眼丸剂等）三大类，本部分主要讲解眼科用液体制剂中的滴眼剂。

眼用液体制剂主要作用为洗眼、滴眼或眼内注射剂，用以治疗和诊断眼科疾病。滴眼剂是眼用液体制剂的一种，是指将药物与适宜的辅料制成的无菌液体制剂，也可将药物以粉末、颗粒、块状或片状的形式包装，临用前用另备溶剂溶解制备。可分为溶液、混悬液和乳状液。如氯霉素滴眼液、复方门冬维甘滴眼液、硫酸阿托品滴眼液等。

滴眼液局部给药后，可通过眼黏膜吸收，优点是眼部给药能发挥同等疗效，且给药方便，操作简单，患者易于接受；滴眼液可以避免肝脏的首过效应；眼部组织与其他器官相比，免疫反应不敏感，比较适用于蛋白类、肽类口服吸收不理想的药物。缺点是滴眼液容易造成眼部刺激；眼部容量小，药量流失大；滴眼液在眼部停留时间短，影响药效。

点滴积累6-16

1.眼用制剂系指直接用于眼部发挥治疗作用的无菌制剂。

2.眼用制剂可分为眼用液体制剂、眼用半固体制剂和眼用固体制剂。

3.滴眼剂指由原料药物与适宜辅料制成的供滴入眼内的无菌液体制剂。可分为溶液、混悬液或乳状液。

充电链接

其他眼用制剂

洗眼剂：指由原料药物制成的无菌澄明水溶液，供冲洗眼部异物或分泌液、中和外来化学物质的眼用液体制剂。

眼内注射溶液：指由原料药物与适宜辅料制成的无菌液体，供眼周围组织或眼内注射的无菌眼用液体制剂。

眼膏剂：指由原料药物与适宜基质均匀混合，制成溶液型或混悬型膏状的无菌眼用半固体制剂。

眼用乳膏剂：指由原料药物与适宜基质均匀混合，制成乳膏状的无菌眼用半固体制剂。

眼用凝胶剂：指原料药物与适宜辅料制成的凝胶状无菌眼用半固体制剂。

眼膜剂：指原料药物与高分子聚合物制成的无菌药膜，可置于结膜囊内缓慢释放药物的眼用固体制剂。

眼丸剂：指原料药物与适宜辅料制成的球形、类球形的无菌眼用固体制剂。

眼内插入剂：指原料药物与适宜辅料制成的适当大小和形状、供插入结膜囊内缓慢释放药物的无菌眼用固体制剂。

二、滴眼剂的质量要求

滴眼液虽然为外用制剂，但是由于眼睛的特殊生理结构和生理功能，其质量要求也类似于注射液。

（一）原辅料

滴眼剂中可加入调节渗透压、pH、黏度以及增加原料药物溶解度和制剂稳定的辅料，所用辅料不应降低药效或产生局部刺激。

（二）渗透压摩尔浓度

除另有规定外，滴眼剂应与泪液等渗。眼球能承受的渗透压范围相当于浓度为0.6%~1.5%的氯化钠溶液。除另有规定外，水溶液型滴眼剂按各品种项下的规定，渗透压摩尔浓度应符合规定。

（三）pH

滴眼液的pH应控制在5.0~9.0，pH为6.0~8.0时眼睛无不适感，过高或过低都会刺激眼部。

（四）无菌

对于眼部损伤或者眼部术后患者，滴眼剂要求必须绝对无菌，并不得添加抑菌剂；一般的滴眼剂是一种多剂量制剂，为避免多次使用后染菌，可适量添加抑菌剂。

（五）黏度

适当增加黏度可延长滴眼剂在眼部的停留时间，增加疗效，合理的黏度范围为4.0~5.0mpa·s。

（六）可见异物

溶液型滴眼剂应澄明无异物，混悬型滴眼剂的颗粒应符合相应要求。

（七）装量

除另有规定外，每个容器的装量应不超过10ml。

（八）贮藏

除另有规定外，眼用制剂应遮光密封贮存。且开启后最多使用4周，具体可参照相应产品药品说明书。

点滴积累6-17

滴眼液应依据《中国药典》（2020年版）进行质量检查。

三、滴眼剂的附加剂

除主药外，滴眼剂可以加入调节渗透压、pH、黏度以及增加原料药物溶解度和制剂稳定的辅料，并可以加入适宜的抑菌剂和抗氧化剂。所有附加剂的品种与用量应符合《中国药典》（2020年版）的规定，不应降低疗效或对局部产生刺激。

（一）pH调节剂

为保证药物的稳定性，避免过强的刺激性，可选用适宜的缓冲液用作眼科溶剂，使滴眼液的pH维持在合理范围内。

1.磷酸盐缓冲液　由0.8%的磷酸二氢钠溶液和0.947%的磷酸氢二钠溶液组成，按比例配制可得pH5.9~8.0的缓冲溶液。

2.硼酸盐缓冲液　1.24%硼酸溶液和1.91%硼砂溶液组成，按比例配制可得pH6.7~9.1的缓冲溶液。

（二）渗透压调节剂

滴眼液常用的等渗调节剂有氯化钠、葡萄糖、硼酸等。

（三）抑菌剂

滴眼剂一般采用多剂量包装形式，虽然配制时采用无菌操作或灭菌处理，但在使用过程无法保持始终无菌，因此合理加入抑菌剂至关重要。而对于眼内注射液、外科手术用滴眼液要求绝对无菌，不得添加抑菌剂，供一次性使用。常用的抑菌剂如下。

1. 有机汞　常用硝酸苯汞、醋酸苯汞、硫柳汞等。

2. 季铵盐类　常用苯扎溴铵、氯己定、苯扎氯铵等。

3. 醇类　常用三氯叔丁醇、苯乙醇、苯氧乙醇等。

4. 尼泊金类　常用对羟基苯甲酸乙酯、对羟基苯甲酸甲酯、对羟基苯甲酸丙酯。尼泊金类对真菌有较好的抑菌作用，但对铜绿假单胞菌作用较差，但不与聚山梨酯配伍。

5. 有机酸类　山梨酸对真菌有较好抑菌作用，适合含有聚山梨酯的滴眼剂。

（四）黏度调节剂

适当增加滴眼液的黏度，可以有利于降低对眼睛局部的刺激，延长药液在眼内的停留时间，减少流失量，有效提高药物的疗效。常用的黏度调节剂有甲基纤维素、聚乙烯醇、聚维酮、聚乙二醇等。

根据临床需要，滴眼液还可以加入抗氧化剂、增溶剂或助溶剂等。

点滴积累 6-18

1. 滴眼液除了主药外，也可以加入pH调节剂、渗透压调节剂、黏度调节剂等附加剂。
2. 所有附加剂的品种与用量应符合《中国药典》（2020年版）的规定。

同步练习 6-8

为了减少对眼部的刺激性，需要调整滴眼剂的渗透压与泪液的渗透压相近、用作滴眼剂渗透压调节剂的辅料是（　　）

A. 对羟基苯甲酸甲酯　　B. 氯化钠　　C. 聚维酮　　D. 苯乙醇

答案解析

四、制备工艺、举例及应用

（一）滴眼液的制备

对于眼外伤滴眼剂、手术用滴眼剂，均按照小容量注射剂生产工艺制备，不得添加抑菌剂，根据主药的耐热性质决定是否采用热灭菌法补充灭菌。一般可将配制好的药液进行过滤除菌，再无菌操作分装。具体操作流程如图6-9所示。

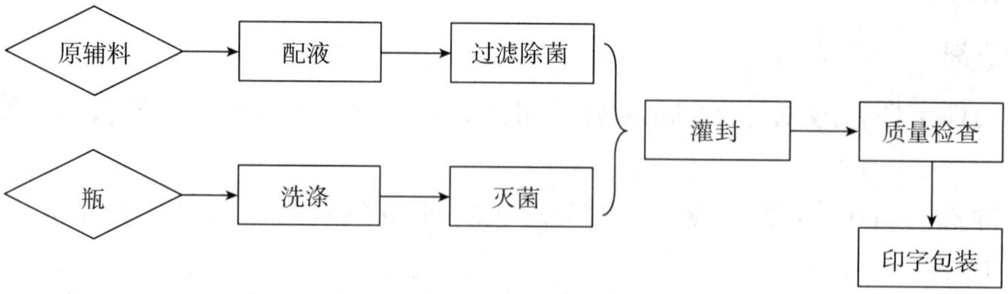

图6-9　滴眼液制备工艺流程图

1. 容器　滴眼液的容器有塑料和玻璃两种包装形式，以塑料形式为多见。

（1）塑料瓶身多用聚乙烯（PE）或高密度聚乙烯（HDPE）制作，有弹性、不易破碎，塑料瓶的洗涤一般使用回转式洗瓶机，不超过50℃烘干，最后用环氧乙烷气体灭菌备用。

（2）玻璃瓶一般为中性玻璃，配橡胶塞、滴管，铝盖密封，玻璃瓶采用干热灭菌，一般用干热灭菌柜。橡胶塞、橡皮帽的处理方法与输液胶塞的处理方法类似。

2.药液　滴眼液的配制一般采用浓配法，将药物、附加剂加入适当溶剂中溶解，必要时可用活性炭处理，过滤澄明后，再用溶剂稀释至全量。也可用稀配法，一次性将药液配制成所需浓度。混悬滴眼液可先将药物微粉化处理后灭菌，同时配制助悬剂的黏稠液，再与药液用乳匀机搅拌均匀，用注射用水稀释至全量。经检验合格后，即可灌装。

对热稳定的药物，配制后灭菌，进行无菌灌装。对热不稳定的药物全部采用无菌操作制备，避免污染。

3.灌封　目前生产上多用减压灌装。

（二）滴眼液制备举例与应用

1.氯霉素滴眼液

【处方】氯霉素2.5g　硼酸19g　硼砂0.38g　硫柳汞0.04g　灭菌注射用水加至1000ml

【临床适应证】用于治疗由大肠埃希菌、流感嗜血杆菌、克雷伯菌属、金黄色葡萄球菌、溶血性链球菌和其他敏感菌所致眼部感染，如沙眼、结膜炎、角膜炎、眼睑缘炎等。

【处方分析】处方中氯霉素为主药，硼酸和硼砂为pH调节剂和渗透压调节剂，硫柳汞为抑菌剂。氯霉素在贮藏过程中，效价逐渐下降，所以在投料时增加15%~20%。

【制备方法】900ml灭菌注射用水，加热煮沸，加入处方量硼酸、硼砂溶解，待冷却至50~60℃，加入氯霉素、硫柳汞，补充注射用水至全量。精滤至澄明后，无菌分装。本品为无色或几乎无色的澄明液体。

【贮藏】遮光，密闭，在凉处保存。

2.醋酸可的松滴眼液

【处方】醋酸氢化可的松（微晶）5.0g　聚山梨酯80 0.8g　硝酸苯汞0.02g　硼酸20.0g
羧甲基纤维素钠2.0g　注射用水加至1000ml

【临床适应证】用于治疗急性和亚急性虹膜炎、交感性眼炎、小泡性角膜炎及角膜炎等。

【处方分析】醋酸氢化可的松是主药，聚山梨酯80是湿润剂，硝酸苯汞是抑菌剂，硼酸是pH调节剂和渗透压调节剂，本品为混悬型滴眼剂，因此羧甲基纤维素钠是助悬剂。

【制备方法】取处方量硝酸苯汞、硼酸、羧甲基纤维素钠溶于处方量50%的注射用水中加热至40~50℃，过滤待用；另将醋酸氢化可的松（微晶），加聚山梨酯80，研磨均匀成糊状，检查粒度符合要求。糊状物中分批加入上述溶液研磨均匀，补充注射用水至全量，过200目筛，在搅拌下分装，100℃流通蒸汽灭菌30分钟。本品为微细颗粒的混悬液，静置后微细颗粒下沉，振摇后为均匀的乳白色混悬液。

【贮藏】遮光，密闭保存。

阅读与感悟

眼科是个比较复杂的领域，由于眼部的结构复杂，药物研发难度很大，但随着临床需求增大，市场前景依然十分可观。针对目前眼科用药常用剂型存在眼部滞留时间短、生物利用度低、给药次数较多等问题，创新技术眼用原位凝胶开拓了新思路。

原位凝胶是指一类以溶液状态给药后，能够立即在用药部位发生相转变，由液态转化形成非化学交联半固体凝胶的新制剂。根据其形成机制，原位凝胶又可分为温度敏感型、pH敏感型、离子敏感型、光敏感型等。其可以延长预先停留时间并提供持续释放药物递送，从而提高眼部生物利用度和治疗效果，并减少全身吸收和毒性。此外，由于其药物释放维持能力和降低给药频率，眼科原位凝胶可以提高患者的依从性。

新药研发是一个漫长且未知的旅程，我国的科研工作者不断的创新制剂技术和给药手段，为更多眼科患者带来光明。

自测达标

答案解析

一、单项选择题

1.除另有规定外，滴眼液一般每一个容器装量不超过（　）

A. 5ml　　B. 10ml　　C. 15ml　　D. 20ml

2.除另有规定外，眼用制剂应遮光密封贮存，且开启后最多使用（　）

A. 4周　　B. 5周　　C. 6周　　D. 8周

3.下列不属于眼用制剂的是（　）

A.滴眼液　　B.隐形眼镜　　C.眼膏　　D.眼内注射剂

4.滴眼液的pH应控制在（　）

A. 4.0~8.0　　B. 5.0~8.0　　C. 5.0~9.0　　D. 6.0~10.0

5.滴眼液中常加入苯扎溴铵的作用是（　）

A.渗透压调节剂　　B.黏度调节剂　　C. pH调节剂　　D.抑菌剂

二、配伍选择题

（6~10题共用选项）

A.主药　　B.溶剂　　C.抑菌剂

D.渗透压调节剂　　E. pH调节剂

牛磺酸滴眼液用于牛磺酸代谢失调引起的白内障，其处方如下。

牛磺酸50g　硼砂0.8g　硼酸0.1g　羟苯乙酯0.25g　注射用水加至1000ml

6.处方中牛磺酸的作用是（　）

7.处方中硼砂的作用是（　）

8.处方中硼酸的作用是（　）

9.处方中羟苯乙酯的作用是（　）

10.处方中注射用水的作用是（　）

思维导图　知识小结

实践十七　项目单梳理

参考答案

项目名称	模拟粉针剂的制备	
模拟药物	注射用头孢哌酮钠	
工具书	《中国药典》（2020年版）、《药品生产质量管理规范（2010年修订）》	
模拟过程	1.洗瓶灭菌	（1）开机前准备工作 1）检查洗瓶间、灭菌干燥室的卫生、温度、湿度、压力是否符合要求 2）检查仪表、设备是否正常 3）检查纯化水、注射用水的可见异物是否符合要求 （2）打开超声波洗瓶机开关，用____水初洗，压力为0.1~0.2MPa，将进瓶盘上的瓶子推入旋转轨道翻转180°，使瓶口朝下，进入超声波水槽，用____精洗，压缩空气0.4~0.7MPa，经反冲清洗和洁净空气吹干后，再翻转回180°，进入传送带 （3）洗瓶过程中，按要求定时抽查清洗后的瓶子，如发现不合格需要停机检查，解决后才能继续开机 （4）预热隧道烘箱后，将洗瓶送入隧道灭菌，灭菌温度____℃ （5）待隧道温度下降至____℃以下时，关闭排风，关闭电源 （6）真实、完整记录相应生产记录

续表

模拟过程	2.洗胶塞灭菌	(1)检查胶塞清洗间温度、湿度、压力是否符合要求，进行生产前准备 (2)用全自动湿法超声波胶塞清洗机，开启真空泵吸料 (3)洗涤：喷淋粗洗，冲洗5分钟；纯化水漂洗，10分钟，注射用水精洗10分钟，检查 (4)蒸汽灭菌：温度为______℃，保持30分钟 (5)真空干燥：105℃热风干燥，热风干燥后进行真空干燥，10分钟/次，循环3次 (6)出料：温度降至70℃以下，可进行出料 (7)真实、完整记录相应生产记录
	3.分装	(1)检查分装间温度、湿度、压力，用______乙醇进行台面、进出盘转盘、传送带等消毒 (2)使用螺杆分装机，将药粉加入粉斗，设定装样量，制备过程中要随时观察斗内药粉量，明显降低时，应及时补充 (3)检查：装量差异符合《中国药典》(2020年版)规定，胶塞应严密盖在瓶口上，瓶身不应沾有药粉 (4)真实、完整记录相应生产记录
	4.轧盖	(1)检查操作室温度、湿度、压力等是否符合要求 (2)铝盖用纯化水粗洗，注射用水精洗，80℃干燥150分钟，过氧化氢灭菌40分钟 (3)将进瓶盘转入一半时，开启轧盖机器，随时观察轧盖质量，铝盖不松动，外观无明显轧痕 (4)真实、完整记录相应生产记录
	5.清场	(1)生产结束，按停止键，各工序关闭系统 (2)拆下各工序零件装置，清洗消毒 (3)工作场所、用具等清洁消毒 (4)完成清场记录
模拟结果	通过无菌分装制品的制备模拟，熟悉粉针剂的制备流程和关键控制点，请根据项目单内容，完成下列工序图的空白框内容 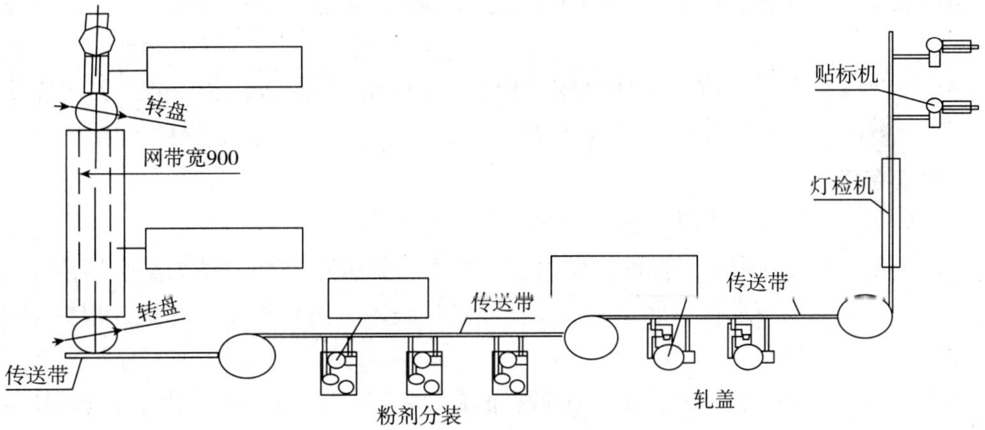	

实践十八　注射剂的制备与质量检查

(一)实践目的

掌握注射剂溶液的制备方法及质量检查方法。

(二)实践地点

药物制剂实训室。

(三)实践仪器与设备

西林瓶、小型液体灌装机、手动压盖机、托盘、pH试纸、烘箱、移液管、垂熔玻璃漏斗、滤纸等。

（四）实践试剂

维生素C、碳酸氢钠、焦亚硫酸钠、依地酸二钠、注射用水。

（五）实践原理

注射剂是指将药物制成供注入体内的灭菌溶液、乳状液和混悬液以及供临用前配成溶液或混悬液的灭菌粉末。由于注射液是直接注入体内，且吸收迅速，起效快，因此，对注射剂的生产和质量要求及其严格，以保证用药安全、有效。

（六）实践内容

维生素C注射液	内容
处方	维生素C 2.6g　碳酸氢钠1.2g　焦亚硫酸钠0.1g　依地酸二钠0.0025g　注射用水加至100ml
功能主治	用于防治坏血病，也可用于各种急慢性传染性疾病及紫癜等辅助治疗

1.制法

（1）空西林瓶的处理洗涤与干燥　先将西林瓶中灌入常水甩洗二次，再灌入蒸馏水甩洗二次。洗净后倒放在烧杯内，120~140℃烘干备用。

（2）其他用具的洗涤　垂熔玻璃漏斗、灌注器等玻璃用具，用重铬酸钾洗液浸泡15分钟以上，再用纯化水、注射用水反复抽洗至中性且澄明，干燥备用。

（3）维生素C药液的配制　取处方配制量80%的注射用水，通入氮气（2~3分钟）使其饱和，加入依地酸二钠溶解，加维生素C使溶，分次缓慢加入碳酸氢钠，并不断搅拌至无气泡产生，待完全溶解后，加焦亚硫酸钠溶解，调节药液pH至5.8~6.2，最后加用氮气饱和注射用水至足量，药液用3号垂熔玻璃漏斗过滤。

（4）灌封　调节灌注器装量，将药液罐装于2ml西林瓶中，瓶液面上通入氮气，随灌用手动压盖机封口。

（5）灭菌与检漏　封好口的西林瓶，用100℃沸水煮沸灭菌15分钟，灭菌完毕立即将西林瓶放入1%亚甲蓝溶液中，挑出药液被染色的样品，其余西林瓶擦干，供质量检查用。

2.注意事项

（1）配液容器、用具使用前必须进行清洗、去热原。

（2）溶液配制过程中不得接触金属离子，处方中加入依地酸二钠为螯合溶液中的金属离子，以增加稳定性。对灌封等关键操作，多采用层流洁净空气技术，避免微生物污染，根据主药性质，选择合适的灭菌方法。

（3）维生素C易氧化，制备过程中应尽量减少药物与空气接触，用惰性气体饱和注射用水，可以去除水中的氧。同时处方中也加入了焦亚硫酸钠作抗氧化剂。

（4）灌封前应调节好装量，以保证注射用量不少于标示量。

3.质量检查

（1）漏气检查　灭菌完毕立即将西林瓶放入1%亚甲蓝溶液中，挑出药液被染色的样品，记录支数。

（2）可见异物检查　将西林瓶外壁擦干，每次拿4支注射剂，手持西林瓶两端，轻轻翻转，在自然光下目视检查。如发现异物记录支数。

（3）pH　使用pH计（酸度计）测定，应为5.0~7.0。

（4）无菌检查　按照《中国药典》（2020年版）下无菌检查法（通则1101）检查。

（5）细菌内毒素　按照《中国药典》（2020年版）下细菌内毒素检查法（通则1143）检查。

（6）含量测定　精密吸取本品1ml（约相当于0.05g维生素C），加蒸馏水15ml及丙酮2ml，振摇，放置5分钟，加稀醋酸4ml，淀粉指示液1ml，用0.05mol/L碘液滴定，至溶液呈持续的蓝色30秒不褪色即得，记下消耗碘液的毫升数，每毫升碘液相当于8.806mg维生素C。

（7）其他检查项　应符合注射剂项下有关的各项规定（通则0102）。

（8）记录实验结果。

检查项目	结果
漏气	
可见异物	
pH	
无菌检查	
内毒素检查	
含量测定	
产品总支数（支）	
成品合格率（%）	

（七）实践反思

1.实验中如何保证维生素C的稳定性？

2.如实验结果药液含量出现差异，偏高或者偏低，试分析原因。

实践十九　滴眼剂的制备与质量检查

（一）实践目的

掌握滴眼剂的制备方法及质量检查方法。

（二）实践地点

药物制剂实训室。

（三）实践仪器与设备

垂熔玻璃漏斗、无菌操作柜、塑料眼药瓶、烧杯、玻璃棒、天平、量杯、热压灭菌器、无菌输液瓶等。

（四）实践试剂

硫酸锌、硼酸、甘油、尼泊金乙酯、注射用水。

（五）实践原理

滴眼剂系指药物制成供滴眼用的澄明溶液或混悬液。由于眼部组织柔嫩、敏感等特点，因此对滴眼剂的质量和制备方法的要求比较严格，近似注射剂，并有其特点。滴眼剂应在空气净化的无菌环境下配制，各种用具及容器，均需清洗干净并进行灭菌，整个操作过程应注意避免污染。

（六）实践内容

硫酸锌滴眼液	内容
处方	硫酸锌0.5g　硼酸1.7g　甘油5.0g　尼泊金乙酯0.03g　注射用水加至100ml
功能主治	有收敛及抗病毒作用，用其0.25%~0.5%溶液滴眼，可防止黏膜面的分泌物过多和促进溃疡愈合，可治疗结膜炎及其他类型眼炎

1.制法

（1）容器处理　塑料眼药瓶用75%乙醇吸入消毒，再用注射用水洗至无醇味，沥干备用。若包装完好，经抽样作无菌检查合格者，也可直接使用。

（2）操作台处理　无菌室的台面、地面清洁后，紫外照射1小时。无菌操作柜用苯扎溴铵（1→1000）消毒，也可用75%乙醇消毒，灭菌备用。操作者的手需先用肥皂洗净后，用苯扎溴铵溶液浸泡1分钟。

（3）配液　注射用水加热至60℃左右，按处方量称取尼泊金乙酯，溶于90ml热注射用水中，加入甘油，搅拌均匀，加入硼酸和硫酸锌，边加边搅拌，放冷用G3垂熔玻璃漏斗过滤至澄明，自滤器上添加蒸馏水至足量，过滤液装输液瓶中，100℃流通蒸汽灭菌30分钟。

（4）无菌分装　经消毒后的操作者戴上已灭菌的袖套，伸入无菌操作柜内，将灭菌的硫酸锌溶液分装于处理过的塑料滴眼瓶中即得。

2.注意事项

（1）硫酸锌在碱性或中性溶液中生成氢氧化锌沉淀，与磷酸盐，硼砂能产生磷酸锌、碱式硼酸锌沉淀，所以硫酸锌不能选择磷酸盐缓冲液或硼砂缓冲液调节pH。

（2）操作中溶液过滤若采用除菌滤器如0.22~0.3μm的微孔滤膜（先应处理，并灭菌），药液可不再灭菌，直接无菌分装于已灭菌的滴眼瓶中即可。

3.质量检查　依据《中国药典》（2020年版）（通则0105）项下检查。

（1）可见异物　临用前，需在自然光下目视检查（避免阳光直射），如有可见异物，不得使用。

（2）装量　本品为多剂量包装的眼用制剂，照最低装量检查法（通则0942）检查，应符合规定。

（3）渗透压、摩尔浓度、无菌检查均应符合规定。

检查项目	结果
可见异物	
pH	
装量	
产品总支数（支）	
成品合格率（%）	

（七）实践反思

滴眼液的制备中，应如何保证其无菌？

实践二十　无菌制剂的合理使用

（一）实践目的

熟悉常用的无菌制剂类型；能够正确使用滴眼剂。

（二）实践地点

药学服务实训室。

（三）实践用具

无菌制剂药品说明书，执业药师考试教材。

（四）实践内容

依据理论知识，查阅药品说明书和执业药师考试教材，完成下列表格。

序号	药品名称	类型	适应证	用法用量
例1	玻璃酸钠滴眼液	眼用制剂	用于眼干燥症，缓解眼干燥症状	使用0.1%滴眼液，一日三次，一次一滴。如需要也可增加使用频率。如需使用频率更高（如每天使用超过10次）请在眼科医生指导下使用。用于角结膜上皮损伤，可使用0.1%、0.3%滴眼液，一般一次一滴，一日5~6次，可在医生指导下适当增减

（五）实践反思

注射剂疗效迅速，计量准确，临床应用广泛，但是在临床使用中存在许多不合理现象，如使用频率过高、药品配伍不当等，过度用药可能危害人民的健康和生命安全。有哪些预防措施可以避免注射剂的不合理应用？

药师指点

1.眼用制剂的临床应用

（1）尽量单独使用一种滴眼剂，如有需要，间隔10分钟以上再使用两种不同的滴眼剂，如果同时使用眼膏剂和滴眼剂时，需要先使用滴眼剂。

（2）使用滴眼剂前后需要清洁双手，并将眼内分泌物和部分泪液用已消毒棉签拭去，从而避免减少药物浓度。

（3）使用滴眼剂时需轻压泪囊区，以减少药物引发的全身效应。

（4）使用混悬型滴眼剂前需充分混匀。

（5）制剂性状发生改变时禁止使用。

（6）眼用制剂应一人一用。

2.注射剂的临床应用

（1）静脉输液随临床需求而改变。药物使用前现配制，以保证疗效和不良反应。

（2）规范科学合理配伍用药，降低配伍风险，规范和加强治疗室输液配制和病房输液过程管理，加强输液器具管理，避免使用包装破损、密闭不严、漏气污染和超过使用期的输液器。

（3）混悬型注射液不得用于静脉注射或椎管内注射。

（4）乳状液型注射液，不得有相分离现象，不得用于椎管注射。

（5）尽量减少注射次数，积极采取序贯疗法，尽量减少注射剂联合使用的种类，避免不良反应和配伍禁忌的出现。

（6）应严格掌握注射剂量和疗程。

项目七　浸出制剂

PPT

学习目标

1. 掌握　浸出制剂的含义、特点与分类、生产工艺。
2. 熟悉　浸出制剂的设备。
3. 了解　浸出的原理。

导读：小儿退热合剂、玉屏风口服液、消肿止痛酊都是《中国药典》(2020年版)收录的浸出制剂。本项目主要探讨浸出制剂的相关知识，学习浸出制剂的特点、分类、生产工艺流程、生产设备等。

任务一　浸出制剂基础知识

【工作实例】患者，男，30岁，因季节更替天气骤变，受凉而出现头痛昏沉、浑身酸痛、鼻塞流涕等感冒症状。患者立即从家中自备药箱中取用藿香正气水2支口服，并注意保暖防寒，1天后症状明显好转。患者所用的藿香正气水是什么类型的制剂？该制剂具有哪些特点？

一、概述

浸出制剂系指采用适宜的浸出溶剂和浸出方法提取中药中的有效成分，制成可供内服或外用的中药制剂，可制备成直接应用于临床的药品，也可作为其他中药制剂的中间体。

传统浸出制剂主要有汤剂、酒剂、酊剂、流浸膏剂、浸膏剂、滋补膏方剂等；通过应用现代技术可制备现代中药合剂、口服液、中药注射剂及其他中成药等。

二、浸出制剂特点与分类

(一)浸出制剂特点

浸出制剂由于浸出溶剂的选择性较低，制剂的组成比较复杂，成品中除了含有效成分和辅助成分，还有一定量的无效成分，浸出制剂一般具有以下特点。

1.具有多效性　浸出制剂与相同药材中提取的单体化合物相比，往往有着单体化合物所不具有的治疗效果。

2.药效较为缓和、起效较慢　采用中药制剂治疗慢性疾病(如心血管疾病、肝病、肺病等)过程中起到逐步调节身体功能，一般用药周期较长，对机体作用较为缓和。

3.应用体积小、方便使用　浸出制剂在制备过程中，通过提取除去了大部分药材组织物质及部分无效成分，提高了制剂中有效成分的浓度，与原处方中药量相比明显减少了服药体积，方便使用。

4.制剂品种多　中药浸出制剂在几千年的发展中就被开发成千上万种制剂，随着新剂型的产生，以中药浸出成分为中间体的新剂型也不断地被开发和利用。

5.缺点　中药浸出成分中往往含有一定量的淀粉、蛋白质、黏液质等无效高分子物质，在贮存、运输过程中，常发生降解而产生沉淀或生霉变质，影响外观和药效。因此，制备浸出制剂时应尽可能除去无效和有害成分，最大限度地提高有效成分浓度。

（二）浸出制剂分类

浸出制剂按浸出溶剂的不同及其成品质量要求的不同，可分为以下5类。

1.水浸出制剂　是以水为溶剂在一定温度条件下浸提药材有效成分的制剂，包括热浸、冷浸，水作为浸出溶剂时易霉变，常需加入防腐剂，如汤药、中药合剂、口服液等。

2.醇浸出制剂　是在一定条件下，以适宜浓度的乙醇或白酒作为浸出溶剂浸提药材中有效成分的制剂，如酒剂、酊剂、流浸膏剂、酒浸膏剂等。

3.含糖浸出制剂　是在水浸出制剂的基础上，将浸出液进一步浓缩处理，加入适量糖或蜂蜜制成，如糖浆剂、滋补煎膏剂等。

4.无菌浸出制剂　是采用适宜的浸出溶剂浸出药材中有效成分，通过适宜的方法对浸出液进行纯化、精制处理，最后制成的无菌制剂，如中药注射剂等。

5.其他浸出制剂　是除上述浸出制剂外，还有以药材提取物为原料制备的中药颗粒剂、胶囊剂、片剂、软膏剂、栓剂等剂型。

同步练习7-1

有关浸出制剂特点的叙述，错误的是（　）

A.有利于发挥药材成分的多效性　　B.成分单一，稳定性好

C.服用体积减小，方便临床使用　　D.药效比较缓和

E.剂型覆盖面大，制剂品种多

答案解析

点滴积累7-1

1.浸出制剂系指采用适宜的浸出溶剂和浸出方法提取中药中的有效成分，制成可供内服或外用的中药制剂。

2.浸出制剂具有多效性；药效较为缓和、起效较慢；应用体积小、方便使用；有些浸出制剂稳定性较差等特点。

3.浸出制剂按浸出溶剂和制备工艺的不同可分为水浸出制剂、醇浸出制剂、含糖浸出制剂、无菌浸出制剂和其他浸出制剂。

三、浸出的原理与影响因素

（一）浸出过程

浸出过程系指浸出溶剂进入药材组织细胞内部，使成分溶出成为浸出液的全部过程。矿物药和树脂类药材无细胞结构，其成分可直接溶解或分散悬浮于浸出溶剂中。对具有完好细胞结构的中药材，其浸出过程一般由浸润与渗透、解吸附与溶解、扩散、置换四个阶段组成。

1.浸润与渗透阶段　当浸出溶剂与药材接触后，溶剂首先附着于药材表面使其润湿，然后渗透进入细胞中。浸出溶剂能否润湿药材并渗透进入细胞，取决于药材与溶剂的性质以及药材与溶剂之间的界面张力。一般根据“相似相溶”的原理，选择与浸提成分极性相似的溶剂。若选择非极性溶剂，药材应先干燥；若选择极性溶剂如水乙醇，富含油脂的药材需先脱脂处理。

2.解吸附与溶解阶段　中药材细胞中的有效成分一般是吸附在植物组织细胞中，浸出溶剂需要对浸提成分具有更强的亲和力，方能解除原吸附作用，使各成分溶解、分散于浸出溶剂中，形成浸出溶液。

3.扩散阶段　由于细胞内外浓度差的存在，使细胞内含组分浓度高的溶液不断向细胞外低浓度的方向扩散；同时细胞内较高的渗透压，又促进溶剂不断地从细胞外进入细胞内，直至整个浸出体系达到平衡时扩散终止。由此可见，浓度差是渗透和扩散的动力，也是浸出过程的主要动力，若能在浸出过程中保持最大浓度差，则扩散速度快，浸出效率高。

4.置换阶段　扩散达到平衡后，浸出过程就会停滞，只有新的浓度差才能使浸出成分不断被浸出。浸出时应进行搅拌可促使新鲜溶剂，或稀浸出液随时置换药材周围的浓浸出液，创造出良好的浓度梯度，有利于浸出。

整个浸出的四个阶段连续进行又相互联系，前三个阶段均是自发进行，置换阶段则需要通过人工辅助建立新的浓度差。

（二）影响浸出的因素

为了获得更好的浸出效果，选择合适的浸出溶剂和浸提方法是关键，但在提取操作过程中，药材的性质、浸出条件等因素也都能影响提取效率。

1.药材性质

（1）药材的成分　药材中的有效成分多为小分子物质，由于小分子成分溶解和扩散速度较快，所以有利于有效成分的浸出；药材中的大分子物质多为无效成分，溶解和扩散较慢，浸出时间长，浸出的杂质也会相应增多。

（2）药材粒度　越小可扩散面积愈大，扩散速度就愈快，但并非越细越好。实践证明粉碎需有适当的限度，若药材粉末过细，其吸附能力随之增强，造成有效成分损失。同时过细的药材中细胞大量破裂，致使细胞内不溶物及较多的树脂、黏液质等成分溶出，使浸出杂质增多；另一方面，过细的粉末易使浸出液成糊状，渣液的分离困难。

2.浸出条件

（1）浸出温度　温度升高有利于溶剂向药材内部渗透和对药材成分的解吸附，有利于溶解与扩散，促进有效成分的浸出。一般药材的浸出温度在溶剂沸点温度以下或接近于沸点温度时对药材浸出比较有利，但温度必须控制在药材有效成分不被破坏的范围以内。同时，温度的升高可使细胞内的蛋白凝固，破坏酶及杀死微生物，有利于制剂的稳定。

（2）浓度梯度　是扩散作用的主动力，因此，在浸出过程中，可以通过不断搅拌，更换新鲜浸出溶剂，采用渗漉、循环式或罐组式动态提取等方法增大浓度梯度，提高浸出效率。

（3）浸出时间　一般浸出时间愈长，浸出愈完全。浸出过程的完成需要一定的时间，但当扩散达到平衡时，时间即不起作用。而且浸出时间过长，会使工艺时间延长，无效成分浸出量增多，也容易引起有效成分的水解失效和霉变，影响浸出质量。所以要根据具体药材的性质、浸出溶剂、浸出方法等综合验证适宜的浸出时间。

（4）浸出压力　提高浸出压力有利于加速浸润、渗透过程，缩短浸出时间。

随着超声波提取技术、超临界流体萃取技术、电磁场浸出技术等的应用，新型浸出设备的使用和浸出工艺的优化，不仅能够提高浸出效果、缩短浸出时间，也能够提高浸出制剂的质量。

点滴积累 7-2

1.浸出的过程由浸润与渗透、解吸附与溶解、扩散、置换四个阶段组成。

2.药材的性质和浸出条件等因素都能影响提取效率。

阅读与感悟

浸出制剂是传统给药的剂型之一，具有悠久的历史。据记载，汤剂由商代伊尹发明，他擅长烹调，中药中又有许多药物药食相兼，故而积累了烹调中煮“汤”的经验，逐渐演化为中医的汤剂。后世记载，伊尹曾编著《汤液经》，系中医汤剂的最早典籍。伊尹还是著名政治家、思想家，为商朝的建立立下汗马功劳。他任丞相期间，整顿吏治，洞察民情，使商朝初年经济比较繁荣，政治比较清明，商朝国力迅速强盛。

继汤剂后又有酒剂、酊剂、流浸膏剂、浸膏剂及煎膏剂等。近年来，运用现代科学技术和设备进行浸出制剂试验研究，研制出许多浸出制剂新品种，应用新技术、新工艺提取药材中有效部位或多种有效成分，改革和发展了新剂型如中药颗粒剂、片剂、注射剂、膜剂、气雾剂、滴丸剂等。另外在中西医理论指导下，将中医药联合组方，现已制成不少有效中西药组方的新剂型，提高了疗效，降低了毒副作用，为发展我国医药学开创了新的途径。

自测达标

答案解析

一、单项选择题

1.在浸出过程中有效成分扩散的动力是(　　)

A.粉碎度　　B.浓度梯度　　C. pH　　D.压力

2.是在水浸出制剂的基础上，将浸出液进一步浓缩处理，加入适量糖或蜂蜜制成的是(　　)

A.水浸出制剂　　B.醇浸出制剂

C.含糖浸出制剂　　D.无菌浸出制剂

3.浸出制剂提取时，溶剂选择与浸提成分(　　)

A.极性相似的溶剂　　B.极性不同的溶剂

C.化学结构相似的溶剂　　D.化学结构不同的溶剂

4.浸出过程中，(　　)阶段需要人工辅助建立新的浓度差

A.浸润与渗透阶段　　B.解吸附与溶解阶段

C.扩散阶段　　D.置换阶段

5.关于浸出制剂的影响因素，说法错误的是(　　)

A.温度升高，有利于浸出　　B.药材颗粒越大，有利于浸出

C.压力提高，有利于浸出　　D.提高浓度差，有利于浸出

二、配伍选择题

（6~10题共用选项）

根据浸出制剂的分类进行合理的选择。

A.水浸出制剂　　B.醇浸出制剂　　C.含糖浸出制剂

D.无菌浸出制剂　　E.其他浸出制剂

6.小柴胡颗粒(　　)

7.川贝止咳糖浆(　　)

8.清热解毒汤(　　)

9.痛肿灵酊(　　)

10.丹参注射液(　　)

任务二　浸出制剂的制备

【工作实例】张某在制备中药汤剂煎煮的过程中，搅拌器损坏，他找到一个铁质搅拌器替换，后发现此批中药汤剂质量不合格？这其中的原因是什么？

一、原材料的处理

中药饮片浸出提取前对饮片品质进行检验、有效成分或总浸出物的测定、适宜的脱水或脱脂处理、适当的粉碎可提高饮片中有效成分的浸出。

（一）药材品质检查

药材品质检查包括药材的来源与品种鉴定、有效成分或总浸出物的测定以及含水量的测定。

（二）药材的粉碎

药材的粒度是影响浸出的主要因素之一，药材的性质不同，粉碎的要求不同，可采用不同的粉碎方法，具体方法见有关粉碎的相关内容。

充电链接

中药饮片含水量的要求

一般中药饮片的含水量宜控制在8%~15%。对于各类中药饮片的含水量要求，《中药饮片质量标准通则（试行）》规定：蜜炙品类含水分不得超过15%；酒炙、醋炙及盐炙品类等，含水分不得超过13%；烫制、醋淬制品含水分不得超过10%。

二、浸出方法的选择

浸出方法应根据药材中有效成分的性质、浸出溶剂的性质、所制剂型的要求以及生产规模等因素决定。常用浸出方法主要有煎煮法、浸渍法、渗漉法、回流法、水蒸气蒸馏法、超临界流体萃取法等。

（一）煎煮法

煎煮法又称煮提法或煎浸法，以水为溶剂，将中药材加热一定时间以提取有效成分的一种方法。煎煮法适用于有效成分能溶于水，并有效成分对湿、热较稳定的药材。

煎煮法操作简单易行，浸出液中除有效成分外，往往含杂质较多，给后续精制工序带来麻烦。水浸出液易霉败变质，应及时处理。由于煎煮法能提取较多成分，符合中医传统用药习惯，故对有效成分尚未清楚的中药或方剂进行剂型改进时，通常采用此法进行粗提并进一步分离纯化处理。

充电链接

中药的煎煮

煎煮最好选择砂锅、陶罐、搪瓷、不锈钢等工具。中药汤剂的质量与选用的煎药器具有密切的关系。现在仍是以砂锅为好，因为砂锅的材质稳定不会与药物成分发生化学反应，其传热均匀缓和，这也是自古沿用至今的原因之一。不能使用铁锅、铜锅，有些药材中的鞣酸、有机酸等，会与铁、铜发生反应，影响药品质量。

药物在煎煮前一定要浸泡，这是因为来源于植物类的中药多是干燥品，通过加水浸泡可使药材变软，组织细胞膨胀后恢复其天然状态，煎药时易于有效成分浸出。一般以花、叶、茎类为主的药物，浸泡时间为1~1.5小时。以根、种子、根茎、果实类为主的药物浸泡时间为2~3小时。

水应浸过药材面2~3cm为佳，轻轻摁住药材，水面刚好漫过手背，一些花草类的药物吸水量较大，在浸泡半小时后水位下降，另加凉水至标准水位，再开始煎煮。

一般是在未沸腾前用武火，至煮沸后再改用文火，保持在微沸状态，可减慢水分的蒸发，这样有利于有效成分的煎出。

（二）浸渍法

浸渍法系用适当的浸出溶剂在常温或温热条件下浸泡药材，使其所含有效成分浸出的一种方法。人们早已把这种方法应用到了日常生活中，如用白酒浸泡中药材然后饮用药酒等。浸渍法为静态浸出过程，操作简单，所需时间长，有效成分浸出不完全，适用于黏性的药材、无组织结构的药材、新鲜药材及易于膨胀的药材的浸取，尤其适用于有效成分遇热易挥发或易破坏的药材，不适用于贵重药材、毒性药材、有效成分含量低的药材的提取或制备较高浓度的制剂。具体操作工艺流程如图7-1所示。

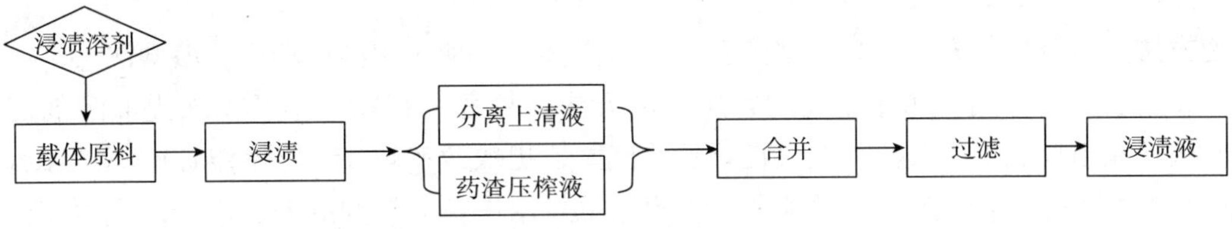

图7-1　浸渍法操作工艺流程图

1.浸渍方法　按照浸出的温度和浸渍次数的不同，浸渍法分为冷浸渍法、热浸渍法和多重浸渍法。

（1）冷浸渍法　在室温下进行的浸渍操作。操作过程通常是：将药材置有盖容器中，加入定量的溶剂，密闭，室温下浸渍3~5天或至规定时间，经常振摇或搅拌，滤过，压榨药渣，压榨液与滤液合并，静置24小时后，滤过，即得浸渍液。此法可直接制得药酒和酊剂。将浸渍液浓缩、处理，可用于制备其他制剂。适用于不耐热、含挥发性以及黏性成分的药材。

（2）热浸渍法　将药材粗颗粒置有加热装置的罐中，加定量的溶剂，水浴或蒸汽加热至40~60℃，或煮沸后自然冷却进行浸渍，以缩短浸渍时间。浸出液冷却后有沉淀析出，应分离除去。花、叶、全草类药材，多采用煮沸后保80℃左右温浸提取。此法常用于酒剂的制备。

（3）重浸渍法　即多次浸渍法，此法可减少药渣吸附浸出液所致的药物成分的损失。其操作过程是：将全部浸提溶剂分为几份，先用其第一份浸渍后，药渣再用第二份溶剂浸渍，如此重复2~3次，最后将各份浸渍液合并即得。

2.浸出设备　浸渍法所用的主要设备为浸渍器和压榨器，前者为中药浸渍的盛器，后者用于挤压药渣中残留的浸渍液。

（1）浸渍器　工业生产中常用不锈钢罐、搪瓷罐，亦有采用陶瓷罐者。浸渍器下部有出液口，为防止中药残渣堵塞出口，应设有多孔的假底。假底上铺滤布，供放置中药和起滤过作用。浸渍器上部有盖，以防止浸提溶剂挥发损失和防止异物污染。有时还在浸渍器上装搅拌器以加速浸出效果。若容量较大，难以搅拌时，可在下端出口处装离心泵，将下部浸出液通过离心泵反复抽至浸渍器上端，起到搅拌作用。为了便于热浸，有时在浸渍器内安装加热用蒸汽蛇管。

（2）压榨器　浸渍法中，药渣所吸附的药液浓度总是和浸渍液相同，浸渍液的浓度愈高，由药渣吸附浸液所引起的成分损失就愈大。除采用重浸渍法可以减少浸出成分的损失外，还可采用压榨法，将药渣的压榨液与滤液合并，静置，滤过后使用。小量生产时可用螺旋压榨机。

（三）渗漉法

渗漉法是将药材适当粉碎后置于渗漉器内，溶剂连续从渗漉器上部加入，浸渍液不断自下部流出，从而浸出药材中有效成分的一种动态浸提方法。渗漉法在浸出过程中能始终保持良好的浓度差使扩散能较好地自动连续进行。该方法选用的溶剂多为水酸液、碱及不同浓度的乙醇等，使用的溶剂用量较浸渍法少，而且可省去浸出液与药渣的分离操作工序，其浸出效果优于浸渍法。渗漉法适用于高浓度浸出制剂的制备，亦用于提取贵重药材毒性药材、有效成分含量低的药材，但不适用于新鲜、易膨胀的药材及非组织药材。具体工艺流程如图7-2所示。

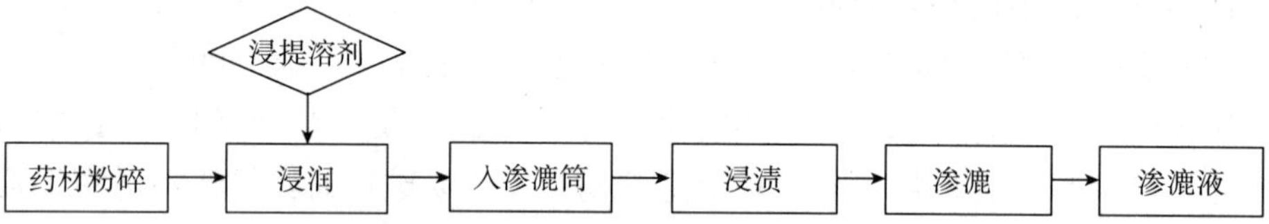

图7-2　渗漉法操作工艺流程图

1.渗漉方法　根据操作方法可分为单渗漉法、重渗漉法、加压渗漉法和逆流渗漉法。

（1）单渗漉法　是指用一个渗漉筒的常压渗漉方法，往药材粗粉中不断添加提取溶剂使其渗过药粉，提取液从下端出口流出。此法可造成良好的浓度差，提取效率较高，且室温提取不破坏有效成分。

（2）重渗漉法　将多个渗漉筒串联排列，渗漉液重复用作新药粉的溶剂，进行多次渗漉以提高渗漉液浓度的方法。重渗漉法溶剂利用率高，浸出效率高。渗漉液中有效成分浓度高，可不必加热浓缩，避免了有效成分受热分解或挥发损失。但所占容器多，操作较麻烦。

（3）加压渗漉法　加压渗漉即给溶剂加压，使溶剂及浸出液较快通过粉柱，使渗源顺利进行，提高浸出效果，提取液浓度大，溶剂耗量小。

（4）逆流渗漉法　是将药材与溶剂在浸出容器中沿相反方向运动，连续而充分地进行接触提取的一种方法，属于动态逆流提取。

2.渗漉设备　小量生产常使用玻璃制的渗漉筒，工业渗漉设备常用不锈钢材质，形状以圆锥形、圆柱形、水缸形为主。

（四）回流法

回流法是指用乙醇等挥发性有机溶剂提取药材成分，在加热蒸馏时，其中挥发性溶剂由于受热而挥发，经冷凝后又流回浸出器中浸提药材，这样周而复始，直至有效成分回流提取完全的方法。采用回流法提取时，溶剂用量较渗漉法少，但由于连续加热，浸出成分受热时间长，故不适用于受热易破坏的药材成分的浸出，遇热不稳定的天然药物成分的提取不宜采用回流法。具体工艺流程如图7-3所示。

图7-3　回流法操作工艺流程图

1.回流方法　分为回流热浸法和循环回流冷浸法。

（1）回流热浸法　将药材饮片或粗粉装入圆底烧瓶内，加溶剂浸没药材表面，浸泡一定时间后，于瓶口上安装冷凝管，并接通冷凝水，再将烧瓶用水浴加热，回流浸提至规定时间，将回流液滤出后，再添加新溶剂回流，合并各次回流液，用蒸馏法回收溶剂，即得浓缩液。

(2)循环回流冷浸法 小量药粉可用索氏提取器提取。大量生产时采用循环回流冷凝装置，其原理同索氏提取器。

2.回流设备 小量生产的时候常用玻璃制的蒸馏设备，工业上常用设备为多功能提取罐或者回流罐，实验室常用索氏提取器。

(五)水蒸气蒸馏法

水蒸气蒸馏法系指将含有挥发性成分的药材与水共同蒸馏，挥发性成分随水蒸气共同馏出，经冷凝分离获得挥发性成分的操作。水蒸气蒸馏法适用于具有挥发性、难溶或不溶于水、与水不发生反应能随水蒸气蒸馏而不被破坏的天然药物成分的提取，天然药物中的挥发油、某些小分子生物碱、小分子酚性物质具有挥发性都可用本法提取。按照加热方式不同，水蒸气蒸馏法可分为共水蒸馏法、通水蒸气蒸馏法、水上蒸馏法。为提高馏出液的浓度，一般需将馏出液进行重蒸馏或加盐重蒸馏。常用设备为多功能提取罐、挥发油提取罐。

(六)超临界流体萃取法

超临界流体萃取法是利用超临界流体为溶剂，从固体或液体中萃取出某些有效组分，并进行分离的一种方法。与传统的提取分离方法相比，超临界流体萃取法提取温度低、效率高、有效成分提取纯度高，而且操作简单节能、无有机溶剂残留、无环境污染，适合提取分离挥发性成分、热敏性成分及含量低的成分。

超临界流体是介于气体和液体之间的流体。超临界流体具有气体和液体的双重特性，使得超临界流体成为一种好的萃取剂。而超临界流体萃取，就是利用超临界流体的这一强溶解能力特性，从动、植物中提取各种有效成分，再通过减压将其释放出来的过程。用超临界萃取方法提取天然产物时，一般用CO_2作萃取剂，CO_2无毒、廉价，在使用过程中稳定、不燃烧、安全、不污染环境。具体操作流程如图7-4所示。

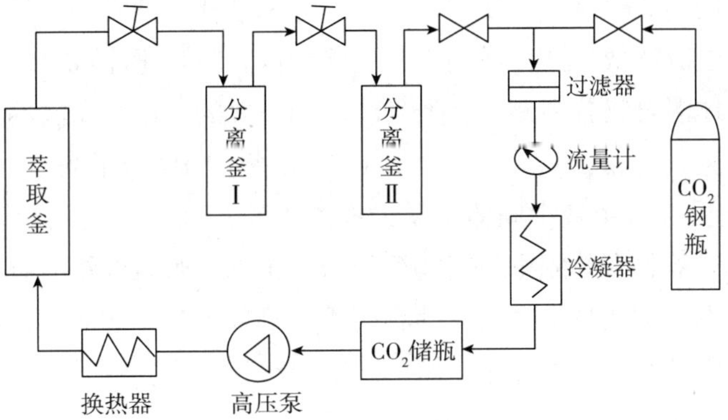

图7-4 超临界CO_2萃取的基本流程

(七)超声波提取法

超声波提取法是采用超声波辅助溶剂进行提取，声波产生高速、强烈的空化效应和搅拌作用，破坏植物药材的细胞，使溶剂渗透到药材细胞中，缩短提取时间，提高提取率。与传统的煎煮法、浸渍法、渗漉法比较，具有提取时间短、产率高、无需加热等优点，而且超声提取是一个物理过程，提取过程中没有化学反应，减少了生物活性物质的改变。

超声波是指频率20~80kHz的机械波，一般认为其空化效应、热效应和机械作用是超声技术应用于植物有效成分提取的理论依据。

（八）微波提取法

微波提取法指使用适当的溶剂在微波反应器中从植物、矿物、动物组织等中提取各种化学成分的技术和方法。微波提取法具有工艺简单、操作方便、溶剂量少、提取时间短等特点。适用范围比较广泛。

微波是指频率在300~300000MHz 的电磁波，利用电磁场的作用使固体或半固体物质中的某些有机物成分与基体有效的分离，并能保持分析对象的原本化合物状态。

点滴积累7-3

1.浸出前应对药材品质进行检查以及选择合适的粉碎方法。

2.常用浸出方法主要有煎煮法、浸渍法、渗漉法、回流法、水蒸气蒸馏法、超临界流体萃取法、超声波提取法和微波提取法等。

三、浸出液的浓缩与干燥

（一）浸出液的分离

药材中的有效成分提取、浸出后，一般溶解或混悬于药液中，需将药液与药渣进行分离，也就是固－液分离。固－液分离是将固体－液体非均相体系用适当的方法分开的过程。通常采用的方法是沉降分离法、离心分离法和滤过分离法。

1.沉降分离法　是指固体物与液体介质密度相差悬殊，固体物靠自身重量自然下沉，用虹吸法吸取上层澄清液，使固体与液体分离的一种方法。此法简单易行、无需特殊设备，当固体微粒与液体相对密度相差悬殊，且浸出液不易变质时可以使用本法，但是此法分离不够完全，往往还需要进一步滤过或离心分离，对料液中固体含量少、粒子细而轻者不宜使用。

2.离心分离法　是借助离心机旋转，使药液中的固体和液体或两种不相溶的液体，产生不同的离心力而达到分离的方法。本法分离效率高，适用于含不溶性微粒粒径很小或黏度很大的滤浆，或需将两种密度不同且不相混溶的液体混合物分开，用沉降分离法和一般的滤过分离法不易分开的物料。

3.滤过分离法　将中药浸出液通过多孔介质，将浸出液中固体粒子截留，而液体经介质孔洞流出，达到固液分离的目的，是去除浸出液中固体杂质的有效方法。滤过的目的视有效成分的物态而定，有效成分为可溶性成分时取滤液，有效成分为固体沉降物或结晶时则取滤饼，有时滤液和滤饼均为有效成分，应分别收集。实际操作中常在料液中加入助滤剂或絮凝剂等改善滤渣的性能，提高滤过的速度。根据操作方法的不同分为常压过滤、减压过滤、加压过滤和薄膜过滤。

（二）浸出液的浓缩

浓缩是中药制剂原料成型前处理的重要步骤。药材浸提完成后，一般可得到5~20倍量或更多的浸出液，这些浸出液的有效成分浓度较低，不适于直接用于临床或供制备其他制剂，必须经过适当的浓缩，来获得缩小体积的浓缩液或固体产物。常用的浓缩方法有常压蒸发浓缩、减压蒸发浓缩、薄膜蒸发浓缩。

1.常压蒸发浓缩　是液体在一个大气压条件下进行蒸发浓缩的方法。其特点为设备简单，操作方便，但浓缩温度高、速度慢、时间长，药物成分易被破坏。本法适用于有效成分耐热，且溶剂无毒、无害、无燃烧性且价格比较低廉的水性药材浸出液的浓缩。少量提取物进行常压浓缩时多采用瓷质蒸发皿，大量生产多采用敞口式可倾倒的夹层蒸发锅。对以乙醇等有机溶剂为提取溶剂的浸出液进行常压浓缩时，应选用常压蒸馏装置，如多功能常压蒸发浓缩器，目的主要是回收溶剂、安全、环保、降低生产成本等。

2.减压蒸发浓缩　是将液体置于密闭容器内抽真空，降低器内压力，从而使浸出液沸点降低进行蒸发操作的浓缩方法。其特点是温度低（40~60℃），蒸发速度快、时间短，可减少或避免热敏性成分的分解，适用于不耐热的浸出液的浓缩，也可作为乙醇等有机溶剂的回收。常用的减压浓缩设备有减压蒸馏器和真空浓缩罐等。

3.薄膜蒸发浓缩　通过一定的方式将待浓缩液形成薄膜状，或同时剧烈沸腾产生大量泡沫，增大液体汽化表面积，提高浓缩效率的方法。薄膜浓缩的方式有两种：一是使浸出液快速流过加热面形成液膜进行蒸发；另一种是使浸出液剧烈沸腾使之产生大量泡沫，以泡沫的内外表面为蒸发面进行蒸发。薄膜浓缩的特点是浓缩速度快，受热时间短，不受液体静压和过热的影响，有效成分不易破坏，在常压或减压状态下可连续操作，缩短生产周期，浓缩效率高，溶剂可回收，特别适用于热敏性浸出液的浓缩。常用的薄膜蒸发设备有升膜式蒸发器、降膜式蒸发器、刮板式薄膜蒸发器和离心式薄膜蒸发器。

（三）浓缩液的干燥

干燥是利用热能除去含湿的固体物质或者稠膏状物中所含的水分或其他溶剂，获得干燥物品的工艺操作。因浓缩液体在制备其他剂型的过程较麻烦、需考虑溶剂的影响、液体的稳定性差等多种原因，根据剂型需要，需将浓缩液体进行干燥。常用干燥方法有常压干燥、减压干燥、喷雾干燥、冷冻干燥。具体特点和适用范围，见项目四制药生产单元操作任务二中关于干燥的介绍。

同步练习7-2

薄膜蒸发的特点有（　）

A.无液体静压影响　　B.热传播快且均匀　　C.增大气化表面积

D.液体受热时间短　　E.浓缩效率高

答案解析

点滴积累7-4

1.浸出液的分离通常采用的方法是沉降分离法、离心分离法和滤过分离法。

2.常用的浓缩方法有常压蒸发浓缩、减压蒸发浓缩、薄膜蒸发浓缩。

3.浓缩液可选择常压干燥、减压干燥、喷雾干燥、冷冻干燥等。

四、常见的浸出制剂

（一）汤剂

汤剂是我国中医临床应用最早、最广泛的一种剂型，早在春秋战国时期已开始使用，至今已有数千年的历史。汤剂指将中药饮片或粗粒药材加水煎煮，去渣取汁浓缩后制成的液体制剂。汤剂的主要优点是能适应中医辨证施治需要，随证加减处方，制备方法简单易行。但也存在一定缺点：如需临用新制，久置易发霉变质，不便携带，直接服用容积大，脂溶性和难溶性成分难以煎出，不易提取完全等。汤剂煎煮应注意煎药火候、煎煮用水、煎煮时间、次数等影响因素。对于一些特殊处理的中药饮片，应考虑其加入顺序，如矿石类、贝壳类、角甲类、有毒中药，一般要求先煎；对于挥发性饮片不宜久煎，应后放入。汤剂的制备主要采用煎煮法。

（二）合剂

合剂指饮片用水或其他溶剂，采用适宜的方法提取制成的口服液体制剂（单剂量灌装也可称“口服液”）。中药合剂是在汤剂的基础上改进和发展起来的中药剂型。配制中药合剂的目的在于既保持了汤剂的特点又能克服汤剂临时煎服的麻烦，缩减体积，便于服用、携带和贮存。合剂多用煎煮法制备，也可根据成分的性质，选择其他方法提取。合剂在生产与贮藏期间均应符合下列有关规定。

1.除另有规定外，药材应洗净，适当加工成片、段或粗粉，按该品种项下规定的方法提取，滤液浓缩至规定的相对密度；含有挥发性成分的药宜先提取挥发性成分，再与余药共同煎煮。

2.应在清洁避菌的环境中配制，及时灌装于无菌的洁净干燥容器中。

3.合剂中可加入适宜的附加剂、防腐剂，其品种与用量应符合相关部门的有关规定，不得影响制品的稳定性，并注意避免对检验产生干扰，必要时亦可加入适量的乙醇。若加蔗糖，除另有规定外，含蔗糖量一般不高于20%（m/V）。

4.不得有酸败、异臭、产生气体或其他变质现象。

5.一般应制定相对密度、pH等项目检查。

6.应密封，置阴凉处贮藏。在贮藏期间允许有少量轻摇易散的沉淀。

（三）糖浆剂

糖浆剂指含有药物、中药饮片提取物或芳香物质的浓蔗糖水溶液。中药糖浆剂一般含蔗糖量应不低于45%（g/ml）。具体特点及制备见项目五液体制剂中有关溶液型液体制剂部分。

（四）酒剂

酒剂指中药饮片用蒸馏酒提取制成的澄清液体制剂。多供内服，少数也可外用，内服酒剂可以适当加入一定量的蜂蜜或糖调味。

酒剂在我国已有数千年的历史，酒性甘辛大热，能通血脉、御寒气、行药势、行血活络，因此酒剂通常用于风寒湿痹，具有祛风活血、温肾助阳、止痛散瘀的功效。酒剂吸收迅速、剂量较小，组方灵活、制备简单，因含醇量高，久贮不变质。但儿童、孕妇、高血压、心脏病患者不宜服用酒剂。酒剂常用浸渍法制备，少数采用渗漉法。

（五）酊剂

酊剂有关内容详见项目五液体制剂中有关溶液型液体制剂部分。

（六）流浸膏剂及浸膏剂

流浸膏剂、浸膏剂指用适宜的溶媒浸出药材的有效成分后，蒸去部分溶媒，调整浓度至规定的标准而制成的液体制剂、半固体或固体制剂。除另有规定外，流浸膏剂每1ml相当于原药材1g标准，若以水为溶媒的流浸膏，应酌加20%~50%量的乙醇作防腐剂，以利贮存。浸膏剂一般每1g相当于饮片2~5g，浸膏剂可分为稠膏和干膏两种，稠膏一般含水量为15%~20%；干膏含水量为5%。流浸膏剂和浸膏剂除少数品种可直接供临床使用外，大多数作为配制酊剂、合剂、糖浆剂或其他制剂的原料。流浸膏剂多采用渗漉法制备，浸膏剂则采用渗漉法、煎煮法较多，也可采用浸渍法或回流法。

（七）煎膏剂

煎膏剂指药材用水煎煮、去渣浓缩后，加炼蜜或糖制成的半流体制剂，又称“膏滋”。加糖的煎膏剂称为“糖膏”，加蜂蜜的称为“蜜膏”。煎膏剂多以滋补为主，兼有缓和的治疗作用，是中医滋补、防衰老、治疗慢性病的传统剂型之一。具有体积小、稳定性好、较易保存、口感好、服用方便等优点。由于煎膏剂需要经过较长时间的加热浓缩，所以受热容易变质或含挥发性有效成分的中药材不易制成煎膏剂。煎膏剂多采用煎煮法，经过浓缩过滤制得。

点滴积累7-5

常见的浸出制剂有汤剂、合剂、糖浆剂、酒剂、酊剂、流浸膏剂和浸膏剂、煎膏剂。

五、制备举例及应用

（一）藿香正气口服液

【处方】苍术80g 陈皮80g 厚朴（姜制）80g 白芷120g 茯苓120g 大腹皮120g 生半夏80g 甘草浸膏10g 广藿香油0.8ml 紫苏叶油0.4ml

【功能与主治】解表化湿，理气和中。用于外感风寒、内伤湿滞或夏伤暑湿所致的感冒，症见头痛昏重、胸膈痞闷、脘腹胀痛、呕吐泄泻；胃肠型感冒见上述证候者。

【处方分析】根据处方中药物的性质不同，加水煎煮、乙醇浸渍和水蒸气蒸馏提取的方法浸出得到药物成分，再合并，目前市场上多用低硼硅玻璃管制口服液体瓶包装。

【用法与用量】口服。一次5~10ml，一日2次，用时摇匀。

【制备方法】以上十味，厚朴（姜制）加60%乙醇加热回流1小时，取乙醇液备用；苍术、陈皮、白芷加水蒸馏，收集蒸馏液，蒸馏后的水溶液滤过，备用；大腹皮加水煎煮二次，滤过；茯苓加水煮沸后于80℃温浸二次，滤过；生半夏用水泡至透心后，另加干姜6.8g，加水煎煮二次，滤过。合并上述各滤液，浓缩至相对密度为1.10~1.20（50℃）的清膏，加入甘草浸膏，混匀，加入2倍量乙醇使沉淀，滤过，滤液与厚朴乙醇提取液合并，回收乙醇，加入聚山梨酯80与广藿香油、紫苏叶油的混合液及上述蒸馏液，混匀，加水使全量至1025ml，用氢氧化钠溶液调节pH至5.8~6.2，静置，滤过，灌装，灭菌，即得。

【贮藏】密封。

（二）益母草膏

【处方】益母草1000g 红糖适量

【功能与主治】活血调经。用于血瘀所致的月经不调、产后恶露不绝，症见月经量少、淋漓不净、产后出血时间过长；产后子宫复旧不全见上述证候者。

【处方分析】本品为煎膏剂，辅料方面选用红糖，可以起到赋形和矫味的作用，辅料本身具有益气补血、散寒化瘀等作用，可与处方中的药物起到协同作用，增加疗效。

【用法用量】口服。一次10g，一日1~2次。

【制备方法】取益母草1000g，切碎，加水煎煮二次，每次2小时，合并煎液，滤过，滤液浓缩至相对密度为1.21~1.25（80℃）的清膏。每100g清膏加红糖200g，加热溶化，混匀，浓缩至规定的相对密度，即得。

【贮藏】密封。

（三）消肿止痛酊

【处方】木香71g 防风71g 荆芥71g 细辛71g 五加皮71g 桂枝71g 牛膝71g 川芎71g 徐长卿71g 白芷106g 莪术71g 红杜仲106g 大罗伞152g 小罗伞106g 两面针152g 黄藤144g 栀子152g 三棱106g 沉香49g 樟脑83g 薄荷脑83g

【功能与主治】舒筋活络，消肿止痛。用于跌打扭伤，风湿骨痛，无名肿毒及腮腺炎肿痛。用于治疗手、足、耳部位的Ⅰ度冻疮（急性期），症见局部皮肤肿胀、瘙痒、疼痛。

【处方分析】本品为酊剂，由于乙醇挥发，溶于其中的药物均匀地分布在皮肤表面，发挥其药理作用。处方中药成分有很多，像木香、桂枝、牛膝、沉香、樟脑、薄荷脑等，都是起收敛、疏经通络、消肿止痛的作用，用乙醇溶出，有效成分高，但提取时不宜加热，采用冷浸法。

【用法与用量】外用，擦患处。口服，一次5~10ml，一日1~2次；必要时饭前服用。用于冻疮，外用，擦患处，待自然干燥后，再涂搽一遍，一日2次，疗程7天。

【制备方法】以上二十一味，除樟脑、薄荷脑外，其余木香等十九味粉碎成粗粉，用53%乙醇作溶剂，浸渍28小时后，缓缓收集渗漉液8700ml，另器保存；取樟脑、薄荷脑加适量乙醇使溶解，与上述漉液混匀，加53%乙醇至10000ml，混匀，静置，滤过，即得。

【贮藏】 密封，置阴凉处。

（四）三分三浸膏

【处方】三分三 1000g　乙醇（82%~85%）适量　淀粉适量

【功能与主治】具有解痉止痛的功效。用于胃与十二指肠溃疡及胆、肾、肠绞痛，亦用于帕金森病。

【处方分析】本品为干浸膏，药物经渗漉得到浸出液后，浓缩至一定程度，用淀粉吸收剩余水分，制成干燥粉末浸膏，淀粉起分散药物和吸收水分的作用，在加入前，应充分干燥。

【用法与用量】口服。一次10~15mg，一日三次。

【制备方法】取三分三粗粉，按渗漉法，用82%~85%乙醇作溶剂，浸渍48~72小时，缓缓收集漉出液，在65℃以下减压浓缩成稀糖浆状，用水调节比重到1.17左右，静置分层，除去上层树脂状物质，取下层清液，加5倍的淀粉，混匀，过三号筛，60℃干燥后，用四号筛筛过，按药品标准含量测定项下的方法进行生物碱的测定，用淀粉稀释调节，使生物碱含量符合规定（以莨菪碱计，应为0.27%~0.33%）。

【贮藏】密封，在干燥处保存。

阅读与感悟

屠呦呦是我国第一位获得诺贝尔生理学或医学奖的药学家，主要成就是发现和创制了新型抗疟药青蒿素。在第五个全国科技工作者日前夕，年过九旬的中国中医科学院首席科学家屠呦呦写下了寄语：科技创新，强国兴邦。她也用一辈子践行了这句话。

从几十年前起，屠呦呦带领的课题组就一直在跟青蒿素打交道，他们试验了很多次都未能成功提取青蒿素，葛洪的《肘后备急方》中关于青蒿抗疟的记载，给黑暗中摸索的课题组一抹亮光——“青蒿一握，以水二升渍，绞取汁，尽服之。”课题组用沸点34.6℃的乙醚提取青蒿，在经历190次失败后，抗疟实验终于获得成功，提取物对疟原虫的抑制率达100%。这一成果造福了无数疟疾患者。

自测达标

答案解析

一、单项选择题

1.为提高薄膜蒸发浓缩效率采取的方法不包括（　）

A.加强搅拌　B.扩大蒸发面积　C.减低液体表面压力　D.增加液体静压力

2.合剂与口服液若加入蔗糖，除另有规定外，含蔗糖量应不高于（　）

A. 20%（g/ml）　B. 25%（g/ml）　C. 30%（g/ml）　D. 45%（g/ml）

3.属于含糖浸出制剂的是（　）

A.汤剂　B.酊剂　C.流浸膏剂　D.煎膏剂

4.渗漉法的正确操作为（　）

A.粉碎→润湿→装筒→浸渍→排气→渗漉　　B.粉碎→润湿→装筒→浸渍→渗漉→排气

C.粉碎→装筒→排气→润湿→浸渍→渗漉　　D.粉碎→润湿→装筒→排气→浸渍→渗漉

5.酊剂制备方法不包括（　）

A.煎煮法　　B.浸渍法　　C.稀释法　　D.渗漉法

二、配伍选择题

（6~10题共用选项）

A.煎煮法　　B.浸渍法　　C.渗漉法

D.超声提取法　　E.水蒸气蒸馏法

根据描述选择适宜的浸提方法。

6.药材有效成分浸出不完全，提取时间较长（　）

7.动态浸出，药材有效成分浸出完全的方法（　）

8.经常用于提取中药挥发油的方法（　）

9.物理提取方法，无需高温，适用于热敏性成分提取（　）

10.适用于对湿热稳定的药材，但杂质较多（　）

思维导图　知识小结

参考答案

实践二十一　项目单梳理

项目名称	模拟浸出制剂的制备	
模拟药物	银杏叶提取物	
工具书	《中国药典》（2020年版）	
模拟过程	1.查阅《中国药典》（2020年版）一部，<银杏叶提取物>进行预习	
	2.操作前准备	（1）检查生产指令，确认药材品名、批号准备无误 （2）检查提取罐设备完好情况
	3.提取	（1）确定提取方法：__________ （2）取银杏叶，粉碎机粉碎 （3）打开投料口，进行投料，一人操作，一人复核 （4）打开乙醇阀，加入稀乙醇，确定浓度与用量 （5）加热，设定罐内温度，达到温度后，打开循环装置，保持药液温度稳定 （6）放液过滤，关闭蒸汽加热阀，关闭循环装置，打开出液阀，经滤布过滤，启动抽液泵，将药液抽至储存罐 （7）重复上述步骤提取 （8）合并______ （9）出渣、清洗
	4.浓缩	（1）检查批生产指令和浓缩罐设备完好情况 （2）启动浓缩罐真空阀，关闭放空阀，真空度达标后，启动进药 （3）提取液进入完毕后，打开蒸汽阀和冷凝水循环，开始浓缩 （4）达到浓缩量后，关闭真空系统、蒸汽阀门，停止浓缩
	5.精制纯化	（1）采用______法，树脂预处理；树脂上柱 （2）药液上柱，用水及不同浓度的______洗脱，收集洗脱液 （3）树脂清洗、再生
	6.回收乙醇	（1）应用单效浓缩器，收到进药请求，打开进液阀 （2）洗脱液进料，打开蒸汽阀门，回收乙醇浓缩 （3）设置补液值，当达到浓缩要求时，关闭蒸汽调节阀、真空阀，打开放空阀，结束浓缩

续表

模拟过程	7.干燥	（1）采用双锥真空干燥机，启动真空泵 （2）物料进入转鼓中，进料完毕后打开真空阀，升温干燥 （3）干燥完成后，循环水冷却，出料后，关闭机器，进行清洁
模拟结果	实验得浅棕黄色至棕褐色的粉末；味微苦。请思考，进行干燥时，双锥真空机的真空度不足，可能是什么原因导致的	

实践二十二　浸出制剂的制备与质量检查

（一）实践目的

掌握口服液的制备方法和质量检查。

（二）实践地点

药物制剂实训室。

（三）实践仪器与设备

抽滤瓶、水浴、电炉、烧杯、滤布、滤纸等。

（四）实践试剂

党参、麦冬、五味子、乙醇（95%）、单糖浆、苯甲酸钠、蒸馏水等。

（五）实践原理

口服液是指合剂单剂量包装的制剂，即将药材用水或其他溶剂采用适宜方法提取后，经浓缩制成的单剂量内服液体制剂。

口服液服用剂量小、吸收快、质量稳定、携带服用方便、易保存，尤其适合于工业生产。口服液的一般生产工艺为：中药饮片用蒸馏水浸泡一定时间后，煎煮2~3次，过滤，滤液合并，浓缩、精制（醇沉淀或酸、碱处理等），用蒸馏水调至规定浓度，灌装于已洗涤并灭菌的易拉盖瓶中，塞上胶塞（已洗涤、灭菌），轧易拉铝盖，灭菌，经质量检查，印字包装，即得。

（六）实践内容

生脉饮口服液	内容
处方	党参30g　麦冬20g　五味子10g　乙醇（95%）60ml　单糖浆30ml　苯甲酸钠适量　蒸馏水加至100ml
功能与主治	益气复脉，养阴生津。用于气阴两亏、心悸气短、脉微自汗

1.制法　将党参、麦冬、五味子三味药，加水煎煮二次，第一次2小时，第二次1.5小时，合并煎液，滤过，滤液浓缩至30ml，放冷，加乙醇60ml（95%），放置24小时，滤过，滤液减压浓缩成稠膏状，加水适量稀释，滤过，加单糖浆30ml与苯甲酸钠适量，再加水至100ml，滤过，灌封和灭菌，10毫升/支，即得。

2.注意事项

（1）煎煮前应浸泡一定时间，使药材组织、细胞软化、膨胀，利于有效成分的溶出、扩散。

（2）煎煮时，沸前武火、沸后文火。煎煮器械以搪瓷、不锈钢为宜。

3.质量检查　依据《中国药典》（2020年版），（生脉饮）项目下检查。

（1）相对密度　应不低于1.08（通则0601）。

（2）pH　应为4.5~7.0（通则0631）。

（3）装量 单剂量灌装的合剂，照下述方法检查，应符合规定。取供试品5支，将内容物分别倒入经标化的量入式量筒内，在室温下检视，每支装量与标示装量相比较，少于标示装量的不得多于1支，并不得少于标示装量的95%。

（4）微生物限度 除另有规定外，照非无菌产品微生物限度检查：微生物计数法（通则1105）和控制菌检查法（通则1106）及非无菌药品微生物限度标准（通则1107）检查，应符合规定。

（5）记录实验结果

检查项目	结果
相对密度	
pH	
装量	
微生物限度	

（七）实践反思

1.在制备生脉饮口服液过程中应注意哪些问题？

2.口服液与中药合剂有何区别？

实践二十三 浸出制剂的合理使用

（一）实践目的

熟悉浸出制剂的类别；能够正确使用浸出制剂。

（二）实践地点

药学服务实训室。

（三）实践试剂

若干类型浸出制剂。

（四）实践内容

依据理论知识，分组开展浸出制剂合理使用，完成下列表格。

序号	制剂名称	类型	适应证	用法用量
例1	感冒止咳糖浆	糖浆剂	清热解表，止咳化痰。用于外感风热所致的感冒，症见发热恶风、头痛鼻塞、咽喉肿痛、咳嗽、周身不适	口服。一次10毫升，一日3次

药师指点

1.糖浆剂　因其味甜而深受广大患者尤其是儿童的青睐。但是，如果服用不当，也会引起一些不良后果，因此在服用糖浆剂时应注意以下几点。

（1）糖浆剂不宜饭前、睡前服用，因糖分可抑制消化液分泌，饭前服用容易引起食欲减退；睡前服用容易引发龋齿。

（2）不宜口对瓶直接服用，一方面口腔细菌容易污染药液，另一方面很难掌握服用剂量。

（3）止咳糖浆服用后不宜立即饮水，容易冲淡药物浓度，降低疗效。

（4）糖浆剂含糖量都在80%以上，因此有糖尿病者忌服，以防血糖升高加重病情。

2.酊剂和醑剂　是药物的乙醇溶液或浸液，酊剂是非挥发性药物的乙醇溶液，醑剂是挥发性药物的乙醇溶液。酊剂和醑剂外用于皮肤后，乙醇迅速挥发，将其中所溶解的药物均匀地分布于皮肤表面，发挥其作用。在急性渗出、糜烂破损处禁用。

模块四

固体制剂制备与应用

项目八 散 剂

PPT

学习目标

1.掌握 固体制剂的特点；散剂的特点、分类、制备工艺。
2.熟悉 常见散剂的分类及质量检查要求。
3.了解 固体制剂的吸收过程。

导读：固体制剂是目前新药开发和临床使用的首选剂型，在市场中的占有率高达70%以上。本项目主要探讨常见的固体制剂剂型，学习固体制剂的特点，了解口服固体药物在体内的吸收过程以及影响溶出速度的因素。

任务一 固体制剂基础知识

【工作实例】某学校学生李某在药店实习，一天某顾客到店说要出国旅行，想购买一些藿香正气备用，可是藿香正气口服液易碎，不便于携带。如果你是李某，会推荐什么剂型给该顾客？

一、概述

固体制剂系指以固体形态存在的各种制剂，包括散剂、颗粒剂、胶囊剂、片剂、丸剂等，是目前新药开发、生产、销售及临床应用中最主要的制剂。

固体制剂的共同特点是：与液体制剂相比，物理、化学稳定性好，生产成本较低，服用与携带方便；制备过程前期有共同的单元操作，剂型之间有着密切的联系；药物在体内先溶解才能透过生物膜，吸收进入血液循环。

同时，固体制剂也存在一定的缺点：在生产制备过程中因有粉碎、筛分、混合操作，易造成粉尘飞扬，不利于劳动保护；在质量控制方面，易存在含量不均匀的问题；在吸收方面，相比于液体制剂，生物利用度较低。

在固体制剂生产中，一般都要经过粉碎、筛分、混合等基本工序，这是保证药物含量均匀的重要前处理单元操作。如药物经过粉碎、筛分、混合后直接分装，可获得散剂；将混合均匀的物料进行制粒、干燥后分装，可得到颗粒剂；将制备的颗粒剂压片成形，可得到片剂；将混合的粉末或颗粒分装入胶囊中，可得到胶囊剂等。

点滴积累8-1

1.固体制剂包括散剂、颗粒剂、胶囊剂、片剂、丸剂等。

2.与液体制剂相比，固体制剂的稳定性好，生产成本低，服用与携带方便；制备有共同的单元操作。

二、固体制剂的吸收与溶出

（一）固体制剂的吸收

固体制剂的主要给药途径是口服给药，口服后固体制剂的吸收需经过以下过程：固体制剂→崩解（或分散）→溶解→经生物膜吸收入血→发挥药效。即固体制剂首先要崩解或分散成细小颗粒，药物溶解到胃肠液中，经过胃肠道上皮细胞膜吸收后进入血液循环，然后才能发挥疗效。

常见固体制剂在体内的吸收途径为：散剂、颗粒剂口服后无崩解过程，迅速分散后溶解吸收，因此吸收和起效较快；胶囊剂、片剂口服后在体内要首先崩解成细颗粒，然后药物从颗粒中溶出，才能吸收。通常，口服固体制剂吸收的快慢顺序是：散剂＞颗粒剂＞胶囊剂＞片剂＞丸剂。

固体制剂中药物的溶出是吸收的前提。对于一些难溶性药物而言，药物的溶出过程成为药物吸收的限速过程。若溶出速度小、吸收慢，则血药浓度就难以达到治疗的有效浓度。

同步练习8-1

下列剂型中，服用后起效最快的是（ ）

A.颗粒剂　　B.散剂　　C.胶囊剂　　D.丸剂

答案解析

（二）固体制剂的溶出

1.溶出速度 是指药物在单位时间内、特定的溶解介质中溶解的量。溶出过程包括两个连续的阶段，即药物首先从固体表面溶解出来，然后在扩散或对流的作用下将溶解的药物分子从固-液界面转送到溶液中。

2.影响溶出速度的因素 药物的溶出速度可用Noyes-Whitney方程式来表示。

$$\frac{\mathrm{d}c}{\mathrm{d}t}=\frac{SD}{Vh}(C_S-C) \tag{8-1}$$

式中，$\mathrm{d}c/\mathrm{d}t$为单位时间内溶质的浓度变化；S为固体药物表面积；D为扩散系数；V为溶出介质体积；h为扩散层厚度；c_S为固体药物溶解度；c为t时刻药物在总体溶液中的浓度。

从上式可知，影响药物溶出速度的因素主要如下。

（1）药物的粒径　相同质量的固体药物，粒径越小，表面积越大，则溶出速度更快；表面积相同的固体药物，孔隙率越高，溶出速度越快。

（2）药物的溶解度　指药物在一定温度下，在一定量溶剂中溶解的最大量。药物在溶出介质中的溶解度越大，溶出速度越快。影响药物溶解度的因素有温度、溶出介质的性质、晶型等。

（3）溶出介质的体积　溶出介质的体积越大，溶液中药物浓度越低，溶出速度越快。

同步思考8-1

从Noyes-Whitney方程式中可看出$\mathrm{d}c/\mathrm{d}t$与溶出介质的体积成反比，但为什么在影响溶出速度因素中说溶出速度与溶出介质体积成正比？

答案解析

（4）扩散系数　溶质在溶出介质中的扩散系数越大，溶出速度越快。扩散系数与介质温度成正比，与介质黏度成反比。

（5）扩散层的厚度　扩散层的厚度越小，溶出速度越快。扩散层的厚度与搅拌程度有关。搅拌程度取决于搅拌或振摇的速度，搅拌器的形状、大小、位置，容器的形状、大小及溶出介质的黏度等。

点滴积累8-2

1.口服固体制剂吸收速度与剂型密切相关，吸收的快慢顺序是散剂>颗粒剂>胶囊剂>片剂>丸剂。

2.影响药物溶出速度的因素有药物粒径、溶解度、溶出介质的体积、扩散系数、扩散层厚度等，因此可通过缩小药物粒径、增加表面积和增加药物的溶解度等方法提高药物的溶出速度。

阅读与感悟

连续生产是一种创新的生产理念，它已被人们熟知并且成功运用到其他行业多年。现代医药行业正面临着转型的挑战，即从传统的基于批量生产的制造方法转变成连续生产。固体制剂的单个单元工艺过程具有被改造成连续工艺链的潜力。连续混合、高剪切制粒、喷雾干燥等工艺推动了连续化生产的发展。制药工业的连续生产是可能实现的，可以借鉴石油化工、化学工业中的连续生产。随着科技进步，过程分析和控制技术会逐渐完善，制药工业将普遍实行连续化作业。

自测达标

答案解析

一、单项选择题

1.口服后无崩解过程，可迅速分散吸收的固体制剂有（　）

A.散剂、片剂　　B.颗粒剂、胶囊剂

C.散剂、颗粒剂　　D.颗粒剂、片剂

2.以下关于药物溶出速度的描述，正确的是（　）

A.药物粒径越小，溶出速度越快

B.药物溶解度越小，溶出速度越快

C.溶出介质的体积越小，溶出速度越快

D.搅拌可增加扩散层的厚度，使溶出速度加快

3.与液体制剂相比，固体制剂的特点不包括（　）

A.价格昂贵　　B.稳定性好　　C.便于携带　　D.生物利用度较低

4.下列关于固体制剂操作流程正确的是（　）

A.粉碎→混合→分剂量→包装

B.粉碎→筛分→混合→制粒→包装

C.混合→粉碎→筛分→包装

D.粉碎→筛分→制粒→混合→压片→包装

5.下列不是影响药物溶出速度因素的是（　）

A.药物的粒径　　B.扩散系数　　C.药物的溶解度　　D.药物的包装

二、配伍选择题

（6~10题共用选项）

A.片剂　　B.散剂　　C.胶囊剂

D.颗粒剂　　E.丸剂

6. 药物经过粉碎、筛分、混合后直接分装，可获得（ ）
7. 将混合均匀的物料进行制粒、干燥后分装，可得到（ ）
8. 将制备的颗粒剂压片成形，可得到（ ）
9. 将混合的粉末或颗粒分装入胶囊中，可得到（ ）
10. 将药物与辅料制成的球形或类球形的固体（ ）

任务二 散剂的制备

【工作实例】某学校学生张某到某企业散剂制备车间实习，在散剂制备过程中，发现包装分剂量不准确，这会影响制剂的质量和用药安全隐患。那么有哪些原因会导致分剂量不准确呢？

一、概述

散剂系指原料药物或与适宜的辅料经粉碎、筛分及均匀混合制成的干燥粉末状制剂。散剂是我国传统剂型之一，虽然西药散剂临床应用已日趋减少，但中药散剂仍为临床常用剂型之一，可供内服或外用。

（一）散剂的特点

1. 粒径小，比表面积大，易分散、起效快。
2. 内服可分布于胃肠道黏膜表面，避免局部刺激。
3. 外用于溃疡、外伤流血等疾病，覆盖面积大，可起到保护黏膜、吸收分泌物和促进凝血作用。
4. 剂量易于控制，且便于服用，方便婴幼儿使用。
5. 制备工艺简单，生产成本低。

同时，散剂也存在一定的缺点，由于药物粉碎后比表面积增大、分散度高，其臭味、刺激性、吸湿性及化学活性也相应增加，容易吸潮和散失挥发性成分导致质量不稳定，所以应注意包装与贮存。另外，腐蚀性强、易吸潮变质的药物不宜制成散剂。

（二）散剂的分类

1. 按用途分类 可分为内服散剂和外用散剂。

（1）内服散剂 一般溶于或分散于水、稀释液或者其他液体中服用，也可直接用水送服，如蒙脱石散剂、蛇胆川贝散等。

（2）外用散剂 又称局部用散剂，主要用于皮肤、口腔、咽喉、眼、腔道等处。包括用于皮肤、黏膜、创伤部位的撒布剂；吹入耳鼻喉等部位的吹入散；用酒、醋或香油等调成糊状敷于患处的调敷散等。

2. 按组成分类 可分为单散剂和复方散剂。

（1）单散剂 由一种药物组成的散剂，如珍珠粉等。

（2）复方散剂 由两种或两种以上药物组成的散剂，如复方川贝散等。

3. 按剂量分类 可分为分剂量散剂和非分剂量散剂。

（1）分剂量散剂 将散剂按一次服用量单独包装，由患者按医嘱分包服用，一般为内服散剂。

（2）非分剂量散剂 将散剂以多次应用的总剂量形式包装，由患者按医嘱分取剂量使用，一般为外用散剂。

同步练习8-2

按照散剂的分类，云南白药散属于（　）

A. 内服散剂　B. 外用散剂　C. 单散剂

D. 复方散剂　E. 分剂量散剂　F. 非分剂量散剂

答案解析

点滴积累8-3

1. 散剂系指原料药物或与适宜的辅料经粉碎、筛分及均匀混合制成的干燥粉末状制剂。

2. 散剂具有易分散、起效快、保护创面、便于服用、生产工艺简单等优点，但是也有容易吸潮引发质量不稳定的缺点。

3. 散剂按用途分可分为内服散剂和外用散剂，按组成可分为单散剂和复方散剂，按剂量分可分为分剂量散剂和非分剂量散剂。

二、制备工艺

散剂的制备工艺是制备其他固体剂型的基础，一般散剂的制备工艺流程如图8-1所示。

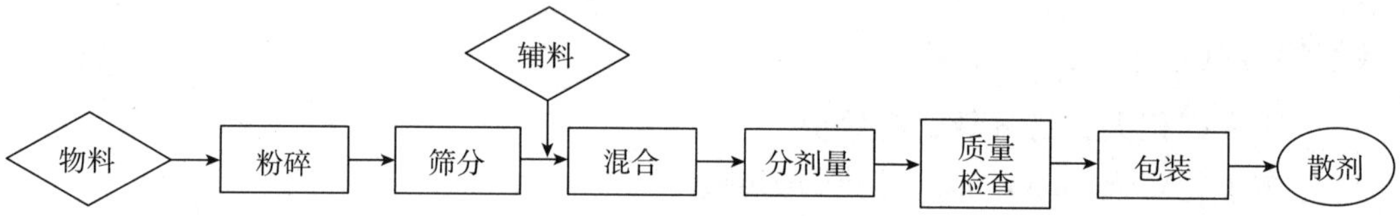

图8-1　散剂制备工艺流程图

散剂生产过程中应采取有效措施防止交叉污染。内服散剂生产环境的空气洁净度要求达到D级；外用散剂中表皮用散剂的生产环境要求达到D级，深部组织创伤和大面积体表创面用散剂的生产环境要求达到C级。

一般情况下，将固体物料进行粉碎前需要对物料进行前处理，以满足粉碎要求。化学药品应将原、辅料充分干燥；中药材及其提取物则应根据处方中各个药材的性状进行适当的处理，使之干燥成净药材。

（一）粉碎

制备散剂所用的原、辅料，除粒度已达到要求外，一般均需进行粉碎。粉碎的目的是减小药物的粒径，增加药物的比表面积，促进药物溶解吸收。粉碎时，可根据物料的性质、状态、粉碎程度等选择合适的粉碎设备和粉碎方法。

同步思考8-2

制备散剂时，药物是不是粉碎得越细越好？

答案解析

药物粉碎的粒度应根据药物的性质、作用及给药途径而定。在内服散剂中，易溶于水的药物不必粉碎得太细，在胃中不稳定的药物、有不良臭味的药物及刺激性强的药物也不必粉碎得太细；难溶性药物需要将其粉碎成极细粉，以加速其溶解和吸收；用于皮肤或伤口的外用散剂，一般要求粉碎成最细粉，以减轻对组织或黏膜的机械性刺激作用。

（二）筛分

粉碎后的原辅料应及时筛分。筛分的目的是分离出符合规定细度的粉末，提高不同药物粉末混合的均匀度，降低药物粉末对创面的机械刺激性。

《中国药典》（2020年版）规定，供制备散剂的成分均应粉碎成细粉，一般散剂应通过六号筛，儿科及外用散剂需通过七号筛，眼用散剂应通过九号筛。

（三）混合

混合是散剂制备的重要工艺过程之一，其目的是使散剂中各组分分散均匀，色泽一致，以保证剂量准确，用药安全有效。

按处方量将处方中各成分准确称量，然后按制剂的要求选择适宜的混合方法、设备进行混合操作。混合时要注意加料顺序、混合时间等，保证混合效率。当混合比例相差悬殊的组分时，应使用等量递加法（又称配研法）进行混合，以保证混合的均匀性。毒剧药，因使用剂量小，为取用方便，常制成倍散。

充电链接

倍 散

倍散是在小剂量的毒剧药中添加一定量的填充剂制成的稀释散。稀释倍数由剂量而定。一般剂量0.1~0.01g可配成10倍散（即1份药物与9份稀释剂混合），0.01~0.001g可配成100倍散，0.001g以下可配成1000倍散。常用的稀释剂有乳糖、糖粉、淀粉、糊精、磷酸钙、白陶土等干燥惰性物质，采用等量递加法与毒剧药混合。为便于观察混合是否均匀，可加入少量色素。

（四）分剂量

分剂量是将均匀混合的散剂，按需要的剂量分成等重的份数的过程。常用的分剂量方法有目测法、重量法和滴定法。

1.目测法 将一定重量的散剂，根据目测分成若干等份。此法操作简单，但准确性差，常用于药房临时调配少量普通药物散剂。

2.重量法 用天平准确称取每个单剂量进行分装。此法分剂量准确，但操作麻烦、效率低、难以机械化，常用于含有毒剧药物、贵重药物散剂的分剂量。

3.滴定法 将散剂填入一定容积的容器进行分剂量，容器的容积相当于散剂一个剂量的体积。此法效率高，可连续操作，常用于大生产，但准确性不如重量法。

（五）包装

散剂的分散度大，吸湿性显著。散剂吸湿可出现潮解、结块、变色、霉变等一系列不稳定现象，影响散剂质量和用药安全。因此，散剂的包装与贮藏重点在防湿，应选择适当的包装材料和贮藏条件来延缓散剂吸湿。

1.包装材料 散剂的包装应根据其吸湿性强弱采用不同的包装材料，常用的包装材料如下。

（1）聚乙烯塑料薄膜袋 质软透明，但在低温下久贮会脆裂，有透气透湿性。

（2）铝塑复合膜袋 防透气透湿性好，硬度较大，密封性、避光性好，目前应用广泛。

（3）玻璃瓶（管） 密闭性好，特别适合于含芳香挥发性成分和吸湿性成分的散剂。

2.贮存 散剂在贮存过程中，关键是防潮，此外还要注意温度、光线等对散剂质量的影响。除另有规定外，散剂应密闭贮存，含挥发性原料药物或易吸潮原料药物的散剂应密封贮存。

点滴积累8-4

散剂的制备一般包括粉碎→筛分→混合→分剂量→质量检查→包装等主要步骤流程。

充电链接

散剂制备中容易出现的问题和处理方法

1.混合不均匀　由于物料的密度、粒径、混合的比例不同以及混合设备的影响，导致散剂混合不均匀，出现色泽不一致等现象，影响产品的外观及疗效，因此混合时要综合考虑各方面因素，采取合适的方法及混合设备。

2.分剂量不准确　应结合物料的堆密度、流动性、吸湿性、吸附性以及分剂量方法及设备等因素，综合考虑。

3.吸湿结块　因散剂分散度大，易吸湿，因此要严格控制生产环境的湿度，防止吸湿。

三、质量要求

按照《中国药典》(2020年版)有关规定，散剂需进行如下质量检查。

(一)粒度

除另有规定外，化学局部用散剂和用于烧伤或严重创伤的中药局部用散剂及儿科局部用散剂，取供试品10g，精密称定，照粒度和粒度分布测定法(通则0982单筛分法)测定，化学药散剂通过七号筛(中药通过六号筛)的粉末重量，不得少于95%。

(二)外观均匀度

采用目测检查法：取供试品适量，置光滑纸上，平铺约5cm^2，将其表面压平，在光亮处观察，应色泽均匀，无花纹与色斑。

(三)水分

中药散剂照水分测定法(通则0832)测定，除另有规定外，不得超过9.0%。

(四)干燥失重

化学药和生物制品散剂，除另有规定外，取供试品，照干燥失重测试法(通则0831)测定，在105℃干燥至恒重，减失重量不得超过2.0%。

(五)装量差异

单剂量包装的散剂，均应检查装量差异，并不得超过规定。检查法：除另有规定外，取供试品10袋(瓶)，分别精密称定每袋(瓶)内容物的重量，求出内容物的装量与平均装量。每袋(瓶)装量与平均装量相比较(凡有标示装量的散剂，应与标示装量相比较)，按表8-1中的规定，超出装量差异限度的散剂不得多于2袋(瓶)，并不得有1袋(瓶)超出装量差异限度的1倍。

表8-1　散剂装量差异限度

平均装量或标示装量	装量差异限度(中药、化学药)	装量差异限度(生物制品)
0.1g及0.1g以下	±15%	±15%
0.1g以上至0.5g	±10%	±10%

续表

平均装量或标示装量	装量差异限度（中药、化学药）	装量差异限度（生物制品）
0.5g以上至1.5g	±8%	±7.5%
1.5g以上至6.0g	±7%	±5%
6.0g以上	±5%	±3%

凡规定检查含量均匀度的化学药和生物制品散剂，一般不再进行装量差异的检查。

（六）装量

除另有规定外，多剂量包装的散剂，照最低装量检查法（通则0942）检查，应符合规定。

（七）无菌

除另有规定外，用于烧伤［除程度较轻的烧伤（Ⅰ°或浅Ⅱ°外）］、严重创伤或临床必需无菌的局部用散剂，照无菌检查法（通则1101）检查，应符合规定。

（八）微生物限度

除另有规定外，照非无菌产品微生物限度检查：微生物计数法（通则1105）和控制菌检查法（通则1106）及非无菌药品微生物限度标准（通则1107）检查，应符合规定。凡规定进行杂菌检查的生物制品散剂，可不进行微生物限度检查。

点滴积累8-5

散剂的质量控制项目有粒度、外观、水分或干燥失重、装量差异、微生物限度等。

四、制备举例及应用

（一）冰硼散

【处方】冰片50g 硼砂（炒）500g 朱砂60g 玄明粉500g

【功能与主治】清热解毒，消肿止痛。用于热毒蕴结所致的咽喉疼痛、牙龈肿痛、口舌生疮。

【处方分析】处方中朱砂属于矿物质药，主要含硫化汞，质重而脆，用水飞法获得极细粉，组分比例悬殊，应采用等量递增法易于混合均匀。

【用法用量】吹敷患处，每次少量，一日数次。

【制备方法】取朱砂以水飞法粉碎成极细粉，适度干燥后备用。另取硼砂粉碎成细粉，与研细的冰片、玄明粉混合均匀，然后将朱砂与上述混合粉末按等量递加法混合均匀，过120目筛，分装，即得。

【贮藏】密封。

（二）硫酸阿托品百倍散

【处方】硫酸阿托品 1.0g 胭脂红乳糖（1%）0.5g 乳糖加至100g

【临床适应证】本品主要用于胃肠、肾、胆绞痛等。

【处方分析】硫酸阿托品为胆碱受体拮抗剂，可解除平滑肌痉挛、抑制腺体分泌，散大瞳孔。1%胭脂红乳糖的配制方法：取胭脂红置于乳钵中，加入90%乙醇10~20ml，研匀，再加少量乳糖研匀，全部混合均匀后用50~60℃干燥后，过筛即得。

【制备方法】先研磨乳糖使乳钵内壁饱和后倾出，再将硫酸阿托品与胭脂红乳糖置乳钵中研匀，再按等量递加的混合原则逐步加入乳糖，充分研匀，待全部色泽均匀后即得。

【贮藏】密封。

阅读与感悟

云南白药是著名的中成药，由名贵药材制成，具有化瘀止血、活血止痛、解毒消肿的功效。它由云南民间医生曲焕章于清光绪二十八年（1902年）研制成功，原名"曲焕章百宝丹"。问世百多年来，云南白药以其独特、神奇的功效被誉为"中华瑰宝，伤科圣药"，也由此成名于世、蜚声海外。曲焕章是一名医生，更是一名爱国医生。抗日战争爆发后，他看到战士们在战场上缺医少药，很多都不幸去世，他悲痛万分。为了支持抗战，他带领徒弟们日夜奋战，做出了3万瓶白药，并且无偿地把它送给了国家。

1949年以后，曲焕章的妻子把白药秘方献给了祖国，由昆明制药厂生产，并且将曲氏白药更名为"云南白药"。国家中医药管理局将云南白药配方、工艺列为国家绝密，是我国保密配方。云南白药是中医在不断传承和探索中的伟大发明，它不仅在艰苦卓绝的战争中挽救了无数将士的生命，更为人类提供了能够缓解突发疾病的方法，是中医在应急处置方面的巨大进步。

自测达标

答案解析

一、单项选择题

1. 散剂制备时为了使组分间分布均匀，需要进行的操作是（　）

A. 称量　　B. 粉碎　　C. 筛分　　D. 混合

2. 可用于机械化生产的散剂分剂量方法是（　）

A. 重量法　　B. 目测法　　C. 滴定法　　D. 筛分法

3. 等量递加法适合于（　）散剂的制备

A. 组分的密度相差过大　　B. 组分的比例相差过大

C. 含液体组分　　D. 含气体组分

4. 一般应制成倍散的是（　）

A. 含毒性药品散剂　　B. 含液体成分散剂　　C. 含共熔成分散剂　　D. 眼用散剂

二、多项选择题

5. 散剂的优点包括（　）

A. 制法简单　　B. 比表面积大，易分散　　C. 挥发性成分不易散失

D. 剂量可随意调整　　E. 内服可避免局部刺激

6. 散剂的质量检查项目包括（　）

A. 外观均匀度　　B. 粒度　　C. 水分或干燥失重

D. 装量差异　　E. 崩解时限

三、综合运用题

7. 在药店销售过程中，散剂药物的贮存需要注意什么？

8. 写出一般散剂制备的生产工艺流程图。

9. 制备散剂时，如何将30g淀粉和90g糊精混合均匀？

思维导图　　知识小结

实践二十四 项目单梳理

参考答案

项目名称	散剂的质量检查	
模拟药物	冰硼散	
处方组成	【处方】冰片50g 硼砂（炒）500g 朱砂60g 玄明粉500g 【功能与主治】清热解毒、消肿止痛，用于咽喉疼痛、牙龈肿痛、口舌生疮	
工具书	《中国药典》（2020年版）第四部	
模拟过程	1.根据所学的理论知识简要阐述制备过程	
	2.根据《中国药典》（2020年版）中（0115散剂），查找散剂质量项目	散剂的质量检查项目包括____________
	3.粒度检查，照《中国药典》（2020年版）四部粒度和粒度分布测定法（通则0982单筛分法）测定	取供试品10g，精密称定，置规定号的药筛中（筛下配有密合的接收容器），筛上加盖。按水平方向旋转振摇至少______分钟，并不时在垂直方向轻叩筛。取筛下的颗粒及粉末，称定重量，计算其所占比例（%）。化学药散剂通过______号筛（中药通过______号筛）的粉末重量，不得少于______%
	4.外观均匀度检查，照《中国药典》（2020年版）中（0115散剂）相关规定进行检查	取供试品适量，置光滑纸上，平铺约______cm^2，将其表面压平，在明亮处观察，应____________
	5.水分测定，照《中国药典》（2020年版）四部水分测定法（通则0832）测定	精密称取冰硼散适量（约消耗费休氏试液1~5ml），溶剂为无水甲醇，用水分测定仪直接测定。水分不得超过______%
	6.干燥失重检查，照《中国药典》2020年版四部干燥失重测定法（通则0831）测定	取冰硼散，混合均匀，取约1g置与供试品相同条件下干燥至恒重的扁形称量瓶中，精密称定，在______℃干燥至恒重。由减失的重量和取样量计算供试品的干燥失重。减失重量不得过______%
	7.装量差异检查，照《中国药典》（2020年版）中（0115散剂）测定	取冰硼散10袋（瓶），分别精密称定每袋（瓶）内容物的重量，求出内容物的装量与平均装量。每袋（瓶）装量与平均装量相比较［凡有标示装量的散剂，每袋（瓶）装量应与标示装量相比较］，按表8-1中的规定，超出装量差异限度的散剂不得多于______袋（瓶），并不得有1袋（瓶）超出装量差异限度的______倍
	8.微生物限度检查	照非无菌产品微生物限度检查：微生物计数法（通则1105）和控制菌检查法（通则1106）及非无菌药品微生物限度标准（通则1107）检查，应符合规定
模拟结果	根据散剂的质量检查项目进行了粒度、外观均匀度、水分、干燥失重、装量差异、微生物限度等检查，表明本品质量符合《中国药典》2020年版要求，质量合格	

实践二十五 散剂的制备与质量检查

（一）实践目的

掌握散剂的一般制法及质量检查。

（二）实践地点

药物制剂实训室。

（三）实践仪器与设备

天平、研钵、标准药筛等。

（四）实践试剂

薄荷脑、樟脑、薄荷油、水杨酸、升华硫、硼酸、氧化锌、滑石粉、称量纸、包装材料（包装纸、塑料袋等）。

（五）实践原理

一般散剂的制备工艺流程包括粉碎、筛分、混合、分剂量、质量检查、包装等工序。散剂的质量控制项目有粒度、外观、水分或干燥失重、装量差异等。

（六）实践内容

痱子粉散剂	内容
处方	薄荷脑0.2g　樟脑0.2g　薄荷油0.2ml　水杨酸0.6g　升华硫0.8g　硼酸2.0g　氧化锌2.0g　滑石粉适量　共制成散剂40.0g
功能主治	痱子粉有吸湿、止痒及收敛作用，用于汗疹、痱子等

1.制法　①取樟脑、薄荷脑研磨液化后，加入薄荷油混匀后，加入适量滑石粉研匀至固态，备用；②取水杨酸与升华硫研磨混匀后，分次加入硼酸与氧化锌的混合物混合均匀，备用；③按等量递加法将①、②步骤中的混合物混合均匀，最后分次加入滑石粉研匀，过120目筛，即得。

2.解析　①处方组成较多，应按处方顺序称取药品，并做好标记；②处方共有8种组分，其中7种组分按性质、密度和用量的差异分3组分别研磨混合，之后按等量递加法的方式制备；③处方中的薄荷脑和樟脑为低共熔组分，混合后熔点降低，研磨时会出现液化现象。制备时可将薄荷脑和樟脑混合研磨至共熔液化，加入薄荷油后，再用滑石粉吸收；④局部用散剂应为极细粉，一般以能通过八号至九号筛为宜。

3.散剂的质量检查

（1）外观均匀度　采用目测检查法：取供试品适量，置光滑纸上，平铺约5cm^2，将其表面压平，在光亮处观察，应色泽均匀，无花纹与色斑。

（2）装量差异　取供试品10包（瓶），除去包装，分别精密称定每包（瓶）内容物的重量，求出每包（瓶）内容物的装量与平均装量。每包（瓶）装量与平均装量相比较［凡无含量测定的散剂，每包（瓶）装量应与标示装量比较］，超出装量差异限度的散剂不得多于2包（瓶），并不得有1包（瓶）超出限度的1倍。

（3）记录实验结果

品名	外观	粒度	装量差异
痱子粉散剂			

（七）实践反思

1.痱子粉散剂处方中各组分的作用是什么？

2.痱子粉在制备时为什么要将处方中的组分分组加入？制备散剂时应注意哪些问题？

实践二十六　散剂的合理使用

（一）实践目的

熟悉常见的散剂类型；能够正确使用各种散剂。

（二）实践地点

药学服务实训室。

（三）实践用具

若干不同品种散剂药盒。

（四）实践内容

依据理论知识，分组查找药盒，完成下列表格。

序号	药品名称	规格	贮藏条件	适应证	用法用量
例1	蒙脱石散	3g/袋	密闭，在干燥处保存	成年人及儿童急、慢性腹泻	成年人：一次1袋，一日3次 儿童：1岁以下，每日1袋，分3次服；1~2岁，每日1~2袋，分3次服；2岁以上，每日2~3袋，分3次服 将本品（1袋3g）倒入50ml温水中，混匀快速服完。治疗急性腹泻服用本品治疗时，首次剂量加倍

（五）实践反思

1.根据查询结果总结内服散剂的合理使用。

2.根据查询结果总结局部用散剂的合理使用。

药师指点

内服散剂一般为细粉，需要过80~100目筛，便于老年人和儿童服用；服用时不宜过急，单次服用剂量适量；服药后不宜过多饮水，以免药物过度稀释导致药效差等。口服散剂应温水送服，服用后半小时内不宜进食，服用剂量大时可分次服用，以免引发呛咳；服用不便的中药散剂可加蜂蜜调和送服或装入胶囊吞服。对于温胃止痛的散剂不需要用水送服，应直接吞服以利于延长药物在胃内的滞留时间。

项目九　颗粒剂

PPT

学习目标

1. 掌握　颗粒剂的定义、特点和制备技术。
2. 熟悉　颗粒剂的分类和质量要求。
3. 了解　颗粒剂的应用、包装与贮存。

导读：颗粒剂是近年来发展较快的剂型之一，制粒技术是颗粒剂制备的关键工序，制得的合格颗粒可以直接分剂量包装，也可以作为胶囊剂的内容物或片剂压片的颗粒。本项目主要探讨颗粒剂制备的相关知识，学习从颗粒剂原辅料的处理到包装与储存，熟悉各种制粒技术及其特点，探究颗粒剂的质量要求。

【工作实例】李某就职于某制药企业制粒车间，其在使用高速湿法混合制粒机制粒的过程中，总是出现黏刀的现象。你能帮助李某解决这个问题吗？

一、概述

（一）颗粒剂的定义

颗粒剂系指药物与适宜的辅料混合制成具有一定粒度的干燥颗粒状制剂。颗粒剂主要供内服，可直接吞服，也可分散或溶解在水中服用。

（二）颗粒剂的分类

颗粒剂可分为可溶颗粒（通称为颗粒）、混悬颗粒、泡腾颗粒、肠溶颗粒、缓释颗粒和控释颗粒等。

1. 可溶颗粒　指难溶性原料药物与适宜辅料混合制成的颗粒剂。临用前加水或其他适宜的液体振摇即可分散成混悬液。绝大多数为水溶性颗粒，用水冲服，如板蓝根颗粒；另外还有酒溶性颗粒，加一定量的饮用酒溶解后服用，如养血愈风酒冲剂，每包颗粒加一定饮用酒，溶解后即成药酒。

2. 混悬颗粒　指难溶性原料药物与适宜辅料混合制成的颗粒剂。临用前加水或其他适宜的液体振摇即可分散成混悬液，如小儿感冒颗粒等。

3. 泡腾颗粒　指含有碳酸氢钠和有机酸，遇水可放出大量气体而呈泡腾状的颗粒剂，如维生素C泡腾颗粒等。泡腾颗粒中的原料药物应是水溶性的，加水产生气泡后应能溶解。有机酸一般用枸橼酸、酒石酸等。泡腾颗粒一般不得直接吞服，应溶解或分散于水中后服用。

4. 肠溶颗粒　指采用肠溶材料包裹颗粒或其他适宜方法制成的颗粒剂，如红霉素肠溶颗粒等。肠溶颗粒耐胃酸而在肠液中释放活性成分或控制药物在肠道内定位释放，可防止药物在胃内分解失效，避免对胃的刺激。

5. 缓释颗粒　指在规定的释放介质中缓慢地非恒速释放药物的颗粒剂，如吲哚美辛缓释颗粒等。

6. 控释颗粒　指在规定的释放介质中缓慢地恒速释放药物的颗粒剂，如美沙拉嗪控释颗粒等。

同步思考9-1

布洛芬泡腾颗粒不能直接吞服，应溶解或分散于水中后服用，请问这是为什么？

答案解析

（三）颗粒剂的特点

1.优点

（1）颗粒剂飞散性、附着性、聚集性、吸湿性等均相对较低，流动性好，有利于分剂量和含量准确。

（2）因使用黏合剂制成颗粒，避免了散剂中各成分的离析现象。

（3）利于吸收，奏效快，生物利用度高。

（4）可通过包衣使颗粒剂具有防潮、缓释或控释等功能，但包衣时需注意颗粒大小的均匀性以及表面光洁度，以保证包衣的均匀性。

（5）服用方便，可根据需要加入着色剂、矫味剂、芳香剂等制成色、香、味俱全的颗粒剂，患者易接受，尤其适合婴幼儿服用。

（6）性质稳定，运输、携带、贮存方便。

2.缺点

（1）颗粒剂由于粒子大小不一，在用滴定法分剂量时不准确，且几种密度不同、数量不同的颗粒相混合时容易发生分层现象。

（2）颗粒剂有易吸潮的缺点，在生产、贮存和包装时应注意密封性。

同步练习9-1

有关颗粒剂叙述错误的是（　　）

A.飞散性、附着性较小　　B.吸湿性，聚集性较小

C.颗粒剂可根据需要进行包衣　　D.颗粒剂混合后不易发生分层现象

答案解析

点滴积累9-1

1.颗粒剂系指药物与适宜的辅料混合制成具有一定粒度的干燥颗粒状制剂。

2.颗粒剂可分为可溶颗粒（通称为颗粒）、混悬颗粒、泡腾颗粒、肠溶颗粒、缓释颗粒和控释颗粒等。

3.颗粒剂有易吸潮的缺点，在生产、贮存和包装时应注意密封性。

（四）颗粒剂的辅料

颗粒剂中除主药外，常需要加入一定量的辅料，有稀释剂、黏合剂（润湿剂）、崩解剂、矫味剂、着色剂等。稀释剂又称为填充剂，主要来增加制剂的重量或体积，颗粒剂常用的稀释剂有糖粉、糊精、乳糖。黏合剂、湿润剂可以帮助物料增加黏性，便于制粒，常用的湿润剂有纯化水、乙醇；黏合剂有淀粉浆、纤维素衍生物等。

二、制备工艺

颗粒剂的制备方法与片剂生产中的制粒基本相同。颗粒剂生产环境应符合D级控制区洁净度要求，配料、粉碎、筛分、混合、制粒、整粒等操作过程中会产生一定量的粉尘，操作间与外室形成相对负压，以防止粉尘扩散，避免交叉污染。凡遇光不稳定的原料药物应遮光操作。颗粒剂传统的制备工艺流程如图9-1所示。

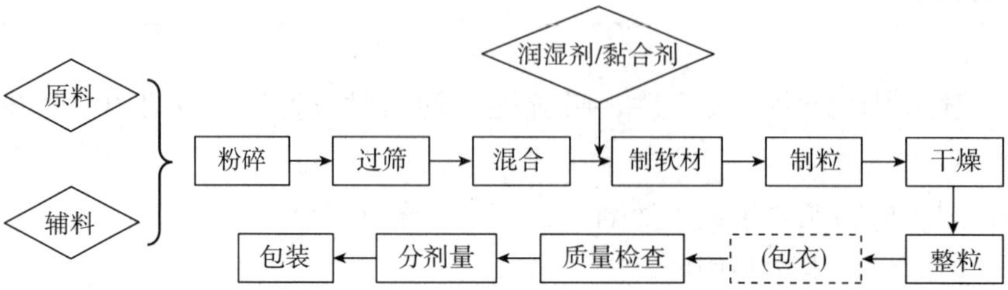

图9-1　颗粒剂制备工艺流程

（一）粉碎、过筛、混合

主药与辅料在混合前均需经过粉碎、过筛或干燥等处理。其细度以通过80~100目筛为宜。毒剧药、贵重药及有色的原辅料宜更细些，易于混匀，使含量准确。

（二）制软材

制软材系将药物与稀释剂（常用淀粉、蔗糖、乳糖等）、崩解剂（常用淀粉、纤维素衍生物等）等辅料混合后，再加入适宜的润湿剂或黏合剂进行混合，制成具有一定塑性物料的操作。制软材是湿法制粒的关键技术，适宜的黏合剂和黏合剂的适宜用量对制备软材非常重要。软材质量好坏判断的经验是“手握成团，轻压即散”。采用湿法挤压制粒工艺生产时常采用槽型混合机进行制软材。现在常用的高速混合制粒机则可将制软材、制粒于同一设备中完成。

（三）制粒

制粒是把粉末、块状物、溶液等不同状态的物料制成具有一定形态、大小颗粒的操作。制粒是制剂生产的重要技术之一，通过制粒可以起到改善物料的流动性、减少粉尘飞扬等作用。颗粒除可以直接作为剂型使用外，还可用于其他剂型的制备，如用于压片制备片剂、作为硬胶囊剂的填充物。

制粒技术可分为湿法制粒技术和干法制粒技术两种。不同的制粒技术所制得颗粒的形状、大小有所差异，应根据制粒的目的、物料的性质来进行选择。

1.湿法制粒技术　是指在物料中加入润湿剂或液态黏合剂进行制粒的方法，目前在制剂生产中应用广泛。根据使用的制粒设备的不同，湿法制粒技术包括挤压制粒、转动制粒、高速混合制粒、流化床制粒、喷雾制粒等。

（1）挤压过筛制粒　是将软材用手工或机械强制挤压方式通过一定大小孔径的筛网制成湿颗粒。常用的制粒设备有螺旋挤压制粒机、旋转挤压式制粒机和摇摆式挤压制粒机等。

1）螺旋挤压制粒机　将捏合好的物料由投料口加于混合室内螺杆的上部，借助螺杆螺旋的推进力将物料挤压到右端的制粒室，在制粒室内经滚筒挤压，通过筛筒的筛孔而形成颗粒（图9-2）。

2）旋转挤压式制粒机　通过电动机、减速机带动制粒刀，围绕轴心方向转动，将物料从网孔中挤压出去，颗粒成圆柱形，经过干燥、过筛就可以得到所需的成品。颗粒的大小可以通过更换不同孔径的筛网来实现（图9-3）。

3）摇摆式挤压制粒机　加料斗下部装有钝六角型棱柱状滚轴、紧贴滚轴下装有筛网。制粒时，将软材置于加料斗中，在滚轴连续不断地进行往复转动时，将软材挤压搓过筛网制成湿颗粒（图9-4）。一般软材通过一次筛网制粒，若一次过筛制的颗粒细粉较多或色泽不匀、颗粒成条状时，可采用多次（2~3次）过筛制粒。常用的筛网有尼龙筛、不锈钢筛网。

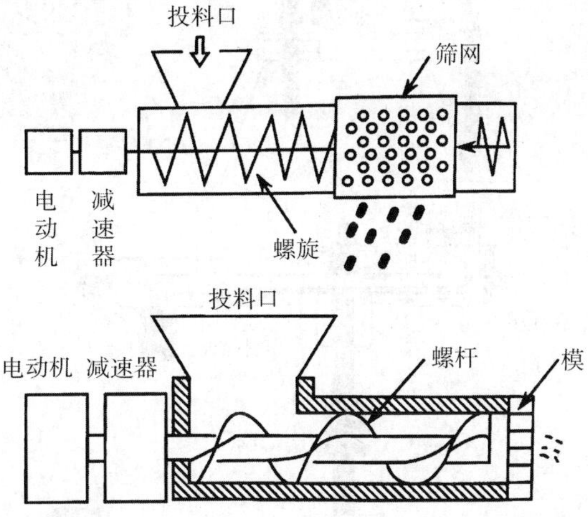

图9-2　螺旋挤压制粒机原理示意图

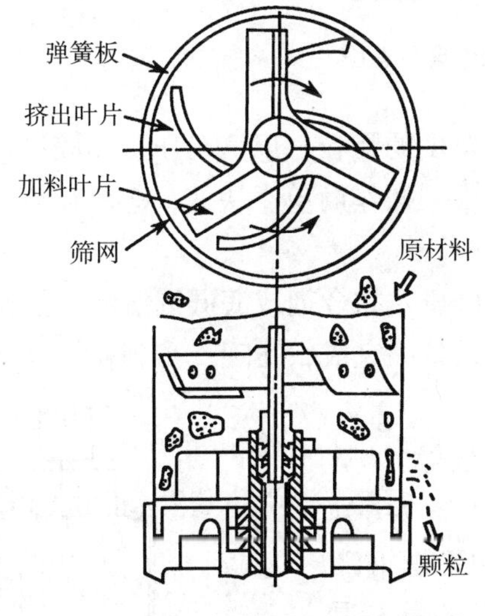

图9-3　实验用旋转挤压制粒机原理示意图

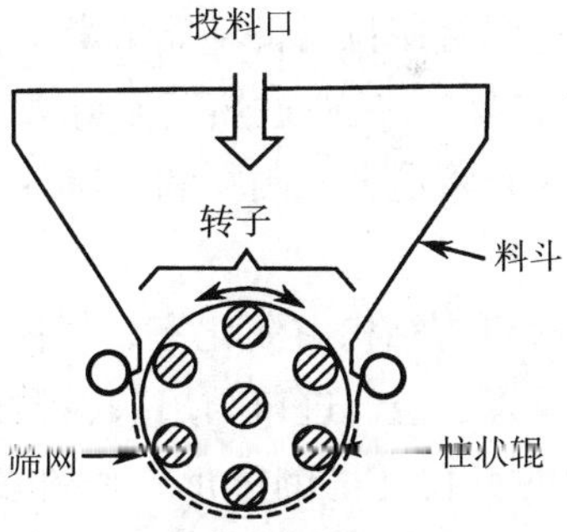

图9-4　摇摆式挤压制粒机原理示意图

挤压制粒的特点：①颗粒的粒径可由选择不同规格的筛网来调节，粒子形状多为圆柱状和角柱状；②颗粒的疏松程度可通过加入黏合剂的种类和数量进行调节，以适应不同的需要；③制备过程需要经过混合、制软材等工序，工序多，劳动强度大，不适合大批量生产；④颗粒密度和强度可因筛网材质、安装松紧度以及过筛部位的不同而存在差异。

（2）转动制粒　指在混合均匀的物料中加入一定量的润湿剂或黏合剂，在转动、摇动、搅拌等作用下使物料结聚成球形粒子的方法。转动制粒多用于丸剂的生产，可制备2~3mm以上的药丸，生产操作多凭经验控制，成本较低。

（3）高速混合制粒　造粒过程是由混合及制粒两道工序在同一设备中完成（图9-5）。粉状物料在固定的容器中，由于搅拌桨的搅拌混合作用，使物料碰撞分散成半流动的翻滚状态，并达到充分的混合。随着黏合剂的注入，使粉料逐渐湿润，物料形状发生变化，加强了搅拌桨和筒壁对物料的挤压、摩擦和捏合作用，从而形成潮湿均匀的软材。这些软材在切割刀的高速旋转下，逐步形成细小而均匀的湿颗粒，最后由出料口排料。颗粒目数大小由物料的特性、制料刀的转速和制粒时间等因素制约。

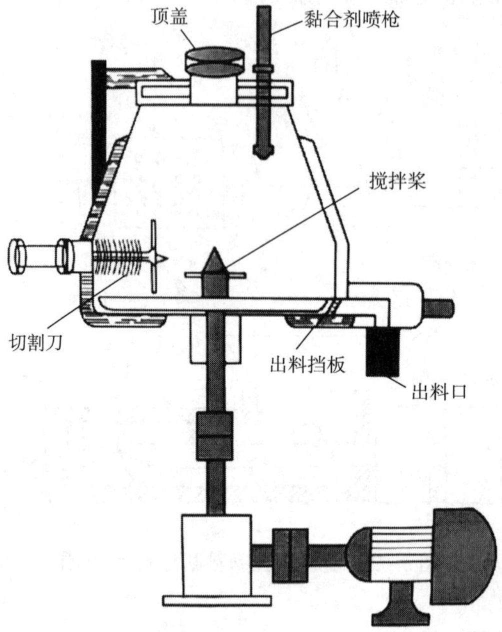

图9-5 高速混合制粒机原理示意图

高速混合制粒的特点：①改变操作条件可制备不同松紧度的颗粒，以满足压片、胶囊填充等不同的需要；②在一个容器内完成混合、捏合和制粒过程，工序少，操作简单、快速；③颗粒粒径大小不易控制；④多数高速混合制粒设备不能干燥。

（4）流化床制粒　是通过热气流将固体粉末悬浮流化再喷入黏合剂或润湿剂溶液，使粉末黏结成颗粒的方法。此法是将混合、制粒和干燥等工序合并在一台设备中完成，实现一步制粒，故又称“一步制粒法”。

流化床制粒机主结构由流化室、气体分布装置（如筛板等）、喷嘴、气固分离装置、空气进口与出口、颗粒排出口等组成（图9-6）。流化床制粒机的流化室呈倒锥形，底部装有60~100目的不锈钢筛网，它支撑物料并将热空气均匀分配。操作时，从筛网下部通入预先净化并加热至60℃左右的热空气，筛网上的物料（药物与辅料的混合物）被热气流吹起，保持悬浮的沸腾状态（即流化状态），此时向流化床喷入黏合剂或润湿剂溶液，使粉末润湿并黏合聚结成粒子，经过反复的喷雾与干燥，粒子逐渐增大，当颗粒大小符合要求时停止喷雾，形成的颗粒继续被热气流干燥后出料，送至下一道工序。为了防止粉尘飞扬，设备顶部装有回收细粉装置（滤袋）。流化床制粒与干燥有三种方式，分别为顶喷、底喷和切线喷。

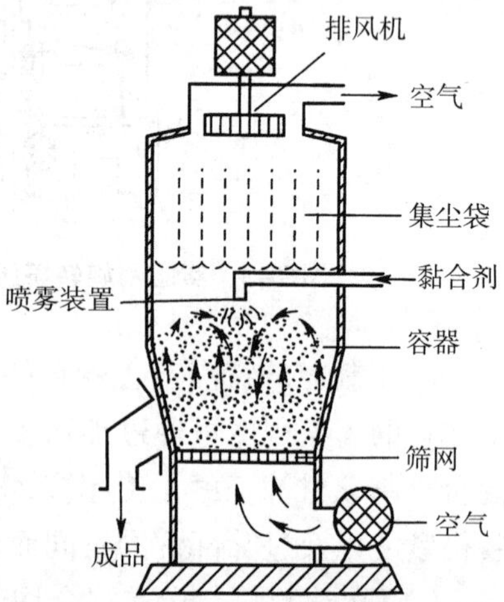

图9-6 流化床制粒机原理示意图

流化床制粒的特点：①将混合、制粒、干燥，甚至包衣在一台设备中完成，简化工艺、节省时间生产效率高；②制得颗粒粒度大小均匀、外形圆整、流动性和可压性好，压出的片剂质量好；③在密闭的容器内操作，既可防止异物混入，又可避免粉尘外逸；④除了用于制备片剂颗粒外，还可用于固体颗粒的包衣；⑤处方中含有密度差别较大的多种组分，可能会造成片剂的含量不均匀。

流化床制粒机的使用，有利于GMP的实施，目前已成为制药工业的主要制粒设备。

（5）喷雾制粒 是将药物与辅料制成药物溶液、混悬液，用高压泵输送至干燥室中，经离心式雾化器的高压喷嘴雾化成大小适宜的液滴喷出，干燥室的热气流使液滴中的水分迅速蒸发而获得近似球形的干燥细颗粒。此法在数秒至数十秒内完成药液浓缩、制粒、干燥过程。喷雾制粒与喷雾干燥的方法和设备相同，以干燥为目的的过程称为喷雾干燥，以制粒为目的的过程称为喷雾制粒（图9-7）。

喷雾制粒的特点：①由液体物料直接干燥得固体颗粒；②干燥速度快、效率高，物料受热时间短，适合于热敏性药物的处理；③固体粒子具有良好的流动性、溶解性；④设备能耗大、操作费用高；⑤黏性较大的药液易黏壁，使其使用受限，需用特殊喷雾制粒设备。

近年来，喷雾制粒技术已广泛用于抗生素粉针生产，微型胶囊、固体分散体的制备和中药提取液的干燥。国外也用于制备直接压片的辅料，如喷雾干燥乳糖、可压性淀粉等。

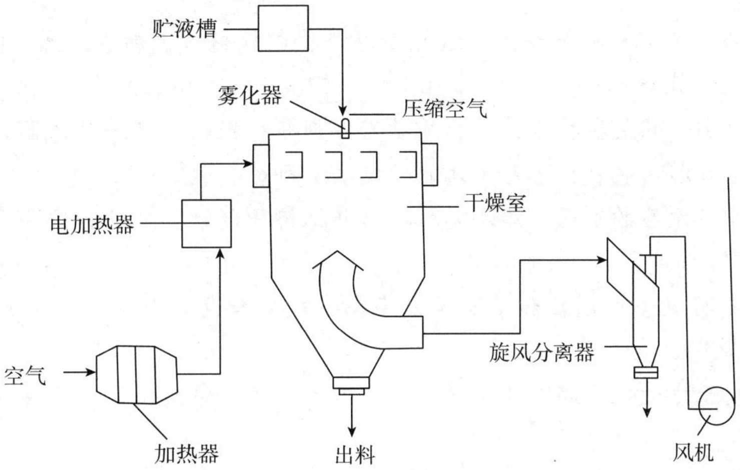

图9-7 喷雾干燥制粒机原理示意图

2.干法制粒技术 是将物料混匀后压成大片状或板状，然后粉碎成所需大小颗粒的方法，常用于热敏性、遇水易分解、易压缩成形的物料的制粒。干法制粒技术可分为重压法和滚压法两种。

（1）重压法 为利用重型压片机将物料压成20~25mm的坯片，然后再破碎成所需粒度的颗粒。

（2）滚压法 为利用转速相同的二个滚动轮之间的缝隙将物料压成板状，然后破碎成一定大小的颗粒。滚压法常用的设备为滚压制粒机（图9-8）。

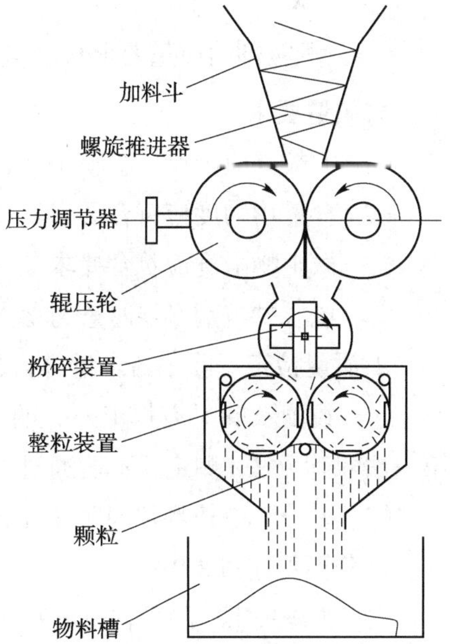

图9-8 滚压制粒机

（四）干燥

除了流化床和喷雾制粒法制得的颗粒已被干燥以外，其他方法制得的颗粒必须再用适宜的方法加以干燥，以除去水分、防止结块或受压变形。凡属挥发性药物或遇热不稳定的药物在制备过程中应注意控制适宜的温度条件，常用的方法有箱式干燥法、流化床干燥法等。

（五）整粒与分级

颗粒在干燥过程中，可能发生粘连甚至结块的现象。所以需通过整粒以制成一定粒度的均匀颗粒。

一般应按粒度规格的上限，过一号筛，把不能通过筛孔的部分进行粉碎，然后按粒度的下限，过五号筛，进行分级，除去粉末部分。挥发油应均匀喷入干燥颗粒中，密闭至规定时间或用包合等技术处理后加入。

（六）包衣

为使颗粒达到矫味、矫嗅、稳定、缓释或肠溶等目的，可对其进行包衣，一般常用薄膜包衣。

（七）分剂量、包装与贮存

颗粒剂分剂量基本与散剂相同，但要注意均匀性，防止分层。颗粒剂的包装通常用复合塑料袋包装，其优点是轻便、不透湿、不透气、颗粒不易出现潮湿溶化的现象。包装可采用单剂量包装或多剂量包装。除另有规定外，颗粒剂应密封，于干燥处保存，防止受潮。

点滴积累9-2

1.颗粒剂的制备工艺流程包括粉碎、过筛、混合、制软材、制粒、干燥、整粒与分级、包衣、质量检查、分剂量、包装与贮存。

2.制软材是湿法制粒的关键技术，软材质量好坏判断的经验是“手握成团，轻压即散”。

3.制粒技术可分为湿法制粒技术和干法制粒技术两种。

4.根据使用的制粒设备的不同，湿法制粒技术包括挤压制粒、转动制粒、高速混合制粒、流化床制粒、喷雾制粒等。

5.流化床制粒是将混合、制粒和干燥等工序合并在一台设备中完成，实现一步制粒，故又称“一步制粒法”。

6.干法制粒常用于热敏性、遇水易分解、易压缩成形的物料的制粒。干法制粒技术可分为重压法和滚压法两种。

三、质量要求及检查、包装与贮存

（一）颗粒剂的质量要求及质量检查

1.质量要求

（1）颗粒剂应干燥，颗粒均匀，色泽一致，无吸潮、软化、结块、潮解等现象。

（2）含量均匀度应符合要求。

（3）微生物限度应符合要求。

（4）包衣颗粒剂必要时进行溶剂残留量检查，检查结果应符合规定等。

2.质量检查　除主药含量外，还应检查以下项目。

（1）粒度　除另有规定外，照《中国药典》（2020年版）第四部粒度和粒度分布测定法（通则0982第二法双筛分法）测定，不能通过一号筛与能通过五号筛的总和不得超过15%。

（2）水分　中药颗粒剂照《中国药典》（2020年版）四部水分测定法（通则0832）测定，除另有规定外，水分不得超过8.0%。

（3）干燥失重　除另有规定外，化学药品和生物制品颗粒剂照《中国药典》（2020年版）四部干燥失重测定法（通则0831）测定，于105℃干燥（含糖颗粒应在80℃减压干燥）至恒重，减失重量不得超过2.0%。

（4）溶化性　除另有规定外，颗粒剂照下述方法检查溶化性，应符合规定。含中药原粉的颗粒剂不进行溶化性检查。

1）可溶颗粒检查法 取供试品10g（中药单剂量包装取1袋），加热水200ml，搅拌5分钟，立即观察，可溶颗粒应全部溶化或轻微浑浊。

2）泡腾颗粒检查法 取供试品3袋，将内容物分别转移至盛有200ml水的烧杯中，水温为15~25℃，应迅速产生气体而呈泡腾状，5分钟内颗粒均应完全分散或溶解在水中。

颗粒剂按上述方法检查，均不得有异物，中药颗粒不得有焦屑。

混悬颗粒以及已规定检查溶出度或释放度的颗粒剂可不进行溶化性检查。

（5）装量差异 单剂量包装的颗粒剂按下述方法检查，应符合（表9-1）规定。

表9-1 颗粒剂的装量差异限度

平均装量或标示装量	装量差异限度
1.0g及1.0g以下	±10%
1.0g以上至1.5g	±8%
1.5g以上至6.0g	±7%
6.0g以上	±5%

检查法：取供试品10袋（瓶），除去包装，分别精密称定每袋（瓶）内容物的重量，求出每袋（瓶）内容物的装量与平均装量。每袋（瓶）装量与平均装量相比较［凡无含量测定的颗粒剂或有标示装量的颗粒剂，每袋（瓶）装量应与标示装量比较］，超出装量差异限度的颗粒剂不得多于2袋（瓶），并不得有1袋（瓶）超出装量差异限度1倍。

凡规定检查含量均匀度的颗粒剂，一般不再进行装量差异检查。

（6）装量 多剂量包装的颗粒剂，照《中国药典》（2020年版）四部最低装量检查法（通则0942）检查，应符合规定。

（7）微生物限度 以动物、植物、矿物质来源的非单体成分制成的颗粒剂，生物制品颗粒剂，照非无菌产品微生物限度检查：微生物计数法（通则1105）和控制菌检查法（通则1106）及非无菌药品微生物限度标准（通则1107）检查，应符合规定。规定检查杂菌的生物制品颗粒剂，可不进行微生物限度检查。

同步练习9-2

下列关于颗粒剂的质量要求说法错误的是（ ）

A.不能通过一号筛与能通过五号筛的总和不得过15%

B.中药颗粒剂中水分含量不得过8.0%

C.化学药品颗粒剂干燥减失重量不得超过5.0%

D.混悬颗粒、检查溶出度或释放度的颗粒剂可不进行溶化性检查

答案解析

（二）颗粒剂的包装与贮存

1.包装 颗粒剂通常采用复合膜袋包装，其优点是轻便、不透湿、不透气，可有效防止颗粒剂吸潮变质。单剂量包装和多剂量包装的颗粒剂均应在标签上标明活性成分的名称及含量，多剂量包装的颗粒剂还应有确切的分剂量方法。

2.贮藏 颗粒剂贮存与散剂基本相同，关键是防潮，还应注意防止发生分层现象。除另有规定外，颗粒剂应密封，置干燥处贮藏，防止受潮变质。

点滴积累9-3

1.除主药含量外，颗粒剂的质量检查项目包括粒度、水分、干燥失重、溶化性、装量差异、装量、微生物限度等。

2.颗粒剂的粒度除另有规定外，不能通过一号筛与能通过五号筛的总和不得超过15%。

3.颗粒剂贮存与散剂基本相同，关键是防潮，还应注意防止发生分层现象。除另有规定外，颗粒剂应密封，置干燥处贮存，防止受潮变质。

四、制备举例及应用

（一）感冒退热颗粒

【处方1】大青叶20g　板蓝根20g　连翘10g　拳参10g　制得清膏1份

【制备方法】以上四味，加纯化水4~6倍，煎煮2次，每次1.5小时，合并煎液，滤过，滤液浓缩至相对密度约为1.08（90~95℃），待冷至室温，加等量的乙醇使沉淀，静置；取上清液浓缩至相对密度1.20（60~65℃），加等量的水，搅拌，静置8小时，取上清液浓缩成相对密度为1.38~1.40（60~65℃）的清膏。

【处方2】清膏1份　蔗糖粉3份　糊精1.25份

【制备方法】取蔗糖粉3份、糊精1.25份过80目筛，放置于容器中，混合均匀，加入清膏1份，边加边搅拌，可加适量乙醇帮助分散，调节干湿度，用手捏成“手握成团，轻压即散”的软材，用手挤压通过12目筛制成湿颗粒，将湿颗粒置于烘盘中，于热风循环烘箱70℃干燥，整粒，用一号筛筛去粗粒，五号筛筛去细粉，用干燥容器收集颗粒即得。

【处方分析】本品为中药颗粒剂，将药材进行提取、精制和浓缩成为规定相对密度的清膏再加辅料制粒。蔗糖粉、糊精为稀释剂，蔗糖还起到矫味的作用。

【功能与主治】清热解毒。用于上呼吸道感染、急性扁桃体炎、咽喉炎。

【用法用量】开水冲服。一次1~2袋，一日3次。

【贮藏】密闭，防潮。

（二）布洛芬泡腾颗粒

【处方】布洛芬2g　交联羧甲基纤维素钠0.1g　聚维酮0.03g　糖精钠0.05g
微晶纤维素0.5g　蔗糖细粉11g　苹果酸5.3g　碳酸氢钠1.7g
无水碳酸钠0.5g　橘型香料0.5g　十二烷基硫酸钠0.01g

【临床适应证】消炎、解热、镇痛。用于类风湿关节炎和风湿性关节炎。

【处方分析】处方中布洛芬为主药，苹果酸、碳酸氢钠、无水碳酸钠为泡腾剂，橘型香料为芳香剂，微晶纤维素和聚维酮为黏合剂，同时微晶纤维素和交联羧甲基纤维素钠可以改善布洛芬的混悬性，蔗糖细粉为稀释剂，同时也与糖精钠一起起到矫味的作用。

【制备方法】将布洛芬、微晶纤维素、交联羧甲基纤维素钠、苹果酸和蔗糖细粉过16目筛后，置混合器内与糖精钠混合。混合物用聚维酮异丙醇液制粒，干燥，过30目筛整粒后与剩余处方成分混匀。混合前，碳酸氢钠过30目筛，无水碳酸钠、十二烷基硫酸钠和橘型香料过60目筛。制成的混合物装于不透水的袋中，每袋含布洛芬600mg。

【贮藏】密封、干燥处保存。

同步思考9-2

对布洛芬泡腾颗粒进行处方分析，分小组讨论各组分在本处方中的作用，说说聚维酮在本处方中的作用。思考在制备泡腾颗粒剂时应注意什么？

答案解析

（三）益母草颗粒

【处方】益母草清膏3ml　蔗糖粉10g　糊精12.6g　60%乙醇适量

【功能与主治】活血调经，用于经闭、痛经及产后瘀血、腹痛。

【处方分析】处方中蔗糖粉和糊精为稀释剂，蔗糖粉也为矫味剂，乙醇为润湿剂。制备过程中应采用手指捏合的方法，使浸膏和糊精充分捏合均匀，之后再加入蔗糖粉。软材制成后应尽快过筛，否则会结硬块。

【用法与用量】每日2~3次，每次一袋，孕妇忌服。

【制备方法】益母草清膏的制法：取益母草洗净，切成小段，加水至高出药面2~3cm，浸渍15分钟，加热煎煮两次，每次30分钟，合并煎液与压榨液，静置使澄清，滤过，滤液浓缩，并时时捞去液面泡沫，按1：4比例收膏得清膏。取益母草清膏1.5~2ml，分次加入糊精拌匀，再加入蔗糖粉拌匀，补加余下的益母草清膏，捏合制成软材，用14目筛制粒，60℃干燥，用12目筛整粒，再用60目筛筛去细粉，分装于3只小塑料袋中，密封。

【贮藏】密封。

（四）维生素C泡腾颗粒剂

【处方】维生素C 200g　枸橼酸1447.8g　碳酸氢钠1236.9g　糖粉11726g　95%乙醇17.9ml
柠檬黄适量　糖精钠15.7g　食用香精8.5g　蒸馏水214.5g

【临床适应证】用于预防和治疗坏血病，也可用于慢性传染性疾病及紫癜的辅助治疗。

【处方分析】维生素C为主药，枸橼酸和碳酸氢钠作为泡腾崩解剂，糖粉为稀释剂兼有矫味作用，柠檬黄为着色剂，糖精钠和食用香精为矫味剂。

【制备方法】将枸橼酸磨成细粉，干燥，取维生素C与枸橼酸混合均匀，加入柠檬黄乙醇溶液，混合均匀，制粒，干燥成酸性料；分别取糖粉、碳酸氢钠混合均匀，加入柠檬黄、糖精钠水溶液及食用香精，混合均匀，制粒，干燥成碱性料。将干燥的酸、碱料混合，质检，分装。

【贮藏】遮光，密封，在干燥处保存。

阅读与感悟

中药配方颗粒是对传统中药的传承创新，由单味中药饮片经水提、分离、浓缩、干燥、制粒而成的颗粒，是我国中药传统汤剂剂型积极“转型”的适配产物。相较传统饮片，中药配方颗粒具有不需要煎煮、直接冲服、服用量少、疗效确切、便携、安全卫生等特点，可满足现代消费者的需求。

我国的中药颗粒产生于20世纪60年代末70年代初，被《中国药典》（1977年版）正式收载，曾被称为“冲剂”。从1987年国家提出中药饮片改革到1993年启动中药配方颗粒试点工作再到2021年结束中药配方颗粒试点工作放开市场运行，为适应其快速发展，期间不断探索更新相关法规。中药配方颗粒迅速地占据一定市场并保持乐观的发展前景。

随着科技的创新发展，中药的用药形式在慢慢发生改变，中药配方颗粒的发展见证着中医药现代化的发展进程。中药配方颗粒的发展推动了中药产业结构升级与进步，为中药进军国际市场打下了良好的基础，助推中医药走出国门，在世界的舞台上大放异彩。

自测达标

答案解析

一、单项选择题

1. 兼有“一步制粒机”之称的是(　)

A. 喷雾制粒机　B. 转动制粒机　C. 高速搅拌制粒机　D. 流化床制粒机

2. 泡腾颗粒剂遇水产生大量气泡，是由于颗粒剂中酸与碱发生反应，所放出的气体是(　)

A. 氢气　B. 二氧化碳　C. 氧气　D. 氮气

3. 颗粒剂中，不能通过一号筛和能通过五号筛总和不得超过供试量的(　)

A. 15%　B. 8%　C. 6%　D. 7%

4. 颗粒剂质量检查不包括(　)

A. 干燥失重　B. 粒度　C. 溶化性　D. 热原检查

5. 颗粒剂贮存的关键为(　)

A. 防潮　B. 防热　C. 防冷　D. 防虫

6. 一般颗粒剂的制备工艺为(　)

A. 原辅料混合→制软材→制湿颗粒→干燥→整粒与分级→装袋

B. 原辅料混合→制湿颗粒→制软材→干燥→整粒与分级→装袋

C. 原辅料混合→制湿颗粒→干燥→制软材→整粒与分级→装袋

D. 原辅料混合→制软材→制湿颗粒→整粒与分级→干燥→装袋

7. 不属于湿法制粒技术的是(　)

A. 挤压制粒　B. 滚压制粒　C. 喷雾干燥制粒　D. 流化床制粒

8. 制粒前需将物料配制成溶液或混悬液的制粒技术是(　)

A. 挤压制粒　B. 高速混合制粒　C. 喷雾干燥制粒　D. 流化床制粒

9. 对湿热不稳定的药物不适宜选用的制粒方法是(　)

A. 挤压过筛制粒　B. 流化喷雾制粒　C. 喷雾干燥制粒　D. 重压法制粒

10. 已检查含量均匀度的颗粒剂，不必再检查(　)

A. 溶解度　B. 粒度　C. 崩解度　D. 装量差异检查

11. 平均装量0.1g或0.1g以下散剂的装量差异限度是(　)

A. ± 15%　B. ± 10%　C. ± 8%　D. ± 7%

12. 颗粒剂的粒度检查结果要求不能通过一号筛与能通过五号筛的总和不得超过(　)

A. ± 15%　B. ± 10%　C. ± 8%　D. ± 7%

二、多项选择题

13. 用喷雾制粒法制颗粒剂时，可同时完成的工序有(　)

A. 过筛　B. 混合　C. 制粒　D. 干燥

14. 颗粒剂按溶解性常分为(　)

A. 可溶性颗粒剂　B. 混悬型颗粒剂　C. 乳浊性颗粒剂　D. 泡腾颗粒剂

15. 下列属于颗粒剂特点的是(　)

A. 粒密度差异较大的多种颗粒混合时易产生离析

B. 分剂量比散剂等易控制

C. 性质稳定，运输携带、贮存方便

D. 根据需要可加入适宜矫味剂

16. 湿法制粒方法有（　）

A. 挤出制粒　　B. 高速混合制粒

C. 沸腾（流化床）制粒　　D. 转动制粒

17. 颗粒剂具有的特点是（　）

A. 保持了液体药剂奏效快的特点　　B. 分剂量比散剂等易控制

C. 性质稳定，运输、携带、贮存方便　　D. 根据需要可加入适宜矫味剂

18. 以下属于干法制粒技术的是（　）

A. 重压制粒　　B. 滚压制粒　　C. 喷雾干燥制粒　　D. 流化床制粒

19. 颗粒剂必须进行的质量检查项目是（　）

A. 溶化性　　B. 粒度　　C. 干燥失重　　D. 装量差异

20. 关于颗粒剂特点的叙述，正确的是（　）

A. 易吸潮，故少量结块颗粒不影响质量

B. 携带方便，性质稳定

C. 只可内服，不可外用

D. 可通过加入矫味剂改善口感，掩盖不良嗅味

21. 颗粒剂必须进行（　）质量检查

A. 外观均匀度　　B. 粒度　　C. 干燥失重　　D. 装量差异

三、配伍选择题

（22~26题共用选项）

A. 填充剂　　B. 主药　　C. 矫味剂

D. pH调节剂　　E. 润湿剂

维生素C颗粒剂常用于预防和治疗坏血病，温水冲服，其处方如下。

维生素C 1.5g　酒石酸0.15g　糊精15.0g　50%乙醇适量　蔗糖粉13.5g　共制成15包。

22. 处方中维生素C的作用是（　）

23. 处方中酒石酸的作用是（　）

24. 处方中糊精的作用是（　）

25. 处方中50%乙醇的作用是（　）

26. 处方中蔗糖粉的作用是（　）

四、综合运用题

27. 何为颗粒剂？颗粒剂有哪些类型？

28. 简述湿法制颗粒剂生产的工艺流程。

思维导图　知识小结

参考答案

实践二十七　项目单梳理

项目名称	湿法制粒
模拟药物	复方维生素B颗粒
处方组成	[处方]盐酸硫胺120g　核黄素24g　盐酸比多辛36g　烟酰胺120g　泛酸钙24g 苯甲酸钠400g　枸橼酸200g　橙皮酊2000ml　蔗糖粉98600g [临床适应证]预防和治疗B族维生素缺乏所致的营养不良、厌食、脚气病、糙皮病等

续表

模拟过程	1.处方分析	(1)处方中盐酸硫胺、核黄素、盐酸比多辛、烟酰胺、泛酸钙是________ (2)苯甲酸钠是________ (3)蔗糖粉是________ (4)枸橼酸是________ (5)橙皮酊是________
	2.准备工作	(1)生产前检查：检查环境温湿度、设备完好情况、洁净度 (2)确定生产指令 (3)核对原辅料信息，并进行称量 (4)正确填写生产记录
	3.制粒	(1)将原料投料入高速混合制粒机内 (2)启动搅拌桨，调整转速 (3)搅拌均匀成软材后，启动制粒刀，完成后出料，成颗粒 (4)关闭设备，清洗，正确填写生产记录
	4.干燥	(1)检查沸腾干燥室的温湿度、压力、设备完好情况 (2)将湿颗粒投入沸腾器内，检查设备密封情况 (3)启动风机，观察物料沸腾情况，调整风量 (4)启动加热，启动搅拌桨，可随时取样，检查颗粒的干燥程度 (5)干燥结束后，关闭加热器，关闭搅拌桨，待出风口与室温接近时，关闭风机 (6)关闭“气封”，后出料 (7)停机，清洗，正确填写生产记录
	5.整粒与分级	将干燥好的颗粒过筛，进行整粒与分级
	6.质量检查	依据《中国药典》(2020年版)颗粒剂项下进行质量检查
	7.分剂量与包装	将检查合格颗粒装入颗粒包装机，进行分剂量包装
模拟结果	依据湿法制粒流程模拟了颗粒剂的制备：物料→混合→制软材→制湿粒→干燥→整粒与分级→质量检查→分剂量→包装，本处方工序可分为三大部分，第一是制备前的容器、用具的清洗准备，第二是处方复核及物料领取，第三是颗粒剂生产，制备过程环环相扣，最终保证产品质量。 请思考，如果制备过程中，发现制得的颗粒比较松散，而且有部分物料呈细粉较多，未成颗粒，原因是什么？	

实践二十八　颗粒剂的制备与质量检查

(一)实践目的

掌握颗粒剂的制备方法和质量检查指标。

(二)实践原理

颗粒剂的制备一般包括原辅料的粉碎、过筛、混合、制粒、干燥、整粒与分级、质量检查、分剂量与包装等工序。除主药含量外，颗粒剂的质量检查项目包括粒度、水分、干燥失重、溶化性、装量差异、装量、微生物限度等。

(三)实践地点

药物制剂实训室。

(四)实践仪器与设备

天平、研钵、标准药筛(12目、16目、80目、100目)。

(五)实践试剂

维生素C、糊精、糖粉、酒石酸、乙醇等。

（六）实践内容

维生素C颗粒	内容
处方	维生素C 5.0g 糊精50.0g 糖粉45.0g 酒石酸0.5g 50%乙醇适量
功能主治	维生素C颗粒用于预防坏血病，也可用于各种急慢性传染疾病及紫癜等的辅助治疗

1.制法 取维生素C、糊精、糖粉分别粉碎，过100目筛；将过筛的维生素C、糊精、糖粉均匀混合；将溶有酒石酸的乙醇液加入混合粉末，制成软材；将软材挤压过16目筛，制成湿颗粒；湿颗粒于60℃条件下干燥，过16目筛、80目筛进行整粒，即得。

2.解析 ①填充剂与主药混合时，因剂量相差较大，可采用等量递加法混合均匀。②湿法制粒的关键是制软材，润湿剂的添加应适量，软材判断标准为"轻握成团，轻压即散"。③维生素C易氧化分解变色，制粒时间应尽量缩短，并用稀乙醇作润湿剂制粒，较低温度下干燥，并应避免与金属器皿接触，加入酒石酸作为金属离子螯合剂。

3.颗粒剂的质量检查

（1）粒度 取单剂量包装的颗粒剂5包（瓶）或多剂量包装的颗粒剂1包（瓶），称定重量，置药筛内，过筛时保持药筛于水平状态，左右往返轻轻筛动3分钟。不能通过一号筛和能通过五号筛的颗粒和粉末的总和，不得超过15%。

（2）溶化性 取供试品颗粒剂10g，加热水200ml，搅拌5分钟。可溶性颗粒剂应全部溶化，允许有轻微浑浊，混悬性颗粒剂应能混悬均匀，并均不得有焦屑等异物。泡腾性颗粒剂遇水应立即产生二氧化碳气体并呈泡腾状。本实验中维生素C颗粒剂为可溶性颗粒剂，应符合规定。

（3）装量差异 取供试品10包（瓶），除去包装，分别精密称定每包（瓶）内容物的重量，求出每包（瓶）内容物的装量与平均装量。每包（瓶）装量与平均装量相比较［凡无含量测定的颗粒剂，每包（瓶）装量应与标示装量比较］，超出装量差异限度的颗粒剂不得多于2包（瓶），并不得有1包（瓶）超出限度的1倍。

（4）记录实验结果 将以上实验结果记录于表9-2中。

表9-2 颗粒剂质量检查结果

制剂	外观	粒度	溶化性	装量差异
维生素C颗粒				

（七）实践反思

1.维生素C颗粒剂处方中各组分的作用是什么？

2.维生素C的氧化分解受哪些因素的影响？制备颗粒剂时应注意哪些问题？

实践二十九 颗粒剂的合理使用

（一）实践目的

熟悉常见的颗粒剂类型；能够正确使用各种颗粒剂。

（二）实践地点

药学服务实训室。

（三）实践用具

若干不同品种颗粒剂药盒。

（四）实践内容

依据理论知识，分组查找药盒，完成表9-3。

表9-3　颗粒剂的合理使用

序号	药品名称	规格	贮藏条件	用法用量
例1	美沙拉秦缓释颗粒	500mg/袋	密闭，在干燥处保存	口服：袋内容物应吞服，不要咀嚼。下述剂量每天分3~4次口服，可餐时服，用一杯水漱口服。 溃疡性结肠炎　急性期：4g/d（8袋，500毫克/袋）；缓解期：1.5g/d，（3袋，500毫克/袋） 克罗恩病　缓解期：2g/d（4袋，500毫克/袋）

（五）实践反思

1.根据查询结果总结肠溶、缓释与控释颗粒的合理使用方法。

2.根据查询结果总结中药颗粒剂的合理使用方法。

药师指点

颗粒剂适用于老年人和儿童用药以及有吞咽困难的患者使用。普通颗粒冲服时应使药物完全溶解，充分发挥药物成分的治疗作用。若为中药颗粒剂，一般不宜用铁质或铝制容器冲服，以免影响药效；若为西药颗粒剂，特别是抗生素类的颗粒剂，用凉开水冲化后立即服用；若为泡腾颗粒剂，应加温水溶化待气泡消失再服用，切忌直接放入口中用水送服。肠溶、缓释与控释颗粒服用时应保证释药结构的完整性。

项目十 胶囊剂

PPT

学习目标

1. 掌握　胶囊剂的定义、特点和制备工艺。
2. 熟悉　胶囊剂的分类、囊材的组成、胶囊剂的质量要求和贮藏。
3. 了解　胶囊剂的填充方法。

导读：胶囊剂是口服固体制剂的主要剂型，胶囊剂的种类较多，不同类型的胶囊剂特点各异，制备工艺也有较大差别。本项目主要探讨学习不同类型胶囊制剂的特点和制备工艺以及胶囊剂的质量要求。

任务一　胶囊剂基础知识

【工作实例】王某到校企合作的药厂参观实习，他发现该药厂生产的胶囊剂有硬胶囊和软胶囊两种，虽然同为胶囊剂，但是二者的形状和质地各不相同，生产工艺也不相同。他的心中充满疑问，为什么有的药物要制成硬胶囊，而有的药物要制成软胶囊？硬胶囊和软胶囊各有什么特点？

一、概述

胶囊剂是指原料药物或原料药物与适宜辅料的混合物充填于空心硬质胶囊或密封于弹性软质囊壳中制成的固体制剂。胶囊剂主要供口服使用，也有用于其他部位的胶囊，如直肠用胶囊、阴道用胶囊、气雾剂胶囊或植入胶囊等，是目前除片剂、注射剂外的第三大剂型。

（一）胶囊剂的分类

胶囊剂可分为硬胶囊剂和软胶囊剂两类。根据释放特性不同可进一步将其分为缓释胶囊剂、控释胶囊剂和肠溶胶囊剂等。

1. 硬胶囊剂　是指采用适宜的制剂技术，将原料药物或加适宜辅料制成均匀的粉末、颗粒、小丸、小片等，充填于空心硬胶囊中制成的胶囊剂。

2. 软胶囊剂　又称胶丸，是指将一定量的液体原料药物直接密封，或将固体原料药物溶解或分散在适宜的辅料中制备成溶液、混悬液、乳状液或半固体，密封于软质囊材中制成的胶囊剂。可用滴制法或压制法制备。

3. 缓释胶囊剂　是指在规定的释放介质中缓慢地非恒速释放药物的胶囊剂。通常是先将药物制成具有缓释作用的颗粒、小丸或小片等，然后再填充入空心胶囊制备而成。

4. 控释胶囊剂　是指在规定的释放介质中缓慢地恒速释放药物的胶囊剂。通常是先将药物制成具有控释作用的颗粒、小丸或小片等，然后再填充入空心胶囊制备而成。

5.肠溶胶囊剂 是指用肠溶材料包衣的颗粒或小丸充填于胶囊而制成的硬胶囊，或用适宜的肠溶材料制备而得的硬胶囊或软胶囊。肠溶胶囊不溶于胃液，但能在肠液中崩解而释放活性成分。

同步思考10-1

阿奇霉素的口服剂型既有普通胶囊又有肠溶胶囊，请问阿奇霉素为什么要制成肠溶胶囊？什么样的人群适合使用肠溶胶囊？

答案解析

（二）胶囊剂的特点

1.临床使用的依从性好 药物被包裹于胶囊内，可以掩盖药物的不良嗅味，且胶囊剂的外形整洁、美观，方便携带，还可在胶囊壳印字或使用不同颜色使其易于识别。

2.药物的生物利用度较高 胶囊剂中的药物是以粉末或颗粒状态直接填装于囊壳中，不含黏合剂，也不受压力等因素的影响，所以药物分散、溶出快，血药达峰时间一般比片剂和丸剂等剂型短。

3.提高药物的稳定性 药物装在胶囊壳中与外界隔离，避开了水分、空气、光线的影响，对不稳定的药物有一定程度上的遮蔽、保护与稳定作用，如维生素、抗生素等可装入不透光的胶囊中，使其免受光线、空气中水分和氧的作用。

4.药物形态可调适性 药物可以粉末、颗粒、小丸或小片的状态充填于胶囊中，也可以两种状态混合充填于胶囊中，以适应临床不同的需求。含油量高的药物或液态药物难以制成丸剂、片剂等，但可制成胶囊剂。剂量小、难溶于水、在消化道中不易吸收的药物，也可将其溶于适当油中制成胶囊剂，以提高吸收率。

5.可延缓药物的释放或定位释药 可将药物按需要制成缓释颗粒装入胶囊中，以达到缓释延效作用；或制成肠溶胶囊剂、直肠给药或阴道给药的胶囊剂，产生定位释药；对在结肠段吸收较好的蛋白质、多肽类药物，可制成结肠靶向胶囊剂。

6.温湿度影响大 胶囊壳多以明胶为材料制备，受温度和湿度影响较大，且生产成本较高。

7.某些人群服用困难 对于婴幼儿及老年人等特殊人群，口服胶囊剂有一定困难。

8.某些内容物不适宜 胶囊剂对内容物有一定要求，一些药物不适宜制成胶囊剂。

（1）药物的水溶液或稀乙醇溶液能使胶囊壁溶化。

（2）易溶性药物如溴化物、碘化物等及小剂量刺激性强的药物，因在胃中溶解后局部药物浓度过高而刺激胃黏膜。

（3）易风化的药物，因药物中的结晶水被胶囊壁吸收，从而使胶囊壁软化。

（4）易潮解或吸湿的药物，因药物能吸收胶囊壁中的水分，从而使胶囊壁脆裂。

（5）O/W型乳剂药物会导致胶囊壁变软。

同步练习10-1

下列适合制成胶囊剂的是（　）

A.易风化的药物　　B.易吸湿的药物

C.具有难闻气味的药物　　D.药物的水溶液

答案解析

点滴积累10-1

1.胶囊剂分为硬胶囊剂和软胶囊剂两类。

2.胶囊剂的特点包括临床使用的依从性好、药物的生物利用度较高、提高药物的稳定性、药物形态可调适性、可延缓药物的释放或定位释药。

二、质量要求

胶囊剂的质量应符合《中国药典》(2020年版)“制剂通则”项下对胶囊剂的要求。

1.外观 胶囊剂应整洁，不得有黏结、变形、渗漏或囊壳破裂等现象，并应无异臭。

2.水分 中药硬胶囊剂应进行水分检查。取供试品内容物，按照水分测定法(通则0832)测定。除另有规定外，不得超过9.0%。硬胶囊内容物为液体或半固体者不检查水分。

3.装量差异 按照装量差异检查法检查，应符合表10-1中的规定。

表10-1 胶囊剂装量差异限度

平均装量或标示装量	装量差异限度
0.30g以下	±10%
0.30g及0.30g以上	±7.5%(中药±10%)

除另有规定外，取供试品20粒(中药取10粒)，分别精密称定重量，倾出内容物(不得损失囊壳)，硬胶囊囊壳用小刷或其他适宜的用具拭净；软胶囊或内容物为半固体或液体的硬胶囊囊壳用乙醚等易挥发性溶剂洗净，置通风处使溶剂挥尽，再分别精密称定囊壳重量，求出每粒内容物的装量与平均装量。每粒装量与平均装量相比较(有标示装量的胶囊剂，每粒装量应与标示装量比较)，超出装量差异限度的不得多于2粒，并不得有1粒超出限度1倍。

凡规定检查含量均匀度的胶囊剂，一般不再进行装量差异的检查。

4.崩解时限 除另有规定外，按照崩解时限检查法(通则0921)检查，均应符合规定。

(1)硬胶囊或软胶囊 除另有规定外，取供试品6粒，分别置崩解仪吊篮的玻璃管中(化药胶囊如漂浮于液面，可加挡板；中药胶囊加挡板)，往返频率为每分钟30~32次，启动崩解仪进行检查。硬胶囊应在30分钟内全部崩解，软胶囊应在1小时内全部崩解，以明胶为基质的软胶囊可改在人工胃液中进行检查。如有1粒不能完全崩解，应另取6粒复试，均应符合规定。

(2)肠溶胶囊 除另有规定外，取供试品6粒，按上述装置与方法，先在盐酸溶液(9→1000)中不加挡板检查2小时，每粒的囊壳均不得有裂缝或崩解现象；然后将吊篮取出，用少量水洗涤后，每管加入挡板，再按上述方法，改在人工肠液中进行检查，1小时内应全部崩解。如有1粒不能完全崩解，应另取6粒复试，均应符合规定。

(3)结肠肠溶胶囊 除另有规定外，取供试品6粒，按上述装置与方法，先在盐酸溶液(9→1000)中不加挡板检查2小时，每粒的囊壳均不得有裂缝或崩解现象；将吊篮取出，用少量水洗涤后，再按上述方法，在磷酸盐缓冲液(pH6.8)中不加挡板检查3小时，每粒的囊壳均不得有裂缝或崩解现象；然后将吊篮取出，用少量水洗涤后，每管加入挡板，再按上述方法，改在磷酸盐缓冲液(pH7.8)中检查，1小时内应全部崩解。如有1粒不能完全崩解，应另取6粒复试，均应符合规定。

凡规定检查溶出度或释放度的胶囊剂，一般不再进行崩解时限的检查。

5.微生物限度 以动物、植物、矿物质来源的非单体成分制成的胶囊剂，生物制品胶囊剂，照非无菌产品微生物限度检查：微生物计数法(通则1105)和控制菌检查法(通则1106)及非无菌药品微生物限度标准(通则1107)检查，应符合规定。规定检查杂菌的生物制品胶囊剂，可不进行微生物限度检查。

胶囊剂在生产与贮藏期间还应符合下列有关规定。

（1）胶囊剂的内容物不论是原料药物还是辅料，均不应造成囊壳的变质。

（2）小剂量原料药物应用适宜的稀释剂稀释，并混合均匀。

（3）根据原料药物和制剂的特性，除来源于动、植物多组分且难以建立测定方法的胶囊剂外，溶出度、释放度、含量均匀度等应符合要求。必要时，内容物包衣的胶囊剂应检查残留溶剂。

（4）除另有规定外，胶囊剂应密封贮存，其存放环境温度不高于30℃，湿度应适宜，防止受潮、发霉、变质。生物制品原液、半成品和成品的生产及质量控制应符合相关品种要求。

点滴积累10-2

胶囊剂一般应进行外观、水分、装量差异、崩解时限、微生物限度等项目的检查并符合《中国药典》（2020年版）的规定。

阅读与感悟

胶囊壳是用食用级药用的明胶经过精处理与辅助材料制造而成。明胶是从动物的皮肤和骨骼中提取的一种水溶性蛋白质，是一种无脂肪的高蛋白，且不含胆固醇，是一种天然的增稠剂。明胶来源于动物的皮或骨，因此素食主义者用药时不方便，而且明胶胶囊高温下容易粘连，低湿条件下容易硬化甚至破碎，因此，几年来，胶囊制造企业逐渐研究明胶的替代品，明胶胶囊的替代品有植物胶（魔芋胶、阿拉伯胶等）、微生物胶（黄原胶、结冷胶等）、海藻胶、卡拉胶、海藻酸盐类等，但是植物凝胶的生产成本较高。目前常用的替代胶囊壳为羟丙甲纤维素胶囊壳，是一种常用的药用辅料，羟丙甲纤维素胶囊壳受温湿度影响较小，来源于植物，对于素食者以及属于某些宗教或种族群体的人来说，都是较好的选择。随着研发成功的胶囊壳种类越来越多，未来人们的选择也会越来越多，也会有更多更优的囊材为健康护航。

自测达标

答案解析

一、单项选择题

1.《中国药典》规定软胶囊的崩解时限是（　）

A. 10分钟　　B. 20分钟　　C. 30分钟　　D. 60分钟

2.某胶囊剂的平均装量为0.2g，它的装量差异限度为（　）

A. ± 10%　　B. ± 8%　　C. ± 7.5%　　D. ± 5%

3.下列空胶囊中容量最小的是（　）

A. 0号　　B. 1号　　C. 3号　　D. 5号

4.胶囊剂不检查的项目是（　）

A.装量差异　　B.硬度　　C.外观　　D.崩解时限

5. 凡规定检查含量均匀度的胶囊剂，一般不再进行（　）的检查

A.装量差异　　B.崩解时限　　C.溶出度　　D.释放度

二、配伍选择题

（6~10题共用选项）

A.硬胶囊　　B.软胶囊　　C.肠溶胶囊

D.缓释胶囊　　　　　　E.控释胶囊

根据描述选择对应的胶囊剂类型。

6.在规定的释放介质中缓慢地恒速释放药物的胶囊剂（　）

7.将药物充填于空心硬胶囊中制成的胶囊剂（　）

8.有压制法和滴制法制备的胶囊剂（　）

9.在规定的释放介质中缓慢地非恒速释放药物的胶囊剂（　）

10.不溶于胃液，但能在肠液中崩解而释放活性成分的胶囊剂（　）

任务二　胶囊剂的制备

【工作实例】胶囊在填充的过程中，经常出现变形或者黏着在设备上的情况，请思考这是什么原因造成的？

一、硬胶囊剂

硬胶囊剂是将药物填充于空心硬胶囊中制成的，制备工艺流程如图10-1所示。

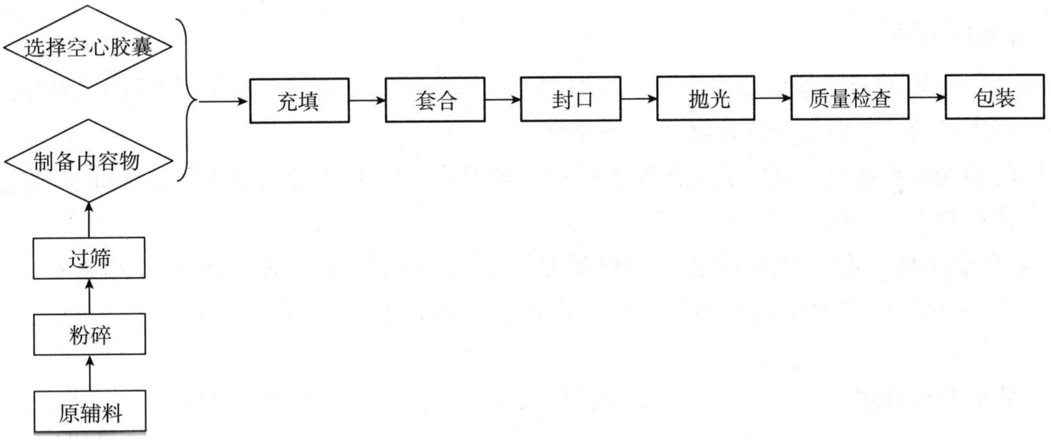

图10-1　硬胶囊剂制备工艺

（一）空心胶囊的选择

空心胶囊一般呈圆筒形，由可套合、锁合的囊帽及囊体两节组成（图10-2），分为透明（两节均不含遮光剂）、半透明（仅一节含遮光剂）和不透明（两节均含遮光剂）三种。

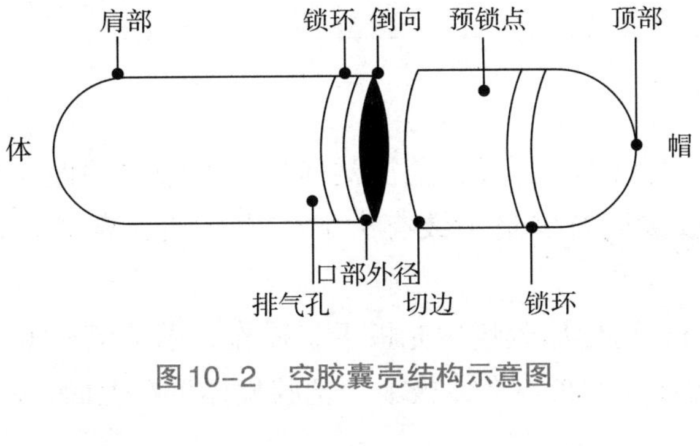

图10-2　空胶囊壳结构示意图

空心胶囊主要由明胶加辅料（如增塑剂、增稠剂、防腐剂、遮光剂和着色剂等）制成。一般由专业厂家生产，其质量应符合《中国药典》（2020年版）对明胶空心胶囊的要求。

常用的增塑剂有甘油、羧甲基纤维素钠（CMC-Na）、羟丙基纤维素（HPC）、山梨醇等，可以增加空胶囊的韧性与可塑性；为了美观和便于识别，也可以加入柠檬黄、胭脂红等着色剂；增加对光敏感药物的稳定性，可以在空胶囊中加入二氧化钛等遮光剂，制成不透光的胶囊；防止胶囊霉变，可以加入羟苯酯类的防腐剂；也可以加入芳香矫味剂（香精等）、增稠剂（琼脂等）等。

空心胶囊按其容量大小分为000号，00号、0号、1号、2号、3号、4号、5号及其他特殊规格型号，000号容积最大，5号容积最小，其中0~5号胶囊较为常用。常用空心胶囊的容积见表10-2。

表10-2 常用空心胶囊容积

型号	0号	1号	2号	3号	4号	5号
容积（ml）	0.75	0.55	0.40	0.30	0.25	0.15

同步练习10-2

胶囊壳的主要原料是（　）

A. 西黄芪胶　　B. 明胶

C. 羧甲基纤维素钠　　D. 琼脂

答案解析

（二）药物的处理

硬胶囊剂中充填的药物除特殊规定外，一般要求是混合均匀的粉末或制备成颗粒、小丸、小片等，也可以是半固体或液体，但充填固体物料仍是主流。

若固体药物粉碎至适宜粒度能满足硬胶囊剂的充填要求，即可直接充填。但多数粉末状或颗粒状的药物要考虑物料的以下特性。

1.物料的流动性　会直接影响装量的准确性，所以流动性不好的药物粉末可加入适量的硬脂酸镁、滑石粉等助流剂或预先制成颗粒、小丸以改善其流动性，但颗粒的大小应均匀以保证剂量的准确。

2.物料的分散与润湿　对于疏水性药物常需加入亲水性稀释剂如羟丙基纤维素等，使疏水性药物在体液中更好地分散、溶出；若胶囊中充填颗粒、小片或小丸等，在制颗粒时可使用适量崩解剂以利于药物的溶出和吸收。

同步思考10-2

硬胶囊剂可直接填充药物粉末，也可制备成颗粒、小丸、小片等后填充，请思考粉末直接填充和制粒后填充各有什么优缺点?

答案解析

（三）药物的填充

硬胶囊填充场所环境应符合GMP要求，生产洁净度为D级，一般应控制温度为18~26℃，相对湿度为45%~65%，以保证胶囊壳含水量不致有大的变化。硬胶囊填充方式有手工填充和机械填充两种。

1.手工填充　少量制备时，可使用胶囊填充板手工操作，手工填充板主要由体板、帽板、排列盘、中间板、刮粉板等组成，首先将排列板放在体板上，把胶囊体倒在上面，左右摇晃，把胶囊体摇进体板里；拿下排列板，用刮粉板将药粉刮在体板上，一直刮满胶囊体；再把排列板放在帽板上，胶囊帽倒在排列板上，左右摇晃，直到胶囊帽全进帽板里；拿下排列板，将中间板扣在帽板上，然后再把它放在体板上，使劲向下压到底，使体板和帽板胶囊完全锁合，就制成了完整的胶囊。手工填充药尘飞扬严重，装量差异大，生产效率低，一般用于科研院校、实验室、家庭等小剂量等灌装。

2. 机械填充 大量生产时则采用机械填充，目前普遍使用全自动填充机（图10-3）。具体流程为进料→胶囊定向→胶囊帽体垂直分离→帽体水平分离→填充物料→剔除未分离胶囊→帽体重新套合→成品排出（图10-4）。

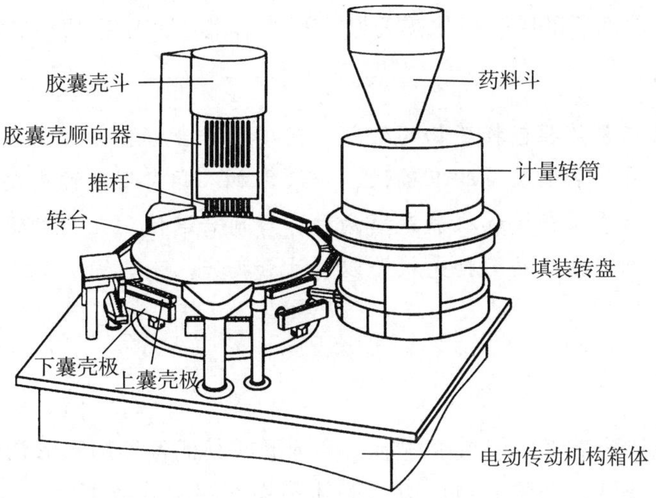

图10-3　硬胶囊剂自动填充机原理示意图

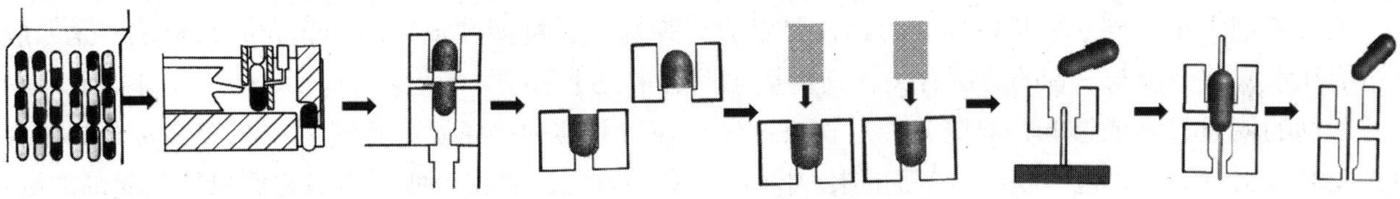

图10-4　硬胶囊自动填充步骤

（1）进料与定向　为保证胶囊壳在运输过程中不变形，胶囊壳的体和帽是套在一起的。但是填充药粉时，需要胶囊体在下才能完成，因此自动胶囊机通常都有胶囊壳的排列定向装置。胶囊壳依靠重力和定向排囊板上下往复运动而引入通道，滑槽的宽度在胶囊体和胶囊帽之间，因此利用定向排列盘上的推爪进行翻转和推动，达到正确排列目的。

（2）胶囊帽体垂直分离　现有的机型多是利用真空吸力将套合的胶囊壳拔开。

（3）胶囊帽体水平分离　上囊板连同胶囊帽一起移开，胶囊体的上口置于定量填充装置的下方。

（4）填充物料　药物由药物定量装置填充进胶囊体中。通常在填充机上还会设置送粉机构。

（5）废囊剔除　在某些情况下，会出现胶囊体和帽无法分离的情况，不能正常填充药粉，为防止与成品混淆，需要进行废囊剔除。依靠顶杆将其顶出囊板孔，借助压索风将废囊吹入吸尘袋中。

（6）套合　胶囊闭合装置有弹性压板和顶杆组成，当上、下囊板的轴线对准后，弹性压板向下行，将胶囊帽压住，顶杆开始上行，伸入顶住胶囊体底部，胶囊帽和胶囊体闭合、锁紧。

（7）成品排出　胶囊剂成品是利用出料顶杆自下囊壳板下端孔内由下而上将胶囊顶出囊壳板孔的。一般还可以在侧向辅助压缩空气，帮助胶囊吹到滑道中，被运送至下一道包装工序。

（四）锁合封口

将药物填充于囊体后，即可套合胶囊帽。目前多使用锁口型胶囊壳，胶囊体帽套合时即咬合锁口，密闭性良好（图10-5）。若使用的是非锁口型胶囊壳，在完成填充、套合后，常需进行封口操作，封口常用与制备空心胶囊时相同浓度的明胶液或使用超声波封口。

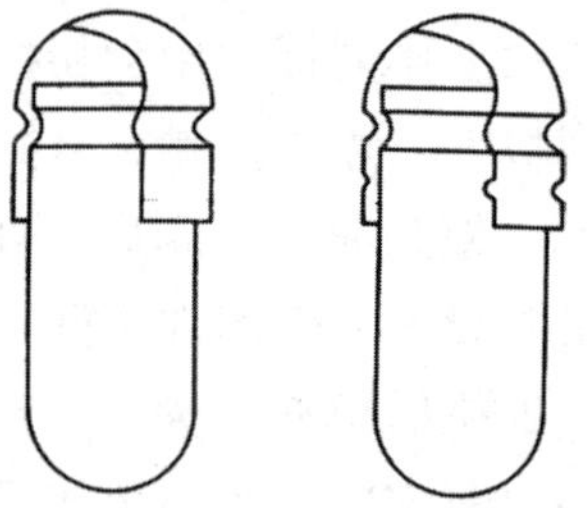

图10-5　单锁口和双锁口型胶囊

（五）抛光与包装

充填后的硬胶囊剂表面往往黏有少量药粉，可使用胶囊抛光机予以清洁和抛光，手工充填的胶囊可用洁净的纱布轻轻搓滚。清洁后的胶囊根据需要装入适当容器或使用铝塑包装机包装。

点滴积累 10-3

1. 硬胶囊剂的制备工艺流程包括药物的处理、充填、套合锁合、抛光、质量检查、包装。
2. 物料的流动性会直接影响装量的准确性，一般需加入润滑剂或预先制成颗粒以改善流动性。
3. 硬胶囊充填方式有手工充填和机械充填两种，目前普遍使用全自动填充机。
4. 充填后的硬胶囊剂可使用胶囊抛光机予以清洁和抛光。

二、软胶囊剂

软胶囊剂是将一定量的药液直接包封于球形、椭圆形或其他各种特殊形状的软质囊材中制成的，又称胶丸，其中的药液可以是液体药物，也可以是固体药物溶解或分散于适宜的赋形剂中制备成的溶液、混悬液、乳液等，其制备工艺流程如图10-6所示。

（一）囊材的配制

软胶囊剂大小不同、形状各异，因此，要求囊壳弹性大、可塑性强。制作囊壳的材料主要是明胶、增塑剂和水，其弹性与三者的比例有关，其重量比例通常是干明胶：干增塑剂：水=1：（0.4~0.6）：1，若增塑剂的用量过高或过低，囊壁就会过软或过硬。在软胶囊的制备及贮存过程中只存在水分的损失，使囊壳的含水量降低，但明胶与增塑剂的比例保持不变，因此，明胶与增塑剂的比例对软胶囊剂的制备及质量有着十分重要的影响。常用的增塑剂有甘油、山梨醇或二者的混合物，另外，还可根据需要加入崩解剂、着色剂、防腐剂、遮光剂和色素等。

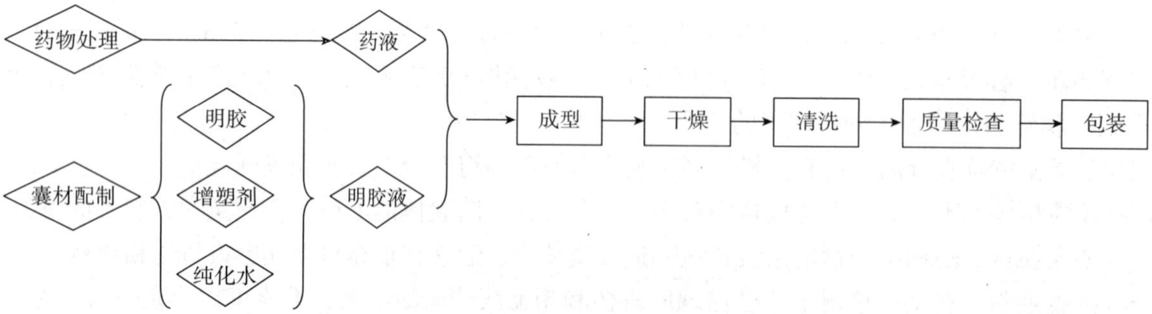

图10-6　软胶囊剂制备工艺

（二）药物的处理

软胶囊内可以填充油类、对明胶无溶解作用的药物溶液或混悬液以及固体粉末或颗粒。药物溶液的pH宜控制在2.5~7.5，否则易使明胶水解或变性。

1.药物为油溶性或药物本身为油类时，可直接加入适量分散介质（一般为植物油、芳香油等）将药物溶解或混匀。

2.可溶于亲水性介质的药物则可使用PEG、丙二醇、聚山梨酯80等制成溶液，但这类液体具有亲水性，为防止在贮存过程中吸收胶囊壳的水分而影响胶囊壳的性质，可在内容物处方中加入5%~10%的甘油，并保留5%的水分。

3.不能溶解于分散介质的药物则需要先粉碎过100~200目筛，然后与分散介质混合，再经胶体磨研磨，形成药物颗粒小于100μm的混悬液，常用的分散介质有植物油或PEG400等，另外，为了保证药物在填充过程中分散均匀、剂量准确，常加入助悬剂。

不宜填充的液体内容物有含水量5%以上的内容物（容易造成囊材溶解）；醛类（可引发明胶变性）；乙醇、丙酮、酸、酯等（能使明胶软化或溶解的有机物）。

同步练习10-3

下列适宜制成软胶囊的是（　）

A. 药物的水溶液　　B. 药物的稀乙醇溶液

C. 鱼肝油　　D. O/W型乳剂

答案解析

（三）软胶囊的制备

在软胶囊生产过程中，药物的填充与成型常同时进行。常用的制备方法有滴制法和压制法。

1.滴制法　是指采用具有双层喷头的软胶囊机制备软胶囊剂的方法，即利用明胶液与油状药物为两相，由软胶囊机喷头使两相按不同速度喷出，一定量的明胶液将定量的油状液包裹后，滴入另一种不相混溶的液体冷却剂中，胶液接触冷却液后，因表面张力作用而使之形成球形，并逐渐凝固成软胶囊剂（图10-7）。在采用滴制法制备软胶囊时，应当注意影响其质量的因素，主要包括：明胶液的处方组成比例；胶液的黏度；药液、胶液及冷却液三者的密度；胶液、药液及冷却液的温度；软胶囊剂的干燥温度。在实际生产过程中，一般根据不同的品种，必须经过试验才能确定最佳工艺条件。该方法制备的软胶囊具有装量差异小、成品率高、产量大、成本较低的优点。

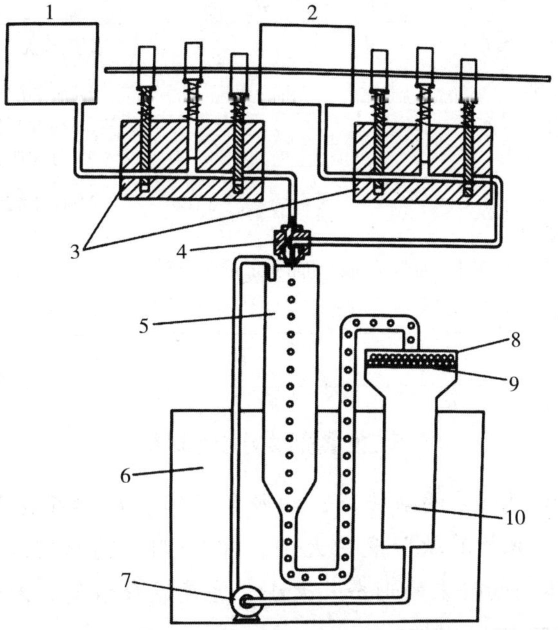

1.明胶液箱；2.药液箱；3.定量控制器；4.滴丸成型装置；5.液蜡冷却筒；6.冷却箱；7.泵；8.成品箱；9.滴丸过滤网；10.液蜡贮箱

图10-7　软胶囊滴制法生产过程示意图

2. 压制法　是将胶液制成厚薄均匀的胶片，再将药液置于两个胶片之间，用钢板模或旋转模压制软胶囊的一种方法。目前生产上主要采用旋转模压法，由相反方向向两侧送料轴传送过来的软胶片，相对地进入两个轮状模子的夹缝处。药液由储液槽经过导管流入楔形注入器，借填充泵的推动，定量地落入两胶片之间，由于旋转模连续转动，将胶片与药液压入两模的凹槽中，使胶片呈两个半球形将药液包裹，形成一个球形囊状物，剩余的胶片被切断分离。填充的药液量由填充泵准确控制。软胶囊的形状由旋转模进行控制，因此可以制成圆柱形、球形、橄榄形、管形、栓形、鱼形等大小形状各异的软胶囊（图10-8）。该方法可连续自动化生产，成品率较高，产量大，装量差异较小。

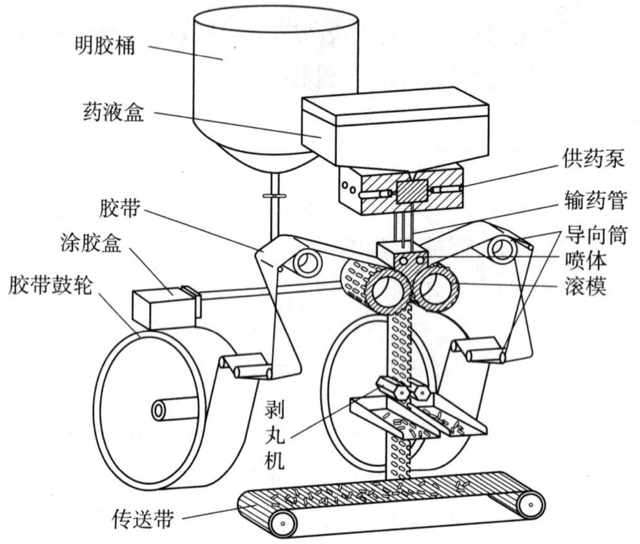

图10-8　软胶囊压制机原理示意图

两种不同制法的优缺点比较见表10-3。

表10-3　压制法与滴制法比较

对比项目	滴制法	压制法
产品外形	圆形，无压痕（无缝）	各种形状，有压痕（有缝）
优点	（1）设备造价低 （2）设备操作相对简单 （3）胶皮利用率高	（1）可制出不同形状的产品 （2）药液装量大 （3）可加遮光剂
缺点	（1）形状单一 （2）药液装量小 （3）胶液通常要求透明，加遮光剂后产品质量难以控制	（1）设备结构复杂，造价高 （2）设备操作相对复杂 （3）胶皮不回收，明胶利用率低
目前应用情况	使用逐渐减少	使用较广泛

充电链接

软胶囊剂大小的选择

在保证填充药物达到治疗效果的前提下，软胶囊的容积应尽可能小，以方便软胶囊成型。一般情况下，可用基质吸附率来计算软胶囊的大小，即1g固体药物的混悬液所需液体基质的克数。而基质吸附率常常受到固体药物粉末的形态、大小、密度、含水量等因素的影响。

（四）软胶囊的干燥

通常采用转笼式干燥机干燥软胶囊。将软胶囊放入转笼内，由笼内的导板带动软胶囊翻动，通风机向转笼吹风，软胶囊囊壳表面的水分在气流作用下不断蒸发，而囊壳内层及内容物的水分在渗透压作用下逐渐向囊壳表面迁移进而蒸发，软胶囊逐渐干燥。因胶囊皮遇热易熔化，干燥过程应在常温或低于常温的条件下进行，一般温度为20~24℃，相对湿度为20%左右。为保证干燥效果，干燥间通常采用平行层流的送风方式。

（五）软胶囊的清洗

软胶囊的清洗又称为软胶囊的脱油，是指利用软胶囊清洗机将囊壳表面的冷却油清洗干净，并挥干清洗剂。一般用95%的乙醇或乙醚进行清洗，常用的设备是超声波软胶囊清洗机。

（六）软胶囊的包装与贮藏

软胶囊与硬胶囊的包装与贮存条件相同，贮藏温度不超过25℃，相对湿度不超过45%，由于软胶囊囊材中含有较多的甘油，如存放时间过长或温度较高有可能对包装容器发生吸附现象，因此应该严格控制贮存条件，密闭在阴凉干燥处。

点滴积累 10-4

1. 软胶囊剂的制备工艺流程包括囊材的配制、药物的处理、成型、干燥、清洗、质量检查、包装。
2. 软胶囊剂常用的制备方法有滴制法和压制法。
3. 制作囊壳的材料主要是明胶、增塑剂和水，其重量比例通常是干明胶：干增塑剂：水=1：（0.4~0.6）：1。

三、肠溶胶囊剂

肠溶胶囊指用肠溶材料包衣的颗粒或小丸填充于胶囊而制成的硬胶囊，或用适宜的肠溶材料制备而得的硬胶囊或软胶囊。肠溶胶囊不溶于胃液，但能在肠液中崩解而释放活性成分。

（一）以肠溶性材料制成肠溶性空心胶囊

常用的肠溶性材料有丙烯酸树脂类、乙酸纤维素钛酸酯（CAP）、虫胶、聚乙烯吡咯烷酮类（PVP）、蜂蜡等。肠溶空心胶囊的制备有两种方法：一是将溶解好的肠溶材料直接加到明胶溶液中，然后加工成肠溶空心胶囊；二是在普通的明胶胶囊壳表面包被肠溶衣料，如用PVP作底衣层，然后用蜂蜡等作外层包衣，也可用丙烯酸Ⅱ号、CAP等溶液包衣等，其肠溶性较为稳定。

（二）肠溶颗粒或小丸装胶囊

将药物与辅料用适宜的方法制成颗粒或小丸，然后再用肠溶材料，将包衣后的颗粒或小丸当作内容物填充入普通的胶囊壳内，制成肠溶胶囊。此方法制备的肠溶胶囊较为多见。

点滴积累 10-5

1. 制备肠溶胶囊的方法包括以肠溶性材料制成肠溶性空心胶囊和将肠溶颗粒或小丸装于胶囊壳制成胶囊两种。
2. 常用的肠溶性材料有丙烯酸树脂类、乙酸纤维素钛酸酯（CAP）、虫胶、聚乙烯吡咯烷酮类（PVP）、蜂蜡等。

四、制备举例及应用

（一）速效感冒胶囊

【处方】对乙酰氨基酚300g　维生素C 100g　胆汁粉100g　咖啡因3g　马来酸氯苯那敏3g

10%淀粉浆适量　食用色素适量　共制成硬胶囊剂1000粒

【临床适应证】适用于缓解普通感冒及流行性感冒引起的发热、头痛、四肢酸痛、打喷嚏、流鼻涕、鼻塞、咽痛等症状。

【处方分析】本品为一种复方制剂，所含成分的性质、数量各不相同，为防止混合不均匀和填充不均匀，采用适宜的制粒方法使制得颗粒的流动性良好，经混合均匀后再进行填充，这是一种常用的方法；另外，加入食用色素可使颗粒呈现不同的颜色，一方面可直接观察混合的均匀程度，另一方面若选用透明胶囊壳，将使制剂外形比较美观。

【制备方法】①取上述各药物，分别粉碎，过80目筛；②将10%淀粉浆分为A、B、C 3份，A加入少量食用胭脂红制成红糊，B加入少量食用橘黄（最大用量为万分之一）制成黄糊，C不加色素为白糊；③将对乙酰氨基酚分为3份，一份与马来酸氯苯那敏混匀后加入红糊，一份与胆汁粉、维生素混匀后加入黄糊，一份与咖啡因混匀后加入白糊，分别制成软材后，过14目尼龙筛制粒，于70℃干燥至水分3%以下；④将上述三种颜色的颗粒混合均匀后，填入空胶囊中，即得。

【贮藏】密封，在阴凉干燥处保存。

（二）维生素AD胶丸（软胶囊）

【处方】维生素A 3000单位　维生素D 300单位　明胶100份　甘油55~66份

水120份　鱼肝油或精炼食用植物油适量

【临床适应证】用于预防和治疗维生素A及维生素D的缺乏症。如佝偻病、夜盲症及小儿手足抽搐症。

【处方分析】维生素A与维生素D是主药，属于脂溶性维生素，加入食用植物油或者鱼肝油可作为溶剂，甘油可以起到增塑剂和保湿的作用，使囊壁干燥过后仍然保留约5%的水分。

【制法】取维生素A与维生素D_2，加鱼肝油或精炼食用植物油（在0℃左右脱去固体脂肪）溶解，并调整浓度至每丸含维生素A应为标示量的90.0%~120.0%，含维生素D应为标示量的85.0%以上，作为药液待用；另取甘油及水加热至70~80℃，加入明胶，搅拌溶化，保温1~2小时，除去上浮的泡沫，滤过（维持温度），加入滴丸机滴制，以液状石蜡为冷却液，收集冷凝的胶丸，用纱布拭去黏附的冷却液，在室温下吹冷风4小时，置于25~35℃下烘4小时，再经石油醚洗涤2次（每次3~5分钟），除去胶丸外层液状石蜡，再用95%乙醇洗涤一次，最后在30~35℃烘干约2小时，筛选，质检，包装，即得。

【贮藏】避光、密封，阴凉干燥处保存。

阅读与感悟

据悉，全球有近15亿人遭受便秘的困扰，其中女性发病人数约是男性的两倍，而随着年龄增长，便秘的可能性也更大，老年人发病率比年轻人高约5倍。长期便秘不仅影响生活质量，还可能导致肠道疾病。为提高公众对便秘的关注，每年的3月28日被中国医师协会定为“中国便秘日”。随着科技的发展，由中国科研团队自主研发的消化道振动胶囊正在改变人们与便秘抗争的方式。这款振动胶囊不含任何药物成分，而是创新性地以纯物理方式对肠道进行“按摩”。该产品融合了多项技术创新，为患者恢复正常的肠道蠕动，重新建立人体自主排便的能力和习惯。

自测达标

答案解析

一、单项选择题

1.软胶囊囊壳由干明胶、干增塑剂和水构成，三者的重量比例通常是（　）

A.1∶（0.2~0.4）∶1　B.1∶（0.2~0.4）∶2　C.1∶（0.4~0.6）∶1　D.1∶（0.4~0.6）∶2

2.有关胶囊剂的表述，不正确的是（　）

A.软胶囊的囊壁中增塑剂越多越好

B.硬胶囊是由囊体和囊帽组成的

C.软胶囊中的液体介质可以使用植物油

D.硬胶囊和软胶囊的囊壳主要成分都是明胶

3.下列关于药物充填硬胶囊前处理方法的叙述中，不正确的是（　）

A.填充物料制成粉末或颗粒

B.根据物料堆密度选择空胶囊的号数

C.毒性药和剂量小的药物应加稀释剂

D.挥发油等液体药物可直接填充

4.硬胶囊壳中不含（　）

A.着色剂　B.遮光剂　C.崩解剂　D.增塑剂

5.下列不属于滴制法制备软胶囊影响因素的是（　）

A.胶液组成比例　B.胶液、药液、冷却液的温度

C.胶液、药液、冷却液的密度　D.着色剂的选用

二、多项选择题

6.易吸湿的药物可使胶囊壳（　）

A.变脆　B.变软　C.变色　D.干裂

7.软胶囊剂的制备方法包括（　）

A.灌装法　B.压制法　C.滴制法　D.挤压法

8.胶囊剂的特点包括（　）

A.药物的生物利用度高于散剂　B.液体药物可制成软胶囊剂

C.可制成定位释放的胶囊剂　D.可提高药物的稳定性

三、配伍选择题

（9~13题共用选项）

A.硬脂酸镁　B.二氧化钛　C. PEG400

D.聚乙烯吡咯烷酮类　E. 甘油

9.常用于空胶囊壳中的遮光剂是（　）

10.可用于软胶囊中的分散介质是（　）

11.可用于制备肠溶胶囊的肠溶性材料是（　）

12.可用于制备软胶囊壳的增塑剂是（　）

13.可用于增加硬胶囊内容物流动性的是（　）

四、综合运用题

14.简述硬胶囊剂的制备工艺流程。

15.制备肠溶胶囊常用的方法有哪些？

思维导图　知识小结

实践三十 项目单梳理

参考答案

项目名称	软胶囊剂的制备	
模拟药物	硝苯地平软胶囊	
处方组成	[处方]硝苯地平500g　PEG400 22000g　明胶10000份　甘油5500份　水12000份　制成软胶囊100000丸	
临床适应证	心绞痛：变异型心绞痛、不稳定型心绞痛、慢性稳定型心绞痛 高血压：单独使用或与其他降压药合用	
工具书	《中国药典》(2020年版)、药品生产质量管理规范(GMP)	
模拟过程	1.处方分析	(1)硝苯地平是______________________ (2)PEG400是______________________ (3)甘油是______________________ (4)采用压制法制备
	2.生产前准备	(1)检查生产场地，物料、设备、容器等洁净状态 (2)确认制备房间温湿度、压差符合要求，按照GMP的要求，洁净度为__________级，洁净室温度在__________℃，相对湿度为__________，洁净区与非洁净区之间、不同洁净区之间的压差不低于10pa。按真实环境做好记录 (3)检查清场合格证，批生产指令，准备完成后，在操作设备上换上“生产中”状态牌
	3.囊材配制	(1)按照处方比例，称取明胶、甘油和水，先用80%的水溶胀明胶，后与甘油和水置化胶罐中，加热到70℃，搅拌1~1.5小时 (2)保温60℃左右，除去浮沫，过滤，测定胶液浓度，符合《中国药典》(2020年版)的要求 (3)真实记录生产记录
	4.药物处理	(1)将处方量硝苯地平与PEG400混溶成淡黄色黏稠药液 (2)真实记录生产记录。
	5.设备安装	(1)按照所需要的丸型安装转模，注射器分配板和可变齿轮 (2)确定胶桶保温在55~65℃ (3)调正同步　使注射器喷出的药液正好射进模孔中间 (4)加热展布箱　控制温度在45~65℃，展布箱下口应平整、无弯曲、无残胶黏附 (5)连接胶液桶　两条输胶管与两只展布箱连接良好，且胶液流速正常 (6)药液通过药液筛直接加入压丸机上端药液加料斗
	6.软胶囊压制	(1)输送胶液　打开胶液桶下方阀门和压缩阀门，调节压力，使胶液流速均匀，使胶液经输胶管连续流入左右两只展布箱中 (2)制作胶皮　开胶带轮，让胶液流到正在旋转的胶带轮上进行制皮，厚度适宜，左右两侧胶皮厚度保持一致 (3)软胶囊压制　开转模，引导胶带进入剥轮中间，同时打开注射器，电热棒加热，设定温度为35~45℃，随时检查丸型是否正常，有无渗漏，并每20分钟检查一次装量差异
	7.干燥定型	将压制合格胶丸经输送带送入干燥转笼内进行干燥定型7~16小时
	8.洗丸晾丸	(1)洗丸间为防爆作业区，用95%乙醇洗去胶囊表面油脂，使用过的废乙醇应及时清理 (2)经乙醇清洗后的软胶囊在网机内吹干约6小时 (3)真实记录制丸生产记录
	9.质检包装	(1)干燥后软胶囊通过设备进行拣丸，去除异型丸、大小丸、瘪丸、漏丸等 (2)拣丸合格后进行质量检查，完成记录 (3)合格后分装
	10.清场	(1)生产结束后，按“清场标准操作程序”进行清场，做好房间、设备、容器等清洁记录 (2)上报QA检查合格后，发清场合格证，挂“已清场”牌
模拟结果	模拟压制法制备硝苯地平软胶囊，通过囊材和药物处理、软胶囊压制、干燥定型、洗丸晾丸、质检包装等工序完成软胶囊的制备。本处方中硝苯地平为光敏性药物，生产中的应避光。请思考，如在软胶囊压制过程中，检查装量不准确，可能是什么原因引起的	

实践三十一 硬胶囊的制备与质量检查

（一）实践目的

掌握硬胶囊剂的制备过程及手工充填硬胶囊的方法；熟悉硬胶囊剂的质量检查方法。

（二）实践原理

硬胶囊剂的制备一般包括原辅料的粉碎、制粒、填充、套合锁合、抛光、质量检查、包装等工序。除主药含量外，硬胶囊剂的质量检查项目包括水分、装量差异、崩解时限、微生物限度等。

（三）实践地点

药物制剂实训室。

（四）实践仪器与设备

天平、烘箱、空胶囊、胶囊填充板、洁净的纱布、20目筛、80目筛、研钵、崩解仪。

（五）实践试剂

双氯芬酸钠、淀粉、10%淀粉浆。

（六）实践内容

双氯芬酸钠胶囊	内容
处方	双氯芬酸钠5.0g　淀粉25.0g　10%淀粉浆适量　制成100粒

1.制法

（1）制粒　将双氯芬酸钠研磨，过80目筛，与淀粉混匀，加10%淀粉浆制软材，过20目筛制湿颗粒，将湿颗粒于60~70℃烘干，干颗粒用20目筛整粒。

（2）药物的填充　先将囊帽、囊身分开，囊身插入胶囊填充板孔洞中，调节上下层距离，使胶囊口与板面相平。将颗粒铺于板面，轻轻振动胶囊板，使颗粒填充均匀，填满每个胶囊后，将板面多余颗粒扫除，顶起囊身，套合囊帽，取出胶囊，即得。

2.解析　①填充剂与主药混合时，因剂量相差较大，可采用等量递加法混合均匀。②湿法制粒的关键是制软材，润湿剂的添加应适量，软材判断标准为“轻握成团，轻压即散”。③为使填充好的胶囊剂外形美观、光亮，可用喷有少许液状石蜡的洁净纱布轻轻滚搓，擦去胶囊剂外表黏附的药粉。

3.胶囊剂的质量检查

（1）装量差异　取填充好的胶囊20粒，分别精密称定重量，倾出内容物（不得损失囊壳），囊壳用小刷或其他适宜的用具拭净，再分别精密称定囊壳重量，求出每粒内容物的装量与平均装量。每粒装量与平均装量比较，超出装量差异限度的不得多于2粒，并不得有1粒超出限度1倍。

（2）崩解时限　取胶囊6粒，采用升降式崩解仪（胶囊如漂浮于液面，可加挡板）进行检查。升降的金属支架上下移动距离为55mm ± 2mm，往返频率为每分钟30~32次。硬胶囊应在30分钟内全部崩解，如有1粒不能完全崩解，应另取6粒复试，均应符合规定。

（3）实验结果　将以上实验结果记录于表10-4中。

表10-4　硬胶囊剂质量检查结果

制剂	装量差异	崩解时限
双氯芬酸钠胶囊		

（七）实践反思

1.双氯芬酸钠胶囊剂处方中各组分的作用分别是什么？

2.填充硬胶囊剂时应注意哪些问题？

实践三十二　软胶囊的制备与质量检查

（一）实践目的

掌握软胶囊剂的制备过程；熟悉软胶囊剂的质量检查方法。

（二）实践原理

软胶囊剂的制备一般包括囊材的配制、药物的处理、成型、干燥、清洗、质量检查、包装等工序。除主药含量外，软胶囊剂的质量检查项目包括装量差异、崩解时限、微生物限度等。

（三）实践地点

药物制剂实训室。

（四）实践仪器与设备

天平、胶体磨、滚模式软胶囊机、转笼式干燥机、崩解仪。

（五）实践试剂

维生素E、大豆油、明胶、甘油、水、姜黄色素。

（六）实践内容

维生素E软胶囊	内容
处方	维生素E 50g　大豆油 100g　制成1000粒

1.制法　将处方量维生素E溶于等量大豆油中，搅拌使其混合均匀，加入剩余大豆油混合均匀，通过胶体磨研磨3次，真空脱气泡，即得内容物。将明胶、甘油、水按比例2：1：2称量，化胶；搅拌均匀后，加入姜黄色素搅拌；将药物与胶液置于软胶囊机中进行压制制丸，经转笼干燥机干燥后清洗，烘干，即得维生素E软胶囊。

2.解析　大豆油为分散介质，起到分散及稀释作用，维生素E软胶囊在临床上多用于心、脑血管疾病及习惯性流产、不孕症的辅助治疗。

3.胶囊剂的质量检查

（1）装量差异　取填充好的胶囊20粒，分别精密称定重量，倾出内容物（不得损失囊壳），囊壳用乙醚等易挥发性溶剂洗净，置通风处使溶剂挥尽，再分别精密称定囊壳重量，求出每粒内容物的装量与平均装量。每粒装量与平均装量比较，超出装量差异限度的不得多于2粒，并不得有1粒超出限度1倍。

（2）崩解时限　取胶囊6粒，采用升降式崩解仪（胶囊如漂浮于液面，可加挡板）进行检查。升降的金属支架上下移动距离为55mm ± 2mm，往返频率为每分钟30~32次。软胶囊应在60分钟内全部崩解，如有1粒不能完全崩解，应另取6粒复试，均应符合规定。

（3）实验结果　将以上实验结果记录于表10-5中。

表10-5　软胶囊剂质量检查结果

制剂	装量差异	崩解时限
维生素E软胶囊		

（七）实践反思

制备软胶囊剂时应注意哪些问题？

实践三十三 胶囊剂的合理使用

（一）实践目的

熟悉常见的胶囊剂类型；能够正确使用各种胶囊剂。

（二）实践地点

药学服务实训室。

（三）实践用具

若干不同品种胶囊剂药盒。

（四）实践内容

依据理论知识，分组查找药盒，完成表10-6。

表10-6 胶囊剂的合理使用

序号	药品名称	规格	贮藏条件	用法用量
例1	盐酸左氧氟沙星胶囊	0.2g	遮光，密封保存	口服：成年人每次0.2g（1粒），每日两次。病情偏重者可增为每日三次。另外，可根据感染的种类及症状适当增减

（五）实践反思

1.根据查询结果总结肠溶、缓释与控释胶囊的合理使用方法。

2.如何正确服用胶囊剂？

药师指点

1.胶囊剂服用方便，疗效确切，适用于大多数患者。服用时的最佳姿势为站着服用、低头咽，且须整粒吞服。所用的水一般是温度不能超过40℃的温开水，水量在100ml左右较为适宜，避免胶囊药物质地轻，悬浮在会厌上部，引起呛咳。

2.干吞胶囊剂易导致胶囊的明胶吸水后附着在食管上，造成局部药物浓度过高危害食管，造成黏膜损伤甚至溃疡。服用胶囊剂时，送服水温度不宜过高。温度过高，会使以明胶为主要原料的胶囊壳软化，甚至被破坏，影响药物在体内的生物利用度。

3.胶囊剂一般应整粒吞服，避免被掩盖的异味散发，确保服用剂量准确，在提高患者依从性的同时，发挥最佳药效。尤其在服用缓释、控释胶囊剂时，胶囊壳有时会起到缓释或控释的作用，整体服用才会发挥最佳药效，若剥去囊壳会造成突释等不良效果。缓释、控释胶囊剂的缓释、控释作用若主要由胶囊中的小丸实现，一般可打开胶囊直接服用小丸，但不能碾碎小丸。

项目十一　片　剂

PPT

学习目标

1.掌握　片剂的特点、分类、质量要求；片剂的处方组成、制备工艺。
2.熟悉　片剂常用辅料、包衣材料。
3.了解　片剂压制、包衣常用设备。

导读：片剂是目前临床上应用最广的剂型之一，品种多、产量大、用途广，在我国以及其他许多国家的药典所收载的制剂中，均占1/3以上，是药物制剂技术中很重要的一个部分。本项目主要学习片剂的分类、片剂的质量要求以及片剂常用的辅料。

任务一　片剂基础知识

【工作实例】某学校学生王某在药店实习时，遇到一名顾客，在跑完马拉松后肌肉出现持续的疼痛，想买点布洛芬止痛药，王某发现布洛芬种类很多，有普通片剂、分散片、缓释片等，针对此顾客的情况，他应该如何选择？

一、概述

片剂系指原料药物或与适宜的辅料均匀混合后经制粒或不经制粒压制而成的圆形或异形片状制剂。片剂应用历史悠久，早在10世纪后叶，阿拉伯手抄本中就有模印片剂以及关于控制片重的记载。1872年，John Wycth等人发明了压片机，并提出了压制片的概念。到1894年，在美洲和欧洲，片剂已经被广泛应用治疗各种疾病。

（一）片剂的优点

片剂作为最常用的剂型之一，其主要优点如下。

1.剂量准确，含量均匀，以片数作为剂量单位。

2.质量稳定，因为属于致密干燥固体制剂，受外界空气、水分影响较小，必要时还可包衣保护。

3.为固体制剂，体积小，携带、运输和服用方便。

4.生产机械化、自动化程度较高，产量大，成本较低。

5.能适应治疗与预防用药的多种要求，可通过各种制剂技术制成各种类型的片剂，如包衣片、分散片、缓释片、控释片、多层片等，达到肠溶、速效、长效、缓控释等目的。

（二）片剂的缺点

1.婴幼儿、昏迷患者及其他吞咽困难者不宜吞服。

2.含挥发性成分的片剂，久贮含量易下降。

3.受工艺影响，若辅料选用不当、压片压力不当或贮存不当，常出现崩解度、溶出度和生物利用度等方面问题。

点滴积累11-1

1.片剂系指原料药物或与适宜的辅料均匀混合后经制粒或不经制粒压制而成的圆形或异形片状制剂。

2.片剂具有剂量准确、质量稳定、携带、运输和服用方便、生产自动化程度较高、成本较低、能适应治疗与预防用药的多种要求等优点；但不宜吞服、挥发性成分久贮含量下降、易出现崩解度、溶出度和生物利用度等方面问题。

二、片剂的分类

片剂一般由压片机压制而成，按给药途径不同，主要分为以下几种类型。

（一）口服片剂

口服片剂是指口服后通过胃肠道吸收而发挥作用的片剂，是应用最广泛的一类片剂。常用的有以下几种。

1.普通片　药物与适宜辅料均匀混合后压制而成的未包衣的常释片剂，又叫素片或片芯。片重一般为0.1~0.5g。

2.包衣片　在普通片的外面包上一层衣膜的片剂。根据包衣材料的不同，又分为糖衣片和薄膜衣片，如牛黄解毒片、黄连上清片。

3.咀嚼片　在口中咀嚼后咽下的片剂。这类片剂较适合儿童和治疗胃部疾病，如酵母片、健胃消食片。

4.泡腾片　含有泡腾崩解剂的片剂。泡腾崩解剂通常是有机酸和碳酸盐或碳酸氢盐的混合物。泡腾片遇水后，可产生大量CO_2气体，呈沸腾泡沫状，使片剂迅速崩解，如维生素C泡腾片。泡腾片不得直接吞服。

5.多层片或包心片　由两层或多层组成的片剂，各层可含不同的药物或各层的药物相同而辅料不同。多层片是将组分不同的颗粒分上、下两层或多层压成一个药片；包心片是将一种药物压成片芯，再将另一种药物压包在片芯之外，形成片中有片的结构。制成此类片剂，不但可避免复方制剂中不同药物之间的配伍变化，还可达到缓释、控释的效果。如由速释和缓释两种颗粒压成的双层复方氨茶碱片。

6.分散片　遇水迅速崩解（3分钟内）并均匀分散的片剂。可口服或加水分散后饮用，也可咀嚼或含服，如阿司匹林分散片。

7.缓释片　在规定的释放介质中缓慢地非恒速释放药物的片剂。具有服药次数少、作用时间长、血药浓度平稳减少不良反应等优点，如布洛芬缓释片。

8.控释片　在规定的释放介质中缓慢地恒速释放药物的片剂。控释片维持血药浓度恒定，效力持久，多见于心血管药物，如硝苯地平控释片。

充电链接

缓释片与控释片的异同

缓释片和控释片都能够延长药物在体内的作用时间，减少服药次数，而能否恒速释放药物是缓释片和控释片的最大区别。

有些药物包装上写着“SR”的字样，代表“缓释片”。缓释片比普通片释放更持久，不仅提高了长期作用的疗效，也大大方便了患者。有些疾病需要在24小时内多次服药，若采用缓释片，可从每24小时用药3~4次，减至1~2次，显著提高了服药依从性。此外，由于缓慢释放，病情波动小，用药总剂量也减少，可谓“小投入大回报”。它还能延缓胃肠黏膜对药物的吸收，具有对胃肠道刺激小等优点。多数缓释片不能碾碎或掰开服用，否则药物会迅速释放，一来达不到长效治疗的目的，二来可能引起药物浓度骤然上升，造成药物中毒。

控释片是缓释片的“升级版”，是对药物释放要求较高的剂型，享有“最聪明的药”之美誉。控释片有一层“坚硬的盔甲”，消化液只能在上面打个洞，让里面的药缓慢、匀速、恒量地释放出来，血药浓度更平稳，减少了不良反应，也进一步提高了安全性。多数情况下，缓释片和控释片的区别不明显，但涉及对剂量要求严苛的药物，如洋地黄毒苷（强心剂）、硫酸吗啡（镇痛药）等，差异就显现了。这些药物的使用剂量和危险剂量较接近，若掌握不好，治病就可能变成致命了。有了控释片，药物起效剂量可以得到较好掌握。如今，临床上有不少治疗心脑血管疾病、糖尿病的药物采用了控释剂型。值得一提的是临床使用较多的硝苯地平控释片，它表面就有一道划痕，患者可以遵照医嘱掰开服用。

（二）口腔用片

1.口含片　又称含片，指含在口腔中缓慢溶化产生局部或全身作用的片剂。常用于口腔及咽喉疾病的治疗，如西瓜霜含片。

2.舌下片　置于舌下使用的片剂。药物在舌下迅速溶化，经舌下黏膜直接吸收入血而发挥全身治疗作用，可避免药物的肝脏首过效应，主要适用于急症的治疗，如硝酸甘油舌下片。

3.口腔崩解片　在口腔内不需用水就能迅速崩解或溶解的片剂。服用时将口崩片置于舌面，无需咀嚼，遇唾液迅速崩解后，借吞咽动力进入消化道，主要用于吞咽困难的患者或不配合服药的患者，如硫酸沙丁胺醇口腔崩解片。

4.口腔黏附片　黏贴于口腔，经黏膜吸收后起局部或全身作用的片剂。口腔黏附片具有起效快、无肝脏的首过效应、可避免药物被胃酸或胃酶破坏、给药方便、可随时终止给药的优点，目前已广泛应用于心血管药物、止痛剂、镇静剂、激素、糖尿病药物等。

（三）其他给药途径的片剂

1.溶液片　又称可溶片，指临用前加适量水溶解成一定浓度溶液后而使用的片剂。可供口服、外用、含漱等用。一般用于漱口、消毒、洗涤伤口等，如复方硼砂漱口片。

2.阴道片　供塞入阴道内产生局部作用的片剂。起消炎、杀菌、杀精子等作用。为加快药片在阴道内的崩解常制成泡腾片应用，如甲硝唑泡腾片。

3.注射用片　临用前用注射用水溶解后供注射用的无菌片剂。供皮下或肌内注射，如盐酸吗啡注射用片。因溶液不能保证完全无菌，现已少用。

4.植入片　用特殊注射器或手术埋植于皮下产生持久药效（数月或数年）的无菌片剂。多为剂量小、作用强烈的激素类药物，如避孕药制成植入片已获得较好效果。

? 同步思考11-1

不同类型的片剂崩解程度和快慢一样吗？

答案解析

点滴积累 11-2

片剂种类很多，口服片剂有普通片、包衣片、咀嚼片、泡腾片、多层片、分散片、缓控释片等；口腔用片有口含片、舌下片、口崩片、口腔黏附片等；还有溶液片、阴道片、注射用片、植入片等。

三、片剂的质量要求

按照《中国药典》(2020年版)，除另有规定外，片剂应进行以下相应检查。

(一)重量差异

片剂重量差异限度应符合表11-1中规定。

表11-1 片剂的重量差异限度

平均片重或标示片重	重量差异限度
0.30g以下	±7.5%
0.30g及0.30g以上	±5%

检查法：取供试品20片，精密称定总重量，求得平均片重后，再分别精密称定每片的重量，每片重量与平均片重比较(凡无含量测定的片剂或有标示片重的中药片剂，每片重量应与标示片重比较)，按表中的规定，超出重量差异限度的不得多于2片，并不得有1片超出限度1倍。

糖衣片的片芯应检查重量差异并符合规定，包糖衣后不再检查重量差异。薄膜衣片应在包薄膜衣后检查重量差异并符合规定。

凡规定检查含量均匀度的片剂，一般不再进行重量差异检查。

(二)崩解时限

除另有规定外，按照《中国药典》(2020年版)中的崩解时限检查法(通则0921)进行检查，应符合规定。部分片剂的崩解时限要求见表11-2。

表11-2 片剂的崩解时限要求

片剂类型	普通片	可溶片	泡腾片	浸膏片	糖衣片	口崩片	舌下片	薄膜衣片(化药)	肠溶片
崩解时限(min)	15	3	5	60	60	1	5	30	人工胃液中2小时不得有裂缝、崩解或软化现象，洗涤后人工肠液中，加挡板1小时全部崩解或溶散并通过筛网

阴道片的融变时限检查法(通则0922)检查，应符合规定。咀嚼片不进行崩解时限检查。凡规定检查溶出度、释放度的片剂，一般不再进行崩解时限检查。

(三)发泡量

阴道泡腾片照下述方法检查，应符合规定。

检查法：除另有规定外，取25ml具塞刻度试管(内径1.5cm，若片剂直径较大，可改为内径2.0cm)10支，按表11-3中规定加水一定量，置37℃±1℃水浴中5分钟，各管中分别投入供试品1片，20分钟内观察最大发泡体积，平均发泡体积不得少于6ml，且少于4ml的不得超过2片。

表11-3 阴道泡腾片加水量

平均片重	加水量
1.5g及1.5g以下	2.0ml
1.5g以上	4.0ml

（四）分散均匀性

分散片照下述方法检查，应符合规定。

检查法：采用崩解时限检查装置，不锈钢丝网的筛孔内径为710μm，水温为15~25℃；取供试品6粒，应在3分钟内全部崩解并通过筛网，如有少量不能通过筛网，但已软化成轻质上漂且无硬心者，符合要求。

（五）微生物限度

以动物、植物、矿物来源的非单体成分制成的片剂、生物制品片剂、黏膜或皮肤炎症或腔道等局部用片剂（如口腔贴片、外用可溶片、阴道片、阴道泡腾片等），按照非无菌产品微生物限度检查：微生物计数法（通则1105）和控制菌检查法（通则1106）及非无菌药品微生物限度标准（通则1107）检查，应符合规定。规定检查杂菌的生物制品片剂，可不进行微生物限度检查。

点滴积累 11-3

片剂的质量检查常见项目有重量差异、崩解时限、发泡量、分散均匀性、微生物限度等。

四、片剂的辅料

片剂由两大类物质组成。一类是发挥治疗作用的药物，也就是原料药（主药）。另一类是没有生理活性的物质，称为辅料。片剂制备过程中，为了确保压片时物料的流动性、润滑性、可压性及其成品的崩解性等，在压片工艺过程中，常加入各种辅料。

在片剂中，辅料所起的作用主要是填充、黏合、崩解和润滑，有些片剂也会加入着色剂、矫味剂等。根据所起作用不同，片剂辅料主要分为以下几种。

（一）填充剂

填充剂的主要作用是增加片剂的重量或体积，可分为稀释剂和吸收剂。为了应用和生产方便，片剂的直径一般不小于6mm，重量不小于50mg，而一些片剂的主药剂量过小，常需加入稀释剂以增加片剂的重量或体积，以便于压制成型。当片剂的药物含有油性成分时，需加入吸收剂吸收油性物，以保持干燥状态，利于制成片剂。常用的填充剂有以下几种。

1.淀粉　较常用的片剂辅料。常用玉米淀粉，为白色细微粉末，性质稳定、价格便宜、吸湿性小、外观色泽好，但可压性差，若单独使用，压出的药物过于松散，故常与可压性较好的糖粉、糊精混合使用。

2.糖粉　为结晶性蔗糖经低温干燥粉碎后而成的白色粉末，味甜，黏合力强，可用来增加片剂的可压性和硬度，使片剂表面光滑美观，但吸湿性较强，长期贮存会使片剂硬度过大，造成崩解或溶出困难，故除口含片或可溶片外，一般不单独使用，常与淀粉、糊精配合使用，也可作干燥黏合剂。

3.糊精　为淀粉水解的中间产物，为白色或淡黄色粉末，缓慢溶于冷水，易溶于热水，呈弱酸性黏胶状溶液，不溶于乙醇。黏性较强，易造成片剂的麻点和水印，或使片剂崩解或溶出迟缓。

4.乳糖　是一种优良的片剂填充剂，由牛乳清中提取制得，为白色或类白色结晶性粉末，无臭，微甜。无吸湿性，可压性好，压成的药片光洁美观，性质稳定，可与大多数药物配伍，但价格较高。国内常用淀粉、糊精、乳糖以一定比例的混合物代替乳糖，但其外观、药物溶出不及乳糖。由喷雾干燥法制得的非结晶乳糖，流动性、可压性好，可供粉末直接压片使用。

5.预胶化淀粉　是将淀粉部分或全部胶化的产物，为白色或类白色粉末，是一种改良淀粉，流动性、可压性良好，可供粉末直接压片使用。

6.微晶纤维素（MCC）　是纤维素部分水解而制得的聚合度较小的结晶性纤维素，可压性良好，结合力较强，可供粉末直接压片使用。

7.甘露醇　白色、无臭、味甜，在口中溶解时吸热，因此有凉爽感，较适于制备咀嚼片，价格稍贵，常与蔗糖配合使用。

8.无机钙盐　油类物质吸收剂，常用无机钙盐，如硫酸钙、磷酸氢钙及药用碳酸钙等。硫酸钙性质稳定，无臭无味，微溶于水，与多种药物均可配伍，制成的片剂外观光洁，硬度、崩解均好，对药物也无吸附作用，因此较为常用，但硫酸钙对某些主药（如四环素类药物）的吸收有干扰。

（二）润湿剂和黏合剂

润湿剂和黏合剂在片剂的制备过程中具有黏结固体粉末成型的作用。

1.润湿剂　是指本身无黏性，但能诱发待制粒物料黏性，以利于制粒的液体。常用的润湿剂有纯化水和乙醇。

（1）纯化水　当原辅料有一定黏性时，例如中药浸膏或含具有黏性物质的配方，加入水即可制成性能符合要求的颗粒。应用时由于物料往往对水的吸收较快，当处方中水溶性成分较多时可能发生结块、润湿不均匀等现象，此时最好采用低浓度的乙醇代替。

（2）乙醇　当药物遇水会引起变质，或用水作润湿剂制成的软材太黏时，可选用适宜浓度的乙醇为润湿剂。乙醇浓度越大，润湿后黏性越低，因此乙醇的浓度要视原辅料的性质而定，一般为30%~70%。

2.黏合剂　当原料本身无黏性或黏性不足时，需加入黏性物质以便于制粒，这些黏性物质即为黏合剂。黏合剂可以用其溶液，也可以用其细粉（干燥黏合剂）。常用的黏合剂有以下几种。

（1）淀粉浆　最常用的黏合剂。淀粉价廉易得，且加水糊化后黏度急剧增大，因此淀粉浆可作为片剂的黏合剂使用，常用浓度为8%~15%（溶剂为水、质量浓度）。淀粉浆的制法主要有煮浆和冲浆两种，都是利用了淀粉能够糊化的性质。煮浆是将淀粉混悬于冷水中，加热使之糊化；冲浆是用少量冷水混悬后，再加沸水使之糊化。

（2）糖浆　是指蔗糖的水溶液，其黏性随浓度不同而改变，常用浓度为50%~70%（溶剂为水、质量浓度）。糖浆可与淀粉浆合用，以增强黏合力，也可将蔗糖粉末与原料混合后，再加水润湿制粒。

（3）纤维素衍生物　常用作黏合剂的种类如下。

1）羧甲基纤维素钠（CMC-Na）　是纤维素的羧甲基醚化物，为无味、白色或近白色颗粒状粉末，不溶于乙醇，但水溶性良好，溶于水后形成透明的胶状溶液，常用于可压性较差的药物，但应注意是否造成片剂硬度过大或崩解超限。常用浓度为2%~10%（溶剂为水、质量浓度）。

2）羟丙基纤维素（HPC）　是纤维素的羟丙基醚化物，为无臭无味、白色或淡黄色粉末，易溶于冷水，加热至50℃胶化或溶胀；可溶于甲醇、乙醇、异丙醇和丙二醇中。既可作湿法制粒的黏合剂，也可作粉末直接压片的干黏合剂。

3）羟丙基甲基纤维素（HPMC）　为无臭无味、白色或乳白色纤维状或颗粒状粉末，溶于冷水，不溶于热水和乙醇。最常用的薄膜衣材料，因其溶于冷水成为黏性溶液，故亦常用其2%~10%的溶液作为黏合剂使用，压成的片剂外观、硬度均好，特别是药物的溶出度好。

4）甲基纤维素（MC）　是纤维素的甲基醚化物，为无臭无味、白色至黄白色颗粒或粉末，溶于冷水中，几乎不溶于热水和乙醇，常用浓度为2%~10%（溶剂为水、质量浓度）。可用于水溶性及水不溶性物料的制粒。颗粒压缩成型性好，且不随时间变硬。

5）乙基纤维素（EC） 是纤维素的乙基醚化物，为无臭无味、白色或淡褐色粉末，不溶于水，溶于乙醇等有机溶剂，常用浓度为2%~10%（溶剂为乙醇、质量浓度）。黏性较强，且胃肠液中不溶解，会对片剂的崩解及药物的释放产生阻滞作用，目前常用作缓、控制剂的包衣材料。

（4）聚维酮（PVP） 即聚乙烯吡咯烷酮，为无臭无味、白色粉末，既溶于水，又溶于乙醇，常用浓度为2%~20%（溶剂为水或乙醇、质量浓度）。可用作水溶性物料或水不溶性物料的制粒，还可用作直接压片的干黏合剂。PVP具有较强的吸湿性，制得的片剂随贮存时间延长而变硬，故常用作泡腾片和咀嚼片的黏合剂。

（5）其他黏合剂 2%~10%明胶水溶液，黏性强，适于不易制粒的原料，但使用不当易造成片剂崩解缓慢。阿拉伯胶、海藻酸钠、聚乙二醇（PEG）等也可作黏合剂。

（三）崩解剂

崩解剂是指能促使片剂在胃肠道迅速崩解成小粒子的辅料。除了缓释、控释片以及某些特殊用途的片剂（如口含片）以外，一般片剂中都应加入崩解剂。

充电链接

崩解剂的加入方法

崩解剂的加入方法有：①内加法，崩解剂在制粒前加入，与黏合剂共存于颗粒内部，崩解较迟缓，但一经崩解，便成粉粒，有利于药物的溶出。②外加法，崩解剂加到经制粒后的干颗粒中，该法使崩解发生于颗粒之间，因而水易于透过，崩解迅速，但颗粒内无崩解剂，不易崩解成粉粒，故药物的溶出差。③内外加法，将崩解剂分成两份，占崩解剂总量的50%~75%按内加法加入，剩余的25%~50%按外加法加入，该法集中了前两种方法的优点，所以崩解效率更高。崩解剂加入方法对比见表11-4。

表11-4 崩解剂加入方法对比

崩解剂加入方法	加入时间	作用特点
内加法	制粒前加入	崩解慢，溶出快
外加法	压片前加入	崩解快，溶出慢
内外加法	1份制粒前加入；1份压片前加入	崩解快，溶出快

常用的崩解剂有以下几种。

1.干淀粉 是指含水量在8%以下的淀粉，是最经典的崩解剂，较适用于水不溶性或微溶性药物的片剂，但对易溶性药物的崩解作用较差。因其压缩成型性不好，故用量不宜太多，一般为配方总量的5%~20%。

2.羧甲基淀粉钠（CMS-Na） 为白色无定形粉末，具有良好的吸水性，吸水后体积大幅增加，是一种性能优良的崩解剂。由于其流动性和可压性好，增加片剂的硬度不会影响其崩解性，既可用于湿法制粒法压片，又适用于粉末直接压片。既适用于水不溶性药物，又适用于水溶性药物的片剂。

3.低取代羟丙基纤维素（L-HPC） 是近年来国内应用较多的一种良好的快速崩解剂。由于具有很大的表面积和孔隙率，具有很好的吸水速度和吸水量，其吸水溶胀性优于淀粉。崩解后颗粒细小，在药物溶出方面也优于淀粉。一般用量为片剂的2%~5%。兼有黏结、崩解作用，对不易成型的药物可改善片剂的成型和增加硬度，对崩解度差的片剂可加速其崩解和增加崩解后药物分散的细度，从而提高溶出度。

4.交联羧甲基纤维素钠（CCNa） 具有较好的崩解作用，与CMS-Na合用，崩解效果更好，与干淀粉合用，崩解作用降低。

5.交联聚维酮（PVPP） 性能优良的崩解剂，为流动性良好的白色粉末，有极强的吸湿性，在水中可迅速溶胀形成无黏性的胶体溶液，崩解效果好。一般用量为片剂的1%~4%。

6.泡腾崩解剂 专用于泡腾片的特殊崩解剂，由枸橼酸或酒石酸与碳酸氢钠或碳酸钠组成，遇水能产生CO_2气体，使片剂在几分钟内迅速崩解。

（四）润滑剂

润滑剂在片剂的制备过程中起助流、抗黏和润滑作用。助流作用是指降低颗粒间或粉末间的摩擦力，增加物料的流动性；抗黏作用是指防止压片时物料黏着于冲头和冲模表面引起黏冲，并使片剂表面光洁；润滑作用是指降低颗粒间以及颗粒与冲头和模孔壁间的摩擦力。理想的润滑剂应具有上述三种作用，但目前能达到理想条件的润滑剂还很少，因此通常将具有上述任何一种作用的辅料都称为润滑剂。常用的润滑剂如下。

1.硬脂酸镁 为常用的疏水性润滑剂，有良好的附着性，易与颗粒混匀，压片后表面光滑美观，但助流性较差，常用量为0.1%~1%。用量过大，会因其疏水性造成片剂崩解迟缓。

2.滑石粉 国内最常用的助流剂，可将颗粒表面的凹陷处填满铺平，降低颗粒表面的粗糙性，从而降低颗粒间的摩擦力，改善颗粒流动性。不溶于水，但有亲水性，因此对片剂崩解影响小。常用量为0.1%~3%。与多数药物不起作用，价格低廉，但其附着力差且比重大，压片时的机械振动易使其与颗粒分离，造成片重差异，常与硬脂酸镁合用。

3.微粉硅胶 为优良的助流剂，可用作粉末直接压片。流动性好，亲水性强，对药物有吸附作用，特别适合油类和浸膏类药物，常用量为0.1%~0.3%。

4.氢化植物油 为润滑性能良好的润滑剂。应用时，将其溶于轻质液状石蜡或己烷中，然后将此溶液喷于颗粒上，以利于均匀分布。凡不宜用碱性润滑剂的药物均可用本品代替。

5.聚乙二醇（PEG） 水溶性润滑剂，目前主要使用PEG-4000和PEG-6000，制得的片剂崩解溶出不受影响。

（五）其他辅料

1.矫味剂 可改善片剂的口味，常用的有芳香剂和甜味剂，主要用于含片和咀嚼片，目的是缓和或消除药物不良臭味，增加适口性。矫味剂的加入方法是将矫味剂溶于乙醇，均匀喷洒在干颗粒上。

2.着色剂 可使片剂美观易于识别。可分为天然色素和人工合成色素两大类，只有食用色素才可用作内服药剂的着色剂。用量不超过0.05%。将色素先吸附于硫酸钙、淀粉等辅料中，可有效防止颜色迁移。

同步思考11-2

根据辅料所起作用不同，片剂的辅料种类丰富，但它们还应该满足哪些共性条件？

答案解析

点滴积累11-4

1.片剂常用的辅料有填充剂、润湿剂、黏合剂、崩解剂、润滑剂、矫味剂和着色剂等，应当根据物料性质和制备工艺来选择适当的辅料。

2.填充剂的主要作用是增加片剂的重量或体积，主要有淀粉、糖粉、糊精、乳糖等。

3.润湿剂和黏合剂在片剂的制备过程中具有黏结固体粉末成型的作用，主要有纯化水、乙醇、淀粉浆、糖浆、纤维素衍生物等。

4.崩解剂是指能促使片剂在胃肠道迅速崩解成小粒子的辅料，主要有干淀粉、羧甲基淀粉钠、低取代羟丙基纤维素、泡腾崩解剂等。

5.润滑剂在片剂的制备过程中起助流、抗黏和润滑作用，主要有硬脂酸镁、滑石粉、微粉硅胶、聚乙二醇等。

6.有时还可以加入矫味剂、着色剂等其他辅料。

同步练习11-1

答案解析

分析下列维生素E片处方中物料的作用

【处方】维生素E醋酸酯5.0g（　　　）

淀粉38.5g（　　　）

乙醇4.0g（　　　）

碳酸钙30.0g（　　　）

糊精10.0g（　　　）

碳酸氢钙41.0g（　　　）

淀粉浆35.0g（　　　）

硬脂酸镁1.0g（　　　）

阅读与感悟

口腔崩解片是指不需用水或只需用少量水，无需咀嚼，片剂置于舌面，遇唾液迅速溶解或崩解后，借吞咽动力，药物即可入胃起效的片剂。这种剂型的药物可通过口腔或食道内的黏膜吸收，生物利用度比普通制剂高，由首过效应引起的副作用也可以减轻。它还具有服用方便、起效快、局部治疗作用等特点，从而成为当前新剂型领域倍受关注的研究热点。目前口腔崩解片的制备方法有压片法、升华法、模制法、相变法、冷冻干燥法、3D打印等。

近年来，速溶药物传递系统正逐渐成为国内外医药研究的主要方向，以及药剂学研究的热点之一。随着临床对速溶药物传递系统需求量的增多以及对药物安全性、有效性要求的不断提高，冷冻干燥技术、3D打印技术等新型速溶技术在制剂研究中展现出独特优势，赋予速溶制剂新的特性，为开发新型速溶制剂提供新思路与策略。

自测达标

答案解析

一、单项选择题

1.为增加片剂的体积和重量，应加入的辅料是（　）

A.填充剂　　B.崩解剂　　C.吸收剂　　D.润滑剂

2.下列可作片剂的泡腾崩解剂的是（　）

A.淀粉　　B.枸橼酸与碳酸氢钠　　C.羧甲基淀粉钠　　D.预胶化淀粉

3. 下列有关片剂的表述正确的是( )

A. 咀嚼片是指含有碳酸氢钠和枸橼酸作为崩解剂的片剂

B. 多层片是指含有碳酸氢钠和枸橼酸作为崩解剂的片剂

C. 缓释片是指能够恒速释放药物的片剂

D. 缓释片是指能够延长药物作用时间的片剂

4. 主要用作片剂的填充剂的是( )

A. 羧甲基淀粉钠　B. 甲基纤维素　C. 淀粉　D. 交联聚维酮

5. 可作片剂崩解剂的是( )

A. 交联聚维酮　B. 预胶化淀粉　C. 甘露醇　D. 聚维酮

二、多项选择题

6. 一定可以避免肝脏首过效应的片剂类型有( )

A. 舌下片　B. 分散片　C. 咀嚼片

D. 植入片　E. 肠溶衣片

7. 可以用作片剂填充剂的是( )

A. 可压性淀粉　B. 微晶纤维素　C. 交联甲基纤维素钠

D. 硬脂酸镁　E. 糊精

三、配伍选择题

(8~12题共用选项)

A. 羧甲基纤维素钠　B. 乳糖　C. 羧甲基淀粉钠

D. 滑石粉　E. 水

8. 片剂的润滑剂可选用( )

9. 片剂的填充剂可选用( )

10. 片剂的崩解剂可选用( )

11. 片剂的黏合剂可选用( )

12. 片剂的润湿剂可选用( )

(13~17题共用选项)

A. 缓释片　B. 舌下片　C. 多层片

D. 肠溶片　E. 控释片

13. 可避免药物首过效应的片剂是( )

14. 可避免复方制剂中不同药物之间配伍变化的片剂是( )

15. 药物在胃中不溶而在肠中溶解的片剂是( )

16. 可缓慢而非恒速释放药物的片剂是( )

17. 可使药物恒速释放的片剂是( )

任务二　片剂的制备

【工作实例】片剂是临床上应用最广的固体制剂，种类丰富，给药途径多，片剂的制备与其他固体制剂有相似的工序，粉碎、过筛、混合、制粒后，在压片时，经常出现黏冲的现象，这是什么原因造成的？

一、制备工艺

片剂的制备是将药物与辅料混合后，将其填充于一定形状的模孔内，经加压而制成片状的过程。根据制备工艺不同分为制粒压片法和直接压片法，而制粒压片法又分为湿法制粒压片法和干法制粒压片法；直接压片法又分为粉末直接压片法和结晶压片法。目前，湿法制粒压片法应用最为广泛。

（一）片剂常用制备工艺

1.湿法制粒压片法 是将湿法制粒的颗粒经干燥后压片的工艺，其工艺流程如图11-1所示。

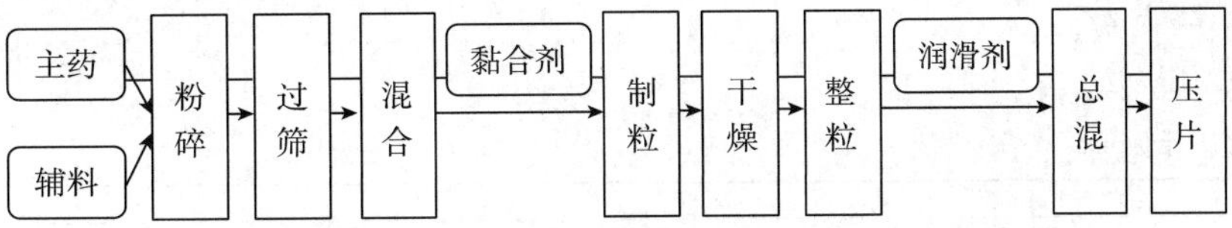

图11-1 湿法制粒压片法工艺流程

湿法制粒压片法将药物和辅料混合均匀后加入液体黏合剂制备成湿颗粒。湿颗粒制成后，应尽快干燥，否则放置过久易结块或变形。干燥温度一般以50~60℃为宜。在干燥过程中，一部分湿颗粒彼此粘连结块，需过筛整粒，使之成为适于压片的均匀干颗粒。总混是整粒后压片前的一项工艺操作，需要向颗粒中加入片剂处方中尚未加入的其他成分，并均匀混合。混合均匀的颗粒，经质量检查合格，计算片重即可压片。湿法制粒压片法制备的片剂外观美观、流动性好、耐磨性强、压缩成型性好，但对于热敏性、湿敏性等物料可采用其他方法。

2.干法制粒压片法 是将干法制粒所得颗粒进行压片的工艺，其工艺流程如图11-2所示。

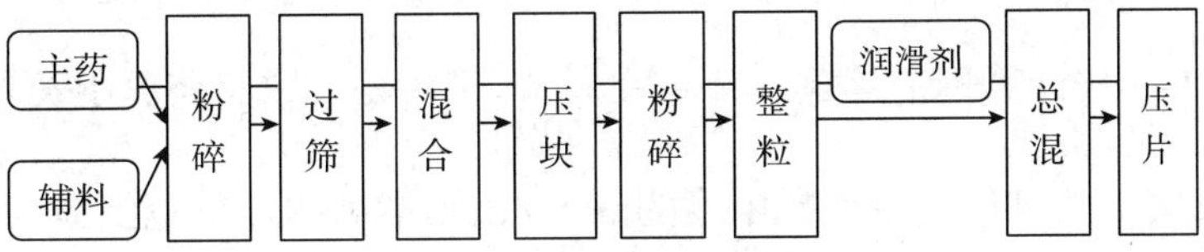

图11-2 干法制粒压片法工艺流程

干法制粒压片法将药物和辅料粉末混合均匀，压成大片状或板状，再粉碎成所需大小颗粒，适用于热敏性物料和遇水易分解的物料。

3.粉末直接压片法 是不经过制粒过程，直接把药物和辅料的混合物进行压片的方法，其工艺流程如图11-3所示。

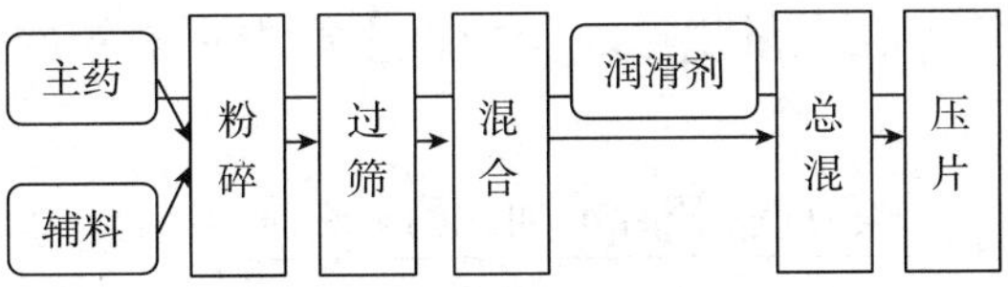

图11-3 粉末直接压片法工艺流程

粉末直接压片法工艺流程简单，省时节能，工序少，适用于湿、热不稳定的药物，但对辅料的要求很高，要求辅料应具有良好的流动性和压缩成型性。随着技术发展，出现了越来越多的优良辅料，常用的粉末直接压片辅料有微晶纤维素、喷雾干燥乳糖、可压性淀粉等。

4.结晶压片法 某些结晶性药物具有较好的流动性和可压性，只需适当粉碎、筛分等处理，再加入适量崩解剂、润滑剂混合均匀后即可直接压片，如氯化钠、氯化钾、硫酸亚铁、阿司匹林等均可直接压片。

同步思考11-3

试比较不同的片剂制备工艺各有什么优缺点，完成表11-15。

表11-5　片剂制备工艺优缺点比较

制备工艺	优点	缺点
湿法制粒压片法		
干法制粒压片法		
直接压片法		

答案解析

（二）压片

总混后的颗粒，经质量检查合格，计算片重即可压片。压片操作室的洁净度要求一般为D级。室内相对室外呈正压，温度18~26℃，相对湿度45%~65%。

1.片重计算　片重的计算方式有以下两种。

（1）按主药含量计算　药物制成干颗粒需经过一系列操作，主辅料必将有一定损失，故压片前应对颗粒中主药的实际含量进行测定，然后根据11-1式计算片重。

$$片重=\frac{每片主药含量}{颗粒混合物中主药含量(\%)} \tag{11-1}$$

例：某片剂每片主药量为0.2g，测得颗粒中主药百分含量为50%，则片重范围应为多少？

解：将数据代入11-1式计算理论片重。片重= $\frac{0.2}{50\%}$ =0.4g。按照药典中关于片剂的重量差异限度的规定，当片重＞0.3g时，片剂的重量差异限度为±5%，则本品的片重范围应为0.4×（1-5%）~0.4×（1+5%），即0.38~0.42g。

同步练习11-2

吲哚美辛片每片含主药0.22g，测得颗粒中主药百分含量为88%，则吲哚美辛的片重范围是多少？

答案解析

（2）按干颗粒总重计算片重　在大量生产时，根据生产中主辅料的损耗，适当增加了投量，按式11-2式计算片重。

$$片重=\frac{干燥粒重+压片前加入的辅料量}{应压片数} \tag{11-2}$$

例：预制备每片含阿奇霉素0.25g的药片，今投料100万片，共制得干颗粒357.8kg，在压片前又加入润滑剂硬脂酸镁5.0kg，请计算阿奇霉素片的片重。

解：阿奇霉素片片重 $=\frac{357.8\times 1\,000+5.0\times 1\,000}{1\,000\,000}=0.36g$

2.压片机　压片所使用的设备为压片机。常用的压片机按其结构分为单冲压片机和旋转压片机。按压制时压缩次数分为一次压制压片机和二次或三次压制压片机等。

（1）单冲压片机　由加料器、调节装置、压缩部件三部分组成（图11-4）。冲头做垂直往返运动将颗粒状的物料压制成片剂。压片过程有填料、压片和出片三个步骤（图11-5）。填料：上冲抬起，饲粉器移动到模孔之上，下冲下降到适宜深度，使可容纳的颗粒重等于片重，饲粉器在模孔上移动，颗粒填满模孔。压片：饲粉器由模孔上移开，使模孔中的颗粒与模孔上缘相平，上冲下降并将颗粒压缩成片，此时下冲不移动。出片：上冲抬起，下冲随之上升至与模孔上缘相平，将药片由模孔中顶出，饲粉器再

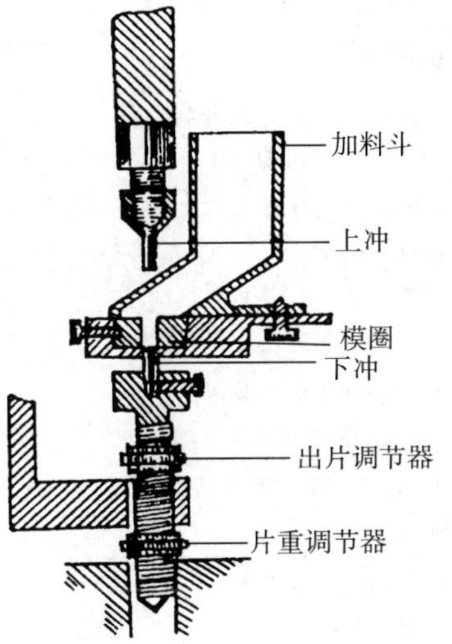

图11-4　单冲压片机示意图

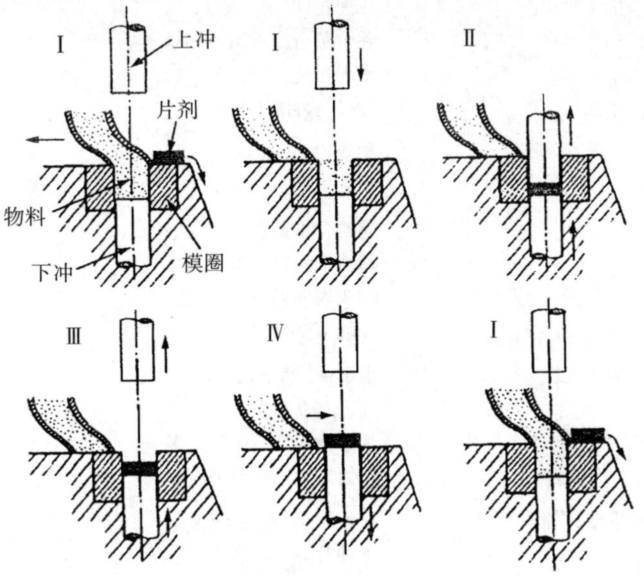

图11-5　单冲压片机的压片过程

次移到模孔之上，将模孔上药片推开并落入接收器，并进行第二次填料，如此反复进行。单冲压片机是单侧加压，易出现裂片、松片、片重差异大等问题，且振动大、噪声大，现已少用，适用于新产品的试制或实验室小量生产。

（2）旋转压片机　是由均匀分布于旋转转台的多副模具按一定轨迹做垂直往复运动的压片机器（图11-6）。

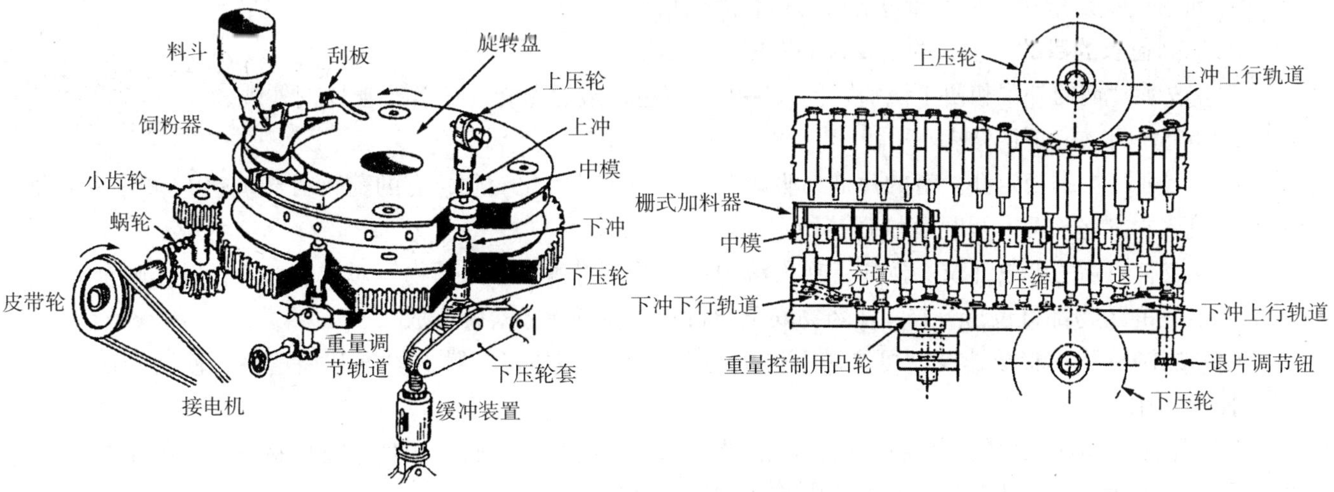

图11-6　旋转压片机示意图

旋转压片机的饲粉方式合理，由上、下冲同时加压，压力分布均匀，具有片重差异小、生产效率

高、机械振动小、噪声小等优点，在国内药厂普遍使用。

3.压片过程中可能存在的问题及防治措施　具体见表11-6。

表11-6　压片中常见问题和解决方法

产生的问题	主要原因	解决方法
裂片	压力分布不均匀 压速过快 黏合剂选择不当或用量不足 细粉过多 冲模与冲圈不符	采用旋转式压片机 降低压片速度 选择合适的黏合剂或增加用量 重新制粒 更换冲模
松片	黏合力差 压力不足	选用黏合性强的黏合剂 调整压片机压力
黏冲	颗粒含水量多 润滑剂使用不当 冲头表面粗糙 环境湿度高	将颗粒进行干燥 更换润滑剂 更换冲头 降低环境湿度
崩解迟缓	崩解剂用量不足 黏合剂黏性大 疏水性润滑剂用量太多 压力过大，片剂硬度大	选用优良崩解剂或增加用量 减少黏合剂用量 加入亲水性润滑剂 降低压片压力
片重差异超限	颗粒大小不一，流速不一 下冲升降不灵活 装料过多或过少	重新制粒，加助流剂 停机检查 调节加料斗使填料量一致
变色或色斑	颗粒过硬 混料不均 机器上有油污	重新制粒 混合均匀 擦洗机器
均匀度不合格	混合不匀，细粉多 颗粒大小不均，流动性差 可溶性成分迁移	混合均匀 重新制粒 改善干燥方法

（三）片剂的包衣技术

片剂的包衣是指在片芯表面包上适宜材料的衣层。

1.片剂包衣的目的　包衣的主要目的有以下几点。

（1）改善片剂的外观和便于识别。包衣层中可着色，最后抛光，显著改善片剂外观。

（2）掩盖药物的不良臭味。

（3）增强药物的稳定性。有的片剂易吸潮，有的药物易氧化变质，有的药物对光敏感，选用适宜的隔湿、遮光材料包衣后，可显著增强其稳定性。

（4）控制药物的释放部位。例如，在胃液中被胃酸和胃酶破坏的药物，对胃有刺激性并影响食欲甚至引起呕吐的药物都可包肠溶衣，使药物安全通过胃，在肠中才溶解释放。

（5）控制药物的释放速度。可采用不同的包衣材料，调整包衣膜的厚度和通透性，使药物达到缓释、控释作用。

（6）避免药物配伍变化。可将有配伍禁忌的药物分别制粒包衣后再压片，也可将一种药物压制成片芯，片芯外包隔离层后再与另一种药物颗粒压制成包心片。

2.包衣的种类　根据包衣材料不同分为糖衣片和薄膜衣片。糖衣片以蔗糖为主要包衣材料；薄膜衣以高分子成膜材料为主要包衣材料，又进一步分为胃溶型、肠溶型和胃肠不溶型。

3.包糖衣工艺及材料　糖衣是以蔗糖为主要包衣材料的包衣，具有一定的防潮、隔绝空气、掩盖药物不良气味、改善外观、易于吞服等作用。糖衣工艺流程如图11–7所示。

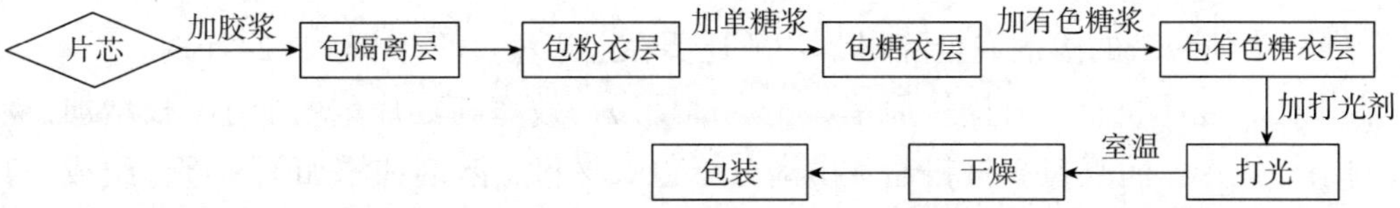

图11–7 包糖衣工艺流程

（1）隔离层 指在片芯外包的一层起隔离作用的衣层。对于大多数片剂一般不需要包隔离层，但有些含有酸性、水溶性或吸潮性等成分的片剂必须包括隔离层。隔离层的作用是防止包衣液中水分透入片芯或酸性药物对糖衣层的影响。常用的隔离层材料有：10%玉米朊乙醇溶液、15%~20%虫胶乙醇溶液、10%醋酸纤维素酞酸酯（CAP）乙醇溶液、10%~15%明胶浆或30%~35%阿拉伯胶浆。包隔离层使用的是有机溶剂，因此应注意防爆防火，采用中等干燥温度（40~50℃），每层干燥时间约为30分钟，一般包3~5层。

（2）粉衣层 包完隔离层后再包粉衣层，对不需包隔离层的片剂直接包粉衣层。包粉衣层的目的是清除片剂原有的棱角，使片面平整。常用的粉衣层材料是滑石粉，配以高浓度的糖浆作黏合剂。操作时一般采用65%~75%（m/m）和100目的滑石粉，撒一次浆、撒一次粉，然后热风干燥20~30分钟（40~50℃），重复以上操作15~18次，直到片剂的棱角消失。

（3）糖衣层 包好粉衣层的片剂表面比较粗糙、疏松，因此应该再包糖衣层使其表面光滑、细腻坚实。常用的糖衣材料是65%（m/m）糖浆。具体操作与包粉衣基本相同，糖浆在低温（40℃）下缓缓干燥，形成细腻的蔗糖晶体衣层，增加了衣层的牢固性和甜味，一般包10~15层。

（4）有色糖衣层 包有色糖衣层的目的是使片剂有一定的颜色，增加美观，便于识别或起到遮光作用。常用的有色糖衣层材料是着色糖浆（在糖浆中加入食用色素），也可用浓色糖浆，按不同比例与单糖浆混合配制。包有色糖衣的工序与包糖衣基本相同，具体操作时，糖浆浓度应由浅到深，层层干燥，以免产生花斑。一般包10~15层。

（5）打光 是包衣的最后工序，其目的是使糖衣片表面光亮美观，兼有防潮作用。常用的打光剂是虫蜡细粉，即米心蜡（川蜡），也可在虫蜡中加入2%硅油混匀冷却后磨成细粉（过80目筛），常用量为每万片5~10g。操作时，将打光剂加入包完色衣的片剂中，由于片剂间和片剂与锅壁间的摩擦力作用，使糖衣表面产生光泽。取出包衣片干燥24小时后即可包装。

包糖衣工艺费时，包衣质量一定程度决定于操作者的经验和技艺，包衣后增重高达100%。

4. 包薄膜衣工艺及材料 包薄膜衣是指在片芯的外面包一层比较稳定的高分子聚合物衣膜的技术。常用薄膜包衣工艺有有机溶剂包衣法和水分散体乳胶包衣法。基本工艺流程如图11–8所示。

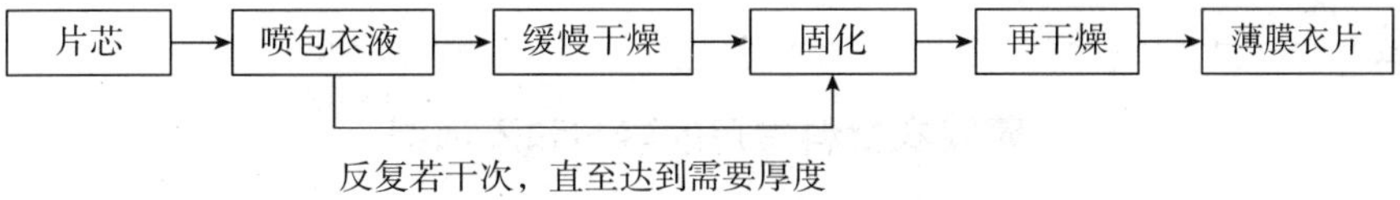

图11–8 包薄膜衣工艺流程

（1）喷包衣液 将片芯喷入一定量的薄膜衣材料的溶液，使片芯表面均匀湿润。

（2）缓慢干燥 吹入缓和的热风使溶剂蒸发（需根据工艺调节温度，过高会干燥过快，出现“皱皮”或“气泡”现象；温度过低会使干燥过慢，出现“粘连”或“剥落”现象），如此重复上述操作若干次，直至达到工艺要求的厚度为止。

（3）固化　大多数的薄膜衣需要一个固化期，一般是在室温或略高于室温下自然放置6~8小时使之固化完全。

（4）再干燥　为使残余的溶剂完全除尽，一般还要在适当温度下干燥12~24小时。

与包糖衣相比，包薄膜衣具有操作简单、生产周期短、效率高、片重增加小（仅增加2%~4%）、对药片崩解影响小等优点。薄膜包衣材料通常由高分子包衣材料、溶剂和添加剂三部分组成。其中，高分子包衣材料按溶解性能分为胃溶型、肠溶型和胃肠不溶型三种。

（1）胃溶型包衣材料　是指在胃中能溶解的高分子薄膜衣材料。

1）羟丙基甲基纤维素（HPMC）　目前应用最广泛的薄膜衣材料之一，可溶于水及一些有机溶剂中，具有成膜性能好、形成膜有适宜的强度、不易破碎、性质稳定等优点。

2）羟丙基纤维素（HPC）　其溶解性能类似HPMC，但干燥过程中易发生粘连，故常与其他成膜材料混合使用。

3）聚丙烯酸树脂Ⅳ号　最常用的胃溶型薄膜衣材料之一，可溶于乙醇、丙酮、二氯甲烷，不溶于水，具有成膜性能好、形成膜的机械性能好、包衣性质稳定、在胃液中快速崩解、防潮性能优良等优点。

4）聚维酮（PVP）　易溶于水、乙醇、三氯甲烷、异丙醇等，不溶于丙酮、乙醚，形成衣膜坚硬光亮，但成膜后有吸湿软化现象。

（2）肠溶型包衣材料　是指在胃中不溶，但在肠液中溶解的高分子材料。

1）醋酸纤维素酞酸酯（CAP）　可溶于丙酮及丙酮与水、丙酮与乙醇的混合溶剂中，成膜性能好，但具有吸湿性。

2）羟丙基纤维素酞酸酯（HPMCP）　为HPMC与邻苯二甲酸作用生产的单酯，性质稳定，不溶于酸液，易溶于混合有机溶剂中，其肠溶性能好，为优良的肠溶型材料。

3）聚丙烯酸树脂Ⅰ、Ⅱ、Ⅲ号　Ⅰ号为水分散体，形成的包衣片表面光滑具有一定的硬度，但与水接触易使片面变粗糙；Ⅱ号、Ⅲ号均不溶于水和酸，可溶于乙醇、丙酮、异丙酮或等量的异丙醇和丙酮的混合溶剂中，实际生产中常用两者的混合液包衣，具有成膜性好、衣膜透湿性低的优点，但衣膜具有一定的脆性。

（3）胃肠不溶型包衣材料　是指在胃液和肠液中均不溶的高分子材料，通常用于缓释型包衣材料，通过控制药物扩散和溶出，以达到延缓药物释放的目的。

1）乙基纤维素（EC）　不溶于水和胃肠液，能溶于多数的有机溶剂，常与水溶性包衣材料如PEG、HPMC等合用，改变EC与水溶性材料的比例，可调节改变药物扩散和释放，可用于缓释、控释制剂。

2）醋酸纤维素（CA）　不溶于水，易溶于有机溶剂，成膜性好。形成的膜具有半透性，是制备渗透泵片或控释片最常用的包衣材料，也可加入助渗剂或致孔剂如PEG、十二烷基硫酸钠等水溶性物质形成微孔膜，适用于水溶性药物的控释片。

充电链接

薄膜衣材料常用的溶剂和添加剂

薄膜衣材料除了高分子包衣材料外，还需要适宜的溶剂和添加剂。

溶剂应能溶解或分散高分子包衣材料及增塑剂，并使包衣材料均匀分布在片剂表面。常用的溶剂有水和有机溶剂。有机溶剂包衣时包衣材料用量较少，形成的包衣片表面光滑、均匀，但易燃并有一定毒性，故需严格控制有机溶剂的残留量；水作包衣用溶剂克服了有机溶剂的缺点，适于不溶性高分子材料，通常是将不溶性高分子材料制成水分散体进行包衣。薄膜衣材料常用的添加剂有增塑剂、着色剂、掩蔽剂、遮光剂、增光剂、释放速度调节剂、固体物料等。

（1）增塑剂 指能增加衣膜柔韧性的材料，常用的水溶性增塑剂有甘油、丙二醇、PEG等，水不溶性增塑剂有邻苯二甲酸酯、蓖麻油等。

（2）释放速度调节剂 又称致孔剂，在薄膜衣材料中加入蔗糖、氯化钠、PEG等水溶性物质时，遇水后，这些水溶性物质迅速溶解，使薄膜衣膜成为微孔微膜，从而调节药物的释放速度。

（3）固体粉料 用于增加薄膜衣层的牢固性，在包衣过程中加入适当的固体粉末如滑石粉、硬脂酸镁等，可以防止高分子包衣材料黏性过大引起的包衣颗粒或片剂的粘连。

（4）着色剂和遮光剂 着色剂的加入主要是为了改善产品外观、便于识别，同时也有一定的遮光作用，可加入适量二氧化钛等遮光剂来进一步提高片芯内药物对光的稳定性。但着色剂和遮光剂的加入有时会影响衣膜性能，如使膜的拉伸强度和柔韧性降低等。

5.包衣技术与设备 常用包衣技术有滚转包衣法、流化包衣法和压制包衣法等。

（1）滚转包衣法 包衣过程是在包衣锅内完成的，故也称锅包衣法，是最经典常用的包衣方法，可用于糖包衣和薄膜包衣。该法常用的设备有普通包衣机、埋管包衣机和高效包衣机三种。

1）普通包衣机 主要构造包括包衣锅、动力部分、加热及鼓风设备、吸尘装置等四部分（图11-9）。包衣锅的轴与水平的夹角为30°~45°，以使片剂在包衣过程中既能随锅的转动方向滚动，又能沿轴向运动，使混合作用更好。包衣锅的转动速度应适宜，以使片剂在锅中能随锅的转动上升到一定高度，随后作抛线运动而落下为度，使包衣材料能在片剂表面均匀分布，片与片之间又有适宜的摩擦力。普通包衣机的缺点是干燥速度慢、气路不密封、有机溶剂污染环境等。

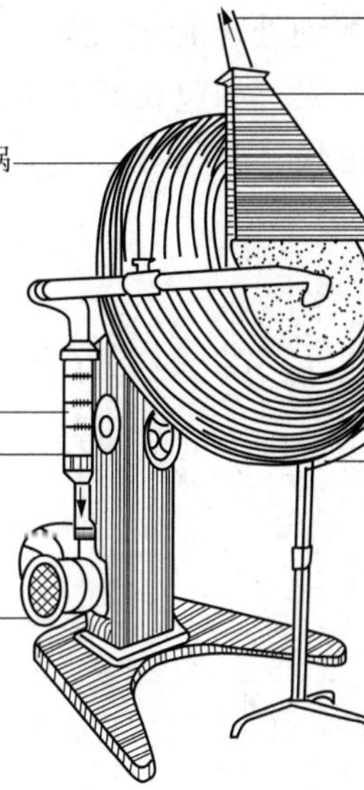

图11-9 普通包衣机外观及结构示意图

2）埋管包衣机 是为了克服普通包衣机的气路不密封，有机溶剂污染环境等不利因素进行改良的包衣机。其改良方式是在普通包衣锅内底部装有可输送包衣材料溶液、压缩空气和热空气的埋管，埋管喷头插入物料层内（图11-10）。包衣时，该管插入包衣锅中翻动着的片床内，包衣材料的浆液由泵打出，经气流式喷头连续地雾化，直接喷洒在片剂上，干热压缩空气也伴随雾化过程同时从埋管吹出，穿透整个片床进行干燥，湿空气从排出口引出，经集尘过滤器过滤后排出。此法既可包薄膜衣也可包糖衣，可用有机溶剂也可用水性混悬浆液溶解衣料。由于雾化过程是连续进行的，故包衣时间缩短，且可避免包衣时粉尘飞扬，适用于大规模生产。

3）高效包衣机 为了改善普通包衣机的干燥能力差而开发的新型包衣机（图11-11）。其原理与传统的敞口包衣锅完全不同。敞口包衣锅工作时，热风仅吹在片芯层表面，并被反射吹出，热交换仅限于表面层，且部分热量由出风口直接吹出而未被利用，浪费了一定的热源，而高效包衣机干燥时热风穿过片芯间隙，并与表面水分或有机溶剂进行热交换，这样热源得到充分的利用，片芯表面的湿液充分挥发，因而干燥效率更高。其包衣过程处于密闭状态，具有卫生、安全、干燥速度快、包衣效果好等优点。

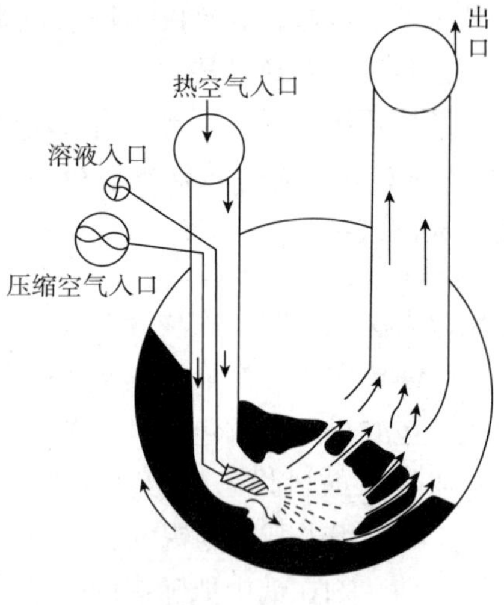

图11-10　埋管包衣机空气走向示意图

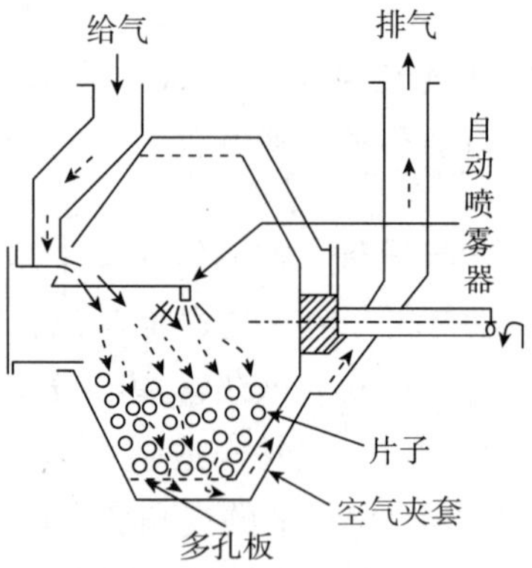

图11-11　高效包衣机示意图

（2）流化包衣法　其原理与流化喷雾制粒相似，即将片芯置于流化床中，通入气流，借急速上升的空气气流使片剂悬浮于包衣室的空间上下翻动处于流化状态时，喷入雾化的包衣材料溶液或混悬液，使片芯上黏附一层包衣材料，继续通热空气干燥，如包衣若干层，至达到规定要求（图11-12）。与滚转包衣法相比，此法具有干燥能力强、包衣速度快、时间短、自动化程度高等优点。

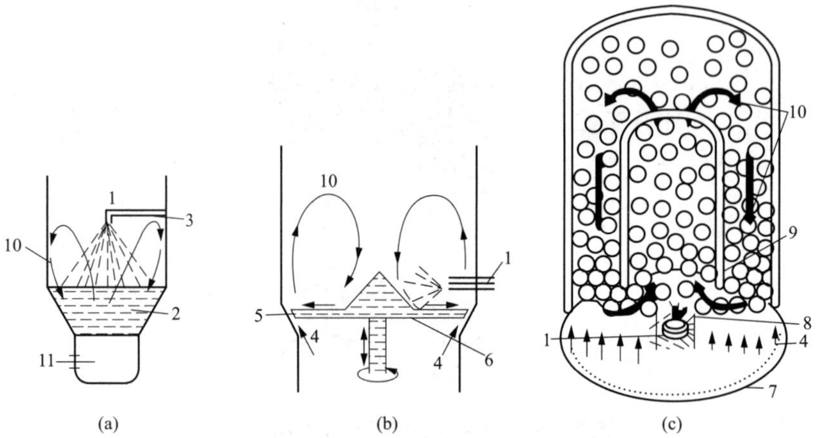

（a）顶部喷头；（b）侧面切口喷头；（c）底部喷头（有导流筒）

1.喷嘴（气流式或压力式）；2.流化床浓相；3.流化床稀相；4.空气流；5.环隙；6.旋转盘（可调节高度）；7.空气分布版；8.雾化包衣液；9.包衣区；10.颗粒流向；11.通入空气

图11-12　流化包衣机示意图

（3）压制包衣法　一般是将两台压片机以特制的转动器连接配套使用，一台压片机专门用于压制片芯，然后由传动器将压成的片芯输运至包衣转台上的第二台压片机的模孔中（此模孔已填入适量包衣材料作为底层），然后片芯上加入其余的包衣材料填满模孔，加压制成包衣片。本法优点是生产流程短、自动化程度高、可避免水分与高温对药物的不良影响，但对压片机械精度要求高。

6.包衣过程中可能出现的问题及解决办法

（1）包糖衣片　可能出现的问题及解决办法见表11-7。

表11-7　包糖衣过程中可能出现的问题及解决方法

常见问题	原因	解决办法
糖浆不粘锅	锅壁上蜡未除尽	洗净锅壁，或再涂一层热糖浆，撒一层滑石粉
色泽不均	片面粗糙，有色糖浆用量过少且未搅匀；温度太高，干燥过快，糖浆在片面上析出过快，衣层未干就加蜡打光	针对原因予以解决，如可用浅色糖浆，增加所包层数，“勤加少上”控制温度，情况严重时，可洗去衣层，重新包衣
片面不平	撒粉太多，温度过高衣层未干就包第二层	改进操作方法，做到低温干燥，勤加料，多搅拌
皱裂或爆裂	糖浆与滑石粉用量不当，芯片太松温度太高，干燥过快，析出粗糖晶使片面留有裂缝	控制糖浆和滑石粉用量，注意干燥时的温度与速度，更换片芯
露边与麻面	衣料用量不当，温度过高或吹风过早	注意糖浆和粉料的用量，糖浆以均匀润湿片芯为度，粉料以能在片面均匀黏附一层为宜，片面不见水分和产生光亮时，再吹风
黏锅	加糖浆过多，黏性大，搅拌不匀	糖浆的含量应恒定，一次用量不宜过多，锅温不宜过低
膨胀磨片或剥落	片芯或糖衣层未充分干燥，崩解剂用量过多	注意干燥，控制胶浆或糖浆的用量

（2）包薄膜衣片　可能出现的问题及解决办法见表11-8。

表11-8　包薄膜衣过程中可能出现的问题及解决方法

常见问题	原因	解决办法
起泡	固化条件不当，干燥速度过快	掌握成膜条件，控制干燥温度和速度
皱皮	选择衣料不当，干燥条件不当	更换衣料，改善成膜温度
剥落	选择衣料不当，两次包衣间的加料间隔过短	更换衣料，调节间隔时间，调节干燥温度和适当降低包衣液的浓度
花斑	增塑剂、色素等选择不当。干燥时，溶剂可溶性成分带到衣膜表面	改变包衣处方、调节空气温度和流量，减慢干燥速度
肠溶衣片不能安全通过胃部	选择衣料不当，衣层太薄、衣层机械强度不够	选择衣料，重新调整包衣处方
肠溶衣片肠内不溶解（排片）	选择衣料不当，衣层太厚、贮存变质	选择适当衣料、减少衣层厚度、控制贮存条件防止变质

点滴积累 11-5

1.片剂的制备技术有制粒压片法、直接压片法；制粒压片法分为湿法制粒压片和干法制粒压片；直接压片法分为粉末直接压片和结晶直接压片。湿法制粒压片法颗粒流动性好，但不适用于湿热敏感药物；干法制粒压片法适用于湿热敏感药物，但高压可能影响药物活性；直接压片法工艺简单，但对物料要求高。

2.片重的计算法有按主药含量计算片重、按干颗粒总重量计算片重。

3.常用的压片机有单冲压片机和旋转压片机，压片过程为填料、压片、出片三个步骤。

4.压片过程中容易出现的问题有裂片、松片、黏冲、崩解迟缓、片重差异超限、变色、均匀度不合格等。

5.包衣的目的有改善片剂的外观和便于识别、掩盖药物的不良臭味、增强药物的稳定性、控制药物的释放部位和释放速度、避免药物配伍变化等。

6.包衣常用的材料有糖衣和薄膜衣；与包糖衣相比，薄膜衣具有操作简单、生产周期短、效率高、片重增加小、对药片崩解影响小等优点。

7.包衣常用技术有滚转包衣法、流化包衣法和压制包衣法；流化包衣法比滚转包衣法干燥能力强、包衣速度快、自动化程度高，而压制包衣法具有生产流程短、自动化程度高、可避免水分与高温对药物的不良影响等优点。

二、制备举例及应用

（一）复方阿司匹林片

【处方】乙酰水杨酸 268g　对乙酰氨基酚 136g　咖啡因 3.4g　轻质液状石蜡 0.25g　淀粉 266g
　　　　滑石粉 15g　16%淀粉浆适量 共制 10000 片

【临床适应证】用于发热、头痛、神经痛、牙痛、月经痛、肌肉痛、关节痛。

【处方分析】对乙酰氨基酚、乙酰水杨酸、咖啡因为主药，淀粉为填充剂和崩解剂，淀粉浆为黏合剂，液状石蜡和滑石粉为润滑剂。

本品属于含有不稳定药物的片剂，在处方调整和工艺制备时应注意：①乙酰水杨酸遇水易水解成损伤胃黏膜的水杨酸和醋酸，必要时可加入乙酰水杨酸量的1%酒石酸作稳定剂，增加乙酰水杨酸的稳定性。②乙酰水杨酸、对乙酰氨基酚及咖啡因三种成分在润湿混合后易产生低共熔现象，熔点下降，压缩后有熔融再结晶现象，故采用分别制粒的方法，即先将对乙酰氨基酚、咖啡因用湿法制粒，乙酰水杨酸在整粒后加入。这样也可避免乙酰水杨酸受热及与水接触。③硬脂酸镁能促进乙酰水杨酸的水解，故采用滑石粉和少量液状石蜡作润滑剂。加入滑石粉量10%的液状石蜡，可使滑石粉更易吸附在颗粒表面，压片时震动不易脱落。④乙酰水杨酸水解受金属离子催化，因此必须采用尼龙筛网制粒。⑤乙酰水杨酸的可压性极差，制粒时采用较高浓度的淀粉浆（15%~16%）作黏合剂。⑥乙酰水杨酸具有一定的疏水性，必要时可加入适宜的表面活性剂，如聚山梨酯80等以加快片剂的崩解和溶出。

【制备方法】称取对乙酰氨基酚、咖啡因分别磨成细粉过100目筛后，与1/3量的淀粉混匀，加入淀粉浆制软材（10~15分钟），过14目或16目筛制粒，湿粒在70℃干燥，干颗粒过12目筛整粒，整粒后颗粒加入乙酰水杨酸混合均匀，加剩余的淀粉（预先在100~105℃干燥）和吸附了液状石蜡的滑石粉（将轻质液状石蜡喷于滑石粉中混匀）混匀，再过12目尼龙筛，颗粒经含量测定合格后，压片，即得。

【贮藏】密封，在干燥处保存。

（二）硝酸甘油片

【处方】乳糖 888g　蔗糖 380g　17%淀粉浆适量　硬脂酸镁 10g　硝酸甘油 6.0g　共制 10000 片

【临床适应证】用于冠心病、心绞痛的治疗及预防，也可用于降低血压或治疗充血性心力衰竭。

【处方分析】硝酸甘油为主药，淀粉浆为黏合剂，乳糖、糖粉为填充剂，硬脂酸镁为润滑剂。

本品为通过舌下吸收治疗心绞痛的急救药，不宜加入不溶性辅料（微量硬脂酸镁作润滑剂除外），且片剂不宜过硬，以免影响其舌下溶解速度。本品为小剂量药物的片剂，为防止混合不均匀，采用主药溶于乙醇再加入空白颗粒中的方法。制备过程中，应注意防止振动、受热和操作者吸入，以免造成爆炸以及操作者的剧烈头痛。

【制备方法】取处方量的乳糖、蔗糖，加入适量的淀粉浆制成软材，过14目筛制成湿粒，置70~80℃干燥后于12目筛整粒，制成空白颗粒。然后将硝酸甘油制成10%的乙醇溶液拌于上述空白颗粒的细粉中（30目以下），过10目筛2次，于40℃干燥50~60分钟再与剩余空白颗粒、硬脂酸镁混匀，压片，即得。

【贮藏】遮光，密封，在阴凉处保存。

（三）维生素C泡腾片

【处方】维生素C 100g 酒石酸 450g 碳酸氢钠 650g 蔗糖粉 1600g 糖精钠 20g 氯化钠适量
色素适量 香精适量 单糖浆适量 聚乙二醇6000适量 共制10000片

【临床适应证】用于预防坏血病，也可用于各种急慢性传染疾病及紫癜等的辅助治疗。

【处方分析】维生素C为主药，碳酸氢钠和酒石酸为泡腾崩解剂，蔗糖粉为黏合剂，氯化钠、糖精钠、香精为矫味剂，聚乙二醇6000为水溶性润滑剂。

【制备方法】取维生素C、酒石酸分别过100目筛，混匀，以95%乙醇和适量色素溶液制成软材，过14目筛制湿粒，于50~55℃干燥，备用。另取碳酸氢钠、蔗糖粉、氯化钠、糖精钠和单糖浆适量制成软材，过12目筛，于50~55℃干燥，与上述干颗粒混合，16目筛整粒，加适量香精的醇溶液，密闭片刻，加适量聚乙二醇6000混匀，压片，即得。

【贮藏】遮光、密封，在干燥处保存。

阅读与感悟

现代片剂的诞生源于一个偶然发现，英国人卜罗克登在制造铅笔时发现，铅笔芯的原料粉末，在重压机中加压后即形成条形的铅笔芯，那么他想到如果将药物粉末置于模型中也可将其压成片状。于是，他制成了一种简单的“手压模”，并于1843年获取了专利。这种方法一经传开，即被推广。后来人们又在其发明的基础上对机械进行了改良，将药物与辅料混合均匀放入模具内，用槌敲打上冲，上冲下压，把药物压成片剂。但是这种方法制成的片剂不仅质量差，而且也耗时费力。随着工业化时代的到来，片剂的手工制作由机器代替，于是片剂的生产和应用得到了迅速的发展。到了现代，为了满足人们对片剂的不同要求，片剂品种也越来越多，成为临床应用最为广泛的药物剂型之一。片剂的诞生，与卜罗克登对生活的观察及勤于思考密不可分，他能发散思维，从“铅笔芯原料粉末加压成条”联想到“药物粉末加压成片”，并积极地付诸行动，才研发出了最原始的片剂。

自测达标

答案解析

一、单项选择题

1.关于肠溶衣片的叙述，错误的是（ ）

A.胃内不稳定的药物可包肠溶衣

B.强烈刺激胃的药物可包肠溶衣

C.在胃中崩解，而在肠中不崩解

D.驱虫药通常制成肠溶衣片

2.可作为肠溶衣的高分子材料是（ ）

A.聚丙烯酸树脂Ⅰ号　　B.聚丙烯酸树脂Ⅳ号

C. HPMC　　D. HPC

3.湿法制粒工艺流程为（ ）

A.原辅料→粉碎→混合→制软材→制粒→干燥→压片

B.原辅料→粉碎→混合→制软材→制粒→干燥→整粒→压片

C.原辅料→粉碎→混合→制软材→制粒→整粒→压片

D.原辅料→混合→粉碎→制软材→制粒→整粒→干燥→压片

4.下列辅料中，水不溶型包衣材料是(　　)

A.聚乙二醇　　B.醋酸纤维素　　C.羟丙基纤维素　　D.聚乙烯醇

5.在复方乙酰水杨酸片中，可以有效延缓乙酰水杨酸水解的辅料是(　　)

A.滑石粉　　B.轻质液状石蜡　　C.淀粉　　D.1%酒石酸

二、多项选择题

6.压片时出现松片现象，下列做法正确的是(　　)

A.选黏性较强的黏合剂　　B.颗粒含水量控制适中

C.减少压片机压力　　D.调慢压片机压片时的车速

E.加快压片机压片时的车速

7.包衣的目的有(　　)

A.控制药物在胃肠道中的释放部位

B.控制药物在胃肠道中的释放速度

C.掩盖药物的苦味

D.防潮、避光、增加药物的稳定性

E.改善片剂外观

8.压片过程中发生裂片问题，可能的原因是(　　)

A.压片压力过大　　B.压片压力过小　　C.黏合剂使用过量

D.黏合剂使用不足　　E.颗粒含水量过大

三、综合运用题

9.为保证片剂的质量，对压片用物料有何要求？

10.分析下列硝酸甘油处方中物料的作用，并简述其制备过程。

【处方】硝酸甘油6.0g　17%淀粉浆适量　乳糖888g　糖粉380g

硬脂酸镁10g　共制10000片

思维导图　知识小结　参考答案

实践三十四　项目单梳理

项目名称	压片工艺操作	
模拟药物	盐酸西替利嗪咀嚼片	
处方组成	[处方] 盐酸西替利嗪500g　甘露醇19250g　乳糖7000g　微晶纤维素6100g　预胶化淀粉1000g　硬脂酸镁1750g　苹果酸适量　阿斯帕坦适量　8%聚维酮乙醇溶液10000ml　制成100000片 [临床适应证]　用于治疗季节性和常年性变应性鼻炎、慢性特发性荨麻疹	
工具书	《中国药典》(2020年版)第四部	
模拟过程	1.处方分析	在该处方中，各成分的作用 (1)盐酸西替利嗪是______ (2)甘露醇、乳糖、微晶纤维素、预胶化淀粉是______ (3)苹果酸、阿斯帕坦是______ (4)聚维酮乙醇溶液是______ (5)硬脂酸镁是______

续表

<table>
<tr><td rowspan="4">模拟过程</td><td>2.领料</td><td>（1）准备批生产指令单，生产记录等文件
（2）领取物料，总混合后颗粒，核对品名、规格、批号、数量等信息，检查颗粒度情况
（3）正确填写生产记录</td></tr>
<tr><td>3.生产操作</td><td>（1）检查生产场地温湿度、压力、旋转式压片机设备，安装冲模
（2）加料前复合品名、批号
（3）将速度调节、片厚调节、填充调节装置调至零，启动主机，同时开启吸尘器、筛分器，空转2~3分钟，设备运转正常后，速度调至低速运行
（4）进行压力、填充量和片厚调节，调至符合生产指令的片重，调节压力至产品工艺要求的硬度
（5）检查质量控制外观、硬度、重量差异项目，符合标准后，进行压片操作
（6）操作过程中，每15分钟检查一次片重，根据检查情况进行压力、片厚、填充量的调节
（7）压片结束后，挂上“待清洁”标识，完成物料平衡
（8）正确填写生产记录</td></tr>
<tr><td>4.质量检查要点</td><td>外观性状、____________、脆碎度、____________</td></tr>
<tr><td>5.清场</td><td>（1）更换状态标识，清洁容器和用具
（2）清洁压片机
（3）清洁墙面、地面，填写清场记录</td></tr>
<tr><td>模拟结果</td><td colspan="2">旋转式压片机是目前生产中应用较广泛的多冲压片机，通常转盘上可以有5冲、7冲、19冲、21冲、27冲、33冲等，本次模拟了用旋转式压片机进行压片工艺操作，了解基本的工艺流程和岗位职责。请思考：在压片的过程中，发现有出片不顺畅的现象，有哪些原因</td></tr>
</table>

实践三十五　片剂的制备与质量检查

（一）实践目的

掌握普通片剂的制法；熟知湿法制粒压片的工艺过程；掌握单冲压片机的使用方法；会对片剂进行质量检查；会对片剂制备过程中出现的问题进行分析和解决；能理论联系实际，对药厂生产片剂有一定的了解。

（二）实践原理

湿法制粒压片的工艺流程包括粉碎、过筛、混合、制粒、干燥、整理、总混、压片等工序。片剂的质量控制项目有外观、脆碎度、重量差异、崩解时限、微生物限度等，不同种类的片剂具体检查项目不同。

（三）实践地点

药物制剂实训室。

（四）实践仪器与设备

天平、烧杯、电炉、玻璃棒、烘箱、单冲压片机、不锈钢盆、乳钵、标准药筛、崩解仪、脆碎度仪。

（五）实践试剂

碳酸氢钠、淀粉、滑石粉。

（六）实践内容

碳酸氢钠片	内容
处方	碳酸氢钠150g　淀粉80g　10%淀粉浆适量　滑石粉7.5g
功能主治	碳酸氢钠片用于缓解胃酸过多引起的胃痛、胃灼热感（烧心）、反酸等症状

1.制法　①10%淀粉浆的制备：将10g淀粉加入100ml蒸馏水中分散均匀，水浴加热糊化，制成10%淀粉浆，备用。②取150g碳酸氢钠与淀粉混合均匀，分次加入10%淀粉浆制软材，将制得

的软材过16目筛进行手工制粒，将湿颗粒于40~60℃烘箱干燥，干燥后用12目筛整粒，称重，用60目筛筛去颗粒中的细粉，细粉与滑石粉混合后加入颗粒中进行混匀。③压片：用单冲压片机压片。

2.解析　①制淀粉浆时，应避免直火加热，采取水浴等间接加热方式，并且不停搅拌，以防焦化；②加浆时温度不宜超过50℃，否则碳酸氢钠易分解；③制软材时以“轻握成团，轻压即散”为度；④干燥时间约30分钟，每隔15分钟将颗粒轻轻翻动，使颗粒均匀干燥。

3.片剂的质量检查

（1）外观检查　片剂外观应完整光洁，色泽均匀。

（2）脆碎度检查　片重为0.65g或以下者取若干片，使其总重约为6.5g；片重大于0.65g者取10片。用吹风机吹去片剂脱落的粉末，精密称重，置圆筒中，转动100次。取出，同法除去粉末，精密称重，减失重量不得过1%，且不得检出断裂、龟裂及粉碎的片。本试验一般仅作1次。如减失重量超过1%时，应复测2次，3次的平均减失重量不得过1%，并不得检出断裂、龟裂及粉碎的片。

（3）重量差异检查　取供试品20片，精密称定总重量，求得平均片重后，再分别精密称定每片的重量，每片重量与平均片重比较（凡无含量测定的片剂或有标示片重的中药片剂，每片重量应与标示片重比较），超出重量差异限度的不得多于2片，并不得有1片超出限度1倍。

（4）崩解时限检查　取供试品6片，分别置崩解仪吊篮的玻璃管中，启动崩解仪进行检查，各片均应在15分钟内全部崩解。如有1片不能完全崩解，应另取6片复试，均应符合规定。

（5）记录实验结果

品名	外观	脆碎度	重量差异	崩解时限
碳酸氢钠片				

（七）实践反思

1.碳酸氢钠片处方中各组分的作用是什么？

2.制备碳酸氢钠片时，如何避免碳酸氢钠分解？

实践三十六　片剂的合理使用

（一）实践目的

熟悉常见的片剂类型；能够正确使用各种片剂。

（二）实践地点

药学服务实训室。

（三）实践用具

若干不同品种片剂药盒。

（四）实践内容

依据理论知识，分组查找药盒，完成下列表格。

序号	药品名称	规格	贮藏条件	适应证	用法用量
例1	阿司匹林肠溶片	100mg	密封，25℃以下保存	阿司匹林对血小板聚集有抑制作用，因此阿司匹林肠溶片适应证如下：降低急性心肌梗死疑似患者的发病风险；预防心肌梗死复发；脑卒中的二级预防；降低短暂性脑缺血发作（TIA）及其继发脑卒中的风险；降低稳定型和不稳定型心绞痛患者的安全风险；降低心血管患者危险因素（冠心病家族史、糖尿病、血脂异常、高血压、肥胖、抽烟史、年龄大于50岁者）和心肌梗死发作的风险	用法：口服。肠溶片应饭前用适量水送服。降低急性心肌梗死疑似患者的发病风险，建议首次剂量300mg，嚼碎后服用以快速吸收，以后每天100~200mg；预防心肌梗死复发，每天100~300mg；中风的二级预防，每天100~300mg；降低短暂性脑缺血发作（TIA）及其继发脑卒中的风险，每天100~300mg；降低稳定型和不稳定型心绞痛患者的发病风险，每天100~300mg；动脉外科手术或介入手术后，每天100~300mg；预防大手术后深静脉血栓和肺栓塞，每天100~200mg；降低心血管危险因素者心肌梗死发作的风险，每天100mg

（五）实践反思

1.根据查询结果总结咀嚼片、泡腾片、缓控释片、含片、舌下片等不同种类片剂的服用方法。

2.哪些片剂可掰开服用？哪些片剂不可掰开服用？

药师指点

1.片剂的贮藏　片剂应密封贮存，防止受潮、发霉、变质。除另有规定外，一般应将包装好的片剂放在阴凉（20℃以下）、通风、干燥处贮藏。对光敏感的片剂应避光；受潮易分解变质的片剂应在包装容器内放入干燥剂。

2.口服片剂的临床应用与注意事项　片剂使用方便，剂量准确，适用于大多数患者，但临床上容易出现不合理用药的情况，需注意以下几点。

（1）服药方法　口服片剂的服用方法与剂型有关。肠溶衣片、双层糖衣片可减少胃肠道刺激及胃酸和蛋白酶的破坏，因此需整片服用，不可嚼服和掰开服用。部分缓、控释片剂的药物释放速度和释放部位是由制剂表面或夹层的包衣膜控制，如膜控型、定位型控释片，只有保持膜的完整性才能使药物按设定的速度和部位释放达到缓控释的目的。如将表面膜破坏后，造成药物从断口瞬时释放，既达不到控释的目的，还会增加不良反应。可分剂量服用的缓控释制剂通常外观有一分刻痕，服用时也要保持半片的完整性。所有的缓控释制剂一般均要求患者不要压碎或咀嚼，以免破坏剂型的原本调释作用。咀嚼片嚼服有利于更快发挥药效，提高药物生物利用度。糖衣片不宜在口中久含，以免糖衣溶解后露出里面过苦的药物引起恶心，且糖尿病患者不宜服用此类制剂。咀嚼片、泡腾片要求水溶后或嚼碎后服用，比整片吞服起效快。

（2）服药次数及时间　为了更好地发挥药物疗效、减轻或避免不良反应的发生，必须严格按照医嘱或药品使用说明书上规定的服药次数和时间服用药物。如缓、控释片剂单片的剂量远大于普通制剂，用药次数过多或增加给药剂量使血药浓度不稳定而带来不安全因素，临床用药调查也表明此类制剂用药次数过多的差错率占品种的60%以上；相反若用药次数不够则使药物的血药浓度过低，达不到应有的疗效。如缓释剂每日仅用1~2次，故服药时间最好放在清晨起床后或傍晚睡觉前，以适应人体生物钟规律变化。又如驱虫药需在半空腹或空腹时服用，抗酸药、胃肠解痉药多数需在餐前服用，也可在症状发作时服用。需餐前服用的药物还有收敛药、肠道抗感染药、利胆药、盐类泻药、催眠药、缓泻药等。

（3）服药溶剂　服药溶剂最好是白开水，水有加速药物在胃肠道的溶解、润滑保护食管、冲淡食物和胃酸对药物的破坏以及减少胃肠道刺激的作用。选用其他常见液体服药时应慎重。茶叶中含有鞣酸、咖啡因及其他植物成分，可能会与一些药物发生相互作用。乙醇及含乙醇类饮料对中枢神经系统有抑制作用。果汁富含果酸，可导致许多药物提前分解和溶化，不利于药物在小肠内吸收，以致使药效下降。可乐和咖啡都有兴奋神经中枢和刺激胃酸分泌作用。

（4）服药姿势　最好采用坐位或站位服药，服药后，稍微活动一下再卧床休息。躺服会使药物黏附于食管，不仅影响疗效还可能引起咳嗽或局部炎症等反应。

项目十二　丸　剂

PPT

学习目标

1. 掌握　丸剂的概念、分类、质量检查。
2. 熟悉　丸剂的质量要求、质量检查项目与检查方法。
3. 了解　中药丸剂的特点。

导读：古人在制备或使用丸剂时阐述："水丸取其易化，蜜丸取其缓化，糊丸取其迟化，蜡丸取其难化"。丸剂作为中医药的一种传统剂型，它经过漫长的历史发展，早已形成了其独特的应用特色，在传承与创新之后，丸剂呈现出品种多样化、制备工业化与作用速效等特点。本项目主要学习丸剂的特点、分类，熟悉丸剂的制备和质量要求。

任务一　丸剂基础知识

【工作实例】某学校学生张某在某药店实习，来了一名顾客需购买六味地黄丸，张某发现药品陈列柜上的六味地黄丸有水丸、水蜜丸、大蜜丸、浓缩丸等多种不同类型，张某一时间不知该如何选择。如果你是驻店执业药师，该如何为该顾客提供药学指导服务？

一、概述

（一）丸剂的定义

丸剂系指原料药物与适宜的辅料制成的球形或类球形固体制剂。按照主药成分不同可分为中药丸剂和化学药丸剂两种，以中药丸剂为主，临床主要供内服。中药丸剂是指饮片细粉或提取物加适宜的黏合剂或其他辅料制成的球形或类球形制剂，包括蜜丸、水丸、水蜜丸、浓缩丸、糊丸、蜡丸与滴丸等。化学药丸剂是指化学药物加适宜的黏合剂或其他辅料制成的球形或类球形制剂，包括滴丸、糖丸。

丸剂是中药传统剂型中较为重要的剂型，在中成药中占比最大。经典医方《五十二病方》中对丸剂的名称、处方、规格、剂量及服用方法均有记载。宋代《太平惠民和剂局方》记载丸剂方剂284个；《伤寒杂病论》《金匮要略》中有以蜂蜜、糖、淀粉糊、药汁作为丸剂黏合剂的记载；金元时期出现丸剂包衣。自20世纪80年代以来，随着制药技术的发展，丸剂的制备由最初的手工制作发展成为自动化生产。

（二）丸剂的特点

1. 药效作用持久、缓和　蜜丸、糊丸、蜡丸服用后在胃肠道中缓慢崩解或溶散，逐渐释放药物，药物吸收迟缓，作用持久。临床上治疗慢性疾病或久病体弱、病后调和气血者多制成丸剂服用。

2. 可减少或避免某些药物的毒性和刺激性　通过选用适宜的辅料，使某些毒性、刺激性药物在胃肠道中释药缓慢，平缓药物的吸收，降低毒性或刺激性。

3. 适用于液体及挥发性药物　丸剂制备时不仅能容纳固体药物、半固体药物，还可以容纳液体药物，芳香挥发性药物可通过泛在丸剂中层来改善其挥发性。

4.补充其他剂型不足 将普通的中药丸剂改制成微丸后包缓释衣，经压成片剂或装入胶囊后成为控、缓释制剂。

但是中药丸剂多以药材粉末入药，服用量较大，小儿服用困难；丸剂生产过程较长，增加了药物染菌的机会，微生物超标问题尚未完全解决；中药材质量受中药材产地、采收时节、炮制加工等因素的影响较大，对中药丸剂的内在质量控制还有待深入研究。

（三）常用辅料

1.润湿剂 处方中药材粉末本身具有黏性，仅需加润湿剂诱发其黏性，便能制备成丸，常用的润湿剂有水、酒、醋、水蜜、药汁等。

2.黏合剂 一些含纤维、油脂较多的药材细粉，需加适当的黏合剂才能成型。常用的黏合剂有炼蜜、米糊或面糊、药材清（浸）膏、糖浆等。

（1）蜂蜜 作黏合剂独具特色，兼有一定的药理作用，是蜜丸的重要辅料之一。由于蜂蜜黏稠，蜜丸在胃肠道中逐渐溶蚀释药，故作用持久。作黏合剂使用时，需经炼制，炼制程度视制丸物料的黏性而定，一般分嫩蜜、中蜜、老蜜3种。炼蜜的规格与指标见表12-1。

表12-1 炼蜜的种类

种类	外观	炼制温度（℃）	含水量（%）	适用药材
嫩蜜	浅黄色	105~115	17~20	黏性较强
中蜜	小气泡、无白丝	116~118	14~16	黏性中等
老蜜	大气泡、长白丝	119~122	<10	黏性差

充电链接

蜂蜜的炼制

蜂蜜的炼制指将蜂蜜加热熬炼至一定程度的操作。其目的是去除杂质、降低水分、破坏酶类、熔融固体晶粒，还能杀死微生物、增加黏性等，能够促使糖的转化，防止“返砂”现象。可以根据处方中药材的性质，进行炼蜜种类的选择。

（2）米糊或面糊 以黄米、糯米、小麦及神曲等磨成细粉制成糊，用量为药材细粉的40%左右，可用调糊法、煮糊法、冲糊法制备。所制得的丸剂一般较坚硬，胃内崩解较慢。常用于含毒剧药和刺激性药物的制丸。

（3）药材浸膏 植物性药材用浸出方法制得的清（浸）膏，大多具有较强的黏性。因此，可同时兼作黏合剂使用，与处方中其他药材细粉混合后制丸。

（4）糖浆 常用蔗糖糖浆或液状葡萄糖，既具黏性，又具有还原作用，适用于黏性弱、易氧化药物的制丸。

3.吸收剂 中药丸剂中，外加其他稀释剂或吸收剂的情况较少，一般是将处方中出粉率高的药材制成细粉，作为浸出物、挥发油的吸收剂。

4.崩解剂 为了控制中药丸剂进入人体后的崩解和释放，常用适量的崩解剂，如羧甲基淀粉钠（CMS-Na）、低取代羟丙纤维素（L-HPC）等。

点滴积累 12-1

1.丸剂指饮片细粉或提取物，加适宜的黏合剂或其他辅料制成的球形或类球形固体制剂。

2.丸剂药效作用持久、缓和，也可减少或避免某些药物的毒性和刺激性，但是中药丸剂服用量较大，制备过程中也容易受到微生物的污染。

3.丸剂的常用辅料有润湿剂、黏合剂、吸收剂、崩解剂等。

二、丸剂的分类

按照赋形剂种类分类，丸剂可分为蜜丸、水蜜丸、水丸、糊丸、蜡丸、浓缩丸、微丸；按照制法分为泛制丸、塑制丸、滴制丸。

（一）水丸

用冷开水、药汁或处方规定的酒、醋等为黏合剂泛制而成，又称水泛丸。制备时，可根据药物性质、气味等分层泛入，以掩盖不良气味，防止芳香性成分扩散。水丸较蜜丸、糊丸易于崩解溶散，故吸收快，如防风通圣丸等。

（二）蜜丸

用蜂蜜作黏合剂制成，应用最广。适用于慢性、虚弱性疾病。根据丸粒大小和制法不同，蜜丸又有大蜜丸、小蜜丸之分，大蜜丸（每丸重量在0.5g及以上）丸粒较大，如银翘解毒丸、六味地黄丸等。

（三）水蜜丸

以蜜水为黏合剂，通常丸粒较小，适于气候较湿润的地区生产和应用，如大补阴丸等。

（四）糊丸

用米糊或面糊为赋形剂。糊丸服后崩解迟缓，可延长药效和减少药物对胃肠的刺激，适用于制备含有毒剧或刺激性较大的药物（如巴豆、马钱子、生半夏、木鳖子、丹药等）的丸剂。噙化丸剂也宜制成糊丸。糊丸因为黏性较大，崩解度难以掌握，制备保管不善时易霉败，故较少应用。

（五）蜡丸

用蜂蜡为黏合剂制成。蜡丸在体内药物释放极为缓慢，药效发挥时间较长，可防止药物中毒和对胃肠产生刺激。凡处方中含有较多毒剧或刺激性强的药物，并需在肠道溶散释放的，均宜制成蜡丸。蜡丸制作较困难，采用不多。

（六）浓缩丸

又称粉膏剂，是将部分或全部药物提取液经浓缩制成清膏或浸膏，再同其余药物细粉或辅料混合，以水、酒或部分药液作黏合剂制成。浓缩丸保持了丸剂特点，又缩小了用药体积，较易溶散吸收，是有发展前景的一种丸剂。

（七）微丸

微丸系指直径小于2.5mm的各类球形或类球形的药剂。具有外形美观，流动性好；含药量大，服用剂量小；释药稳定、可靠、均匀；比表面积大，溶出快，生物利用度高等特点。

中药制剂中早就有微丸，如葛根芩连丸、喉症丸、牛黄消炎丸等制剂均具有微丸的基本特征。许多缓释、控释胶囊如复方盐酸伪麻黄碱缓释胶囊等都是将微丸装入胶囊制备的新制剂，伤风感冒胶囊等普通制剂也开始采用微丸制剂技术。

充电链接

微丸的种类

根据释药速率的不同，微丸可分为两种类型。

（1）速释微丸　在体内快速崩解、释放和溶出，一般在3分钟内释放药物不低于70%，如硝苯地平速释微丸。

（2）缓释微丸　可使药物按一定规律缓慢释放，在服用的间隔时间（12小时或24小时）内，累积释药百分率应高于90%，如异丁斯特控释微丸等。

根据处方组成和结构不同，微丸可分3种类型

（1）骨架型微丸　由药物与骨架材料混合制成，包括凝胶、蜡质类和不溶性骨架微丸。

（2）膜控型微丸　在含药微丸外包裹衣膜制得，包括胃溶型、肠溶型和缓控释微丸。

（3）膜控+骨架型微丸　在骨架微丸基础上进一步包薄膜衣制成。

点滴积累12-2

1.丸剂按赋形剂可分为水丸、蜜丸、水蜜丸、糊丸、蜡丸，《中国药典》（2020年版）还收载有浓缩丸、微丸。

2.丸剂按照制法分为泛制丸、塑制丸、滴制丸。

三、丸剂的质量要求

根据《中国药典》（2020年版）丸剂的相关规定，丸剂在生产和贮藏期间应符合下列有关规定。

（一）外观

丸剂外观应圆整均匀、色泽一致。大蜜丸和小蜜丸应细腻滋润，软硬适中，蜡丸表面应光滑无裂纹，丸内不得有蜡点和颗粒。

（二）水分

除另有规定外，蜜丸和浓缩蜜丸中所含水分不得超过15.0%；水蜜丸、浓缩水蜜丸不得超过12.0%；水丸、糊丸和浓缩水丸不得超过9.0%。

（三）重量差异

按丸数服用的丸剂照《中国药典》（2020年版）四部重量差异法检查，应符合规定。

检查法：以10丸为1份（重15g及1.5g以上的以1丸为1份），取供试品10份分别称定重量，再与每份标示重量（每丸标示量 × 称取丸数）相比（无标示重量的，与平均重量比较），按表12-2的规定，超出重量差异限度的不得多于2份，并不得有1份超出限度1倍。

表12-2　丸剂重量差异限度检查

标示重量（或平均重量）	重量差异限度
0.05g或0.05g以下	± 12%
0.05g以上至0.1g	± 11%
0.1g以上至0.3g	± 10%
0.3g以上至1.5g	± 9%
1.5g以上至3g	± 8%

续表

标示重量（或平均重量）	重量差异限度
3g以上至6g	± 7%
6g以上至9g	± 6%
9g 以上	± 5%

包糖衣的丸剂应在包衣前检查丸芯的重量差异，符合规定后，方可包糖衣，包糖衣后不再检查重量差异；其他包衣丸剂应在包衣后检查重量差异并符合规定；凡进行装量差异检查的单剂量包装丸剂，不再进行重量差异检查。

（四）装量差异

单剂量包装的丸剂照下述方法检查，应符合规定。

检查法：取供试品10袋（瓶），分别称定每袋（瓶）内容物的重量，每袋（瓶）装量与标示装量相比较，应符合表12-3的规定，超出装量差异限度的不得多于2袋（瓶），并不得有1袋（瓶）超出装量差异限度1倍。

表12-3　丸剂装量差异限度

每份的平均重量	重量差异限度
0.5g及0.5g以下	± 12%
0.5g以上至1g	± 11%
1g以上至2g	± 10%
2g以上至3g	± 8%
3g以上至6g	± 6%
6g以上至9g	± 5%
9g 以上	± 4%

（五）装量

装量以重量标示的多剂量包装丸剂，按照最低装量检查法（《中国药典》2020年版四部）检查，应符合规定。

（六）溶散时限

取供试品6丸，选择适当孔径筛网的吊篮，按照《中国药典》（2020年版）四部崩解时限检查法（通则0921）片剂项下的方法加挡板进行检查。除另有规定外，小蜜丸、水蜜丸和水丸应在1小时内全部溶散；浓缩丸和糊丸应在2小时内全部溶散。

蜡丸按照《中国药典》（2020年版）四部崩解时限检查法（通则0921）项下的肠溶衣片检查法检查，应符合规定。大蜜丸不检查溶散时限。

（七）微生物限度

微生物计数法（通则1105）和控制菌检查法（通则1106）及非无菌药品微生物限度标准（通则1107）检查，应符合规定。

点滴积累 12-3

丸剂的质量控制项目包括外观、水分、重量差异、装量差异、装量、溶散时限、微生物限度。均应符合《中国药典》（2020年版）的要求。

阅读与感悟

丸剂以其慢性病缓治、峻药缓释、服用方便、易携带等特点成为古代重要制剂，历代医家在临床应用中不断积累总结经验，完善丸剂理论、丸剂剂型、合和技术，使中药丸剂逐渐走向成熟。

丸剂理论经历了“药性有宜丸者”“疾有宜服丸者”“丸者，缓也”三次总结及提升，确立了“丸者，缓也”的核心理论。丸剂缓释的特点与其剂型、辅料密切相关，辅料呈现由博返约的特点；传统丸剂剂型也演变为以蜜丸、水丸、水蜜丸、浓缩丸为主，糊丸、蜡丸为辅。

丸剂现代化依据现代制剂手段，从释药体系、药物载体、药效成分等方面全面解析复方制剂，构建新型丸剂，使丸剂保留缓释特点的同时实现定时可控给药。丸剂既是古代制剂技术的结晶又是现代化丸剂开发的桥梁，丸剂理论具有科学的现代内涵，发掘好、利用好、创新好丸剂剂型是当代中医药人面临的重大课题，深挖特色、传承精华，只有将传统丸剂与新的制剂技术相结合才能使中药丸剂具有广阔的发展前景。

自测达标

答案解析

一、单项选择题

1.含有毒性及刺激性强的药物宜制成（ ）

A.水丸　　B.蜜丸　　C.水蜜丸　　D.蜡丸

2.丸剂的优点是（ ）

A.每丸的含药量较少　　B.生物利用度高

C.起效快　　D.作用缓和、持久

3.《中国药典》规定，水蜜丸的溶散时限为（ ）

A. 30分钟溶散　　B. 45分钟内溶散

C. 60分钟内溶散　　D. 120分钟内溶散

4.直径小于2.5mm的各类球形或类球形的药剂是（ ）

A.微丸　　B.水丸　　C.蜜丸　　D.浓缩丸

5.关于蜂蜜炼制目的的叙述，错误的是（ ）

A.除去蜡质　　B.促进蔗糖酶解为还原糖

C.杀死微生物　　D.增加黏性

二、多项选择题

6.丸剂制备炼蜜的目的有（ ）

A.杀死微生物　　B.增加甜味　　C.除去杂质

D.破坏酶　　E.增加黏性

7.可以用作制备丸剂辅料的是（ ）

A.水　　B.酒　　C.蜂蜜

D.药汁　　E.面糊

任务二　丸剂的制备

【工作实例】某学校学生王某在某药厂制备中药丸剂时，发现搓丸光洁度、圆整性差，请分析其中的原因。

一、制备工艺

丸剂的制备方法主要包括泛制法、塑制法、滴制法。

（一）泛制法

泛制法系指在转动的容器或机械中，将饮片细粉与赋形剂交替润湿、撒布，不断翻滚，逐渐增大的一种制丸方法。常用于水丸、水蜜丸、糊丸、浓缩丸、微丸等小丸的制备，其一般工艺流程如图12-1所示。

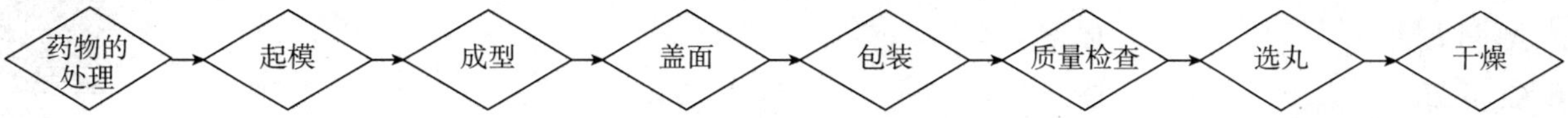

图12-1　泛制法工艺流程图

1.药物的处理　根据药物性质，采用适宜方法粉碎、过筛、混合制得药物细粉。除另有规定外，一般采用细粉，过5~6号筛，起模用粉或盖面包衣用粉过6~7号筛。部分药材可经提取药汁，适当浓缩后作为赋形剂使用。

2.起模　将药粉制成丸粒基本母核（直径0.5~1mm的丸粒）的操作过程。起模是泛丸成型的基础，是泛制法制备丸剂的关键工序。

3.成型　指将已经筛选均匀的丸模，逐渐加大至接近成品的操作。将模子置泛丸锅中，加水使模子湿润后，加入药粉旋转，使药粉均匀黏附于丸模上，再加水加粉，如此反复操作，直至制成所需大小的丸粒。

4.盖面　将已经增大、筛选均匀的丸粒，用余粉或特制的盖面用粉等加大到粉料用尽的过程。其作用是使整批投产成型的丸粒大小均匀，色泽一致，并提高其圆整度和光洁度。

5.干燥　泛制法制备丸剂时加入较多的润湿剂，且生产周期较长，为防止丸剂发霉变质，盖面后应及时进行干燥。一般丸剂应控制在80℃以下干燥，含有芳香挥发性成分或遇热易分解成分的丸剂，干燥温度不宜超过60℃。

6.选丸　为保证丸粒圆整、大小均匀、剂量准确，丸粒干燥后，可用手摇筛、振动筛、滚筒筛、检丸器及连续成丸机组等筛选分离。

（二）塑制法

塑制法系指饮片细粉加适宜的黏合剂，混合均匀，制成软硬适宜、可塑性较大的丸块，再依次制丸条、分粒、搓圆而成丸粒的一种制丸方法。常用于蜜丸、糊丸、浓缩丸、蜡丸等大丸的制备。其一般工艺流程如图12-2所示。

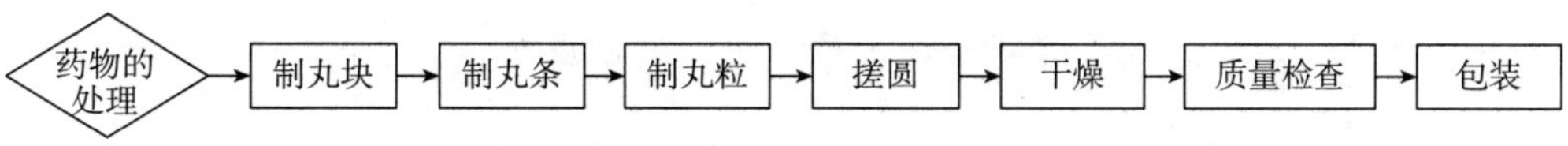

图12-2　塑制法工艺流程图

1.原料的准备　根据药物的性质，采用适宜方法制得药物细粉。

2.制丸块（合坨）　塑制法制备丸剂的关键工序，取混合均匀的药物细粉，加入适量黏合剂或润湿剂，充分混匀后，制成温度适宜、软硬适宜、可塑性大的软材，即称之为丸块。大量生产常采用捏合机，其由金属槽和两组强力的形桨叶构成。

3.制丸条　将制好的丸块（黏合剂等充分润湿药粉）制成粗细适宜、表面光滑、内无空隙的条状物，称为丸条。

4.制丸粒　将制好的丸条经过合适的切药刀进行分割、搓圆，制成大小均匀丸粒的过程，称为制丸粒。

5.搓圆　可以用手工搓丸板或全自动制丸机搓圆。

6.干燥　塑制法所制水丸、水蜜丸、浓缩丸等因赋形剂含水量高，所制丸粒中有较多水分，必须进行干燥。大蜜丸、小蜜丸等因所用蜂蜜已经炼制，水分较易控制，成丸后一般不进行干燥，可立即分装，以保持丸粒的滋润性。

同步练习12

塑制法制备蜜丸的关键工序是（　）

A.制丸块　　B.制丸条

C.搓圆　　D.干燥

答案解析

（三）滴制法

滴丸剂的制备原理是基于固体分散法，利用一种水溶性的固体载体将难溶性药物分散成分子、胶体或微晶状态，然后再制成一定剂型。采用此法制备滴丸剂的具体操作是选择亲水性基质或水不溶性基质，加热熔融后加入药物，搅拌使全溶、混悬或乳化，在保温下滴入与之不相混溶的冷却剂中，控制一定速度，使其固化成圆整的球形。

充电链接

药物分散在基质中的状态

1.固体药物分散在基质中的状态

（1）形成固体溶液。固体溶液是固体溶剂（基质）溶解固体溶质（药物）而成。其中药物颗粒被分散至分子或胶体粒子大小，有的呈均匀透明体，故称玻璃液。

（2）形成微细晶粒。某些难溶性药物与水溶性基质熔成溶液，骤冷条件下冷却时，基质黏滞度迅速增大，药物来不及集聚成完整晶体，只能以胶态或微细状晶体析出。

（3）晶型药物在制成滴丸过程中，通过熔融、骤冷等处理，常可形成亚稳定型结晶或无定型粉末，因而可增大药物溶解度。

2.液体药物分散在基质中的状态

（1）使液体固化即形成固态凝胶。

（2）形成固态乳胶剂。在熔融基质中加入不溶性液体药物，再加入乳化剂，制得均匀乳剂，冷凝成丸后，液体药物即形成细滴，分散在固体滴丸中。

（3）由基质吸收容纳液体药物。如聚乙二醇6000可容纳5%~10%的液体。对于剂量较小、难溶于水的药物，可选用适当溶剂，溶解后加入基质中，滴制成丸。

1.基质的选择　滴丸剂中除主药以外的附加剂称为基质，应具有良好的化学惰性，性质稳定，不与主药发生化学反应，不影响主药的药效与质量检测，对人体无害。基质熔点应较低，在60~100℃温度下易熔融，遇骤冷又能凝结成固体，在室温下能保持固体状态，且该性质不因药物的加入而改变。

（1）水溶性基质　可选用PEG4000、PEG6000、泊洛沙姆、硬脂酸聚烃氧（40）酯、甘油明胶等，其中，以PEG较为常用。

（2）非水溶性基质　可选用硬脂酸、单硬脂酸甘油酯、氢化植物油、蜂蜡、虫蜡等。在实际生产中常采用多种基质的混合物作为滴丸剂的复合基质，以改善丸粒的耐热性、流动性、硬度、光泽度以及药物的生物利用度等性质。

2.冷凝液的选择　冷凝液要求安全无害，不与主药和基质混溶或发生化学反应；有适宜的黏度，相对密度应与液滴相近，但不能相等，以使滴丸在冷凝液中缓缓下沉或上浮，有充分的时间进行冷凝；还要有适宜的表面张力，以保证液滴能顺利凝固成型。冷凝液可选用类型如下。

（1）水溶性冷凝液　常用水或不同浓度的乙醇，适用于非水溶性基质。

（2）非水溶性冷凝液　常用液状石蜡、二甲硅油、植物油等，适用于水溶性基质。

此外，根据具体药物的性质特点，也常采用混合冷凝液。

3.滴丸剂的制备　滴丸采用滴制法制备，是将主药溶解、混悬或乳化在适宜的已熔融的基质中，保持恒定的温度（80~100℃），经过一定大小管径的滴头等速滴入冷凝液中，凝固形成的丸粒徐徐沉于器底，或浮于冷凝液的表面，取出，洗去冷凝液，干燥，即成滴丸。其工艺流程如图12-3所示。

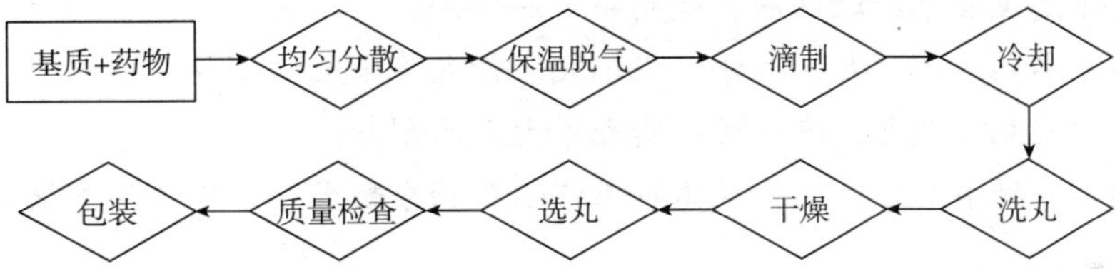

图12-3　滴制法工艺流程图

（1）物料准备　称取符合处方要求的药物和基质，根据处方要求对药物进行必要处理，如中药饮片的炮制，选择适宜方法进行提取、精制，得到提取物。

（2）均匀分散　将选择好的基质加热熔化、将药物溶解、混悬或乳化在已熔融的基质中，混匀制成药液。

（3）保温　脱气药液保持恒定的温度（80~90℃）脱气，便于滴制。

（4）滴制　滴制前选择适当的冷凝液，调节好冷凝温度、药液温度、滴头速度，将药液滴入冷凝液中，冷却凝固的丸粒徐徐沉于底部或浮于冷凝液表面。

滴丸的生产设备称为滴丸机，滴丸机主要由滴管系统（滴头和定量控制器）、恒温系统（带加热恒温装置的贮液槽）、冷凝系统（控制冷凝液温度的冷凝柱）及收集系统（滴丸收集器）等部分组成。实验室用滴丸装置如图12-4所示。

（5）洗丸、干燥　从冷凝液中捞出丸粒，拣去废丸，先用纱布擦去冷凝液，然后用适宜的溶液搓洗除去冷凝液，用冷风吹干后，在室温下晾4小时即可。

（6）选丸　用适宜的药筛筛选均匀一致的丸粒，过小或过大的畸形丸应分离出来适当处理。

（7）质量检查　按《中国药典》（2020年版）要求进行重量差异、溶散时限等项目质量检查。

（8）包装　制成的滴丸剂经质量检查合格后进行包装，包装时要注意温度的影响，包装要严密，并贮存于阴凉处。

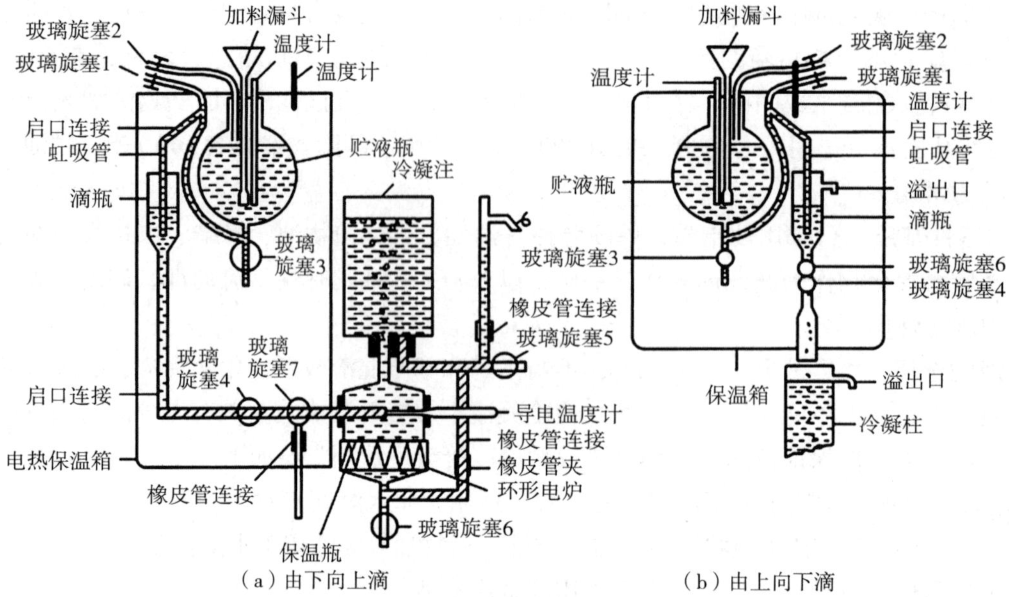

图12-4　滴丸装置示意图

点滴积累 12-4

1. 丸剂的制备方法主要包括泛制法、塑制法、滴制法。
2. 泛制法多用于水丸、水蜜丸、糊丸、浓缩丸、微丸等小丸的制备。
3. 塑制法多用于蜜丸、糊丸、浓缩丸、蜡丸等大丸的制备。
4. 滴丸剂是利用一种水溶性的固体载体将难溶性药物分散成分子、胶体或微晶状态，然后再制成一定剂型。

二、制备举例及应用

（一）七珍丸

【处方】炒僵蚕160g　全蝎160g　人工麝香16g　朱砂80g　雄黄80g　胆南星80g
天竺黄80g　巴豆霜32g　寒食曲160g

【功能与主治】定惊豁痰，消积通便。用于小儿急惊风、身热、昏睡、气粗、烦躁、痰涎壅盛、停乳停食、大便秘结。

【处方分析】本品为水丸，方中麝香开窍醒神，平肝息风；雄黄、胆南星、天竺黄清热化痰，僵蚕、全蝎、胆南星兼能息风定痉；巴豆霜祛痰；朱砂重镇安神。诸药共奏定惊豁痰、消积通便之功。

【用法与用量】口服。小儿三至四个月，一次3丸；五至六个月，一次4~5丸；周岁一次6~7丸，一日1~2次；周岁以上及体实者酌加用量，或遵医嘱。

【制备方法】以上9味，除人工麝香、巴豆霜外，雄黄、朱砂分别水飞成极细粉；其余僵蚕等5味粉碎成细粉。将人工麝香研细，与上述粉末（取出适量朱砂作包衣用）配研，过筛，混匀，用水泛丸，低温干燥，用朱砂粉末包衣，即得。

【贮藏】密封。

（二）牛黄解毒丸

【处方】牛黄2.5g 雄黄25g 石膏100g 大黄100g 黄芩75g 桔梗50g
冰片12.5g 甘草2.5g

【功能与主治】清热解毒。用于火热内盛、咽喉肿痛、牙龈肿痛、口舌生疮、目赤肿痛。

【处方分析】用塑制法制备；处方中牛黄、冰片、雄黄需单独粉碎为极细粉，与其他细粉配研、药粉黏性适中，故用炼秘制丸；处方中有冰片，和药时炼蜜温度不宜过高。

【用法用量】口服。水蜜丸一次2g，大蜜丸一次1丸，一日2~3次。

【制备方法】以上8味，除牛黄、冰片外，雄黄水飞成极细粉；其余石膏等5味粉碎成细粉；将牛黄、冰片研细，与上述细粉配研，过筛，混匀。每100g粉末加炼蜜100~110g制成大蜜丸，即得。

【贮藏】密封。

（三）冠心苏合滴丸

【处方】苏合香10g 冰片21g 乳香（制）21g 檀香42g 青木香42g

【功能与主治】理气宽胸，止痛。用于心绞痛、胸闷憋气。

【处方分析】乳香、檀香、青木香提取挥发油后，用80%乙醇提取药渣，能保证有效成分提取完全；为了使滴丸的重量差异符合规定，制备时应注意保持恒温，控制好滴速和冷凝液温度；聚乙二醇为水溶性基质，应使用脂溶性冷凝液，如液状石蜡。

【用法用量】含服或口服，一次10~15丸，一日3次，或遵医嘱。

【制备方法】以上5味，除苏合香、冰片外，其余乳香等3味提取挥发油，药渣用80%乙醇加热回流提取2次，每次2小时，过滤，滤液回收乙醇至无醇味，减压浓缩至相对密度为1.25~1.30的稠膏，干燥，粉碎成细粉，加入苏合香、冰片及聚乙二醇基质适量，加热至熔化，再加入乳香等挥发油，混匀，制成滴丸，即得。

【贮藏】密封。

阅读与感悟

中药“温病三宝”之首的安宫牛黄丸有着200多年的历史，时至今日，依然沿袭手工制丸技艺。

张冬梅，17岁进入同仁堂工作，一辈子制作安宫牛黄丸。研配、合坨、制丸、内包、蘸蜡、打戳手工搓丸一次成型率达百分之百，搓出来的药丸圆、光、亮，滋润细腻，重量3克分毫不差。张冬梅这辈子只做了制药丸一件事，但是凭着几十年的坚守延续着中华药师传承千年的匠心。

自测达标

答案解析

一、单项选择题

1. 可以采用泛制法制备的丸剂是（ ）

A. 水丸 B. 蜜丸 C. 蜡丸 D. 蜜丸+浓缩丸

2. 可以采用塑制法制备的丸剂是（ ）

A. 水丸 B. 水蜜丸 C. 蜜丸 D. 水丸+浓缩丸

3. 制备水溶性滴丸时用的冷凝液是（ ）

A. PEG6000 B. 水 C. 液状石蜡 D. 硬脂酸

二、多项选择题

4.关于塑制法制备蜜丸叙述，正确的是（　）

A.含有糖、黏液质较多宜热蜜和药

B.所用炼蜜与药粉的比例应为（1∶1）~（1∶1.5）

C.一般含糖类较多的药材用蜜量可以多些

D.夏季用蜜量宜少

E.手工用蜜量宜多

5.制丸块是塑制蜜丸关键工序，那么优良的丸块应为（　）

A.可塑性非常好，可以随意塑形　　B.表面润泽，不开裂

C.丸块被手搓捏较为黏手　　D.较软者为佳

E.握之成团、按之即散

6.影响丸块质量的因素有（　）

A.炼蜜的程度　　B.下蜜温度　　C.用蜜量

D.药粉的性质　　E.合药方法

三、简答题

7.滴丸剂有何特点？写出滴丸剂生产的工艺流程。

思维导图　知识小结

参考答案

实践三十七　项目单梳理

项目名称	模拟泛制法制备丸剂	
模拟药物	逍遥丸（水丸）	
处方组成	柴胡1000g　当归1000g　白芍1000g　炒白术1000g　茯苓1000g　炙甘草800g　薄荷200g	
功能与主治	疏肝健脾，养血调经。用于肝郁脾虚所致的郁闷不舒、胸胁胀痛、头晕目眩、食欲减退、月经不调	
模拟过程	1.生产前准备	（1）人员净化 （2）按要求进行生产前检查
	2.粉碎、过筛	以上七味药材，粉碎成细粉，过筛，混匀
	3.起模	（1）另取生姜1000g，加水煎煮二次，每次20分钟，煎液滤过，用此煎液进行泛丸 （2）在泛丸锅内用喷枪喷少量煎液使内壁湿润 （3）撒布少量药粉，开启泛丸锅 （4）刷下锅内壁附着的粉粒，再喷水湿润，撒粉吸附，反复操作 （5）及时筛去锅内结块、大丸、不完整丸。粉粒增大到符合要求，过筛得丸模
	4.成型	（1）将领取的丸模置于泛丸锅内，开启泛丸锅 （2）往锅内壁两侧撒布药材细粉，用喷枪于锅内壁底部喷少量煎液，滚圆，再撒粉吸附，喷水湿润，反复操作 （3）及时筛去锅内结块、大丸、不完整丸 （4）丸模滚大至形成所需规格大小的丸粒，用药筛筛分后进入下道工序
	5.盖面	（1）将加大、合格、筛选的丸粒置于泛丸锅内，开启泛丸锅 （2）用喷枪于锅内壁喷少量煎液充分润湿丸粒 （3）分次将药材细粉均匀撒于丸粒上，充分滚圆 （4）待丸粒表面平整、颜色一致时取出
	6.干燥	（1）开启热风循环干燥箱箱门，将需干燥丸粒均匀摊放于托盘，摆放于烘车托架上，推入箱内 （2）分别开启电源、风机、加热按钮，设置箱内温度 （3）干燥过程中按要求翻动丸粒

续表

模拟过程	7.筛丸	(1)接通滚筒筛电源，调节变频旋钮，将丸粒加入料斗内 (2)打开闸板，放出丸粒进入滚筒筛 (3)滚筒筛顺时针绕轴旋转，分别选出符合要求的丸粒 (4)固定板刷挤出成品丸粒
	8.选丸	(1)接通离心式自动选丸机电源，启动吸料开关，将丸粒吸入料斗内 (2)启动流料口插板电机，使丸粒连续落入螺旋轨道 (3)对内旋和外旋选出的丸粒进行分类管理
模拟结果	本实验模拟用泛制法制备水丸，熟悉泛制法粉碎、起模、成型、盖面、干燥、选丸等基本工序流程。请思考：在对已干燥的逍遥丸（水丸）进行溶散时限检查时，发现丸粒的溶散时间超限，试分析产生的原因有哪些	

实践三十八　滴丸剂的制备与质量检查

（一）实践目的

识记滴丸剂的工艺流程；能熟练按处方生产出合格的滴丸剂产品；识记《中国药典》（2020年版）四部中滴丸剂的质量检查项目并会在实际操作中应用；学会解决滴丸剂制备过程中的常见问题。

（二）实践地点

药物制剂实训室。

（三）实践仪器与设备

量筒、烧杯、滴管、滤纸。

（四）实践试剂

芸香油、硬脂酸钠、虫蜡、液状石蜡、冰片、聚乙二醇6000。

（五）实践原理

滴丸剂的制备原理是基于固体分散法，采用此法制备滴丸剂的具体操作是选择亲水性基质或水不溶性基质，加热熔融后加入药物，搅拌使全溶、混悬或乳化，在保温下滴入与之不相混溶的冷却剂中，控制一定速度，使其固化成圆整的球形。

（六）实践内容

1.制备芸香油滴丸

【处方】芸香油 8.35g　硬脂酸钠 1g　虫蜡 0.25g　纯化水 1ml

【制法】将芸香油、硬脂酸钠、虫蜡放入烧瓶中，摇匀，加水后再摇匀，水浴加热回流，时时振摇，使融化成均匀的溶液，移入贮液罐内。药液保持65℃由滴管滴出（滴头内径4.9mm，外径8.04mm，滴速约120丸/分），滴入含1%硫酸的冷却水溶液中，滴丸形成后取出，用冷水洗除吸附的酸液，用滤纸吸干水迹后即得。

2.制备冰片滴丸

【处方】冰片 2.0g　聚乙二醇6000 7.0g

【制法】①安装仪器：冷却柱中加液状石蜡，外壁通凉水加碎冰块冷却。②药物分散：将聚乙二醇6000置蒸发皿中，水浴加热至全部熔融，加入冰片搅拌至熔化。③滴制成丸：将上述药液于80~85℃保温，调节滴管出口与冷却剂间的距离，控制滴速为每分钟30~35滴，每粒重50mg。待滴丸完全冷却后，取出滴丸，摊于滤纸上，擦去表面附着的液状石蜡，装于瓶中，即得。

3.滴丸剂质量检查　按《中国药典》（2020年版）四部（通则0108）丸剂项下的质量要求检查滴丸外

观、重量差异、溶散时限。结果填于表12-4中。

表12-4　滴丸剂质量检查结果

品名			包装规格	
规格			取样日期	
批号			取样量	
取样人			检测人	
检测项目	丸剂外观	溶散时限	滴丸重量差异	
			超出重量差异限度/丸	超出限度的1倍/丸
结果				
结论：				
备注：				

（七）实践与反思

1.如果在制备滴丸的过程中出现带“尾巴”的现象，试分析其原因。

2.如果制备的滴丸表面不光滑，应如何解决？

实践三十九　蜜丸剂的制备与质量检查

（一）实践目的

能熟练按处方生产出合格的蜜丸剂产品；识记《中国药典》（2020年版）四部中滴丸剂的质量检查项目并会在实际操作中应用；学会解决蜜丸剂制备过程中的常见问题。

（二）实践地点

药物制剂实训室。

（三）实践仪器与设备

中药制丸机、研钵、40目筛、80目筛、电炉、烧杯、天平。

（四）实践试剂

熟地黄、山茱萸（制）、牡丹皮、山药、茯苓、泽泻。

（五）实践原理

蜜丸是将打粉机打好的药物细粉用炼制过的蜂蜜为黏合剂所制成的可塑性固体丸剂，用塑制法制备。蜜丸的制法分炼蜜、合药、制条、成丸、包装、贮存等步骤。

（六）实践内容

1.制备六味地黄丸

【处方】熟地黄8g　山茱萸（制）4g　牡丹皮3g　山药4g　茯苓3g　泽泻3g

【制法】（1）以上六味除熟地黄、山茱萸外，其余四味共研成粗粉，取其中一部分与熟地黄、山茱萸共研成不规则的块状，放入烘箱内于60℃以下烘干，再与其他粗粉混合研成细粉，过80目筛混匀备用。

（2）炼蜜　取适量生蜂蜜置于适宜容器中，加入适量清水，加热至沸后，用40~60目筛过滤，除去死蜂、蜡、泡沫及其他杂质。然后，继续加热炼制，至蜜表面起黄色气泡，手拭之有一定黏性，但两手指离开时无长丝出现（此时蜜温约为116℃）即可。

（3）制丸块　将药粉置于搪瓷盘中，每100g药粉加入炼蜜（70~80℃）90g左右，混合揉搓制成均匀滋润的丸块。

（4）搓条、制丸　根据搓丸板的规格将以上制成的丸块用手掌或搓条板做前后滚动搓捏，搓成适宜长短粗细的丸条，再置于搓丸板的沟槽底板上（需预先涂少量润滑剂）手持上板使两板对合，然后由轻至重前后搓动数次，直至丸条被切断且搓圆成丸。每丸重9g。

2. 蜜丸剂质量检查　按《中国药典》（2020年版）四部（通则0108）丸剂项下的质量要求检查蜜丸外观、重量差异、溶散时限。结果填于表12-5。

表12-5　蜜丸剂质量检查结果

取样依据	六味地黄丸剂工艺规程			
检测项目	丸剂外观	溶散时限	装量差异	
			超出重量差异限度/丸	超出限度的1倍/丸
结果				
结论：				
备注：				

（七）实践与反思

塑制法制丸时怎样的丸块有利于成丸？

实践四十　丸剂的合理使用

（一）实践目的

熟悉不同种类丸剂的使用方法。

（二）实践地点

药学服务实训室。

（三）实践用具

若干不同品种丸剂样品。

（四）实践内容

依据理论知识，分组查找丸剂样品药盒，完成下列表格。

序号	药品名称	功能主治	用法用量
例1	穿心莲内酯滴丸	清热解毒，抗菌消炎。用于上呼吸道感染风热证所致的咽痛	口服。一次1袋，一日3次

续表

序号	药品名称	功能主治	用法用量

（五）实践反思

中药丸剂由于制作方法和功效不同，服用时也有一定的差别。一般的中药丸剂都可用白开水送服，有一些丸剂则可搭配其他汤液送服，除了课堂所列举的样例，还有哪些丸剂可搭配姜汁、淡盐水、米汤、酒等送服？

药师指点

1.液滴丸剂舌下含服的较多，一般含服5~15分钟就能起效。部分滴丸剂加入了调释剂，可明显延长药物的半衰期，达到长效的目的，可供口服。滴丸技术适用于含液体药物，及主药体积小或有刺激性的药物的临床应用。常见的口服滴丸剂因药物性质不同，注意事项也不同。例如，清开灵滴丸，风寒感冒者不适用，高血压、心脏病患者慎服；穿心莲内酯滴丸，脾胃虚寒大便溏者慎用；麝香通心滴丸，含有毒性药材蟾酥，须按说明书规定剂量服用。

2.中小蜜丸、水丸、浓缩丸体积小，可以用温开水送服；大蜜丸体积大，不能直接吞下，可以嚼碎后咽下，或者洗净手后掰成小块或搓成圆粒后用水送服。

部分中成药丸剂为增强疗效，可采用药饮送服，如在服用藿香正气丸或附子理中丸治疗胃痛、呕吐等症时，可采用生姜煎汤送服，以增强药效；痛经患者在服用艾附暖宫丸时，可用温热的红糖水送服，以增强药物散寒活血的作用；在服用补中益气丸治疗慢性肠炎时，可用大枣煎汤送服以增强药物补脾益气的作用；在服用大活络丸治疗中风偏瘫、口眼歪斜时，为了增加药物活血通络的功效，可用黄酒送服。吞服法虽然很方便，但一些质地坚硬的水丸、糊丸等不易消化吸收。特别是胃病患者，服药后药物很难溶散，使患者感到胃内不适。水丸质硬者，可用开水溶化后服用。

模块五

半固体制剂制备与应用

项目十三　外用膏剂

PPT

学习目标

1.掌握　软膏剂、乳膏剂、凝胶剂、眼膏剂的概念、分类及质量要求；制备工艺及生产技术；典型处方分析。

2.熟悉　软膏剂、乳膏剂、凝胶剂、眼膏剂的常用基质、附加剂种类及选择。

3.了解　软膏剂、乳膏剂、凝胶剂、眼膏剂的特点及使用注意事项。

导读：外用膏剂在我国具有悠久的历史，是一种古老的剂型，随着科学的发展，许多新的基质、新型吸收促进剂、新型药物载体不断涌现，生产的机械化和自动化程度不断提高，推动了外用膏剂的进一步发展。本项目主要学习膏剂的相关知识，熟悉膏剂的组成和制备工艺，了解膏剂的使用特点。

任务一　膏剂基础知识

【工作实例】某学校学生李某在某药店工作实习，接待一位结膜炎患者购药，但他不知氧氟沙星眼膏和氧氟沙星滴眼液该如何选择？如果你是李某你该怎么办？

一、概述

（一）软膏剂

软膏剂系指原料药物与油脂性或水溶性基质混合制成的均匀的半固体外用制剂。因原料药物在基质中分散状态不同，分为溶液型软膏剂和混悬型软膏剂。溶液型软膏剂为原料药物溶解（或共熔）于基质或基质组分中制成的软膏剂；混悬型软剂膏为原料药物细粉均匀分散于基质中制成的软膏剂。

软膏剂一般由药物、基质和附加剂组成，基质在软膏剂中主要作赋形剂，有时对药物的药效会产生影响；附加剂主要起增加药物和基质稳定性、保证或促进药效的作用。软膏剂的特点如下。

1.软膏剂具有热敏性和触变性，热敏性反映在遇热熔化而流动，触变性反映在施加外力时黏度降低，静止时黏度升高，不利于流动，这些性质可以使软膏剂能在长时间内紧贴黏附或铺展在用药部位。

2.软膏剂具有保护、润滑和局部治疗作用，如消肿止痛、收敛皮肤等，多用于慢性皮肤病，禁用于急性皮肤病。少数软膏中的药物经皮吸收后，也可以起到全身治疗作用。如硝酸甘油软膏用于治疗心绞痛。

优良的软膏剂应具备以下要求：①应均匀、细腻，有适当的黏稠性，容易涂布在皮肤或黏膜上，黏稠度随季节变化应很小；②涂于皮肤或黏膜上应无刺激性、过敏性等不良反应；③无酸败、异臭、变色、变硬、油水分离和胀气现象，必要时可加入适量防腐剂或抗氧剂；④用于创面的软膏应无菌。

（二）乳膏剂

乳膏剂系指原料药物溶解或分散于乳状液型基质中形成的均匀半固体制剂。乳膏剂由于基质不同，可分为水包油型乳膏剂和油包水型乳膏剂。

半固体形态的乳膏剂可以长时间紧贴、黏附、铺展于皮肤表面，对皮肤、黏膜及创面起局部治疗作用，如保护、润滑、防腐、杀菌、收敛、消炎、麻醉等。临床应用时，应清洗皮肤，擦干，按说明涂药，并轻轻按摩给药部位，使药物进入皮肤，直到药膏消失。如出现灼痛、瘙痒、红肿等，应立即停药，并将局部药物洗净。非无菌的药品，皮肤破损处不宜使用。

乳膏剂在生产与贮藏期间应符合下列有关规定。

1.乳膏剂选用的基质应考虑各剂型特点、原料药物的性质，以及产品的疗效、稳定性及安全性，基质应均匀、细腻，涂于皮肤或黏膜上应无刺激性，根据需要可加入保湿剂、抑菌剂、增稠剂、抗氧剂及透皮促进剂等。

2.除另有规定外，加入抑菌剂的乳膏剂，在制剂确定处方时，该处方的抑菌效力应符合抑菌效力检查的规定。

3.乳膏剂应具有适当的黏稠度，应易涂布于皮肤或黏膜上，不融化，黏稠度随季节变化应很小。应无酸败、异臭、变色、变硬等变质现象。乳膏剂不得有油水分离及胀气现象。

4.除另有规定外，应避光密封贮存。乳膏剂应避光密封置25℃以下贮存，不得冷冻。

5.所用内包装材料，不应与原料药物或基质发生物理化学反应，无菌产品的内包装材料应无菌。

6.乳膏剂用于烧伤治疗如为非无菌制剂的，应在标签上标明“非无菌制剂”；产品说明中应注明“本品为非无菌制剂”，同时在适应证下应明确“用于程度较轻的烧伤（Ⅰ°或浅Ⅱ°）”，注意事项下规定“应遵医嘱使用”。

（三）凝胶剂

凝胶剂系指原料药物与能形成凝胶的辅料制成的具凝胶特性的稠厚液体或半固体制剂。除另有规定外，凝胶剂限局部用于皮肤及体腔，如鼻腔、阴道和直肠等。适于制备成凝胶剂的药物主要有抗菌药、非甾体抗炎药、抗过敏药、抗病毒药、抗真菌药、局部用药及皮肤科常用药等。

乳状液型凝胶剂又称为乳胶剂。由高分子物质如西黄蓍胶制成的凝胶剂也可称为胶浆剂。小分子无机原料药物如氢氧化铝凝胶剂是由分散的药物小粒子以网状结构存在于液体中，属两相分散系统，也称混悬型凝胶剂。混悬型凝胶剂可有触变性，静止时形成半固体，而搅拌或振摇时成为液体。

凝胶剂基质属单相分散系统，有水性与油性之分。水性凝胶基质一般由水、甘油或丙二醇与纤维素衍生物、卡波姆和海藻酸盐、西黄蓍胶、明胶、淀粉等构成；油性凝胶基质由液状石蜡与聚乙烯或脂肪油与胶体硅或铝皂、锌皂等构成。临床上多用以水性凝胶为基质的凝胶剂。

凝胶剂在生产与贮藏期间应符合下列有关规定。

1.混悬型凝胶剂中胶粒应分散均匀，不应下沉、结块。

2.凝胶剂应均匀、细腻，在常温时保持胶状，不干涸或液化。

3.凝胶剂根据需要可加入保湿剂、抑菌剂、抗氧剂、乳化剂、增稠剂和透皮促进剂等。除另有规定外，在制剂确定处方时，该处方的抑菌效力应符合抑菌效力检查法的规定。

4.凝胶剂一般应检查pH。

5.除另有规定外，凝胶剂应避光、密闭贮存，并应防冻。

6.凝胶剂用于烧伤治疗如为非无菌制剂的，应在标签上标明“非无菌制剂”；产品说明书中应注明“本品为非无菌制剂”，同时在适应证下应明确“用于程度较轻的烧伤（Ⅰ°或浅Ⅱ°）”，注意事项下规定“应遵医嘱使用”。

（四）眼膏剂

眼用半固体制剂习惯上称为眼膏剂。《中国药典》（2020年版）明确规定，眼用半固体制剂包括眼膏剂、眼用乳膏剂、眼用凝胶剂等，为无菌制剂。

眼膏剂系指由原料药物与适宜基质均匀混合，制成溶液型或混悬型膏状的无菌眼用半固体制剂。眼用乳膏剂系指由原料药物与适宜基质均匀混合，制成乳膏状的无菌眼用半固体制剂。眼用凝胶剂系指原料药物与适宜辅料制成的凝胶状无菌眼用半固体制剂。

眼膏剂应均匀、细腻、无刺激性、稠度适当、易涂布于眼部，以便于原料药物分散和吸收。与眼剂相比，眼膏剂在用药部位保留时间长、疗效持久，能减轻眼睑对眼球的摩擦，有助于角膜损伤的愈合。

多剂量眼用制剂一般应加适当抑菌剂，尽量选用安全风险小的抑菌剂，并按规定进行产品处方抑菌效力的检查，产品标签应标明抑菌剂种类和标示量。但是，应注意：眼内注射溶液、眼内插入剂、供外科手术用和急救用的眼用制剂，均不得加抑菌剂、抗氧剂或不适当的附加剂，且应采用一次性使用包装。眼用半固体制剂的基质应过滤并灭菌，不溶性原料药物应预先制成极细粉。包装容器应无菌、不易破裂，其透明度应不影响可见异物检查；主药含量及含量均匀度应符合要求；除另有规定外，眼用半固体制剂应遮光密封贮存，每个容器的装量应不超过5g，在启用后最多可使用4周；另外眼用半固体制剂还应符合《中国药典》（2020年版）四部通则下软膏剂、乳剂、凝胶剂等的相应要求。

点滴积累 13-1

1.软膏剂系指原料药物与油脂性或水溶性基质混合制成的均匀的半固体外用制剂。
2.乳膏剂系指原料药物溶解或分散于乳状液型基质中形成的均匀的半固体制剂。
3.凝胶剂系指原料药物与能形成凝胶的辅料制成的具凝胶特性的稠厚液体或半固体制剂。
4.眼膏剂为眼用半固体制剂。

二、膏剂的基质和附加剂

（一）软膏剂基质

软膏剂主要由药物、基质及附加剂三部分组成。基质作为软膏剂的赋形剂和药物载体。其质量直接影响软膏剂的质量及药物的释放和吸收。因此，软膏剂基质应具备以下质量要求：①具有适当稠度、润滑性，无刺激性；②性质稳定，可与多种药物配伍，不发生配伍禁忌；③不妨碍皮肤的正常功能，有利于药物的释放与吸收；④有良好的吸水性，能吸收伤口分泌液；⑤易于清洗，不污染衣物。

在实际应用中，没有一种基质能完全符合上述质量要求。一般可根据所制备的软膏剂要求，将基质混合使用或添加适宜附加剂等方法获得理想基质。常用的基质有油脂性基质、水溶性基质两类。

1.油脂性基质　特点是润滑性好，无刺激性、保护及软化皮肤的作用较强，能与较多药物配伍而不发生配伍禁忌。除羊毛脂外，吸水性较差，药物的释放穿透能力较弱，油腻性大，不易用水去除。该类基质包括油脂类、脂质类、烃类等，主要适用于遇水不稳定的药物软膏的制备。适用于烧伤、脱痂、湿疹、皮炎以及冬季皮肤含水量减少后呈现的干燥、落屑、皲裂等皮肤病，有多量渗出液的皮肤疾患不宜选用。

（1）油脂类　指从动物植物中提取，其化学组成为高级脂肪酸甘油酯及其混合物。因含有不饱和双键结构，在贮存中受温度、光线、空气等影响而易氧化酸败，生成物有刺激性，不及烃类基质稳定，可加抗氧剂和防腐剂改善。

1）动物油　常用豚脂（猪油），熔点36~42℃，因含少量胆固醇，故可吸收约15%的水；应用时为防止酸败，可加入1%~2%苯甲酸等，并且常需加其他基质调节其稠度。

2）植物油　常用麻油、棉子油、花生油等，常温下多为液体，常与熔点较高的蜡类调制成稠度适宜的基质，可作为乳剂基质的油相，中药油膏也常用麻油与蜂蜡熔和为基质。

3）氢化植物油　主要是将花生油、棉子油等植物油氢化而成的饱和或部分饱和的脂肪甘油酯；不完全氢化的植物油呈半固体状态，较植物油稳定，但仍能被氧化而酸败；完全氢化的植物油呈蜡状固体，比原植物油稳定，其熔点较高。

4）单软膏　以花生油（或棉子油）670g与蜂蜡330g加热熔和而成。

（2）脂质类　高级脂肪酸与高级醇化合而成的酯类，其物理性质与油脂类相似，但化学性质比油脂稳定，由于具有一定的表面活性而有吸水性能，常与油脂类基质合用。

1）羊毛脂　又称无水羊毛脂，系羊毛上附着的一种蜡状物，为淡黄色或棕黄色黏稠半固体，熔点36~42℃，无毒，对皮肤和黏膜无刺激性，含胆固醇及其酯，有良好的吸水性，一般可吸水150%、甘油140%及70%的乙醇40%，特别适合于含有水的软膏。为使用方便，常吸收30%的水分以改善黏稠度。由于羊毛脂的组成与皮脂分泌物相近，有利于药物的透皮吸收。因其黏性太大，不宜单独使用。常与凡士林合用，也可改善凡士林的吸水性和穿透性。

2）蜂蜡　又称黄蜡，系蜜蜂的自然分泌物。由蜂房提取，为黄色或淡棕色块状，主要成分为棕榈酸蜂蜡醇酯，熔点62~67℃，不易酸败，无毒，对皮肤、黏膜无刺激性。常用于调节软膏稠度，可作为油膏基质、乳膏剂增稠剂和油包水型乳膏稳定剂。

（3）烃类　从石油中分馏得到的烃的混合物，多属于饱和烃。不易酸败，无刺激性，性质稳定，很少与主药发生作用，适用于保护性软膏，因能和多数脂肪油与挥发油互溶，也常用在乳膏中作油相。

1）凡士林　系多种烃的半固体混合物，呈软膏状物，有黄、白2种，后者由前者漂白而成，熔点38~60℃，有适宜的黏稠性和涂展性。与石蜡相比，凡士林更柔软，是理想的软膏剂基质。本品油腻性大而吸水性较低，故单独使用不适于有多量渗出的伤患处。

2）石蜡与液状石蜡　系多种烃的混合物，石蜡为固体，液状石蜡为液体，无毒，无刺激性，主要用于调节软膏稠度。

（4）硅酮类　不同分子量的聚二甲基硅氧烷的总称，简称硅油。为白色或淡黄色油状液体，无毒，对皮肤无刺激性，润滑而易于涂布，不妨碍皮肤正常功能，不污染衣物，在使用温度范围内黏度变化很小，为理想的疏水性基质。本品对眼睛有刺激性，不宜用作眼膏基质。

2.水溶性基质　是由天然或合成高分子水溶性物质制成，因不含油溶性成分，又称无脂物。其特点是无油腻性，易洗除，能与水性液体（包括分泌物）混合，一般药物自基质中释放较快。但润滑性差，易霉败，水分易蒸发，常需加入保湿剂与防腐剂。常用的水溶性基质有聚乙二醇（PEG）类、纤维素类等。适用于亚急性皮炎、湿疹等慢性皮肤病。

（1）聚乙二醇类　本品对人体无毒性，无刺激性，化学性质稳定，不易酸败和发霉；吸湿性好，可吸收分泌液，易洗除。本品与苯甲酸、鞣酸、苯酚等混合可使基质过度软化；可降低酚类防腐剂的防腐能力；长期使用可致皮肤干燥。不宜用于制备遇水不稳定的药物软膏。分子量在300~6000较为常用。常用的有PEG 1500与PEG 300等量的融合物及PEG 4000与PEG 400等量的融合物。

（2）纤维素衍生物　常用甲基纤维素（MC）、甲基纤维素钠（CMCNa）等。MC能与冷水形成复合物而胶溶。CMC-Na在冷、热水中均溶解，浓度较高时呈凝胶状。

（3）卡波姆（Cb）　丙烯酸与丙烯基蔗糖交联的高分子聚合物，又称聚丙烯酸。因黏度不同有多种规格。以它作基质做成的软膏涂用舒适，尤适于脂溢性皮炎的治疗，还具有透皮促进作用。

（4）其他　主要有海藻酸钠、甘油明胶等。甘油明胶系甘油与明胶溶液混合制成（甘油10%~20%，明胶1%~3%，水70%~80%）。本品温热后易涂布，涂后能形成一层保护膜。由于本身有弹性，使用较舒适。

3.附加剂 软膏剂中根据需要常加入适宜的附加剂来改善其性能，增加稳定性或改善药物透皮吸收，常用的附加剂有抗氧剂、抑菌剂、保湿剂、增稠剂和皮肤渗透促进剂等。

（1）抗氧剂 为防止软膏剂在贮藏过程中因氧化而变质，故常加入抗氧剂。常用的抗氧剂有维生素E、没食子酸烷酯、EDTA、酒石酸和枸橼酸等。

（2）抑菌剂 软膏剂的基质中通常含水性、油性物质，甚至蛋白质，这些基质易受细菌和真菌的侵袭，微生物的滋生不仅可以污染制剂，而且有潜在毒性。因此，为保证制剂中不含致病菌（如假单胞菌、金黄色葡萄球菌、大肠埃希菌等），需加入一定浓度的抑菌剂。

（3）保湿剂 一般是具有强吸湿性的物质，其与水强力结合而达到阻止水分蒸发的效果，常用的有甘油、丙二醇、山梨醇等。

（4）增稠剂 可提高软膏剂黏度和稠度，是改善稳定性和流变形态的一类物质。常用的有月桂醇、硬脂醇、亚油酸、亚麻酸、月桂酸、硬脂酸、纤维素及其衍生物、海藻酸及盐、黄蓍胶等。

（5）皮肤渗透促进剂 在外用软膏剂中加入皮肤渗透促进剂可明显增加药物的释放、渗透和吸收。

（二）乳膏剂基质

乳剂型基质是由水相、油相与乳化剂在一定的温度下乳化而成的半固体基质，由油相、水相、乳化剂、保湿剂、防腐剂等组成，可分为油包水型（W/O）与水包油型（O/W）两类。

乳剂型基质对皮肤的正常功能影响较小，对油、水均有一定的亲和力，药物的释放、穿透性较好，能吸收创面渗出液，适用于脂溢性皮炎、皮肤开裂、疱疹、瘙痒等；忌用于糜烂、溃疡、水疱及化脓性创面。遇水不稳定的药物不宜选用。常用的乳剂基质有以下几类。

1.水包油型乳剂 基质外观形态似雪花膏状，与水混合，可用水或药物水溶液稀释后使用。易洗涤，不污染衣物，能吸收渗出液。贮存过程易发生霉变；当外相失水后，其结构易被破坏，使软膏变硬，常需加入保湿剂如甘油、丙二醇或山梨醇和适量防腐剂。润滑性较差，久用易黏于创面。用于有大量渗出液的糜烂疮面时，其所吸收的分泌物可重新进入皮肤（称反向吸收）而使炎症恶化，故应根据临床适应证灵活选用。常用水包油型乳化剂有一价皂类、高级脂肪醇硫酸酯、聚山梨酯类等。

以月桂硫酸钠为乳化剂制成的基质。

【处方】硬脂酸250g 白凡士林250g 丙二醇120g 月桂硫酸钠10g

尼泊金甲酯0.25g 尼泊金丙酯0.15g 纯化水70g

【制法】取硬脂酸和白凡士林在75℃左右熔化，将丙二醇、月桂硫酸钠、尼泊金甲酯、尼泊金丙酯溶于纯化水中，加热至75℃左右，边搅拌边加入已熔化的同温油相中，继续搅拌至冷凝，即得。

【附注】处方中的乳化剂是月桂硫酸钠，硬脂酸与白凡士林为油相，丙二醇作为保湿剂，尼泊金甲酯与尼泊金丙酯为防腐剂。可加入适量W/O型辅助乳化剂如高级醇、硬脂酸甘油酯等，以保证基质的稳定性。使用月桂硫酸钠为乳化剂的pH范围为4~8，以pH6~7为最佳。

2.油包水型乳剂 基质又称冷霜或乳膏，外观形态似油膏状。涂展性能好，能吸收少量水分，不能与水混合。不易清洗，常用作润肤剂，应用较少。常用乳化剂为多价皂（如镁皂、钙皂）、非离子表面活性剂脱水山梨醇脂肪酸酯类、蜂蜡、胆固醇、硬脂醇等。

同步练习13-1

甘油常作为乳剂型软膏基质的（ ）

A.保湿剂 B.防腐剂

C.助悬剂 D.增稠剂

答案解析

充电链接

鉴别化妆品油包水与水包油

有的护肤品在包装上会注明剂型，如果没有标注，也可以从名称上辨别。多数带有“膏”“霜”字样的，为“油包水”的产品，而带有“露”“乳”字样的，一般为“水包油”的产品。“油包水”更有利于锁水保湿，适合干燥的秋冬季节使用。

（三）凝胶剂基质

常用的水性凝胶基质可分为天然高分子材料、半合成高分子材料和合成高分子材料。天然高分子材料常用淀粉、海藻酸钠、阿拉伯胶、西黄蓍胶、明胶等；半合成高分子材料常用纤维素衍生物，如甲基纤维素（MC）和羧甲纤维素钠（CMC-Na）、壳聚糖等；合成高分子材料常用卡波姆、聚丙烯酸钠、聚乙烯醇等。水性凝胶基质的优点是易涂布、易洗除、不油腻、能吸收组织渗出液、不妨碍皮肤正常功能。因黏滞度小而使药物（特别是水溶性药物）释放快；缺点是润滑作用较差、易失水、易霉变，常需加入保湿剂和防腐剂。

1.卡波姆 商品名为卡波普，为白色引湿性强的疏松粉末，按黏度不同分为不同的规格。卡波姆分子中存在大量的羧酸基团，因而与聚丙烯酸有非常相似的理化性质，能迅速溶胀于水中，但不溶解，是一种应用广泛的药用辅料，可用于半固体制剂的基质和释放阻滞剂等。本品具有良好的生物相容性和流变学特性，具有增稠效率高，受温度影响小，能耐受低温贮存和高压湿热灭菌等优点。其在制剂中具有多种用途，可作为凝胶基质、增稠剂、助悬剂、生物黏附材料、缓控释制剂的骨架材料等，特别适用于作为脂溢性皮肤病药品的辅料。与聚丙烯酸相似，卡波姆须避免与盐类电解质、碱土金属离子、阳离子聚合物、强酸等配伍，否则会使其黏度下降或消失。

充电链接

卡波姆的规格

卡波姆按黏度不同分为934、940、941型等多种规格。其中卡波姆934，在高黏度时稳定，用于凝胶剂、乳剂、混悬剂。卡波姆940，短流变性，高黏度，高清澈度，低耐离子性及耐剪切性，适用于凝胶及膏霜中。卡波姆941，长流变性，低黏度，高清澈度，中等耐离子性及耐剪切性，适用于凝胶及乳液。1g卡波姆需用1.35g二乙醇胺或400mg氢氧化钠中和，使所制的基质无油腻感，涂用时润滑、舒适。

2.纤维素衍生物 一些纤维素衍生物在水中溶胀或溶解为胶状溶液，调节至适宜的稠度可形成水性凝胶基质。此类基质随着分子量、取代度和介质不同而具有不同的黏稠度。常用品种是甲基纤维素（MC）和羧甲纤维素钠（CMC-Na），常用浓度为2%~6%。MC能溶于冷水，不溶于热水；CMC-Na在水中溶胀为胶状溶液。pH可影响此类基质的黏度，MC在pH为2~12时稳定；CMC-Na在pH 7时较稳定，当低于pH 5或高于pH 10时黏度则显著降低。本类基质涂布于皮肤时有较强黏附性，易使皮肤失水干燥而有不适感，需加入10%~15%的甘油作为保湿剂；易霉败，需加防腐剂，常用0.2%~0.5%的羟苯乙酯。需注意，制备CMC-Na基质不宜使用硝（醋）酸苯汞、阳离子型聚合物、其他重金属盐类防腐剂，以免影响黏稠度，降低防腐效果和药效。

3.甘油明胶 由明胶、甘油、水加热制得，比例为明胶1%~3%，甘油10%~30%。

4.海藻酸钠 为黄白色粉末，缓慢溶于水形成黏稠凝胶，常用浓度1%~10%。

同步练习13-2

下列不是水性凝胶剂特点的是（　）

A.易涂展　　B.不油腻、不污染衣物

C.能保持水分，不易霉变　　D.易洗除

答案解析

（四）眼膏剂基质

眼膏剂常用的基质一般是用凡士林8份，液状石蜡、羊毛脂各1份混合而成。基质中羊毛脂有表面活性作用，具有较强的吸水性和黏附性，使眼膏与泪液容易混合并易附着于眼黏膜上，使基质中药物容易穿透眼膜；液状石蜡可调节眼膏剂的软硬度。二甲硅油因刺激性大，不建议用作眼膏剂基质。

眼膏剂基质加热熔融后用绢布等适当滤材保温过滤，通过150℃、1~2小时干热灭菌，冷却备用。

点滴积累13-2

1.软膏剂主要由药物、基质及附加剂三部分组成。

2.常用的基质有油脂性基质、水溶性基质两类。

3.油脂性基质主要包括油脂类、脂质类、烃类等。

4.水溶性基质主要有聚乙二醇（PEG）类、纤维素类、卡波姆等。

5.常用的附加剂有抗氧剂、抑菌剂、保湿剂、增稠剂和皮肤渗透促进剂等。

阅读与感悟

外用膏剂中的软膏与膏药在中国应用甚早。在《黄帝内经》（素问）"痈疽篇"中已有"疏砭之，涂以豕膏"的记载。汉代名医华佗在施用外科手术后，常用"神膏"以促进伤口愈合。晋代葛洪所著《肘后备急要方》中有用豕脂、羊脂等与药料炼制膏剂的记载；同一时代龚庆宜著的《刘涓子鬼遗方》和齐·诸澄著的《褚氏遗书》中对皮肤科用药方面均有重要发展，其中有多种"薄贴"的记载，已较广泛地应用皮肤吸收良好的动物脂肪作为软膏基质。唐代孙思邈著的《千金翼方》载有"乌麻膏"方，其组成有生乌头、麻油、黄丹及蜡。制法为"内油铜器中，微火煎之，至明旦看油减一分，下黄丹，消尽；下蜡令沫消以膏成……"由此可见，当时已有了制备膏药的方法。宋代，由陈师文等撰、宋朝廷颁布发行的《太平惠民和剂局方》中，丸、散、膏、丹等中成药已趋完善。外用膏剂到明、清两代更有发展，伟大的医药学家李时珍编著的《本草纲目》中已有40多种剂型，其中膏剂品种亦有多种；清代吴师机著的《理瀹骈文》是一部论述膏药的专著，对膏药的方药、应用，尤其在制备工艺上均进行了较完整的总结，并有进一步的发展提高。如膏药种类，已不是单纯使用油脂与樟丹，而又创制出白膏药、胶膏药、松香膏药等。

自测达标

答案解析

一、单项选择题

1.下述不属于水溶性软膏基质的是（　）

A.聚乙二醇　　B.甘油明胶　　C.羊毛脂　　D. CMC-Na

2.下列关于基质的叙述中错误的是（　）

A.液状石蜡主要用于调节软膏稠度
B.凡士林中加入羊毛脂可增加吸水性
C.水溶性基质释药快，刺激性小
D.水溶性基质，一般需防腐剂，不需保湿剂

3.下列对凡士林的叙述错误的是( )
A.又称软石蜡，有黄、白两种
B.有适宜的黏稠性与涂展性，可单独作基质
C.在乳剂基质中可作为油相
D.对皮肤有保护作用，适合用于有多量渗出液的患处

4.凡士林基质中加入羊毛脂是为了( )
A.增加药物的溶解度 B.增加基质的吸水性
C.增加药物的稳定性 D.减少基质的吸水性

5.下列关于软膏剂的概念，叙述正确的是( )
A.软膏剂系指药物与适宜基质混合制成的固体外用制剂
B.软膏剂系指药物与适宜基质混合制成的半固体外用制剂
C.软膏剂系指药物与适宜基质混合制成的半固体内服和外用制剂
D.软膏剂系指药物制成的半固体外用制剂

6.下列属于软膏油脂类基质的是( )
A.甲基纤维素 B.卡波姆 C.植物油 D.海藻酸钠

7.常用于O/W型乳剂基质乳化剂的是( )
A.硬脂酸钙 B.十二烷基硫酸钠
C.羊毛脂 D.十八醇

8.大面积烧伤用软膏剂的特殊要求是( )
A.无菌 B.均匀细腻
C.无刺激 D.不得加防腐剂、抗氧剂

9.以下基质不可用于眼膏剂的是( )
A.凡士林 B.羊毛脂 C.石蜡 D.硅油

10.下列关于水性凝胶剂基质叙述错误的是( )
A.水性凝胶剂基质易于涂展、易清除、无油腻感
B.水性凝胶剂基质能吸收组织液，不妨碍皮肤正常生理功能
C.水性凝胶基质释药速度快
D.水性凝胶剂基质润滑性好

二、多项选择题

11.有关软膏剂基质的正确叙述是( )
A.软膏剂的基质应无菌
B.O/W型乳剂基质应加入适当的防腐剂和保湿剂
C.凡士林是吸水性基质
D.乳剂型基质可分为O/W型和W/O型两种

12.需加入保湿剂的基质是( )
A.甘油明胶 B.甲基纤维素 C.凡士林 D.雪花膏

任务二　膏剂的制备

【工作实例】在制备软膏剂的过程中，作为车间技术员的张某发现，在配料过程中，常出现主药含量不均匀的情况，请分析一下其中的原因有哪些？

一、软膏剂

软膏剂的制备主要有研和法、熔合法，应根据基质的类型、药物的性质、制备量和设备条件等选择适宜的方法。软膏剂的制备工艺流程如图13-1所示。制备过程遵循相应的工艺流程，生产全过程应符合GMP要求。

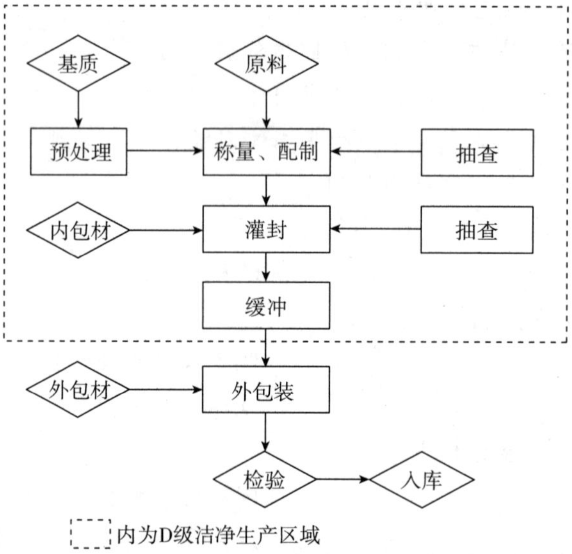

图13-1　软膏剂制备工艺流程

（一）研和法

研和法指在常温下使药物和基质均匀混合的方法，此法适用于对热不稳定、不溶于基质的药物。制备时，在常温下将药物与适量基质研磨混匀，然后按等量递加法加入余下基质混匀，至涂于手背无颗粒感为止。小量制备可以用软膏刀在软膏板上调制或在研钵中研制，大量制备可采用软膏研磨机。

（二）熔合法

熔合法指基质在加热熔化的状态下将药物加入混合的方法。此法适用于常温下不能与药物混匀的基质和熔点较高的基质。制备时，先将熔点较高的基质熔化，然后按熔点高低依次加入其余基质熔化，最后加入液体成分和药物以免低熔点物质受热分解。制备过程中应不断搅拌，使制得的软膏均匀光滑。若通过上述操作仍不够均匀细腻，可以通过软膏研磨机进一步研磨。大量制备油脂性基质软膏时，常用熔合法，制备中的熔融操作常在蒸汽夹层锅或电加热锅中进行。

充电链接

药物加入方法

1.药物不溶于基质或基质中的任何组分时，必须将药物粉碎至细粉。若用研磨法，配制时取药粉先与适量液体组分，如液状石蜡、植物油、甘油等研匀成糊状，再与其余基质混匀。

2.药物能溶于基质时，可在加热时溶入；挥发性药物应于基质冷至40℃左右再加入。

3.某些在处方中含量较少的可溶性药物或防腐剂等，可先用少量适宜的溶剂溶解，再与基质混匀。如生物碱盐类，选用适量纯化水溶解，再用羊毛脂或其他吸水性基质吸收水溶液后与基质混匀。

4.具有特殊性质的药物，如半固体黏稠性药物（如鱼石脂或煤焦油），可直接与基质混合，必要时先与少量羊毛脂或聚山梨酯类混合，再与凡士林等油性基质混合。若药物有共熔性组分（如樟脑、薄荷脑）时，可先共熔再与基质混合。

点滴积累 13-3

1.软膏剂的制备主要有研和法和熔合法。

2.研和法适用于对热不稳定、不溶于基质的药物，大量制备可采用软膏研磨机。

3.熔合法适用于常温下不能与药物混匀的基质和熔点较高的基质。

二、乳膏剂

将油溶性组分混合加热熔融，另将水溶性组分加热至与油相温度相近时（约80℃），两液混合，边加边搅拌，待乳化完全，直至冷凝，适用于乳膏的制备。乳化法中水、油两相的混合有3种方法。

1.分散相加到连续相中，适合于含小体积分散相的乳膏剂。

2.连续相加到分散相中，适用于多数乳膏剂制备。在混合过程中引起乳剂的转型，从而产生更为细小的分散相粒子。如制备O/W型乳剂基质中，水相在搅拌下缓缓加到油相内，开始时水相的浓度低于油相，形成W/O型乳剂，当更多水加入时，乳剂黏度继续增加，直至W/O型乳剂水相的体积扩大到最大限度，超过此限，乳剂黏度降低，发生转型而成O/W型乳剂，使内相（油相）得以更细地分散。操作时应注意：搅拌时尽量防止混入空气，否则会使成品中有气泡，这样不仅使容积增大，而且导致在贮藏中分离、变质。

3.两相同时加入，不分先后，适用于连续或大批量生产。常用设备为真空乳匀机及输送泵、连续混合装置等相应设备。将油相混合物的组分放入带搅拌的反应罐中进行熔融，混合加热至80℃左右，通过200目筛过滤；将水相组分溶解在纯化水中，加热至80℃，过滤；固体物料可直接加入配制罐内，也可加入水相或油相后再加入配制罐。在乳膏制备过程中，两相温度、混合时间及搅拌、匀化操作都是关键步骤，如采用自动控制设备，相应参数都能自动控制。产品混合物内应尽量避免混入空气，因为空气可导致乳膏不稳定，产品密度有差异，造成分剂量包装时装量差异不合格。避免空气混入的方法有：①加料时避免物料飞溅；②加入液体时应将入口置于液面以下；③调整混合参数和液体流动模式时应注意避免产生涡流。

点滴积累 13-4

1.乳膏剂的基质为乳剂型基质，制备方法为乳化法。

2.乳化法可用：分散相加到连续相中、连续相加到分散相中、两相同时加入，三种方法实现水、油混合。

三、凝胶剂

水性凝胶剂的一般制法是先将基质材料溶胀制成凝胶基质，再加入药物溶液及其他附加剂，加水至全量即得，其制备工艺流程如图13-2所示。

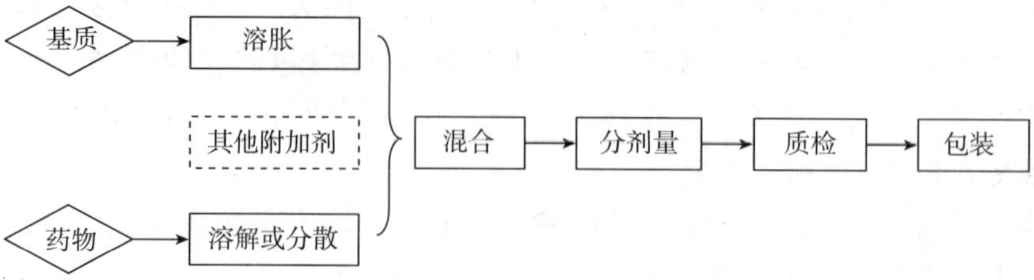

图13-2　凝胶剂的制备工艺流程

水溶性药物可先溶于部分水或甘油中，必要时加热助溶；水不溶性药物可先用少量水或甘油研细分散，再混匀于基质即可。对有无菌度要求的凝胶剂，应注意采取适宜方法灭菌处理。制备凝胶剂时应注意基质溶胀的条件、加入的药物和附加剂对基质的影响、pH对稠度的影响（如卡波姆）、各组分间的配伍等问题。

四、眼膏剂

眼膏剂的制备方法与软膏剂的制备方法基本相同，工艺流程如图13-3所示。

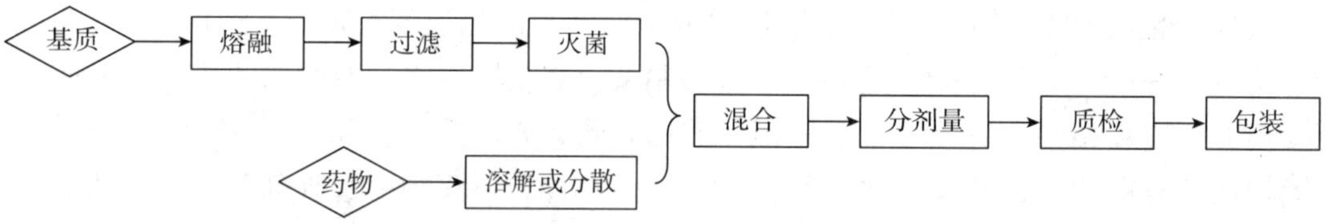

图13-3　眼膏剂的工艺流程

（一）无菌要求

一般可在净化操作室或净化操作台中配制，按无菌操作法要求进行生产，所用基质、药物、器械与包装容器等均应严格灭菌，以避免染菌而致眼睛感染。用具一般先用70%乙醇擦洗，用纯化水、注射用水洗净后，再于150℃干热灭菌1~2小时；包装软膏管用70%乙醇或2%苯酚溶液浸泡，临用时用纯化水、注射用水冲洗干净，烘干。

（二）药物加入方法

主药易溶于水而且性质稳定时，先配成少量水溶液，用适量基质研至吸尽水溶液后，再逐渐递加其余基质制成眼膏剂，灌装于灭菌容器中，密封；主药不溶于基质时，应将药物粉碎成能通过九号筛（200目）的极细粉，再与基质研磨成混悬型眼膏，以减轻对眼睛的刺激性；含挥发性成分的应注意避免受热损失，在40℃以下加入。

点滴积累13-5

1.水性凝胶剂的一般制法是先将基质材料溶胀制成凝胶基质，再加入药物溶液及其他附加剂，加水至全量即得。

2.眼膏剂的制备与一般软膏剂制法基本相同，但配料、灌装的暴露工序必须按照无菌药品的生产操作环境即C级的洁净环境中进行。

五、制备举例及应用

（一）复方苯甲酸软膏

【处方】苯甲酸120g 水杨酸60g 液状石蜡100g 石蜡适量 羊毛脂100g 凡士林加至1000g

【临床适应证】用于皮肤真菌病、手足皲裂等。亦常用于治疗鸡眼和疣。局部涂搽有止痒、消炎、抗菌、灭霉等功效。

【处方分析】本品用熔合法制备，处方中石蜡的用量根据气温而定，以使软膏有适宜稠度；苯甲酸、水杨酸在过热基质中易挥发，冷却后会析出粗大的药物结晶，因此配制温度宜控制在50℃以下。

【制备方法】取苯甲酸、水杨酸细粉（过100目筛），加液状石蜡研成糊状；另将羊毛脂、凡士林、石蜡加热熔化，经细布滤过，温度降至50℃以下时加入上述药物，搅匀并至冷凝。

【贮藏】20℃以下密闭保存。

（二）醋酸氟轻松乳膏

【处方】醋酸氟轻松0.25g 甘油50g 羊毛脂20g 羟苯乙酯1g
三乙醇胺20g 硬脂酸150g 白凡士林250g 纯化水加至1000g

【临床适应证】本品为肾上腺皮质激素类药，用于过敏性皮炎、异位性皮炎、接触性皮炎、脂溢性皮炎、湿疹、皮肤瘙痒症、银屑病、神经性皮炎等。

【制备方法】①将醋酸氟轻松研细后过6号筛，备用；②取三乙醇胺、甘油、羟苯乙酯溶于水，加热至70~80℃使其溶解为水相；③另取硬脂酸、羊毛脂和白凡士林加热至熔化为油相，并保持在70~80℃；④在相同温度下，将两相混合，搅拌至凝固呈膏状；⑤将已粉碎的醋酸氟轻松加入上述基质中，搅拌混合使分散均匀。

【贮藏】遮光、密闭保存。

（三）双氯芬酸钠凝胶

【处方】双氯芬酸钠1.0g 卡波姆940 1.0g 无水乙醇适量
三乙醇胺1.8g 氮酮2.0g 纯化水加至100.0g

【临床适应证】用于缓解肌肉、软组织和关节的轻至中度疼痛。如缓解肌肉、软组织的扭伤、拉伤、挫伤、劳损、腰背部损伤引起的疼痛以及关节疼痛等。也可用于骨关节炎的对症治疗。

【处方分析】本品用于缓解肌肉、软组织和关节的轻中度疼痛，卡波姆940为凝胶基质，无水乙醇为溶剂，三乙醇胺为pH调节剂，氮酮为吸收促进剂。

【制备方法】①将卡波姆940加入适当纯化水中，放置过夜，使充分溶胀；②将双氯芬酸钠溶于适量乙醇中；③将卡波姆940水溶液、氮酮混合均匀，研磨，搅拌下将双氯芬酸钠溶液加入卡波姆940基质中；④慢慢滴加三乙醇胺调节pH为7，边加边搅拌使成凝胶，加纯化水至全量，搅匀，分装即得。

【贮藏】密封，在阴凉（不超过20℃）处保存。

（四）硫酸阿托品眼膏

【处方】硫酸阿托品10g 眼膏基质适量 注射用水10ml

【临床适应证】角膜炎、虹膜睫状体炎，白内障手术前后及验光前扩瞳。

【处方分析】硫酸阿托品易溶于水和醇溶液，性极毒，在称量、配制和使用时应谨慎。可加伊红以示外用，配置后用具应彻底清洗。

【制备方法】取硫酸阿托品，加适量注射用水溶解，采用分次递加的方法加入眼膏基质，研匀，即得。

【贮藏】密封、遮光处保存。

阅读与感悟

马应龙始于明朝万历年间，是拥有四百余年历史的中华老字号。每到春秋两季，气候干燥，风沙较大，患眼疾者较多。1582年，为免除民间眼疾之苦，创始人马金堂潜心研习医学典籍所载眼科方剂，摸索总结出一套独特的眼药制作技艺创制“八宝眼药”，马金堂的后人马应龙将“八宝眼药”定名为“马应龙定州眼药”。

马应龙眼药以质优取胜，它不仅在国内享有盛誉，还作为最早的中国四大出口产品之一，行销东南亚诸国。2011年马应龙眼药制作技艺入选“国家非物质文化遗产名录”。四百年来，根据中医异病同治的原理和出于对马应龙眼药品质的信赖，马应龙八宝古方清热解毒、活血消肿、去腐生肌的卓著功效，也曾被患者自行使用在痔疮、外伤、疖肿等方面，并显示出惊人功效。马应龙麝香痔疮膏、龙珠软膏和马应龙八宝眼霜等产品也深受用户好评。马应龙持续经营四百余年，一方面得益于真勤理念的文化积淀，一方面也得益于历久弥新的经典古方，中国传统中医药的魅力可见一斑。

自测达标

答案解析

一、单项选择题

1.不属于软膏质量检查项目的是( )

A.粒度　B.硬度　C.装量　D.微生物限度

2.研和法制备油脂性软膏剂时，如药物是水溶性的、宜先用少量水溶解，再用( )吸收后与其他基质混合

A.羊毛脂　B.液状石蜡　C.单甘油酯　D.白凡士林

3.对软膏剂的质量要求，叙述错误的是( )

A.均匀细腻，无粗糙感

B.软膏剂是半固体制剂，药物与基质必须是互溶性的

C.应符合卫生学要求

D.软膏剂稠度应适宜，易于涂布，无不良刺激性

4.乳膏剂的制法是( )

A.研合法　B.熔合法　C.乳化法　D.分散法

5.不溶性药物应通过( )，才能用其制备混悬型眼膏剂

A.一号筛　B.三号筛　C.五号筛　D.九号筛

二、多项选择题

6.适宜有较多渗出液皮肤使用的基质是( )

A.油脂性基质　B.O/W型乳剂基质　C.卡波姆　D.羧甲基纤维素钠

7.关于眼膏剂的表述，正确的是( )

A.眼用半固体制剂应遮光密封贮存

B.每个容器的装量应不超过5g

C.在启用后最多可使用4周

D.眼膏剂应作无菌检查

思维导图　知识小结

实践四十一 项目单梳理

参考答案

项目名称	软膏剂的制备	
模拟药物	吲哚美辛软膏	
处方组成	[处方] 吲哚美辛500g PEG4000 4500g 聚山梨酯80 1000g 液状石蜡4500g 硬脂酸3000g 单脂肪酸甘油酯4000g 凡士林3000g 甘油5000g 纯化水10000ml	
模拟过程	1.生产前准备	(1)人员净化 (2)检查设备、温湿度、清场情况等
	2.配制油相	(1)加入油相基质 (2)控制温度在75~85℃，待油相开始熔化时，开动搅拌至完全熔化
	3.配制水相	(1)将水相基质投入处方量的纯化水，加热搅拌至完全溶解 (2)将吲哚美辛加入水相中，并均匀分布
	4.乳化	(1)确认乳化罐干燥，将油相抽入乳化罐 (2)开启均质器，将水相抽入 (3)控制乳化温度为75~85℃，启动搅拌器、真空泵、加热装置至乳化完全 (4)开启冷凝水将膏体降温至40℃以下，降低搅拌速度，维持一段时间 (5)停止搅拌，真空静置
	5.转料	将药膏压入中转桶密封转运罐。
	6.灌封	(1)调节灌装量和灌装速度 (2)观察加热位置和切尾情况，封尾、印字和装量均应符合工艺要求 (3)每小时检查密封性、软管外观和装量
	7.包装	按要求包装，并放入1张说明书，贴封口签。
	8.清场	(1)按要求清场 (2)准确填写生产记录
模拟结果	一般软膏剂的生产操作室洁净度要求不低于C级，用于深部组织创伤的软膏剂制备的暴露工序操作室洁净度要求不低于B级；温度为18~26℃，湿度为45%~65%。配料设备可选用真空乳化搅拌机，灌封可采用全自动灌封封尾机，模拟了软膏剂的制备。请思考：在灌装的过程中，装样量差异较大，试分析其中的原因	

实践四十二 乳膏剂的制备与质量检查

(一)实践目的

识记乳膏剂的工艺流程；能熟练按处方生产出合格的乳膏剂产品；识记《中国药典》(2020年版)乳膏剂的质量检查项目并会在实际操作中应用；学会解决乳膏剂制备过程中的常见问题。

(二)实践原理

乳膏剂系指原料药物溶解或分散于乳状液型基质中形成的均匀半固体制剂。乳膏剂由于基质不同，可分为水包油型乳膏剂和油包水型乳膏剂。乳化法中水、油两相的混合有3种方法：分散相加到连续相中、连续相加到分散相中、两相同时加入。

(三)实践地点

药物制剂实训室。

（四）实践仪器与设备

蒸发皿；水浴锅。

（五）实践试剂

石蜡、单甘酯、凡士林、液状石蜡、油酸山梨坦、乳化剂OP、羟苯乙酯、纯化水。

（六）实践内容

水杨酸W/O型基质乳膏	内容
处方	水杨酸1.0g 单甘酯2.0g 石蜡2.0g 凡士林1.0g 液状石蜡10.0g 油酸山梨坦0.1g 乳化剂OP 0.1g 羟苯乙酯0.02g 纯化水5ml

1. 制法 取计算量的纯化水于蒸发皿中，水浴加热（80℃）；再取石蜡、单甘酯、凡士林、液状石蜡、油酸山梨坦、乳化剂OP和羟苯乙酯于另一蒸发皿中，水浴加热熔化并保持80℃，以细流将油相加入水相中，边加边搅拌至冷凝，即得W/O型乳剂型基质，用此基质同上法制备水杨酸软膏20g。

2. 乳膏剂质量检查 按《中国药典》（2020年版）乳膏剂项下的质量要求检查理化性状、粒度（混悬型软膏剂、含饮片细粉的软膏剂）、微生物限定、装量等。

3. 实验结果 将实验结果记录于表13-1中。

表13-1 乳膏剂质量检查结果

	水杨酸W/O型基质乳膏
外观性状	
刺激性	
微生物限度	

（七）实践反思

1. 处方中羟苯乙酯的作用是什么？那么该处方的抑菌效力应符合《中国药典》的什么规定？

2. 为了避免本品冷凝后析出较大的药物结晶，加入水杨酸时应注意什么问题？

实践四十三 膏剂的合理使用

（一）实践目的

熟悉不同种类膏剂的使用方法。

（二）实践地点

药学服务实训室。

（三）实践用具

若干不同品种膏剂样品。

（四）实践内容

依据理论知识，分组查找药盒，完成下表，阐述膏剂的使用方法。

序号	药品名称	功能主治	贮藏条件	用法用量
例1	京万红软膏	活血解毒，消肿止痛，去腐生肌。用于轻度水、火烫伤，疮疡肿痛，创面溃烂	密封，遮光，置阴凉干燥处	用生理氯化钠溶液清理创面，涂敷本品或将本品涂于消毒纱布上，敷盖创面，消毒纱布包扎，每日换药一次

（五）实践反思

膏剂打开包装后的使用期限是如何规定的？举例说明。

药师指点

1.临床应用

（1）油脂性基质软膏剂主要用途　①保护、滋润皮肤，并对皮肤有保温作用；②保护创面、促进肉芽生长、恢复上皮和消炎收敛作用，适用于分泌物不多的浅表性溃疡；③防腐杀菌、软化痂皮。忌用于糜烂渗出性及分泌物较多的皮损。

（2）水溶性基质软膏剂多用于润湿及糜烂创面，也常用作腔道黏膜给药途径制剂。

（3）乳膏剂适用于各种急、慢性炎症性皮肤病，如湿疹、皮炎、皮肤瘙痒症等。油/水型乳膏剂较适用于炎热天气或油性皮肤使用，水/油型乳膏剂较适用于寒冷季节或干性皮肤使用。

（4）根据给药途径不同，凝胶剂的具体使用方法也不同。凝胶剂在临床上的合理使用需要掌握正确的方法并严格按照说明书使用。例如，混悬型凝胶剂给药前要充分摇匀，否则有效成分可能分布不均，会影响给药剂量，从而影响药效发挥。凝胶剂是常用于无渗出的急、慢性皮肤损害的外用制剂，如加入维A酸制成的凝胶，可用于治疗银屑病、痤疮等疾病。外用凝胶剂，适量涂患处，一日2~3次。

（5）眼膏剂主要用于治疗眼部疾病，如果同时使用眼膏剂和滴眼液，应先使用滴眼液。眼膏剂使用后需按摩眼球，以便药物扩散。眼用膏剂应一人一用。

2.注意事项　软膏剂应避免接触眼睛及黏膜（如口、鼻黏膜）；用药部位如有烧灼感、红肿等情况应停药，并将局部药物洗净；在药物性状发生改变时禁止使用等。

用药要考虑患者年龄、性别、皮损部位，以及是否为儿童、孕妇及哺乳期妇女禁用的药品。在皮肤病患处使用，用药量和用药次数应适宜，用药疗程应根据治疗效果确定，不宜长期用药，糜烂及有较多渗出液的皮损忌用。

软膏剂、乳膏剂用于烧伤治疗，如为非无菌制剂的，应在标签上标明“非无菌制剂”；产品说明书中应注明“本品为非无菌制剂”，同时在适应证下应明确“用于程度较轻的烧伤（Ⅰ°或浅Ⅱ°）”；注意事项下规定“应遵医嘱使用”。

模块六

其他制剂制备与应用

项目十四　栓　剂

PPT

学习目标

1. 掌握　栓剂的概念、分类和吸收特点。
2. 熟悉　栓剂的合理贮存和使用。
3. 了解　常见栓剂的实验室制备工艺。

导读：栓剂是一种古老的剂型，我国古代称为塞药或坐药，即纳入腔道之意。近几十年来，随着新基质的不断出现，生产技术的迭代更新，以及中药栓剂的不断涌现，国内外栓剂的品种和数量日益增多，栓剂的应用也越来越广泛。本项目主要学习栓剂的概念与分类、制备与贮藏、质量要求以及合理用药方面的问题。

【工作实例】王某在药品生产企业的栓剂车间工作。正常栓剂应完整光滑、质量准确，但其在操作灌装过程中，遇到灌装不稳定的情况，导致栓剂粒重差异较大，应如何解决？

一、概述

（一）栓剂的定义

栓剂是指原料药物与适宜基质等制成供腔道给药的固体制剂。在常温状态下，栓剂一般为固体，但是在塞入人体腔道之后，在体温的作用下一般能够迅速软化熔融或溶解于分泌液，进而逐渐释放药物而产生局部或全身作用。

同步思考14-1

小儿退热栓有效成分为对乙酰氨基酚，主要用于普通感冒或流行性感冒引起的发热，头痛等。在药店零售中，经常有家长给孩子买退热栓，很多家长认为退热栓是外用药，没什么副作用，而口服药对肝肾不好。请思考家长的这种想法对么？为什么？

答案解析

（二）栓剂的分类

1. 按应用部位分类　栓剂因施用腔道的不同，分为直肠栓、阴道栓和尿道栓，如肛门栓、阴道栓、尿道栓、牙用栓、鼻腔栓等，其中最常用的是肛门栓和阴道栓，临床应用已有近百年历史。栓剂的形状和重量依机体应用的部位不同而各不相同，一般均有明确规定。

（1）肛门栓　有圆锥形、圆柱形、鱼雷形等多种不同形状［图14-1（a）］。每颗重量约2g，长度达3~4cm，儿童用重量约1g。其中以鱼雷型较好，塞入肛门后，因括约肌收缩易压入直肠内。但是肛门栓中药物往往只能发挥局部的治疗作用。

（2）阴道栓　可分为普通栓和膨胀栓。常见的阴道栓有鸭嘴形、球形或卵形等形状，其中以鸭嘴形的表面积最大［图14-1（b）］。每颗重量3~5g，直径1.5~2.5cm。相同重量的栓型，鸭嘴形表面积最大。阴道膨胀栓系指含药基质中插入具有吸水膨胀功能的内芯后制成的栓剂，膨胀内芯系以脱脂棉或黏胶纤维等经加工、灭菌制成。近年来，阴道栓的应用有所减少，逐渐为阴道用片剂或胶囊剂所取代。

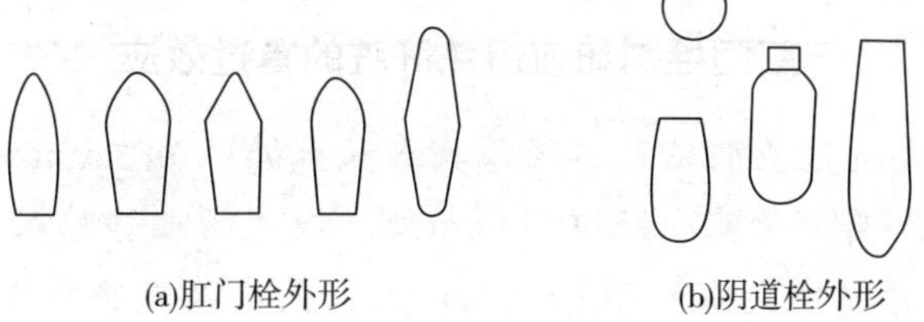

图14-1　栓剂示意图

（3）尿道栓　一般为棒状，有男女之分，男用重约4g，长1~1.5cm；女用重量较轻，约2g，长度也较短，为0.60~0.75cm。

2.按制备工艺与释药特点分类　如果将栓剂按制备工艺与释药特点进行分类，则可以分为以下几种。

（1）双层栓　分两种，一种是内外层含不同药物，另外一种是上下两层，分别使用水溶性或油脂性基质，将不同的药物分隔在不同层内，通过控制各层的溶化，使药物具有不同的释放速度。

（2）中空栓　中空部分填充各种不同的固体或液体药物，可以达到快速释药的目的，溶出速度比普通栓剂快得多。

（3）缓释、控释栓　通过持续放药以达到长效作用的栓剂。该栓剂有微囊型、骨架型、渗透泵型等多种型号。

同步练习14-1

在常温状态下，栓剂一般为（　），但是在塞入人体腔道之后，在体温的作用下一般能够迅速软化熔融或溶解于分泌液

A.固体　　B.液体　　C.气体　　D.水

答案解析

（三）栓剂的特点

1.栓剂的局部作用和全身作用

（1）局部作用　局部作用的栓剂一般能够在人体腔道内起到滑润、收敛、止痛、杀虫、止痒、抗菌消炎、局麻等作用。常用的药物为消炎药、局部麻醉药、杀菌剂等。例如用于治疗便秘的甘油栓、用于治疗念珠菌性阴道炎的达克宁栓和克霉唑栓等。这类栓剂要求释药缓慢而持久，局部作用通常在半小时内开始起效，持续约4小时。

（2）全身作用　全身作用的栓剂通过人体直肠吸收药物至血液循环从而发挥全身作用。常用的药物为解热镇痛药、抗生素药、肾上腺皮质激素类药、抗恶性肿瘤治疗剂等。例如用于治疗感冒发热的阿司匹林栓、小儿解热栓和用于消炎镇痛的吲哚美辛栓等。这类栓剂要求引入腔道后迅速释药，特别是解热镇痛药物宜迅速释放、吸收。

2.栓剂给药的优缺点

（1）栓剂给药的优点　①药物不受或少受胃肠道pH或酶的破坏，不会失去活性；②可以避免药物对人体胃黏膜的刺激性；③药物经直肠吸收，药物直接进入中下腔静脉系统，可避免肝脏首过作用；④适宜于不能或不愿口服给药的患者，尤其是婴儿和儿童；⑤可在腔道起润滑、抗菌、杀虫、收敛、止痛、止痒等局部作用。

（2）栓剂给药的缺点　①使用不如口服药物方便；②生产成本比片剂、胶囊等口服药物高；③生产效率低；④吸收不稳定。

充电链接

肛门栓剂如何避免肝脏的首过效应

栓剂的全身作用主要是通过直肠给药，经吸收进入血循环而达到治疗作用。直肠吸收药物有3条途径：①通过门肝系统。将药物塞入距肛门6cm处，经直肠上静脉入门静脉，经肝脏代谢以后，进入血循环；②不通过门肝系统。塞入距肛门2cm处，药物经直肠中下静脉进入肛门静脉，绕过肝脏直接进入血循环；③药物经直肠黏膜进入淋巴系统，其吸收情况类似于经血液的吸收。因此，栓剂纳入肛门的深度越接近直肠下部，栓剂所含药物在吸收时不经肝脏的量就越多，其部位应在据肛门2cm处，只有用药方法得当，才能够避免肝脏的首过效应。

3.影响药物吸收的因素

（1）吸收的途径和部位　吸收途径不同，药物从直肠部位吸收的速率和程度也不相同。药物种类不同，人体吸收的情况也有所不同。例如，四环素类药物，人体直肠吸收率远低于口服。林可霉素的直肠吸收率与口服近似，但采用溶液作灌肠剂效果要优于栓剂。

（2）生理因素　粪便充满直肠时对栓剂中药物的吸收量要比无粪便时少，这是由于结肠内容物较少的情况下，药物有较大机会接触直肠和结肠的吸收表面。所以，可以在应用栓剂前先进行灌肠或排便以获得较好的吸收效果。诸如腹泻、结肠梗死、组织脱水等情况也可能影响药物从直肠部位吸收的速率和程度。

（3）pH及肠液缓冲能力　直肠的缓冲能力较弱，直肠液的pH为7.5，基本上是中性而无缓冲能力，给药的形式一般不受直肠环境影响。直肠的pH主要由溶解的药物决定。弱酸和弱碱环境相对强酸、强碱更容易吸收，分子型药物更容易透过肠黏膜，而离子型药物则不容易透过。

（4）药物的理化性质　药物的溶解度、粒度和解离度等都可能会影响其从直肠部位的吸收效果。

1）溶解度　溶解度大的药物更容易被吸收。据报道在直肠内脂溶性药物容易吸收。而水溶性药物同样能够通过微孔途径而吸收。

2）粒度　粒径愈小、愈易溶解，吸收亦愈快。难溶性药物在基质中呈混悬分散状态时，其粒度大小会影响药物从栓剂中的释放、溶解及吸收。

3）解离度　药物的吸收与其解离常数有关，未解离的分子越多，吸收越快。未解离药物易透过肠黏膜，而离子型药物则不易透过。药物从直肠的吸收符合一级速度过程，属于被动扩散转运机制。

（5）基质对药物作用的影响　基质不同，所释放药物的速度也不同，从而可能影响药物的吸收。可以根据栓剂的临床治疗作用选择适宜的基质。发挥全身作用的栓剂，要求药物迅速释放，通常应选择与药物溶解性相反的基质。如药物是脂溶性的，则应该选择水溶性基质。相反，如药物是水溶性的，就应选择油脂性基质，以提高药物的溶出和吸收速度。对于发挥局部作用的栓剂如痔疮药、局部抗真菌药等，通常药物不需要吸收，对应这些药物的基质应缓慢熔化以延缓药物的释放速度。

（6）表面活性剂的作用　试验证明，表面活性剂能够增加药物的亲水性，能够加快药物向分泌液中的转入，有助于药物的释放，从而提高临床治疗效果。但表面活性剂的浓度不能过高，否则会在分泌液中形成胶团等，导致吸收率下降，因此必须适量加入，以免起到适得其反的效果。

（7）栓剂中药物的剂量　关于栓剂的剂量，尚未没有明确的规定，通常认为至少相当于口服剂量，或为口服剂量的1.5~2倍。毒剧药物不应超过口服剂量。适宜的直肠给药量及栓剂大小、形状、基质的选择，应根据药物的物理状态、溶解性及分配系数等理化性质及基质的熔点、溶解性和表面活性等而定。

点滴积累 14-1

1. 栓剂系指原料药物与适宜基质等制成供腔道给药的固体制剂。
2. 栓剂因施用腔道的不同，分为直肠栓、阴道栓和尿道栓，其中最常用的是肛门栓和阴道栓。
3. 在使用肛门栓时，以塞入肛门口约2cm处为宜，这样50%~75%的药物可以不经过肝脏直接进入人体血液循环。

二、质量要求

（一）《中国药典》（2020年版）对栓剂质量的要求

栓剂在生产和贮藏期间应符合《中国药典》（2020年版）的有关规定，栓剂的质量要求如下。

1.栓剂一般采用搓捏法、冷压法和热熔法制备。搓捏法一般适宜于油脂性基质小量制备；冷压法则适宜于大量生产油脂性基质栓剂；热熔法通常适宜于油脂性基质和水溶性基质栓剂的制备。

2.栓剂常用的基质为半合成脂肪酸甘油酯、可可豆脂、聚氧乙烯硬脂酸酯、聚氧乙烯山梨聚糖脂肪酸酯，以及氢化植物油、甘油明胶、泊洛沙姆、聚乙二醇类或其他适宜物质。根据需要可加入表面活性剂、润滑剂、稀释剂和抑菌剂等。除另有规定外，在制剂确定处方时，其抑菌效力应符合抑菌效力检查法［《中国药典》（2020年版）（通则1121）］的规定。常用水溶性或与水能混溶的基质制备阴道栓。

3.制备栓剂所用的固体原料药物，除另有规定外，应预先用适宜方法制成细粉或最细粉。可以根据施用腔道和使用需要，制成各种适宜的形状。

4.栓剂中的原料药物与基质应混合均匀，其外形一般应完整光滑，放入腔道后应无刺激性，应能融化、软化或熔化，并能够与分泌液混合，逐渐释放出药物，产生局部或全身作用；并应有较适宜的硬度，以免在包装或贮存时变形。

5.栓剂所用内包装材料应无毒性，不得与原料药物或基质发生理化作用。

6.阴道膨胀栓内芯也应符合有关规定，以保证其安全性。

7.除另有规定外，应在30℃以下密闭贮存和运输，以防止因受热、受潮而变形、发霉、变质。生物制品原液、半成品以及成品的生产和质量控制应符合相关品种要求。

（二）栓剂应检查的项目

除另有规定外，栓剂应进行以下相应检查。

1.重量差异　按照下述方法检查，应符合规定。

检查法　取供试品10粒，先精密称定总重量，求得平均粒重后，再分别精密称定每粒重量。每粒重量与平均粒重进行比较（有标示粒重的中药栓剂，每粒重量应与标示粒重相比较），按表中的规定，超出重量差异限度的不得多于1粒，并且不得超出限度1倍。栓剂的重量差异限度见表14-1。

表14-1　栓剂重量差异限度

平均粒重或标示粒重	重量差异限度
1.0g及1.0g以下	±10%
1.0g以上至3.0g	±7.5%
3.0g以上	±5%

凡规定检查含量均匀度的栓剂，一般不再进行重量差异检查。

2.融变时限　除另有规定外，照融变时限检查法（通则0922）进行检查，应符合规定。

充电链接

融变时限

融变时限是指栓剂、阴道片等固体制剂在规定的检查条件下［一般为体温（37℃±0.5℃）］全部融化、软化变形或溶解的时间。除另有规定外，油脂性基质的栓剂3粒均应在30分钟内完全溶化、软化或触压时无硬心，水溶性基质的栓剂3粒均应在60分钟内全部溶解。如有1粒不合格应另取3粒复试，均应符合规定。

3.膨胀值　除另有规定外，阴道膨胀栓应检查膨胀值，并符合规定。

检查法　取本品3粒，用游标卡尺测量其尾部棉条直径，滚动约90°再测一次，每粒测量两次，求出每粒测定的2次平均值（R_i）；将上述3粒栓剂用于融变时限测定结束后，立即取出剩余的棉条，待水断滴，均轻置于玻璃板上，用游标卡尺测定每个棉条两端以及中间三个部位，滚动约90°后再测定这三个部位，每个棉条共获得六个数据，求出测定的6次平均值（r_i），最后计算每粒的膨胀值（P_i），3粒栓剂的膨胀值均应大于1.5。计算公式为：

$$P_i=\frac{r_i}{R_i} \tag{14-1}$$

4.微生物限度　除另有规定外，按照非无菌产品微生物限度检查：微生物计数法（通则1105）和控制菌检查法（通则1106）以及非无菌药品微生物限度标准（通则1107）检查，应符合规定。

点滴积累14-2

1.栓剂一般采用搓捏法、冷压法和热熔法制备。搓捏法一般适宜于油脂性基质小量制备；冷压法则适宜于大量生产油脂性基质栓剂；热熔法通常适宜于油脂性基质和水溶性基质栓剂的制备。

2.制备栓剂所用的固体原料药物，除另有规定外，应预先用适宜方法制成细粉或最细粉。

3.除另有规定外，应在30℃以下密闭贮存和运输，以防止因受热、受潮而变形、发霉、变质。

4.除另有规定外，栓剂应检查：重量差异、融变时限、膨胀值和微生物限度。

同步思考14-2

栓剂制作时往往需要加入附加剂，为什么要加入附加剂？不同的附加剂有哪些作用？

答案解析

三、基质和附加剂

栓剂主要由药物和基质组成。药物加入栓剂后可溶于基质中，也可混悬于基质中。供制备栓剂用的固体药物应预先用适宜方法制成细粉，并全部通过六号筛。

（一）基质的种类

栓剂常用基质分为油脂性基质和水溶性基质两类。

1.油脂性基质

（1）可可豆脂　是从梧桐科植物可可树种仁中得到的一种固体脂肪，是最早应用的栓剂基质，于

1852年首次由Taylor推荐给美国药剂师。可可豆脂主要组成为脂肪酸甘油酯，包含硬脂酸、棕榈酸、油酸、亚油酸和月桂酸等，其中可可碱含量高达2%。可可豆脂为天然产物，产量较少，为白色或淡黄色脆性蜡状固体，有α、β、β'、γ四种晶型。其中，以β型最为稳定，熔点为34℃，其他熔点较低。为了避免晶型转化变，通常在使用中采取缓慢升温，加热至融化2/3左右停止加热，用余热使其全部融化，从而避免异物形成。每100g可可豆脂可吸收20~30g水，如果加入5%~10%的聚山梨酯61则可增加吸水量，并且有助于药物混悬于基质中。

（2）半合成或全合成脂肪酸甘油酯　系由椰子、棕榈种子等天然植物油水解、分馏所得的游离脂肪酸，经部分氢化再与甘油酯化得到的一酯、二酯、三酯混合物，称为半合成脂肪酸酯。由于这类基质所含的不饱和碳链较少，具有保湿和适宜的熔点，形成性良好，化学性质稳定，且不易酸败，因此已逐渐代替天然的油脂性基质，成为较理想的栓剂基质。该类基质具有不同的熔点，熔距较短，抗热性较好，贮存相对稳定。国内目前主要产品有半合成椰油酯、半合成山苍子油酯、半合成脂肪酸酯和混合脂肪酸甘油酯、半合成棕榈油酯、全合成脂肪酸甘油酯有硬脂酸丙二醇酯等。

2.水溶性与亲水性基质

（1）甘油明胶　由明胶、甘油与水按一定比例在水浴上加热融合，再蒸去大部分水后放冷凝固而成。通常水：明胶：甘油的比例为10：20：70。本品具有很好的弹性，不易折断，在体温下不融化，但塞入腔道后可缓慢溶于分泌液中缓慢释放药物，从而延长药物疗效。其溶出速度可随水、明胶、甘油三者比例的改变而变化，甘油和水的含量越高越容易溶解，且甘油能防止栓剂干燥变硬。以本品为基质的栓剂在贮存时应注意在干燥环境中的失水性，还应加入抑菌剂防止滋生真菌等微生物。本品多用作阴道栓剂基质。由于明胶是胶原的水解产物，因此凡是与蛋白质能够产生配伍反应的药物，如鞣酸、重金属盐等均不可用甘油明胶作基质。

（2）聚乙二醇类（PEG）　一类由环氧乙烷聚合而成的杂链聚合物。通常将不同聚合度的聚乙二醇按一定比例加热融合，可得到具有理想稠度及特性的栓剂基质。本品为结晶性载体，易溶于水，熔点较低，通常用熔融法制备，无生理作用，为难溶性药物的常用载体。本品遇体温不熔化，但能缓缓溶于体液中释放药物。本类基质不需冷藏，贮存方便，但吸湿性强，受潮易变形，故应存放于干燥处。本品对直肠黏膜有一定刺激性，加入约20%的水则可减轻刺激性。还可在纳入腔道前用水润湿使用或在栓剂表面涂一层鲸蜡醇、硬蜡醇薄膜。

（3）聚氧乙烯（40）单硬脂酸酯类　商品名为Myri52，商品代号为S-40，系聚乙二醇的单硬脂酸酯和二硬脂酸酯的混合物，并含有游离乙二醇。本品呈白色或微黄色，为无臭或稍有脂肪臭味的蜡状固体，熔点为39~45℃，可溶于水、乙醇、丙酮，不溶于液状石蜡。本品可与PEG混合使用，克制得崩解、释放性能较好的稳定栓剂。

（4）泊洛沙姆　由乙烯氧化物和丙烯氧化物组成的嵌段聚合物（聚醚），为一种表面活性剂，易溶于水，能与很多药物形成空隙固溶体。本品有多种型号，随聚合度增大，物态逐渐从液体、半固体至蜡状固体，均易溶于水。较常用的型号为188型，熔点52℃。

（5）聚山梨酯61　聚氧乙烯脱水山梨醇单硬脂酸酯，为一种淡琥珀色可塑性固体，熔程为35~39℃，具有润滑性，能与水性溶液形成稳定的水包油型乳剂基质。本品可与多种药物配伍，且无毒无刺激，在水中能自行乳化，贮藏时不易变质。

（二）栓剂基质的要求

基质不仅赋予药物成型，并且影响药物的作用，优良的栓剂基质应满足以下要求。

1.室温时应具有适当的硬度和韧性，当塞入腔道时不变形，不碎裂。基质的凝固点与熔点相差小，在体温下易软化、熔化或溶解，与体液混合，溶于体液。

2.与药物混合后不起反应，不影响主药的作用与含量测定。

3.具有乳化或润湿的性质，能容纳较多的水。

4.对黏膜无刺激性，无毒性，无过敏性。全身作用的栓剂，引入腔道后能够迅速释药；局部作用的栓剂，基质释药应缓慢而持久。

5.基质本身理化性质稳定，在贮藏过程中不易霉变，不影响生物利用度等。

6.油性基质的酸价应在0.2mg KOH/g以下，皂化值应在200~245mg KOH/g，碘价应低于7g/100g。

7.适用于冷压法及热熔法制备栓剂，且易于脱模。

同步练习 14-2

制备油脂性基质的栓剂时，可选用的润滑剂为（　）

A. 液状石蜡　　B. 植物油

C. 软肥皂、甘油、乙醇　　D. 肥皂

答案解析

（三）栓剂中的附加剂

为了改变栓剂的物理性状，或改善药物的吸收，提高稳定性，往往要在栓剂中加入一些附加剂，如硬化剂、增稠剂、乳化剂和吸收促进剂等。栓剂中加入的附加剂主要包括以下几种。

1.硬化剂　若制得的栓剂在贮藏运输或使用时过软，可以加入适量的硬化剂，如白蜡、鲸蜡醇、硬脂酸和巴西棕榈蜡等进行适当调节。

2.增稠剂　当药物与基质混合时，因机械搅拌不良或生理需要，在栓剂制品中可酌量添加增稠剂，如氢化蓖麻油、单硬脂酸甘油酯、硬脂酸铝等。

3.乳化剂　当栓剂处方中含有与基质不能混合的液相时，特别是在此相含量较高时（大于5%），可加入适量乳化剂。

4.吸收促进剂　起全身治疗作用的栓剂为增加药物的吸收，可加入吸收促进剂以增加直肠黏膜对药物的吸收。目前常用的吸收促进剂有表面活性剂、脂肪酸、脂肪醇、脂肪酸酯类、氮酮、水杨酸钠、苯甲酸钠、氨基酸乙胺衍生物、乙酰醋酸酯类、β-二羧酸酯、羧甲基纤维素钠、环糊精类衍生物等。

5.着色剂　可选用脂溶性着色剂，也可选用水溶性着色剂，但在加入水溶性着色剂后，必须注意加水后对pH和乳化剂乳化效率的影响，此外还应注意控制脂肪的水解和栓剂中的色移现象。

6.抗氧化剂　当主药易被氧化时，应加入抗氧剂，如维生素C、叔丁基羟基茴香醚（BHA）、叔丁基对甲酚（BHT）和没食子酸酯类等，以延缓主药的氧化速度。

7.防腐剂　当栓剂中含有植物浸膏或水溶液时，可加入防腐剂或抑菌剂，如对羟基苯甲酸酯类等。使用防腐剂时应验证其溶解度、有效剂量、配伍禁忌以及直肠的耐受性等。

点滴积累 14-3

1.栓剂基质可分为油脂性基质和水溶性基质两大类。

2.常用的油脂性基质包括可可豆脂、半合成椰油酯、半合成山苍子油酯、半合成棕榈油酯、硬脂酸丙二醇酯。

3.常用的水溶性基质包括甘油明胶、聚乙二醇类、聚氧乙烯（40）单硬脂酸酯类、泊洛沙姆、聚山梨酯61。

4.栓剂常用的附加剂包括硬化剂、增稠剂、乳化剂、吸收促进剂、着色剂、抗氧剂、防腐剂等。

四、制备工艺

（一）栓剂的制备方法

栓剂的常用制备方法有两种，即挤压成型（冷压法）和模制成型（热熔法）。可按基质的不同性质选择适宜的制备方法。一般油脂性基质制栓可采用任何一种方法，而水溶性基质制栓多采用热熔法。

1.挤压成型法 也称冷压法，主要用于油脂性基质栓剂的制备。不论是搓捏还是模型冷压，都是先将药物与基质磨碎或锉成粉末，再于冷容器内与主药混合均匀，然后装于制栓机的圆筒内，通过模型挤压成一定形状，或手工搓捏成型。冷压法避免了加热对主药或基质稳定性的影响，不溶性药物亦不会在基质中沉降。但该法生产效率不高，成品中易夹带空气而不易控制栓重，对基质和主药也可能起氧化作用。为保证压出栓剂的数量，通常需按计划多加10%~20%的量，所施压力也需要一致。

2.模制成型法 也称热熔法，应用最为广泛，适用于油脂性基质和水溶性基质的栓剂的制备。将计算量的基质锉末在水浴或蒸气浴上加热熔化（注意勿使温度过高），然后按药物性质以不同方法加入并混合，使药物均匀分散于基质中。之后倾入已冷却并涂有润滑剂的模型中至稍溢出模口为度。待冷却并完全凝固后，用刀削去溢出部分，开启模具，将栓剂推出，晾干，包装即得。为避免过热，通常在基质熔融达2/3时即应停止加热并适当搅拌。熔融的混合物在注模时应迅速，并应一次注完，以免发生液层凝固。

为了使栓剂冷却后易于从栓模中推出，模型应涂润滑剂。膜孔内涂的润滑剂通常分为两种，一种是油脂性基质的栓剂，常用软肥皂、甘油各一份，与95%的乙醇五份混合而得；另一种是水溶性或亲水性基质的栓剂，常用油溶性物质为润滑剂，如液状石蜡或植物油等。也有一些基质不黏膜，如可可豆脂或聚乙二醇类，可不用润滑剂。

充电链接

热熔法制备栓剂中药物的处理与混合要点

1.油溶性药物可直接溶于已熔化的油脂性基质中。

2.中药材水提浓缩液或不溶于油脂而溶于水的药物可以直接与熔化的水溶性基质混合，或先加少量水进行溶解，再以适量羊毛脂吸收后与基质进行混合。

3.难溶性固体药物，一般应先粉碎成细粉混悬于基质中。

4.能使基质熔点降低或使栓剂过软的药物在制备时，可酌情加入熔点较高的物质，如蜂蜡等予以调整。

（二）栓剂的置换价

通常情况下栓剂模型的容量是固定的，但它会因基质或药物密度的不同而容纳不同的重量。一般栓模的容纳重量（如1g或2g）是指以可可豆脂为代表的基质质量。药物在栓剂基质中占有一定体积，特别是不溶于基质的药物。

栓剂中药物的重量与同体积基质重量的比值，称为该药物对基质的置换价（displacement value，DV）。不同的栓剂处方，用同一模型制作，得到的栓剂容积是相同的，但其重量则随基质与药物密度不同而不同。取基质作空白栓，称得平均质量为G（即纯基质栓的平均栓重）；另取基质与药物定量混合制成药栓，称得平均质量M（即含药栓的平均栓重）；称得每粒药剂中药物的平均重量W（即每个栓剂的平均含药重量）。按以下公式即可求得某药物对某基质的置换价。

$$DV=\frac{W}{G-(M-W)} \tag{14-2}$$

式中，$M-W$为含药栓中基质的重量；$G-(M-W)$为纯基质栓剂与含药栓剂的基质重量之差，即与药物同容积的基质重量。

用测定的置换价可以很方便地计算出制备含药栓需要的基质重量X：

$$X=\left(G-\frac{Y}{DV}\right)\times n \tag{14-3}$$

式中，Y为处方中的药物剂量；n为拟制备栓剂的数量。

（三）栓剂的制备工艺流程及设备

1.栓剂制备工艺流程　热熔法制备栓剂的工艺流程为：熔融基质、加入药物（混匀）、注模、冷却、削平、取出，质检、包装即得（图14-2）。

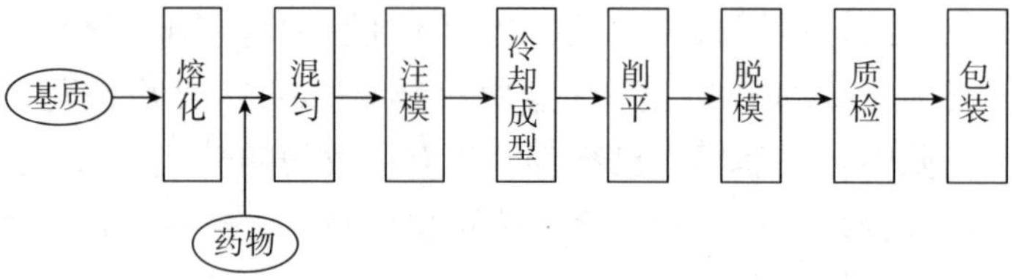

图14-2　热熔法制栓剂工艺流程

2.栓剂制备常用设备　栓剂的小量制备通常采用手工灌模方法，而大量生产栓剂一般采用自动化、机械化的设备，如全自动栓剂灌封机组。该设备操作简捷，自动化程度高，从栓剂的制壳、灌注、冷却定型、预热、封口，到打批号、打撕口线、切底边、齐上边、计数剪切均可自动化完成。成卷的塑料片材经过栓剂制带机正压吹塑成型，再进入灌注工位，已搅拌均匀的药液通过高精度计量装置自动灌注到空壳内，然后连续进入冷却工位，经过一定时间的低温定型，实现从液态到固态的转化，制成固态栓剂。

（四）栓剂生产流通过程中的质量控制

1.栓剂生产工艺管理

（1）配料时应控制好温度和转速，不得将药物溅出。目测色泽均匀一致后，调整栓液至一定温度，恒温搅拌备用。

（2）制栓时按要求设置好各环节温度，如恒温罐温度、灌注温度、封口预热温度、封口温度和冷却温度。

（3）制好的栓剂外观应光滑、无裂缝、不起霜、不变色。在制栓开始，及时检查，控制栓重，待重差达到要求后，每隔20分钟对栓重进行一次检查。

（4）原则上要求每个栓剂都应用蜡纸或锡纸包裹，不得外露，以免互相粘连。栓剂之间应有一定间隔，不得互相接触挤压。

2.栓剂贮存管理　一般的栓剂应贮存于干燥阴凉处，温度在30℃以下，油脂性基质的栓剂应格外注意避热，尽可能在-2~2℃的环境中保存。环境湿度对栓剂贮存亦很重要。高湿度易使栓剂吸潮，干燥时可使之失水变脆。对光敏感的栓剂通常要求采用不透光的锡箔等材料进行包装。甘油明胶类水溶性基质栓剂及聚乙二醇栓可于室温阴凉处贮存，并密闭于容器中，以免吸湿、变形、变质等。

点滴积累 14-4

1. 栓剂的常用制备方法有两种，即挤压成型（冷压法）和模制成型（热熔法）。

2. 一般油脂性基质制栓可采用任何一种方法，而水溶性基质制栓多采用热熔法。

3. 栓剂中药物的重量与同体积基质重量的比值，称为该药物对基质的置换价。

4. 热熔法制备栓剂的工艺流程为：熔融基质、加入药物（混匀）、注模、冷却、削平、取出，质检、包装即得。

五、制备举例及应用

复方甲硝唑栓

【处方】甲硝唑200g 己烯雌酚0.5g 醋酸泼尼松2.5g 硼酸200g 甘油明胶适量共制成1000粒

【临床适应证】抗滴虫和抗生素药，用于治疗滴虫性阴道炎、霉菌性阴道炎、细菌性阴道炎和老年性阴道炎、非特异性阴道炎及支原体感染、淋病双球菌感染等疾病。

【处方分析】甲硝唑具有强大的杀灭滴虫的作用；己烯雌酚能够提高雌激素水平，增加阴道抵抗力，能够缓解平滑肌痉挛，促进阴道上皮增生；硼酸可降低阴道pH，使阴道杆菌发挥酵解作用，增强阴道抵抗力；醋酸泼尼松具有较强的消炎抗过敏作用。

【制备方法】取甲硝唑、己烯雌酚、醋酸泼尼松、硼酸细粉混匀。将甘油明胶置于水浴上加热熔化。待温度降至50℃，加入药粉，搅拌混匀，注入栓模中，放冷成型，凝固后削去溢出部分，脱模，包装即得。

【贮藏】密封，置于阴凉处避光保存。

阅读与感悟

栓剂的应用历史悠久，古代称其为坐药或塞药，是将药物制成丸剂、锭剂、片剂，或用纱布包裹药末，塞入阴道或肛门内以治疗妇女白带、阴道瘙痒及肛周疾病的方法。《金匮要略》中记载，蛇床子散"温阴中坐药，蛇床子仁末之，以白粉（即铅粉）少许，和令相得，如枣大，绵裹内之，自然温"。以后历代都沿用此法，并有所发展。《史记·扁鹊仓公列传》《伤寒杂病论》《肘后备急方》《千金方》《证治准绳》等医籍中均有栓剂制备和应用的记载。《本草纲目》中也有耳用栓、鼻用栓、阴道栓、尿道栓、肛门栓等的记述。近年来，随着医药科技的不断发展，栓剂的研究愈发深入，应用范围日渐扩大，栓剂的功效也被越来越多的人认可。

自测达标

答案解析

一、单项选择题

1. 关于直肠栓剂，表达正确的是（ ）

A. 对胃有刺激性的药物可以直肠给药　B. 患者给药侧卧位，塞入肛门越深越好

C. 可可豆脂直肠栓贮存时不软化，无需冷藏　D. 直肠栓剂的性状为棒状

2. 栓剂的制备方法最常用的制备方法是（ ）

A. 冷溶法　B. 置换法　C. 热熔法　D. 萃取法

3. 肛门栓的形状有圆锥形、鱼雷形、（ ）

A. 鸭嘴形　B. 圆柱形　C. 球形　D. 卵形

4.下列属于栓剂水溶性基质的是（　）

A.可可豆脂　B.甘油明胶　C.半合成脂肪酸甘油酯　D.硬脂酸丙二醇酯

5.某鞣酸栓每粒含鞣酸0.2g，用可可豆脂制备的空白栓重为2g，已知鞣酸的置换价为1.6，则每粒鞣酸栓所需的可可豆脂为（　）

A. 1.715g　B. 1.800g　C. 1.875g　D. 1.687g

6.局部作用的栓剂多选用（　）溶性基质

A.油　B.水　C.脂　D.盐

7.下列属于水溶性与亲水性基质的是（　）

A.硬脂酸　B.棕榈酸　C.油酸　D.聚乙二醇类

8.油脂性基质的融变时限检查，3粒均应在（　）完全融化、软化或触压时无硬心

A. 20分钟内　B. 30分钟内　C. 40分钟内　D. 60分钟内

9.下列不属于对栓剂基质要求的是（　）

A.在体温下保持一定的硬度　B.不影响主药的作用

C.不影响主药的含量测量　D.与制备方法相适宜

10.热熔法制备栓剂中药物的处理与混合应注意，在制备能使基质熔点降低或使栓剂过软的药物时，可酌情加入（　）的物质，如蜂蜡等予以调整

A.凝固点较高　B.凝固点较低　C.熔点较高　D.熔点较低

11.下列不属于栓剂中药物直肠吸收主要途径的是（　）

A.药物通过直肠上静脉，经门静脉进入肝脏，代谢后，再由肝脏进入体循环

B.药物通过直肠下静脉和肛门静脉，经髂内静脉绕过肝脏，从下腔大静脉直接进入体循环起全身作用

C.药物通过直肠淋巴系统吸收

D.药物经过下静脉和肛门静脉进入肝脏，再进入大循环

12.下列关于栓剂的描述，不正确的是（　）

A.最常用的是肛门栓和阴道栓　B.直肠吸收比口服吸收的干扰因素多

C.栓剂给药不如口服方便　D.甘油栓为局部作用的栓剂

13.以甘油明胶为基质的栓剂溶出速度可随水、明胶、甘油三者比例的改变而变化，甘油和水的含量越高越容易溶解，且（　）能防止栓剂干燥变硬

A.水　B.明胶　C.基质　D.甘油

14.下列属于栓剂油脂性基质的是（　）

A.甘油明胶　B.半合成棕榈油酯　C.聚乙二醇类　D. S-40

15.栓剂应置于（　）以下密闭保存

A. 10℃　B. 20℃　C. 30℃　D. 40℃

16.直肠栓剂给药应当距肛门（　）处为宜

A. 1cm　B. 2cm　C. 3cm　D. 4cm

二、计算题

17.以可可豆脂为基质，制备每粒含100mg苯巴比妥（DV=0.81）的栓剂，空白可可豆脂栓剂平均重量为2g，求含药栓剂的重量，制备100粒需要加入可可豆脂多少克？

18.以可可豆脂为基质制备阿司匹林栓剂。以1g栓模测得纯基质平均粒重1.072g，含药栓（含药量37.5%）平均粒重1.212g。若以100粒量投料，每粒含阿司匹林0.5g，计算可可豆脂基质的用量。

思维导图　知识小结

实践四十四 项目单梳理

参考答案

项目名称	栓剂的制备	
模拟药物	甲硝唑栓	
工具书	《中国药典》(2020年版)	
处方组成	[处方]甲硝唑细粉4500g 磷酸二氢钠1600g 碳酸氢钠1400g 香果脂适量 共制成阴道栓10000枚 [临床适应证]用于治疗滴虫性阴道炎	
模拟过程	1.处方分析	(1)处方中甲硝唑为__________ (2)磷酸二氢钠和碳酸氢钠为__________ (3)香果脂为__________
	2.准备工作	(1)领料：所有原辅料检验合格 (2)核对物料名称、批号、数量等信息，计算投料量，称量，双人核对并正确填写生产记录 (3)基质融化，水浴加热至70~80℃，将辅料按照处方顺序加入，将配好的药液加入灌装机内，搅拌15~20分钟
	3.制壳	(1)制壳主机预热、加热 (2)吹泡成型
	4.灌封	(1)检查栓剂壳有无损伤、外观、数量是否合格 (2)根据容积，调整好计量旋钮，将壳带卷置于灌装机承料盘上，打开变频器开关和走带开关，开始灌装
	5.冷冻	(1)开启冷冻开关，设定好固化温度(-5℃) (2)待旋转台正常运转后将灌装后的栓剂壳带送入冷冻机口，在冷冻机中停留20~30分钟，转至出口位置，准备进入封切机 (3)检查栓剂的融变时限
	6.封口	(1)调整好温度，进行热封 (2)设定剪切的数量，将冷冻机中的冻结的栓剂壳带拉出送入封切机口，进行封切 (3)封切合格的栓剂进入中转站
	7.包装	(1)核对品名、标签、批号、规格等信息 (2)贴标牢固、位正、外壁清洁 (3)检查装盒数、说明书、装箱单，封箱入库
	8.清场	(1)按照各生产区域要求进行停机、清场 (2)正确填写生产记录
模拟结果	本品为中空栓剂，其外层为基质制成的壳，空心可填充固体或液体状态的药物。本项目模拟了利用全自动制模机进行栓剂制备，成卷的PVC/PE塑料片材经过栓剂制带机正压吹塑成形，将已搅拌均匀的药液通过高精度计量装置自动灌封于中空壳内，经过低温定型、封口剪切，制成成品。请思考，在岗位操作过程中，如何确定灌封的装量	

实践四十五 栓剂的制备与质量检查

(一)实践目的

熟悉热熔法进行栓剂的制备。

(二)实践原理

栓剂是药物与适宜的基质混合制成的供腔道给药的固体制剂。常用的有肛门栓和阴道栓，能产生局部或全身作用，并应有适宜的硬度，以免在包装和贮存中变形。栓剂由药物和基质两部分组成，常用基质有油脂性基质和水溶性基质两类。栓剂的制法有三种：搓捏法、冷压法（挤压法）和热熔法。油脂性基质的栓剂其制备可采用三法中的任一种，而水溶性基质的栓剂多采用热熔法制备。

（三）实践地点

药物制剂实训室。

（四）实践仪器与设备

栓剂模、水浴锅。

（五）实践试剂

甘油、碳酸钠、硬脂酸。

（六）实践内容

甘油栓	内容
处方	甘油40g　碳酸钠1g　硬脂酸4g　蒸馏水7ml
功能主治	用于年老体弱者便秘的治疗

1.制法　取干燥Na_2CO_3与蒸馏水置蒸发皿中，加甘油（相对密度1.25）混合后，置水浴上加热，缓缓加入硬脂酸细粉，随加随搅拌，待泡沸停止、溶液澄明，将此溶液注入涂过润滑剂（液状石蜡）的鱼雷型栓模中，共注20枚，待冷，用刀削去溢出部分，启模，取出即得。

2.解析

（1）水浴要保持沸腾，且蒸发皿底部应接触水面，使硬脂酸细粉（少量分次加入）与碳酸钠充分反应，直至泡沸停止、溶液澄明、皂化反应完全，才能停止加热。其化学反应如下：

$$2C_{17}H_{35}COOH + Na_2CO_3 \rightarrow 2C_{17}H_{35}COONa + CO_2\uparrow + H_2O$$

产生的二氧化碳必须除尽，否则所制得的栓剂内含有气泡，有损美观。

（2）碱量比理论量超过10%~15%，皂化快，成品软而透明。

（3）水分含量不宜过多，否则成品浑浊，也有主张不加水的。

（4）栓模预热至80℃左右，冷却较慢，成品硬度更适宜。

3.栓剂的质量检查

（1）重量差异检查　取栓剂10粒，精密称定总重量，求得平均粒重后，再分别精密称定每粒的重量。每粒重量与平均粒重相比较超出重量差异限度的不得多于1粒，并不得超出限度1倍。

（2）融变时限检查　取栓剂3粒，在室温放置1小时后，分别放在融变时限检测仪的3个金属架下层板上，装入各自的套筒内，并用挂钩固定。除另有规定外，将上述装置分别垂直浸入盛有不少于4L的（37.0 ± 0.5）℃水的容器中，其上端位置应在水面下90mm处。容器中装一转动器，每隔10分钟在溶液中翻转该装置一次。

结果判定：除另有规定外，油脂性基质的栓剂3粒均应在30分钟内全部融化、软化或触压时无硬心；水溶性基质的栓剂3粒均应在60分钟内全部溶解。如有1粒不符合规定，应另取3粒复试，均应符合规定。

（3）记录实验结果　将上述结果记录于下表中。

项目	甘油栓					
外观						
重量差异检查	序号	重量	重量差异度（%）	序号	重量	重量差异度（%）
	1号			6号		
	2号			7号		
	3号			8号		
	4号			9号		
	5号			10号		
融变时限检查						

（七）实践反思

1.本实验中的基质属于哪种类型？此种基质有什么优点？

2.实验中有哪些关键控制点？

实践四十六　栓剂的合理使用

（一）实践目的

熟悉栓剂使用的方法；能够正确指导患者使用栓剂。

（二）实践地点

药学服务实训室。

（三）实践用具

若干不同品种栓剂。

（四）实践内容

依据理论知识，分组查找栓剂说明书，完成下列表格。

序号	药品名称	贮藏条件	用法用量
例1	儿童退烧栓	密封、在阴凉处保存	儿童退烧栓的使用是在体温38度左右的时候，可以使用退烧栓进行退烧。首先将肛门处皮肤清理，动作要轻柔，避免损伤孩子的皮肤。将退烧栓取出，戴上指套，把栓剂塞进患儿的肛门之内，深度在1~4cm即可。塞入退热栓之后，要让患儿卧床休息一会，减少活动避免退烧栓脱出来，在30分钟之后观察体温变化情况，查看是否退烧

（五）实践反思

1. 肛门栓通常应该如何使用？

2. 阴道栓通常应该如何使用？

药师指点

1. 临床应用　阴道栓和直肠栓是外科常用药。

（1）阴道栓　用来治疗妇科炎症。阴道栓是一种外观类似球形、卵形或鸭嘴形供塞入阴道的固体，重量一般为3~5g，熔点与体温接近。使用阴道栓时应注意：①先清洗阴道内外过多的分泌物。用清水或润滑剂涂在栓剂的尖端部。②患者仰卧床上，双膝屈起并分开露出会阴部，将栓剂尖端部向阴道口塞入，并用手以向下、向前的方向轻轻推入阴道深处置入栓剂后患者应合拢双腿，保持仰卧姿势约20分钟。③在给药后1~2小时内尽量不排尿，以免影响药效。④最好在临睡前给药，以使药物充分吸收，并防止药栓遇热溶解后外流。月经期停用，有过敏史者慎用。

（2）直肠栓　常用于治疗痔疮，是一种外观似圆锥形或鱼雷形的固体，熔点与体温接近，塞入后能迅速熔化、软化或溶解，产生局部和全身的治疗作用。使用直肠栓时应注意：①使用前尽量排空大小便，并洗清肛门内外；②剥去栓剂外裹的铝箔或聚乙烯膜，在栓剂的顶端蘸少许凡士林、植物油或润滑油；③塞入时患者取侧卧位，小腿伸直，大腿向前屈曲，贴着腹部；④放松肛门，把栓剂的尖端向肛门插入，并用手指缓缓推进，深度距肛门口幼儿约为2cm，成年人约为3cm，合拢双腿并保持侧卧姿势15分钟，以防栓剂被压出；⑤在用药后1~2小时内，尽量不要大小便，以保持药效。

（3）尿道栓　使用与阴道栓类似，主要是使用腔道不同。另外，因尿道栓可引起轻微的尿道损伤和出血，因此应用抗凝治疗者应慎用。

2. 注意事项　除另有规定外，栓剂应在30℃以下密闭贮存和运输，防止因受热、受潮而变形、发霉、变质。栓剂受热易变形，气温高时，使用前最好置于冷水或冰箱中冷却后再使用。本品性状发生改变时禁止使用；用药部位如有灼烧感、红肿等情况应停药，并将局部药物洗净；用药期间注意个人卫生，防止重复感染等。

项目十五　雾型制剂

PPT

学习目标

1.掌握　气雾剂、喷雾剂和粉雾剂的概念、分类和吸收特点。
2.熟悉　各种雾型制剂的合理贮存和使用。
3.了解　常见雾型制剂的实验室制备工艺。

导读：自1926年，挪威化学工程师埃里克·罗塞姆用液化气体制备出具有现代意义的气雾剂原形以来，气雾剂的发展已经过了近100年的历史，其制备技术日臻成熟，产品种类愈发多样，给药系统逐渐完善，临床应用也越来越方便。雾型制剂分为气雾剂、喷雾剂和粉雾剂，本项目主要学习雾型制剂的概念、分类和特点，常见雾型制剂的制备、质量要求以及合理用药等方面的问题。

任务一　气雾剂

【工作实例】张某在药店实习，遇到一位急性脚踝扭伤的患者，疼痛难忍，面对药架上的跌打损伤膏、舒筋丸、云南白药气雾剂等，不知道如何选择，药店的执业药师帮忙推荐了云南白药气雾剂，这是为什么？气雾剂有什么特点？该药贮藏时有哪些注意事项？

一、概述

（一）气雾剂的定义

气雾剂系指原料药物或原料药物和附加剂与适宜的抛射剂共同装封于具有特制阀门系统的耐压容器中，使用时借助抛射剂的压力将内容物呈雾状物喷至腔道黏膜或皮肤的制剂。

气雾剂是一种用于肺部吸入或直接喷至腔道黏膜、皮肤及空间消毒的制剂，可直接到达病灶发挥疗效。该给药系统应对皮肤、呼吸道、腔道黏膜和纤毛无刺激性、无毒性。

（二）气雾剂的分类

1.按分散系统分类

（1）溶液型气雾剂　固体或液体药物溶解于抛射剂中，形成均匀溶液，抛射剂在喷出后挥发，药物以固体或液体微粒状态到达作用部位。

（2）混悬型气雾剂　又称为粉末气雾剂。固体药物以微粒状态分散于抛射剂中，形成混悬液，抛射剂在喷出后挥发，药物以固体微粒状态到达作用部位。

（3）乳剂型气雾剂　液体药物或药物溶液与抛射剂（不溶于水的液体）形成油包水（W/O）型乳剂或水包油（O/W）型乳剂。O/W型在喷射时随着抛射剂的汽化，呈泡沫状喷出；W/O型在喷射时随着抛射剂的汽化，呈液体状喷出。

2.按用药途径分类

（1）吸入气雾剂　指含药溶液、混悬液或乳液与适宜的抛射剂或液化混合抛射剂共同装封于具有定量阀门系统和一定压力的耐压密封容器中，使用时借助抛射剂的压力，将内容物呈雾状喷出，经口吸入肺部的制剂。

（2）非吸入气雾剂　指含药溶液、混悬液或乳液与适宜的抛射剂或液化混合抛射剂共同装封于具有定量阀门系统和一定压力的耐压密封容器中，使用时借助抛射剂的压力，直接将内容物喷入腔道黏膜的制剂。

（3）外用气雾剂　指药物与适宜的抛射剂共同装封于具有定量阀门系统和一定压力的耐压密封容器中，使用时借助抛射剂的压力，将内容物呈雾状喷出，用于皮肤和空间消毒的气雾剂。

3.按处方组成分类

（1）二相气雾剂　一般为溶液型，由气相与液相组成。药物与抛射剂形成均匀的液相，挥发的抛射剂形成气相。

（2）三相气雾剂　一般为混悬剂和乳剂，由气相、固相或液相构成。混悬剂由气、液、固三相构成，气相是抛射剂产生的蒸汽，液相是抛射剂的溶液，固相是不溶性药物；乳剂由气、液、液三相构成，气相是抛射剂产生的蒸汽，药液和部分抛射剂挥发形成的液体构成双液相，即O/W乳剂或W/O乳剂。

4.按给药定量与否分类

（1）定量气雾剂　指通过使用定量阀门能准确控制药物剂量的气雾剂，主要用于口腔、鼻腔吸入，起到全身作用的气雾剂。

（2）非定量气雾剂　指使用连续阀门，不能准确地控制药物剂量的气雾剂，主要用于局部使用的气雾剂。

同步思考15-1

气雾剂可在呼吸道、皮肤或其他腔道起局部作用或全身作用，气雾剂可以治疗哪些疾病？

答案解析

（三）气雾剂的特点

1.气雾剂的优点

（1）用药量小，可以用定量阀门控制剂量，剂量准确，使用方便，副作用较小。

（2）具有速效和定位作用，药物呈细小雾滴，可直接到达作用部位或吸收部位，局部浓度高，药物分布均匀，起效快。

（3）无局部用药刺激性。

（4）制剂的稳定性高，药物密闭于容器中，不易被微生物污染，且能避免与空气、水分和光线接触，保持药物的清洁和无菌状态，提高稳定性。

（5）避免肝脏的首过效应和胃肠道的破坏作用，生物利用度高。

2.气雾剂的缺点

（1）气雾剂制备时需要配备耐压容器和阀门系统，需要冷却装置和灌装设备，操作繁琐，成本高。

（2）若包装不严密，抛射剂渗漏或压力不足可能导致药物无法喷出。

（3）吸入用气雾剂受肺部干扰因素较多，吸收不完全，多次用于受伤皮肤可能引起不适。

（四）气雾剂的组成

气雾剂由药物、抛射剂、附加剂、耐压容器和阀门系统组成。药物、抛射剂和附加剂一同装封于耐压容器中，抛射剂汽化会产生压力，当打开阀门时，药物、抛射剂会一起喷出形成雾滴。离开喷嘴后，含药物和抛射剂的雾滴将进一步汽化，雾滴变得更细。雾滴的大小取决于抛射剂的类型、用量、阀门和推动钮的类型以及药液的黏度等。

1.抛射剂　是直接提供气雾剂动力的物质，多为液化气体，有时可兼作药物溶剂或稀释剂。抛射剂在常温下的蒸气压应高于大气压，沸点低于室温，需装入耐压容器中，由阀门系统控制。当阀门系统开启时，压力突然降低，抛射剂急剧汽化，容器内的药液被分散成极细的微粒，以雾状通过阀门系统喷射出来，到达作用或吸收部位。理想的抛射剂应具有以下特点：抛射剂在常压下沸点低于40.6℃，常温下的蒸气压应大于大气压；无毒、无致敏性和刺激性；不易燃、不易爆；不与药物或容器反应；无色、无臭、无味；价廉易得。抛射剂的喷射能力直接受其种类和用量影响，可根据气雾剂的用药目的和要求进行合理选择。

（1）抛射剂的种类　主要包括氟氯烷烃、碳氢化合物及压缩气体。

1）氟氯烷烃　又称氟利昂，是医用气雾剂的主要抛射剂。氟氯烷烃沸点低，常温下蒸气压略高于大气压，化学性质稳定，容易控制，不易燃烧，液化后密度大，无味，基本无臭，毒性低。氟氯烷烃不溶于水，可作脂溶性药物的溶剂。常用的氟氯烷烃有三氯一氟甲烷（F_{11}）、二氯二氟甲烷（F_{12}）和二氯四氟乙烷（F_{114}）。

2）碳氢化合物　主要品种有丙烷、正丁烷、异丁烷。此类抛射剂虽然稳定、毒性不大、密度低，但易燃易爆，不适合单独使用，常与其他抛射剂合用。

3）压缩气体　主要有二氧化碳、氮气和一氧化氮等，化学性质较稳定，不与药物发生反应，不易燃烧。此类抛射剂液化后沸点较低，如二氧化碳-78.3℃、氮-195.6℃；常温下蒸气压过高，如二氧化碳5767kPa（表压，21.1℃），一氧化氮4961kPa（表压，21.1℃）。此类抛射剂对容器要求较高，若在常温状态下充入非液化压缩气体，压力容易迅速降低，达不到持久喷射效果，故不常用于气雾剂，主要用于喷雾剂。

（2）抛射剂的用量与蒸气压　气雾剂的喷射能力应满足用药要求，其强弱取决于抛射剂的用量和自身蒸气压。若抛射剂用量大，蒸气压高，则喷射能力强，反之则弱。吸入气雾剂要求喷出物干、雾滴细，因此，需要喷射能力强；皮肤用气雾剂、乳剂型气雾剂要求喷射能力稍弱。通常多采用混合抛射剂，通过调整抛射剂的用量和蒸气压来达到调整喷射能力的目的。

2.药物与附加剂

（1）药物　供制备气雾剂的药物可以是液体、半固体或固体粉末。药物制成供吸入用气雾剂，应测定其血药浓度，确定有效剂量，安全指数小的药物必须做毒性试验，确保安全后方可使用。

（2）附加剂　要制备质量稳定的气雾剂，就必须加入适宜的附加剂，如能与抛射剂混溶的潜溶剂、能增加药物稳定性的抗氧剂以及乳化所需的表面活性剂等。附加剂的选择应视具体情况而定。

1）溶液型气雾剂　可将抛射剂作溶剂，必要时可加入适量乙醇、丙二醇或聚乙二醇等作为潜溶剂，促进药物与抛射剂的混溶。但应注意所加入的乙醇、丙二醇等的量对肺部的刺激性及气雾剂稳定性的影响。

2）混悬型气雾剂　适用于药物在抛射剂中不溶解，或溶解度较差并且无合适的潜溶剂使之溶解的情况。混悬型气雾剂相比溶液气雾剂而言，药物稳定性好，但制备要求高。常用的辅料包括滑石粉、胶体二氧化硅等，使药物微粉易于分散混悬于抛射剂中；或加入表面活性剂及高级脂肪醇类，如三油酸山梨坦类、三油酸山梨坦、油醇、月桂醇等，避免药物聚集和重结晶，润滑阀门系统。

3）乳剂型气雾剂　乳剂型气雾剂的乳化剂应在振摇时即充分乳化并形成很细的乳滴，在喷射时能与药液同时喷出，使喷出的泡沫外观呈白色、均匀、细腻、柔软，并具有一定的稳定性。通常可选用甘油、丙二醇代替水，以增加药物的溶解性和稳定性。

除了添加以上附加剂外，还可根据药物的性质加入适量的抗氧化剂、防腐剂、香料、柔软剂、润滑剂等。但应注意所选的添加剂应对用药部位无刺激性。

3.耐压容器 选择耐压容器时，不仅要注意其耐压性能，还应注意轻便、化学惰性、美学效果和价格等。气雾剂的容器必须对内容物稳定，不能与药物和抛射剂发生作用，并且能耐受工作压力，有一定的耐压安全系数和冲击耐力。耐压容器的材料包括玻璃和金属两大类。玻璃容器的化学性质比较稳定，但耐压性和抗撞击性较差，需要在玻璃瓶的外面搪以塑料层，以缓冲外界压力和撞击；金属材料如铝、马口铁和不锈钢等，耐压性强，但对药液不稳定，需用环氧树脂、聚氯乙烯或聚乙烯等进行表面处理。

4.阀门系统 主要作用是在密闭条件下控制药物喷射的剂量。阀门系统应坚固、耐用、结构稳定。阀门材料必须对内容物为惰性，所有部件需要精密加工，并保持适当的强度，其溶胀性在贮存期内必须维持在一定的限度内，以保证喷药剂量的准确性。气雾剂阀门系统除一般阀门外，还有供吸入用的定量阀门及供腔道或皮肤等外用的泡沫阀门系统。阀门系统一般由阀门杆、弹簧、橡胶封圈、浸入管、定量室和推动钮组成，通过铝制封帽将阀门系统固定在耐压容器上，其结构与组成如图15-1所示。

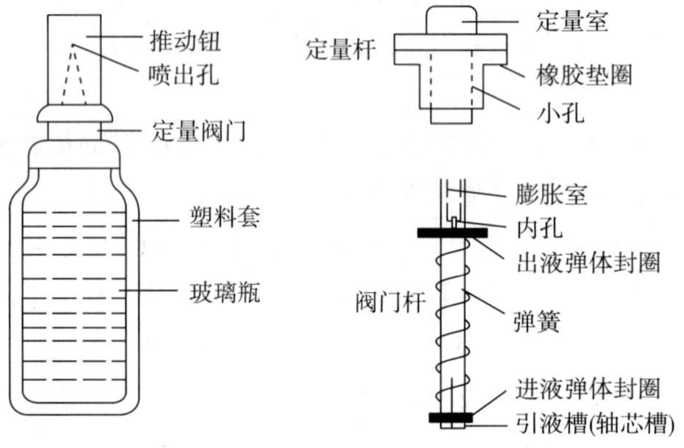

图15-1 定量型吸入气雾剂阀门系统的结构与组成示意图

（1）封帽 通常是铝制品，主要作用是把阀门固定在容器上，必要时涂以环氧树脂薄膜。

（2）阀门杆（轴芯） 通常由尼龙或不锈钢制成，阀门杆顶端与推动钮相连，包括内孔和膨胀室，其下端有一细槽（引液槽）或缺口供药液进入定量室。内孔（出药孔）是阀门沟通容器内外的极细小孔，位于阀门杆之旁，其大小关系到气雾剂喷射雾滴的粗细。内孔通常被弹性橡胶封圈封在定量室外，使容器内外不通。当揿下推动钮时，内孔与药液相通，药液立即通过内孔进入膨胀室，从喷嘴喷出。膨胀室位于内孔之上阀门杆之内，药液由内孔进入此室时，部分抛射剂汽化骤然膨胀，使药物雾化、喷出，进一步形成细雾滴。

（3）橡胶封圈 是封闭或打开阀门内孔的控制圈，有弹性，通常由丁腈橡胶制成，有进液和出液两个封圈。进液圈紧套于阀门杆下端，在弹簧之下，其作用主要是托住弹簧，同时随着阀门杆的上下移动而使进液槽打开或关闭。此外，进液圈封闭定量室下端，可控制杯室药液不倒流。出液圈紧套于阀门杆上端，位于内孔之下，弹簧之上，其作用是随着阀门杆的上下移动而使内孔打开或关闭，同时可封闭定量室上端，控制杯室药液不会溢出。

（4）弹簧 为推动钮提供上升的弹力，位于定量室内，套在阀门杆的下部，由不锈钢制成。

（5）浸入管 由塑料制成，如图15-2所示，连接在阀门杆的下部，其作用是将内容物输送至阀门系统中，如不用浸入管而仅靠引液槽进入阀门系统的定量室，则在使用时需将容器倒置（图15-3）。喷射时，按下推动钮，阀门在推动钮的压力下顶入，弹簧受到压力，内孔进入出液橡胶封圈内，定量室内药液由内孔进入膨胀室，汽化后由喷嘴喷出。同时，引流槽部分进入瓶内，封圈封闭了药液进入定量室的通道。当推动钮压力除去时，弹簧使阀杆恢复原位，药液再回到定量室。

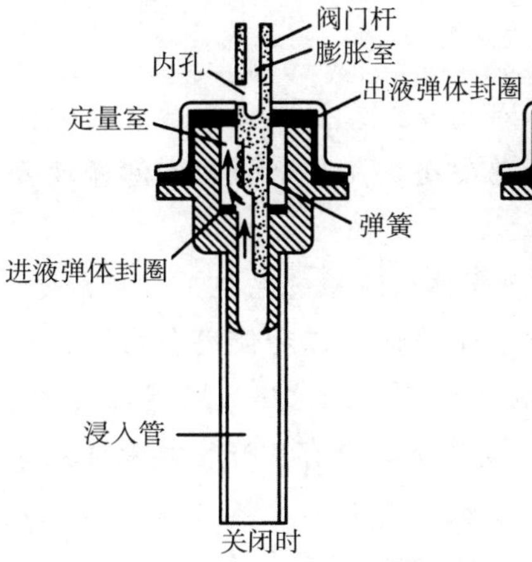

图15-2　气雾剂有浸入管的定量阀门示意图

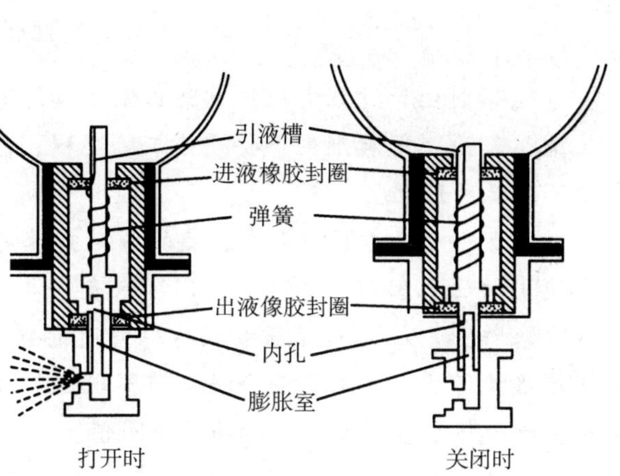

图15-3　气雾剂无浸入管阀门启闭示意图

（6）定量室　亦称定量杯，为金属或塑料制成，起定量喷雾作用。定量室的容量一般为0.05~0.2ml，上下封圈控制药液不外溢，决定气雾剂一次给出一个准确的剂量。

（7）推动钮　是用来打开或关闭阀门系统的装置，具有各种形状。推动钮有适当的小孔与喷嘴相连，限制内容物喷出的方向。

点滴积累 15-1

1. 气雾剂系指原料药物或原料药物和附加剂与适宜的抛射剂共同装封于具有特制阀门系统的耐压容器中，使用时借助抛射剂的压力将内容物呈雾状物喷至腔道黏膜或皮肤的制剂。

2. 气雾剂按分散系统可分为溶液型、混悬型、乳剂型；按用药途径可分为吸入型、非吸入型和外用型；按处方组成可分为二相和三相气雾剂；按给药定量与否可分为定量气雾剂和非定量气雾剂。

3. 气雾剂由药物、抛射剂、附加剂、耐压容器和阀门系统组成。

二、制备过程

气雾剂的生产环境、用具和整个操作过程，应注意避免微生物污染。其制备过程包括：容器阀门系统的处理和装配、药物的配制、分装、抛射剂充填、质量检查等。

（一）容器与阀门系统的处理和装配

1. 玻瓶搪塑　先将玻瓶洗净烘干，预热至120~130℃，趁热浸入塑料黏浆中，使瓶颈以下均匀地黏上一层塑料液。将瓶倒置，于150~170℃烘干15分钟，备用。对塑料涂层的要求是均匀、紧密包裹玻璃瓶，避免爆瓶时的玻片飞溅，外表平整、美观。

2. 阀门系统的处理与装配　将阀门的各种零件分别处理：橡胶制品可在75%的乙醇中浸泡24小时，以除去色泽并消毒，干燥备用；塑料、尼龙零件洗净后再浸泡在95%的乙醇中备用；不锈钢弹簧在1%~3%的氢氧化钠碱液中煮沸10~30分钟，用水洗涤数次，然后用纯净水清洗两三次，直至无油腻为止，浸泡在95%的乙醇中备用。最后将上述处理好的零件，按照阀门的结构装配。

（二）药物的配制与分装

充电链接

气雾剂生产注意事项

气雾剂生产过程中应注意防止微生物污染。制作气雾剂的各种用具、容器等须用适宜的方法清洁、灭菌。气雾剂生产要严格工艺流程，严格检查原辅料、管路安全。气雾剂罐装室洁净度要求不得低于D级。

气雾剂生产过程中存在一定的易燃易爆安全隐患，需设置可燃气体检测报警系统，防止静电。所使用的压力容器、管道、闸门、仪表、电器及零配件等必须具有制作许可证和使用合格证，并按要求作业。必须对受压的设备、管道连接处、阀门经常进行检查和保养，对压力容器的使用，应严格执行《压力容器安全技术监察规程》。罐装车间、充气室、成品仓库应有良好的通风设施保证易燃气体浓度低于20%的爆炸下限值。

按处方组成及所要求的气雾剂类型进行配制：溶液型气雾剂应制成澄清药液，调配过程中，应保证配制罐内的温度在受控范围内；混悬型气雾剂应将药物微粉化并保持干燥状态，严防药物微粉吸附水蒸气；乳剂型气雾剂应制成稳定的乳剂。混悬型和乳剂型气雾剂制作过程中影响因素较多，应严格执行工艺流程。最后将上述配制好的合格药物分散系统，定量分装到已准备好的容器内，安装阀门，轧紧封帽。

（三）抛射剂的填充

抛射剂的填充有压灌法和冷灌法两种。

1.压灌法　先将配好的药液（通常为药物的乙醇溶液或水溶液）在室温下灌入容器内，再装好阀门并轧紧，然后通过压装机灌入定量的抛射剂（最好先将容器内空气抽去）。压灌法设备相对简单，无需低温操作，抛射剂损耗较少，目前我国多用此法生产。但压灌法生产速度较慢，且在使用过程中压力的变化幅度较大。

2.冷灌法　药液借助冷灌装置冷却至-20℃左右，抛射剂冷却至沸点以下至少5℃。先将冷却后的药液灌入容器中，再加入已冷却的抛射剂（也可两者同时加入）。立即将阀门装上并扎紧，操作必须迅速完成，以免抛射剂损失。冷灌法速度快，对阀门无影响，成品压力较稳定，但需要制冷设备和低温操作，抛射剂损失较多，含水药物不宜用此法。

同步练习15-1

关于气雾剂制备的叙述，错误的是（　）

A.制备工艺主要包括容器与阀门系统的处理与装配、药物的配制、分装、抛射剂的填充

B.制备混悬型气雾剂应将药物微粉化，并分散在水中制成稳定的混悬液

C.抛射剂的填充方法有冷灌法和压灌法

D.压灌法设备简单，并可在常温下操作

E.冷灌法抛射剂损失较多，故应用较少

答案解析

点滴积累15-2

1.气雾剂的生产环境、用具和整个操作过程，应注意避免微生物污染。其制备过程包括容器与阀门系统的处理和装配、药物的配制、分装、抛射剂的填充、质量检查等。

2.抛射剂的填充有压灌法和冷灌法两种。压灌法设备相对简单，无需低温操作，抛射剂损耗较少，目前我国多用此法生产。

三、质量要求

气雾剂在生产与贮藏期间应符合下列有关规定。

1.根据需要可加入溶剂、助溶剂、抗氧剂、抑菌剂及表面活性剂等附加剂。除另有规定外，在制剂确定处方时，其抑菌效力应符合抑菌效力检查法［《中国药典》（2020年版）通则1121］的规定。气雾剂中所有附加剂均应对皮肤或黏膜无刺激性。

2.二相气雾剂应按处方制得澄清溶液后，按规定量分装。三相气雾剂应将微粉化或乳化的原料药物和附加剂充分混合制得混悬液或乳状液，如有必要，进行抽样检查，符合要求后再分装。在制备过程中，必要时应严格控制水分，防止水分混入。

3.气雾剂常用的抛射剂应为适宜的低沸点液体。根据气雾剂所需压力，可将两种或多种抛射剂以适宜比例混合使用。

4.气雾剂的容器，应能耐受气雾剂所需压力，各组成部件均不得与原料药物或附加剂发生理化作用，其尺寸精度和溶胀性必须符合要求。

5.定量气雾剂释出的主药含量应准确、均一，喷出的雾滴（粒）应均匀。

6.制成的气雾剂应进行泄漏检查，确保使用安全。

7.气雾剂应置于凉暗处贮存，并避免暴晒、受热、敲打、撞击。

8.定量气雾剂应标明：①每罐总揿次；②每揿主药含量或递送剂量。

9.气雾剂用于烧伤治疗若为非无菌制剂的，应在标签上标明“非无菌制剂”；产品说明书中也应注明“本品为非无菌制剂”，同时在适应证下应明确注明“用于程度较轻的烧伤（Ⅰ° 或浅Ⅱ°）”；注意事项下亦需规定“应遵医嘱使用”。鼻用气雾剂除符合气雾剂项下要求外，还应符合鼻用制剂［《中国药典》（2020年版）通则0106］相关项下要求。

充电链接

除另有规定外，气雾剂应检查的项目包括：每罐总揿次、递送剂量均一性、每揿主药含量、喷射速率、喷出总量、每揿喷量、粒度、装量、无菌、微生物限度。

点滴积累 15-3

1.气雾剂中所有附加剂均应对皮肤或黏膜无刺激性。
2.定量气雾剂释出的主药含量应准确、均一，喷出的雾滴（粒）应均匀。
3.气雾剂应置于凉暗处贮存，并避免暴晒、受热、敲打、撞击。
4.制成的气雾剂应进行泄漏检查，确保使用安全。

四、制备举例及应用

溴化异丙托品气雾剂

【处方】溴化异丙托品（一水合物0.37g） 无水乙醇150.0g 四氟乙烷844.59g
　　　　枸橼酸0.04g 蒸馏水5.0g 共制成1000g

【临床适应证】用于可逆性支气管痉挛如支气管哮喘、伴发肺气肿的慢性支气管炎。

【处方分析】溴化异丙托品是一种抗胆碱能的支气管扩张药，用于治疗可逆性支气管痉挛如支气管哮喘、伴发肺气肿的慢性支气管炎。尤其适用于β受体激动剂产生肌肉震颤、心动过速而不能耐受此类药物的患者。该制剂为溶液型气雾剂，无水乙醇作为潜溶剂增加药物和赋形剂在制剂中的溶解度，使药物溶解达到有效治疗量；枸橼酸调节体系pH，抑制药物分解；加入少量水可以降低药物因脱水引起的分解。

【制备方法】将溴化异丙托品、枸橼酸和水溶解在乙醇中制备活性组分浓缩液。将活性组分浓缩液装入气雾剂容器中。容器的上部空间用氮气或HFA-134a蒸气清洗并用阀门密封。然后将HFA-134a抛射剂加压充填入密封的容器内即得。

【贮藏方法】密封。

阅读与感悟

气雾剂研究历史悠久，可追溯至古代。在中国有吸入燃烧药树脂的烟来治疗疾病的疗法；在欧洲也有吸入氯乙烷气雾进行麻醉的案例。现代气雾剂的研究源于1862年，林德提出了用气体的饱和溶液制备加压包装的概念。1926年，埃里克·罗塞姆研制出了第一个用于杀虫的带阀门的压力容器，而后又出现了碳氢化合物做抛射剂的气雾剂。但早期的气雾剂易燃、易爆、难以控制。1946年，尼欧德沙等推出了用氟利昂作抛射剂的气雾剂，易于操作，成本低，逐渐扩大了气雾剂的应用范围。但随着环保意识的提升，人们逐渐认识到氟利昂的危害，各国相继禁止了含氟气雾剂的使用。钟南山院士曾指出，从临床来看，非氟利昂的吸入制剂疗效不会降低，但要加快国内研发进度，希望国产的制剂能够尽早投产，以减轻患者的负担。相信通过科研工作者的努力，疗效好、价格低的新型非氟气雾剂很快就能问世。

自测达标

答案解析

单项选择题

1.气雾剂的优点不包括（　）

A.药效迅速　　B.使用方便，可减少对创面刺激性

C.制备简单，成本低　　D.可避免肝脏的首过效应

2.理想的抛射剂应具有的特点不包括（　）

A.常温下的蒸气压应低于大气压　　B.无毒、无致敏性和刺激性

C.不与药物或容器反应　　D.价廉易得

3.气雾剂抛射药物的动力是（　）

A.推动钮　　B.抛射剂　　C.内孔　　D.定量阀门

4.（　）是在使用时借助抛射剂的压力，将内容物呈雾状喷出，经口吸入肺部的制剂

A.内用气雾剂　　B.外用气雾剂

C.吸入气雾剂　　D.非吸入气雾剂

5.不常用于气雾剂耐压容器的材料是（　）

A.玻璃容器　　B.塑料容器

C.马口铁　　D.不锈钢

6.气雾剂中的氟利昂主要用作（　）

A.助悬剂　　B.潜溶剂　　C.抛射剂　　D.填充剂

7.关于气雾剂的叙述，正确的是（　）

A.只能是溶液型，不能是混悬型

B.不能加防腐剂、抗氧剂等

C.抛射剂常是气雾剂的溶剂

D.抛射剂用量少，喷出的雾滴细小

8.气雾剂的质量控制不包括（ ）

A.喷射速率 B.喷出总量

C.排空率 D.微生物限度

任务二 喷雾剂

【工作实例】某学校学生王某在校企合作的药店实习，一患者到店买药并自诉自己有严重的过敏性鼻炎，每天早上起床和晚上睡觉的时候都会不停地打喷嚏，严重影响生活质量。王某为其推荐了鼻炎喷雾剂，并为患者介绍了使用方法和注意事项。喷雾剂都有哪些种类？使用喷雾剂有哪些注意事项？如何正确使用喷雾剂？

一、概述

（一）喷雾剂的定义

喷雾剂指原料药物或与适宜辅料填充于特制装置中，使用时借助手动泵的压力、高压气体、超声振动或其他方法将内容物呈雾状物释出，直接喷至腔道黏膜或皮肤等的制剂。

充电链接

常用鼻喷雾剂的类型和特点

临床上最常用的鼻喷雾剂有三种：鼻喷抗组胺药、鼻喷激素及血管收缩剂。抗组胺药，主要通过阻碍体内组胺物质运输起到抑制过敏症状的作用，对于过敏性鼻炎引起的鼻痒、喷嚏等症状效果较好。该类药物除有一定刺激感外，几乎没有全身副作用，短期使用效果较好；鼻喷激素可抑制体内炎症反应，其副作用最常见的是鼻腔干燥，干燥常会进一步引起鼻腔内结痂、疼痛、出血等不适。常用的鼻喷雾剂包括布地奈德鼻喷雾剂、丙酸氟替卡松鼻喷雾剂和糠酸莫米松鼻喷雾剂。布地奈德鼻喷雾剂经鼻腔黏膜吸收入血的浓度相对较高，引起副作用的概率也相对较高；血管收缩剂中的血管收缩成分直接作用于肿胀的鼻黏膜血管，使其剧烈收缩从而改善鼻塞症状，起效快，效果明显。但长期使用，会改变鼻血管和黏膜状态，使鼻腔内部黏膜增厚，更易引起鼻塞。

（二）喷雾剂的分类

喷雾剂按内容物组成可分为溶液型、乳状液型或混悬型。按用药途径可分为吸入喷雾剂、非吸入喷雾剂，如鼻用喷雾剂及用于皮肤、黏膜的喷雾剂。按给药定量与否，还可分为定量喷雾剂和非定量喷雾剂。

（三）喷雾剂的特点

1.一般以局部为主，喷射的雾滴较大。

2.生产工艺简单，成本低，易于制备。

3.无需使用抛射剂，没有空气污染。

4.随着使用次数的增加，内容物逐渐减少，容器压力也随之降低，致使喷出的雾滴大小和喷射量不能维持恒定。因此，药效强、安全指数小的药物不宜制成喷雾剂。

同步练习15-2

下列不属于喷雾剂特点的是（　）

A.一般以局部为主，喷射的雾滴较大

B.生产简单，成本低

C.需要抛射剂，易造成空气污染

D.药效强、安全指数小的药物不宜制成喷雾剂

答案解析

点滴积累15-4

1. 喷雾剂系指原料药物或与适宜辅料填充于特制装置中，使用时借助手动泵的压力、高压气体、超声振动或其他方法将内容物呈雾状物释出，直接喷至腔道黏膜或皮肤等的制剂。

2. 喷雾剂生产工艺简单，成本低，易于制备，且无需使用抛射剂，安全可靠。

二、制备过程

与气雾剂相比，喷雾剂的制备比较简单，配制的方法与溶剂基本相同，灌装到适当的容器中，装上手动泵即可。喷雾剂的处方设计和制备相对简单，在研发过程中能较快进入临床阶段。

喷雾给药装置通常包括容器和雾化器两部分。常用的容器包括塑料瓶和玻璃瓶。塑料瓶一般为不透明的白色塑料制成，质地轻但强度较高，便于携带。玻璃瓶一般为透明的棕色玻璃瓶制成，强度稍差。

点滴积累15-5

1. 与气雾剂相比，喷雾剂的制备比较简单，配制的方法与溶剂基本相同，灌装到适当的容器中，装上手动泵即可。

2. 喷雾给药装置通常包括容器和雾化器两部分。

三、质量要求

喷雾剂在生产与贮藏期间应符合下列有关规定。

1.喷雾剂应在相关品种要求的环境下配制，其洁净度、灭菌条件和低温环境等应符合要求。

2.配置喷雾剂时，可根据需要加入溶剂、助溶剂、抗氧剂、抑菌剂、表面活性剂等附加剂。除另有规定外，在确定制剂处方时，抑菌效力应符合抑菌效力检查法［《中国药典》（2020年版）（通则1121）］的规定。所加附加剂对皮肤或黏膜应无刺激性。

3.喷雾剂装置中各组成部件均应采用无毒、无刺激、性质稳定、与原料药物不起作用的材料制备。

4.不同类型喷雾剂有各自的要求：溶液型喷雾剂的药液应澄清；对于乳状液型喷雾剂，其液滴在液体介质中应分散均匀；混悬型喷雾剂则应将原料药物细粉和附加剂充分混匀、研细，制成稳定的混悬液。对于吸入喷雾剂的有关规定见吸入制剂项下要求。

5.除另有规定外，喷雾剂应避光密封贮存。喷雾剂用于烧伤治疗如为非无菌制剂的，应在标签上标注“非无菌制剂”；产品说明书中也应注明“本品为非无菌制剂”。同时，在适应证下应明确“用于程度较轻的烧伤（Ⅰ°或浅Ⅱ°）”。

充电链接

喷雾剂的检查项目

除另有规定外，喷雾剂应进行以下相应检查。

鼻用喷雾剂除符合喷雾剂项下要求外，还应符合鼻用制剂［《中国药典》（2020年版）通则0106］相关项下要求。

【每瓶总喷次】多剂量定量喷雾剂照下述方法检查，应符合规定。检查法：取供试品4瓶，除去帽盖，充分振摇，按照使用说明书操作，释放内容物至收集容器内。按压喷雾泵（注意每次喷射间隔5秒并缓缓振摇），直至喷尽为止。分别计算喷射次数，每瓶总喷次均不得少于标示总喷次。

【每喷喷量】除另有规定外，定量喷雾剂按照下述方法检查，应符合规定。

检查法：取供试品1瓶，按产品说明书规定，弃去若干喷次。擦净，精密称定，喷射1次，擦净，再次精密称定。前后两次重量之差即为1个喷量。分别测定标示喷次前（初始3个喷量）、中（n/2喷起4个喷量，n为标示总喷次）、后（最后3个喷量），共10个喷量。计算上述10个喷量的平均值，再重复测试3瓶。除另有规定外，均应为标示喷量的80%~120%。

凡规定测定每喷主药含量或递送剂量均一性的喷雾剂，可不再进行每喷喷量的测定。

【每喷主药含量】除另有规定外，定量喷雾剂按照下述方法检查，每喷主药含量应符合规定。

检查法：取供试品1瓶，按产品说明书要求，弃去若干喷次，用溶剂洗净喷口。充分干燥后，喷射10次或20次（注意每次喷射间隔5秒并缓缓振摇），收集于一定量的吸收溶剂中，转移至适宜量瓶中稀释至刻度，摇匀，测定。所得结果除以喷射次数，即为平均每喷主药含量。每喷主药含量应为标示含量的80%~120%。

凡规定测定递送剂量均一性的喷雾剂，一般可不再进行每喷主药含量的测定。

【递送剂量均一性】除另有规定外，混悬型和乳状液型定量鼻用喷雾剂需检查递送剂量均一性，按照吸入制剂（通则0111）或鼻用制剂（通则0106）相关项下方法检查，应符合规定。

【装量差异】除另有规定外，单剂量喷雾剂按照下述方法检查，应符合规定。

检查法：除另有规定外，取供试品20个，按照各品种项下规定的方法，求出每个内容物的装量与平均装量。每个内容物的装量与平均装量相比较，超出装量差异限度的不得多于2个，并且不得有1个超出限度1倍。

平均装量	装量差异限度
0.30g	± 10%
0.30g及0.30g以上	± 7.5%

凡规定检查递送剂量均一性的单剂量喷雾剂，一般不再进行装量差异的检查。

【装量】非定量喷雾剂按照最低装量检查法（通则0942）检查，应符合规定。

【无菌】除另有规定外，用于烧伤［除程度较轻的烧伤（Ⅰ°或浅Ⅱ°外）］、严重创伤或临床必需无菌的喷雾剂，按照无菌检查法（通则1101）检查，应符合规定。

【微生物限度】除另有规定外，按照非无菌产品微生物限度检查：微生物计数法（通则1105）、控制菌检查法（通则1106）和非无菌药品微生物限度标准（通则1107）检查，均应符合规定。

同步练习15-3

混悬型喷雾剂应将原料药物细粉和附加剂充分混匀、研细，制成稳定的（　）

A. 混悬液　　B. 混浊液

C. 乳浊液　　D. 溶液

答案解析

点滴积累15-6

1. 喷雾剂的生产贮藏应符合《中国药典》（2020年版）中的规定。

2. 喷雾剂应在相关品种要求的环境下配制，其洁净度、灭菌条件和低温环境等应符合要求。

3. 喷雾剂装置中各组成部件均应采用无毒、无刺激、性质稳定、与原料药物不起作用的材料制备。

四、制备举例及应用

利巴韦林喷雾剂

【处方】利巴韦林0.5g　氯化钠0.83g　卡波普0.3g　5%苯扎溴铵0.2ml

NaOH溶液适量　蒸馏水加至100ml

【临床适应证】本品为抗病毒药，用于流行性感冒的预防和治疗。

【处方分析】处方中的利巴韦林为主药；卡波普为增稠剂；氯化钠为等渗调节剂；苯扎溴铵为防腐剂；NaOH溶液为pH调节剂；蒸馏水作为溶剂。

【制备方法】取卡波普0.3g，加入适量蒸馏水，高速搅拌至完全溶解。加入利巴韦林0.5g、5%苯扎溴铵0.2ml、氯化钠0.83g，继续搅拌至完全溶解。滴入NaOH溶液，调节pH至5.5~5.6，加蒸馏水至100ml，罐装于喷雾瓶中即得。

【贮藏】遮光、密闭、在阴凉处保存。

阅读与感悟

鼻腔给药在我国具有悠久历史。早在汉代的《伤寒杂病论》中就有记载：其治“卒死”系以“韭捣汁，灌鼻中”，开窍回苏。《本草纲目》中也提到：巴豆油纸拈，燃烟熏鼻，治疗中风痰厥、气厥、中毒等病症。当今科技日新月异，鼻腔用药已经多种多样，目前治疗鼻炎较常用的剂型为喷雾剂。虽然喷雾剂对缓解鼻炎症状有一定效果，但有些成分含有麻黄碱，长期使用可能出现依赖性。因此，对于鼻炎患者来说，喷雾剂药物使用应安全合理，不可过量。除遵医嘱按药物说明使用喷雾剂外，还可用生理氯化钠溶液冲洗鼻腔部位，以缓解鼻腔不适症状。平时还应该注意加强锻炼，增强体质，减少辛辣刺激食物摄入，充足补水，以减少鼻炎的发生。

自测达标

答案解析

单项选择题

1. 下列含抛射剂的剂型是（　）

A. 气雾剂　　B. 喷雾剂　　C. 吸入粉雾剂　　D. 非吸入粉雾剂

2.依靠手动泵喷雾给药的是（　）

A.气雾剂　　B.喷雾剂　　C.粉雾剂　　D.吸入剂

3.关于喷雾剂的叙述，错误的是（　）

A.喷雾剂不含抛射剂

B.适用于肺部吸入、舌下及鼻腔黏膜给药

C.借助手动泵压力

D.可添加适宜的附加剂

4.下列不属于喷雾剂质量检查项目的是（　）

A.每喷喷量　　B.每瓶总喷次　　C.装量差异　　D.喷射速率

任务三　粉雾剂

【工作实例】患者，男，患有严重的支气管哮喘，到药店买药。在药店实习的王某为他推荐了布地奈德喷雾剂，并为其详细讲解了使用方法和注意事项。什么是粉雾剂？粉雾剂包括哪些种类？如何正确使用粉雾剂？

一、概述

（一）粉雾剂的定义

粉雾剂指一种或一种以上的药物，经特殊的给药装置给药后，以干粉的形式进入呼吸道，发挥全身或局部作用的一种制剂。

（二）粉雾剂的分类

粉雾剂通常可分为吸入粉雾剂和非吸入粉雾剂两种。

1.吸入粉雾剂　系指微粉化药物或与载体以胶囊、囊泡或多剂量贮存形式，采用特制的干粉吸入装置，由患者主动吸入雾化药物至肺部的制剂，亦称为干粉吸入剂。

2.非吸入粉雾剂　系指药物或与载体以胶囊或囊泡形式，采用特制的干粉给药装置，将雾化药物喷至腔道黏膜的制剂。如鼻用粉雾剂中药物粉末粒径大小一般应在30~150μm。

（三）粉雾剂的特点

1.粉雾剂中的药物通过呼吸道黏膜下丰富的毛细血管吸收，药物吸收后直接进入体循环，达到全身治疗的目的，没有胃肠道降解作用，也没有肝脏首过效应。

2.可用于胃肠道难以吸收的水溶性大的药物。

3.药物吸收迅速，给药后起效快。

4.大分子药物的生物利用度可以通过吸收促进剂或其他方法的应用来提高，小分子药适用于呼吸道直接吸入或喷入给药。

5.依从性好，特别适用于原需进行长期注射治疗的患者。

6.起局部作用的药物，给药剂量明显降低，毒副作用小。

7.无抛射剂，可避免对环境的污染。

8.剂量准确，稳定性高。

点滴积累 15-7

1.粉雾剂通常可分为吸入粉雾剂和非吸入粉雾剂两种。

2.粉雾剂没有胃肠道降解作用，也没有肝脏首过效应，药物吸收迅速，给药后起效快。

3.粉雾剂依从性好，毒副作用小。

二、制备工艺

粉雾剂无需借助抛射剂汽化给药，而是由患者主动吸入或借助特制的给药装置。其基本工艺流程为：药物原料→微粉化→与载体等添加剂混合→装入胶囊、泡囊或装置中→抽样质检→包装→成品。

药物的微粉化是整个过程比较关键的一步。微粉化是指将固体药物粉碎成微粉的过程，微粉化后药物的粒径大小在很大程度上会影响药物的疗效。应通过微粉化工艺使药物粒径达到规定范围。常用球磨机、流能磨、喷雾干燥机等设备对药物进行干燥粉碎。

充电链接

影响药物混合的因素

1.各组分的比例量相差过大时，不易混合均匀，此时应采用配研法。

2.各组分密度相差较大时，一般宜将质轻的组分先放入混合容器中，再加入质重者混合。

3.含低共熔组分，避免多种药物混合后的熔点降低而出现润湿和液化的现象；应控制一个最佳的混合时间，以达到较好的混合效果。

4.一般将量大或不易吸附的药粉或辅料垫底，量少或易吸附者后加入。混合时，有些物料摩擦起电，不易混匀，通常加入少量表面活性剂或润滑剂，如硬脂酸镁、十二烷基硫酸钠等加以克服。

5.含液体成分时，可采用处方中其他固体成分吸收。若液体量较大时，可另加赋形剂吸收。若液体为无效成分且量过大时，可先蒸发。

点滴积累 15-8

1.粉雾剂无需借助抛射剂汽化给药，而是由患者主动吸入或借助特制的给药装置。

2.药物的微粉化是整个过程比较关键的一步，微粉化后药物的粒径大小在很大程度上会影响药物的疗效。

三、质量要求

同步思考 15-2

粉雾剂吸潮后会有哪些影响？

答案解析

1.吸入粉雾剂在生产和贮藏期间应符合以下质量要求。

（1）粉雾剂应在避菌环境下配制，所使用的各种用具、容器等均应用适宜方法清洁、消毒，在整个操作过程中应注意防止微生物污染。

（2）吸入粉雾剂中所加入的各种附加剂均应是生理可接受物质，且对呼吸道黏膜和纤毛无刺激性、无毒性。

（3）给药装置中各组成部件均应用无毒、无刺激性、性质稳定，并用与药物不起作用的材料制备。

（4）吸入粉雾剂中，药物粒度大小应控制在10μm以下，大多数应在5μm以下。

（5）粉雾剂应置于阴凉处保存，防止吸潮。

（6）胶囊型、泡囊型吸入粉雾剂应标明每粒胶囊或泡囊中的药物含量。胶囊应置于吸入装置中吸入，而非吞服，且应注明有效期和贮藏条件。

（7）多剂量贮库型吸入粉雾剂应注明每瓶总吸次和每次主药含量。

2.非吸入粉雾剂在生产和贮藏期间的要求与吸入粉雾剂相似。

点滴积累 15-9

1.粉雾剂应在避菌环境下配制，所使用的各种用具、容器等均应用适宜方法清洁、消毒，在整个操作过程中应注意防止微生物污染。

2.吸入粉雾剂中所加入的各种附加剂均应是生理可接受物质，且对呼吸道黏膜和纤毛无刺激性、无毒性。

3.给药装置中各组成部件均应用无毒、无刺激性、性质稳定，并用与药物不起作用的材料制备。

四、制备举例及应用

色甘酸钠粉雾剂

【处方】色甘酸钠20g　　乳糖20g

【临床适应证】本品为抗变态反应药，可用于预防哮喘的发作。

【处方分析】本品为胶囊型粉雾剂，处方中乳糖为载体，使用时需装入相应的装置中，供患者吸入使用。色甘酸钠在胃肠道内吸收较少，在肺部吸收较好，10~20分钟血药浓度即可达到峰值。本品宜在哮喘发作前使用，而不作为哮喘发作时的解痉止喘剂。

【制备方法】将色甘酸钠粉碎成极细粉末，与处方量乳糖充分混合均匀，分装到硬明胶胶囊中即得。

【贮藏】密封，阴凉干燥处保存。

充电链接

色甘酸钠粉雾剂的作用与用途

本品仅在吸入用药时有临床效果。试验证明本品吸入后能够保护呼吸道内肥大细胞等不因遇到某些致敏物质（如花粉、灰尘、细菌代谢产物等）而引起介质释放，从而避免或减少过敏性反应，避免哮喘的发作。另外本品对支气管平滑肌兴奋性可能有一定抑制作用。

阅读与感悟

粉雾剂是一种新型制剂，由于其剂量准确、稳定性高、起效快等诸多优点而备受关注，应用越来越广泛。但很多人并不清楚粉雾剂的正确使用方法，导致在用药过程中出现各种问题。在使用粉雾剂前应先用温水漱口，清除口腔异物（如有活动式义齿应取下，避免口腔内异物吸入气道），头直立，尽力呼气后将喷嘴对准口腔，用力掀压按钮喷雾，闭口咬紧，快速吸气，屏气几秒钟后反复几次。比如，在用噻托溴铵粉雾剂治疗慢性阻塞性肺疾病时，将一粒药物放在专用吸入器的刺孔槽内，揿压按钮，用细针刺破胶囊两端，把口吸器放入口腔深部，用力吸气，胶囊随着气流产生快速旋转，胶囊中的药粉即喷出囊壳，并随气流进入呼吸道。和其他药物一样，粉雾剂的使用也要注意根据患者的具体情况，按照医生的指导用药。少数患者在吸入之后也可能发生过敏反应，所以用药一定要谨慎，用前仔细阅读说明书，并密切观察用后的情况。

自测达标

答案解析

一、单项选择题

1.粉雾剂的特点不包括（　　）

A.药物吸收迅速，给药后起效快

B.可用于胃肠道难以吸收的水溶性大的药物

C.需要使用抛射剂

D.剂量准确，稳定性高

2.气雾剂是由抛射剂、药物与附加剂、耐压容器和（　　）组成

A.手动阀门　　B.防爆器　　C.阀门系统　　D.雾化器

3.有关粉雾剂特点说法错误的是（　　）

A.药物吸收迅速，给药后起效快

B.无抛射剂，避免了环境污染

C.药物通过特定阀门给药

D.患者依从性较好

4.关于粉雾剂的质量要求说法错误的是（　　）

A.粉雾剂在制备时可无需关注微生物污染

B.粉雾剂可加入适宜的附加剂

C.粉雾剂在贮存时应注意防潮

D.吸入式粉雾剂药物粒度大小应控制在10μm以下

二、简答题

5.简述气雾剂制备的程序。

6.简述喷雾剂的特点。

7.试总结粉雾剂的特点。

思维导图　知识小结

实践四十七　项目单梳理

参考答案

<table>
<tr><td>项目名称</td><td colspan="2">喷雾剂平均喷射量检查和含量测定</td></tr>
<tr><td>模拟药物</td><td colspan="2">复方丹参喷雾剂</td></tr>
<tr><td>工具书</td><td colspan="2">《中国药典》（2020年版）第四部</td></tr>
<tr><td rowspan="2">模拟过程</td><td>1.根据《中国药典》（2020年版）（通则0112）质量要求进行平均喷射量检查</td><td>试喷数次后，擦净，精密称定，除另有规定外，揿压喷射5次，擦净，分别精密称定，按上法重复操作________次，计算每瓶每揿平均喷射量，应不得少于85.0mg</td></tr>
<tr><td>2.根据《中国药典》（2020年版）高效液相色谱法（通则0512）要求进行含量测定</td><td>色谱条件与系统适用性试验：以十八烷基硅烷键合硅胶为________；以甲醇－水（73∶27）为________；检测波长为270nm。理论板数按丹参酮ⅡA峰计算应不低于________
对照品溶液的制备：取丹参酮ⅡA对照品适量，精密称定，置棕色量瓶中，加甲醇制成每1ml含________的溶液，即得
供试品溶液的制备：精密量取本品________，置10ml棕色量瓶中，加甲醇至刻度，摇匀，即得
测定法：分别精密吸取对照品溶液________与供试品溶液5~10μl，注入液相色谱仪，测定，即得
本品每1ml含丹参酮ⅡA（$C_{19}H_{18}O_3$）计，不得少于0.30mg</td></tr>
<tr><td>模拟结果</td><td colspan="2">1.平均喷射量检查结果：除另有规定外，每瓶每揿平均喷射量均应为标示喷量的80%~120%，每瓶每揿平均喷射量，应不得少于85.0mg
2.含量测定结果：每1ml含丹参酮ⅡA（$C_{19}H_{18}O_3$）计，不得少于0.30mg</td></tr>
</table>

实践四十八　喷雾剂的制备与质量检查

（一）实践目的

熟悉喷雾剂的制备方法；能够正确进行喷雾剂的质量检查。

（二）实践地点

药物制剂实训室。

（三）实践原理

喷雾剂系指原料药物或与适宜辅料填充于特制的装置中，使用时借助手动泵的压力、高压气体、超声振动或其他方法将内容物呈雾状物释出，直接喷至腔道黏膜或皮肤等的制剂。按用药途径可分为吸入喷雾剂、鼻用喷雾剂及用于皮肤、黏膜的喷雾剂。

（四）实践仪器与设备

长喷头喷雾剂瓶。

（五）实践试剂

聚维酮碘、聚山梨酯80、甘油、磷酸二氢钠、磷酸氢二钠、碘酸钾、碘化钾、薄荷脑、香精。

（六）实践内容

分组制作聚维酮碘口腔喷雾剂，并对成品质量进行检查。

聚维酮碘口腔喷雾剂	内容
处方	聚维酮碘50g　聚山梨酯80 1.0g　甘油200ml　磷酸二氢钠6.4g　磷酸氢二钠1.9g 碘酸钾0.5g　碘化钾1.0g　薄荷脑2.0g　香精15ml　纯化水加至1000ml

1.制法　先将聚山梨酯80、甘油溶于300ml水中，取聚维酮碘撒入溶液表面，加水至900ml，放置过夜待自行溶解；次日，取碘酸钾、碘化钾分别溶于少量水中，分别加入上述聚维酮碘溶液中，搅匀；再缓缓加入饱和氢氧化钠溶液约3.0ml，搅匀，调节pH至5.50左右；取磷酸二氢钠、磷酸氢二钠溶解于少量水中，混匀后加入上述聚维酮碘溶液中；取薄荷脑溶于少量热水，边搅边加入上述溶液中；最后加入香精，加水至足量，搅匀，使成有效碘含量为0.5%的溶液，分装入带有可旋转的雾化长喷头的硬质塑料瓶中（15ml/瓶），即得。

2.质量检查　按照《中国药典》中关于喷雾剂项目进行质量检查。

3.实践结果

检查项目	实验结果
性状	
装量	
每瓶总喷次	
每喷主药含量	

（七）实践反思

1.处方中加入薄荷油脑的作用是什么？

2.处方中缓冲盐的作用是什么？

实践四十九　雾型制剂的合理使用

（一）实践目的

熟悉雾型制剂使用的方法；能够正确指导患者使用雾型制剂。

（二）实践地点

药学服务实训室。

（三）实践用具

若干不同品种雾型制剂。

（四）实践内容

依据理论知识，分组查找雾型制剂说明书，完成下列表格。

序号	药品名称	注意事项	使用方法
例1	沙丁胺醇气雾剂	在最初数次使用时，请在镜前练习整个使用步骤。若有喷雾从气雾剂上端或从口旁漏出，即表示技巧有错误	1.轻轻挤压盖边，移开咬嘴的盖，拿着气雾剂，检查附着在吸入器的内外侧包括咬嘴的盖上的松散物质，并用力摇匀，确保任何松散物质被弃去且吸入器内物质被充分混合 2.轻轻地呼气直到不再有空气可以从肺内呼出 3.将咬嘴放进口内，并合上嘴唇含着咬嘴。在开始通过口部深深地、缓慢地吸气后，马上按下药罐将气雾剂释出，并继续吸气 4.屏息十秒或在没有不适的感觉下尽量屏息久些，然后再缓慢地呼气 5.若需要多吸一剂，应等待至少一分钟再重做第二、三、四的步骤 6.用后，将盖套回咬嘴上

（五）实践反思

如何正确使用气雾剂？

药师指点

1.气雾剂

（1）临床应用　气雾剂可用于呼吸道吸入给药，或直接喷至腔道黏膜、皮肤给药，也可用于空间消毒。

（2）注意事项　①使用前应充分摇匀储药罐，使罐中药物和抛射剂充分混合。首次使用前或距上次使用超过1周时，先向空中试喷一次。②患者吸药前需张口、头略后仰、缓慢地呼气，直到不再有空气可以从肺中呼出。垂直握住雾化吸入器，用嘴唇包绕住吸入器口开始深而缓慢吸气并按动气阀，尽量使药物随气流方向进入支气管深部，然后闭口并屏气10秒钟后用鼻慢慢呼气。如需多次吸入，休息1分钟后重复操作。③吸入结束后用清水漱口，以清除口腔残留的药物。如使用激素类药物应刷牙，避免药物对口腔黏膜和牙齿的损伤。④气雾剂药物使用耐压容器、阀门系统，有一定的内压。抛射剂多为液化气体，在常压沸点低于室温，常温下蒸气压高于大气压。气雾剂药物遇热和受撞击有可能发生爆炸，贮存时应注意避光、避热、避冷冻、避摔碰，即使药品已用完的小罐也不可弄破、刺穿或燃烧。

2.喷雾剂

（1）临床应用　喷雾剂多数是根据病情需要临时配制而成。喷雾剂的品种越来越多，既可作局部用药，亦可治疗全身性疾病。

（2）注意事项　①喷雾剂用于呼吸系统疾病或经呼吸道黏膜吸收治疗全身性疾病，药物是否能达到或留置在肺泡中，亦或能否经黏膜吸收，主要取决于雾粒的大小。对肺的局部作用，其雾化粒子以3~10μm大小为宜，若要迅速吸收发挥全身作用，其雾化粒径最好为0.5~5μm。②用药前先擤鼻涕，并将药罐充分晃动5次以上。③喷雾剂多为临时配制而成，保存时间不宜过久，否则容易变质；吸入剂因肺部吸收干扰因素较多，往往不能充分吸收。

项目十六　膜　剂

PPT

学习目标

1.掌握　膜剂的概念、分类和吸收特点。

2.熟悉　膜剂的合理贮存和使用。

3.了解　常见膜剂的实验室制备工艺。

导读：膜剂可用于鼻腔、皮肤、口腔、眼等部位，体积小，质量轻，随身携带极为方便，很受人们欢迎，在临床应用上有取代部分片剂、软膏剂和栓剂的趋势。本项目主要探讨膜剂的相关知识，学习膜剂的概念、分类、吸收特点、膜剂的合理贮存和使用，以及常见膜剂的制备工艺。

【工作实例】张某因口腔溃疡反复发作，疼痛难忍，到药店买药。药店实习生王某为他推荐了口腔溃疡膜剂，并为其介绍了使用方法和注意事项。膜剂有什么特点？应如何制备？有哪些应用？

一、概述

（一）膜剂的概念

膜剂系指原料药物与适宜的成膜材料经加工制成的膜状制剂，可供口服、口含、舌下或黏膜给药、眼结膜囊内给药、阴道内给药，也可作为皮肤和黏膜创伤、烧伤或炎症表面等多种途径和方法给药。

（二）膜剂的分类

通常可按结构特点或给药途径对膜剂进行分类。

1.按结构特点分类　可分为单层膜剂、多层膜剂（又称复合膜剂）和夹心膜剂等。多层膜剂可避免药物的配伍禁忌，夹心膜剂可制成缓释或控释膜剂。

2.按给药途径分类　可分为口服膜剂、口腔膜剂（包括口含、舌下给药及口腔局部贴敷）、眼用膜剂、阴道用膜剂、皮肤及黏膜用膜剂等。膜剂的形状、大小、厚度等依用药部位的特点和含药量而定。一般膜剂的厚度为0.1~0.2mm，面积为1cm^2的可供口服，面积为0.5cm^2可供眼用。

充电链接

涂膜剂

涂膜剂系指原料药物溶解或分散于含成膜材料的溶剂中，涂搽患处后形成薄膜的外用液体制剂。在使用时，可将涂膜剂涂于患处，有机溶剂迅速挥发，形成薄膜保护患处，并能够逐渐释放所含药物而起到治疗作用。

涂膜剂由药物、成膜材料和挥发性有机溶剂三部分组成。常用的成膜材料包括聚乙烯醇、聚乙烯醇缩甲乙醛、聚乙烯醇缩甲丁醛、火棉胶等；常用的挥发性有机溶剂包括乙醇、丙酮、乙酸乙酯、乙醚等，或将上述溶剂按不同比例混用。涂膜剂中通常还需加入增塑剂，如邻苯二甲酸二丁酯、甘油、丙二醇和山梨醇等。

涂膜剂制备工艺简单，制备过程中不需要特殊的机械设备，不需要裱褙材料，使用方便。涂膜剂对于某些皮肤病、职业病的防治有较好的作用。通常用于慢性无渗出性的皮损、过敏性皮炎、牛皮癣和神经性皮炎等。

（三）膜剂的特点

1.药物在成膜材料中分布均匀，含量准确，稳定性好。

2.质量轻，体积小，携带使用方便，适用于多种给药途径。

3.采用不同的成膜材料可制成不同释药速度的膜剂，可制备速释膜剂，也可制备缓释或控释膜剂。

4.一般膜剂中药物的溶出和吸收快。

5.制备工艺简单，成膜材料用量少，可节约辅料和包装材料。

6.生产中没有粉尘飞扬，有利于劳动保护。

7.多层复合膜配伍变化少，分析干扰少。

8.缺点是载药量小，只适合小剂量药物，重量差异不易控制，收率不高。

同步练习16-1

膜剂按结构特点分类可分为单层膜剂、（ ）（又称复合膜剂）和夹心膜剂等

A.两层膜剂　　B.多层膜剂

C.夹层膜剂　　D.三层膜剂

答案解析

（四）成膜材料

膜剂的膜是药物的载体，成膜材料的性能和质量对膜剂的成型工艺、膜剂的质量及药效均有重要影响。

1.成膜材料的要求 理想的成膜材料应具有下列条件。

（1）无生理活性，无毒、无刺激、无不良臭味，不致敏，不干扰免疫功能，外用不妨碍组织愈合，长期使用无致癌、致畸作用。

（2）性能稳定，不降低主药药效，不干扰药物含量测定。

（3）成膜，脱膜性能好，成膜后有足够的强度和韧性。

（4）用于口服、腔道、眼用膜剂的成膜材料应具有良好的水溶性，能逐渐降解、吸收或排泄，外用膜剂的成膜材料应能迅速、完全释放药物。

（5）来源丰富，价格便宜。

2.常用的成膜材料

（1）天然高分子成膜材料 有明胶、阿拉伯胶、琼脂、淀粉、纤维素、糊精、海藻糖等。此类成膜材料一般都可降解或溶解，但成膜性能较差，故通常与其他成膜材料合用。

（2）合成高分子成膜材料

1）聚乙烯醇（PVA） 是由醋酸乙烯在醇溶液中聚合形成聚醋酸乙烯后，再经醇解而成的结晶性高分子材料，为白色或黄白色粉末或颗粒。其性质主要取决于聚合度和醇解度，聚合度越大，水溶性越低，水溶液的黏度随之增大，成膜性能越好。目前国内常用的PVA型号有05-88和17-88，其中“05”和“17”分别表示平均聚合度为500~600和1700~1800，“88”表示醇解度为88%。这两种成膜材料均能溶于水，但PVA05-88聚合度小，水溶性大，柔韧性差；PVA17-88聚合度大，水溶性小，柔韧性好。通常将两者按适当比例（如1：3）混合使用则能制得较好的膜剂。

PVA是目前国内最常用的成膜材料，在成膜性能、膜的抗拉强度、柔韧性、吸湿性和水溶性等方面均有良好表现，且对眼黏膜和皮肤无毒、无刺激性，是一种安全的外用成膜材料。PVA在体内不分解，亦无生理活性，口服后在消化道中极少吸收，80%的PVA在48小时内由直肠排出体外。

2）乙烯-醋酸乙烯共聚物（EVA） 是乙烯和醋酸乙烯在过氧化物或偶氮异丁腈引发下共聚而成的水不溶性高分子聚合物。EVA为透明、无色粉末或颗粒，无毒，无臭，无刺激性，对人体组织有良好的适应性，不溶于水，能溶于二氧甲烷、氯甲烷等有机溶剂，熔点较低，成膜性能良好，成膜后较PVA有

更好的柔韧性。EVA的性能与其分子量和醋酸乙烯的含量有很大关系，醋酸乙烯含量越高，溶解性、弹性、柔韧性和透明度越大。EVA常用于制备眼、阴道、子宫等控释膜剂。

3）其他的成膜材料　还有羟丙甲纤维素、羟丙纤维素、聚维酮、甲基丙烯酸酯－甲基丙烯酸共聚物等。其中，羟丙甲纤维素因具有良好的成膜性、韧性等优良性质，成为应用最广泛的纤维素类成膜材料。

点滴积累 16-1

1.膜剂系指原料药物与适宜的成膜材料经加工制成的膜状制剂。

2.膜剂可供口服、口含、舌下或黏膜给药、眼结膜囊内给药、阴道内给药，也可作为皮肤和黏膜创伤、烧伤或炎症表面等多种途径和方法给药。

3.膜剂具有质量轻，体积小，携带使用方便，适用于多种给药途径等优点，但载药量小，只适合小剂量药物。

二、制备方法

（一）匀浆制膜法

匀浆制膜法又称涂膜法、流延法，是目前国内制备膜剂常用的一种方法。这种方法常用于PVA为载体的膜剂。首先将成膜材料溶解于适当溶剂中，过滤，然后将药物和附加剂溶解或分散于上述成膜材料溶液中制成均匀的药浆。药浆静置脱去气泡，再经涂膜、干燥、脱膜、剪切包装、质量检查等工序制得所需膜剂。药浆制作过程中应注意以下问题。

1.水溶性药物可与增塑剂、着色剂和表面活性剂一起溶解于成膜材料的溶液中。

2.不溶于水的主药，可粉碎成细粉，并与甘油或聚山梨酯80一起研磨均匀，再与成膜材料浆液混匀。

3.增塑剂用量应适当，防止药膜过脆或过软。

大量生产可用涂膜机涂膜（图16-1）。小量制备时，可将药浆倾于平板玻璃上，涂成宽厚一致的涂层，烘干后根据药物含量计算单剂量膜的面积，再按单剂量面积剪切成小格。

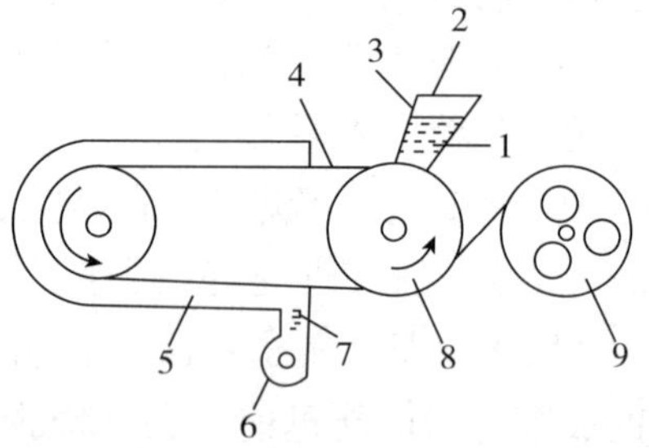

1.流液嘴；2.浆液；3.控制板；4.循环带；5.干燥器；6.鼓风机；7.加热器；8.转鼓；9.卷膜盘

图16-1　匀浆涂膜机示意图

同步思考 16-1

匀浆制膜的工艺流程是什么？

答案解析

（二）热塑制膜法

将药物细粉和成膜材料（如EVA颗粒）相混合，用橡皮滚筒混碾，热压成膜，冷却脱膜即得；或将成膜材料（如聚乳酸、聚乙醇酸等）在热熔状态下加入药物细粉并混合均匀，涂膜，在冷却过程中成膜。

充电链接

膜剂一般组成：主药<70%（质量分数）；成膜材料（PVA等）30%~100%；增塑剂（甘油、山梨醇等）0%~20%；表面活性剂（聚山梨酯80、十二烷基硫酸钠、豆磷脂等）1%~2%；填充剂（$CaCO_3$、SiO_2、淀粉等）0%~20%；着色剂（食用色素等）0%~2%；脱膜剂（液状石蜡等）适量。

（三）复合制膜法

此法以不溶性的热塑性成膜材料（如EVA）为外膜，分别制成具有凹穴的底外膜带和上外膜带。用水溶性的成膜材料（如PVA或海藻酸钠）以匀浆制膜法制成含药的内膜带，剪切后置于底外膜带凹穴中。也可用挥发性溶剂制成含药匀浆，定量注入到底外膜带的凹穴中。经吹风干燥后，盖上外膜带，热封即得。此法需用机械设备制作，一般用于缓释膜剂的制备，如眼用毛果芸香碱膜剂（缓释1周）。此法制得的膜剂与单用匀浆制膜法制得的毛果芸香碱眼用膜剂相比，具有更好的控释作用。复合膜的简便制备方法是先将PVA制成空白覆盖膜后，再将用50%的乙醇将覆盖膜与药膜进行粘贴，加压，在（60±2）℃烘干即得。

同步练习16-2

（　）用量应适当，防止药膜过脆或过软

A.增塑剂　　B.填充剂

C.成膜材料　　D.脱膜剂

答案解析

点滴积累16-2

1.膜剂制备的常用方法包括匀浆制膜法、热塑制膜法、复合制膜法等。

2.匀浆制膜法又称涂膜法、流延法，是目前国内制备膜剂常用的一种方法。

三、质量要求

《中国药典》（2020年版）中规定，除另有规定外，膜剂应进行以下相应检查。

（一）重量差异

除另有规定外，取供试品20片，精密称定总重量，求得平均重量，再分别精密称定各片的重量。将每片重量与平均重量进行比较，按表16-1中的规定，超出重量差异限度的不得多于2片，且不得有1片超出限度的1倍。

表16-1　膜剂的重量差异限度

平均重量	重量差异限度
0.02g及0.02g以下	±15%
0.02g以上至0.20g	±10%
0.20g以上	±7.5%

凡进行含量均匀度检查的膜剂，通常不再进行重量差异检查。

充电链接

膜剂生产与贮藏期间规定

1.原辅料的选择应考虑到可能引起的毒性和局部的刺激性。常用的成膜材料有聚乙烯醇、丙烯酸树脂类、纤维素类及其他天然高分子材料。

2.膜剂常用涂布法、流延法、胶注法等方法制备。膜剂原料药物如为水溶性，应与成膜材料制成具有一定黏度的溶液；原料药物如不溶于水，应粉碎成极细粉，并与成膜材料等混合均匀。

3.膜剂的外观应完整光洁、厚度一致、色泽均匀、无明显气泡。多剂量的膜剂，分格压痕应均匀清晰，并能按压痕撕开。

4.膜剂所用的包装材料应无毒性、能够防止污染、方便使用，并不能与原料药物或成膜材料发生理化作用。

5.除另有规定外，膜剂应密封贮存，防止受潮、发霉和变质。

（二）微生物限度

除另有规定外，按照非无菌产品微生物限度进行检查：微生物计数法（通则1105）、控制菌检查法（通则1106）及非无菌药品微生物限度标准（通则1107）检查，应符合规定。

同步练习16-3

《中国药典》（2020年版）对膜剂重量差异检查的规定，要求将每片重量与平均重量进行比较，超出重量差异限度的不得多于（ ）片

A. 1　　B. 2　　C. 3　　D. 4

答案解析

点滴积累16-3

1.《中国药典》（2020年版）中规定，除另有规定外，膜剂应进行重量差异和微生物限度检查。

2.凡进行含量均匀度检查的膜剂，通常不再进行重量差异检查。

四、制备举例及应用

同步思考16-2

请思考如何完成复方替硝唑口腔膜剂的制作？

答案解析

复方替硝唑口腔膜剂

【处方】聚乙烯醇（17-88）3.0g　甘油2.5g　羧甲基纤维素钠1.5g　氧氟沙星0.5g
替硝唑0.2g　糖精钠0.05g　蒸馏水加至100g

【临床适应证】用于冠周炎、牙周炎等口腔疾病的辅助治疗。

【处方分析】替硝唑、氧氟沙星为主药；聚乙烯醇（17-88）是一种常用的合成高分子成膜材料；甘油作为增塑剂；羧甲基纤维素钠作为增稠剂；糖精钠作为甜味剂。

【制备方法】先将聚乙烯醇（17-88）、羧甲基纤维素钠分别浸泡溶解。再将替硝唑溶于15ml热蒸馏水中，将氧氟沙星加入适量的稀醋酸，待溶解后加糖精钠，蒸馏水补至足量。放置，待气泡除尽后，涂膜。干燥脱膜，紫外灯灭菌后分装。每格含替硝唑0.5mg、氧氟沙星1mg。

【贮藏】密封，阴凉干燥处保存。

点滴积累16-4

1.复方替硝唑口腔膜剂的处方包括：聚乙烯醇（17-88）、甘油、羧甲基纤维素钠、氧氟沙星、替硝唑、糖精钠、蒸馏水。

2.膜剂成膜过程应先放置，待气泡除尽后，再涂膜。

阅读与感悟

膜剂是20世纪40年代提出的一种新剂型。对膜剂的研究始于20世纪60年代，70年代开始对膜剂的研究应用有了较大的进展。国内最早于20世纪70年代开始研制避孕药膜，膜剂品种于1985年被《中国药典》收录。相比其他传统制剂，膜剂具有独特的临床优势，给药方便，患者顺应性高，可提高药物的生物利用度，而且可以采用适宜的成膜材料延缓药物的释放速度，减少给药的频率等。一些膜剂，尤其是鼻腔、皮肤用药的膜剂亦可起到全身的作用。随着我国经济转向高质量发展，不断倡导产业创新，制膜企业也结合自身资源条件，不断积累关键技术，为产业发展提供可持续动力，我国正式投产的膜剂约有30余种。目前我国经济发展态势良好，居民收入水平不断提升，为膜剂行业提供了良好的市场消费环境，产业政策也给膜剂行业提供了良好的营商环境，也为投资者提供了良好的政策保障，相信未来膜剂行业能够得到更好的发展。

自测达标

答案解析

一、单项选择题

1.膜剂的厚度一般不超过（　）

A. 0.25mm　B. 0.5mm　C. 0.75mm　D. 1.0mm

2.聚乙烯醇的英文缩写是（　）

A. PVP　B. PEG　C. PVC　D. PVA

3.膜剂的特点不包括（　）

A.易于生产自动化和无菌操作　B.便于携带、运输和贮存

C.适用于任何剂量的制剂　D.含量准确

4.关于膜剂的叙述，正确的是（　）

A.只能外用　B.多采用匀浆制膜技术制备

C.最常用的成膜材料是聚乙二醇　D.为释药速度单一的制剂

5.二氧化钛在膜剂中起的作用是（　）

A.增塑剂　B.着色剂　C.遮光剂　D.填充剂

6.膜剂的制备多采用（　）

A.摊涂法　B.热熔法　C.溶剂法　D.涂膜法

7.山梨醇在膜剂中作为（　）

A.填充剂　B.成膜材料　C.增塑剂　D.脱膜剂

8.下列作为脱膜剂的是（　）

A. EVA　B.液状石蜡　C. SiO_2　D.豆磷脂

9.膜剂的质量要求与检查中不包括（　）

A.重量差异　B.外观　C.粘着强度　D.微生物限度检查

10.碳酸钙在膜剂中作为（　）

A.填充剂　B.成膜材料　C.增塑剂　D.遮光剂

11.在膜剂处方中作增塑剂的是（　）

A.甘油　B. SiO_2　C. EVA　D.豆磷脂

12. 下列有关成膜材料PVA的叙述中，错误的是（　）

A. 具有良好的成膜性和脱膜性　　B. PVA来源于天然高分子化合物

C. 其性质主要取决于分子量和醇解度　　D. PVA05–88水溶性大于PVA17–88

二、多项选择题

13. 膜剂的优点包括（　）

A. 含量准确　　B. 可以控制药物的释放

C. 使用方便　　D. 制备简单

E. 载药量高，适用于大剂量药物

14. 涂膜剂的组成一定包括（　）

A. 药物　　B. 润湿剂　　C. 挥发性有机溶剂

D. 黏合剂　　E. 成膜材料

15. 膜剂理想的成膜材料应（　）

A. 无刺激性、无致畸、无致癌等　　B. 在体内能被代谢或排泄

C. 不影响主药的释放　　D. 成膜性、脱膜性较好

E. 在体温下易软化、熔融或溶解

16. 膜剂的辅料有（　）

A. 成膜材料　　B. 增塑剂　　C. 着色剂　　D. 遮光剂　　E. 矫味剂

17. 下列属于人工合成高分子成膜材料的是（　）。

A. PVP　　B. 琼脂　　C. PVA　　D. 阿拉伯胶　　E. EVA

18. 下列属于天然成膜材料的是（　）

A. 明胶　　B. PVA　　C. 琼脂　　D. 虫胶　　E. 阿拉伯胶

三、简答题

19. 膜剂的成膜材料有哪些？

20. 膜剂的制备方法有哪些？

思维导图　　知识小结

参考答案

实践五十　项目单梳理

<table>
<tr><td>项目名称</td><td colspan="2">重量差异、微生物限度检查</td></tr>
<tr><td>模拟药物</td><td colspan="2">蜂胶口腔膜</td></tr>
<tr><td>工具书</td><td colspan="2">《中国药典》（2020年版）第四部</td></tr>
<tr><td rowspan="3">模拟过程</td><td>1. 根据《中国药典》（2020年版）第四部，查找膜剂的质量要求</td><td>膜剂质量检查方法包括重量差异和微生物限度检查</td></tr>
<tr><td>2. 根据《中国药典》（2020年版）中（通则0125）质量要求进行重量差异试验</td><td>重量差异试验
（1）按重量差异检查法标准操作规范进行操作，取蜂胶口腔膜______片，精密称定总重量，求得平均重量，再分别精密称定各片的重量
（2）每片重量与平均重量相比较，按表16–1膜剂的重量差异限度中的规定，超出重量差异限度的不得多于______片，并不得有______片超出限度的______倍</td></tr>
<tr><td>3. 根据《中国药典》（2020年版）中（通则0125）质量要求进行微生物限度检查</td><td>微生物限度检查
按照非无菌产品微生物限度检查：微生物______法（通则1105）和______检查法（通则1106）及______生物限度标准（通则1107）检查，应符合规定</td></tr>
</table>

续表

模拟结果	1.重量差异试验结果　每片重量均未超出允许重量范围（$m_{平} \pm m_{平} \times$ 重量差异限度），且均未超出限度1倍 结论：符合规定 2.微生物限度检查结果　供试品的需氧菌总数、霉菌和酵母菌总数的检查结果均符合该品种项下的规定；供试品中不存在特定的微生物 结论：符合规定

实践五十一　膜剂的制备与质量检查

（一）实践目的

掌握膜剂的制备方法和操作要点；熟悉膜剂的特点。

（二）实践地点

药物制剂实训室。

（三）实践原理

膜剂系指原料药物与适宜的成膜材料经加工制成的膜状制剂。膜剂的制备工艺流程为配制成膜材料浆液→加入药物及附加剂→脱气泡→涂膜→干燥→脱膜→包装。

（四）实践仪器与设备

水浴锅、药典筛、研钵、玻璃板。

（五）实践试剂

养阴生肌散、PVA（17-88）、甘油、聚山梨酯80。

（六）实践内容

养阴生肌膜	内容
处方	养阴生肌散2.0g　PVA（17-88）10.0g　甘油1.0ml　聚山梨酯80 5滴　纯化水50ml
功能与主治	清热解毒。用于湿热性口腔溃疡、复发性口腔溃疡及疱疹性口腔炎

1.制法

（1）取PVA加入85%乙醇浸泡过夜，滤过，沥干，重复处理一次，倾出乙醇，将PVA于60℃烘干，备用。称取上述PVA 10g，置三角瓶中，加蒸馏水50ml，水浴上加热，使之熔化成胶液，补足水分，备用。

（2）称取养阴生肌散（过七号筛）2g，于研钵中研细，加甘油1ml，聚山梨酯80 5滴，继续研细，缓缓将PVA胶液加入，研匀，静置脱气泡后，供涂膜用。

（3）取玻璃板（5cm×20cm）5块，洗净，干燥，用75%乙醇揩擦消毒，再涂擦少许液状石蜡。用吸管吸取上述药液10ml，倒于玻璃板上，摊匀，水平晾至半干，于60℃烘干。小心揭下药膜，封装于塑料袋中，即得。

2.质量检查

（1）性状　无气泡的绿色药膜，外观完整光洁，厚度一致，色泽均匀。

（2）重量差异　取膜剂20片，精密称定总重量，求得平均重量后，再分别精密称定各片重量。每片重量与平均重量相比较，超出重量差异限度的膜片不得多于2片，并不得有1片超出限度1倍。

（3）微生物限度检查　不得检出大肠埃希菌、铜绿假单胞菌、金黄色葡萄球菌等致病菌及活螨、螨卵。每10cm^{2}药膜，细菌数均不得超过100个，霉菌、酵母菌数不得超过10个。

3. 实验结果

制剂	养阴生肌膜
性状	
重量差异	

（七）实践反思

1. 处方中PVA（17-88）甘油、聚山梨酯80各有什么作用？

2. 制备膜剂的操作要点有哪些？

实践五十二 膜剂的合理使用

（一）实践目的

熟悉膜剂使用的方法；能够正确指导患者使用膜剂。

（二）实践地点

药学服务实训室。

（三）实践用具

若干不同品种膜剂。

（四）实践内容

依据理论知识，分组查找膜剂说明书，完成下列表格。

序号	药品名称	适应证	使用方法
例1	地西泮膜	适应证为用于焦虑、恐惧、失眠、癫痫及惊厥，还可用于紧张性头痛及家族性、老年性震颤和特发性震颤	口服。取服用量，将膜片外包装纸去掉，温开水吞服红色药片。 抗焦虑：一次1~4格，一日2~4次。 镇静、催眠：一次1~2格，一日3次或遵医嘱

（五）实践反思

膜剂有哪些给药途径？

药师指点

膜剂经口服后通过胃肠道吸收，起全身作用。药物分散在水可溶性或水不溶性成膜材料中所形成的单层膜剂，临床应用较多。多层膜剂可解决药物之间配伍禁忌问题，也可制备成缓释和控释膜剂，如复方养阴生肌双层膜，底层为缓释层，外层为速释层。夹心膜剂通过不同材料的膜来控制药物释放速度，属于控释膜剂。但膜剂载药量小，不适用于剂量较大的药物。

常见的口服膜剂因药物性质不同，注意事项也不同。如地西泮膜剂，不适用于严重慢性阻塞性肺疾病和急性或隐性闭角型青光眼患者。

模块七

药物制剂的新技术与新剂型

项目十七　药物制剂生产新技术

PPT

学习目标

1. 掌握　固体分散技术、包合物技术和微囊化技术的基本概念。
2. 熟悉　固体分散技术的制备方法、应用；包合物技术和微囊化技术的特点和制备方法。
3. 了解　固体分散技术、包合物技术和微囊化技术的研究前沿。

导读：自1961年Sekiguchi等将固体分散技术首次用于改善难溶性药物磺胺噻唑的溶出速率和口服生物利用度以来，发现固体分散技术在提高难溶性药物溶解度和溶出速率、改善其口服生物利用度方面具有独特优势。本项目主要介绍固体分散技术、包合技术和微型包囊技术的相关知识，了解药物制剂新技术的制备及应用。

任务一　固体分散技术

【工作实例】某学校学生王某到校企合作的药店实习，在整理货架的时候发现一种药品——非诺贝特分散片。分散片是什么意思？它和普通片剂有什么区别？在保存和使用过程中需要注意什么？

一、概述

（一）概念

固体分散体是将难溶性药物高度分散在另一种固体载体（或称基质）中形成的固体分散体系。该制备技术称为固体分散技术。固体分散体外观上呈固体块状，但并不是一种剂型，根据给药要求，经粉碎成微粒后，加入辅料进一步制成颗粒剂、胶囊剂、片剂、微丸、栓剂、软膏剂及注射剂等。

固体分散体中难溶性药物通常是以分子、胶态、微晶或无定形状态高度分散在另一种固体载体材料之间，其主要特点是可提高难溶性药物的溶出速率和溶解度，以提高药物的生物利用度。固体分散体对难溶性药物的促溶作用。

（二）固体分散体的稳定性及抗老化方法

固体分散体长久贮存后，会出现硬度变大、析出结晶或结晶粗化、药物溶出度降低等情况，通常将这些情况称之为老化。老化是固体分散体常见的问题之一，它严重限制了固体分散技术的发展与应用。

1.影响固体分散体老化的因素　老化与固体分散体的释药机制有关，影响固体分散体老化的因素有载体、制备方法、冷却速率、水分及储存条件等。

（1）载体　载体的选择很大程度上影响固体分散体的制备，因此生理惰性、无毒、无致癌性，不与药物发生化学反应，不影响主药的化学稳定性，不产生与药物治疗目的相反的作用，价廉易得等须为所用载体具备的特性。若为载体释药体系，则载体中药物的浓度对其稳定性影响较小，但贮存期内载体性质的改变可能引起老化；若为药物控释体系，则当药物浓度超过贮存温度下载体中药物的溶解度时，就会发生老化。

（2）制备方法　制备工艺不同，药物在载体中的分散状态就不同，固体分散体的理化性质不同，造成其稳定性不同。溶剂法、熔融法、研磨法、喷雾干燥技术等都有可能影响固体分散体的稳定性。

（3）冷却速率　固体分散体的冷却速率对老化现象影响较大。分子迁移率较小的药物（如利托那韦）即使缓慢冷却，也能得到无定形状态的药物；而分子迁移率较大的药物需快速冷却，才有可能得到无定形状态的药物。

（4）水分　固体分散体中残留的水分会增加其分子迁移率，降低固体分散体的稳定性。固体分散体与相同组成的混合物相比，会吸收更多的水分而致使药物发生重结晶现象。因此，保持干燥对于固体分散体的稳定十分重要。

（5）储存条件　此外，温度、光照、杂质等也会对固体分散体的稳定性造成影响。

2.防止固体分散体老化的方法　有合理的处方设计、适宜的制备方法及工艺、储存条件的严格控制等。

点滴积累 17-1

1.固体分散体是将难溶性药物高度分散在另一种固体载体（或称基质）中形成的固体分散体系。

2.老化是固体分散体常见的问题之一，影响固体分散体老化的因素有载体、制备方法、冷却速率、水分和储存条件等。

3.防止固体分散体老化的方法有合理的处方设计、适宜的制备方法及工艺、储存条件的严格控制等。

二、常用固体分散技术

（一）常用载体材料

固体分散体的溶出速率很大程度上取决于载体材料。载体材料应具备下列条件：无毒、无致癌性；不与药物发生化学反应、不影响主药的化学稳定性、不影响药物的疗效和含量检测；能使药物得到最佳分散状态，价廉易得。目前常用的载体可分为水溶性、难溶性和肠溶性三大类。

1.水溶性载体材料

（1）聚乙二醇类（PEG）　是常用的固体分散体载体材料。PEG类在水中的溶解性良好，也能溶于多种有机溶剂，所以可采用溶剂法制备。PEG4000和PEG6000最常用，具有熔点低（50~63℃），毒性较小，化学性质稳定（但180℃以上分解），能与多种药物配伍的优点。

（2）聚维酮类（PVP）　本品为无定形高分子聚合物，熔点较高，无毒，易溶于水和多种有机溶剂，对许多药物具有较强的抑晶作用。但成品对湿度的稳定性差，贮藏过程中易吸湿，析出药物结晶。

（3）表面活性剂类　大多数为含聚氧乙烯基的表面活性剂，其特点是溶于水或溶于有机溶剂，且载药量大，能阻滞药物产生结晶。常用的有泊洛沙姆类和卖泽类。

（4）有机酸类　这类载体分子量较小，易溶于水而不溶于有机溶剂，不适用于对酸敏感的药物。

（5）纤维素衍生物　常用的有羟丙纤维素（HPC）、羟丙甲纤维素（HPMC）等。

2.难溶性载体材料　难溶性载体在实际生产中多被应用于缓（控）释固体分散体的制备。

（1）纤维素类　常用乙基纤维素（EC），是纤维素的乙基醚，其特点是无毒，无药理活性，溶于有机溶剂，结构中所含的羟基能与药物形成氢键，有较大的黏性，作为载体材料其载药量大、稳定性好、不易老化。一般作为缓控释制剂载体材料制备固体分散体。将水溶性物质加入EC为载体的固体分散体中，可以有效地调节释药速度。多采用溶剂法制备。

（2）聚丙烯酸树脂类　广泛用于制备具有缓释性的固体分散体，有时为了调节释放速率，可适当加入水溶性载体材料如PEG或PVP等。

（3）其他类　常用的有胆固醇、β-谷甾醇、棕榈酸甘油酯、胆固醇硬脂酸酯、蜂蜡、巴西棕榈蜡、氢化蓖麻油、蓖麻油蜡等脂质材料。均可制成缓释固体分散体。

3.肠溶性载体材料　肠溶性固体分散体是利用肠溶性材料为载体而制备的定位于肠道溶解释放药物的固体分散体。

（1）纤维素类　常用的有邻苯二甲酸醋酸纤维素（CAP）、邻苯二甲酸羟丙甲纤维素（HPMCP），均能溶于肠液中，可用于制备胃中不稳定的药物，在肠道释放和吸收、生物利用度高的固体分散体。

（2）聚丙烯酸树脂类　Euragit L100和Eudragit S100，亦称之为国产聚丙烯酸树脂Ⅱ号和Ⅲ号。前者在pH6以上的介质中溶解，后者在pH7以上的介质中溶解。有时两者联合使用，可制成较理想的缓释或肠溶固体分散体。

4.联合载体　有时单独应用一种载体时会出现某些缺陷，如聚乙烯吡咯烷酮溶解时会形成凝胶，不利于药物的溶出与利用。联合载体能很好地解决此问题，如PEG6000和泊洛沙姆188联用载体、纳米SiO_2和泊洛沙姆188联用载体、PVP k29/32和HPMC联用载体等。

（二）固体分散体的制备方法

固体分散体的制备方法主要有溶剂法、熔融法、研磨法、溶剂喷雾干燥法或冷冻干燥法等。相比于其他增溶技术，固体分散技术操作简单、制备工艺成熟，目前已有多个产品上市。

1.熔融法　将药物与载体混合均匀，加热至熔融，将熔融物在剧烈搅拌下迅速冷却成固体；或将熔融物倾倒在不锈钢板上，使成薄层，在板的另一面吹以冷空气或用冰水使骤冷，迅速凝固。该方法不仅简便而且经济，适用于对热稳定的药物。该方法冷却迅速是关键，高温骤冷以达到较高的饱和状态，使药物和载体都以微晶混合析出，而不致形成粗晶。

2.溶剂法　又称共沉淀法。是将药物与载体共同溶于有机溶剂中，蒸去溶剂，使药物与载体同时析出，干燥，即得药物在载体中混合而成的共沉淀固体分散物。常用的溶剂有三氯甲烷、95%乙醇、无水乙醇、丙酮等。本法的优点为可以避免高温加热，适用于对热不稳定或易挥发的药物。缺点是有机溶剂用量大，成本高，有机溶剂难以除尽，存在环保及安全问题等。

3.溶剂-熔融法　将药物溶于适当的溶剂中，药物溶液加到熔融的载体中，搅拌均匀，按熔融法固化即得。该法适合液态药物，优点是药物的受热时间短且稳定，产品质量好。但药物溶液在固体分散相中所占的分量一般不得超过10%（g/g），故可适用于液体药物（如鱼肝油、维生素A、维生素D、维生素E等）及剂量＜50mg的药物。凡适用于熔融法的载体都可用于本法。

此外，还有研磨法、溶剂喷雾干燥法（或冷冻干燥法）、双螺旋挤压法等。近年来，超临界流体技术、热熔挤出技术、喷雾冷冻干燥技术、微波淬冷技术、微环境pH修饰技术、高速静电纺丝技术等新兴技术也逐步发展并应用于固体分散体。

点滴积累17-2

1.固体分散体常用的载体材料有水溶性、难溶性和肠溶性三大类。①水溶性载体材料：聚乙二醇类（PEG）、聚维酮类（PVP）、表面活性剂类、有机酸类、纤维素衍生物。②难溶性载体材料：纤维素类、聚丙烯酸树脂类。③肠溶性载体材料：纤维素类、聚丙烯酸树脂类。

2.固体分散体的制备方法主要有溶剂法、熔融法、研磨法、溶剂喷雾干燥法或冷冻干燥法等。

三、固体分散技术的应用

1.高度分散性　药物与固体分散载体材料混合后，能以微晶态、胶态、高能态或分子状态均匀地分散在载体中。

2.调整药物的溶出特性　以水溶性高分子材料为载体材料的固体分散体，因药物高度分散而增加了难溶性药物的溶解度和溶出速率，促进药物吸收，提高生物利用度。如灰黄霉素琥珀酸低共熔物，其溶解速率较纯灰黄霉素提高30倍。以难溶性或肠溶性材料为载体材料的固体分散体可使药物具有缓释或肠溶性的作用。如硝苯地平-羟丙甲纤维素邻苯二甲酸酯（HP-55）固体分散体缓释颗粒剂，提高了原药的生物利用度，同时具有缓释作用。

3.增加药物的稳定性　通过载体材料对药物分子的包蔽作用，可减缓药物在生产、贮存过程中的水解和氧化作用。

4.掩盖药物的不良臭味与刺激性　提高患者使用的依从性。

5.液体药物固体化　将液体药物与固体载体材料混合后可制得固态的固体分散体，进一步加工制成固体剂型。

药物的固体分散体可根据药物性质和给药途径设计制成多种适宜的剂型，目前较多的有滴丸、片剂、胶囊剂、注射剂等。

点滴积累 17-3

药物的固体分散体应用特点有高度分散性、调整药物的溶出特性、增加药物的稳定性、掩盖药物的不良臭味与刺激性和液体药物固体化。

阅读与感悟

药物，特别是难溶性固体药物，在制剂中的分散状态是影响其溶出与吸收的重要因素，固体分散体能够将药物高度分散，若载体为水溶性材料，则可大大改善药物的溶出与吸收，从而提高其生物利用度，成为制备高效、速效制剂的新技术；若采用难溶性或肠溶性载体材料将药物制成固体分散体，可使药物具有缓（控）释和定位释药的特征。随着高科技和高分子材料的发展，固体分散技术将在药物制剂的剂型和工艺改进中发挥更重要的作用。

自测达标

答案解析

一、单项选择题

1.在固体分散技术中使用的水溶性载体材料是（　）

A.氢化蓖麻油　　B.乙基纤维素　　C.聚乙二醇　　D.胆固醇

2.在固体分散技术中使用的肠溶性载体材料是（　）

A.纤维素衍生物　　B.邻苯二甲酸醋酸纤维素（CAP）

C.纤维素类　　D.表面活性剂类

3.不属于影响固体分散体老化的因素有（　）

A.载体　　B.制备方法　　C.冷却速率　　D.药物因素

4.不属于固体分散体的制备方法主要有（　）

A.直接制备法　　B.熔融法　　C.研磨法　　D.溶剂喷雾干燥法

二、配伍选择题

（5~8题共用选项）

A.纤维素类　　B.邻苯二甲酸醋酸纤维素（CAP）

C.乙基纤维素（EC）　　D.聚乙二醇类（PEG）

5.固体分散体的水溶性载体材料为（　）
6.固体分散体的难溶性载体材料为（　）
7.固体分散体的肠溶性载体材料为（　）
8.既可能是难溶性载体材料，又可能是肠溶性载体材料的为（　）

任务二　包合技术

【工作实例】某学校学生王某到校企合作的药店实习，在整理货架的时候发现一种药品——诺氟沙星胶囊中加入了β-环糊精。β-环糊精是什么？这种物质可以提高诺氟沙星的生物利用度吗？

一、概述

（一）概念

包合技术是指一种分子被包嵌于另一种分子的空穴结构内，形成包合物的技术。这种包合物是由主分子和客分子两种组分组成，主分子是包合材料，具有较大的空穴结构，足以将客分子（药物）包嵌在内。

目前常用的包合材料是环糊精（CD）及其衍生物。环糊精是直链淀粉在由芽孢杆菌产生的环糊精葡萄糖基转移酶作用下生成的一系列环状低聚糖的总称，通常含有6~12个D-吡喃葡萄糖单元。其中具有实际应用价值的是含有6、7和8个葡萄糖单元的分子，分别称为α-环糊精、β-环糊精和γ-环糊精。环糊精各葡萄糖单元均以1,4-糖苷键结合成环。由于连接葡萄糖单元的糖苷键不能自由旋转，环糊精不是圆筒状分子而是上宽下窄略呈锥形的桶状结构。其中，环糊精的伯羟基围成了锥形的小口，而其仲羟基围成了锥形的大口。各葡萄糖单元中的仲羟基位于锥形圆筒外侧，因而外侧边框是亲水性的，而空腔内受到C—H键的屏蔽作用，是疏水性的。这样就形成了环糊精亲水的外缘和疏水的内腔。

（二）环糊精包合技术及特点

由于环糊精的外缘亲水而内腔疏水，因而它能够像酶一样提供一个疏水的结合部位，作为主体包合各种适当的客体，如有机分子、无机离子、气体分子及金属配合物等。这种选择性的包合作用即通常所说的分子识别，结果是形成稳定的主客体包合物，如图17-1所示。

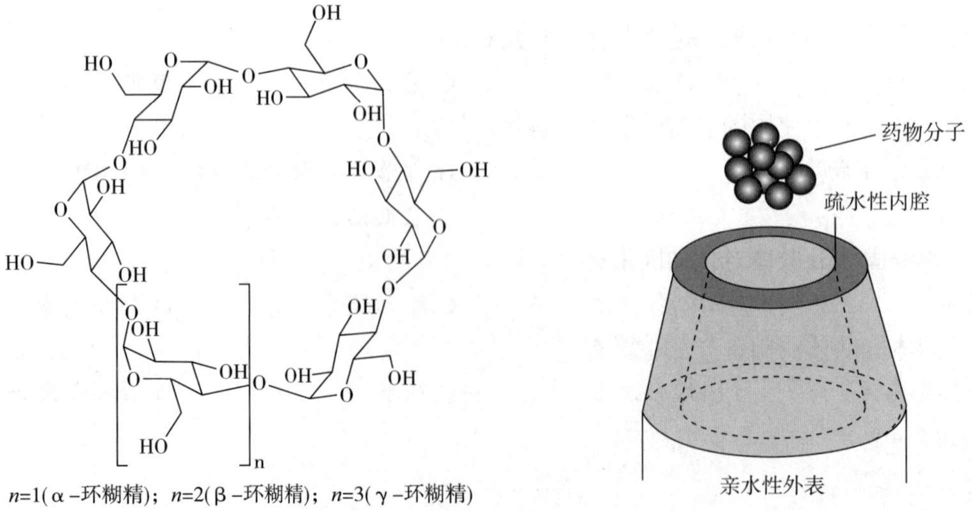

图17-1　环糊精包合物示意图

环糊精包合物的形成主要取决于环糊精与客体分子的基本性质，可以归结为以下3个方面。

1.环糊精包合物形成的空间 α－环糊精、β－环糊精和 γ－环糊精　它们具有不同尺寸的内径，可选择容纳体积大小与其空腔相匹配的客体分子，这样才可能形成比较稳定的包合物。但并不是说客体分子的尺寸大于环糊精空腔内径就无法形成包合物，也可以通过客体分子上的某些特定基团或侧链插入环糊精的空腔而形成。

2.环糊精包合物形成的驱动力　主要来自环糊精空腔中水分子的释放，环糊精疏水空腔内部的水分子间难以充分形成氢键，即水分子形成氢键的潜能未能充分释放，故有相当大的焓值。当这些高极性的水分子被比它极性小的合适的客体分子取代释放出来后，系统的自由能降低有利于包合物的形成。就是说，相比水分子，客体分子的非极性越高，越易被包合。

3.环糊精包合物形成的能量　包合物的形成是伴随非极性客体分子与不完全溶解的环糊精空腔的相互作用进行的，这其中有能量的变化。客体分子若能与环糊精的羟基形成氢键，这将有利于包合物的形成，同时增加包合物的稳定性。范德华力的能量本身很弱，但当客体分子处于特定的空间排布，如两个或更多个分子处于同一位置同时存在多个这样的弱作用力，这种情况下产生的物质的稳定性与以共价键生成的物质的稳定性相当，这种特殊状态在包合物形成中也存在。

4.环糊精包合物形成的用量　环糊精所形成的包合物通常是单分子包合物，大多数环糊精与药物可以达到摩尔比1∶1包合。若环糊精用量少，则药物包合不完全；若环糊精用量多，则包合物的含药量低。

点滴积累 17－4

1.包合技术是指一种分子被包嵌于另一种分子的空穴结构内，形成包合物的技术。

2.目前常用的包合材料是环糊精（CD）及其衍生物。

3.环糊精包合物的形成主要取决于环糊精与客体分子的基本性质：环糊精包合物形成的空间、驱动力、能量及用量要求。

二、包合物的应用

β－环糊精（β－CD）为白色结晶性粉末，熔点为300~305℃。安全性高，较符合实际应用的要求，故在药剂学上使用最广泛。包合技术在应用中具有如下特点。

（　）增加药物的溶解度

难溶性药物可与β－CD制成可溶性包合物，能提高药物在水中的溶解度和溶出速率。利用此特性，可制成溶出性好的固体制剂和注射用冻干粉，使其溶解度大大增加。

（二）提高药物的稳定性

环糊精具有疏水性的空隙，能将客分子（药物）嵌入，对药物起保护作用。由于药物的化学活泼基团被包藏于CD之中，不易受外界环境的温度、pH、空气（氧）及溶剂等因素影响，避免发生氧化、水解等反应，使药物保持一定的稳定性。

（三）液体药物的粉末化

液体药物如维生素A、维生素E等与β－CD制成包合物后，可进一步制成散剂、冲剂、片剂等固体剂型。

（四）防止挥发性成分扩散

低熔点或低沸点的酯类、碘、冰片等药物制成CD包合物后，不仅可粉末化且能防止挥发，增加药物的稳定性。易挥发或易分解的药物制成CD包合物后，也可进一步制成栓剂。

（五）遮盖药物的不良臭味

大蒜油制成包合物能掩盖大蒜素的臭味。

（六）调节释药速度

从药物转运系统的设计观点来看，若将包合物包封于半透膜内，则包合物内药物的释放速度是可以控制的。利用稳定常数的差别来设计内外层具有不同溶解度的双层包合物，可使药物释放缓慢。

（七）提高药物的生物利用度

药物的包合物与单体药物相比，在溶解性、膜通透性、血浆蛋白结合性等方面均有显著改善，从而可以提高药物的生物利用度，增强药效和减小不良反应。

（八）降低药物的刺激性与毒副作用

多数抗癌药物有很强的刺激性、毒副作用，为了降低患者的不适反应，可制成包合物，将药物包合于β-CD的环状结构中，制成超微型包合物，就可改变药物的给药途径，口服或者注射，进入人体后，在体内经酶的作用释放出药物。因环糊精的超微结构，药物呈分子态分散，所以药物易于吸收，增大了药物的生物利用度；又因其剂型类似于微囊，药物的释放速度减慢，毒副作用因此降低。例如吲哚美辛与β-CD形成包合物后，进一步制成胶囊剂，口服后不会引起溃疡等不良反应。

此外，包合技术还在食品工业、香料、化妆品及杀虫剂中也得到应用。

点滴积累 17-5

包合物的应用特点有：增加药物的溶解度、提高药物的稳定性、液体药物的粉末化、防止挥发性成分挥散、遮盖药物的不良臭味、调节释药速度、提高药物的生物利用度、降低药物的刺激性与毒副作用等。

三、β-环糊精包合物的制备

（一）饱和水溶液法（重结晶或共沉淀法）

将β-CD配成饱和水溶液，加入药物（难溶性药物可用少量丙酮或异丙醇等有机溶剂溶解）混合30分钟以上，使药物与β-CD形成包合物后析出。

（二）研磨法

取β-CD加入2~5倍量的水混合，研匀，加入药物（难溶性药物应先溶于有机溶剂中），充分研磨成糊状物，低温干燥后，再用适宜的有机溶剂洗净，干燥即得。

（三）冷冻干燥法

将药物和β-环糊精混合于水中，搅拌、溶解或混悬，使其形成包合物，通过冷冻干燥法除去溶剂（水），可得到粉末状包合物。此法制得的包合物易溶于水。冷冻干燥法适合于不易析出沉淀或加热后易分解变色的药物，可用于制备注射用无菌粉末。

（四）喷雾干燥法

喷雾干燥法适合于难溶性、疏水性药物包合物的制备，在喷雾干燥过程中空气温度高，受热时间短，产率高，适合大批量生产。如用喷雾干燥法制得的地西泮与β-CD的包合物增加了地西泮的溶解度，提高了其生物利用度。

点滴积累 17-6

β-环糊精包合物的制备方法主要有饱和水溶液法（重结晶或共沉淀法）、研磨法、冷冻干燥法和喷雾干燥法等。

阅读与感悟

人类发现环糊精已经有一百多年了，但由于早期环糊精的稳定性差、产量低、无法高效率分离提纯、残留有毒有机溶剂等较多原因，限制了环糊精的研究和应用。直到20世纪70年代，在提高环糊精产量和降低其毒性后，环糊精的使用达到了一定规模。

β-环糊精作为一种无毒无害材料，以其所具有的活性基团——仲羟基及“内疏水外亲水”的特性，已在各类药物研究中广泛使用，也加速了在医药、保健品、美容等领域的应用和开发。近年来，随着医药科技的发展以及β-CD包合技术与一些新技术、新工艺、新设备、新辅料相结合研究的不断深入，发现β-CD包合技术在中药制剂中也具有良好的发展前景。

自测达标

答案解析

一、单项选择题

1.包合技术中最常用的包合材料是（　）

A.β-环糊精　B.α-环糊精　C.γ-环糊精　D.以上三种

2.β-环糊精的制备方法是（　）

A.回流提取法　B.研磨法　C.蒸发法　D.熔融法

3.不属于包合技术应用的是（　）

A.增加药物的溶解度　B.提高药物的稳定性

C.液体药物的粉末化　D.挥发性成分挥散载体

4.以下关于β-环糊精的说法，不正确的是（　）

A.具有空穴结构　B.内疏水外亲水

C.内亲水外疏水　D.为最常用的包合物载体材料

二、多项选择题

5.包合物的制备方法有（　）

A.饱和水溶液法　B.研磨法　C.冷冻干燥法　D.喷雾干燥法

6.环糊精有（　）

A.β-环糊精　B.α-环糊精　C.γ-环糊精　D.以上三种

任务三　微型包囊技术

【工作实例】某学校学生王某在药店实习，在整理货架的时候发现一种药品——穿心莲内酯微囊颗粒。微囊是什么？它和胶囊有什么区别？为什么称之为微囊颗粒？

一、概述

微型胶囊简称微囊，是指将固态或液态药物（囊心物）包裹在天然或合成的高分子材料（囊材）中形成的直径为1~250μm的微小囊状物。囊心物成囊与成球的制备过程通称微型包囊术，简称微囊化。微囊不是一种最终给药形式，而是作为中间体，进一步制成片剂、胶囊、注射剂等剂型，用微囊制成的制剂称为微囊化制剂。微囊化技术目前已广泛地应用于医药、化妆品、食品等行业。

二、常用微型包囊技术

（一）囊心物

囊心物的组成包括主药和附加剂，如根据需要可以加入稳定剂、稀释剂、阻滞剂、促进剂、增塑剂等。囊心物可以是固体，也可以是液体。通常将主药和附加剂混匀后再进行微囊化，也可将主药先单独微囊化，再加入附加剂。若有两种以上的主药时，可将主药混匀后进行微囊化，亦可将主药分别微囊化后再混合，这取决于药物与囊材的性质以及工艺条件等。

（二）囊材

用于包裹所需的材料称为囊材，常用的囊材可分为三大类。

1.天然高分子材料　无毒，稳定，成膜性好，可生物降解，为最常用的载体材料。

（1）明胶　是目前常用成囊材料之一，因制备时水解方法不同，可分为A型明胶和B型明胶。两者在成囊性和溶液黏度等方面无明显差别，可生物降解，几乎无抗原性，可制成口服和注射制剂。

（2）阿拉伯胶　是一种天然植物胶，不溶于乙醇，能溶于甘油或丙二醇，通常与明胶等量配合使用，也可与白蛋白配合作为复合材料使用。一般制备微囊的用量为20~100g/L。

（3）海藻酸盐　是稀碱从褐藻中提取的多糖类化合物，最常用的为海藻酸钠，其可溶于不同温度的水中，海藻酸钠在水中可与$CaCl_2$反应生成不溶于水的海藻酸钙，因此海藻酸钠可采用$CaCl_2$固化成囊。

（4）壳聚糖　是由甲壳素脱乙酰化后制得的一种天然聚阳离子多糖，难溶于水和有机溶剂，可溶于酸和酸性水溶液中，无毒，无抗原性，在体内可被溶菌酶降解，具有良好的生物可降解性和优良的成膜、成球性。

（5）蛋白类　常用的有白蛋白、玉米蛋白、鸡蛋白等，可生物降解，无明显的抗原性。

2.半合成高分子材料　多为纤维素类衍生物，具有毒性小、黏度大、成盐后溶解度明显增强的特点。

（1）羧甲纤维素钠（CMC-Na）　其水溶液的黏度大，有抗盐能力和一定的热稳定性。常与明胶配合作复合囊材，也可以制成铝盐单独作为囊材。

（2）纤维醋法酯（CAP）　也称邻苯二甲酸醋酸纤维素，在强酸中不溶解，可溶于pH大于6的水溶液中，常用于制备肠溶微囊或微球。可单独使用，也可与明胶配合使用。

（3）乙基纤维素（EC）　缓控释制剂的囊材常选用EC，其特点是化学稳定性高，适用于多种药物微囊化，但遇强酸易水解，故不适用于强酸性药物。EC不溶于水或胃肠液中，不能生物降解，常与甲基纤维素、羟丙甲纤维素合用，以控制微囊、微球的释药速率。

（4）甲基纤维素（MC）　MC可在水中溶胀成澄清或微浊的胶体溶液，常与明胶、CMC-Na、PVP等配合使用成为复合型囊材。

（5）羟丙甲纤维素（HPMC）　成膜性好，无毒副作用，能在冷水中溶解并形成黏性胶体溶液，但不溶于热水。

3.合成高分子材料　根据其是否能生物降解，将合成的高分子材料分为生物降解和非生物降解两类。

（1）生物不可降解类　非生物降解且不受pH影响的囊材有聚酰胺、硅橡胶等；非生物降解，但在一定的pH条件下可溶解的囊材有聚丙烯酸树脂、聚乙烯醇等。

（2）生物可降解类　目前应用比较广泛的是以聚酯类为代表的生物降解的合成高分子材料，如聚乳酸（PLA）、聚乳酸-羟基乙酸共聚物（PLGA）等。

（三）制备方法

目前制备微囊的方法有相分离法（亦称物理化学法）、物理机械法和化学法三大类。

1. 相分离法（物理化学法） 此法是在囊心物（药物和附加剂）与囊材（包囊材料）的混合物（乳状或混悬状）中加入另一种物质（无机盐或采用其他手段），降低囊材的溶解度，使囊材从溶液中凝聚出来而沉积在囊心物的表面，形成囊膜，囊膜硬化后完成微囊化的过程。此法可分为单凝聚法和复凝聚法。

（1）单凝聚法　将一种凝聚剂（硫酸钠、硫酸铵等强亲水性电解质溶液或乙醇、丙醇强亲水性非电解质溶液）加入某种水溶性囊材（如明胶）与药物的乳状液或混悬液中，由于大量的水分与凝聚剂结合，使体系中囊材的溶解度降低而凝聚出来，最后形成微囊。

以明胶为囊材采用单凝聚法制备微囊

【处方】液状石蜡6ml　明胶0.6g　10%醋酸溶液适量　纯化水适量　阿拉伯胶2g
37%甲酸溶液1.3ml　5%NaOH适量

【制备方法】

1）制备液状石蜡乳剂　将阿拉伯胶分次撒入液状石蜡中，研匀，加水4ml，研磨至发出噼啪声，即成初乳，加纯化水至20ml，转入250ml烧杯中，置于45℃恒温水浴中保温。

2）制备明胶液　称取明胶0.6g，用20ml纯化水浸泡变软后，置于45℃恒温水浴中不断搅拌使之完全溶解，保温。

3）制备微囊　将上述乳剂置烧杯中，恒温水浴，使乳剂温度为50~55℃，量取一定体积的60%硫酸钠溶液，在搅拌下滴入乳剂中，另配制成硫酸钠稀释液，浓度为体系中浓度的1.5%，体积为成囊溶液3倍以上，液温15℃，倾入搅拌的体系中，囊分散，静置待微囊沉降完全，倾去上清液，用硫酸钠稀释液洗2~3次。然后将微囊混悬于硫酸钠稀释液300ml中，加入甲醛溶液，搅拌15分钟，再用20%氢氧化钠溶液调节pH至8~9，继续搅拌1小时，静置待微囊沉降完全。倾去上清液，微囊过滤，用纯化水洗至无甲醛气味，抽干，即得。

分析：①明胶为囊材，硫酸钠溶液为强电解质，作凝聚剂。②稀释剂，即硫酸钠溶液，其浓度比成囊时全部溶液（称成囊体系）中硫酸钠的浓度大1.5%，若浓度低于成囊体系，囊会溶解；若高于成囊体系，囊会粘连成团。③甲醛作固化剂，与明胶反应生成不可逆的囊膜。

（2）复凝聚法　是以两种或多种带相反电荷的囊材（高分子材料），将芯材乳化、分散或混悬于囊材水溶液中，在静电作用下形成复凝物，在溶液中析出成囊。常用于复凝聚法的复合囊材为明胶-阿拉伯胶、明胶-邻苯二甲基化物、海藻酸盐-壳聚糖等。采用复凝聚法时需要注意，并不是所有药物都能用此法，药物的表面应能被囊材凝聚物润湿，这是成囊的关键；且需保证凝聚物具有较好的流动性，这是确保囊形良好的必要条件。

以明胶为囊材采用复凝聚法制备微囊

【处方】液状石蜡6ml　明胶0.6g　10%醋酸适量　纯化水适量　阿拉伯胶2.0g
37%甲醛溶液1.3ml　5%氢氧化钠适量

【制备方法】

1）制备液状石蜡乳剂　方法如单凝聚法。

2）制备明胶液　方法如单凝聚法。

3）包囊　将明胶液加入液状石蜡乳剂中，搅拌，并用醋酸调节pH为3.9~4.1，继续搅拌5分钟。

4）囊膜固化　将上述微囊液中，加37℃纯化水80ml，不断搅拌，自然冷却，当温度降至25~28℃时，放入冰浴，并向烧杯中加入冰块，使温度急速降至5℃左右，加甲醛1.3ml搅拌0.5~1小时，用氢氧化钠溶液调节pH至8.0~9.0，继续搅拌30分钟。

5）过滤与干燥　将烧杯静置，抽滤，用纯化水洗涤至无甲醛气味，pH呈近中性，抽干即得。

2.物理机械法　将固态或液态药物在气相中进行微囊化，根据使用的机械设备不同和成囊方式不同可分为以下几种方法。

（1）喷雾干燥法　将囊心物分散于囊材溶液中，将此混合物喷入惰性热气流使液滴收缩成球形，溶剂迅速蒸发，囊材收缩成壳，将囊心物包裹而成微囊。此法制成的微囊近似圆形结构，成品质地疏松，为自由流动的干粉。

（2）喷雾凝结法　是将囊心物分散于熔融的囊材中，然后将此混合物喷雾于冷气流中，使囊膜凝固而成微囊。凡蜡类、脂肪酸和脂肪醇等在室温为固体，但在较高温度为熔融的囊材，均可采用喷雾凝结法。

（3）空气悬浮法　亦称流化床包衣法。利用垂直强气流使囊心物悬浮在气流中，将囊材溶液通过喷嘴喷射于囊心物表面，热气流将溶剂挥干，囊心物表面便形成囊材薄膜而成微囊。

（4）锅包衣法　此法与一般片剂的包衣工艺基本相似，是利用包衣锅将囊材溶液喷在固态囊心物上挥干溶剂形成微囊，导入包衣锅的热气流可加速溶剂挥发。

3.化学法　是利用在溶液中的单体或高分子通过聚合反应或缩合（交联）反应，产生囊膜或基质，制成微囊的方法。特点是不加凝聚剂，常先制成W/O型乳浊液，再利用化学反应交联固化。

充电链接

中药微囊化的质量评价

1.粒径大小、分布及形态　目前采用的方法有光学显微镜、电子显微镜、扫描电镜、激光衍射、库特计数法、吸附法、空气透过法、筛析法、超速离心法、沉降法、沉积均流速分级法等。使用以上各种测试方法测定粒子粒径范围各不相同，具体应用中可视被测微粒的粒径大小选择相适宜的方法，并且使用不同方法测定，所得结果往往存在差异。

2.载药量的测定　载药量是指单位质量或单位体积微球所负载的药量，亦可看成是微球的含药量。一般测定方法如下：①消解法；②溶解法，聚乳酸及乙基纤维素微球常用此方法；③研磨提取法，壳聚糖微球常用此方法；④放射性标记法，此法受药物的可标记性和放射性污染所限制。

3.体外释放度的测定　常根据具体情况测定静态或动态体外释放度。静态体外释放度可在人工胃液和肠液中进行测定。动态体外释放度要以去离子水连续淋洗，也可用透析法考察。

4.体内分布试验　常用放射性元素^{3}H、TC、^{125}I和荧光素等作标记。

点滴积累17-7

1.微囊化技术常用的囊材可分为三大类：天然高分子材料、半合成高分子材料、合成高分子材料。

2.天然高分子囊材有明胶、阿拉伯胶、海藻酸盐等。

3.半合成高分子囊材有羧甲纤维素钠（CMC-Na）、纤维醋法酯（CAP）、乙基纤维素（EC）、甲基纤维素（MC）、羟丙甲纤维素（HPMC）。

4.合成高分子材料分为生物降解和非生物降解两类。

5.制备微囊的方法有相分离法（又称物理化学法）、物理机械法和化学法三大类。

三、微囊技术的应用

微囊化技术应用的特点如下。

1.掩盖药物的不良气味及口味　如鱼肝油、氯贝丁酯、生物碱类以及磺胺类等。

2.提高药物的稳定性　如易氧化的β-胡萝卜素、对湿热敏感的阿司匹林、易挥发的挥发油类等药物。

3.防止药物在胃内失活或减少对胃的刺激性　如尿激酶、红霉素、胰岛素等易在胃内失活，氯化钾、吲哚美辛等对胃的刺激易引起胃溃疡，微囊化后可克服这些缺点。

4.使液态药物固态化，便于工业生产与贮存　如油类、脂溶性维生素等。

5.减少复方制剂中的配伍禁忌　如阿司匹林与氯苯那敏，配伍后可加速阿司匹林的水解，分别包囊后得以改善。

6.缓释或控释药物，使药物具有靶向性　可采用惰性基质、亲水性凝胶等制成微囊、微球，可使药物控释或缓释，再制成控释或缓释制剂。

此外，有药理活性的、但口服其活性低、注射半衰期短的药物微囊化后，通过非胃肠道缓释给药，能发挥很好的药效。

点滴积累17-8

微囊化技术可应用于掩盖药物的不良气味及口味、提高药物的稳定性、防止药物在胃内失活或减少对胃的刺激性、使液态药物固态化、减少复方制剂中的配伍禁忌、缓释或控释药物及使药物具有靶向性等。

阅读与感悟

早在20世纪30年代，国外就开始将微囊技术应用于鱼肝油-明胶微囊的制备中，我国的中药微囊研究在20世纪70年代才开始，虽然发展时间不长，但微囊在中药制剂领域中已显现出诸多优势，如提高药物稳定性、降低浸膏粉吸湿性、掩盖不良气味、使药物具有控释或靶向作用等。中药微囊制剂的发展很快，尤其是中药抗癌药控释、靶向等新剂型研究十分火热。

目前，微囊化技术已广泛应用于医药化工、食品加工及农业生物技术等领域。在医药化工领域，微囊化技术可将多种水溶性物质如蛋白质、酶、维生素、纳米微粒及各种药物自发包埋在微囊内，并使包埋的物质能够以可控的速率释放。在食品加工领域，微囊化技术可显著提高益生菌在加工过程中的存活数量，从而增强了酸乳及酸乳制品、果汁和风味面包等的保健功能；在农业生物技术领域，微囊化技术可用于生产兽用口服疫苗，刺激动物机体产生黏膜免疫应答。在生物医药行业中，微囊化技术可增强生物制剂对高温、高压或酸碱性等不良环境的抵抗能力，提高生物制剂在后续加工、储存和运输过程中的存活率和稳定性等。

自测达标

答案解析

一、单项选择题

1.将大蒜素制成微囊是为了(　　)

A.提高药物的稳定性　　B.掩盖药物的不良臭味

C.防止药物在胃内失活或减少对胃的刺激性　　D.控制药物释放速率

2.关于凝聚法制备微型胶囊的叙述，错误的是（　）

A单凝聚法是在高分子囊材溶液中加入凝聚剂以降低高分子的溶解度而凝聚成囊的方法

B.适合于水溶性药物的微囊化

C.复凝聚法系指使用两种带相反电荷的高分子材料作为复合囊材，在一定条件下交联且与囊心物凝聚成囊的方法

D.必须加入交联剂，同时还要求微囊的粘连愈少愈好

3.微囊的制备方法不包括（　）

A.凝聚法　　B.液中干燥法　　C.界面缩聚法　　D.薄膜分散法

二、多项选择题

4.关于微型胶囊的特点叙述，正确的是（　）

A.微囊能掩盖药物的不良臭味

B.制成微囊能提高药物的稳定性

C.微囊能防止药物在胃内失活或减少对胃的刺激性

D.微囊能使药物浓集于靶区

5.下列可作为微囊囊材的有（　）

A微晶纤维素　　B.甲基纤维素　　C.乙基纤维素　　D.聚乙二醇

三、综合运用

6.微囊化技术有哪些应用?

7.简述微囊的制备方法。

思维导图　知识小结

参考答案

实践五十三　项目单梳理

项目名称	模拟分散试验	
模拟药物	厄贝沙坦分散片	
工具书	《中国药典》（2020年版）	
模拟过程	1.根据《中国药典》（2020年版）四部制剂通则，查找分散片检查项目	（1）分散片系指在________中能迅速________的片剂 （2）分散片中的原料药物应是________。分散片可________，也可将分散片含于口中________ （3）分散片应进行________和________检查
	2.根据《中国药典》（2020年版）第二部和第四部中查找厄贝沙坦分散片的溶出度检查方法	（1）测定前，对仪器装置进行调试，使桨叶底部距溶出杯的内底部在________mm。以________mol/L溶液________ml为溶出介质，分别量取溶出介质置各溶出杯内，实际量取的体积与规定体积的偏差应在________范围之内，转速为________转/分，待溶出介质温度恒定在________________，取供试品________片，按照________法，分别投入________个溶出杯内。注意避免供试品表面产生气泡，立即按各品种项下规定的转速启动仪器，计时 （2）经________分钟（实际取样时间与规定时间的差异不得过________），吸取溶出液适量，取样位置应在转篮或桨叶顶端至液面的中点，距溶出杯内壁________处，立即用适当的微孔滤膜滤过，自取样至滤过在________秒内完成。取澄清滤液，照________，计算每片（粒、袋）的溶出量
	3.根据《中国药典》（2020年版）中规定分散片溶出度检查中的注意事项	（1）溶出度仪的适用性及性能确认试验　除仪器的各项机械性能应符合上述规定外，还应用________________对仪器进行性能确认试验，按照________的说明书操作，试验结果应符合标准片的规定 （2）溶出介质　应使用各品种项下规定的溶出介质，除另有规定外，室温下体积为________________，并应新鲜配制和经脱气处理 （3）取样时间　取样时间为________分钟，自杯中完成取样的时间应在________内

续表

模拟结果	1.6片中，每片的溶出量按标示量计算，均不低于标示量______% 2.6片中，如有1~2片低于标示量______%，但不低于标示量______%，且其平均溶出量不低于标示量______% 3.6片中，有1~2片低于标示量______%，其中仅有1片低于标示量______%，但不低于标示量______%，且其平均溶出量不低于标示量______%时，应另取6片复试；初、复试的12片中有1~3片低于标示量______%，其中仅有1片低于标示量______%，但不低于标示量______%，且其平均溶出量不低于标示量______%

实践五十四 环糊精包合物的制备

（一）实践目的

掌握饱和水溶液法制备包合物的工艺。

（二）实践地点

药物制剂实训室。

（三）实践原理

饱和水溶液法亦称为重结晶法或共沉淀法。将CD配成饱和水溶液，加入药物（难溶性药物可用少量丙酮或异丙醇等有机溶剂溶解）混合30分钟以上，使药物与CD形成包合物后析出。

（四）实践仪器与设备

恒温搅拌磁力水浴锅、过滤器、干燥器、显微镜、荧光灯、层析缸、150ml具塞锥形瓶、电热鼓风干燥箱等。

（五）实践试剂

薄荷油、β-环糊精、无水乙醇、纯化水等。

（六）实践内容

薄荷油包合物	内容
处方	β-环糊精8g 薄荷油2ml 纯化水100ml

1.制法

（1）β-环糊精饱和水溶液 称取β-环糊精8g，置于150ml具塞锥形瓶中，加纯化水100ml，在60℃加热溶解制成饱和水溶液，保温备用。

（2）薄荷油β-环糊精包合物 量取薄荷油2ml，在磁力搅拌器下缓缓滴入β-环糊精的饱和水溶液中，60℃恒温搅拌1小时，出现白色沉淀，过滤，用无水乙醇5ml洗涤3次至表面无油渍为止，将包合物置于干燥器中干燥，即得，称重，计算收率。

2.解析

（1）β-环糊精的溶解度 在25℃时为1.79%，在45℃时可增加至3.1%，所以实验过程中要控制好温度。包合完成后降低温度使其从水中析出沉淀。

（2）β-环糊精包合物的制备与保温 温度均为60℃，包合物制备过程中搅拌时间要充分，应盖上瓶塞，防止薄荷油挥发。最后用无水乙醇洗涤是为了去除未包封的薄荷油，洗涤不要过量，否则会影响含油率和包合物收率。

（3）包合物收率的计算 称取包合物，记录重量。按以下计算公式：

$$\text{包合物的收率}(\%) = \frac{\text{包合物的重量(g)}}{\beta\text{-环糊精重量(g)} + \text{药物重量(g)}} \times 100\%$$

（4）包合物包合率的计算　将包合物置于250ml圆底烧瓶中，加纯化水150ml，用挥发油提取器提取出薄荷油，称重（每1ml薄荷油约重0.9g）。按以下计算公式：

$$包合物的包合率（\%）=\frac{包合物中药物的重量（g）}{包合物的重量（g）}\times 100\%$$

3.薄荷油β-环糊精包合物的验证——薄层色谱分析

（1）硅胶G板　将硅胶G和0.3%羧甲纤维素钠水溶液按1∶3的比例调匀，铺板，室温晾干后，110℃活化30分钟备用。

（2）样品的制备

1）样品a　取薄荷油β-环糊精包合物0.5g，加95%乙醇2ml溶解后过滤，取滤液，即得。

2）样品b　取薄荷油2滴，加95%乙醇2ml溶解，即得。

（3）TCL条件　取样品a与b点于同一硅胶板上，用石油醚-乙酸乙酯（17∶3）为展开剂，展开前将薄层板置层析缸饱和5分钟，上行展开，以5%香草醛硫酸液为显色剂，喷雾烘干显色。

（4）将实验结果填于表17-1中，并说明是否形成包合物

表17-1　环糊精包合物的实验结果

制剂名称	实验结果			
	包合物的重量（g）	包合物的收率（%）	包合物中药物的量（g）	包合物的含药量（%）
薄荷油β-环糊精包合物				

【注意】用TLC法验证包合物时，要求点样量适当并放置待乙醇挥发完全后再展开，上样过多或点样后立即展开均会造成拖尾现象，上样太少则不出现斑点。展开剂未混合溶液，应减少容器开启时间，以保持比例。烘干温度不宜过高、时间不宜过长，以免造成薄层板糊化发黑。

4.实验记录与结果

（1）取样量　β-环糊精：______g；薄荷油：______ml。

（2）实验过程控制　保温温度：______℃；制备温度：______℃；搅拌时间：______分钟。

（七）实践反思

包合物有哪些特点？是否所有的药物都能制成包合物？为什么？

项目十八　药物新剂型

PPT

学习目标

1. 掌握　缓释、控释制剂、透皮给药制剂的定义、特点和分类。
2. 熟悉　缓释、控释制剂、透皮给药制剂的制备原理和制备过程。
3. 了解　缓释、控释制剂、透皮给药制剂的释药原理与评价方法。

导读：科技创新、技术创新是企业发展的不竭动力，本项目主要探讨药物新剂型的相关知识，学习药物新剂型的特点和分类、制备方法及释药原理。

任务一　缓释、控释制剂

【工作实例】患者在选购降压药硝苯地平时看到有硝苯地平有普通片和缓释片两种剂型，价格相差较大，故向店员咨询两者的区别。两种剂型的主要区别是什么？哪种剂型更好？

一、概述

（一）缓释、控释制剂的概念

缓释制剂是指在规定的释放介质中，按要求缓慢地非恒速释放药物的制剂，与相应的普通制剂比较，给药频率减少，患者用药依从性增加。如硝酸甘油缓释片、布洛芬缓释胶囊、茶碱缓释片等，通过延缓药物的释放速率，降低药物进入机体的吸收速率，从而起到更佳的治疗效果。

控释制剂是指在规定的释放介质中，按要求缓慢地恒速释放药物，与相应的普通制剂比较，给药频率减少，血药浓度比缓释制剂更加平稳，且能显著增加患者用药依从性的制剂。如维拉帕米渗透泵片、氢化钾渗透泵片等，通过延缓药物的释放速率，降低药物进入机体的吸收速率，从而起到更好的治疗效果。

同步思考18-1

简述缓释制剂和控释制剂的区别，特别是两者在释药过程中的差异。

答案解析

（二）缓释、控释制剂的特点

1. 缓释、控释制剂的优点

（1）对于半衰期短、需频繁给药的制剂，可以减少服药次数。使用方便，可提高患者的依从性。特别适用于需要长期服药的慢性病患者，如心血管疾病、心绞痛、高血压、哮喘患者等。

（2）使血药浓度平稳，避免或减轻峰谷现象（图18-1），有利于降低药物的毒副作用，特别是对于治疗指数较窄的药物，可保证其安全性和有效性。

（3）可减少用药总剂量，达到相同疗效。

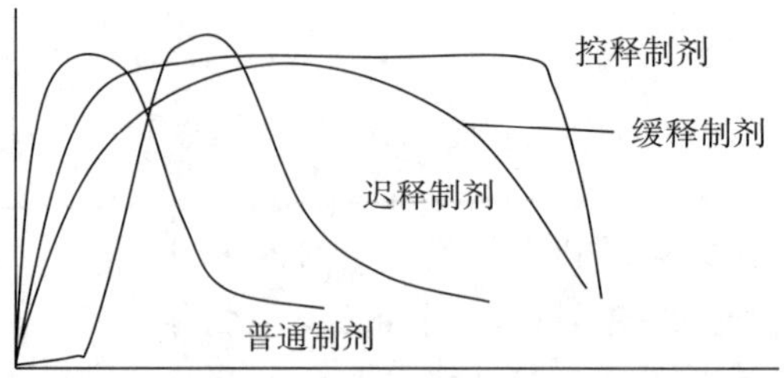

图18-1　普通制剂、缓控释制剂和迟释制剂的血药浓度-时间曲线比较

2.缓释、控释制剂的缺点

（1）在临床应用中对剂量调节的灵活性降低，如果遇到特殊情况（如出现较大副作用）往往不能立即中止治疗。

（2）缓释制剂是基于健康人群的平均动力学参数设计的，当药物在疾病状态的体内动力学特性有所改变时，不能灵活调节给药方案。

（3）生产成本较普通制剂高。

点滴积累 18-1

1.缓释制剂是指在规定的释放介质中，按要求缓慢地非恒速释放药物的制剂。

2.控释制剂是指在规定的释放介质中，按要求缓慢地恒速释放药物，与相应的普通制剂比较，给药频率减少，血药浓度比缓释制剂更加平稳。

3.缓释、控释制剂给药特点有可以减少服药次数；血药浓度平稳，避免或减轻峰谷现象；可减少用药总剂量，达到相同疗效。

二、设计工艺

缓释、控释制剂是在普通制剂基础上发展的一类药物新剂型，并非所有的口服药物都适合制成缓控释制剂。设计缓释、控释制剂时应考虑药物的理化性质、生物药剂学性质、药物动力学性质、药效学性质以及临床需求等。

（一）药物的选择

半衰期短（$t_{1/2}$=2~8小时）的药物适于制成缓控释制剂，如硝酸异山梨酯（$t_{1/2}$=5小时）等抗心绞痛药、普萘洛尔（$t_{1/2}$=3.1~4.5小时）等抗心律失常药、硝苯地平等降压药、抗组胺药、支气管扩张药、抗哮喘药、解热镇痛药、抗精神失常药等均适合制成缓控释制剂。

药物半衰期小于1小时或大于12小时的药物，一般不宜制成缓控释制剂。个别情况例外，如硝酸甘油半衰期很短，也可制成缓释片。

一次剂量较大（如大于0.5g）、药效剧烈、溶解吸收差、吸收不规则或受生理因素影响、剂量需要精密调节的药物，也不宜制成缓控释制剂。

抗生素类药物的抗菌效果依赖于峰浓度，一般不制成缓控释制剂，以免影响抑菌效果。

（二）设计要求

1. **药物特性**　缓释、控释制剂的设计要依据药物的溶解性、pH对溶解度的影响、稳定性，药物的吸收部位、吸收速率、首过效应、消除半衰期，药物的最小有效浓度、最佳治疗浓度、最低毒性浓度及个体差异等，根据临床需要以及预期制剂的体内性能进行可行性评估及处方设计。药物在胃肠道不同部位的吸收特性以及制剂在肠道的滞留时间是影响口服吸收的重要因素。胃肠道不同部位的pH、表面积、膜通透性、分泌物、酶、水量等不同，在药物吸收过程中所起的作用可能有显著差异，因此，充分了解药物在胃肠道的吸收部位或吸收窗，并在处方设计时考虑如何减小可能的个体差异。

2. **处方工艺**　口服缓释、控释制剂最常采用的剂型为片剂和胶囊（填充缓释小丸或颗粒），其他有缓释颗粒、缓释混悬剂等；常用的控释技术包括：膜包衣技术、骨架技术、渗透泵技术、胃内滞留技术、生物黏附技术、离子交换技术等。应根据药物的性质、临床用药特点、可采用的辅料、工艺设备等情况确定具体剂型，选择合适的控释技术和体外评价方法，进行处方与工艺的筛选与优化。

在处方工艺设计和研究中，需要充分了解原料药与所用辅料的性质及彼此的相容性。由于缓释、控释制剂的制备较普通制剂更加复杂，故需对制备工艺中可能影响产品质量的环节和工艺参数进行详细的考察，确定影响制剂质量的关键工艺因素以及关键工艺参数的范围。

3. **制剂稳定性**　缓释、控释制剂的释放行为应在一定pH条件下保持稳定，符合临床需求，且不受或少受生理、饮食等因素及产品运输储存条件（温度、湿度）等各个环节的影响。良好的处方工艺及其制备过程应能保证产品的重现性和稳定性，可以通过严格的操作规程和中间控制手段，有效地解决生产中批次间的重现性以及体内生物等效性等问题。

4. **剂量计算**　缓释、控释制剂的剂量设计通常有两种方法，一种方法是经验法，即根据普通制剂的用法和剂量，确定缓释、控释制剂的剂量，如某药制成普通制剂时，每日2次，每次20mg，若制成缓释、控释制剂，可以每日1次，每次40mg。另一种是采用药物动力学方法进行计算，利用药物动力学参数，根据需要的血药浓度和给药间隔设计缓释控释制剂的剂量。

同步思考18-2

哪些药物适合制成缓释、控释制剂？临床上常用的缓释、控释制剂有哪些？

答案解析

（三）缓释、控释制剂的类型

根据释药原理和制备技术不同可分为包衣型、骨架型和渗透泵型三类。

1. **包衣型缓控释制剂**　是指用一种或多种包衣材料对药物颗粒、小丸和片剂的表面进行包衣，使药物以恒速或非恒速通过包衣膜释放出来，达到缓释或控释的目的。根据包衣材料的性质和用途不同大致可分为蜡质、微孔、胃溶性、肠溶性等几类。

2. **骨架型缓控释制剂**　主要是骨架片。骨架片是指药物与一种或多种惰性固体骨架材料混合压制成的片剂。由于所用骨架材料不同，可将缓控释骨架片分为亲水凝胶骨架片、溶蚀性骨架片和不溶性骨架片三大类。

（1）亲水凝胶骨架片　以亲水性高分子聚合物为骨架材料，加入乳糖等稀释剂制成，是目前口服缓控释制剂的主要类型之一。亲水凝胶骨架片的制备方法有直接压片和湿法制粒压片两种方法。

（2）溶蚀性骨架片　即生物溶蚀骨架片，是指药物与蜡质、脂肪酸及其酯等物质混合制成的缓控释片。常用的骨架材料有蜂蜡、氢化植物油、硬脂酸、硬脂醇、单硬脂酸甘油酯、硬脂酸丁酯、巴西棕榈蜡等。为了增加药物的释放效果，可加入表面活性剂或润湿剂，如硬脂酸钠、三乙醇胺等。通常将巴西棕榈蜡与硬脂酸钠或硬脂酸结合使用。

（3）不溶性骨架片　是指药物与不溶于水或水溶性极小的高分子聚合物、无毒塑料等骨架材料混合压制成的片剂。本类骨架片适于水溶性药物。在制备此类药物时，将缓释材料粉末与药物混匀直接压片。如用乙基纤维素则可用乙醇溶解，然后按湿法制粒。此类片剂有时释放不完全，大量药物包含在骨架中，大剂量的药物不宜制成此类骨架片，现已应用不多。

3.渗透泵型控释制剂　系利用渗透压原理制成的一类制剂。口服渗透泵片以独特的释药方式和稳定的释药速率引起人们的普遍关注，是目前口服控释制剂中最为理想的一类制剂。其基本结构包括含药片芯、半透膜包衣和释药孔。制备过程包括片芯制备、包控释衣膜和激光打孔。前两个步骤与普通制剂相同，激光打孔是采用特殊的激光打孔机器在片面上打出小释药孔，其大小与药物的释放速率有直接的关系。

按结构特点，可分为单室渗透泵片和双室渗透泵片两类，其中，单室渗透泵片由片芯、包衣膜和释药孔组成，渗透泵片经口服后，膜内外存在较大的渗透压差，将药液以恒定速率从释药孔挤出，并持续释放，直到片芯药物溶尽为止。双室渗透泵片的片芯是双层结构，有两种类型：一种为两层，分别是药室和膨胀室，在胃肠道内，药室内的药物遇水后形成混悬液或溶液，膨胀室的推动剂吸水后会溶解膨胀产生压力，推动药室中的药液顶出释药孔。另一种也为两层，分别为药室和渗透室。有配伍禁忌的药物可采用制备双室渗透泵片的技术将两种药物分别存放在两个室中，这样既可避免药物之间的配伍变化，又可达到满意的释药效果。

点滴积累 18-2

1.药物半衰期小于1小时或大于12小时的药物，一般不宜制成缓释控释制剂。

2.缓控释制剂中主要起缓释、控释作用的辅料多为高分子聚合物，有骨架材料、包衣材料和致孔剂等。

3.根据释药原理和制备技术不同可分为包衣型、骨架型和渗透泵型三类。

三、质量要求

口服缓释、控释制剂的质量研究项目主要包括性状、鉴别、释放度、重（装）量差异、含量均匀度、有关物质、微生物限度、含量测定等。其中，释放度方法研究及其限度是口服缓释、控释制剂质量研究的重要内容。在建立释放度及其他检验项目的测定方法时，应符合《中国药典》（2020年版）中“分析方法验证指导原则”的相关要求。

应考察至少3批产品批与批之间体外药物释放度的重现性，并考察同批产品体外药物释放度的均一性。缓释、控释制剂制备工艺中若用到需要控制的有机溶剂（如包衣工艺中采用的有机溶剂），则应按残留溶剂测定法（通则0861）测定。

药物的体外释放行为受制剂本身因素和外界因素的影响。制剂本身因素包括主药的性质（如溶解度、晶型、粒度分布等）、制剂的处方与工艺等，外界因素包括释放度测定的仪器装置、释放介质、转速等。

充电链接

体外释放度试验

体外释放度试验是在模拟体内消化道条件下（如温度、介质的pH、搅拌速率等），测定制剂的药物释放速率，并最后制订出合理的体外药物释放度标准，以监测产品的生产过程及对产品进行质量控制。结合体内外相关性研究，释放度可以在一定程度上预测产品的体内行为。

1.仪器装置 仪器装置的选择，应考虑具体的剂型及可能的释药机制。除另有规定外，缓释、控释制剂的体外药物释放度试验可采用溶出度测定仪进行。如采用其他特殊仪器装置，需提供充分的依据。

2.温度 缓释、控释制剂的体外释放度试验应控制在（37±0.5）℃，以模拟体温。

3.释放介质 释放介质的选择依赖于药物的理化性质（如溶解性、稳定性、油水分配系数等）、生物药剂学性质以及吸收部位的生理环境（如胃、小肠、结肠等）。一般推荐选用水性介质，包括水、稀盐酸（0.001~0.1mol/L）或pH3~8的醋酸盐或磷酸盐缓冲液等；对难溶性药物通常不宜采用有机溶剂，可加适量的表面活性剂（如十二烷基硫酸钠等）；必要时可考虑加入酶等添加物。

由于不同pH条件下药物的溶解度、缓控释辅料的性质（如水化、溶胀、溶蚀速度等）可能不同，建议对不同pH条件下的释放行为进行考察。

释放介质的体积一般应符合漏槽条件。

4.取样时间点 体外释放速率试验应能反映出受试制剂释药速率的变化特征，且能满足统计学处理的需要。释药全过程的时间不应低于给药的间隔时间，且累积释放百分率要求达到90%以上。除另有规定外，通常将释药全过程的数据作累积释放百分率-时间的释药曲线图，以制订出合理的释放度检查方法和限度。

缓释制剂从释药曲线图中至少选出3个取样时间点，第一点为开始0.5~2小时的取样时间点，用于考察药物是否有突释；第二点为中间的取样时间点，用于确定释药特性；最后的取样时间点，用于考察释药是否基本完全。控释制剂取样点不得少于5个。

5.转速 缓释、控释制剂在不同转速下的释放行为可能不同，故应考察不同转速对其释放行为的影响。一般不推荐过高或过低转速。

6.释药模型的拟合 缓释制剂的释药数据可用一级方程和Higuchi方程等拟合，即

$$\ln(1-M_t/M_\infty)=-kt \quad \text{（一级方程）} \tag{18-1}$$

$$M_t/M_\infty=kt_{1/2} \quad \text{（Higuchi方程）} \tag{18-2}$$

控释制剂的释药数据可用零级方程拟合，即

$$M_t/M_\infty=kt \quad \text{（零级方程）} \tag{18-3}$$

式中，M_t为t时间的累积释放量；M_∞为∞时累积释放量；M_t/M_∞为t时累积释放百分率。拟合时以相关系数（r）最大而均方误差（MSE）最小为最佳拟合结果。

7.其他 多于一个活性成分的产品，要求对每一个活性成分均按以上要求进行释放度测定。如在同一种方法下不能有效测定每个成分的释放行为，则需针对不同成分，选择建立不同的测定方法。对于不同规格的产品，可以建立相同或不同的测定方法。

充电链接

布洛芬缓释胶囊的检查

1.溶出度　照溶出度与释放度测定法（通则0931第一法）测定。

2.溶出条件　以磷酸盐缓冲液（取磷酸二氢钾68.05g，加1mol/L氢氧化钠溶液56ml，用水稀释至10000ml，摇匀，pH值应为6.0±0.05）900ml为溶出介质，转速为30r/min，依法操作，经1小时、2小时、4小时与7小时，各取溶出液5ml，并及时补充相同温度、相同体积的溶出介质。

3.限度　每粒在1小时、2小时、4小时与7小时的溶出量应分别为标示量的10%~35%、25%~55%、50%~80%和75%以上，均应符合规定。

4.其他　应符合胶囊剂项下有关的各项规定（通则0103）。

点滴积累18-3

1.释放度方法研究及其限度确定是口服缓释、控释制剂质量研究的重要内容。

2.缓释制剂从释药曲线图中至少选出3个取样时间点，控释制剂取样点不得少于5个。

3.对缓释、控释制剂的安全性和有效性进行评价，应通过体内的药效学和药物动力学试验。

四、制备举例及应用

（一）亲水凝胶骨架片：盐酸二甲双胍缓释片

【处方】盐酸二甲双胍500g　CMC-Na 51g　HPMC（K100M）44g　HPMC（E5M）9.5g　MCC100g　硬脂酸镁10g　95%乙醇适量共制1000片

【临床适应证】本品适用于单纯饮食控制不满意的2型糖尿病患者，也用于肥胖症患者控制体重。

【处方分析】盐酸二甲双瓢为主药，CMC-Na、HPMC（K1000M）、HPMC（E5M）为骨架材料，MCC为干燥黏合剂兼有助流作用，95%乙醇为润湿剂，硬脂酸镁为润滑剂。

【制备方法】将盐酸二甲双胍与CMC-Na混合均匀，加95%乙醇适量制成软材，制粒、干燥：再加入HPMC（K1000M）、HPMC（E5M）和MCC混合均匀，整粒，加硬脂酸镁匀，压片即得。

（二）溶蚀性骨架片：硝酸甘油缓释片

【处方】硝酸甘油2.6g（10%乙醇溶液29.5ml）　硬脂酸60g　鲸蜡醇66g　聚维酮31g　MCC 58.8g　微粉硅胶5.4g　乳糖49.8g　滑石粉24.9g　硬脂酸镁1.5g共制1000片

【临床适应证】主要用于冠心病、心绞痛的治疗及预防。

【处方分析】硝酸甘油为主药，乙醇为溶剂，硬脂酸、鲸蜡醇、聚维酮为骨架材料，MCC为干燥黏合剂兼有助流作用，乳糖为填充剂，微粉硅胶、滑石粉、硬脂酸镁为润滑剂。

【制备方法】①将聚维酮溶于硝酸甘油乙醇溶液中，加微粉硅胶混匀，加硬脂酸与鲸蜡醇，水浴加热到60℃，熔融。将MCC、乳糖、滑石粉的均匀混合物加入上述熔化的系统中，搅拌1小时。②将上述黏稠的混合物摊于盘中，室温下放置20分钟，待成团块时，用16目筛制粒。30℃干燥，整粒，加入硬脂酸镁，压片。

（三）渗透泵片：维拉帕米缓释片

【处方】

（1）片芯处方

盐酸维拉帕米（40目）2850g　甘露醇（40目）2850g　聚环氧乙烷（40目、分子量为500万）60g

聚维酮120g 硬脂酸（40目）155g 乙醇1930g

（2）包衣液处方（用于每片含120mg的片芯）

醋酸纤维素（乙酰基值39.8%）47.25g 羟丙纤维素22.5g 醋酸纤维素（乙酰基值32%）15.75g 聚乙二醇3350 4.5g 二氯甲烷1755ml 甲醇735ml

【临床适应证】用于治疗心律失常和心绞痛。

【处方分析】①渗透泵片的释药速率与包衣膜的厚度相关，在表面积相同的条件下，释药速率随膜的厚度增加而减少；②孔径大小影响释药速率，孔径过大则药物通过小孔的扩散不可忽略，过小则药物不易释出。

【制备方法】①片芯制备：将片芯处方中前三种组分置于混合器中，混合5分钟，将聚维酮溶于乙醇，缓慢加至上述混合组分中，搅拌20分钟，过10目筛制粒，于50℃干燥18小时，经10目筛整粒后，加入硬脂酸混匀，压片。制成每片含主药120mg，硬度为9.7kg的片芯。②包衣：用空气悬浮包衣技术包衣，进液速度为20ml/min包至每个片芯上的衣层增重为15.6mg。将包衣片置于相对湿度50%、温度50℃的环境中，存放45~50小时，再在50℃干燥箱中干燥20~25小时。③打孔：在包衣片上下两面对称处各打一释药孔，孔径254μm。

阅读与感悟

国外药物制剂的发展，已从20世纪60年代偏重制剂的工艺及表观质量转向制剂因素与体内关系的研究。20世纪80年代末，为适应医疗需要，制剂研究开始转向新型给药系统的研究。缓控释制剂作为一种特殊释药系统一直在药剂专业范围内被广泛关注。国内自20世纪80年代初开始研究这项新技术以来，无论是参与研究单位的数量，还是所研究的药品品种和制剂类型都不断增多和扩大，涉及的制剂类型也有较大突破。目前缓控释制剂正以其独特的优势在药学领域蓬勃发展，随着药物制剂关键技术和药物新剂型研究的发展，缓控释制剂已不仅是控制药物的释放速度，而是逐渐形成定位、定时、定速释放等针对性更强的各个研究分支。随着科学技术的高速发展，新辅料、新材料、新设备和新工艺的不断涌现及药物载体的修饰等，缓控释制剂必将在防病和治病中发挥更大的作用。

自测达标

答案解析

一、单项选择题

1.渗透泵片控释的基本原理是（ ）

A.片剂膜内渗透压大于膜外，将药物从小孔压出

B.药物由控释膜的微孔恒速释放

C.减少药物溶出速率

D.片外渗透压大于片内，将片内药物压出

2.以下可用于制备亲水凝胶骨架片的材料是（ ）

A.海藻酸钠 B.聚氯乙烯 C.脂肪酸 D.硅橡胶

3.以下对渗透泵片的叙述中，错误的是（ ）

A.释药不受胃肠道pH的影响

B.当片芯中药物浓度低于饱和溶液浓度时，药物以非零级速率释放

C.当片芯中的药物未被全部溶解时，药物以一级速率释放

D.药物在胃与肠中的释药速率相等

4.下列数学模型中，不是作为拟合缓（控）释制剂的药物释放曲线的是（　）

A.零级速率方程　B.一级速率方程　C. Higuchi方程　D.米氏方程

5.下列关于骨架型缓控释片的叙述中，错误的是（　）

A.亲水凝胶骨架片中药物的释放比较完全

B.不溶性骨架片中要求药物的溶解度较小

C.药物从骨架片中的释放速度比普通片剂慢

D.骨架型缓控释片一般有三种类型

6.可作为渗透泵制剂中渗透促进剂的是（　）

A.氢化植物油　B.脂肪　C.淀粉浆　D.蔗糖

7.下列不是缓、控释制剂释药原理的为（　）

A渗透压原理　B.离子交换作用　C.毛细管作用　D.散原理

8.可作为溶蚀性骨架片的骨架材料是（　）

A硬脂酸　B.聚丙烯　C.硅氧烷　D.聚乙烯

9.最适合制备缓（控）释制剂的药物半衰期为（　）

A. 15小时　B. 24小时　C. 48小时　D. 2~8小时

10.可作为不溶性骨架片的骨架材料是（　）

A.聚乙烯醇　B.聚氯乙烯　C.胶　D.海藻酸钠

二、配伍选择题

（11~15题共用选项）

A.聚乙二醇　B.乙基纤维素　C.丙甲纤维素

D.单硬脂酸甘油酯　E.硅橡胶

11.可作为不溶性骨架材料的是（　）

12.可作为控释膜材料的是（　）

13.可作为渗透泵片推动剂的是（　）

14. 可作为生物溶蚀性骨架材料的是（　）

15.可作为亲水凝胶型骨架材料的是（　）

三、综合运用题

16.分析下列阿米替林缓释片（50毫克/片）处方中各成分的作用，并简述其制备过程。

【处方】阿米替林50mg　枸橼酸10mg　HPMC（K4M）160mg　乳糖180mg　硬脂酸镁2mg

任务二　经皮给药制剂

【工作实例】某患者因肺癌骨转移癌痛住院，期间医师处方为芬太尼透皮贴剂，每72小时一次，一次1贴，外用。因时值冬季，家人担心患者在病房受凉，特意将一暖炉给患者保暖，患者在使用贴剂2日后出现头晕、嗜睡、恶心、呕吐等症状。经临床药师检查，发现是暖炉靠近贴药部位，使该部位温度升高，促使应该稳定释放药物的贴剂释药速度加快，引起不良反应。升温为什么会加快芬太尼透皮贴剂中药物的释放速度？出现上述症状后，该如何调整用药并告知家属哪些注意事项？

一、概述

经皮给药制剂（经皮吸收制剂）又称经皮给药系统（TDDS）或经皮治疗系统（TTS），是指经皮肤敷贴方式用药，药物由皮肤吸收进入全身血液循环并达到有效血药浓度，实现治疗或预防疾病作用的一类制剂，又称为贴剂或贴片。

虽然透皮贴剂存在药物吸收慢，以及不适用于对皮肤有强刺激性和过敏性药物等的局限性，但与常规注射剂和口服制剂等相比，透皮贴剂仍具有多项优点：一是给药方便，适用于低龄儿童或吞咽困难患者，患者依从性高；二是避免肝脏首过效应及药物在胃肠道的降解，避免胃肠道因素对药物吸收产生的影响；三是能够长时间持续释放药物，延长作用时间，维持恒定血药浓度，避免口服给药引起的血药浓度的峰谷现象。

充电链接

不同国家对透皮贴剂（经皮给药制剂）的定义

《中华人民共和国药典》（2020版）（0121贴剂）项下，将透皮贴剂定义为用于完整皮肤表面能将药物输送透过皮肤进入血液循环系统起全身作用的贴剂。

经皮给药制剂分为传统外用制剂和现代经皮吸收制剂两大类。传统外用制剂也称为皮肤局部给药系统，主要作用于皮肤局部或者局部皮肤下的各层组织，常见制剂种类包括软膏剂、乳膏剂、糊剂、凝胶剂、喷雾剂、涂剂、气雾剂、巴布剂、泡沫剂和散剂等。现代经皮吸收制剂一般主要是指透皮贴剂。

《美国药典》将透皮给药系统定义为：用于皮肤能将药物透过皮肤真皮层达到全身作用的给药途径。

《欧洲药典》定义为：透皮贴剂为具有不同给药面积、含有一种或多种活性成分的药物制剂，用于完整皮肤表面，能透过皮肤屏障将药物递送至体循环。

同步思考18-3

晕车贴是采用透皮缓释技术，加入超强渗透剂加工制成的外用贴剂。晕车贴每贴含洋金花0.5g，半小时见效，持续72小时有效，能有效预防晕车、晕船、晕飞机。晕车贴与传统口服晕车药相比，具有哪些优缺点？

答案解析

（一）分类

经皮给药制剂大致分为以下四大类。

1.膜控释型 药物或透皮吸收促进剂被控释膜或其他材料包裹成贮库，由控释膜控制药物的释放速度。常见品种有硝酸甘油贴剂、东莨菪碱贴剂、雌二醇贴剂、可乐定贴剂均为膜控释型TDDS。

2.骨架扩散型 药物均匀分散、溶解在疏水或亲水的聚合物骨架中，由骨架材料控制药物释放，如硝酸甘油亦可做成聚合物骨架型TDDS。

3.黏胶分散型 黏胶分散型的药库层及控释层均由压敏胶组成，将药物贮库均匀涂布在不渗透背衬层上，药库按照适宜浓度梯度制备成多层含不同药量及致孔剂的压敏胶层，达到控制释放的目的。

4.微贮库型 兼具膜控释型和骨架型的特点，先把药物分散在水溶性聚合物（如PEG）水溶液中，再将该混悬液均匀分散在疏水性聚合物中，在高切变机械力下，使之形成微小的球形液滴，然后迅速交联疏水聚合物分子，使之成为稳定的包含有球形液滴药库的分散系统。

（二）经皮给药制剂的基本组成

经皮给药制剂的基本组成分为背衬层、药物贮库、控释膜、黏附层和保护层。

1. 背衬层　主要对药物、胶液、溶剂、湿气和光线等起阻隔作用，同时用于支持药库或压敏胶等。常用的背衬材料为复合铝箔膜。

2. 药物贮库　起贮存药物的作用，主要由药物、高分子基质材料、经皮吸收促进剂等组成。高分子基质材料常用醋酸纤维素、聚乙烯、聚氯乙烯、聚丙烯等。

3. 控释膜　主要控制药物的释放速度，有时也可作为药库。控释膜主要由乙烯-醋酸乙烯共聚物或聚硅氧烷等膜材料、致孔剂组成。

4. 黏附层　主要起粘贴作用，有时也可起药库、控释等作用。常用的黏附层材料为压敏胶，对皮肤无刺激和无过敏性。常用的压敏胶有聚异丁烯类、丙烯酸类、硅橡胶类三类。

充电链接

药用压敏胶的种类

压敏胶主要是丙烯酸系和橡胶系的溶剂型或胶乳型胶黏剂。药用压敏胶的发展对于药物经皮给药制剂的发展至关重要。随着用药要求的提高和科技的进步，在传统压敏胶的基础上逐步开发出了一些新型压敏胶材料，如传统类型改性型压敏胶、水凝胶压敏胶、亲水性压敏胶和水性聚氨酯压敏胶等，为经皮给药制剂的发展提供了支持。

5. 保护层　主要对TDDS黏附层进行保护，常用的材料有聚乙烯、聚氯乙烯、聚丙烯等高聚物膜材，有时也会用表面经液状石蜡或二甲硅油处理过的光滑厚纸。

点滴积累18-4

1. 透皮贴剂具有给药方便，患者依从性高；能避免肝脏首过效应及胃肠道因素对药物吸收产生的影响；且能延长作用时间，维持恒定血药浓度的特点。

2. 经皮给药制剂的基本组成分为背衬层、药物贮库、控释膜、黏附层和保护层。

二、经皮给药制剂的吸收

皮肤角质层是TDDS吸收的最大障碍，人类一直在研究穿透角质层的方法。促进药物透皮吸收最常用的方法是使用各种经皮吸收促进剂或渗透促进剂。经皮吸收促进剂是指能够渗透进入皮肤，降低药物通过皮肤的阻力，降低皮肤屏障性能，加速药物穿透皮肤的物质。常用的种类有表面活性剂、氮酮类化合物、二甲基亚砜（DMSO）、醇类化合物等。此外，还有一些传统的经皮吸收促进剂，如桉叶油、薄荷油、松节油等，这些物质具有较强的渗透促进能力，而且可以刺激皮下毛细血管的血液循环。

三、制备工艺

透皮贴剂典型的制备工艺为混合、涂布和干燥、复合层压、分切、印刷、裁切和装袋。

（一）混合

将原辅料混合均匀。混合工艺可能影响产品的含量、原辅料稳定性、含量均匀度、微观形貌和黏合剂的物理性能等。需考察的工艺参数通常有物料加入顺序、混合速度和时间、温度、再分散或再循环条件、脱气条件等，需考察的物料属性通常有原料药粒度、晶型、物料的流变特性、溶剂型物料中固体物质含量百分比等。

（二）涂布和干燥

涂布和干燥是TDDS的基本工艺过程，是各种TDDS制备的必备工艺。常用的涂布液有压敏胶溶液、药库溶液以及防黏纸的硅胶等。

常用涂布方法有涂膜法和热熔法两类。涂膜法是一种简便的制备膜材的方法；热熔法是将高分子材料加热成为黏流态或高弹态，使其变形为给定尺寸膜材的方法，包括挤出法和压延法两种，适合于工业生产。其中，挤出法根据使用的模具不同分为管膜法和平膜法。

涂布干燥工艺可能影响产品的含量、含量均匀度、微观形貌、药物释放、稳定性、残留溶剂、残留的黏合剂杂质以及黏合剂基质的物理性质等。需考察的工艺参数通常有生产线速度、泵或螺杆速度、区域温度、空气流速、干燥空气的温湿度等。需考察的物料属性通常有涂布混合物的流变性、均匀性以及涂布混合物中的溶剂和黏合剂杂质含量等。

（三）复合层压

将涂布有压敏胶层的控释膜与防黏纸黏合，再将载有定量药库的铝箔通过热压法使控释膜边缘与铝箔上的复合聚乙烯层熔合。

充电链接

透皮贴剂的质量研究

透皮贴剂的质量研究一般应包括但不限于以下研究：性状、鉴别、含量、单位剂量均匀性、有关物质、剥离强度、保护层剥离力、初黏力、持黏力、冷流、体外释放、原料药析晶、包装完整性、残留溶剂、微生物限度（如适用）、经皮促进剂含量/抗氧剂含量/含水量（如适用）等。对于控释膜型透皮贴剂，应关注药品的倾泄风险。

除通用质量控制项目（如性状、鉴别、含量、单位剂量均匀性、有关物质）外，还应至少包括体外释放及黏附性相关的检查项。

1.体外释放试验 是评估药物从透皮贴剂释放的速率和程度，是质量研究及稳定性考察中的重要指标。透皮贴剂体外释放度研究方法主要有桨碟法和转筒法，在《中国药典》、《美国药典》（USP）和《欧洲药典》（EP）中均有收载。此外，《美国药典》（USP）还收载了往复支架法，日本药局方（P）收载了纵向扩散池法。

2.体外透皮试验 是为了模拟药品在生理条件下透皮过程，已部分地反映药品的质量与临床治疗的有效性。

3.体外黏附性能

（1）剥离强度 将透皮贴剂在规定压力下施用于标准基板，在指定的温度和时间下进行平衡，然后使用仪器将透皮贴剂从基材上剥离并记录相应的力。

（2）保护层剥离力 用成品样品进行，在指定的温度和时间下进行平衡，然后使用仪器将保护层从透皮贴剂上剥离并记录相应的力。

（3）初黏力 可采用滚球法、探针法或其他替代方法测定。

（4）持黏力 可进行动态和静态测试。在动态测试期间，可将透皮贴剂以恒定的速率从测试面板上拉出。进行静态测试时，可通过悬挂砝码来测试透皮贴剂的承受剪切力。

（5）冷流 是透皮贴剂固有的特性，大小通常取决于处方、包装设计、贮存条件和时间。应重视处方的流研究，并采用定量和定性相结合的方法评估冷流。

点滴积累 18-5

透皮贴剂典型的生产工艺通常包括混合、涂布干燥、复合层压、分切、印刷、裁切和装袋。

四、制备举例及应用

东莨菪碱透皮剂

【处方】东莨菪碱4.65g　甲苯131ml　丁基橡胶30g　轻质矿物油20g

【处方分析】东莨菪碱为主药，甲苯为骨架材料，轻质矿物油为背衬材料，丁基橡胶为压敏胶。

【制备方法】取丁基橡胶10g，溶于6ml甲苯中，加入东莨菪碱3.15g，轻质矿物油7g，将此溶液浇铸在0.07mm厚的镀铝聚乙烯薄层上的第三层药膜上；取丁基橡胶11g，溶于65ml甲苯中，加入东莨菪碱0.75g，轻质矿物油6g，将此溶液浇铸在硅包衣的聚乙烯薄层或纸上的第二层药膜上；取丁基橡胶9g溶于60ml甲苯中，加入东莨菪碱0.75g，轻质矿物油7g，将此溶液浇铸在硅包衣的聚乙烯薄层或纸上的第一层药膜。第一层和第二层叠置于第三层上，用硅包衣的聚乙烯膜覆盖。

阅读与感悟

透皮贴剂具有给药方便、安全有效性良好等特点，极大地提高了患者的依从性。自1979年FDA批准了首个透皮贴剂——东莨菪碱透皮贴剂上市，透皮贴剂投入市场已经有三十多年，但由于受到活性成分分子量、亲水、亲油性和熔点等因素的影响，药物品种、数量仍十分有限。随着临床需求增长以及各项研究的深入，透皮贴剂会在帕金森病、阿尔茨海默病、抑郁症、精神分裂症、抗炎镇痛等领域获得更加广泛的发展。

自测达标

答案解析

一、单项选择题

1. 下列关于透皮贴剂的特点，错误的是（　）

A. 给药方便，患者依从性高　B. 能避免肝脏首过效应

C. 受胃肠道因素对药物吸收产生的影响　D. 维持恒定血药浓度

2. 透皮给药制剂的基本组成不包括（　）

A. 背衬层　B. 药物层　C. 控释膜　D. 黏附层和保护层

3. 不属于常用的经皮吸收促进剂的是（　）

A. 阳离子型表面活性剂　B. 氮酮类化合物

C. 二甲基亚砜（DMSO）　D. 醇类化合物

4. 下列关于经皮给药系统的叙述，正确的是（　）

A. 药物分子量大，有利于经皮吸收

B. 药物熔点高，有利于经皮吸收

C. 经皮给药能使药物直接进入血流，避免了首过效应

D. 剂量大的药物适合经皮给药

5. 药物经皮吸收是指（　）

A. 药物通过表皮到达深层组织　B. 药物主要通过毛和皮脂腺到达体内

C. 药物通过表皮在用药部位发挥作用　D. 药物通过表皮被毛细血管和淋巴吸收进入体循环

二、配伍选择题

（6~9题共用选项）

A. 背衬材料　B. 防黏层　C. 油酸　D. 聚丙烯酸类压敏胶　E. 醋酸

6.可在经皮给药系统中作为经皮吸收促进剂的是（ ）

7.在经皮给药系统中用于支持药库或压敏胶等的薄膜是（ ）

8.主要用于经皮给药系统中作为黏胶层保护的是（ ）

9.在经皮给药系统中起到把装置黏附到皮肤上作用的是（ ）

三、综合运用题

10.简述经皮吸收制剂的制备工艺。

任务三　靶向制剂

【工作实例】癌症是严重威胁人类生命的疾病，治疗癌症常用的方法是化疗，但其存在多种毒副反应，包括脱发、恶心呕吐、过敏反应引起的呼吸困难等。李某毕业后从事新药研发工作，重点研究将抗肿瘤药物包裹在脂质体内，在不增加药物毒副作用的前提下，通过提高药物剂量而增强药效。脂质体有何作用？脂质体在疾病治疗中有什么优势？

一、概述

（一）靶向制剂的概念

靶向制剂又称靶向给药系统，是指采用载体将药物通过循环系统浓集定位或接近靶组织、靶器官、靶细胞或细胞内特定结构的一类新制剂，可提高疗效和（或）降低对其他组织、器官及全身的毒副作用。

（二）靶向制剂的特点

相比于普通制剂和缓释、控释制剂，靶向制剂具有以下特点。

1.使药物迅速到达靶区，提高药物对靶区的指向性，最大限度地增加靶区的血药浓度，疗效达到普通制剂的数倍乃至数百倍，减少用药剂量，提高生物利用度。

2.药物主要分布在病灶区，降低对正常组织或细胞的毒性，例如将具肝靶向的载体和药物偶联，使药物定向转运到肝脏，提高肝脏的血药浓度，从而增强疗效。

3.药理活性专一，靶向制剂不仅要求药物选择性地到达特定部位的靶组织、靶器官、靶细胞甚至细胞内的结构，而且要求有一定浓度的药物滞留时间，以便发挥药效，而载体应无毒副作用。

成功的靶向制剂应具备定位浓集、控制释药以及无毒可生物降解三个要素。

（三）靶向制剂的分类

按靶向给药系统的作用原理不同可将靶向制剂分为以下三类。

1.主动靶向制剂　即用修饰的药物载体作为“导弹”，将药物定向地运送到靶区浓集发挥药效。通过对载药微粒的表面进行修饰，使之不被巨噬细胞摄取，防止其在肝、脾内浓集，从而改变载药微粒在体内的自然分布，将药物运送至特定的靶部位发挥药效。主动靶向制剂主要分为表面修饰制剂和前体药物制剂两大类，前者是将药物载体进行修饰，从而使药物定向到达靶部位发挥疗效，后者是把药物修饰成前体药物，使药物在靶部位激活而发挥作用。

2.被动靶向制剂　又称自然靶向制剂，可被单核-吞噬细胞系统的巨噬细胞摄取，通过正常的生理过程将药物传递至靶部位，从而实现靶向性，其与主动靶向制剂最大的区别在于被动靶向制剂的载体上不含有特异性作用的配体。被动靶向制剂研究较多，具代表性的是微球、脂质体和毫微胶囊制剂。

3.物理化学靶向制剂　应用某些物理化学方法使药物在特定部位发挥药效的靶向给药系统，如磁性、温度、pH等。

点滴积累18-6

1.靶向制剂又称靶向给药系统，是指采用载体将药物通过循环系统浓集定位或接近靶组织、靶器官、靶细胞或细胞内特定结构的一类新制剂，可提高疗效和（或）降低对其他组织、器官及全身的毒副作用。

2.靶向制剂的特点有药物迅速到达靶区；减少用药剂量，提高生物利用度；降低对正常组织或细胞的毒性；药理活性专一等。

3.按靶向给药系统的作用原理不同可将靶向制剂分为主动靶向制剂、被动靶向制剂、物理化学靶向制剂。

二、制备工艺

（一）磁性药物微球的制备工艺

制备磁性药物微球的关键在于如何在无机磁性颗粒表面形成高分子壳层，从而将磁性材料和药物包埋在其中。目前磁性药物微球的制备主要有三种方式。

1.直接包埋法 是制备磁性药物微球最早最常用的一类方法，它是将磁性粒子、药物均匀分散于高分子材料的溶液中，采用雾化、絮凝、沉积、蒸发等手段使高分子包覆在磁性颗粒和药物表面，形成核壳结构的磁性药物微球。在包埋过程中，可用交联剂，交联高分子壳层等来增加微球的稳定性。直接包埋法多用于制备天然高分子磁性药物微球。

该方法操作简单，制备的磁性药物微球生物相容性好，表面本身含有各种活性功能基团，可直接偶联所需配基。但所得颗粒形状不规则，颗粒大小不易控制，粒径分布宽，壳层中常混有乳化剂等杂质，使磁性药物微球在临床上的应用受到限制。

直接包埋法具体又分为乳化-加热固化法、乳化-化学交联法、冷冻凝聚法和复乳-溶剂挥发法。

2.乳液聚合法 将药物和磁铁粒子溶于含乳化剂的有机溶剂中乳化，然后加入高分子聚合物的单体，再加入引发剂，在适当条件下引发聚合反应，使单体在磁粒子和药物的周围聚合形成微球。合成高分子磁性药物微球的制备多用此法。

采用乳液聚合法制备磁性药物微球的关键在于如何得到复合胶乳粒子并形成稳定的乳化体系。制备的磁性药物微球磁响应性强，但粒径分布范围宽，难以形成均匀包裹的高分子微球，另外乳化剂等杂质的存在也限制了微球的应用。

3.沉淀法 是磁性物质在生成的同时就与药物一起被高分子材料包裹形成核壳型微球的方法。先将天然高分子材料和药物溶解，然后依次加入Fe^{2+}和H_2O_2或$FeCl_2$和$FeCl_3$溶液，在搅拌的同时滴加碱性溶液控制pH，反应一段时间后，加入交联剂（戊二醛等）固化，再离心、洗涤即得到磁性药物微球。优点是制备方法简单，避免了制取磁流体或均匀分散磁粒子的相关处理，制得的磁性微球粒径较小、表面积大。缺点是磁性药物微球大小不均匀、磁响应性较弱。

（二）脂质体的制备工艺

脂质体的制备方法可分为三大类：物理分散法、两相分散法、表面活性剂增溶法。

1.物理分散法 基本原理是将类脂材料干燥成薄膜，然后加入水溶性介质分散，工艺比较简单，但都有一个共同的缺点：包封率都较低（微乳化法除外）。例如将磷脂、胆固醇和脂溶性药物溶于三氯甲烷内后减压蒸发除去溶剂，形成脂质薄膜，使药物和胆固醇分子分别插入在脂质双层膜中。接着加入缓冲液进行水化形成脂质体混悬液，药物则包封于脂质体的双分子层内得到脂质体混悬液。这种方法通常适用于脂溶性药物脂质体的制备。

2.两相分散法　基本原理是将类脂剂溶解在有机溶剂中，使油相和水相接触，同时将溶剂蒸发，以变成脂质体。可分为3种类型：溶剂和水可互溶，如乙醇注入法；溶剂和水不溶解，但水相过量，如乙醚注入法；溶剂和水不溶解，但溶剂过量，如逆相蒸发法。例如磷脂、胆固醇等膜材溶于有机溶剂中，完全溶解后加入待包封的药物水溶液，超声形成稳定的W/O型乳状液。减压蒸发除去有机溶剂，形成黏稠的胶态溶液。加入磷酸盐缓冲液，制得脂质体混悬液，此时药物包封于脂质体内的水相中。

3.表面活性剂增溶法　脂质薄膜，多层脂质体或单层脂质体与胆酸盐，脱氧胆酸盐等表面活性剂混合，通过离心法或凝胶过滤法、透析法除去表面活性剂，就可获得中等大小的单层脂质体。此法适用于制备脂溶性蛋白类药物的脂质体，但这个方法并不作为脂质体的主要制备方法。它的优点是：方法温和，并不产生水解和氧化；表面活性剂/类脂比可随意变化，以得到满意的尺寸。它的缺点是除去表面活性剂时需要渗析，这一过程需要几个甚至几十个小时。

点滴积累 18-7

1.磁性药物微球的制备方法主要有直接包埋法、乳液聚合法和沉淀法。

2.脂质体的制备方法主要有物理分散法、两相分散法和表面活性剂增溶法。

三、常见类型和应用

（一）主动靶向制剂

1.表面修饰制剂　按载药载体的不同，表面修饰制剂主要分为修饰的脂质体、修饰的微球（囊）和修饰的纳米粒3大类。

2.前体药物制剂　前体药物是将有药理活性的母体药物进行修饰后得到的一种化合物，其在体外无活性或活性较小，在体内经生物转化后释放出母体药物从而发挥疗效。前体药物在抗癌药领域的应用受到广泛关注。

（二）被动靶向制剂

1.脂质体　是由一层或多层的类脂质双分子构成的囊状小球，亦称类脂小球或液晶微囊，结构与生物膜类似，具有被动靶向性，是一种定向药物载体，可以包封脂溶性药物或水溶性药物。其作为药物的载药材料，能包埋不同极性的药物，可携带大量药物，有提高疗效、增加药物稳定性、降低药物毒性等优点。脂质体在体内可被巨噬细胞摄取，在骨髓、肝、脾等单核巨噬细胞较为丰富的部位浓集，从而发挥靶向作用。脂质体的颗粒大小、电荷、层数、脂质成分以及聚合物和配体的表面修饰情况，都会影响其在体外和体内的稳定性。

脂质体属于胶体系统，其组成与细胞膜相似，能显著增强细胞摄取、延缓和克服耐药性，具有控释、无免疫原性及提高疗效等特点。脂质体在体内细胞水平上的作用机制有物理吸附、脂质体的脂类与细胞膜上的脂类发生的脂交换、脂质体被单核-吞噬细胞系统细胞吞噬的内吞作用、膜材与细胞膜融合消化等。

脂质体可完全生物降解，一般无毒，可制备成各种形态和粒径，具有不同的表面性质，因而适用于多种给药途径，包括静脉、肌内和皮下注射，口服或经眼部、肺部、鼻腔和皮肤给药等。

2.微球　粒径一般在1~250μm，是指药物分子分散或被吸附在明胶、白蛋白等高分子聚合物载体中而形成的微粒分散系统。主要用于注射给药、动脉栓塞和口服等。微球对药物的适应性强于脂质体，分子或微粉状态的药物可以分散在微球材料中，在制备工艺方面以及材料选择方面，微球都比脂质体要简便得多。蛋白质、多肽等生物大分子以微球为载体可以解决其在体内易酶解或水解失活、半衰期短等问题。药物制成微球后主要特点是缓释长效和靶向作用，微球中药物的释放机制与微囊基本相同，即扩散、材料的溶解和材料的降解三种。

（1）修饰的微球　用聚合物将抗原或抗体吸附或交联形成的微球，称为免疫微球。免疫微球除可用于抗癌药的靶向治疗外，还可用于标记和分离细胞做诊断和治疗，亦可使免疫微球带上磁性，提高靶向性和专一性，或用免疫球蛋白处理红细胞得免疫红细胞，它是在体内免疫反应很小的靶向于肝、脾的免疫载体。

（2）磁性微球　采用磁性物质体外磁响应导向至靶部位的制剂称为磁性靶向制剂。

3. 纳米粒　是由天然高分子物质或合成高分子物质制成的固状胶态粒子，直径在10~500nm，包封率高、稳定性好，可生物降解，药物溶解或者包裹于纳米粒中，于水中形成近似胶体的溶液，具有靶向性、缓释性、疗效高等特点。其经静脉注射后，一般被单核巨噬细胞摄取，主要分布于肝、脾、肺。与脂质体相比，纳米粒具有更强的靶向能力，纳米科技已广泛应用于生物医药领域，且纳米粒疗法正逐渐应用于癌症临床。

纳米粒具备促进肿瘤细胞吸收和靶向定位的功能，可在增强疗效的同时减少不良反应。研究生物相容性好、易于体内降解的天然固体脂质材料成为发展趋势。固体脂质纳米粒是近年来正在发展的一种采用卵磷脂等固态的脂质为载体的新型纳米粒给药系统。它可以用来控制药物的释放，避免药物的降解和泄漏，具有良好的靶向性。

（三）物理化学靶向制剂

1. 磁性靶向制剂　属于第4代靶向制剂，由磁性复合材料药物载体和高分子骨架组成，在外加磁场作用下，使药物向靶部位浓集并释药，从而实现靶向治疗。与其他靶向制剂相比，磁性靶向制剂具有靶向性好、载药量大、不易被网状内皮系统摄取等优势，对肝、胃等多种实体肿瘤均有治疗作用。

2. 热敏靶向制剂　热敏脂质体，又称温度敏感型脂质体。纳米级的热敏脂质体可选择性地蓄积在肿瘤部位，体温正常时，脂质体膜排列有序而致密，药物被包被于膜内，当其到达经过预热的靶部位时，由于达到了相变温度，脂质体膜通透性增大，导致其包裹药物的流动性大幅增加而扩散到靶部位，形成较高的药物浓度，从而实现靶向治疗的目的。

3. pH敏感靶向制剂　pH敏感制剂的载药材料中一般会含有对pH敏感的成分，如弱酸性基团或酸敏感的化学键等，使其在生理pH（pH7.4）环境下稳定，弱酸性环境下不稳定，膜通透性增加，引起药物的释放。而肿瘤组织的pH通常在5.0~5.6，可使药物在相应靶部位快速释放而发挥药效。

空白脂质体

【处方】注射用大豆卵磷脂0.98g　胆固醇0.3g　无水乙醇2~20ml
　　　　磷酸盐缓冲液适量　制成约30ml脂质体

【制法】（1）磷酸盐缓冲液（PBS）的配制：称取磷酸氢二钠0.37g和磷酸二氢钠2.0g，加蒸馏水适量，溶解并稀释至1000ml（pH约5.7）。

（2）称取处方量注射用大豆卵磷脂、胆固醇于100ml烧杯中，加无水乙醇1~2ml，置于65~70℃水浴中，搅拌使溶解，于旋转蒸发仪上旋转，使磷脂的乙醇液在壁上成膜，减压除乙醇，制备磷脂膜。

（3）另取PBS 30ml于小烧杯中，置于65~70℃水浴中，保温，待用。

（4）取预热的PBS 30ml，加至含有磷脂膜的烧杯中，65~70℃水浴中搅拌水化10~20分钟，取出脂质体液体于烧杯中，置于磁力搅拌器上，室温下搅拌30~60分钟。如果溶液体积减小，可补加水至30ml，混匀，即得。

（5）将所得脂质体溶液通过0.8μm微孔滤膜滤过两次，整粒。

分析：①在整个试验过程中禁止明火。②磷脂和胆固醇的乙醇溶液应澄清，不能在水浴中放置过长时间。磷脂和胆固醇的比例可以采用4：1或5：1或6：1。③磷脂和胆固醇形成的薄膜要尽量薄。④65~70℃水浴中搅拌水化10~20分钟时，一定要保证脂质充分水化，不得存在脂质块。

点滴积累 18-8

1. 主动靶向制剂有前体药物制剂和表面修饰制剂。
2. 被动靶向制剂有脂质体、微球、纳米粒。
3. 物理化学靶向制剂有pH敏感靶向制剂、热敏靶向制剂、磁性靶向制剂。

阅读与感悟

保罗·埃利希在19世纪90年代首次提出了靶向治疗的概念。20世纪70年代末80年代初，人们开始比较全面地研究靶向制剂，包括它们的制备、性质、体内分布、靶向性评价以及药效与毒理。1997年，第一个靶向肿瘤药物——利妥昔单抗获批准，开启了肿瘤治疗的新时代。1999年，阿糖胞苷脂质体上市。而我国第一个脂质体上市品种是抗癌中药“康莱特”靶向静脉乳剂，是将抗癌新药与免疫多糖制成脂质体，使其具有杀伤癌细胞与提高机体免疫力双重作用。

目前，靶向制剂在靶向传输机制上的研究取得很大进展，在理论研究和工艺技术研究方面已趋成熟，在对机体特殊部位的多种器官、组织、细胞的靶向给药载体制剂的研究中也有了很大突破。如目前正在研究的针对肝病（肝炎、肝癌）的肝靶向给药系统、经鼻腔给药实现脑靶向的给药系统、经口服给药实现结肠靶向的给药系统。此外，还有淋巴靶向给药系统、肺靶向给药系统、骨髓靶向给药系统的研究。

自测达标

答案解析

一、单项选择题

1. 以下不属于靶向制剂的是（　　）
   A. 脂质体　　B. 纳米囊　　C. 微球　　D. 环糊精包合物
2. 以下属于主动靶向给药系统的是（　　）
   A. 磁性微球　　B. pH敏感脂质体
   C. 药物-单克隆抗体结合物　　D. 纳米粒
3. 以下不能用于制备脂质体的方法是（　　）
   A. 复凝聚法　　B. 表面活性剂增溶法　　C. 物理分散法　　D. 注入法
4. 以下关于判断微粒是否为脂质体的说法，正确的是（　　）
   A. 具有微型囊泡　　B. 球状小体
   C. 具有类脂质双分子层结构的微型囊泡　　D. 具有磷脂双分子结构的微型囊泡
5. 以下不是磁性药物微球的制备方法主要有（　　）
   A. 乳化聚合法　　B. 直接包埋法　　C. 沉淀法　　D. 乳液聚合法

二、配伍选择题

（6~7题共用选项）

A. 重结晶法　　B. 研磨法　　C. 聚合法
D. 注入法　　E. 复凝聚法

6.纳米囊的制备方法（　）

7.脂质体的制备方法（　）

（8~11题共用选项）

A. pH敏感脂质体　　B.磷脂和胆固醇　　C.纳米粒

D.微球　　E.体药物

8.高分子物质组成的基质骨架型固体胶体粒子（　）

9.在体内转化为活性的母体药物而发挥其治疗作用（　）

10.可提高脂质体靶向性的脂质体（　）

11.药物溶解或分散在辅料中形成的微小球状实体（　）

三、综合运用题

12.简述靶向制剂的分类。

思维导图　知识小结

参考答案

实践五十五　项目单梳理

项目名称	模拟缓释制剂评价试验	
模拟药物	盐酸地尔硫䓬缓释片	
工具书	《中国药典》（2020年版）	
模拟过程	1.根据《缓释、控释和迟释制剂指导原则》，查找缓释制剂的评价内容	
	2.根据《中国药典》（2020年版）中盐酸地尔硫䓬缓释片有关物质检查内容	照______测定 （1）供试品溶液　取本品细粉适量（约相当于盐酸地尔硫䓬0.1g），置______ml量瓶中，加乙醇适量，超声约______分钟使盐酸地尔硫䓬溶解，用______稀释至刻度，摇匀，滤过，取续滤液 （2）对照溶液　精密量取供试品溶液______ml，置______ml量瓶中，用______稀释至刻度，摇匀 （3）灵敏度溶液　精密量取对照溶液______ml，置______ml量瓶中，用乙醇稀释至刻度，摇匀
	3.根据《中国药典》（2020年版）中盐酸地尔硫䓬缓释片溶出度检查内容	照溶出度与释放度测定法 （1）溶出条件　以______为溶出介质，转速为______，依法操作，经______小时时分别取溶出液______ml，并即时在操作容器中补充相同温度、相同体积的溶出介质 （2）供试品溶液　分别取______小时的溶出液，滤过，精密量取续滤液适量，用水定量稀释制成每______ml中约含盐酸地尔硫䓬______μg的溶液 （3）对照品溶液　取盐酸地尔硫䓬对照品适量，精密称定，加水溶解并定量稀释制成每______ml中约含______μg的溶液 （4）测定法　取供试品溶液与对照品溶液，照______，在______nm的波长处分别测定吸光度，计算每片在不同时间的溶出量
模拟结果	1.有关物质检查　限度：供试品溶液色谱图中如有杂质峰，单个杂质峰面积不得大于对照溶液的主峰面积（0.5%），各杂质峰面积的和不得大于对照溶液主峰面积的______倍（1.0%），小于灵敏度溶液主峰面积的色谱峰______ 2.溶出度检查　每片在______小时时的溶出量应分别为标示量的______，均应符合规定	

参考答案

实践五十六　缓释片的质量检查

项目名称	缓释制剂质量检查	
工具书	《中国药典》(2020年版)	
模拟过程	1.《缓释、控释和迟释制剂指导原则》(9013)，查找体外释放度试验	
	2.根据《中国药典》(2020年版)中缓释片的评价记录	(1)仪器装置　仪器装置的选择，应考虑具体的剂型及可能的释药机制。除另有规定外，缓释制剂的体外药物释放度试验可采用________进行。如采用其他特殊仪器装置，需提供充分的依据。贴剂可采用________测定 (2)温度　缓释制剂的体外释放度试验应控制________℃，以模拟体温；而贴剂的体外释放度试验应控制在________℃，以模拟表皮温度 (3)释放介质　释放介质的选择依赖于药物的理化性质(如________等)、生物药剂学性质以及吸收部位的生理环境(如________等)。一般推荐选用________性介质，包括________等；对难溶性药物通常不宜采用________，可加适量的________；必要时可考虑加入________等添加物
	3.依据体内试验记录	(1)对缓释制剂的安全性和有效性进行评价，应通过体内的________试验 (2)关于药物的药物动力学性质，应进行________人体药代动力学试验，以证实制剂的缓控释特征符合设计要求。推荐采用药物的________作为参考，对比其中________情况，来评价缓释制剂的释放、吸收情况。设计口服缓释制剂时，测定药物在________的吸收是很有意义的。________的影响也应考虑
质量研究	1.口服缓释制剂的质量研究项目主要包括________等。其中，________确定是口服缓释制剂质量研究的重要内容。在建立释放度及其他检验项目的测定方法时，应符合________ 2.应考察至少________批产品批与批之间体外药物释放度的重现性，并考察同批产品体外药物释放度的________。缓释制剂制备工艺中若用到需要控制的________，则应按________测定，并根据测定结果及数据积累结果确定是否纳入质量标准	

实践五十七　缓释、控释制剂的合理使用

(一)实践目的

能够正确指导缓释、控释制剂的合理使用。

(二)实践地点

药学服务实训室。

(三)实践用具

若干不同缓释、控释制剂。

(四)实践内容

依据理论知识，分组查找药盒，完成下列表格。

序号	药品名称	适应证	用法用量
例1	布洛芬缓释胶囊	用于缓解轻至中度疼痛如头痛、偏头痛、牙痛、痛经、关节痛、肌肉痛、神经痛，也用于普通感冒或流行性感冒引起的发热	口服。成年人，一次1片，一日2次(早晚各一次)

续表

序号	药品名称	适应证	用法用量
例2	硝苯地平控释片	（1）高血压 （2）冠心病。慢性稳定型心绞痛	治疗时应尽可能按个体情况用药。依据患者的临床情况，给予不同的基础用药剂量。肝功能损伤患者应仔细监控，严重病例应减少用药剂量。除非特殊医嘱，成年人推荐下列剂量。 （1）高血压　拜新同30mg片剂一次30mg（一次1片），一日1次；拜新同60mg片剂一次60mg（一次1片），一日1次 （2）冠心病　慢性稳定型心绞痛：拜新同30mg片剂一次30mg（一次1片），一日1次；拜新同60mg片剂 一次60mg（一次1片），一日1次。通常治疗的初始剂量为每日30mg 疗程：用药时间应由医生决定 用药方法：通常整片药片用少量液体吞服，服药时间不受就餐时间的限制

（五）实践反思

请思考缓释、控释制剂能不能掰开服用，为什么？

项目十九　生物药物制剂

PPT

学习目标

1. 掌握　生物药物制剂的相关概念。
2. 熟悉　蛋白质类药物不稳定的因素。
3. 了解　蛋白质类药物的制备工艺。

导读：伴随着生物技术的飞速发展，越来越多的生物技术药物进入临床应用，成为防病、治病的一个重要组成部分。早期的生物技术药物主要为蛋白和多肽类分子的生物工程药物，现今生物技术药物的结构和应用范围已有较大拓展，基于寡核苷酸、重组病毒、细胞等的药品陆续上市，展现了巨大的发展前景。本项目主要学习生物技术药物的概念和制备工艺。

【工作实例】某学校学生王某到校企合作的药店实习，在整理货架的时候发现大多数益生菌都需要低温保存。这是为什么呢？

一、概述

生物药物制剂指将蛋白质、抗体、核酸、多糖等利用基因工程、发酵工程、细胞工程、酶工程等生物技术手段制成的制剂。

二、蛋白质类药物的不稳定性

多肽、蛋白质类药物是由氨基酸组成的具有一定空间构象的生物大分子，分子量常为数千至几十万，其活性有赖于其正确的结构，包括一级结构和空间结构，而其结构受各种因素的影响，与小分子药物相比，蛋白质类药物具有高活性、高特异性、低毒性、生物功能明确、有利于临床应用等特点。但蛋白质类药物的免疫原性和肾的清除作用等因素大大降低了蛋白质类药物的安全性和利用效率。同时由于人体内环境复杂，蛋白酶、人体免疫响应以及氧化环境等都会降低蛋白质类药物的生物活性。各种蛋白酶、重金属、有机溶剂、温度、pH、抑制剂、机械力等都可能导致蛋白质的表面电荷、体积大小、内部结构发生变化，从而影响其热稳定性、溶解能力等，甚至引起蛋白质类药物降解并失去生物活性。因此，在其制剂制备、贮存和释放过程中很容易受外界条件影响而失活，所以提高蛋白质的稳定性十分重要。

增加多肽、蛋白质类药物稳定性的方法途径主要有：用PEG修饰多肽、蛋白质抵抗酶解、使用酶抑制剂、应用微乳制剂、应用纳米粒制剂、应用生物黏附性颗粒、加入稳定剂如多糖、多元醇、氨基酸、无机盐和各种聚合物等。

点滴积累 19-1

1. 生物药物制剂指将蛋白质、抗体、核酸、多糖等利用基因工程、发酵工程、细胞工程、酶工程等生物技术手段制成的制剂。
2. 蛋白质类药物具有高活性、高特异性、低毒性、生物功能明确、有利于临床应用等特点。

三、蛋白质类药物制剂剂型与制备工艺

（一）新型注射给药系统

1.控释微球制剂　为了达到多肽、蛋白质类药物控制释放，可将其制成生物可降解的微球制剂，目前已经实际应用的生物可降解材料主要有淀粉、明胶、葡聚糖、清蛋白、聚乳酸（PLA）、聚乳酸-乙醇酸共聚物（PLGA）、聚己内酯和聚酐等。其中PLGA最为常用，改变乳酸与乙醇酸的比例或相对分子质量，可得到不同降解时间的微球。胰高血糖素样肽-1（GLP-1）是由小肠和大肠的内分泌细胞及脑的神经细胞分泌的多肽，具有多种生物活性。GLP-1有很强的刺激胰岛素分泌作用，这种作用具有严格的血糖浓度依赖性，还具有抑制胰高血糖素分泌的作用，可抑制食欲和减缓胃排空。然而GLP-1在体内易被降解失活，体内半衰期很短（小于2分钟），必须持续静滴或多次皮下注射给药才能获得理想的疗效，这制约了其作为药品的开发和利用，通过微球技术实现了GLP-1的缓释治疗。

2.脉冲式给药系统　普通注射剂（疫苗、类毒素）一般至少接种3次，才能确保免疫效果，血药浓度波动大，且不能保证在疾病发作时相应的血药浓度。而脉冲给药制剂具有普通制剂不可比拟的优点，它可以根据患者发病的节律性提前给药，使给药时间与释药时间有一个与生理周期相匹配的时间差，从而预防发病，降低药物的不良反应，且不易产生耐受性，提高患者的依从性。注射用剂型一般都带有外用或埋植的程序，如脉冲注射系统，一种程序化的轻便注射泵，它具有4个30ml的注射器，每个注射器都可在计算机辅助下按照程序独立地以任何速度注射。

（二）口服给药系统

1.纳米粒　多肽、蛋白质类药物口服给药主要存在4个问题。

（1）被胃内酸催化降解。

（2）被胃肠道内的酶水解。

（3）对胃肠道黏膜的透过性差。

（4）存在肝脏的首过效应。

纳米粒系统能够进入与内脏相关的淋巴系统，如孤立淋巴小结。这使得载药纳米粒可以直接进入细胞，提高药物的吸收效率。

2.微球　生物可降解聚合物聚乳酸-乙醇酸共聚物具有良好的生物相容性和可降解性，将其作为微球的骨架材料，在多肽、蛋白质类药物的口服给药系统中得到广泛成功的应用。但是这种疏水的聚合体系药物包封率低，突释、包载亲水性的蛋白质不稳定，药物释放不完全。

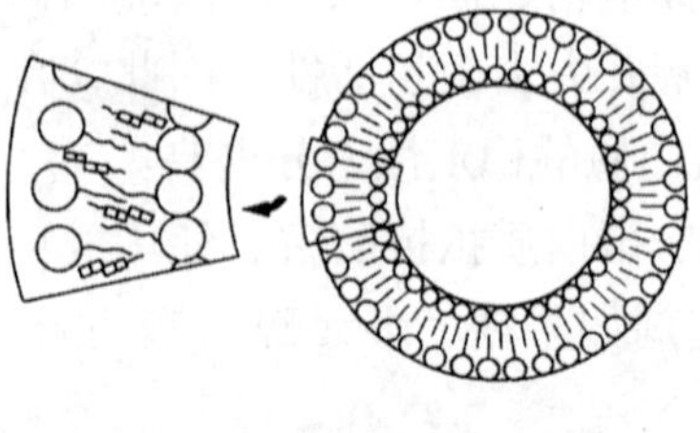

图19-1单室脂质体示意图

3.脂质体　作为多肽、蛋白质类药物载体可以保护药物的生物活性，提高稳定性，延长半衰期，延缓释放。因其可与人体细胞发生吸附、融合、内吞、脂质交换等作用，从而促进药物吸收，增强药物的细胞靶向性（图19-1）。制成脂质体的多肽、蛋白质类药物有胰岛素、白细胞介素-2、干扰素、门冬酰胺酶、葡萄糖氧化酶、超氧化物歧化酶、阿糖腺苷、各种疫苗等。

（三）环境敏感给药系统

1.温度敏感给药系统　水凝胶为智能高分子材料的一种，它能对周围的环境刺激因素，如温度、pH、离子、电场、磁场、溶剂、反应物、光或应力等作出有效响应并且自身性质也随之发生变化。温度敏感的水凝胶在相变温度以下分子呈伸展构象，溶液清澈透亮；而当温度升高至相变温度时溶液分相，析出沉淀，再降温时，沉淀溶解，因此通过温度调节实现对药物的控制释放。聚合水凝胶运送蛋白

质，通过定位凝胶系统控制大分子的释放方面有很大的优势，如减轻连续服药的痛苦，简化制备工艺，不需要复杂的操作条件等。通常水凝胶与蛋白质药物有良好的相容性，与组织有很好的亲和力，因其高亲水性为蛋白质药物提供了友好的环境，适于蛋白质药物的缓释释放。在这种智能给药系统中蛋白质释放时pH没有降低，且无残留有机溶剂的影响，蛋白质从水凝胶中释放是由材料大量降解引起的，与其他系统是由材料表面溶蚀造成的不同。

2.pH敏感给药系统　pH敏感型水凝胶的优点有以下几点。

（1）在水中能通过溶胀与收缩控制体积大小不同的分子扩散，其中含水分子能为药物分子提供一个"友好"的环境。

（2）具有与生物组织相似的"软而湿"的物理特征，能够把引起组织发炎的可能性降低到最小限度。

（3）表面张力低，对身体内流体中的蛋白质吸收极少。

（4）在载体的制作中可以避免使用有机溶剂。

（5）载药条件温和等。

因此pH敏感型水凝胶非常适合用于各类药物，尤其是多肽和蛋白质类药物的载体材料。

3.经皮给药系统　蛋白质多肽类药物经皮给药必须克服皮肤角质层牢固的屏障作用，对药物成分进行处理、修饰或瞬间提高皮肤渗透性以及各种绕过或清除最外层皮肤的方法都可促进药物进入皮肤。目前应用较多的技术为离子导入技术，即借助电流控制离子化药物释放速度和释放时间，并促进药物进入皮肤。电流电压、皮肤阻抗、离子强度等因素都可影响药物离子电导入，而将离子导入技术与电致孔、超声导入技术以及化学促渗剂相结合则能较好地解决以上问题。

4.鼻腔给药系统　是多肽和蛋白质类药物在非注射剂型中最有希望的给药途径之一。由于鼻腔黏膜中动静脉和毛细淋巴管分布十分丰富，鼻腔呼吸区细胞表面具有大量微小绒毛，鼻腔黏膜的穿透性较高而酶相对较少，对蛋白质类药物的分解作用比胃肠道黏膜低，因而有利于药物直接进入体内血液循环。

5.微组装给药系统　这类给药系统有微型注射器、生物可降解微囊和埋植剂等。微型注射器可经皮注射将药物直接释放到皮下而避免口服引起的首过效应和胃肠道的降解，如上市多年的注射用精蛋白重组人胰岛素诺和灵。

（四）注射微球的制备方法

注射微球的制备方法以低温喷雾提取、复乳-液中干燥法等为主。

1.低温喷雾提取　取生物可降解聚合物、多肽粉末等混合，均匀后利用喷头将混悬液向冰冻乙醇溶液喷洒，密封。取-70℃温度环境，使微球内二氯甲烷经乙醇提取出来，过滤去除乙醇，干燥，即得。

2.复乳-液中干燥法　制备中，主要选择PLGA等生物可降解聚合物，置于醋酸乙酯或二氯甲烷等有机溶媒中，取定量多肽置于水相内，生成混悬液。在有机相中加入水相，借助超声振荡使初乳形成，在此基础上将其放入PVA水溶液中，复乳形成。最后将系统温度提高，使有机溶媒去除，做固相分离后，可留置使用。当前多肽微球制备中复乳法的应用极为常见，其有设备简单、工艺稳定等优势，但在微球突释效应上，复乳法相比低温喷雾法优势并不明显。

点滴积累19-2

1.蛋白质类药物制剂剂型主要如下。①新型注射给药系统：控释微球制剂、脉冲式给药系统。②口服给药系统：纳米粒、微球、脂质体。③环境敏感给药系统：温度敏感给药系统、pH敏感给药系统、经皮给药系统、鼻腔给药系统、微组装给药系统等。

2.注射微球的制备方法主要是低温喷雾提取、复乳-液中干燥法。

阅读与感悟

胰岛素最初只能从牛的胰腺中分离提取，1958年底，人工合成胰岛素项目被列入1959年国家科研计划，1965年9月17日，中国首次人工合成了结晶牛胰岛素，这也是世界上第一个人工合成的蛋白质。在科研基础十分薄弱、设备极其简陋的年代，历经七年的不懈攻关，这项凝聚着中科院生化所、有机所和北京大学三家单位百名科研人员心血的项目，终于获得成功。中国科学家成功合成胰岛素，标志着人类在探索生命奥秘的征途中迈出了关键的一步，它开辟了人工合成蛋白质的时代，在生命科学发展史上产生了重大影响，也为我国生命科学研究奠定了基础。20世纪80年代前后，基因工程技术的发展将胰岛素制剂推向了新高度，第一个基因工程合成的"人"胰岛素在1978年诞生，胰岛素也成为首个基因工程生产合成的人体蛋白质。1982年，重组人胰岛素开始在临床上使用。

生物制药技术已经成为当前医药行业不能忽视的重要技术类型。医药上已应用的抗生素绝大多数来自微生物，每个产品都有严格的生产标准。未来生物制药将广泛用于治疗癌症、艾滋病、冠心病、贫血、发育不良等多种疾病。

自测达标

答案解析

一、单项选择题

1. 以下不属于生物药物制剂的是（　）

A. 单克隆抗体　　B. 布洛芬　　C. 益生菌　　D. 胰岛素注射剂

2. 以下不属于生物制药技术的有（　）

A. 基因工程　　B. 酶工程　　C. 发酵工程　　D. 提取技术

3. 以下关于生物制剂的特点错误的描述是（　）

A. 高活性　　B. 高特异性　　C. 低毒性　　D. 高生物利用度

4. 以下属于生物制剂的剂型中环境敏感给药系统的有（　）

A. 纳米粒　　B. 脉冲式给药系统

C. pH敏感给药系统　　D. 脂质体

5. 关于生物制剂的说法错误的是（　）

A. 生物制剂只能注射给药　　B. 生物制剂制备成本高

C. 生物制剂稳定性差　　D. 生物制剂有广泛的应用前景

二、配伍选择题

（6~8题共用选项）

A. 纳米粒　　B. 温度敏感给药系统　　C. 脉冲式给药系统

6. 属于新型注射给药系统的是（　）

7. 属于口服给药系统的是（　）

8. 属于环境敏感型给药系统的是（　）

思维导图　知识小结

参考答案

实践五十八 项目单梳理

<table>
<tr><td>项目名称</td><td colspan="2">生物制品生产质量管理</td></tr>
<tr><td>工具书</td><td colspan="2">《药品生产质量管理规范》</td></tr>
<tr><td rowspan="3">模拟过程</td><td>1.根据《药品生产质量管理规范》生物制品（2020年修订），查找生物制品原则内容</td><td></td></tr>
<tr><td>2. 根据《药品生产质量管理规范》生物制品（2020年修订），查找人员要求</td><td>（1）应当加强对________的培训和考核，培训内容至少包括相关________等，并应当每________对相关人员进行专业考核
（2）从事生物制品________相关人员（包括清洁、维修人员），均应根据其生产的制品和所从事的生产操作进行________和________要求的培训
（3）生产管理负责人、质量管理负责人和质量授权人应当具有相应的专业知识，________等，并能够在生产质量管理中履行职责
（4）疫苗生产企业生产管理负责人、质量管理负责人和质量授权人应当具有________等相关专业________学历或________职称，并具________年以上从事相关领域生产质量管理经验，以保证能够在生产质量管理中履行职责，并承担相关责任</td></tr>
<tr><td>3.根据《药品生产质量管理规范》生物制品（2020年修订），查找厂房与设备要求</td><td>（1）生物制品生产环境的________级别应当与产品和生产操作相适应，厂房与设施不应对原料、中间体和成品造成污染。如抗原与抗体的分装的洁净度级别为________
（2）卡介苗和结核菌素生产厂房必须与其他制品生产厂房________，生产中涉及活生物的生产设备应当专用
（3）无菌制剂生产加工区域应当符合洁净度级别要求，并保持相对________；操作有致病作用的微生物应当在专门的区域内进行，并保持相对________；采用无菌工艺处理病原体的负压区或生物安全柜，其周围环境应当是相对正压的洁净区
（4）管道系统、阀门和呼吸过滤器应当便于清洁和________。宜采用在线清洁、在线灭菌系统。密闭容器（如发酵罐）的阀门应当能用蒸汽灭菌。呼吸过滤器应为疏水性材质，且使用效期应当经验证
（5）洁净区内设置的冷库和恒温室，应当采取有效的________和________的措施，避免对生产区造成污染</td></tr>
<tr><td>模拟结果</td><td colspan="2">通过查阅《药品生产质量管理规范》生物制品（2020年修订），熟悉了生物制品的生产和质量控制原则，本项目单仅提供部分要求，除人员、厂房与设备要求外，还包括动物房及相关事项、生产管理、质量管理等要求，可自行查看与学习</td></tr>
</table>

实践五十九 蛋白质类药物制剂的合理使用

（一）实践目的

熟悉生物技术药物的合理使用。

（二）实践地点

药学服务实训室。

（三）实践用具

若干不同品种药盒。

（四）实践内容

依据理论知识，分组查找药盒，完成下列表格。

序号	药品名称	适应证	贮藏	用法用量
例1	复方氨基酸口服溶液	可改善各种肝病引起的支链氨基酸/芳香族氨基酸比例失常，促进血浆中白蛋白的合成，用于病毒性肝炎及其他病因所致慢性肝病及肝硬化的辅助治疗	密封、遮光，置阴凉处保存	口服，一次100ml，一日1~2次，或遵医嘱
例2	胰岛素注射液	激素类药，可降低血糖、纠正糖尿病所引起的糖及其他代谢紊乱，用于治疗严重糖尿病	密闭，在冷处保存，避免冰冻	皮下注射或静脉滴注，根据病情决定用量

（五）实践反思

1.根据生化特性，生物技术药物可以分为哪些种类？

2.蛋白质类药物制剂的贮藏条件是否有特殊条件？

模块八

药物制剂的稳定性、有效性与配伍变化

项目二十　药物制剂的稳定性

PPT

学习目标

1.掌握　影响药物稳定性的因素及稳定化方法。

2.熟悉　药物稳定性的相关概念。

3.了解　研究药物稳定性的意义和药物稳定性的试验方法。

导读：药品的说明书中出现的遮光、阴凉处、密封、冷藏等贮存条件与药物制剂的稳定性密切相关。药物制剂的稳定性是确保临床疗效和安全性的重要指标。本项目主要探讨药物制剂稳定性的相关知识，学习从药物制剂生产到运输贮存，再到临床应用中可能发生的稳定性问题。

【工作实例】某学校学生王某到校企合作的药店实习，在整理货架的时候发现有的药品有效期为1年，有的为3年。药品的有效期是如何确定的呢？如果药品超过有效期还可以服用吗？在有效期内的药品一定是安全的吗？

一、研究药物制剂稳定性的意义

药物制剂的稳定性是指药物制剂在生产、运输、贮藏以及临床应用前等过程中发生的质量变化的速度和程度，即从制备到患者使用期间保持稳定的程度。药物制剂的稳定性是保持其安全有效的基本要求，也是确定药物制剂使用期限的主要依据。

同步思考20-1

青霉素不能口服，而是制成粉针剂肌内注射或静脉滴注，现用现配，请思考这是为什么？

答案解析

（一）药物制剂稳定性研究范围

药物制剂在生产、运输、贮存过程中如果发生不稳定现象，如分解变质，不仅会导致疗效降低，有些药物甚至会产生毒副作用，难以保证安全性和有效性，严重危及患者健康。因此，药物制剂的稳定性是药品质量控制研究的重要组成部分，对原料药及其制剂进行稳定性研究，是确保药品质量安全的一项重要内容。药物制剂的稳定性一般包括化学、物理、生物学三个方面。

1.化学稳定性　是指药物发生水解、氧化等化学降解反应，使药物含量（或效价）、色泽等发生变化，从而影响制剂外观、破坏内在质量，甚至增加毒性等。水解和氧化是药物降解的两个主要途径，一种药物同时可能产生两种或两种以上的反应。

充电链接

盐酸普鲁卡因制备、贮存注意事项

盐酸普鲁卡因的酯键易水解，温度和pH影响水解速度。芳伯胺基易氧化变色，制备注射剂时应调pH为3.5~5.0，控制灭菌温度和时间，以100℃流通蒸汽灭菌30分钟为宜，若温度增高或时间延长均可引起注射液变黄。安瓿应通入惰性气体，加抗氧化剂，除去金属离子或加入金属离子掩蔽剂，避光、密闭、放置阴凉处。

（1）水解反应　对于酯类（包括内酯）、酰胺类药物，水解是其降解的主要途径。

1）酯类药物水解　含有酯键的药物在水溶液中或吸收水分后容易水解，生成相应的酸和醇。主要包括盐酸普鲁卡因、盐酸丁卡因、盐酸可卡因、溴丙胺太林、硫酸阿托品等。盐酸普鲁卡因的水解可作为这类药物的代表，水解生成对氨基苯甲酸与二乙氨基乙醇，此分解产物无明显的麻醉作用；硫酸阿托品滴眼液在灭菌或贮存温度影响下，水溶液易水解而失效。某些酯类药物灭菌后pH下降，即提示可能发生了水解。

2）酰胺类药物水解　酰胺类药物水解后形成相应的酸与胺，如青霉素、头孢菌素、巴比妥类等。苯巴比妥钠注射剂需现用现配，溶液放置易水解产生苯基丁酰脲沉淀而失去药效，水解的速度与温度和pH有关。

3）其他类药物水解　阿糖胞苷在酸性溶液中水解为阿糖尿苷。在碱性溶液中，嘧啶环破裂而加速水解。如维生素B、地西泮、碘苷等药物的降解也是水解作用。

（2）氧化反应　酚类、芳胺类、噻嗪类药物接触大气中的氧即发生缓慢的氧化反应，药物被氧化后，不仅效价损失，而且可能发生颜色变化或沉淀。

1）酚类药物氧化　酚类药物含有酚羟基，极易被氧化，如吗啡、左旋多巴、水杨酸钠、肾上腺素等。

2）烯醇类药物氧化　维生素C含有烯醇基，极易氧化，是这类药物的代表。金属离子对维生素C的氧化有明显的催化作用，因此在制备维生素C注射剂时，应加入金属离子络合剂、抗氧化剂，并充入惰性气体。

3）其他类药物氧化　以磺胺嘧啶钠代表的芳胺类、盐酸异丙嗪代表的噻嗪类和安乃近代表的吡唑酮类，都易氧化；还有含不饱和键的药物，如维生素A或维生素D在制备和储存时均应注意氧化变色。

（3）其他反应　许多药物对光不稳定，日光和灯光均可引起药物的光解，一般光解常伴随氧化反应，甚至会引发光毒性，如喹诺酮类的抗菌药，部分患者在用药过程中受到强烈日光照射可出现红肿、发热、疱疹等反应；异构化、聚合、脱羧等反应也会影响药物制剂的化学稳定性，如氨苄西林水溶液在贮存中能发生聚合反应，可形成高聚物而引发氨苄西林过敏。

2.物理稳定性　是指药物制剂的物理性能发生改变，导致质量下降甚至不合格。如混悬剂颗粒容易结块，制备中常加入甲基纤维素；片剂的松散、崩解度和溶出速度的改变；乳剂的分层、破裂；胶体溶液的老化等。物理稳定性不会引起主药化学结构的改变，主要是药物制剂外观质量受到影响。

3.生物学稳定性　是指药物制剂由于受到微生物的污染而导致产品的腐败和变质。尤其是一些含有糖、蛋白质、氨基酸等营养成分的液体制剂更容易滋生微生物，如口服糖浆的霉变等。

药物制剂稳定性是个复杂的过程，温度、湿度、光线、pH、氧气等都可能会引起药物制剂稳定性的改变，因此在处方设计、药物制备、贮存运输，甚至是临配置使用等过程中，应综合考虑剂型、辅料、制备工艺和储存条件的影响，确保用药安全与有效。

同步练习20-1

下列属于药物制剂物理稳定性的是（　）

A. 氨苄西林钠水解　　B. 氨苄西林片溶出速度降低

C. 止咳糖浆发霉　　D. 维生素C注射剂氧化

答案解析

（二）制剂稳定性的化学动力学基础

化学动力学是研究化学反应在一定条件下的速度规律、反应条件（浓度、压力、温度、介质、催化剂等）对反应速度与方向的影响等。化学动力学在制药工业中应用广泛，可用于研究药物在体内的吸收、分布、代谢、排泄，预测药品的有效期和了解影响反应速度的因素，评价药物制剂的稳定性。

药物的降解反应机制十分复杂，通常为反应速度快、稳定性差、有效期短。但大多数药物及其制剂的降解反应可按零级反应、一级反应处理。

1. 零级反应　速率与反应物浓度无关，而受其他因素影响。速率方程式为

$$-\frac{dC}{dT}=k_0 \tag{20-1}$$

积分式为

$$C=C_0-k_0t \tag{20-2}$$

2. 一级反应　速率与反应物浓度的一次方成正比，其速率方程式为

$$-\frac{dC}{dT}=kC \tag{20-3}$$

积分式为

$$\lg C=-\frac{kt}{2.303}+\lg C_0 \tag{20-4}$$

式中，k为速率常数；C为t时间反应物的浓度；C_0为t=0时反应物浓度。通常将反应物消耗一半所需的时间为半衰期，记作$t_{1/2}$。一级反应恒温时，$t_{1/2}$与反应物浓度无关，用式（20-5）表示。

$$t_{1/2}=\frac{0.693}{k} \tag{20-5}$$

在药物制剂降解反应中，常用降解10%所需的时间作为有效期，记作$t_{0.9}$，恒温时，$t_{0.9}$也与反应物浓度无关，用式（20-6）表示。

$$t_{0.9}=\frac{0.1054}{k} \tag{20-6}$$

点滴积累20-1

1. 药物制剂稳定性的研究范围包括化学、物理和生物学三个方面。
2. 水解和氧化是药物制剂发生化学稳定性降解的主要途径。
3. 药物制剂物理稳定性包括外观、均匀性、溶解性、乳化性等物理性能的改变。

二、影响药物稳定性的因素

（一）影响药物制剂稳定性的因素

1. 处方因素　处方的组成可直接影响药物制剂的稳定性，在进行处方设计时，应综合考虑处方的pH、溶剂、广义酸碱催化、离子强度和表面活性剂等及处方中其他辅料因素。

（1）pH的影响　药物溶液的pH不仅影响药物的水解，而且影响药物的氧化反应。许多酯类、酰胺类药物的水解受H^+或OH^-的催化，其速度在很大程度上随pH而改变，在pH较低时，主要是H^+的催化作用；在pH较高时，主要是OH^-的催化作用；pH在中间时，降解反应速度可以与pH无关或由H^+和OH^-共同催化。

（2）广义酸碱催化的影响　除了H^+和OH^-催化药物水解反应外，一些广义的酸（给出质子的物质）碱（接受质子的物质）对药物的水解反应也具有催化作用，被称为广义酸碱催化。磷酸盐、枸橼酸盐、醋酸盐等常用的缓冲溶液通常会加入药物处方中，调节溶液的pH，但是要注意它们对药物的催化作用。实际生产中，缓冲剂应用尽可能低的浓度或者选择没有催化作用的缓冲剂。

（3）溶剂的影响　溶剂作为化学反应的介质，对药物的水解有较大影响。对于易水解的药物，有时采用非水溶剂，如乙醇、丙二醇、甘油等。

（4）表面活性剂的影响　表面活性剂是制剂中常用辅料。溶液中加入表面活性剂后可影响药物的稳定性。某些易水解的药物，加入表面活性剂后，水解速度降低，稳定性增加，这是因为胶团起了“屏障”作用，阻止了催化离子的接近和进入；但也有一些表面活性剂会使某些药物的分解加快，如聚山梨酯80使维生素D稳定性下降，故应通过试验来正确选择表面活性剂。

（5）处方中辅料的影响　栓剂、软膏剂中药物稳定性与基质有关。如栓剂基质聚乙二醇可使阿司匹林分解生成水杨酸和乙酰聚乙二醇；润滑剂硬脂酸镁也可促进阿司匹林的水解，因此生产阿司匹林片时应选用滑石粉或硬脂酸作为润滑剂。

2.外界因素　包括温度、光线、空气（氧）、金属离子、湿度、包装材料等，这些非处方因素也会对药物制剂的稳定性产生影响。

？同步思考20-2

湿度、水分对哪种剂型影响较大？在药品贮存中应注意什么问题？

答案解析

（1）温度　是外界环境中影响药物制剂稳定性的最主要因素之一。一般来说，温度升高，反应速度加快，根据Van't Hoff 规则，温度每升高10℃，反应速度增加2~4倍。药物的制备过程中，常有干燥、加热溶解、灭菌等操作，应考虑温度对药物制剂稳定性的影响，优化工艺条件，减少温度的影响。对热敏感的生物制品、抗生素等可采用冷冻干燥、低温贮存等，以确保药物制剂的质量。

（2）光　是一种辐射能，波长越短，能量越大，因此紫外线能激发很多药物的氧化反应。某些药物分子受辐射而活化并发生分解，这种反应叫光化降解，其速度与系统的温度无关。对光敏感的药物制剂，制备过程中要避光操作，在包装材料中加入遮光剂等。

（3）空气（氧）　空气中的氧是引起制剂稳定性的主要因素。各种药物制剂几乎都有与氧接触的机会，因此，对于易氧化的药物，生产中一般采用充入二氧化碳或氮气等惰性气体，也可采用真空包装或加入抗氧化剂。

充电链接

药剂中常用的抗氧化剂

很多药物容易发生氧化反应而引起稳定性改变，因此，加入抗氧化剂是经常使用的方法。抗氧化剂本身应无毒无害，同时不能与药物发生理化反应，不影响药物活性。抗氧化剂根据溶解性分为水溶性抗氧化剂和油溶性抗氧化剂。常用水溶性抗氧化剂有亚硫酸钠、亚硫酸氢钠、硫代硫酸钠、焦亚硫酸钠、维生素C等，其中亚硫酸钠、硫代硫酸钠适于偏碱性环境；亚硫酸氢钠、焦亚硫酸钠、维生素C适用于偏酸性环境。常用油溶性抗氧化剂有二丁基羟基甲苯、维生素E（生育酚）、叔丁基对羟基茴香醚、没食子酸丙酯。此外，酒石酸、枸橼酸、磷酸等可明显增强抗氧化效果，称为协同剂。

（4）湿度和水分　空气的湿度和物料的水分含量是影响固体制剂稳定性的重要因素。固体药物吸附了水分以后，在表面形成一层液膜，药物在液膜中发生降解反应。一般来说，相对湿度越大，反应越快，所以在制剂生产和贮存中都应该注意控制湿度和水分。

（5）金属离子　微量的金属离子，如铜、铁、锌、钴等对自动氧化反应有显著的催化作用。为避免金属离子的影响，应选择纯度较高的原辅料，尽量不使用金属器具，也可加入金属离子络合剂。

（6）包装材料　既要防止药物制剂受光、热、水分、空气等因素影响，又不能与药物成分发生反应。常用的包装材料有玻璃、塑料、橡胶及金属。可通过“装样试验”来确定合适的包装材料，确保药物制剂的稳定性。

同步练习20-2

下列属于影响药物制剂稳定性的非处方因素是（　）

A.辅料　　B.溶剂

C.湿度　　D.表面活性剂

答案解析

（二）药物制剂稳定化的其他方法

前面结合影响因素探讨了控制温度、加入抗氧化剂、选择合适包装材料等对控制药物制剂稳定性的方法，以下继续讨论几种常用的稳定药物制剂的方法。

1.调节pH　确定稳定的pH是溶液型制剂处方中首要解决的问题。同时考虑稳定性、溶解度和药效三方面，一般常用盐酸和氢氧化钠，或与药物本身相同的酸和碱，如硫酸卡那霉素用硫酸进行调节。也可用缓冲溶液系统来维持药物溶液的pH。

2.改进药物剂型或生产工艺　在水中不稳定的药物可制成固体制剂，供口服的可制成胶囊剂、片剂、颗粒剂等；供注射的则做成注射用粉针剂，帮助其提高药物稳定性。也可制成微囊或包合物，如将维生素C、硫酸亚铁制成微囊防止氧化。

3.制成难溶的盐　药物化学结构的改变可以影响其稳定性。可将容易水解的药物制成难溶性盐或者难溶性酯类衍生物，水溶性越低，稳定性越好。如青霉素G钾盐可制成溶解度小的普鲁卡因青霉素G（水中溶解度为1∶250），稳定性显著提高。

点滴积累20-2

1.影响药物稳定性因素有处方因素和外界因素。

2.药物制剂稳定化方法包括控制温度、加入抗氧化剂、调节pH、改进剂型和工艺、制成难溶的盐、选择合适的包装材料等。

三、药物制剂稳定性试验

药品稳定性试验的目的是考察药物在温度、湿度、光线等因素的影响下随时间变化的规律，为药品的生产、包装、贮存、运输条件提供科学依据，同时通过试验建立药品的有效期，以保障用药的安全有效。

（一）原料药物和制剂稳定性试验的基本要求

根据《中国药典》（2020年版）对原料药物和制剂稳定性试验的指导意见如下。

1. 稳定性试验包括影响因素试验、加速试验与长期试验。影响因素试验用1批原料药物或1批制剂进行；如果试验结果不明确，则应加试2个批次样品。生物制品应直接使用3个批次。加速试验与长期试验要求用3批供试品进行。

2. 原料药物供试品应是一定规模生产的供试品量相当于制剂稳定性试验所要求的批量，原料药物合成工艺路线、方法、步骤应与大生产一致。药物制剂供试品应是放大试验的产品，其处方与工艺应与大生产一致。每批放大试验的规模，至少是中试规模。大体积包装的制剂如静脉输液等每批放大规模的数量通常应为各项试验所需总量的10倍。特殊品种、特殊剂型所需数量根据情况另定。

3. 加速试验与长期试验所用供试品的包装应与拟上市产品一致。

4. 研究药物稳定性，要采用专属性强、准确、精密、灵敏的药物分析方法与有关物质（含降解产物及其变化所生成的产物）的检查方法，并对方法进行验证以保证药物稳定性试验结果的可靠性。在稳定性试验中，应重视降解产物的检查。

5. 若放大试验比规模生产数量要小，故申报者应承诺在获得批准后，从放大试验转入规模生产时，对最初通过生产验证的3批规模生产的产品仍需进行加速试验与长期稳定性试验。

6. 对包装在有通透性容器内的药物制剂应当考虑药物的湿敏感性或可能溶剂损失。

7. 制剂质量的“显著变化”通常定义为：①含量与初始值相差5%；或采用生物或免疫法测定时效价不符合规定。②降解产物超过标准限度要求。③外观、物理常数、功能试验（如颜色、相分离、再分散性、黏结、硬度、每揿剂量）等不符合标准要求。④pH不符合规定。⑤12个制剂单位的溶出度不符合标准的规定。

（二）药物制剂稳定性试验方法

根据原料药物和药物制剂的性质，分别进行影响因素试验、加速试验和长期试验。

1. 影响因素试验　将供试品置适宜的开口容器中（如称量瓶或培养皿），分散放置，厚度不超过3mm（疏松原料药可略厚）。当试验结果发现降解产物有明显的变化，应考虑其潜在的危害性，必要时应对降解产物进行定性或定量分析。进行高温试验、高湿试验和强光照射试验，试验内容可参考《中国药典》（2020年版）中（9001原料药物与制剂稳定性试验指导原则）。

药物制剂进行此项试验的目的是考察制剂处方的合理性与生产工艺及包装条件。供试品用1批进行，将供试品如片剂、胶囊剂、注射剂（注射用无菌粉末如为西林瓶装不能打开瓶盖，以保持严封的完整性），除去外包装，并根据试验目的和产品特性考虑是否除去内包装置适宜的开口容器中，进行高温试验、高湿试验与强光照射试验，试验条件、方法、取样时间与原料药相同，重点考察项目见表20–1。

表20–1　原料药物及制剂稳定性重点考察项目参考表

剂型	稳定性重点考察项目
原料药	性状、熔点、含量、有关物质、吸湿性以及根据品种性质选定的考察项目
片剂	性状、含量、有关物质、崩解时限或溶出度或释放度
胶囊剂	性状、含量、有关物质、崩解时限或溶出度或释放度、水分，软胶囊要检查内容物有无沉淀
注射剂	性状、含量、pH、可见异物、不溶性微粒、有关物质，应考察无菌
栓剂	性状、含量、融变时限、有关物质
软膏剂	性状、均匀性、含量、粒度、有关物质
乳膏剂	性状、均匀性、含量、粒度、有关物质、分层现象

续表

剂型	稳定性重点考察项目
糊剂	性状、均匀性、含量、粒度、有关物质
凝胶剂	性状、均匀性、含量、有关物质、粒度，乳胶剂应检查分层现象
眼用制剂	如为溶液，应考察性状、可见异物、含量、pH、有关物质；如为混悬液，还应考察粒度、再分散性；洗眼剂还应考察无菌；眼丸剂应考察粒度与无菌
丸剂	性状、含量、有关物质、溶散时限
糖浆剂	性状、含量、澄清度、相对密度、有关物质、pH
口服溶液剂	性状、含量、澄清度、有关物质
口服乳剂	性状、含量、分层现象、有关物质
口服混悬剂	性状、含量、沉降体积比、有关物质、再分散性
散剂	性状、含量、粒度、有关物质、外观均匀度
气雾剂（非定量）	不同放置方位（正、倒、水平）有关物质、揿射速率、揿出总量、泄漏率
气雾剂（定量）	不同放置方位（正、倒、水平）有关物质、递送剂量均一性、泄漏率
喷雾剂	不同放置方位（正、水平）有关物质、每喷主药含量、递送剂量均性（混悬型和乳液型定量鼻用喷雾剂）
吸入气雾剂	不同放置方位（正、倒、水平）有关物质、微细粒子剂量、递送剂量均一性、泄漏率
吸入喷雾剂	不同放置方位（正、水平）有关物质、微细粒子剂量、递送剂量均性、pH、应考察无菌
吸入粉雾剂	有关物质、微细粒子剂量、递送剂量均一性、水分
吸入液体制剂	有关物质、微细粒子剂量、递送速率及递送总量、pH、含量、应考察无菌
颗粒剂	性状、含量、粒度、有关物质、溶化性或溶出度或释放度
贴剂（透皮贴剂）	性状、含量、有关物质、释放度、黏附力
冲洗剂、洗剂、灌肠剂	性状、含量、有关物质、分层现象（手 状型）、分散性（混悬型），冲洗剂应考察无菌
搽剂、涂剂、涂膜剂	性状、含量、有关物质、分层现象（乳状型）、分散性（混悬型），涂膜剂还应考察成膜性
耳用制剂	性状、含量、有关物质，耳用散剂、喷雾剂与半固体制剂分别按相关剂型要求检查
鼻用制剂	性状、pH、含量、有关物质，鼻用散剂、喷雾剂与半固体制剂分别按相关剂型要求检查

注：有关物质（含降解产物及其他变化所生成的产物）应说明其生成产物的数目及量的变化，如有可能应说明有关物质中何者为原料中的中间体，何者为降解产物，稳定性试验重点考察降解产物。

对于需冷冻保存的中间产物或药物制剂应验证其在多次反复冻融条件下产品质量的变化情况。

2.加速试验 此项试验是在加速条件下进行，其目的是通过加速药物制剂的化学或物理变化，探讨药物制剂的稳定性，为处方设计、工艺改进、质量研究、包装改进、运输、贮存提供必要的资料。试验方法请参考《中国药典》（2020年版）中（9001原料药物与制剂稳定性试验指导原则）。

3.长期试验 是在接近药品的实际贮存条件下进行，其目的是为制订药品的有效期提供依据。试验方法请参考《中国药典》（2020年版）中（9001原料药物与制剂稳定性试验指导原则）。

对于所有制剂，应充分考虑运输路线、交通工具、距离、时间、条件（温度、湿度、振动情况等）、产品包装（外包装、内包装等）、产品放置和温度监控情况（监控器的数量、位置等）等对产品质量的影响。

此外，有些药物制剂还应考察临用时配制和使用过程中的稳定性。例如，应对配制或稀释后使用、在特殊环境（如高原低压、海洋高盐雾等环境）使用的制剂开展相应的稳定性研究，同时还应对药物的配伍稳定性进行研究，为说明书/标签上的配制、贮藏条件和配制或稀释后的使用期限提供依据。

（三）经典恒温法与药品的有效期

1.经典恒温法 一般用于水溶液型药物制剂的有效期预测。可根据药物含量变化计算，按照长期试验测定数据，进行统计分析，继而确定药物制剂的有效期。

经典恒温法以Arrhenius的指数定律为依据，其对数形式为

$$\lg K = -\frac{E}{2.303RT} + \lg A \tag{20-7}$$

式中，A为频率因子；E为活化能；R为气体常数；T为绝对温度。

试验时首先确定含量测定方法，将样品放入各种不同温度的恒温水浴中，定时取样测定其浓度（或含量），求出各温度下不同时间药物的浓度变化。以药物浓度或浓度的函数对时间作图，以判断反应级数。若以logc对T作图得一直线，则为一级反应。再由直线斜率求出各温度的速度常数，然后按前述方法求出活化能和药物制剂的有效期（$t_{0.9}$）。

2. 药品有效期的表示方法　药品有效期是指药品在一定的贮存条件下，能够保持质量的期限，是控制药品质量的指标之一，用药物降解10%的时间表示，即$t_{0.9}$。药品标签有效期的表示方法有以下几种。

（1）直接标明失效期　失效期某年某月，是指该药在该年该月的1日起失效。如标有“失效期：2023年10月”的药，只能使用到2023年9月30日。

（2）药品标签中的有效期　应当按照年、月、日的顺序标注，一般表达可用有效期至某年某月，或用数字，是指该药可用至有效期最末月的月底，年份用四位数字表示，月、日用两位数表示。如标有“有效期至2023年7月”的药，该药可用到2023年7月31日。也可表达为“有效期至2023.07”“有效期至2023/07”“有效期至2023-07”等。

点滴积累20-3

1. 药物稳定性试验一般包括影响因素试验、加速试验和长期试验。
2. 影响因素试验包括高温试验、高湿试验和强光照射试验。
3. 可用经典恒温法进行药物有效期预测。

阅读与感悟

2020年7月2日，国家药品监督管理局、国家卫生健康委发布公告，正式颁布《中华人民共和国药典》（2020年版），于2020年12月30日起正式实施。药典是药品科学技术发展成果的结晶，是国家药品产业发展水平的标志。其颁布实施必将对保障药品质量、维护公众健康、促进医药产业发展产生积极而深远的影响。2020年版药典编制工作全面贯彻“四个最严”的要求，从整体上提升了我国药品的质量标准，充分展现了我国医药创新研发最新成果。

自测达标

答案解析

一、单项选择题

1. 经典恒温法的理论依据是（　）

A. Stokes定律　　B. Arrhenius公式

C. Higuchi方程　　D. Henderson-Hasselbalch方程

2. 药物的有效期是指药物含量降解（　）所需时间

A. 60%　　B. 50%　　C. 20%　　D. 10%

3. 盐酸普鲁卡因降解的主要途径是（　）

A. 水解　B. 氧化　C. 光解　D. 脱羧

4. 下列关于药物稳定性的叙述中，错误的是（　）

A. 通常将反应物消耗一半所需的时间称为半衰期

B. 大多数药物的降解反应可用零级、一级反应进行处理

C. 若药物降解的反应是一级反应，则药物有效期与反应浓度有关

D. 对于大多数反应来说，温度对反应速率的影响比浓度更为显著

5. 易氧化的药物通常结构中含有（　）

A. 饱和键　B. 双键　C. 苷键　D. 酰胺键

二、配伍选择题

（6~10题共用选项）

A. 片剂　B. 糖浆剂　C. 口服乳剂

D. 注射剂　E. 口服混悬剂

6. 稳定性试验中重点考查性状、含量、崩解时限或溶出度或释放度的是（　）

7. 稳定性试验中重点考查性状、含量、沉降体积比、有关物质、再分散性的是（　）

8. 稳定性试验中重点考查性状、含量、分层现象、有关物质的是（　）

9. 稳定性试验中重点考查性状、含量、澄清度、相对密度、有关物质、pH的是（　）

10. 稳定性试验中重点考查性状、含量、pH、可见异物、不溶性微粒、有关物质、应考察无菌的是（　）

三、处方分析题

（11~14题共用选项）

A. 金属离子络合剂　B. 主药　C. 抗氧化剂

D. pH调节剂　E. 防腐剂

维生素C注射液常用于预防和治疗坏血病，肌内注射或静脉注射，其处方如下。

维生素C 125g　EDTA 0.05g　$NaHCO_3$ 49g　$NaHSO_3$ 2.0g　加入注射用水1000ml

11. 处方中维生素C的作用是（　）

12. 处方中EDTA的作用是（　）

13. 处方中$NaHCO_3$的作用是（　）

14. 处方中$NaHSO_3$的作用是（　）

四、综合运用题

15. 简述研究药物制剂稳定性的意义和范围。

16. 影响药物制剂稳定性的因素是什么？如何进行优化？

17. 氢化可的松注射液说明书中要求遮光、密闭保存，这是为什么？

思维导图　知识小结

参考答案

实践六十　项目单梳理

项目名称	模拟药物稳定性试验
模拟药物	硫酸沙丁胺醇吸入气雾剂
工具书	《中国药典》（2020年版）第四部

续表

模拟过程	1.根据《原料药物与制剂稳定性试验指导原则》，查找吸入式气雾剂的重点考察项目	
	2.根据《中国药典》(2020年版)中(9001原料药物与制剂稳定性试验指导原则)进行影响因素试验	(1)高温试验 取硫酸沙丁胺醇吸入气雾剂(此处选择________批制剂进行，如试验结果不明确，应加试________个批次样品)，在温度________下放置10天，于0天、5天、10天取样检验，并记录(此处温度设置高于加速试验温度10℃以上) (2)高湿试验 取硫酸沙丁胺醇吸入气雾剂置恒湿密闭容器中，在____℃，相对湿度(90±5)%条件下放置10天，分别于第5天和第10天取样记录 (3)强光照射试验 取硫酸沙丁胺醇吸入气雾剂放在光照箱内，在照度为(4500±500)lx的条件下，且光源总照度应不低于1.2×10^{6}lux·hr放置10天，于第5天和第10天取样记录
	3.根据《中国药典》(2020年版)中(9001原料药物与制剂稳定性试验指导原则)进行加速试验	取硫酸沙丁胺醇吸入气雾剂________个批次，在温度(40±2)℃、相对湿度75%±5%的条件下放置________个月，在试验期间第0个月、2个月、3个月、6个月分别取样记录
	4.根据《中国药典》(2020年版)中(9001原料药物与制剂稳定性试验指导原则)进行长期试验	取硫酸沙丁胺醇吸入气雾剂3个批次，在温度(25±2)℃、相对湿度(60±5)%的条件下放置12个月，每3个月取样一次，分别于0个月、3个月、________个月、________个月、12个月取样记录 12个月以后，仍需继续考察的，根据产品特性，分别于18个月、24个月、36个月等，取样进行检测。将结果与0个月比较以确定药物的有效期
模拟结果	经过影响因素试验、6个月加速试验及12个月长期试验等稳定性考察，性状、有关物质、递送剂量均一性、微细粒子剂量、泄漏率各项指标测定结果均未发生明显变化，表明本品制备工艺、包装与贮存条件能保证产品的稳定性，根据长期试验测定数值，3批硫酸沙丁胺醇吸入气雾剂样品的预测有效期均大于60个月，有效期暂定为24个月	

实践六十一 认识药品的有效期

(一)实践目的

熟悉药品有效期的表示方法；能够正确解读药品的有效期。

(二)实践地点

药学服务实训室。

(三)实践用具

若干不同品种药盒。

(四)实践内容

依据理论知识，分组查找药盒，完成下列表格。

序号	药品名称	贮藏条件	药品有效期表示方法	有效期解读
例1	硝苯地平	遮光、密封保存	有效期至2024.10	药品可使用到2024年10月31日

(五)实践反思

1.进口药品的保质期表示方法与我国药品有效期表示方法一样吗？如何解读进口药品的有效期。

2.回顾课前提出的问题，药品的有效期是绝对的吗？在保质期内药品一定是安全的吗？

项目二十一　药物制剂的有效性

PPT

学习目标

1. 掌握　影响药物胃肠道吸收的因素；生物利用度的概念。
2. 熟悉　增加药物有效性的方法和措施。
3. 了解　生物利用度的应用和一致性评价工作流程。

导读：药物制剂有效性是药物制剂质量基本要求，含有同量同样化学结构的药品，并不一定有相同的疗效。药物制剂所产生的效应不仅与药物本身的化学结构有关，而且还受到剂型因素与生物因素的影响。本项目主要探讨药物有效性的相关知识，学习药物制剂体内过程（吸收、分布、代谢和排泄）、生物利用度和一致性评价。

任务一　药物制剂的吸收

【工作实例】张某作为一名实习生，在医院实习时发现，医生在给不同的患者开药时会开出不同剂型，有时会有口服药，有时是注射针剂，有时还有外涂药。不同的用药途径药物的吸收方式是否相同？又有哪些因素会影响药物的吸收？

药物吸收是指药物从给药部位进入体液循环的过程。除了血管内给药无吸收过程外，非血管内给药（如胃肠道给药、肌内注射等）都存在着吸收过程。药物只有吸收进入体循环，在血液中达到一定的血药浓度，才会出现一定的药理效应，其作用强弱和持续时间都与血药浓度密切相关。因此，吸收是发挥体内药效的重要前提。

一、经胃肠道吸收

口服药物一般通过胃肠道吸收，包括胃、小肠和大肠等，但以小肠吸收为主。小肠具有环形皱襞、绒毛和微绒毛的特殊生理结构，药物的吸收面积大，更有利于药物的吸收。药物吸收实质就是药物通过细胞生物膜（脂质双分子层结构）转运的过程。不同药物或不同环境条件下，药物跨膜转运方式也不同。

（一）药物转运机制

药物跨膜转运机制包括被动转运、主动转运、膜动转运。

1. 被动转运　指药物由高浓度一侧通过生物膜扩散到低浓度一侧的转运过程，膜两侧浓度相等时不再转运，转运速度跟膜两侧的浓度差成正比。药物服用后，胃肠液中药物浓度高，生物膜内侧浓度低，大多数药物分子以被动转运方式通过生物膜，转运到血液循环系统中完成吸收过程。被动转运不消化ATP，只能顺浓度梯度进行，包括简单扩散、滤过和易化扩散。

（1）简单扩散　是药物顺浓度梯度的跨膜转运，不需要载体的帮助，一定脂溶性药物可溶于脂质而通过细胞膜，膜对通过的药物无特殊选择性、饱和现象和竞争抑制现象，一般也无部位特异性，扩散过程与细胞代谢无关。大部分有机弱酸和有机弱碱药物在胃肠道内吸收是通过简单扩散。

（2）滤过　是指直径小于膜孔的水溶性物质（如水、乙醇和尿素等），在膜两侧的静压差和渗透压差的作用下通过细胞膜而实现转运。

（3）易化扩散　也称载体转运，是借助细胞膜上的某些特定载体蛋白而实现药物由高浓度向低浓度的跨膜转运。易化扩散也不消耗能量，但载体蛋白运输工具有特异性，只能识别特定的药物，而且具有饱和性、部位特异性和竞争性。

2.主动转运　指借助载体蛋白，需要消耗能量，膜两侧的药物由低浓度向高浓度逆向转运的过程。一些生命必需的物质如氨基酸、单糖、Na^+、K^+、水溶性维生素及有机酸、有机碱等弱电解质的离子型均可以通过主动转运方式透过生物膜而被吸收。

对于主动转运吸收，当药物浓度低时符合一级速度过程，当药物浓度很高时则为零级过程，产生这种现象的主要原因是主动转运过程中需要载体参加，载体的量是相对固定的，当药物浓度低时，载体的量相对较大，故转运速度随药物浓度增加而增大；但当吸收部位药物浓度增加到某一临界值时，载体的量相对较少，转运系统变为饱和，故药物浓度无论怎么增加，吸收速度也不增加而保持恒速，即达到了主动转运吸收的最大速度。主动转运吸收的速度可用米氏（Michaclis-Menten）动力学方程来描述。

主动转运为逆浓度梯度转运；与细胞内代谢有关，故需消耗能量，可被代谢抑制阻断，温度下降使代谢受抑可使转运减慢；需载体参与，对转运物质有结构特异性需求，结构类似物可产生竞争抑制，有饱和现象；也有部位专属性，即某些药物只在肠道某一部位吸收，如维生素B_2。

3.膜动转运　由于细胞膜有一定流动性，细胞可以通过主动变形而将某些物质摄入细胞内或从细胞内释放到细胞外，这个过程称为膜动转运，其中向内摄取称为胞饮或入胞，向外释放称为胞吐或出胞。摄取固体颗粒时为胞吞，某些高分子物质如蛋白质、多肽类、脂溶性维生素和重金属等可按胞饮方式吸收，胞饮作用对蛋白质和多肽的吸收非常重要，并且有一定的部位特异性（如蛋白质在小肠下段的吸收最为明显），但对一般药物的吸收不是十分重要。

充电链接

药物代谢动力学

药物代谢动力学，简称药代动力学或药动学，主要是定量研究药物在生物体内的四个过程——吸收、分布、代谢和排泄（简称ADME），并运用数学原理和方法阐述药物在机体内的动态规律的一门学科。确定药物的给药剂量和间隔时间的依据，使药物在其作用部位能达到安全有效的浓度，药物浓度受药物体内过程的影响而动态变化。药物在体内的吸收、分布及排泄过程称为药物的转运；药物的代谢和排泄合称为消除。

（二）影响药物胃肠道吸收的因素

1.生理因素

（1）胃肠道pH影响　胃肠道不同部位有着不同的pH，不同pH决定弱酸性和弱碱性药物的解离状态，而消化道上皮细胞是一种类脂膜，故分子型药物易于吸收。如空腹时胃液的pH通常为0.9~1.5，餐后可略增高，呈现酸性，有利于弱酸性药物的吸收而不利于弱碱性药物吸收。消化道pH的变化能影响被动扩散药物的吸收，但对主动转运过程影响较小。

（2）胃排空速率的影响　胃内容物经幽门向小肠排出称胃排空，单位时间胃内容物的排出量称胃空速率。多数药物以小肠吸收为主，胃空速率可反映药物到达小肠的速度，因此对药物的起效快慢、药效强弱和持续时间均有明显影响。当胃空速率增加时，药物到达小肠部位越快，越有利于药物吸收。胃空速率慢，药物在胃中停留时间延长，主要在胃中吸收的弱酸性药物吸收增加。

影响胃空速率因素主要有食物的组成与理化性质、胃内容物的黏度与渗透压、药物因素（有些药物能降低排空速率）、身体所处的姿势等。

（3）食物的影响　食物的存在使胃内容物黏度增大，减慢了药物向胃肠壁扩散速度，从而影响药物的吸收；同时食物的存在能减慢胃排空速率，推迟药物在小肠的吸收；食物可消耗胃肠道内的水分导致胃肠液减少，进而影响固体制剂的崩解和药物溶出，影响药物吸收速度。

当食物中含有较多的脂肪时，能促进胆汁的分泌，胆汁中的胆酸盐属表面活性剂，可增加难溶性药物的吸收。同时食物存在可减少一些对胃有刺激性药物的刺激作用利于吸收。

（4）血液循环的影响　由胃、小肠和大肠吸收的药物都经门静脉进入肝脏，肝脏的首过效应会使某些药物在进入体循环之前就受到很大损失。消化道周围的血液与药物的吸收有复杂的关系。当血流速率下降时，吸收部位转运药物的能力下降，降低细胞膜两侧浓度梯度，使药物吸收减慢。当药物的膜透过速率比血流速率低时，吸收为膜限速过程。相反，当血流速率比膜透过速率低时，吸收为血流限速过程。血流速率对难吸收药物影响较小，对易吸收药物影响较大。

（5）胃肠分泌物的影响　在胃肠道的表面存在着大量黏蛋白，这些物质可增加药物吸附和保护胃黏膜表面不受胃酸或蛋白水解酶的破坏。有些药物可与这些黏蛋白结合，会导致此类药物吸收不完全（如链霉素）或不能吸收（如庆大霉素）。在黏蛋白外面，还有不流动水层，它对脂溶性强的药物是一个重要的通透屏障。人体分泌的胆汁中含有的胆酸盐（增溶剂）可促进难溶性药物的吸收，但与有些药物会生成不溶物而影响吸收。

2.药物因素

（1）药物理化性质的影响

1）药物脂溶性和解离度　胃肠道上皮细胞膜的结构为类脂双分子层，这种生物膜只允许脂溶性非离子型药物透过而被吸收。药物脂溶性大小可用油水分配系数（$k_{O/W}$）表示，即药物在有机溶剂和水中达到溶解平衡时的浓度之比。一般油水分配系数大的药物吸收较好，但药物的油水分配系数过大，有时吸收反而不好，这是因为这些药物渗入磷脂层后可与磷脂层强烈结合，可能不易向体循环转运。临床上多数治疗药物为有机弱酸或弱碱，其离子型难以透过生物膜。故药物的胃肠道吸收好坏不仅取决于药物在胃肠液中的总浓度，而且与非解离部分浓度大小有关，而非离子型部分与药物的解离常数（pK_a）和吸收部位的pH有关。

2）溶出速度　片剂、胶囊剂等固体剂型口服后，药物在体内吸收过程是先崩解，其次是药物溶解于胃肠液中，最后溶解的药物透过生物膜被吸收。因此，任何影响制剂崩解和药物溶解的因素均能影响药物的吸收。一般来说，可溶性药物溶解速度快，对吸收影响较少；难溶性药物或溶解缓慢的药物，溶解速度可限制药物的吸收。

3）粒度　难溶或溶解缓慢药物的粒径是影响吸收的重要因素。粉粒愈细，表面积愈大，溶解速度愈快。为了减小粒径增加药物表面积，可采用微粉化、固体分散等方法改善。

4）多晶型　化学结构相同的药物，因结晶条件不同而得到晶格排列不同的晶型，这种现象称为多晶型现象。晶型不同化学性质虽相同，但物理性质如密度、硬度、溶解度、熔点、溶出速率等可能不同，生物活性和稳定性也有所不同。多晶型中的稳定型，其熔点高，溶解度小，化学稳定性好；而亚稳定型、非晶型（无定型）的熔点较低，溶解度大，溶出速率也较快。因此亚稳定型、非晶型（无定型）的生物利用度高，而稳定型药物的生物利用度较低，甚至无效。晶型在一定条件下可以互相转化，能引起晶型转变的外界条件有干热、熔融、粉碎、不同晶型条件以及混悬在水中等，如果掌握了转型条件，就能将某些原为无效的晶型转为有效晶型。

（2）药物稳定性的影响　很多药物在胃肠道中不稳定，一方面由于胃肠道pH的影响，可促进某些药物的分解。另一方面是由于药物不能耐受胃肠道中的各种酶，出现酶解作用使药物失活。实际中可利用包衣技术防止某些胃中不稳定药物的降解和失效，与酶抑制剂合用可以有效阻止药物酶解，制成药物衍生物或前体药物也是有效的途径。

（3）剂型因素的影响　剂型与药物吸收的关系可以分为药物从剂型中释放及药物通过生物膜吸收两个过程，因此剂型因素的差异可使制剂具有不同的释放特性，从而可能影响药物在体内的吸收和药效，体现在药物的起效时间、作用强度和持续时间等方面。常见口服剂型的吸收顺序是：溶液剂>混悬剂>散剂>胶囊剂>片剂>包衣片剂。

1）液体制剂　溶液剂、混悬剂和乳剂等液体制剂属速效制剂，而水溶液或乳剂要比混悬剂吸收更快。药物以水溶液剂口服在胃肠道中吸收最快，这是因为药物以分子或离子状态分散。

2）固体制剂　包括片剂、胶囊剂、散剂、颗粒剂、丸剂、栓剂等。片剂处方中加入的附加剂较多、工艺复杂，影响吸收的因素也较多。

胶囊剂只要囊壳在胃内破裂，药物可迅速地分散，以较大的面积暴露于胃液中。影响胶囊剂吸收的因素有药物粉碎的粒子大小、稀释剂的性质、空胶囊的质量及贮藏条件等。

片剂是使用最广泛、研究生物利用度问题最多的一种制剂。片剂中含有大量辅料，并经制粒、压片或包衣等制成片状制剂，其表面积大大减小，减慢了药物从片剂中释放到胃肠中的速度，从而影响药物的吸收。

包衣片剂比一般片剂更复杂，因药物溶解吸收之前首先是衣层溶解，而后才能崩解使药物溶出。衣层的溶出速率与包衣材料的性质和厚度有关，尤其是肠溶衣片涉及因素更复杂，它的吸收还与胃肠内pH及其在胃肠内滞留时间等有关。

（4）制备工艺对药物吸收的影响　制剂在制备过程中的许多操作都可能影响到最终药物的吸收，包括混合、制粒、压片、包衣等操作。对于中药制剂干燥方法等不同也会影响药物吸收。例如片剂在湿法制粒过程中，湿混时间、湿粒干燥时间的长短，均对吸收有影响；压片时所加压力的大小，也会影响药物的溶出速率。另外在制粒操作中，黏合剂与崩解剂的品种、用量，颗粒的大小和松紧以及制粒方法等对药物的吸收均有较大影响。

（5）辅料对药物吸收的影响　在制剂过程中，为增加药物的均匀性、有效性和稳定性，通常都需要加入各种辅料（如黏合剂、稀释剂、润滑剂、崩解剂、表面活性剂等），而无生理活性的辅料几乎不存在，故许多辅料对固体制剂的吸收可能会有一定影响。辅料可能会影响药物剂型的理化性状，从而影响到药物在体内的释放、溶解、扩散、渗透以及吸收等过程；在某些情况下辅料与药物之间可能产生物理、化学或生物学方面的作用。

同步练习21-1

下列属于影响药物胃肠道吸收的药物因素是（　）

A. 胃排空速率　　B. 药物稳定性

C. 剂型　　D. 辅料

答案解析

二、非经胃肠道吸收

药物的吸收部位随着药物制剂和给药方式的不同，还有通过注射部位、口腔、肺部、直肠等多种吸收方式。

同步思考21-1

硝酸甘油片、速效救心丸在紧急服用时为什么要舌下含服？

答案解析

（一）注射部位吸收

注射给药方式中除了血管内给药没有吸收过程外，其他途径如皮下注射、肌内注射、腹腔注射等都存在吸收过程。注射部位周围一般有丰富的血液和淋巴循环。药物分子从注射点到达一个毛细血管只需通过几微米的路径，平均不到一秒，且影响吸收的因素比口服要少，故一般注射给药吸收快，生物利用度也比较高。

（二）口腔吸收

药物在口腔的吸收方式多为被动扩散，并遵循 pH分配学说，即脂溶性药物或口腔环境下不解离的药物更易吸收。口腔吸收的药物可经颈内静脉到达血液循环，因此药物吸收无首过效应，也不受胃肠道pH和酶系统的破坏。这使口腔给药有利于首过效应大、胃肠中不稳定的某些药物，如硝酸甘油、甲睾酮、异丙肾上腺素等。

（三）肺部吸收

药物肺部的吸收主要在肺泡中进行，由于肺泡总面积可达100~200m^2，与小肠的有效吸收表面很接近。肺泡壁由单层上皮细胞组成，并与毛细血管紧密相连。肺的解剖结构决定了药物能够在肺部十分迅速地吸收，肺部吸收的药物可直接进入全身循环，不受肝脏首过效应的影响。

（四）直肠吸收

直肠给药后的吸收途径主要有两条，一是通过直肠上静脉进入肝脏，进行首过代谢后再由肝脏进入大循环；另一条是通过直肠中、下静脉和肛门静脉，绕过肝脏，经下腔大静脉直接进入大循环，避免了肝脏的首过作用，因此首过作用大的药物直肠则往往可以选择制成栓剂。直肠给药，特别是全身作用的栓剂应塞入距离肛门2cm处为宜，这样可有50%~75%的药物不经肝脏。直肠淋巴系统对药物的吸收亦有一定作用。直肠中药物吸收一般是被动吸收，并遵循pH分配学说。另外，直肠吸收与小肠相比，直肠内蛋白质分解酶的活性较低，因此可以考虑将直肠作为那些易受酶影响而失活的药物的给药部位。

（五）鼻黏膜吸收

人体鼻腔上皮细胞下毛细血管和淋巴管十分发达，药物吸收后直接进入大循环，也无肝脏的首过效应。鼻腔黏膜为类脂质，药物在鼻黏膜的吸收主要方式为被动扩散。因此脂溶性药物易于吸收，水溶性药物吸收较差。由于鼻黏膜的屏障功能较低而血管十分丰富，对于一些解离型的药物也能吸收。鼻黏膜带负电荷，故带正电荷的药物易于透过。pH影响药物的解离，未解离型吸收较好，完全解离的则吸收差。但值得注意的是许多药物或附加剂对鼻腔纤毛的运动有不良影响，引起鼻腔刺激性，因此要求研制对鼻黏膜和纤毛无毒性、安全、有效的制剂。

（六）阴道黏膜吸收

阴道黏膜的表面有许多微小隆起，有利于药物的吸收。吸收机制也分为被动扩散的脂质通道和含水的微孔通道两种。从阴道黏膜吸收的药物可直接进入大循环，不受肝脏首过效应的影响。亲水性的多肽物质在阴道也有良好的吸收，所以阴道黏膜有可能成为某些难吸收的大分子药物的有效吸收部位。

充电链接

影响药物制剂有效性的因素

每一种药物被赋予一定的剂型，由特定的途径给药、特定的方式和剂量被吸收、分布、代谢和排泄，到达作用部位后又以特定的方式和靶点作用，起到治疗疾病的目的。影响药物制剂产生疗效的因素主要有剂型因素和生物因素。

1.剂型因素

(1)药物的某些化学性质，如同一药物的不同盐、酯、络合物或前体药物，即药物的化学形式及药物的稳定性等。

(2)药物的某些物理性质，如粒子大小、晶型、溶解度、溶出速率等。

(3)制剂处方中所用辅料的性质与用量。

(4)药物的剂型及使用方法。

(5)处方中药物的配伍及相互作用。

(6)制剂的工艺过程、操作条件及贮存条件等。

2.生物因素

(1)种族差异 指不同的生物种类，如小鼠、狗、猴等不同的实验动物和人的差异，及同一种生物在不同地理区域和生活条件下形成的差异，如不同人种的差异。

(2)性别差异 指动物的雌雄和人的性别差异。

(3)年龄差异 新生儿、婴儿、青壮年和老年人的生理功能可能有差异，因此药物在不同年龄个体中的处置与对药物的反应可能不同。

(4)生理和病理条件的差异 生理因素如妊娠及各种疾病引起的病理因素能引起药物体内过程的差异。

(5)遗传因素 人体内参与药物代谢的各种酶的活性可能存在着很大的个体差异，这些差异可能是遗传因素引起的。

点滴积累21-1

1.药物的体内过程包括吸收、分布、代谢、排泄。

2.药物的转运方式包括被动转运、主动转运和膜动转运。

3.药物吸收的主要部位是胃肠道，还包括注射部位、口腔、肺部和直肠吸收等。

4.影响药物胃肠道吸收的因素包括生理因素和药物因素。

阅读与感悟

奚念朱，药剂学家，药学教育家。是国务院最早批准的药剂学博士生四导师之一。20世纪60年代初，他提出：“药剂学研究应当牢牢把住提高药剂的体外稳定性和体内有效性这个方向”，在国内首先开展药剂稳定性的化学动力学研究。20世纪70年代后期起，着重于生物药剂学和药动学等有关制剂体内有效性的研究。这些研究推动了我国药剂学的发展。

“要动脑筋，要找事做”，这是奚念朱在科研道路上最大的心得。“特别是高校教师，你要是光教书，你就只是个教书匠。教书应该深入下去，应该要对自己的学科有所贡献。”奚念朱从事药剂学教学、科研共47年，治学严谨，实事求是，并富有开创精神，兴趣和热情是他持之以恒钻研多年的发动机。

自测达标

答案解析

一、单项选择题

1.吸收是指药物进入( )

A.胃肠道过程　B.靶器官过程　C.血液循环过程　D.细胞内过程

2.药物在胃肠道吸收的机制不包括(　　)

A.扩散作用　B.渗透压作用　C.载体作用　D.胞饮作用

3.一般认为在口服剂型中药物吸收的大致顺序是(　　)

A.水溶液>混悬液>散剂>胶囊剂>片剂　B.水溶液>混悬液>胶囊剂>散剂>片剂

C.水溶液>散剂>混悬液>胶囊剂>片剂　D.混悬液>水溶液>散剂>胶囊剂>片剂

二、多项选择题

4.影响药物胃肠道吸收的生理因素是(　　)

A.胃肠道蠕动快慢　B.胃肠液pH　C.胃排空速率

D.药物溶出度　E.药物的脂溶性和解离度

5.以下属于主动转运特征的是(　　)

A.消耗能量　B.不需载体进行转运　C.饱和状态　D.由高浓度向低浓度转运

E.可与结构类似的物质发生竞争现象

6.下列给药途径中存在吸收过程的有(　　)

A.肌内注射　B.静脉注射　C.直肠给药

D.口服给药　E.皮肤给药

三、综合运用

7.药物跨膜转运方式有哪些？各有什么特点？

8.提高难溶性且强亲脂性的中性抗真菌药灰黄霉素经胃肠道吸收的方法有哪些？为什么？

任务二　药物的分布、代谢和排泄

【工作实例】张某在医院药房实习时发现，好多药物使用注意事项中会标注有“孕妇禁用”“肝肾功能不全者慎用”等字样。为何会有这样的使用禁忌？这些药物在体内是如何影响各器官的？又是如何从母体进入胎儿体内的？

一、药物制剂的分布

（一）分布的含义

药物分布是指药物吸收进入体循环后，随血液向体内各个可分布的脏器和组织转运的过程。由于不同器官组织的血液灌注差异，药物与组织结合力不同，各部位pH和细胞膜通透性差异等影响，药物分布一般是不均匀的，且处于动态平衡状态，药物在体内各器官组织分布后的血药浓度与药理作用的速度、强度、持续时间、组织蓄积性和不良反应等密切相关。因此，了解药物的体内分布特征，对于评价药物制剂在体内的有效性和安全性具有十分重要的意义。

（二）表观分布容积

表观分布容积是指在吸收达到平衡或稳态时，通过体内药量与血药浓度的比值，来推算体内药量在理论上应占有的体液总容积，其单位为L或L/kg。

$$V=\frac{D}{C} \tag{21-1}$$

式中，V为表观分布容积；D为体内药量；C为相应的血药浓度。

表观分布容积是药物的一个特征常数，它是描述药物在体内分布状况的重要参数。表观分布容积不具备解剖学和生理学意义，但与药物的蛋白结合及药物在组织中的分布密切相关，可以用来推算出机体内药物的总量及达到某一有效血药浓度所需要的药物剂量，进而评价体内药物分布的程度。

人的体液由细胞内液、细胞外液（包括细胞间液和血浆）两部分组成，绝大多数药物与血浆蛋白，或与血管外组织，或与两者均有一定程度的结合。V值小表明药物在体内分布范围有限，组织摄取不多。V值大则提示药物在体内分布广，或存在组织结合，或兼而有之。当药物主要与血红蛋白结合时，其表观分布容积小于真实分布容积；而当药物主要与血管外的组织结合时，其表观分布容积大于真实分布容积。

（三）影响分布的因素

1.血液循环与血管通透性　药物的分布多数情况是通过血液循环进行的。药物的分布主要受组织器官血流量的影响，其次为毛细血管的透过性。通常血流量大、血流速率快的器官和组织，药物的转运速度和转运量相应较大。反之，血流量小、血流速率慢的器官和组织，药物的转运速度和转运量相应较小。人体各脏器组织的血流量情况不一，血液循环快的脏器和组织有脑、肝和胃等，肌肉、皮肤次之，脂肪组织与结缔组织血液循环最慢。

从血中向组织转运的药物，首先要从血管中渗出，毛细血管的通透性是影响药物向组织分布的另一重要因素，毛细血管的透过性主要取决于管壁的类脂质屏障和管壁上的微孔，大多数药物通过被动扩散通过毛细血管壁，小分子水溶性药物可通过微孔转运。脑和脊髓的血管内壁结构致密，细胞间隙极少，极性药物很难透过。

2.药物与血浆蛋白结合　药物进入循环后，首先与血浆蛋白结合成为结合型药物，未被结合的药物则称为游离型药物。一般以血浆蛋白结合率来表示药物与血浆蛋白结合的程度，即血中与蛋白结合的药物占总药的百分数。游离药物易透过血管壁向体内各部位转运，而与血浆蛋白结合的药物则不能。药物与血浆蛋白的结合是可逆的，结合型药物暂时失去药理活性，血液中结合型和游离型药物处于动态平衡状态。由于结合型药物分子体积增大而不易通过血管壁，因此暂时"贮存"于血液中，起着类似药库的作用。药物进入相应组织后也与组织蛋白发生结合，也起到药库作用。这对于药物作用及其维持时间长短有重要意义，一般蛋白结合率高的药物体内消除慢，作用维持时间长。体内只有游离型药物才能透过生物膜，进入到相应的组织或靶器官，产生效应或进行代谢与排泄。

药物与血浆蛋白的结合率受到许多因素的影响。血浆中蛋白有一定的量，与药物的结合有限，因此药物与血浆蛋白结合具有饱和性，当药物浓度大于血浆蛋白结合能力时会导致血浆中游离型药物急剧增加，引起毒性反应。在某些病理情况下，血浆蛋白过少（如肝硬化、慢性肾炎）或变质（如尿毒症）时，药物与血浆蛋白结合减少，也易发生毒性反应。有些药物在老年人中呈现较强的药理效应，这与老年人的血浆蛋白减少有关。某些药物可在血浆蛋白结合部位上可发生竞争排挤现象，若两种药物竞争与同一蛋白结合时而发生置换现象，使游离型药物浓度增加，可能导致中毒。

? 同步思考21-2

各类药物在使用说明中都会明确标出用法用量，有人为了更快地治愈疾病，选择过量使用药物或增加用药次数，这种方式合理么？为什么？

答案解析

3.体液pH　在生理条件下，细胞内液的pH约为7.0，细胞外液的pH约为7.4，弱碱性药物在细胞外液解离较少，容易进入细胞内，故细胞内浓度略高，而弱酸性药物则相反。根据这一原理，如用碳酸氢钠碱化血液和尿液，可促进弱酸性巴比妥类药物由脑细胞向血浆中转移和从尿液排泄，这是重要的救治措施之一。

4. 血–脑屏障和胎盘屏障

（1）血–脑屏障　脑虽是血流较大的器官，但药物在脑组织中的浓度一般较低，这是由于血–脑屏障的存在。血–脑屏障是血液–脑细胞、血液–脑脊液及脑脊液–脑细胞三种隔膜的总称，能阻碍药物穿透的主要是前二者。由于这些隔膜的细胞比较密，比一般的隔膜多一层胶质细胞，因此外源性的药物不易通过而形成一道保护大脑的生理屏障。只有分子量较小、脂溶性较高的药物才有可能通过血–脑屏障而进入脑组织。新生儿的血–脑屏障尚未发育完全，其中枢神经易受药物的影响。许多全身作用的药物包括抗癌药和某些抗生素，由于脂溶性差而不能透过血–脑屏障。但在脑膜炎症时，局部血–脑屏障通透性增加，磺胺嘧啶、青霉素等与血浆蛋白结合率低的药物可进入脑脊液，可治疗化脓性脑脊髓膜炎。

有些药物病理因素会影响药物通透性。甘露醇、阿拉伯糖、尿素和蔗糖高渗溶液可显著增加血–脑屏障通透性，促进药物进入脑内；脑卒中、惊厥、脑水肿等疾病会引起血–脑屏障通透性增加；某些中枢神经药物或毒物会影响血–脑屏障功能，如安非他明中毒、化学致惊剂、铝和铝离子等都可引起血–脑屏障通透性增加。

（2）胎盘屏障　指由胎盘将母体血液与胎儿血液隔开的一种膜性结构。在妊娠前3个月，胎盘还没有完全形成，故无屏障可言，即使在妊娠中后期，其通透性与一般生物膜无明显的差别，药物非常容易进入胎儿体内。应该注意某些药物可能引起胎儿中毒或对胎儿的发育造成不良影响，甚至致畸。因此在妊娠期间应禁用可通过此屏障对胎儿产生不良影响的药物。

二、药物制剂的代谢

药物代谢又称生物转化，是一种化学物质在机体内转变成另一种化学物质的过程。多数药物经过代谢后失去活性，并转化为较高水溶性的代谢物而利于排出体外。但也有些药物经代谢转变成药理活性物质，如前体药物的设计就是根据此原理。药物的代谢产物通常极性增大、水溶性增强，更加有利于肾脏排泄和胆汁排泄。

药物代谢主要在肝脏内进行，也发生在其他部位，如血浆、胃肠道、肠黏膜、肺或其他组织。一般药物进入血液后，由门静脉进入肝脏，经肝内药物代谢酶作用，使血药浓度降低，药理作用减弱，这种现象称为首过效应（又称首过作用）。药物代谢过程可分为2个阶段：第1阶段通常是药物被氧化、羟基化、开环、还原或水解，结果使药物结构中增加了羟基、氨基或羧基等极性基团；第2阶段是结合反应，即上述极性基团与葡萄糖醛酸、甘氨酸等结合成葡萄糖醛酸苷、乙酰化物等，增加了药物极性，使之容易排泄。

影响药物代谢的因素很多，主要包括种族差异、性别差异、年龄差异、个体差异、疾病状态、食物、给药途径、给药剂量、合并用药等。

三、药物制剂的排泄

药物排泄是指药物以原型或代谢物的形式通过排泄器官排出体外的过程。药物的排泄与药效、药效维持时间及毒副作用等密切相关。当药物的排泄速度增大时，血中药物量减少，药效降低以致不能产生药效。由于药物相互作用或疾病等因素影响，排泄速度降低时，血中药物增大，此时如不调整剂量，往往会产生副作用，甚至出现中毒现象。

药物排泄最主要的途径是经肾脏排泄，其次是胆汁排泄，也可经乳汁、唾液、呼吸、汗液等途径排泄。

（一）经肾脏排泄

肾脏排泄药物与下列三种方式有关。

1.肾小球滤过 肾小球毛细血管的基底膜通透性较强，除了血细胞、大分子物质以及与血浆蛋白结合的药物外，绝大多数非结合型的药物及其代谢产物均可经肾小球滤过，进入肾小管管腔内。

2.肾小管被动重吸收 进入肾小管管腔内的药物中，脂溶性高、非解离型的药物及其代谢产物又可经肾小管上皮细胞以脂溶扩散的方式被动重吸收进入血液。此时，若改变尿pH，则可因影响药物的解离度，从而改变药物的重吸收程度。如苯巴比妥、水杨酸等弱酸性药物中毒时，碱化尿液可使药物的重吸收减少，而增加排泄以解毒。

3.肾小管主动分泌 只有极少数的药物可经肾小管主动分泌排泄。在肾小管上皮细胞内有两类主动分泌的转运系统，即有机酸转运系统和有机碱转运系统，分别转运弱酸性药物和弱碱性药物。当分泌机制相同的两类药物经同一载体转运时，还可发生竞争性抑制，在临床治疗中，可产生有益或有害的影响。

（二）经胆汁排泄

药物在肝内代谢后，可生成极性大、水溶性高的代谢物，从胆道随胆汁排至十二指肠，然后随粪便排出体外。如红霉素可大量从胆道排出，并在胆汁中浓缩，在胆道内形成较高的药物浓度，从而有利于肝胆系统感染的治疗。

肝肠循环是指某些药物经肝脏转化为极性较大的代谢产物，并自胆汁排出后，又在小肠中被相应的水解酶转化成原型药物，再被小肠重新吸收进入体循环的过程。一些肝肠循环明显的药物（如洋地黄毒苷、地高辛、地西泮），其血浆$t_{1/2}$将会明显延长；反之，切断肝肠循环可加速药物的排泄。

（三）其他排泄途径

许多药物还可随唾液、乳汁、汗液、泪液等排泄到体外，有些挥发性的药物还可以通过呼吸系统排出体外。乳汁的pH略低于血浆，所以弱碱性药物（如吗啡、阿托品等）可以较多地自乳汁排泄，使哺乳婴儿因此受累。胃液中酸度较高，所以某些生物碱（如吗啡等）即便是注射给药，也可向胃液扩散。由于药物可自唾液排泄，而唾液又易于采集，所以现在临床上还可以唾液代替血液标本进行血药浓度的监测。

点滴积累21-2

1.药物吸收进入体循环后，随血液向体内各个可分布的脏器和组织转运的过程称为分布。

2.影响药物分布的因素包括血液循环与血管通透性、药物与血浆蛋白结合、体液pH、血脑和胎盘屏障。

3.药物的代谢又称生物转化，主要在肝脏内进行。

4.药物的排泄的主要途径是经肾脏排泄，其次是胆汁排泄。

阅读与感悟

CAR-T（嵌合抗原受体T细胞免疫疗法）药物，通俗地讲就是通过采集患者自身的T细胞，在体外通过基因工程修饰，使其变成一个装了GPS的“超级战士”，重新输回患者体内后，能有效识别并杀伤肿瘤细胞。相比传统的手术、化疗和放疗，CAR-T疗法通过调动患者自身的免疫系统来攻击肿瘤细胞，给癌症患者带来了新选择和新希望。2021年8月，国内首例通过该款CAR-T药物治疗的淋巴瘤患者出院。近年来，我国药品监管部门在药品审评审批改革方面的努力有目共睹，为创新药的上市和应用创造了良好环境。创新药是大产业，更是大民生。作为新时代的青年人，我们应以最饱满的热情投入到学习和工作中，求实创新，大胆实践，勇攀科学高峰，常怀赤子之心，不负青云之志。

自测达标

答案解析

一、单项选择题

1.药物在体内的生物转化是指( )

A.药物的活化 B.药物的灭活 C.药物化学结构的变化 D.药物的消除

2.影响药物分布的因素不包括( )

A.体内循环 B.血管透过性

C.药物与血浆蛋白结合力 D.药物制备工艺

3.不能减少或避免肝脏首过效应的给药途径或剂型是( )

A.栓剂 B.静脉注射 C.透皮给药系统 D.糖浆剂

二、多项选择题

4.下列关于药物与血浆蛋白结合的特点，说法正确的有( )

A.不利吸收 B.药理活性暂时消失

C.是可逆的 D.加速药物在体内分布

E.若被其他药物置换，游离血浓度增高

5.下列有关药物表观分布容积的叙述中正确的是( )

A.表观分布容积大，表明药物在血浆中浓度小 B.表观分布容积表明药物在体内分布的实际容积

C.表观分布容积有可能超过体液量 D.表观分布容积的单位是升或升/千克

E.表观分布容积具有生理学意义

三、综合运用题

6.什么是药物代谢？药物代谢后药理作用有何变化？

7.药物的排泄途径有哪些？

任务三 生物利用度

【工作实例】张某是某药企药品销售实习生，在售药过程中，顾客经常会问他这样一个问题：“同样的药品，不同的生产厂家，谁家的药更好呢？”。张某该如何做好解释工作呢？

一、概述

（一）生物利用度的概念

生物利用度是指剂型中的药物被吸收进入血液的速度与程度，是客观评价制剂内在质量的一项重要指标。生物利用度是衡量制剂疗效差异的主要指标。药物制剂的生物利用度包括两方面的内容：生物利用程度和生物利用速度。

1.生物利用的程度(EBA) 即吸收程度，是指与标准参比制剂相比，试验制剂中被吸收药物总量的相对比值，可用式21-2表示。

$$EBA=\frac{\text{试验制剂被机体吸收的药物总量}}{\text{标准制剂被机体吸收的药物总量}}\times 100\% \qquad (21-2)$$

吸收程度的测定可通过给予试验制剂和参比制剂后血药浓度-时间曲线下总面积(AUC)，或尿中排

泄药物总量来确定。

2.生物利用的速度(RBA) 是指与标准参比制剂相比，试验制剂中药物被吸收的速度的相对比值，可用式21-3表示。

$$\text{RBA}=\frac{\text{试验制剂的吸收速度}}{\text{标准制剂的吸收速度}}\times 100\% \quad (21-3)$$

多数药物的吸收为一级过程，因而常用吸收速度常数k_a或吸收半衰期来衡量吸收速度，也可用达峰时间t_{max}来表示，峰浓度C_{max}不仅与吸收速度有关，还与吸收的量有关。

生物利用度是一个相对的概念，根据选择的标准参比制剂的不同，得到的生物利用度的结果也不同。如果用静脉注射剂为参比制剂，药物100%进入体循环，所求得的是绝对生物利用度。如因毒性或药物性质等原因，当药物无静脉注射剂型或不宜制成静脉注射剂时，可用吸收较好的剂型或制剂为参比制剂，通常用药物的水溶液或溶液剂或同类型产品公认为优质厂家的制剂，所求得的是相对生物利用度。

（二）生物利用度的评价参数

评价生物利用度的速度与程度主要有三个参数：吸收总量即血药浓度-时间曲线下面积(AUC)、血药浓度峰值C_{max}、血药浓度峰时t_{max}。

对一次给药显效的药物，其吸收速率更为重要，这是因为有些药物的不同制剂即使其曲线下面积AUC值的大小相等，但曲线形状不同。这主要反映在C_{max}和t_{max}两个参数上，这两个参数的差异足以影响疗效，甚至毒性。如图21-1所示，曲线C的峰值浓度低于最小有效血药浓度值，将不产生治疗效果，曲线A的药峰浓度值高于最小中毒浓度值，则出现毒性反应，而曲线B能保持有效浓度时间较长，且不致引起毒性。因此，同一药物的不同制剂，在体内的吸收总量虽相同，若吸收速率有明显差异时，其疗效也将有明显差异。所以，生物利用度不仅包括被吸收的总药量，而且还包括药物在体内的吸收速率。

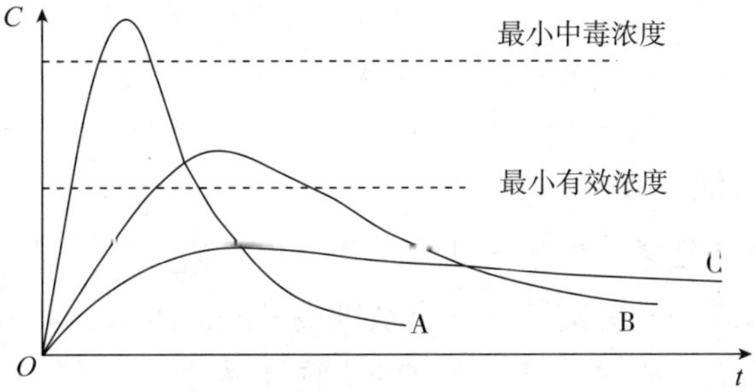

图21-1　吸收量相同的三种制剂的药-时曲线图

同步练习21-2

关于生物利用度的叙述正确的是(　　)

A.是指药物被吸收进入血液循环的程度

B.相对生物利用度是试验制剂与静脉注射制剂相比较

C.生物利用度常用参数AUC表示

D.不是衡量制剂疗效差异的主要指标

答案解析

二、应用

（一）概述

生物利用度相对地反映出同种药物不同制剂（包括不同厂家生产的同一药物相同剂型的产品）被机体吸收的优劣，是衡量制剂内在质量的一个重要指标。许多研究表明，同一药物的不同制剂在作用上的某些差异，可能是由于从给药部位吸收的药量或吸收的速度上的差异造成的，即制剂的生物利用度不同。

将生物利用度作为参考数值用于选择剂型和处方已被公认为是一种较好的方法。以化学方法测定制剂的药物含量，只能表示化学的等效性；而测定生物体内的血药浓度，不仅表示了药物已被吸收的量，而且还表明了量的变化，这是一个可靠的参考数值，可以为临床确定药物用法、用量时参考。

充电链接

生物利用度和生物等效性试验

生物利用度是指剂型中的药物被吸收进入血液的速率和程度。生物等效性是指一种药物的不同制剂在相同的试验条件下，给以相同的剂量，反映其吸收速率和程度的主要动力学参数没有明显的统计学差异。

口服或其他非脉管内给药的制剂，其活性成分的吸收受多种因素的影响，包括制剂工艺、药物粒径、晶型或多晶型，处方中的赋形剂、黏合剂、崩解剂、润滑剂、包衣材料、溶剂、助悬剂等。生物利用度是保证药品内在质量的重要指标，而生物等效性则是保证含同一药物的不同制剂质量一致性的主要依据。生物利用度与生物等效性概念虽不完全相同，但试验方法基本一致。

如果含有相同活性物质的两种药品药剂学等效或药剂学可替代，并且它们在相同摩尔剂量下给药后，生物利用度（速度和程度）落在预定的可接受限度内，则被认为生物等效。设置这些限度以保证不同制剂中药物的体内行为相当，即两种制剂具有相似的安全性和有效性。在生物等效性试验中，一般通过比较受试药品和参比药品的相对生物利用度，根据选定的药动学参数和预设的接受限，对两者的生物等效性作出判定。血浆浓度-时间曲线下面积AUC反映暴露的程度，最大血浆浓度C_{max}以及达到最大血浆浓度的时间t_{max}是受吸收速度影响的参数。

（二）生物利用度的测定方法

1. 生物样品分析方法的基本要求　生物样品中药物及其代谢产物定量分析方法的专属性和灵敏度是生物利用度和生物等效性试验成功的关键。首选灵敏度高的检测方法，如高效液相色谱法等。根据待测物的结构、生物介质和预期的浓度范围，建立适宜的生物样品分析方法，并对方法进行验证。

2. 生物利用度测定方法　测定生物利用度的方法主要有尿药累积排泄量法（简称尿药浓度法）、血药浓度法和药理效应法，方法的选择取决于研究的对象、目的、药物分析技术和药物动力学性质。常见的测定方法是血药浓度法和尿药浓度法。在测定血药浓度或尿药浓度有困难时，可采用药理效应法，或采用血或尿中药物代谢物数据估算。

（1）血药浓度法　是生物利用度最常用的研究方法，当药物或其代谢物不能从尿中检出或定量有困难时，可根据不同时间测定血药浓度的变化来求算生物利用度。分别给予受试者服用试验制剂和参比制剂后，测定血药浓度-时间数据，通过血药浓度对时间作图，根据药物动力学参数，求算生物利用度。

若药物吸收后很快生物转化为代谢产物，无法测定原型药物的药-时曲线，则可以通过测定血中代谢产物浓度来进行生物利用度研究，但代谢产物最好为活性代谢产物。

（2）尿药浓度法　若药物或其代谢物全部或大部分（>70%）经尿排泄，而且药物在尿中的累积排泄量与药物吸收总量的比值保持不变，则可利用药物在尿中排泄的数据估算生物利用度。

1）单剂量给药　通过尿药累积排泄量求算生物利用度。单剂量给药后，在一定时间内（不少于7个半衰期的时间）收集尿排泄药物总量，计算生物利用度。

$$F=(X_u^{\infty})_T/(X_u^{\infty})_R\times 100\% \qquad (21-4)$$

2）多剂量给药方案　系由稳态时尿药排泄数据求算生物利用度。采用多剂量给药达稳态血药浓度时，任意给药间隔期内，原型药物尿中排泄量等于单剂量给药时尿中排泄原型药物总量。

$$F=[(X_u^{\infty})_{ss}]_T/[(X_u^{\infty})_{ss}]_R\times 100\% \qquad (21-5)$$

式中，$(X_u)_{ss}$为稳态时任意给药间隔原型药物尿中排泄量。

尿药浓度法的优点是不必进行血样采集，干扰成分少，分析方法易建立。但尿药浓度法影响因素多、集尿时间长，只有当不能采用血药浓度法时才用尿药浓度法。

（3）药理效应法　若药物的吸收速度与程度采用血药法与尿药法均不便评价，如一些中药制剂有效成分复杂或不明确，或无合适定量分析方法，而药物的效应与药物体内存留量有定量相关关系，且能较容易地进行定量测定时，可以通过药理效应测定结果进行药动学研究和药物制剂生物等效性评价，此方法称为药理效应法。一般可用急性药理作用（如瞳孔放大、心率或血压变化）作为药物生物利用度的指标。

点滴积累21-3

1. 生物利用度是指剂型中的药物被吸收进入血液的速度与程度。
2. 评价生物利用度的参数有吸收总量即血药浓度-时间曲线下面积AUC、血药浓度峰值C_{max}、血药浓度峰时t_{max}。
3. 生物利用度的测定方法有血药浓度法、尿药浓度法和药理效应法。

（三）生物利用度的试验设计

1. 受试者的选择　受试对象一般为健康人，年龄18~40岁，同一批受试者年龄不宜相差10岁，体重在正常范围内。受试者应经健康检查，确认健康，无过敏史，人数一般为18~24例，必要时可增加受试者人数。人体生物利用度研究必须遵守《药品临床试验管理规范》，试验单位应与受试者签订知情同意书。受试者在试验前两周内未用任何药物，试验期间禁烟、酒和含咖啡饮料。

2. 试验制剂与标准参比制剂试验　参比制剂选择的原则：参比制剂安全性和有效性应该合格，进行绝对生物利用度研究时选用上市的静脉注射剂为参比制剂；进行相对生物利用度或生物等效性研究时，应选择国内外同类上市主导产品作为参比制剂。

受试制剂选择的原则：应为符合临床应用质量标准的放大试验产品，应提供受试制剂和参比制剂的体外溶出度比较（$n\geqslant 12$）数据，以及稳定性、含量或效价等数据。个别药物尚需提供多晶型及光学异构体资料。

3. 试验设计　通常采用双周期的交叉试验设计。试验时将受试者随机分为两组，一组先用受试制剂，后用标准参比制剂；另一组则先用标准参比制剂，后用受试制剂。两个试验周期之间的时间间隔称为洗净期，应大于药物的7~10个半衰期，半衰期小的药物洗净期通常为一周。试验在空腹条件下给药，一般禁食10小时以上，早上服药，同时饮水200ml，4小时后统一进标准餐。

4. 试验数据的分析　列出原始数据，计算平均值与标准差，求出主要药物动力学参数$t_{1/2}$、t_{max}、C_{max}、AUC等，计算生物利用度。

阅读与感悟

同一药物的不同制剂，在体内的吸收总量虽相同，若吸收速率有明显差异时，其疗效也将有明显差异。当药物峰值浓度低于最小有效血药浓度值，将不产生治疗效果；药峰浓度值高于最小中毒浓度值，则出现毒性反应。因此，我们要用辩证的态度看待事物，用整体的、联系的、发展的思维观念去认识世间万物，见微知著，张弛有度。

自测达标

答案解析

一、多项选择题

1.下列有关生物利用度的描述正确的是（　）

A.饭后服用维生素B_2将使生物利用度提高

B.药物微粉化后都能增加生物利用度

C.药物脂溶性越大，生物利用度越差

D.药物水溶性越大，生物利用度越好

E.无定形药物的生物利用度大于稳定型的生物利用度

2.生物利用度试验的步骤一般包括（　）

A.选择受试者　B.确定试验试剂与参比试剂　C.进行试验设计

D.确定用药剂量　E.取血测定

3.药物生物利用度评价三大指标为（　）

A. AUC　B. t_{max}　C. C_{max}　D. $t_{1/2}$　E. K

二、综合运用题

4.测定相对生物利用度时，要比较三个参数，即AUC、t_{max}和C_{max}，它们各代表什么？它们与生物利用度有什么关系？

5.硝苯地平（心痛定）是钙通道阻断剂中的一种，具有扩张冠状动脉和周围动脉作用，抑制血管痉挛，是治疗变异型心绞痛和高血压首选钙离子阻断剂，宜于长期使用，目前有胶囊剂、普通片剂、膜剂、气雾剂、缓释片、透皮制剂、栓剂、控释片等，规格为片剂每片10mg；胶囊剂每胶囊5mg；喷雾剂每瓶100mg；用法及用量为口服1次5~10mg，每日3次，急用时可舌下含服，对慢性心力衰竭，每6小时20mg；咽部喷药每次1.5~2mg（喷3~4下）。硝苯地平各种剂型的吸收特点各是什么。如何根据临床需要去选择适宜的硝苯地平剂型？

任务四　一致性评价

【工作实例】一位高血压患者就诊时自诉，他一直吃某原研降压药，血压一直控制很好，但由于原研药价格高，他听说有一个药物名字相同、价格便宜的仿制药，就自行改用了价格便宜的药。换药一段时间后出现头晕、头痛等症状，医生了解后发现是患者改用的仿制药疗效不好造成的。如何提高仿制药的质量和疗效？如何保证患者能够用到又便宜又有效的药品？

一、概述

（一）一致性评价的意义

仿制药在满足医疗需求等方面发挥着重要作用，在很多国家和地区已成为药品消费的主流。仿制药具有价格较低的优势，能够提升医疗服务水平、降低医疗支出、维护公众健康，具有显著的经济效益和社会效益。但是我国仿制药存在着过度重复申报、产品质量差异较大的问题。因此，开展仿制药质量和疗效一致性评价具有重要意义。①开展仿制药一致性评价意味着一个新的标准诞生；②仿制药的标准和质量将得到提升；③在招标过程中仿制药将有较大的优势；④在整个申报和进入公费医疗等方面，仿制药将享有优势。

（二）我国的一致性评价工作

2016年3月发布的《国务院办公厅关于开展仿制药质量和疗效一致性评价的意见》，明确了分阶段完成一致性评价工作的任务：应在2018年底前完成《国家基本药物目录（2012年版）》中2007年10月1日前批准上市的化学药品仿制药口服固体制剂的一致性评价，其中需开展临床有效性试验和存在特殊情形的品种，应在2021年底前完成一致性评价；逾期未完成的，不予再注册。化学药品新注册分类实施前批准上市的其他仿制药，自首家品种通过一致性评价后，其他药品生产企业的相同品种原则上应在3年内完成一致性评价；逾期未完成的，不予再注册。

2019年1月17日，国务院发布《国家组织药品集中采购和使用试点方案》，方案要求，从通过质量和疗效一致性评价的仿制药中遴选试点品种，国家组织药品集中采购和使用试点，降低药价，减轻患者药费负担。

（三）相关概念

1.仿制药　是指与被仿制药具有相同的活性成分、剂量、规格剂型、质量、安全性、给药途径和治疗作用的药品。

2.药品一致性研究　就是仿制药必须达到和原研药“管理一致性、中间过程一致性、质量标准一致性等全过程一致”的高标准要求。

3.参比制剂　是指用于仿制药质量一致性评价的对照药品，可为原研药品或国际公认的同种药物。

4.原研药品　是指已经过全面的药学、药理学和毒理学研究，且具有完整和充分的安全性、有效性数据作为上市依据、拥有或曾经拥有相关专利或获得了专利授权、在境外或境内首先批准上市的药品。

5.国际公认药品　是指与原研药品质量和疗效一致的药品。

6.药学等效性　如果两制剂含等量的相同活性成分，具有相同的剂型，符合同样的或可比较的质量标准，则可以认为它们是药学等效的。药学等效不一定意味着生物等效，因为辅料的不同或生产工艺差异等可能会导致药物溶出或吸收行为的改变。

7.治疗等效性　如果两制剂含有相同活性成分，并且临床上显示具有相同的安全性和有效性，可以认为两制剂具有治疗等效性。如果两制剂中所用辅料本身并不会导致有效性和安全性问题，生物等效性研究是证实两制剂治疗等效性最合适的办法。如果药物吸收速度与临床疗效无关，吸收程度相同但吸收速度不同的药物也可能达到治疗等效。而含有相同的活性成分只是活性成分化学形式不同（如某一化合物的盐、酯等）或剂型不同（如片剂和胶囊剂）的药物制剂也可能治疗等效。

点滴积累21-4

1.仿制药是指与被仿制药具有相同的活性成分、剂量、规格剂型、质量、安全性、给药途径和治疗作用的药品。

2.药品一致性研究，就是仿制药必须达到和原研药“管理一致性、中间过程一致性、质量标准致性等全过程一致”的高标准要求。

3.参比制剂是指用于仿制药质量一致性评价的对照药品，可为原研药品或国际公认的同种药物。

二、工作程序

根据《国务院办公厅关于开展仿制药质量和疗效一致性评价的意见》的任务要求，制定了仿制药一致性评价工作程序，流程简图如图21-2所示。

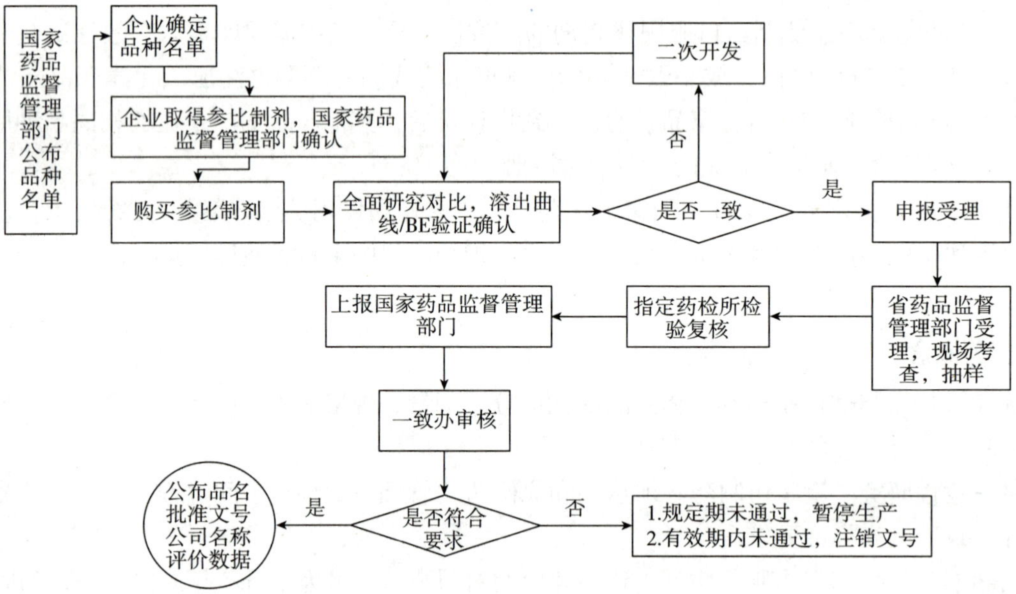

图21-2 一致性评价工作程序简图

阅读与感悟

随着医保谈判和药品集中带量采购的实施，许多原本价格高昂的药品开始降价。仔细观察可以发现，药价下降的背后还有一个原因——仿制药。国务院办公厅发布《关于开展仿制药质量与疗效一致性评价的意见》，我国启动仿制药一致性评价，确保仿制药在质量和疗效上与原研药一致，最终实现在临床上对原研药的可替代性。相关部门表示，仿制药一致性评价是优胜劣汰的过程，只有质量疗效与原研药一致的仿制药才能赢得老百姓的肯定。未来，会有越来越多的优质仿制药投入市场，让老百姓有更多用药选择，降低用药负担。我们的国家和党始终践行全心全意为人民服务的根本宗旨。爱国是每个人的责任与担当，作为新时代的青年人要勤奋学习，自强不息，真正把爱国之志变为报国之行。

自测达标

答案解析

一、单项选择题

1.凡2007年10月1日前批准上市的列入《国家基本药物目录》(2012年版)中的化学药品仿制药口服固体制剂(289个品种)，原则上完成一致性评价的时间为(　　)

A. 2017年底前　　B. 2018年底前　　C. 2019年底前　　D. 2020年底前

2.化学药品新注册分类实施前批准上市的其他仿制药，自首家品种通过一致性评价后，其他药品生产企业的相同品种原则上应在(　　)年内完成一致性评价

A. 1　　B. 2　　C. 3　　D. 4

3.《国家基本药物目录》(2012年版)共计520种，其中(　　)

A.化学药品和生物制品203种，中成药317种

B.化学药品和生物制品307种，中成药213种

C.化学药品和生物制品217种，中成药303种

D.化学药品和生物制品317种，中成药203种

二、综合运用题

4.什么是药学等效性和治疗等效性?

5.什么是药物一致性评价(药品一致性研究)?

思维导图　　知识小结

实践六十二　项目单梳理

项目名称	药物代谢动力学研究	
模拟药物	模拟加替沙星的药物代谢	
模拟过程	1.加替沙星的药理作用	
	2.样品采集	(1)取健康家兔称重，在一侧耳缘静脉注射乌拉坦5ml/kg，麻醉后仰卧位固定 (2)对家兔进行股动脉插管手术，准备八只1.5ml塑料离心管，加入少量肝素生理氯化钠溶液抗凝 (3)从家兔的另一只耳缘静脉注射加替沙星注射剂30mg/kg (4)给药后分别在2分钟、5分钟、10分钟、15分钟、30分钟、45分钟、60分钟、90分钟和120分钟时间点从股动脉采集血液装入塑料离心管中，每次0.5ml (5)离心沉淀后，取血浆放入冰箱保存
	3.确定高效液相色谱法定量分析的色谱条件	(1)色谱柱　C18色谱柱 (2)流动相　水相(15mmol/L醋酸铵，醋酸调pH为3.0)-有机相(乙腈)(78：22)，流速1ml/min (3)检测波长　293nm (4)柱温　40℃ (5)进样量　20μl
	4.标准曲线的建立	(1)制备标液 (2)样品处理　90μl空白血浆+10μl标液+100μl高氯酸，涡旋振荡3分钟 (3)高速离心机12000转离心10分钟，取上清100μl，HPLC进样20μl
	5.药动学参数的测定	(1)样品处理　取不同时间点的血浆样品和高氯酸各100μl以1：1的比例混合，涡旋振荡3分钟 (2)高速离心机12000转离心10分钟，取上清100μl，HPLC进样20μl

续表

模拟过程	6.实验结果	（1）建立标准曲线 （2）样品测定　相应浓度的峰面积 （3）总结加替沙星在家兔血浆中的代谢动力学特征
模拟结果	本项目通过模拟加替沙星的药物代谢实验，了解药代动力学实验的整体流程。①对于实验药品，要确定名称、剂型、批号、保存条件、配制方法等；②对于实验动物，可用小鼠、大鼠、家兔、犬、豚鼠等；③剂量选择，应设置至少三个剂量组；④给药途径，尽量与临床给药一致。研究药物在作用部位的浓度受药物体内过程的影响而动态变化，有利于指导临床合理用药	

实践六十三　一致性评价工作程序

（一）实践目的

熟悉一致性评价工作程序；能够正确解读国家发布的一致性评价相关文件。

（二）实践地点

药学服务实训室。

（三）实践用具

国家发布的一致性评价相关文件。

（四）实践内容

解读一致性评价相关文件，结合一致性评价学习内容，分组细化一致性评价工作流程图，设置工作场景，进行角色扮演，练习一致性评价程序。

（五）实践反思

请查阅资料并思考国产仿制药和进口仿制药在一致性评价程序上有哪些不同？

项目二十二　药物制剂的配伍变化

PPT

学习目标

1.掌握　药物配伍的含义和意义。

2.熟悉　药物配伍变化类型。

3.了解　常见配伍变化的处理原则与方法。

导读：多种药物配合在一起使用，由于它们的物理化学性质和药理性质相互影响，可能产生各种各样的变化。这种变化应引起医护人员的重视。本项目主要学习药物制剂配伍的相关知识，以保证临床用药的安全、有效。

任务一　药物配伍

【工作实例】张某是某医院病护区的一名实习生，在某病患的医生处方上他发现写着：将维生素C与多种微量元素同时加入5%葡萄糖溶液中使用。但其在配液中发现用抽吸过维生素C的一次性无菌注射器抽吸多种微量元素注射液时，注射器内变成黑色，因此没给患者用药，并及时将情况汇报给医生。为什么会出现这样的情况？

一、概述

药物配伍是指在药品生产或临床用药过程中，将两种或两种以上药物混合在同一剂型中或联合使用。多种药物配合在一起使用，由于它们的物理化学性质和药理性质相互影响，可能产生各种各样的配伍变化。有的发生物质形态改变的物理性变化，有的则有新物质产生的化学变化，有的引起药物作用性质、强度或持续时间改变的疗效学变化，统称为配伍变化。其结果是可以配伍，也可能出现不可以配伍（即配伍禁忌）。如果配伍变化有利于生产、使用和符合临床治疗需要的，称为合理性配伍，如甲氧苄啶使磺胺药增效；如果产生的配伍变化不符合制剂要求，或使药物作用减弱、消失，甚至引起毒副作用的，称为配伍禁忌，如泼尼松与氢氯噻嗪合用，两者均有强烈的排钾作用，可能出现严重的低钾血症。

二、研究药物配伍的意义

（一）药物配伍的目的

药物配伍主要是为了提高药物疗效，减少不良反应，延缓机体耐受性或病原体耐药性的发生，预防或治疗并发症而加用其他药物等。

1.利用药物间的协同作用，以增强药物的疗效，如复方降压片等。

2.减少或延缓耐药性发生，以提高药物的疗效，如磺胺嘧啶（SD）与甲氧苄啶（TMP）联合使用等。

3.利用拮抗作用，以克服某些药物的副作用，如吗啡与阿托品配伍，可以消除吗啡对呼吸中枢的抑制作用。

4.预防或治疗并发症或多种疾病，如他汀类药物与降血糖药合用，可预防糖尿病患者的动脉粥样硬化。

（二）研究药物配伍变化的意义

研究药物制剂配伍变化的意义在于可根据药物和制剂成分的理化性质和药理作用，探讨配伍变化产生的原因和正确处理或防止的方法，设计合理的处方、工艺，对可能发生的配伍变化则有预见性，进行制剂的合理配伍，避免不良的药物配伍，保证用药的安全、有效。

充电链接

中西药物配伍使用

随着新药、新剂型不断涌现，中西药结合治疗、中西药物联合组方的制剂日益增多，带来了药物配伍的许多新问题，易出现重复用药、剂量增加等现象。如蟾酥、罗布麻等含有强心苷或强心物质，若与洋黄类强心药合用总剂量增加，可引起强心苷中毒。甘草、鹿茸具有糖皮质激素样作用，与水杨酸钠合用能诱发或加重消化道溃疡的发病率，与胰岛素同服时能产生相互拮抗而减弱降糖药的效应。

阅读与感悟

张仲景是我国古代伟大的医学家，著有医学名著《伤寒杂病论》。这部医书融理、法、方药于一体，开辨证论治之先河，形成了独特的中国医学思想体系，对于推动后世医学的发展起了巨大的作用。张仲景在《伤寒杂病论》中记载方剂263首，被尊为“方书之祖”。“千方易得，一效难求”，选方并不是执一方以治一病，而是要深究其配伍规律，慎思选用。张仲景所创制的方剂大多组方严谨，用药配伍精良，经历代医家临床实践验证，疗效显著。其在书中记载了自己“勤求古训，博采众长”的学习经验，强调向古人学习，博采各家之长，并不断实践、不断提高。作为医药专业的学生，应集前人之大成，揽古代之精华，科学训诂，守正创新，用现代科学方法阐释中医药内涵、传承并创新中医药精华，通过多学科交叉实现技术突破。

自测达标

答案解析

一、单项选择题

1.关于药物配伍说法错误的是（　）

A.药物配伍可能是有利的，也可能是不利的

B.研究药物制剂配伍变化的意义在于设计合理的处方、工艺

C.中药和西药不能配伍使用

D.良好的配伍可以保证用药的安全、有效

2.不属于药物制剂配伍使用的目的的是（　）

A.使药物作用减弱　B.疗效提高　C.降低毒副作用　D.延缓耐药性的发生

二、综合运用题

3.什么是药物配伍？

4.药物配伍的目的是什么？

任务二 药物配伍变化与处理

【工作实例】张某在实验中发现，将醋酸铅与明矾混合后变湿；将65%阿司匹林与37%乙酰苯胺研磨混合后会液化，但改变阿司匹林或乙酰苯胺的用量时却不会出现液化现象。为什么会发生这种现象？

一、药物配伍变化类型

（一）物理配伍变化

物理配伍变化是指药物在配伍过程中发生了物理性质上的改变，如沉淀、潮解、液化、结块和粒径变化等。若药物的物理配伍变化导致药物制剂不符合质量上和医疗上的要求则属于禁忌，如活性炭与剂量较小的生物碱类药物配伍时，能使生物碱被吸附而在机体中不完全释放。物理配伍变化一般属于外观上的变化，如果条件改变有些制剂还可能恢复到原来形式。

1.溶解度改变 某些含有不同性质溶剂的制剂配伍使用时，常因药物在混合后的分散体系中的溶解度变小而析出沉淀。如含树脂的醇性制剂与水性制剂混合后，混合溶液中会析出树脂。含蛋白质、黏液质多的水溶液若加入大量的醇能产生沉淀。

2.润湿、液化和结块 某些药物配伍时出现润湿、液化和结块现象，给生产和储存带来困难，影响产品质量，其物理性配伍原因如下所述。

（1）吸湿固体药物配伍时，若配伍药物之一吸湿性强，则可发生润湿和液化，从而影响产品质量。药物的吸湿程度与空气相对湿度有关，若生产岗位的相对湿度在药物的临界相对湿度以上，则固体药物会出现润湿甚至液化现象。

（2）形成低共熔混合物一些醇类、酚类、酮类、酯类的药物如薄荷脑、樟脑、麝香草酚、苯酚、水合氯醛等在一定温度下按一定比例混合时，产生润湿或液化现象。散剂、颗粒剂由于药物吸湿后又逐渐干燥而引起结块，从而导致制剂变质或药物分解失效。低共熔混合物能否液化或润湿，与药物熔点和混合物比例有关。药物粒径越细，产生润湿或液化的速度越快，研磨也能加快润湿。低共熔混合物能对药物的溶解速率和吸收产生影响，如氯霉素与尿素的低共熔混合物可加速氯霉素溶解和吸收。

3.分散状态或粒径改变 乳剂、混悬剂中分散相的粒径可因与其他药物配伍，也可因久贮而粒径变大，或因聚结而分层或析出。药物制剂中的分散相的分散状态或粒径改变可导致临床使用不便，甚至影响疗效。

（二）化学配伍变化

化学配伍变化是指药物之间发生化学反应，使药物产生了不同程度的质的变化。

1.变色 药物间发生氧化、还原、聚合、分解等反应时，产生带色化合物或发生颜色上变化，在光线照射、高温及湿度下反应更快。如含酚基化合物与铁盐作用使混合物颜色有变化；维生素C注射液与碱性氨茶碱注射液配伍，可加速维生素C的分解变色。

2.产生气体 是药物发生化学反应的结果。碳酸盐、碳酸氢盐与酸类药物，铵盐及乌洛托品与碱类药物混合时可能产生气体，如溴化铵等铵类与强碱性药物配伍可放出氨气，乌洛托品与酸性药物配伍能分解产生甲醛等。

3.浑浊和沉淀　液体药物配伍时，若配伍不当，可能出现浑浊和沉淀。如水杨酸钠或苯巴比妥钠的水溶液遇酸或酸性药物后，会析出水杨酸或巴比妥酸；小檗碱和黄芩苷在溶液中能产生难溶性沉淀；硝酸银遇含氯化物的水溶液时产生沉淀等。

4.发生爆炸　大多数由强氧化剂与强还原剂配伍时引起，如以下药物混合研磨时易发生爆炸：氯化钾与硫、高锰酸钾与甘油、强氧化剂与蔗糖等。

（三）药理学配伍变化

药理学配伍变化是指药物配伍使用后，在机体内一种药物对另一种药物的体内过程或受体作用产生影响，而使其药理作用的性质和强度、副作用、毒性等有所改变。协同作用是指药物配伍使用后，药理作用增加的现象。协同作用可分为相加作用和增强作用。拮抗作用是指药物配伍使用后，药物作用减弱或消失的现象。增加毒副作用是指药物配伍使用后，增加了毒性或副作用。引起药物相互作用的因素很多，主要有以下几方面。

1.体内药物间物理化学反应　半胱氨酸、二巯丙醇等能与某些重金属离子形成配合物而起解毒作用；亚甲蓝利用氧化还原反应起解毒作用等。这些药物同样可能与其他含金属离子药物，如氢氧化铝等抗酸剂、枸橼酸铋钾等胃黏膜保护剂、补钙补铁制剂等产生反应而影响药物治疗。

2.药物动力学方面相互作用　是指影响药物吸收、分布、代谢和排泄等体内过程的相互作用，与药效学方面配伍变化的区别在于对血中游离药物浓度与药效反应的关系曲线无影响。

在胃肠道中药物之间产生的物理化学反应如吸附、形成配合物、复合物而影响吸收。如降血脂药物考来烯胺为阴离子交换树脂，可与甲状腺素、保泰松、洋地黄毒苷、华法林等产生吸附作用；四环素族与Ca^{2+}、Al^{3+}、Mg^{2+}、Fe^{3+}等可形成沉淀，故这些药物同时使用应间隔5个小时以上。改变胃肠道pH、胃排空速度，改变肠蠕动、肠道菌群，胃肠黏膜损害也会影响药物的吸收。

影响分布的相互作用则有药物血浆蛋白结合、组织蛋白结合等，血浆蛋白的结合置换作用对结合率高的药物影响较大。如保泰松与华法林合并使用可引起出血；甲氨蝶呤能被阿司匹林或磺胺类从结合部位置换出来，使血中游离甲氨蝶呤浓度升高，显著增加对骨髓的抑制作用。

影响代谢的相互作用有酶促作用和酶抑作用，如巴比妥类药物能诱发肝药酶对抗凝剂的代谢，而降低口服抗凝剂（如双香豆素类）的作用；双香豆素抑制甲苯磺丁脲在肝脏内羟基化反应酶的作用，使羟化反应不能顺利地进行，使甲苯磺丁脲在体内停留时间延长。

排泄的相互作用影响药物或其活性代谢产物在体内的滞留时间，即影响药效持续时间的长短，多剂量给药时会影响稳态平均血药浓度。如丙磺舒能与青霉素在肾小管近端竞争分泌，使青霉素消除减慢。增高尿液pH，可增加肾小管对弱碱性药物的再吸收，使药物消除半衰期延长；而对于弱酸性药物则正好相反。

3.药效学方面相互作用　包括作用于受体使药效增强的协同作用（包括相加或增强）和使药效减弱的拮抗作用；药物也可作用于酶分子，如汞、砷、锑等中毒用二巯丙醇解毒等。药物相互作用还受生理条件、食物等的影响。另外还有抗生素间的相互作用，静脉全营养过程中的代谢性相互作用等。

不应把有意进行的配伍变化都看作是配伍禁忌，有些配伍变化是制剂配制的需要，如泡腾片利用碳酸盐与酸反应产生CO_2，使片剂迅速崩解。临床上利用药物之间拮抗作用来解救药物中毒，如有机磷轻度中毒时采用阿托品；利用拮抗作用消除另一药物副作用，如麻黄碱治哮喘时用巴比妥类药物对抗其中枢神经兴奋作用等。所以在分析药物配伍变化是否会影响制剂质量及治疗效果时，需要对具体问题具体分析。

同步思考22

当10%磺胺嘧啶注射液、硫酸链霉素注射液与10%葡萄糖注射液配伍时，颜色发生了改变，并有结晶析出，请思考该处方发生了哪些配伍变化？

答案解析

点滴积累22-1

1.药物制剂的配伍变化包括物理的配伍变化、化学的配伍变化和药理学配伍变化。

2.物理的配伍变化包括润湿、液化、结块及溶解度改变等；化学的配伍变化包括变色、产气、混浊及沉淀等；疗效的配伍变化包括体内药物间物理化学反应、药动学及药效学方面的相互作用。

二、常见配伍变化的处理原则与方法

（一）配伍变化的研究方法

判断药物配伍变化是否发生，首先应将药物的理化性质、药理性质，药物制剂处方、工艺，用药对象、剂量、浓度、医师用药意图，以及引起配伍变化的各种因素、规律等作为分析判断的基础，然后通过试验研究加以验证。

1.可见性配伍变化的试验方法 此法主要是用肉眼观察有无浑浊、沉淀、结晶、变色、产气等现象。

2.测定变化点的pH 许多注射剂的配伍变化是由pH改变引起的，故预测配伍变化可用注射剂变化点的pH作为参考。

3.稳定性试验 若在规定的时间如6小时内，药物效价或含量的降低不超过10%，则一般认为是可允许的。进行稳定性试验研究所用的方法应不受混合液中其他成分的干扰，并且灵敏度较高。

4.紫外光谱、薄层层析、气相色谱、高效液相色谱等的应用 利用这些方法可以鉴定配伍变化产生的沉淀物是何种成分，是否有新物质生成等。

5.药动学、药理学及药效学试验 可分析药物配伍后是否产生药理学和药效上的变化，是否存在药理学或药效学的相互作用或配伍变化等。

（二）配伍变化的处理

1.处理原则 一般原则是：在审查处方发现疑问时，首先应该与处方医师联系，了解用药意图，明确对象及给药的途径作为配发的基本条件，例如患者年龄、性别、病情及其严重程度、用药途径等，对患有并发症的患者审方时应注意禁忌证。再结合药物的物理、化学和药理等性质，分析可能产生的不利因素和作用，对成分、剂量、处方量、用法等各方面加以全面的审查，使药剂能在具体条件下较好地挥发疗效并使患者使用方便，保证用药安全。

2.处理方法

（1）改变调配次序 常可克服一些不应产生的配伍禁忌。如苯甲醇与三氯叔丁醇各0.5%在水中配伍时，由于三氯叔丁醇在水中溶解很慢，可先与苯甲醇混合溶解，再随后加入注射用水。

（2）调整溶液pH pH能影响很多微溶性药物的溶解性、稳定性，特别是对于注射剂，比较精确地控制pH显得十分重要。如碱性抗生素、碱性维生素、碱性局部麻醉剂等，当pH降低到一定程度时，能析出溶解度较小的游离碱。

（3）改变用药途径、调整药量和临床观察及监测 如分开服用或注射，可克服直接的物理或化学反应和大多数影响药物吸收的配伍；调整药量主要指相加作用的配伍；临床观察及监测（血生化监测、血药浓度监测等）主要指可能增加毒副作用的配伍。

（4）改变有效成分或改变剂型　在征得医师的同意下可改换药物，但改换的药物疗效应力求与原成分类似，用法也尽量与原方一致。如将0.5%硫酸锌与2%硼砂配伍制成滴眼剂，能析出碱式硼酸锌或氢氧化锌，可改用硼酸代替硼砂。

（5）拒绝调剂　主要指无法用药剂方法解决的配伍，应禁止配伍使用，请医师修改后再行调剂。

在药物合用中应特别注意审查下列几类药物：剂量小而作用强的药物（如降糖药、抗心律失常药、抗高血压药等）；毒性和血药浓度密切相关的药物（如氨基苷类、强心苷类、细胞毒类）；作用降低有危险性的药物（这类药物的作用降低可引起发病或治疗失败，如抗心律失常药、抗生素、抗癫痫药）；产生严重毒副作用的药物。

点滴积累22-2

1.药物配伍变化处理的原则是了解医师的用药意图，发挥制剂应有的疗效，保证用药安全。

2.药物配伍变化处理的方法包括改变用药途径、改变调配次序、改变有效成分或改变剂型、调整溶液pH等。

阅读与感悟

在临床用药相互配伍时，偶尔出现浑浊沉淀或变色现象，也有使用同一输液器先后输入不同的药物时出现浑浊变色现象。在联合用药方面，既要注意药物之间药理作用的配伍，又要注意同一种液体中药物的配伍禁忌，同时也要关注联合用药中不同液体的配伍情况，“用药如用兵”，需要周密地考虑药物之间配伍以及剂量比例。配伍后的药物就像团队，每一种药物的成分就是队员，如果每位成员都团结协作，那么就会事半功倍，治病救人；如果队员互相对峙，那就会生成沉淀，徒劳无功，甚至有生命危险。作为医药相关专业的学生，在学习、工作中应具有良好的团队意识和协作能力，才能合作共赢。

自测达标

答案解析

一、单项选择题

1.关于克服注射剂间配伍变化的方法叙述错误的是（　）

A.注射剂混合后有结晶析出，应分别注射

B.注射剂混合后有沉淀出现，应分别注射

C.注射剂混合后发生变色者，应分别注射

D.注射剂混合后无可见性配伍变化，可合并注射

2.药剂人员可自行解决有配伍禁忌处方的方法为（　）

A.改变服药时间　B.运用调配技术　C.改变给药途径　D.更换药物

二、多项选择题

3.下列输液中，不宜与其他注射液配伍的是（　）

A.脂肪乳输液剂　B.氯化钠注射液　C.甘露醇

D.5%葡萄糖注射液　E.血液

4.配伍变化包括（　　）

A.润湿与液化　　B.变色　　C.结块

D.药物作用增强　　E.沉淀

三、综合运用题

5.配伍变化处方处理的原则是什么？如何处理？

思维导图　知识小结

实践六十四　项目单梳理

项目名称	药物配伍研究	
模拟药物	氟尿嘧啶注射液	
模拟过程	1.氟尿嘧啶注射液的药理作用	
	2.配伍药物 氟尿嘧啶注射液（与）	（1）注射用泮托拉唑钠 （2）地塞米松磷酸钠注射液 （3）盐酸阿扎司琼注射液 （4）盐酸格拉司琼注射液 （5）盐酸甲氧氯普胺注射液
	3.供试品的配制	（1）将质量浓度为25mg/ml的氟尿嘧啶注射液1ml溶于25ml生理氯化钠溶液中，经过稀释制成质量浓度为10μg/ml的溶液 （2）将注射用泮托拉唑钠、地塞米松磷酸钠注射液、盐酸阿扎司琼注射液、盐酸格拉司琼注射液、盐酸甲氧氯普胺注射液均配制成相应溶液，分别与氟尿嘧啶注射液混合，制成混合溶液①~⑤
	4.含量稳定性考察	分别取氟尿嘧啶注射液、混合溶液①~⑤，200~400nm 波长范围内进行紫外扫描，绘制吸收图谱
	5.外观变化观察	将混合液①~⑤放置0、0.5、1、2、4、6小时，在各时间点用目视观察法观察溶液外观是否发生变化
	6.pH稳定性考察	用pH计分别于0、0.5、1、2、4、6小时测量混合溶液①~⑤的pH，重复测定3次取平均值
	7.渗透压的稳定性考察	在室温条件下，分别于0、0.5、1、2、4、6小时使用渗透压仪测定待测液的渗透压摩尔浓度，每个样品重复测定3次取平均值
	8.不溶性微粒的稳定性考察	分别于0、0.5、1、2、4、6小时用不溶性微粒检测仪测定混合液①~⑤的微粒数量，每个样品重复测定3次取平均值
	9.结果统计	对所有考察结果进行统计学分析
模拟结果	本项目模拟考察氟尿嘧啶注射液与临床常用的地塞米松磷酸钠注射液、注射用泮托拉唑钠等5种药物配伍的稳定性，能够为临床合理用药提供依据。如果临床上出现用药不合理的情况，作为药师，应及时与医师联系处理，避免出现配伍禁忌	

试题一　试题二　试题三　试题一答案　试题二答案　试题三答案

附录　药物制剂的常用术语

药物　是用以预防、治疗和诊断人的疾病所用的物质的总称，包括天然药物、化学合成药物和生物技术药物。

药品　指用以预防、治疗、诊断人的疾病，有目的地调节人的生理功能并规定有适应证、用法、用量的物质，包括中药材、中药饮片、中成药、化学原料药及其制剂、抗生素、生化药品、放射性药品、血清、疫苗、血液制品和诊断药品等。

药剂学　是研究药物制剂的基本理论、处方设计、生产工艺、质量控制与合理应用的综合应用技术科学。

药物剂型　药物经加工制成适合于疾病的诊断、治疗或预防需要的不同给药形式。

药物制剂　将原料药物按某种剂型制成的具有一定规格并具有一定质量标准的具体品种。

《中国药典》　依据《中华人民共和国药品管理法》组织制定和颁布实施，是我国药品标准体系的核心，是药品研制、生产（进口）、经营、使用和监督管理等相关单位均应遵循的法定技术标准。

药品生产质量管理规范　简称GMP，是药品在生产全过程中，用科学、合理、规范化的条件和方法来保证生产出优良制剂的一整套系统的、科学的管理规范，是药品生产和质量全面管理监控的通用准则。

药品经营质量管理规范　简称GSP，是药品经营管理和质量控制的基本准则，旨在对药品流通全过程进行质量控制，保持药品的安全性、有效性和稳定性，防止假劣药品及其他不合格药品进入流通领域。

液体制剂　指药物分散在适宜的分散介质中制成的液体形态的制剂，可以内服或外用。

表面活性剂　指具有很强的表面活性、加入少量就能使液体的表面张力显著下降的物质。

注射剂　是将原料药或与适宜的辅料制成，供注入人体内的无菌制剂，可以是溶液、乳状液、混悬液以及供临用前配制成溶液或混悬液的无菌粉末，或稀释后静脉滴注用的无菌浓溶液。

热原　指由微生物产生的，能够引起恒温动物体温异常升高的致热物质。

粉针剂　又称注射用无菌粉末，是指在采用无菌操作的方法或冻干技术制成的注射用无菌粉末或块状制剂，一般需要在临用前用灭菌注射用水配制成溶液或者混悬液注入人体内。

眼用制剂　直接作用于眼部，主要发挥消炎、杀菌、散瞳、降低眼压、局部麻醉等作用的制剂，还可以起到缓解疲劳、补充泪液等保健和预防作用。

浸出制剂　指采用适宜的浸出溶剂和浸出方法提取中药中的有效成分，制成可供内服或外用的中药制剂，可制备成直接应用于临床的药品，也可作为其他中药制剂的中间体。

固体制剂　指以固体形态存在的各种制剂，包括散剂、颗粒剂、胶囊剂、片剂、丸剂等，是目前新药开发、生产、销售及临床应用中最主要的制剂。

散剂　指原料药物或与适宜的辅料经粉碎、筛分及均匀混合制成的干燥粉末状制剂。

颗粒剂　指药物与适宜的辅料混合制成具有一定粒度的干燥颗粒状制剂。

胶囊剂　指原料药物或原料药物与适宜辅料的混合物充填于空心硬质胶囊或密封于弹性软质囊壳中制成的固体制剂。

片剂　指原料药物或与适宜的辅料均匀混合后经制粒或不经制粒压制而成的圆形或异形片状制剂。

丸剂　指原料药物与适宜的辅料制成的球形或类球形固体制剂。

软膏剂　指原料药物与油脂性或水溶性基质混合制成的均匀的半固体外用制剂。

乳膏剂　指原料药物溶解或分散于乳状液型基质中形成的均匀半固体制剂。

栓剂　指原料药物与适宜基质等制成供腔道给药的固体制剂。

气雾剂　指原料药物或原料药物和附加剂与适宜的抛射剂共同装封于具有特制阀门系统的耐压容器中，使用时借助抛射剂的压力将内容物呈雾状物喷至腔道黏膜或皮肤的制剂。

喷雾剂　指原料药物或与适宜辅料填充于特制装置中，使用时借助手动泵的压力、高压气体、超声振动或其他方法将内容物呈雾状物释出，直接喷至腔道黏膜或皮肤等的制剂。

粉雾剂　指一种或一种以上的药物，经特殊的给药装置给药后，以干粉的形式进入呼吸道，发挥全身或局部作用的一种制剂。

膜剂　指原料药物与适宜的成膜材料经加工制成的膜状制剂，供口服或黏膜用。

固体分散技术　指将难溶性药物高度分散在另一种固体载体（或称基质）中形成的固体分散体系的制备技术。

包合技术　指一种分子被包嵌于另一种分子的空穴结构内，形成包合物的技术。

微型包囊技术　将固态或液态药物（囊心物）包裹在天然或合成的高分子材料（囊材）中形成的直径为1~250μm的微小囊状物的制药技术。

缓释制剂　指在规定的释放介质中，按要求缓慢地非恒速释放药物的制剂，与相应的普通制剂比较，给药频率减少，患者用药依从性增加。

控释制剂　指在规定的释放介质中，按要求缓慢地恒速释放药物，与相应的普通制剂比较，给药频率减少，血药浓度比缓释制剂更加平稳。

靶向制剂　又称靶向给药系统，是指采用载体将药物通过循环系统浓集定位或接近靶组织、靶器官、靶细胞或细胞内特定结构的一类新制剂，可提高疗效和（或）降低对其他组织、器官及全身的毒副作用。

生物药物制剂　指将蛋白质、抗体、核酸、多糖等利用基因工程、发酵工程、细胞工程、酶工程等生物技术手段制成的制剂。

药物制剂的稳定性　指药物制剂在生产、运输、贮藏以及临床应用前等过程中发生的质量变化的速度和程度，即从制备到患者使用期间保持稳定的程度。

药物吸收　指药物从给药部位进入体液循环的过程。

药物分布　指药物吸收进入体循环后，随血液向体内各个可分布的脏器和组织转运的过程。

药物代谢　又称生物转化，是一种化学物质在机体内转变成另一种化学物质的过程。

药物排泄　指药物以原型或代谢物的形式通过排泄器官排出体外的过程。

生物利用度　指剂型中的药物被吸收进入血液的速度与程度，是客观评价制剂内在质量的一项重要指标。

原研药品　是指已经过全面的药学、药理学和毒理学研究，且具有完整和充分的安全性、有效性数据作为上市依据、拥有或曾经拥有相关专利或获得了专利授权、在境外或境内首先批准上市的药品。

仿制药　是指与被仿制药具有相同的活性成分、剂量、规格剂型、质量、安全性、给药途径和治疗作用的药品。

药物配伍　指在药品生产或临床用药过程中，将两种或两种以上药物混合在同一剂型中或联合使用。

参考文献

[1] 张健泓.药物制剂技术[M].3版.北京：人民卫生出版社，2019.
[2] 丁立.药物制剂技术[M].北京：高等教育出版社，2020.
[3] 李忠文，聂阳.生物药物制剂技术[M].北京：中国医药科技出版社，2021.
[4] 杨瑞虹.药物制剂技术与设备[M].4版.北京：化学工业出版社，2021.
[5] 杨凤琼，兰小群.实用药物制剂技术[M].2版.北京：化学工业出版社，2020.
[6] 王知斌.药物制剂设备[M].北京：中国医药科技出版社，2021.
[7] 胡英，张炳盛.药物制剂技术[M].4版.北京：中国医药科技出版社，2021.
[8] 国家药品监督管理局执业药师资格认证中心.药学专业知识(一)[M].8版.北京：中国医药科技出版社，2021.
[9] 胡英.药物制剂综合实训教程[M].北京：人民卫生出版社，2020.
[10] 韩恩远.制剂设备操作技术[M].郑州：郑州大学出版社，2018.
[11] 杨宗发.常用制药设备使用与维护[M].北京：高等教育出版社，2021.
[12] 栾淑华.药物制剂技术[M].3版.北京：科学出版社，2021.
[13] 陆丹玉.药物制剂技术[M].2版.南京：江苏凤凰科学技术出版社，2018.
[14] 王健明.药物制剂技术实训教程[M].3版.北京：化学工业出版社，2020.
[15] 杨凤琼.药物制剂技术[M].北京：中国医药科技出版社，2020.
[16] 全国食品药品职业教育教学指导委员会.药物制剂技术[M].北京：中国医药科技出版社，2021.
[17] 丁立，邹玉繁.药物制剂技术[M].北京：化学工业出版社，2021.
[18] 杨瑞虹.药物制剂技术与设备[M].4版.北京：化学工业出版社，2021.
[19] 何思煌.GMP实务教程[M].4版.北京：中国医药科技出版社，2021.
[20] 杨群华.实用药物商品知识[M].4版.北京：化学工业出版社，2020.